DEUTSCHE DEMOKRATISCHE REPUBLIK
DEUTSCHE AKADEMIE DER LANDWIRTSCHAFTSWISSENSCHAFTEN ZU BERLIN
INSTITUT FÜR LANDWIRTSCHAFTLICHE INFORMATION UND DOKUMENTATION

Landwirtschaftliches Zentralblatt

ABTEILUNG II

PFLANZLICHE PRODUKTION

8. JAHRGANG
1963

AKADEMIE-VERLAG · BERLIN

LZ. II PFLANZLICHE PRODUKTION · JG. 1963 · NR. 5 · SEITE 1165—1440 · BERLIN · MAI 1963

INHALTSVERZEICHNIS

NAMENVERZEICHNIS

Seitenzahl in [Klammer] bedeutet Bibliographie, mit Stern * bedeutet Buchbesprechung

LANDWIRTSCHAFTLICHES ZENTRALBLATT
ABTEILUNG PFLANZLICHE PRODUKTION

1963 NR. 5 MAI

I. ALLGEMEINES

A. Geschichte der Pflanzlichen Produktion und der Kulturpflanzen einschließlich Palaeobotanik

Altschul, Aaron M.; New Orleans, La., Seed Protein Pioneering Res. Lab. Seed proteins and world food problems. **(Samenproteine und Welternährungsprobleme.)** Econom. Bot. **16** (1962) Nr. 1. S. 2–13. – 1 Abb., 5 Tab., 46 Lit.
Zunächst beleuchtet Vf. die tierischen Proteine, ihren biol. Wert und führt u.a. aus, daß die Erzeugungskosten und der Flächenbedarf für die Produktion von tierischem Eiweiß so hoch sind, daß es notwendig ist, Eiweiße und Eiweißkonzentrate aus Pflanzen herzustellen, welche tierische Produkte teilweise oder vollständig ersetzen können. Als bisher nicht oder nur wenig erschlossene Eiweißquelle bieten sich Olsämereien an, die durch entspr. Aufbereitung der menschlichen Ernährung direkt oder über das Tier dienstbar gemacht werden könnten. Einzelne Ölsamen werden angeführt und ihr Gehalt an Proteinen sowie Formen und Möglichkeiten ihrer Erschließung angegeben. K. Schulz. 10.

B. Biographien, Persönliches und Nachrufe

Straub, J. **Prof. Dr. Dr. h.c. Hans Stubbe zum 60. Geburtstag.** Z. Pflanzenzücht **47** (1962) Nr. 2. S. 105–106. – 1 Abb.
Im Namen der Herausgeber würdigt Vf. die Verdienste des langjährigen Mitherausgebers, Hans Stubbe. Vf. berücksichtigt dabei nicht allein die Verdienste, die sich Stubbe bei der Herausgabe der Zeitschrift für Pflanzenzücht. erworben hat, sondern geht bes. auf seine Verdienste ein, die er sich als Wissenschaftler auf mehreren Gebieten der Genetik, insbes. der Mutations- und Heterosisforschung, erworben hat. Das Inst. für Kulturpflanzenforsch. in Gatersleben, welches seine Existenz der Schaffenskraft und dem unververwüstlichen Optimismus des Jubilars verdankt, ist eine Forschungsstätte, die mit ihren umfangreichen Wild-, Primitiv- und Kulturpflanzensammlungen in wirksamer Weise der angewandten Genetik und der Züchtungsforsch. dient. K. Schulz. 50.

Themlitz. **Heinrich Süchting (1880–1962).** Z. Pflanzenernähr., Düng., Bodenkunde **98(143)** (1962) Nr. 2. S. 97–98. – 1 Abb.
Mit dem im Alter von 82 Jahren am 24. Mai 1962 in Nürnberg verstorbenen o. Prof. emer. Heinrich Süchting verliert die Forstwiss. einen Forscher und Lehrer, dessen richtungweisende Arbeiten auf dem Gebiet der forstlichen Bodenkunde und Forstpflanzenernährung durch die Verleihung der Ehrenmitgliedschaft der Deutschen Bodenkundlichen Gesellschaft gewürdigt wurden. Das Studium der Naturwiss. in Berlin und Göttingen schloß er 1906 mit der Promotion ab und begann seine wiss. Laufbahn als Mitarbeiter von bekannten Forschern (Remy, Hasselhoff, Seelhorst, Tollens und Tacke). 1912 folgte er einem Ruf auf den Lehrstuhl für Chem., Mineralogie und Geologie an der damaligen Forstakad. in Hann. Münden, wo er ab 1919 in der inzwischen umgewandelten Hochschule das Ordinariat für Bodenkunde, Mine-

ralogie und Geologie übernahm. Bis zur Emeritierung 1948 leitete er dort zugleich auch das bodenkundliche Inst. Das Amt des Rektors wurde ihm mehrmals übertragen. Seine Veröffentlichungen lassen die vielseitigen Gesichtspunkte erkennen, unter denen er die Fragen der Ernährung des Waldes bearbeitete. W. Fleischmann. 50.

C. Ausstellungen, Tagungen, Mitteilungen aus den Instituten

Anonym. Experimental Husbandry Farms and Experimental Horticulture Station. Progress Report 1962. **(Landwirtschaftliche Versuchsfarmen und gärtnerische Versuchsstationen. Fortschrittsbericht 1962.)** Exp. Husbandry Farms exp. horticult. Stat., Progr. Rep. **1962** S. 1–49.

Das Heft hat 6 Versuchs- und 28 Kurzberichte zum Inhalt. Die 6 Versuche befassen sich u.a. mit N-Düngung im Getreidebau, Kartoffeln als Hauptfrucht, Frühkartoffelbau, Apfelmehltau, Temperaturen für den Anbau von Tomaten unter Glas. In den Kurzberichten werden neben Versuchen aus der tierischen Produktion solche über Bewässerungsfragen, Anwendung von flüssigem Dünger, Anbau von Frühkartoffeln, Gemüse (Mechanisierung des Kohlrübenanbaues, Anbaufragen bei Rhabarber, Blumenkohl, Salat, Champignons, Tomatensorten), Zierpflanzen (Heißwasserbehandlung von Tulpenzwiebeln, Anbaufragen bei Narzissen, Poinsettien, Zinnien, Dahlien u. a. Schnittblumen), Unkrautbekämpfung in Erdbeerbeständen, Pflanzkartoffelerzeugung und Lagerung von Kartoffeln behandelt. W. Stenz. 100.

Laude, H. H.; Kansas, State Univ., Agric. Exp. Stat. History of American Society of Agronomy. First fifty years–1907 to 1957. **(Geschichte der Amerikanischen-Landwirtschaftlichen-Gesellschaft. Die ersten fünfzig Jahre — 1907–1957.)** Agronomy J. **54** (1962) Nr. 1. S. 57–69. — 2 Abb., 2 Tab.

Am 31. Dez. 1907 wurde die „American Society of Agronomy" gegründet. Ziel dieser Organisation ist die Verbreitung und Vertiefung des Wissens über Boden und Pflanze, wie es im Statut heißt. Jährlich findet ein Kongress der Gesellschaft statt, auf dem Vorträge gehalten und der Präsident für das nächste Jahr gewählt wird. Die Gesellschaft ist in lokale und regionale Sektionen und nach Fachdisziplinen in 3 Sektionen — Boden, Pflanze, und Beratungs- und Ausbildungswesen — gegliedert. Seit 1909 gibt die Gesellschaft die Zeitschrift „Agronomy Journal" heraus, die anfänglich unter der Bezeichnung „Proceedings of the American Society of Agronomy" erschien. In den letzten 10 Jahren wurde die Herausgabe weiterer Zeitschriften u.a. von Monographien erforderlich. Seit 1923 werden Ehrungen für hervorragende wiss. und praktische Verdienste in verschiedener Weise ausgesprochen. Die Gesellschaft zählt z.Zt. 3258 Mitglieder. K. Schulz. 100.

Anonym. Jaarverslag 1961. **(Jahresbericht 1961.)** Inst. biol. scheikund. Onderzoek Landbouwgewassen, Wageningen, Meded. **1961** Nr. 166. S. 1–34. — 37 Lit.

Das Inst. ist in 6 Abt. gegliedert, deren Arbeiten im Jahre 1961 besprochen werden. Die Abt. Pflanzenbau befaßte sich u.a. mit Anbaufragen von Zuckerrüben, Gründüngungspflanzen und Kartoffeln, der Rotkleesamenerzeugung und Fragen der Grünlandnutzung. Aufgaben der Abt. Unkrautbekämpfung waren: die Bekämpfung von Unkräutern auf dem Acker- und Grünland, Laboruntersuchungen des Einflusses chem. Mittel auf das Pflanzenwachstum, die Anwendung von Unkrautbekämpfungsmitteln im Obst- und Gartenbau sowie bei Wasserpflanzen und auf Ödland. Die Abt. Physiol. und Ökologie untersuchte den Einfluß von Belichtungszeit und -intensität auf den Knollenansatz, die chem. Beeinflussung des Kartoffelkrautwachstums, den Einfluß der N-Düngung, die Wirkungen unterschiedlicher Belichtungszeit bei Roggen, die Vererbung der Blattzahl bei Roggen u.a. Probleme. Die Abt. Untersuchungswesen untersuchte ca. 5000 Proben auf Zusammensetzung und Spurenelemente. Mittelpunkt der Abt. Vegetationskunde waren Grünlanduntersuchungen und der Abt. Bodenfauna die Biol. des Regenwurms. K. Schulz. 100.

Anonym. **5. Festsitzung und wissenschaftliche Tagung 10.—12. Oktober 1961 in Berlin.** Ber. Vortr. dtsch. Akad. Landwirtsch.-Wiss. Berlin **5** (1961) S. 1–284.

Auf der 5. Festsitzung der Dtsch. Akad. der Landwirtsch.-Wiss. wurden folgende Vorträge gehalten, die für die Pflanzliche Produktion von bes. Interesse sind: Die Ansprachen von Minister G. Grüneberg und von Minister H. Reichelt betreffen Grundsatzfragen. Weitere Referenten behandelten folgende Probleme: H. Stubbe: „Über gegenwärtige und künftige Aufgaben der Landwirtsch.-Wiss. und die Verantwortung des Wissenschaftlers in unserer Zeit"; E. Plachy: „Entwicklung und Ergebnisse der Dtsch. Akad. der Landwirtsch.-Wiss. zu Berlin in den Jahren 1951–61"; K. Nehring: „Die Problematik der Bewertung der Futterstoffe"; G. Könnecke: „Über einige futterbauliche Maßnahmen zur Versorgung von großen Viehbeständen"; R. Schick: „Aufgaben und Probleme der zukünftigen Futterpflanzenzüchtung"; A. Petersen: „Der intensive Weidebetrieb in rindviehstarken sozialistischen Großbetrieben". 100.

Anonym. Forty-second report of the council. **(Sechsundvierzigster Bericht des Vorstandes.)** Nat. Inst. agric. Bot., Rep. Accounts **42** (1961) S. 7–53. — 26 Tab., 17 Lit.

Das National Inst. of Agric. Bot. hat die Aufgabe, Sorten zu registrieren, Zuchtstamm- und Sortenwertprüfungen, die Saat- und Pflanzgutkontrolle sowie die Anerkennung von Saat- und Pflanzgut vorzunehmen. Über den Umfang der Tätigkeit sowie ihre Ergebnisse im Jahre 1961 wird zusammenfassend berichtet. Außerdem wurden Kurse für Saat- und Pflanzgutanerkenner, u.a. auch aus den ehemaligen Kolonien, durchgeführt. Für die O.E.C.D. wurde für Zwecke der Saatgutkontrolle ein in diesen Staaten verbindliches, einheitliches Saatgutanerkennungs- und Testierungsverfahren erarbeitet, das im Frühjahr und Herbst 1961 in 2 Konferenzen mit Vertretern anderer Staaten abgestimmt wurde. Die nach diesem Verfahren testierte Saatgutmenge erhöhte sich gegenüber 1960 um 300%. K. Schulz. 100.

Jewett, Frank B. The academy — its charter, its functions and relations to government. **(Die Akademie — ihr Statut, ihre Funktion und Beziehungen zur Regierung.)** Proc. nat. Acad. Sci. USA **48** (1962) Nr. 4. S. 481–490.

Die „National Academy of Sci. of the USA" wurde 1863 auf Grund eines Gesetzes, das der Kongress erlassen hatte, gegründet. Auf Anordnung Präsident Wilsons wurde sie durch das „National Res. Council" 1918 erweitert. Vf., der 8 Jahre Präsident der Akademie war, untersucht die Frage, ob das 1863 geschaffene Statut noch den heutigen Bedingungen entspricht. Abänderungen wären u.U. günstig, dürften aber an der gesetzlich festgelegten Grundkonzeption, welche die Akademie zur Lösung staatlicher Aufgaben und Beratung der Regierung verpflichtet, nichts verändern. Verändert werden sollte das Berufungsverfahren. Die Akademie wird oft oder ständig von Angehörigen der Akademie vertreten, die im Namen der Akademie handeln, aber keine Mitglieder sind. Trotz gelegentlicher, anderer Ansichten sieht Vf. die Akademie als ein starkes Instrument zur Förderung der Wiss. in den USA an. K. Schulz. 100.

Horne, F. R. The National Institute of Agricultural Botany. **(Das Nationalinstitut für landwirtschaftliche Botanik.)** J. Roy. agric. Soc. England **122** (1961) S. 72–81.

Die Aufgaben des Institutes werden mitgeteilt. 100.

II. NATURWISSENSCHAFTLICHE GRUNDLAGEN

A. Systematik der Pflanzen

Sidorov, F. F. (Sidorow, F. F.) Podvidy kukuruzy. **(Unterarten des Maises.)** Kukuruza, Moskva 7 (1962) Nr. 7. S. 33–35. – 29 Abb.
Es gibt bei Mais 2 Typen des Endosperms: 1. mehliges Endosperm mit runden Zellen, die sich nicht eng ineinanderfügen. von weicher Konsistenz, 2. hornartiges Endosperm mit Zellen von unregelmäßiger Form, die sich fest ineinanderfügen, von sehr harter, glänzender Beschaffenheit. Verschiedene Kombination und Lage von mehligem und hornigem Endosperm im Korn bestimmen im wesentlichen Form und Besonderheit der Maiskörner in den 9 Unterarten des Maises: 1. Zahnmais, 2. Hartmais, 3. Halbzahnmais, 4. Stärkemais, 5. Puffmais, 6. Zuckermais, 7. Wachsmais, 8. Wachs-Zuckermais, 9. Spelzmais. Diese 9 Unterarten werden beschrieben. Sie umfassen die Vielfältigkeit der etwa 10000 Maissorten, -hybriden und -I-Linien. L. Rang. 201.

Rogers, David J.; New York, Bot. Garden. Recent endeavors with computers in taxonomy. **(Neue Möglichkeiten in der Taxonomie durch elektronische Rechenautomaten.)** Garden J. New York bot. Garden **11** (1961) Nr. 6. S. 201–204. – 2 Tab.
Mit Hilfe von Elektronenrechenanlagen sind taxonomische Klassifizierungen unter Verwendung einer sehr großen Anzahl von Merkmalen (genetische, morphol., physiol.) in kurzer Zeit möglich. Viele Probleme sind jetzt lösbar, die früher infolge ihres Umfanges nicht bearbeitet werden konnten.
R. Schuricht. 201.

Howard, Richard A.; Jamaica Plain, Mass., Arnold Arboretum. The vascular structure of the petiole as a taxonomic character. **(Die Gefäßstruktur der Blattstiele als ein taxonomisches Charakteristikum.)** Advances horticult. Sci. **3** (1962) S. 7–13. – 1 Tab. Zus. in Franz., Dtsch.
Der dreidimensionale Bau der Gefäße des Blattstieles kann zur Pflanzenbestimmung benutzt werden. Die wichtigsten zu berücksichtigenden Merkmale sind: Blattstellung, Anzahl der Gefäßbündel, Vorhandensein oberer oder unterer Pulvini oder von Nebenblättern, Stellungsverhältnisse der Gefäßbündel, Endpunkte der Gefäßbündel, Vorhandensein von Gefäßbündeln in den Rippen oder von markhaltigen Gefäßbündeln, Entstehungsweise der Gefäße der Blattspreite, Vorhandensein von Kollenchym, Chlorenchym, Sklerenchym, Kristallen, Milchröhren, harzführenden Gefäßen. Nur wenige Familien, wie *Acanthacae, Ericaceae* und *Rubiaceae,* zeigen keine Variation in der Gefäßstruktur der Petiolen. Andere Familien, wie *Leguminosae, Fagaceae, Rosaceae, Araliaceae* und *Icacinaceae* zeigen Differenzen in der Gefäßanordnung, so daß diese gut zur Beschreibung und Bestimmung verwendet werden können. Mit Hilfe der gewonnenen Ergebnisse ist es möglich, Blätter taxonomisch zu bestimmen. W. Hiller. 201.

B. Morphologie der Pflanzen

Struckmeyer, B. Esther, Heikkinen, Toivo und Berger, K. C.; Madison, Univ. of Wisconsin, Dep. of Horticult. and Soils. Developmental anatomy of tassel and ear shoots of corn grown with different levels of boron. **(Entwicklungsanatomie der Fahne und des Kolbens vom Mais in Abhängigkeit von der Bordüngung.)** Bot. Gaz. **123** (1961) Nr. 2. S. 111–116. – 18 Abb., 1 Tab., 10 Lit.
Vf. stellten Nekrosen bei B-Mangel fest. Durch Zugabe geringer Mengen von B konnten diese Schäden teilweise beseitigt werden. Dennoch ergaben sich zahlreiche Abnormitäten. So werden auch bei nachträglicher B-Düngung die Pollensäcke nicht normal ausgebildet und die Fruchtanlagen teilweise abortiert. Es wird festgestellt, daß B offensichtlich in bestimmten Mengen in jeder Entwicklungsphase vorhanden sein muß. H. Müller/Bernburg. 211.

Dorofeev, V. F. (Dorofejew, W. F.); Leningrad, Unions-Inst. für Pflanzenbau. Anatomičeskoe stroenie steblja nekotorych vidov pšenicy i ego svjaź s poleganiem. **(Anatomischer Aufbau des Halmes bei einigen Weizensorten und seine Beziehung zum Lagern.)** Botaničeskij zurnal, Moskva-Leningrad **47** (1962) Nr. 3. S. 374–380. — 6 Abb., 1 Tab., 14 Lit.

Die Anzucht der Versuchspflanzen erfolgte unter günstigen agrotechnischen Bedingungen (einschl. Bewässerung) im Süden Dagestans. Fixiert wurden Teile der Pflanzen während des Schossens, des Ährenschiebens und der Wachsreife. Die verschiedenen Bauelemente der einzelnen Nodien und Internodien werden in Abhängigkeit vom Entwicklungszustand der Pflanzen beschrieben. Der Bruchwiderstand der Internodien fiel bei allen untersuchten Arten (*Triticum boeoticum, T. monococcum, T. araraticum, T. timopheevi, T. durum, T. aestivum* und *T. compactum*) von der 1. (untersten) bis zur 3. Internodie und war dem Halmdurchmesser umgekehrt proportional. Da die 2. Internodie der größten mechanischen Belastung ausgesetzt ist, sollte ihr bes. Augenmerk gewidmet werden. I. Schilowa. 211.

Majsurjan, N. A. (Maissurjan, N. A.); Moskau, Landwirtsch. Timirjasew-Akad. Vlijanie uslovij kul'tury na vetvlenie rastenij. **(Einfluß von Kulturbedingungen auf die Verzweigung der Pflanzen.)** Voprosy ėvoljucii, biogeografii, genetiki i selekcii. Sbornik, posvjaščennyj 70-letiju so dnja roždenija akademika N. I. Vavilova. Vsesojuznoe botaničeskoe obščestvo, Moskva-Leningrad **1960** S. 162–169. — 4 Abb., 15 Lit.

Da die Art der Verzweigung bei Pflanzen bisher noch recht unerforscht ist, ihr andererseits wirtsch. und für die Selektion Bedeutung zukommt, hat Vf. dieses Merkmal bei Lupine, Sonnenblume, Tobinambur, weißem Senf, Crambe und Kartoffeln untersucht. Die bei der Wildflora unterschiedene monopodiale und sympodiale Verzweigung findet Vf. auch unter Kulturbedingungen. Häufig treten beide gemeinsam auf, was in einem $\pm$ unverzweigten Mittelstück des Haupttriebes zum Ausdruck kommt. Da die Seitentriebe bei monopodialer Verzweigung später zur Blüte und Samenreife kommen als der Haupttrieb, hat der Mensch bei allen Samenkulturen wegen der gleichmäßigen Ernte den sympodialen Typ selektioniert, bei dem die Seitentriebe sich gleichzeitig mitentwickeln (Sonnenblume, weißer Senf). Wo hingegen Blattmasse oder Knollen genutzt werden sollen, überwiegt unter Kulturbedingungen der monopodiale Typ (Tobinambur, Crambe). Bei Kartoffeln zeigen die frühen Sorten sympodiale, die späten dagegen monopodialen Charakter. Vf. empfiehlt, dieses Merkmal bei der Selektion mehr zu beachten.
U. Bandlow. 211.

Hartl. Dimitri. **Die morphologische Natur und die Verbreitung des Apicalseptums. Analyse einer bisher unbekannten Gestaltungsmöglichkeit des Gynoeceums.** Beitr. Biol. Pflanzen **37** (1962) Nr. 2. S. 242–330. — 37 Abb., 8 Tab., 61 Lit.

Von Beobachtungen an Scrophulariaceen angeregt zeigt Vf. Pistillformen, die sich vom allg. Typ nicht durch Nachweis einfacher Proportionsverschiebungen herleiten lassen. Durch Messungen und Serienschnitte bei praefloralen Gynaeceen wird nachgewiesen, daß jedes Apicalseptum durch echt congenitale Verwachsung von Ovar und Griffel entsteht. Diese Scheitelwand ist ein verbreitetes Merkmal, dessen Untersuchung wertvolle taxonomische Schlüsse zuläßt. Für die Systematik hat sie denselben Wert wie die Zönokarpie und die Unterständigkeit des Gynaeceum. Pflanzen mit scheitelwandfreiem, apocarpem und oberständigem Gynaeceum müssen als primitivere Form angesehen werden. Untersucht wurden Scrophulariaceen, Solanaceen, Convolvulaceen, Verbenaceen, Labiaten, Myrtaceen und Ericaceen.
U. Kirchberg. 211.

C. Physiologie der Pflanzen

Anonym. Annual review of plant physiology. **(Jahresbericht über Pflanzenphysiologie.)** Annu. Rev. Plant Physiol. **13** (1962) S. 1–610.

Der vorliegende Band enthält Beiträge aus 11 Themenkreisen. Einleitend gibt C. B. van Niel eine Übersicht über den gegenwärtigen Stand vergleichender Untersuchungen zur Photosynthese. Die Frage nach Struktur und Entwicklung der Plastiden ist wieder stärker in den Mittelpunkt dieser Forschungsrichtung getreten; W. Menke berichtet darüber in seinem Beitrag: Struktur und Chemie der Plastiden. P. O. P. Ts'o widmet den Ribosomen einen ausführlichen Artikel. Neben physikal. und chem. Eigenschaften werden Struktur, Bildung und Funktion dieser Partikel und bes. die Rolle der Messenger-RNS diskutiert. Ein Beitrag von P. F. Smith gilt der Mineralstoffanalyse von Pflanzengewebe, und M. und N. Raggio stellen die Literatur über Wurzelknöllchen an Leguminosen und Nichtleguminosen zusammen. Eine Darstellung unserer Kenntnisse von Vorkommen, Bedeutung und Stoffwechsel von Harnstoff, den Ureiden und Guanidinen in Pflanzen geben H. Reinbothe und K. Mothes. M. Stiller diskutiert den Weg des Kohlenstoffs in der Photosynthese und G. Ducet und A. J. Rosenberg handeln die Atmung der Blätter erstmalig in einem eigenen Kapitel ab. Die Fortschritte in der Aufklärung des Schwefelstoffwechsels in Mikroorganismen und höheren Pflanzen werden in einem Artikel von L. G. Wilson über die Sulfatreduktion unter bes. Berücksichtigung der enzymatischen Prozesse besprochen. L. P. Zill und G. M. Cheniae berichten über neue Ergebnisse im Lipidstoffwechsel, und S. P. Burg referiert über die Physiologie der Äthylenbildung. Auf die Synthese von Polysacchariden in höheren Pflanzen geht H. K. Porter ein. F. A. Isherwood und L. W. Mapson bringen im Rahmen der Berichte über den Stoffwechsel der Ascorbinsäure in Pflanzen den 2. Beitrag, der sich mit deren Biosynthese beschäftigt. R. O. Slatyer referiert über den inneren Wasserhaushalt höherer Pflanzen, und J. Dainty bespricht den Zusammenhang zwischen Ionentransport und elektrischen Potentialen in Pflanzenzellen. Innere Faktoren, die die Abgliederung von Blättern, Blüten und Früchten kontrollieren, werden von W. P. Jacobs behandelt. Ein Beitrag von D. Koller, A. M. Mayer, A. Poljakoff-Mayber und S. Klein beschäftigt sich mit physiol. Aspekten der Samenkeimung. H. Mohr diskutiert Primärwirkungen des Lichtes auf das Wachstum. Aspekte des Alterns bei Pflanzen beleuchtet K. Sax, und U. Näf gibt eine Übersicht über die Entwicklungsphysiologie niederer Archegoniaten. Im Rahmen der patholog. Physiologie beschließen Artikel von A. C. Braun über Tumorauslösung und -entwicklung bei der Wurzelkropf-Krankheit und von A. Millerd und K. J. Scott über die Atmung kranker Pflanzen den Band. — Angefügt sind Autoren- und Sachregister und für die Bände 4–13 eine Inhaltsübersicht. G. Ballin. 220.

Stocker, O.; Darmstadt, TH, Bot. Inst. Contributions to the problem of drought resistance of plants. **(Beiträge zum Problem der Dürreresistenz der Pflanzen.)** Indian J. Plant Physiol. 4 (1961) Nr. 2. S. 87–102. — 11 Abb., 1 Tab., 20 Lit.

Die Dürreresistenz der Pflanzen steht in enger Beziehung zum Zustand der Plasmastruktur, die u.a. durch die Viskosität oder Permeabilität gekennzeichnet werden kann. Trockenresistente Pflanzen haben im Vergleich zu trockenempfindlichen eine höhere Viskosität. Pflanzen, die unter optimalen Verhältnissen (in bezug auf den Wassergehalt des Bodens) aufwuchsen und plötzlich Dürrebedingungen ausgesetzt werden, zeigen eine sog. Reaktions- und Restitutionsphase. Während der Reaktionsphase nimmt die Permeabilität für Wasser, Harnstoff und Glycerin zu, die Viskosität nimmt dagegen ab, steigt danach jedoch wieder, und es kommt zur „Abhärtung". Die Vorgänge in der Reaktionsphase beruhen auf einer Lösung der „Haftpunkte" der Proteinmoleküle. In der Restitutionsphase findet keine einfache Rückbildung der Plasmastruktur statt, sondern in Abhängigkeit vom Ausmaß der Trockenheit treten quantitative und qualitative Veränderungen auf. – An „Schönwettertagen" kommt es mittags, selbst bei optimaler Bewässerung, zu einer Erhöhung der Atmungsintensität. Für die Restitutionsphase ist verminderte Atmungsintensität charakteristisch. Der Verlauf der Photosynthese war dem der Atmung entgegengesetzt. – Vf. nimmt an, daß der Reaktionsphase eine gesteigerte hydrolytische und oxydative Aktivität folgt, der Restiutionsphase eine Zunahme der synthetischen und reduktiven Prozesse. Als Maß für das Redoxpotential wurden deshalb Untersuchungen über den Einfluß des Wasserdefizites auf das Ascorbinsäuresystem durchgeführt. – Für das Überstehen einer Dürreperiode hat das Verhalten der Stomata der Pflanzen große Bedeutung. Dürreresistente Sorten reagieren schneller und empfindlicher auf Licht und Wassermangel als dürreempfindliche Sorten. In bezug auf die Transpiration und Photosynthese kann man zwischen stabilen und labilen Typen unterscheiden. Pflanzen des ersten Typs (z. B. Getreide) vermeiden durch Stomataregulationen das Eintreten des Welkens; Pflanzen des letzteren Typs (z. B. Zuckerrübe) zeigen selbst in gewelkten Blättern noch hohe Photosyntheseintensität. I. Frommhold. 221.

May, L. H. und Milthorpe, F. L.; Univ. of Adelaide, Waite Agric. Res. Inst.; Univ. of Nottingham, School of Agric. Drought resistance of crop plants. **(Trockenresistenz der Nutzpflanzen.)** Field Crop Abstr. **15** (1962) Nr. 3. S. 171 bis 179. – 7 Tab., 53 Lit.
Vff. geben eine Übersicht über das Trockenresistenzproblem an Hand neuester Veröffentlichungen. Zunächst wird beschrieben, auf welche Weise die Pflanzen Trockenperioden überstehen können. Weiterhin werden die Faktoren, welche die Transpiration und die Wasseraufnahme beeinflussen, besprochen. Die Abweichung der momentanen Transpiration von der potentiellen ist eine Funktion des Schließens der Spaltöffnungen und der kutikulären Transpirationsintensität. Eine wichtige Kennziffer für den Wasserzustand der pflanzlichen Gewebe ist die rel. Turgeszenz, d.h. die Differenz zwischen dem vorliegenden Wassergehalt zu dem bei voller Turgeszenz. Das Wachstum wird gehemmt, wenn die rel. Turgeszenz unter 90% sinkt. Pflanzen mit verhältnismäßig dicken Zellwänden sind hinsichtlich Trockenresistenz begünstigt. Pflanzen mit starren Zellwänden überstehen Dürreperioden besser als Pflanzen mit elastischen Zellwänden. – Von Bedeutung ist weiterhin der osmotische Wert des Zellsaftes. – Wassermangel führt zwar allg. zu verringertem Wachstum, betrifft aber die einzelnen Organe unterschiedlich. Außerdem treten anatom. Veränderungen auf. Alle Stoffwechselprozesse, so auch Photosynthese und Atmung, werden durch Wassermangel ebenfalls beeinflußt. Wahrscheinlich besteht keine direkte Beziehung zur Reduktion des Wachstums, sondern letztere wird über die Beeinflussung der Zellteilung und verminderte Proteinsynthese bewirkt. Der Zusammenhang zum ATP-System wird diskutiert sowie die unterschiedliche Dürreempfindlichkeit der Pflanzen in verschiedenen ontogenetischen Entwicklungsstadien. Pflanzen, die eine Dürreperiode überstanden haben, sind gegen erneut auftretenden Wassermangel resistenter, „abgehärtet". I. Frommhold. 221.

Misra, D. K.; Jodhpur, Centr. Arid Zone, Res. Inst. Inducing drought resistance in crops. **(Induzierte Dürreresistenz bei Getreide.)** Proc. nat. Acad. Sci., India, Sect. B **31** (1961) Nr. 2. S. 117–125. – 4 Tab., 21 Lit.
Die Untersuchungen wurden an 4 Weizensorten ('Wichita', 'Pawnee', 'New Pusa 4', 'New Pusa 52') und an 4 Maishybriden ('K 1784', 'K 2234', 'K 1639', 'K 1830') im Gewächshaus durchgeführt. Eine „abgehärtete" Gruppe von Versuchspflanzen (**I**), die durch Anzucht unter wiederholten Dürrebedingungen (Zuführung von Wasser jeweils erst bei Eintreten von Anzeichen permanen-

ter Welke) erzielt wurde, hat Vf. hinsichtlich Dürreresistenz mit einer Gruppe von Pflanzen verglichen, die unter normalen Feuchtigkeitsbedingungen herangewachsen ist. (**II**). Es zeigte sich, daß **I** Dürreperioden in jedem Wuchsstadium besser übersteht als **II**, **I** erholte sich nach Dürreperioden besser als **II**. A. Meinel. 221.

Rees, A. R.; Near Benin City, Nigeria, West African Inst. of Oil Palm Res. Dry-matter production by evergreen perennials. **(Trockensubstanzbildung immergrüner perennierender Pflanzen.)** Nature [London] **195** (1962) Nr. 4846. S. 1118–1119. – 10 Lit.
Ölpalmen zeigten in einem Alter von 17–22 Jahren eine Nettoassimilationsrate von 0,078 g/dm²/Woche. Dies entspricht einer Ausnutzung der gesamten Sonnenstrahlung von 0,56% oder 1,22% der Energie, die im Bereich von 400–700 nm eingestrahlt wird, und einer Kohlenstoffixierung von 2,1 g C/m²/Tag. Für junge Ölpalmen lagen die entspr. Werte bei 0,58 g/dm²/Woche; 0,81% oder 1,71% und 3,3 g C/m²/Tag. W. Franzke. 221.

Necas, J. **Der Einfluß sinkender Bodenfeuchte auf die osmotischen Werte der oberirdischen Teile der Kartoffel.** Dtsch. Akad. Landwirtsch.-Wiss. Berlin, Tagungsber. **1962** Nr. 48. S. 113–124. – nach Zus.
Aus Untersuchungen der osmotischen Werte von Preßsäften der oberirdischen Organe von Kartoffelpflanzen geht hervor, daß der spezifische Behandlungseinfluß (unterschiedliche Wasserversorgung) den Einfluß der Witterungsveränderungen an einzelnen Tagen überwiegt. Bei starken Witterungsschwankungen jedoch läßt sich die spezifische Reaktion der Sorten, ausgedrückt im osmotischen Gesamtwert, auf wechselnde Bodenfeuchte nicht signifikant erfassen. Deutlichen Anstieg der osmotischen Werte bei steigender Bodentrockenheit zeigt die Sorte 'Ambra'. Am Zustandekommen des osmotischen Gesamtwertes sind in überwiegendem Maße Elektrolyten beteiligt. Da auch größere Schwankungen der Bodenfeuchte nur einen geringfügigen Einfluß auf die Höhe des osmotischen Wertes von Preßsäften haben, nimmt Vf. an, daß für die Steuerung des Wasserhaushaltes und für die Dürreresistenz einer Sorte andere, empfindlichere Regulationssysteme verantwortlich sein müssen. 221.

Teltscherová, L. **Über den Einfluß des Entwicklungsrhythmus auf die Winterhärte verschiedener Weizensorten unter den klimatischen Bedingungen Böhmens.** Albrecht-Thaer-Arch. **6** (1962) Nr. 6. S. 413–418. – 2 Abb., 2 Lit. Zus. in Russ., Engl.
Die Versuche mit den Weizensorten 'Chlumecká 12', 'Pyšelka' und 'Hadmerslebener IV' zeigten, daß unabhängig von den klimatischen Verhältnissen die Schwankungen des Zuckerspiegels bei den unter den Umweltverhältnissen Böhmens gut überwinternden Sorten immer schwächer sind als bei den nicht resistenten. Mit Hilfe der Untersuchung des Entwicklungsrhythmus der Pflanzen im Herbst und im zeitigen Frühjahr sowie durch periodische Bestimmung des Zuckergehaltes der Vegetationskegel vom Herbst bis Frühjahr läßt sich schon nach einer Saison bestimmen, in welchem Maße neu gezüchtete oder eingeführte Sorten den Bedingungen des Winters in Böhmen angepaßt sind. Die unbekannten Sorten wurden dabei mit einer bekannten, gut überwinternden Sorte verglichen. Die Kenntnis der Entwicklungsdynamik der Kulturpflanzen kann dazu beitragen, aus den biol. Besonderheiten der einzelnen Sorten Hinweise für die Praxis abzuleiten. G. Schröder. 221.

Siminovitch, D., Therrien, H., Wilner, J. und Gfeller, F.; Ottawa, Canada Dep. of Agric., Plant Res. Inst.; Genetics and Plant Breeding Inst. The release of amino acids and other ninhydrin-reacting substances from plant cells after injury by freezing; a sensitive criterion for the estimation of frost injury in plant tissues. **(Die Ausscheidung von Aminosäuren und anderen mit**

Ninhydrin reagierenden Substanzen aus Pflanzenzellen nach Schädigung durch Frost; ein empfindliches Kriterium für Bestimmung der Frostschädigung bei Pflanzen.) Canad. J. Bot. **40** (1962) Nr. 9. S. 1267–1269. – 1 Abb., 1 Tab., 5 Lit.

Wenn man Pflanzenteile nach Gefrieren oder anderer Belastung einige Std. oder Tage in dest. Wasser legt, dann ist bekanntlich nachher der Elektrolytgehalt bzw. die elektrische Leitfähigkeit dieses Auslaugewassers um so größer, je intensiver die Zellen geschädigt wurden, d. h. je weniger frostresistent das Gewebe war. Vff. bestimmten jetzt statt des Elektrolytgehaltes den Gehalt des Auslaugewassers an Aminosäuren. Zugleich mit den Aminosäuren wurden bei der papierchromatographischen Analyse einige andere Subst. erfaßt. Untersucht wurden Luzernewurzeln, Teile von Weizenpflanzen und Obstbaumzweige, die nach Abhärtung im Freien Temperaturen von 0 bis –50 °C ausgesetzt waren. Zwischen dem Gehalt der quantitativ analysierten Subst. im Auslaugewasser und der Frostresistenz wurde durchweg enge Korrelation gefunden. Die Methode ist demnach geeignet, die Frostresistenz ohne Kühlanlage mit rel. einfacher Technik zuverlässig zu bestimmmen.

G. Kretschmer. 221.

Coggins jun., C. W. und Lewis, L. N.; Riverside, Univ. of California, Dep. of Horticult. Sci. Regreening of Valencia orange as influenced by potassium gibberellate. **(Wiederergrünen von 'Valencia'-Orangen unter dem Einfluß von Kaliumgibberellat.)** Plant Physiol. **37** (1962) Nr. 5. S. 625–627. – 2 Tab., 7 Lit.

In Südkalifornien ergrünen die Orangen, nachdem sie im Winter die volle Reifefarbe bekommen haben, im folgenden Sommer wieder etwas. Für die Ursachen werden mehrere Hypothesen aufgestellt. In den vorliegenden Versuchen wurden voll ausgefärbte 'Valencia'-Früchte mit etwas anhängendem Blattwerk 30 s in K-Gibberellatlösung (500 ppm) getaucht. Nach 22, 59, 85, 100 und 120 Tagen wurde der Farbstoffgehalt zugleich mit dem einer unbehandelten Kontrolle analysiert. Der Vergleich ergab signifikante Senkung des Gehaltes an gelben und signifikante Steigerung des Gehaltes an grünen Farbstoffen (Messung bei 433 nm für Chlorophyll und Carotinoide, 666 nm für ausschließlich Chlorophylle). Bei getrennter Untersuchung der Basal-, Äquatorial- und Apikalteile der Früchte nach 16–19 Wochen Lagerung ergab sich ebenfalls stark signifikante Steigerung des Chlorophyllgehaltes nach Einwirkung von K-Gibberellat. Dabei nahm der Gehalt an Chlorophyll a rel. schneller zu als der von Chlorophyll b. Das Wiederergrünen war am Basalteil der Frucht stärker als an den anderen Teilen. Am Mechanismus des Wiederergrünens ist demnach offenbar Gibberellin beteiligt. W. Stenz. 221.

Terent'ev, V. M., Careva, R. I. und Lojko, A. N. (Terentjew, W. M., Zarewa, R. I. und Loiko, A. N.) O fiziologičeskich svjazjach meždu raznovorastnymi pobegami rastenij jačmenja. **(Physiologische Zusammenhänge zwischen unterschiedlich alten Trieben der Gerstenpflanze.)** Bjulleteń Instituta biologii. Akademija nauk Belorusskoj SSR, Minsk **1960** (hrsg. 1961) Nr. 6. S. 142–150. – 4 Tab., 27 Lit.

Vff. untersuchten die physiol. Beziehungen zwischen Hauptthalm und Bestokkungstrieben bei Gerstenpflanzen in Abhängigkeit von unterschiedlichem Entwicklungsstadium mittels ^{14}C. Hauptthalm und Bestockungstriebe wurden zu diesem Zweck getrennt $^{14}CO_2$ ausgesetzt. Die Untersuchungen erfolgten auf Torf- und Mineralboden. Bereits im Stadium der Bestockung konnte ein merklicher Stoffaustausch zwischen Haupt- und Seitentrieben festgestellt werden, wobei der Austausch in Richtung Seitentriebe intensiver war. Im Stadium des Ährenschiebens fand eine noch intensivere Verlagerung von Assimilaten aus dem Hauptthalm in die Bestockungstriebe statt, obwohl in diesem Stadium für die Ausbildung der reproduktiven Organe des Hauptthalmes viel Assimilate benötigt werden. Innerhalb von 3 Tagen waren 4,5% des ^{14}C vom Haupthalm in die Seitentriebe verlagert, während es in reziproker Richtung nur 1% waren. Obwohl im Stadium der Milchreife die Seitentriebe in der Entwicklung vegetativer Masse dem Haupthalm nur wenig nachstanden, blieb auch in diesem Stadium das Prinzip der stärkeren Abwanderung von Assimilaten in die Seitentriebe erhalten. Die Gesetzmäßigkeit einer Versorgung der Seitentriebe auf Kosten des Haupttriebes hat sowohl für Mineral- als auch für Torfboden Gültigkeit, jedoch ist auf Mineralboden die Versorgung wesentlich geringer. Das Stadium der Bestockung macht eine Ausnahme, da hier keine Intensitätsunterschiede zwischen Mineral- und Torfboden vorliegen. Bei starker Bestockung der Pflanzen auf Torfboden sind die Körner des Haupthalmes schwächer ausgebildet. L. Rösler. 222.

Bhardwaj, S. N.; Agra, Agra Coll., Bot. Dep. Studies on early seedling metabolism in wheat. **(Untersuchungen über den Stoffwechsel in Weizensämlingen.)** J. Indian bot. Soc. **41** (1962) Nr. 1. S. 24–32. — 3 Abb., 3 Tab., 9 Lit.
Weizen wurde 96 Std. in Petrischalen im Dunkeln bei 25 °C mit dest. Wasser angekeimt und alle 24 Std. untersucht. QO_2 (0,260–2,305) lag höher als QCO_2 (0,228–1,970), so daß sich RQ zu 0,85–0,90 ergab. Mit fortschreitendem Keimlingswachstum trat ein geringer Tr.-Subst.-Verlust (37 → 32 mg/Korn) ein. Der Gehalt an red. Zuckern (0,25 → 9,40%), Invertzucker (1,40 → 11,60%) und Rohprotein-N (1,44 → 2,24%) nahm während der Keimung zu, während die Reservekohlenhydrate (total available carbohydrates) abnahmen (76 → 56%). Die Werte für Fett und Gesamt-N schwankten nur wenig. Bei chromatographischen Untersuchungen konnten nach 24 Std. Keimung einige lösliche Zucker (Lactose, Maltose) und Aminosäuren (Asparagin, Asparaginsäure, Histidin, Isoleucin, Lysin, Tryptophan und Dl-Valin) nicht mehr nachgewiesen werden. Nach weiteren 24 Std. waren sie jedoch alle wieder vorhanden. Die Ergebnisse deuten darauf hin, daß während der Periode des aktiven Wachstums ein oxydativer Anabolismus besteht. W. Franzke. 222.

Tregunna, E. B., Krotkov, G. und Nelson, C. D.; Kingston, Ontario, Queen's Univ., Dep. of Biol. Effect of white, red, and blue light on the nature of the products of photosynthesis in tobacco leaves. **(Der Einfluß von weißem, rotem und blauem Licht auf die Natur der Photosyntheseprodukte in Tabakblättern.)** Canad. J. Bot. **40** (1962) Nr. 2. S. 317–326. — 1 Abb., 6 Tab., 19 Lit.
Von blühenden Tabakpflanzen wurden voll entwickelte Blätter abgetrennt und in einer Photosynthesekammer bei Gegenwart von $^{14}CO_2$ mit weißem, rotem oder blauem Licht bestrahlt. In dem einen Versuch wurde die Energie der 3 Arten des einfallenden Lichtes so bemessen, daß die CO_2-Aufnahme gleich war. Im 2. Versuch waren die Energiemengen gleich, dafür wurde die Belichtungsdauer so variiert, daß die CO_2-Aufnahme wiederum gleich war. Nach Beendigung der Photosynthese wurde die Verteilung des ^{14}C in der alkohollöslichen (I) und der alkoholunlöslichen Fraktion (II) bestimmt. Die gebildeten Produkte wurden papierchromatographisch getrennt und die ^{14}C-Einbaurate gemessen. Hinsichtlich der Verteilung des aufgenommenen CO_2 zwischen die Fraktionen I und II war in beiden Versuchen kein Einfluß der Wellenlänge festzustellen. Es wurde nicht beobachtet, daß rotes Licht die Akkumulation freier Zucker stimuliert. Von Einfluß auf die CO_2-Aufnahme ist offenbar die Tageszeit, d. h. die Zeitdauer der natürlichen Photosynthese vor der Abtrennung der Blätter. Je später diese erfolgte, desto höher war die Einbaurate in II und entspr. niedriger in I. Im Vergleich zu weißem Licht förderte rotes den CO_2-Einbau in Glycin, nicht jedoch in Serin. Dagegen bewirkte blaues Licht eine beträchtlich verminderte Einbaurate von CO_2 in Glycin und eine ebenfalls geringere in Serin. Vff. vermuten in Tabakblättern ein Pigment, das in seiner Wirkung auf den Stoffwechsel mit dem Phytochrom verglichen werden kann. H. Nürnberger. 222.

Marton, G. **Über den Einfluß der Bodenfeuchte auf den Phosphorstoffwechsel von Maispflanzen.** Dtsch. Akad. Landwirtsch.-Wiss. Berlin, Tagungsber. **1962** Nr. 48. S. 175–178. – nach Zus.
Unter den ariden Bedingungen Ungarns ist die Verteilung der Niederschläge für die Höhe des Ertrages von ausschlaggebender Bedeutung. Untersuchungen am Mais ergaben, daß sich bereits nach Absinken der max. Wassersättigung der Pflanzen auf 70% eine Bewässerung ertragsfördernd auswirkt. Bei 40% Wasserverlust sind die späteren Ertragsdepressionen bedeutend. Vorteilhaft sind mehrmalige kleinere Wassergaben gegenüber größeren, da auf diese Weise der Luftanteil im Boden nur geringfügig herabgesetzt wird. Die Wurzeln werden somit nicht in ihrer normalen Atmungstätigkeit behindert, wie Versuche mit ^{32}P gezeigt haben. 222.

Lopatecki, L. E., Longair, E. L. und Kasting, R.; Lethbridge, Alberta, Canada Dep. of Agric., Res. Stat., Chem. Sect. Quantitative changes of soluble carbohydrates in stems of solid-and hollow-stemmed wheats during growth. **(Quantitative Änderung der löslichen Kohlenhydrate in markhaltigen und hohlen Halmen von Weizen während der Vegetation.)** Canad. J. Bot. **40** (1962) Nr. **9**. S. **1223–1228**. – **4** Abb., **17** Lit.
Die Sorten 'Thatcher' (hohler Halm, anfällig gegen Getreidehalmwespe) sowie 'Golden Ball' und 'Rescue' (markhaltig, resistent gegen die Getreidehalmwespe) wurden während der Vegetationszeit auf den Kohlenhydratstoffwechsel im Stengel untersucht. Dabei ergaben sich keine Beziehungen zur Resistenz gegen die Getreidehalmwespe. – Z.Z. des Schossens bildeten Glucose, Fructose und Saccharose den Hauptteil der löslichen Kohlenhydrate. Danach nahm der Anteil an red. Zuckern ab und der an Oligosacchariden und Fructosanen zu, wobei Oligosaccharide bes. stark während der Reife eingelagert wurden. In beiden Vegetationsjahren hatte 'Golden Ball' in der ganzen Vegetationszeit den höchsten Gehalt an Gesamtkohlenhydraten im Stengel.
W. Franzke. 222.

Teltscherová, L.; Prag-Ružyne, Forsch.-Inst. für Pflanzenbau. **Über die Dynamik der freien Zucker und Aminosäuren in Vegetationskegeln von Weizenpflanzen.** Naturwissenschaften **49** (1962) Nr. 7. S. 160. – 1 Lit.
Wi-Weizenpflanzen stellen im Herbst die Wachstums- und Enwicklungsprozesse ein. Damit gekoppelt ist eine Speicherung von Zuckern in den Vegetationspunkten. In resistenteren Sorten setzt die Zuckerspeicherung rascher ein. Der Wechsel von Frostperioden und Tauwetter spiegelt sich im Zuckergehalt der Vegetationskegel wider. Bei starken Frösten ist der Gehalt an Monosen wesentlich erhöht, der Saccharosegehalt sinkt ab. Winterharte Sorten weisen geringere Schwankungen im Zuckergehalt auf als weniger resistente Sorten. Letztere nehmen das Wachstum im Frühjahr eher auf, wobei der Gehalt an Zuckern absinkt. In den Vegetationskegeln konnten außerdem 17 freie Aminosäuren nachgewiesen werden. Auch die Schwankungen des Aminosäuregehaltes stehen in Beziehung zu den Witterungsbedingungen. Warme Frühjahre führen zu schnellem Anstieg des Gehaltes an freien Aminosäuren, bei kühlem Wetter sinkt der Aminosäurespiegel rasch ab.
H. Opel. 222.

Coic, Yves, Fauconneau, Guy und Pion, Robert; Versailles, C.N.R.A., Stat. Centr. en Physiol. Végétale; Jouy-en-Josas, Seine-et-Oise, Stat. Centr. en Nutrit. Variations de la composition en acides aminés de la „protéine" foliaire et de „celle" du grain d'orge, sous l'effet d'une déficience en soufre. **(Veränderungen der Aminosäurezusammensetzung des Proteins von Blättern und Körnern der Gerste unter dem Einfluß von Schwefelmangel.)** C. R. hebd. Séances Acad. Sci. **255** (1962) Nr. 5. S. 999–1001. – 1 Tab., 3 Lit.
Gerstenpflanzen wurden in Sandkulturgefäßen ohne (a) und mit (b) S ($CaSO_4$) kultiviert (a = 0,10%, b = 0,21% S des Blatt-Trockengewichts).

Der Gehalt an „Protein" wurde in jungen Blättern sowie in Körnern nach Homogenisierung durch Extraktion des lösl. N mit80%igem Alkohol bestimmt („Protein" = N·6,25). — Aus Blättern wurden 20,4% (b) bzw. 31,8% (a) des Gesamt-N extrahiert; die Extraktionsrückstände enthielten 32,6% (b) bzw. 27,2% (a) des Trockengewichts an „Protein" und wurden mit 6 n HCl (24 Std. Rückfl.) hydrolysiert. Die Körner wurden als Ganzes hydrolysiert und enthielten 15,3% (b) bzw. 17,4% (a) des Trockengew. an „Protein". 17 Aminosäuren wurden chromatographisch abgetrennt und nach Moore u. Stein quantitativ bestimmt. Der Gehalt einzelner Aminosäuren war bei Blättern in der Reihe b um ca. 40% höher als bei a (a/b = 0,60–0,75). Nur bei Asparaginsäure wurde ein abweichendes Verhalten festgestellt; bei a war ihr Gehalt um ca. 250% gesteigert (a/b = 3,37). Bei der Körnerfraktion war die gleiche Tendenz wie bei den Blättern zu beobachten (a/b = 0,85–0,95); Abweichungen davon zeigten im Verhältnis a/b nur Asparaginsäure (1,35), Glutaminsäure (1,07), Prolin (1,03) und Cystin (0,62). R. Ritter. 222.

Pavlov, A. N. (Pawlow, A. N.); Moskau, Pflanzenphysiol. Timirjasew-Inst. der Akad. der Wiss. der UdSSR. O prevraščenii belkovych frakcij pri prorastanii semjan kukuruzy. **(Umwandlung der Eiweißfraktionen bei der Keimung der Maissamen.)** Doklady Akademii nauk SSSR, Moskva **148(30)** (1962) Nr. 1. S. 235–238. — 1 Abb., 1 Tab., 21 Lit.
Die Untersuchungen über die Verteilung der Eiweißfraktionen im keimenden Maiskorn ergaben, daß bes. das beim Ausreifen des Korns gebildete alkohollösliche Zein (**I**) hydrolysiert wird. Zu Beginn der Keimung bestehen 50% des Proteins im Endosperm aus Zein. 9 Tage danach beträgt der Zeingehalt nur noch $^1/_8$ der ursprünglichen Menge. Auch bei basenlöslichem Eiweiß ist ein gewisser, wenn auch nicht so intensiver Abbau zu beobachten. Dagegen erhöht sich der Gehalt an wasser- und salzlöslichem Eiweiß nach 2 Tagen zunächst um das Doppelte und erreicht darauf langsam nach 9 Tagen etwa wieder den Ausgangspunkt. In den Keimen reichert sich mit zunehmendem Wachstum neben basen- und salzlöslichem Eiweiß bes. wasserlöslicher N (Albumine und Nichteiweiß-N) an. Der Zeingehalt bleibt dagegen im wesentlichen konstant. Seiner physiol. Rolle nach unterscheidet sich Zein stark von anderen Eiweißen. Die außergewöhnlich große Reaktionsfähigkeit, die es als Nährstoff für den Embryo prädestiniert, hängt wahrscheinlich mit der chem. Struktur zusammen. Wie auch andere Prolamine enthält Zein bes. große Anteile an Glutaminsäure, Leucin, Alanin und Prolin. Als Besonderheit gegenüber anderen Eiweißen besitzt das Zeinmolekül jedoch endständige Aminogruppen (Glutaminsäure, Threonin). Die erhaltenen Ergebnisse weisen darauf hin, daß in den ersten Tagen der Keimung, in denen Lysin-haltige Albumine und Globuline produziert werden, die Synthese von Lysin stattfindet. Die 1. Etappe der Keimung würde dann eine Umgruppierung der N-Verbindungen mit dem Ziel der Erhöhung des biol. Wertes der Eiweiße im Maiskorn bedeuten. P. Stoß. 222.

Weinstein, Leonard H. und Porter, Clark A. Changes in free amino acid and amide levels of leaf pieces, detached leaves, detached plants, and intact plants of tobacco at different times. **(Änderungen im Gehalt an freien Aminosäuren und Amiden in Blattstücken, abgetrennten Blättern und Pflanzen sowie intakten Pflanzen von Tabak zu verschiedenen Zeiten.)** Contr. Boyce Thompson Inst. **21** (1962) Nr. 6. S. 387–391. — 2 Tab., 10 Lit.
Uniforme Tabakpflanzen (Sorte 'Vamorr 48', *Nicotiana tabacum*) wurden aus Nährlösungskulturen gewonnen. Davon wurden 1 squ.in. große Blattstücke gewonnen, die schwimmend auf Nährlösung halber Konz. gebracht wurden, ferner Blätter abgeschnitten und mit den Stielen in Nährlösung halber Konz. gesetzt und schließlich wurzellose Pflanzen ebenfalls in Nährlösung halber Konz. gestellt. Alle Pflanzen und Pflanzenteile wurden nach 24 und 72 Std.

150 min einer $^{14}CO_2$-Atmosphäre ausgesetzt und dann auf Aktivität und Gehalt an Aminosubst. untersucht. Bei allen abgetrennten Teilen war nach 24 und 72 Std. der Gehalt an allen Aminosäuren wesentlich erhöht. Bes. stark stieg der Gehalt an Glutamin. Am stärksten war der Anstieg in den wurzellosen Pflanzen. Die spez. Aktivität der gesamten Aminosubst.-Menge wurde bei den Pflanzenteilen um so geringer, je später nach der Einsetzung der Gewebe in die Nährlösung der $^{14}CO_2$-Einfluß begann. Die intakten Pflanzen hatten die höchste Radioaktivität. Es ergibt sich, daß die Verwendung von abgeschnittenen Pflanzen und Blättern im Vorzug vor Blattstücken als Versuchsmaterial nicht nachteilig ist, wenn auch die intakte Pflanze am besten für viele Stoffwechseluntersuchungen geeignet ist, einschl. der Vorgänge, die mit N-Stoffwechsel und Virussynthese verknüpft sind. W. Stenz. 222.

Škol'nik, M. Ja. und Maevskaja, A. N. (Schkolnik, M. Ja. und Majewskaja, A. N.); Leningrad, Bot. Komarow-Inst. der Akad. der Wiss. der UdSSR. K voprosu o mechanizme dejstvija bora na biosintez nukleinovych kislot. Vlijanie bora na ėnergetičeskij obmen. **(Der Mechanismus der Borwirkung und die Biosynthese von Nucleinsäuren. Einfluß von Bor auf den Energiestoffwechsel.)** Doklady Akademii nauk SSSR, Moskva **145(30)** (1962) Nr. 1. S. 222–224. – 1 Tab., 17 Lit.

Bormangel kann bekanntlich nicht nur zu Wachstumsstörungen, sondern auch zum Absterben der Knospen und der ganzen Pflanzen führen. Nach bisherigen Untersuchungen werden durch B die Prozesse der oxydativen Phosphorylierung (oP) beeinflußt. Da die ATP als Endprodukt der oP gelten kann, wurde der B-Einfluß auf den ATP-Gehalt von Sonnenblumen untersucht (Wasserkulturen, mit und ohne B). Bei B-Mangel war der ATP-Gehalt in den Knospen stets stark verringert, während bei den übrigen Pflanzenteilen keine deutliche B-Wirkung auf den ATP-Gehalt gefunden wurde. Die Ergebnisse unterstützen die Annahme, daß die Rolle des B in der Biosynthese der Nucleinsäuren mit dem Einfluß auf die ATP-Ansammlung verbunden ist, d. h. mit der Wirkung auf den Energiestoffwechsel. Bei B-mangel wird die Synthese wichtiger Stoffe herabgesetzt, bes. der für normales Wachstum notwendigen Nucleinsäuren. K. Böttcher. 222.

Stavy, L. und Mayer, A. M.; Jerusalem, Hebrew Univ., Bot. Dep. Coupled oxidation of ascorbic acid by phenols and phenolase from lettuce seeds. **(Gekoppelte Oxydation der Ascorbinsäure durch Phenole und Phenolase in Salatsamen.)** Bull. Res. Council Israel, Sect. D **11D** (1962) Nr. 1. S. 31–34. – 4 Tab., 8 Lit.

Durch Dialyse (8 bzw. 12 Std.) des Samenextraktes wird die Oxydation der Ascorbinsäure (AS) auf 16 bzw. 4% herabgesetzt. Bei Zusatz phenolischer Subst. zum dialysierten Extrakt wird die Oxydation gefördert, durch Cyanidzusatz zum undialysierten Extrakt gehemmt. Aus diesen Befunden ist zu schließen, daß die Oxydation der AS durch Phenolase eine gekoppelte Reaktion ist; Phenolase oxydiert phenolische Subst. zum entspr. Chinon, und diese oxydieren die AS. H. Ackermann. 222.

Goldsmith, Mary Helen M. und Thimann, Kenneth V.; Cambridge, Mass., Harvard Univ., Biol. Lab. Some characteristics of movement of indoleacetic acid in coleoptiles of Avena. I. Uptake, destruction, immobilization, and distribution of IAA during basipetal translocation. **(Einige Bewegungsmerkmale der Indolessigsäure in Avena-Koleoptilen. 1. Mitt. Aufnahme, Zerstörung, Festlegung und Verteilung der IES während des basipetalen Transportes.)** Plant Physiol. **37** (1962) Nr. 4. S. 492–505. – 13 Abb., 6 Tab., 32 Lit.

Mit ^{14}C markierte IES wurde horizontal stehenden *Avena*-Zylindern von 7–20 mm Länge apikal in Agarblöckchen oder wäßriger Lösung geboten und der nach dem Transport basal in Agarblöckchen aufgefangene Wuchsstoff im *Avena*-Krümmungstest bestimmt. Die ausschließlich polare Wanderung des Wuchsstoffes wurde erneut bestätigt. Wird die verabfolgte Konz. erhöht, so hat dies nur bis zu einem bestimmten Max. im Akzeptorblock einen proportionalen Anstieg zur Folge. Die Ausgangskonz., bei der dieses Max. erreicht wird, ist von der Länge der Zylinder abhängig. Die Aktivität innerhalb der Segmente nimmt logarithmisch mit der Entfernung vom Donatorblöckchen ab. Die Ergebnisse sprechen dafür, daß IES im Verlaufe des Transportes z. T. zerstört, z. T. auch inaktiviert oder gebunden und festgelegt wird. Für den ersten Effekt spricht die Tatsache, daß im Akzeptorblöckchen nicht alle vom Donatorblock abgegebene Aktivität zu finden ist. Eine zeitweise Festlegung läßt sich durch das Auftreten von ^{14}C-IES lange, nachdem nur einfache IES verabfolgt wurde, nachweisen. H.-L. Pätzold. 222.

Scheidecker, Danielle, Bouloux-Hardy, Madeleine, Guénin, Huguette und Billard, Guy. Comportement des partenaires et répartition des éléments chimiques dans les greffes de tomates. **(Verhalten der Pfropfpartner und Verteilung der chemischen Elemente in den Pfropfungen von Tomaten.)** C. R. hebd. Séances Acad. Sci. **255** (1962) Nr. 3. S. 555–557. – 1 Tab., 3 Lit.
Vf. vermutet auf Grund von Beobachtungen, daß speziell Ca schwerer im Leitgewebe transportiert wird als andere Elemente, und versucht, dies durch Pfropfversuche mit Tomaten (*Lycopersicum racemigerum* Lange 'Groseille rouge' und *L. esculentum* 'Mikado écarlate') nachzuweisen. Die Arten wurden sowohl gegenseitig als auch mit sich selbst kombiniert. Die Untersuchung der Blätter, Sprosse und Früchte erfolgte 3 Mon. nach der Pfropfung. Morphol. Veränderungen der Partner wurden nicht sichtbar. Analysiert wurde der Gehalt an Wasser, N, P, S, K, Ca und Mg. Danach ist bei dem untersuchten Material der Einfluß der Pfropfstelle auf den Wasser- und Mineralstofftransport unbedeutend. Vf. betont die Übereinstimmung mit der angeführten Literatur. K. Arlt. 222.

Buchloh, G.; Heidelberg, Univ., Bot. Inst. **Untersuchungen über die Physiologie der Gummibildung bei unverträglichen Steinobst-Veredlungen.** Dtsch. Akad. Landwirtsch.-Wiss. Berlin, Tagungsber. **1960** (hrsg. 1962) Nr. 35. S. 23–28. – 9 Lit. Zus. in Russ., Engl.
Neben der Gummosis, z. B. bei Aprikosen, die mit großer Wahrscheinlichkeit als Folge von Infektionen auftritt (*Sclerotinia* oder *Verticillium*) gibt es bei anderen Steinobstarten Gummibildungen, die nicht infektiöser oder traumatischer Natur sind, sondern aus einer pathol. Umstimmung des Stoffwechsels in meristematischen Zellen resultieren. Die Gummifizierung beginnt durch Einlagerung feiner Gummitröpfchen, die verschmelzen und später durch Auflösen der Zellwandbestandteile das benachbarte Xylem angreifen und einschmelzen. Enzymatische Prozesse (Peroxydase und Polyphenoloxydasen) haben dabei offenbar wesentlichen Einfluß. Als Bestandteile des Gummis herrschen zuerst Uronsäuren und Arabinose vor, später nimmt der Anteil an Xylose erheblich zu; ferner sind noch Mannose und 4 noch nicht identifizierte Zucker, verschiedene Phenole, ninhydrinpositive und ligninähnliche Substanzen nachweisbar. An anorg. Subst. herrschen Ca und Mg vor. Die Gummifizierung wird im Zusammenhang mit der Verwachsung zweier Pfropfpartner diskutiert. H. Ackermann. 222.

Reinert, J.; Berlin-Dahlem, Univ., Pflanzenphysiol. Inst. **Morphogenese in pflanzlichen Gewebekulturen.** Endeavour **21** (1962) Nr. 82. S. 85–90. – 15 Abb., 24 Lit.
Pflanzliche Gewebekulturen eignen sich gut zum Studium morphogenetischer Prozesse, da sie die Fähigkeit zur Organbildung in vitro besitzen. Am leichtesten gelingt es, Wurzelbildung an Sproß- oder Wurzelexplantaten hervorzurufen. Die Wurzeln sind normal ausgebildet und entstehen neu, also nicht aus schon vorhandenen Wurzelanlagen. Seltener kann man eine Entwicklung

von Sprossen, Blättern oder sogar ganzen Pflänzchen erreichen. Diese ist gebunden an die Zugabe bestimmter Komponenten unbekannter Zusammensetzung, wie Kokosmilch oder Hefeextrakt, zum Nährmedium. Die Organbildung verläuft allg. in 2 Phasen: Kurz nach der Isolierung entsteht durch beschleunigte Zellteilung undifferenziertes Kallusgewebe, aus dem in der 2. Phase sich Vegetationspunkte durch Differenzierungsvorgänge bilden. Es wurde beobachtet, daß frisch isolierte Gewebe häufiger zur Organbildung gelangen als ältere, daß der Ploidiegrad der Zellen wechselt. Dabei wirken Faktoren aus Kokosmilch und Hefeextrakt beschleunigend auf die Bildung polyploider Zellen. Der Einfluß physikal. Faktoren auf die Organbildung ist bisher ungenügend untersucht worden. Allgemein gültige Regeln hinsichtlich der Reaktion von Geweben bei der Organogenese lassen sich noch nicht geben. Offensichtlich beruhen unterschiedliche Reaktionen auf der Beeinflussung eines „komplexen Systems" durch verschiedene, sich gegenseitig beeinflussende Faktoren, wobei Vf. auch auf die Wechselwirkung zwischen Auxin und Kinetin bei der Organbildung in vitro hinweist. G. Ballin. 230.

Collis-George, N. und Sands, Jocelyn E.; Sydney, Univ., School of Agric., Sect. of Soils. Comparison of the effects of the physical and chemical components of soil water energy on seed germination. **(Vergleich der Wirkungen der physikalischen und chemischen Energiekomponenten des Bodenwassers auf die Samenkeimung.)** Austral. J. agric. Res. **13** (1962) Nr. 4. S. 575–584. — 1 Abb., 2 Tab., 7 Lit.

Das gesamte Potential des Bodenwassers kann aus 3 Komponenten bestehend betrachtet werden: 1. Kapillarpotential (matric potential), 2. osmotisches Potential, 3. Gravitationspotential. In Modellversuchen wurde der Einfluß der beiden erstgenannten Komponenten auf die Samenkeimung von *Medicago sativa*, *Avena sativa* und *Lolium perenne* untersucht. In diesen Versuchen konnte jede Komponente unabhängig von der anderen untersucht werden. Die Samen lagen auf einer durchlässigen Unterlage; von unten wurden Wasser oder NaCl-, Glycerin- und $CdSO_4$-Lösungen nachgeliefert. Durch Anstieg des osmotischen Potentials wurde die Keimungsrate vermindert; bei NaCl und Glycerin waren größere Potentiale als bei $CdSO_4$ notwendig, um die Keimung merklich zu verlangsamen. In Systemen mit gleichem Gesamtpotential hat das Kapillarpotential einen wesentlich stärkeren Einfluß auf die Keimung als ein zahlenmäßig äquivalentes osmotisches Potential. Dies zeigt, daß die Art der Lösung, bes. ihre Giftigkeit, bedeutungsvoller ist als eine osmotische „Trockenheit". C. Tittel. 230.

Siegel, S. M., Rosen, L. A. und Giumarro, C.; Tarrytown, N. Y., Union Carbide Res. Inst. Effects of reduced oxygen tension on vascular plants. IV. Winter rye germination under nearmartian conditions and in other nonterrestrial environments. **(Die Wirkungen verminderten Sauerstoffdruckes auf Gefäßpflanzen. 4. Mitt. Die Keimung des Winterroggens unter mars-ähnlichen Bedingungen und in anderen nichtirdischen Umweltverhältnissen.)** Proc. nat. Acad. Sci. USA 48 (1962) Nr. 5. S. 725–728. — 2 Tab., 7 Lit.

Wi-Roggen wurde unter Laboratoriumsbedingungen in Perlit-Grus in Gegenwart verschiedener Gase eingekeimt. Die Temperatur betrug in den meisten Keimversuchen 22–24 °C, einige Versuche wurden bei niedriger Temperatur (6–10 °C) und Wechseltemperatur (−10 bis +23 °C) durchgeführt. Als Lichtquelle dienten Tageslichtlampen. Im Vergleich mit der Keimung in Luft war die Keimung in der „Marsatmosphäre" bei 0,5 und 1,0 at nur unwesentlich verlangsamt; bei 0,1 at war die Hemmung etwas stärker. Die Keimung in verschiedenen anderen Gasen ergab z. T. unerwartete Ergebnisse. In 10% CS_2 + 90% Ar, CH_4, CO und N_2O von 1,1–1,2 at verlief die Keimung rascher als in Luft von 0,03 at oder Ar von 1,2 at. Bes. hohe Keimwerte (91% nach 4 Tagen) wurden in CO und N_2O erzielt; in beiden Gasen sowie in Ar und in

der „Marsatmosphäre“ wurden normal grüne Koleoptilen gebildet. Andererseits unterblieb die Keimung in 10% COS + 90% Ar und in 2-C_4H_8 vollständig.
C. Tittel. 230.

Recalde, Luis und Blesa, A. Carlos; Zaidin, Granada, Estación Exp. Contribución al estudio del crecimiento en secciones aisladas de coleóptilo de Avena. VI. Intervencion del arseniato y del 2,4-dinitrofenol en el crecimiento. **(Beitrag zur Untersuchung des Wachstums isolierter Haferkoleoptil-Segmente. 6. Mitt. Wirkung von Arsenat und 2.4-Dinitrophenol auf das Wachstum.)** An Edafol. Agrobiol. **20** (1961) Nr. 6. S. 329–336. – 3 Tab., 12 Lit. 5. Mitt. vgl. LZ. Abt. II 7 (1962) Nr. 12. S. 3186.
Verschiedene Atmungshemmstoffe hemmen auch das Wachstum und zeigen damit, daß eine Beziehung zwischen Atmung und Wachstum besteht. Vff. untersuchen die Wirkung von Natriumarsenat und 2.4-Dinitrophenol (beides Entkoppler von Phosphorylierungsvorgängen) auf das Wachstum von *Avena*-Koleoptilsegmenten und ihre Wechselwirkung mit Ascorbinsäure (Testlösung: 2% Glucose + 1 mg/l Indolessigsäure; pH 6,8). – Arsenat und DNP hemmen das Wachstum der Segmente, letztere Substanz schwächer. Bei Ab- oder Anwesenheit beider Inhibitoren fördert Ascorbinsäure das Wachstum und kann die Hemmungen (wenigstens teilweise) kompensieren.
G. Ballin. 230.

Recalde, Luis und Blesa, A. Carlos; Zaidin, Granada, Estación Exp. Contribución al estudio del crecimiento en secciones aisladas de coleóptilo de Avena. VII. Intervencion de algunos inhibidores del sistema ascorbico oxidasa en el crecimiento. **(Beitrag zur Untersuchung des Wachstums isolierter Haferkoleoptil-Segmente. 7. Mitt. Wirkung einiger Inhibitoren des Ascorbinsäureoxydase-Systems auf das Wachstum.)** An. Edafol. Agrobiol. **20** (1961) Nr. 7/8. S. 379–386. – 5 Tab., 20 Lit. 6. Mitt. vgl. vorst. Ref.
In einer früheren Mitt. zeigten Vff., daß das Wachstum isolierter *Avena*-Koleoptilsegmente durch das Verhältnis Ascorbinsäure/Dehydroascorbinsäure beeinflußt wird. Da Vff. annehmen, daß Inhibitoren der Ascorbinsäureoxydase (Cu-haltiges Ferment) auch Wachstumshemmstoffe sein müßten, untersuchen sie die Wirkung einiger spezifischer Inhibitoren auf das Wachstum von Koleoptilzylindern (Testlösung: 2% Glucose + 1 mg/l Indolessigsäure; pH 6,8). – Niedere Konz. (10^{-4}mol.) von Diäthyldithiocarbamat, Natriumxanthogenat und 8-Hydroxychinolin fördern, höhere hemmen das Wachstum. KCN wirkt in allen untersuchten Konz. nur hemmend. Vff. vermuten, daß an der Atmung der *Avena*-Koleoptile außer der Ascorbinsäureoxydase auch andere Systeme beteiligt sind. G. Ballin. 230.

Winkel, A. **Das Wachstum junger Maispflanzen in Abhängigkeit von ihrem Alter und von der Bodenfeuchtigkeit.** Dtsch. Akad. Landwirtsch.-Wiss. Berlin, Tagungsber. **1962** Nr. 48. S. 141–152. – nach Zus.
Die Wachstumskurve des Maises wird durch dessen entwicklungsphysiol. Zustand bestimmt. Die Ergebnisse eines Saatzeitenversuches ergaben für die untersuchten Sorten im Jugendstadium unter gleichen Witterungsverhältnissen eine statistisch gut gesicherte Abhängigkeit der Zuwachsrate vom Pflanzenalter. – Von den das Wachstum beeinflussenden Umweltbedingungen wurde in einem Gefäßversuch die Wirkung unterschiedlichen Wasserangebotes untersucht. Der Zuwachs junger Maispflanzen wird wesentlich durch die Bodenfeuchtigkeit bestimmt; er war bei 90% der WK größer als bei 60% bzw. 30%. Die Sortenunterschiede im oberirdischen Gewicht waren nach gleichmäßiger Wasserversorgung mit 60 bzw. 90% der WK am deutlichsten zu erkennen. Ein Wechsel der Bodenfeuchtigkeitsbedingungen verringerte die Differenzen. Junge Maispflanzen wuchsen nach 14tägiger Tockenperiode und anschließender Anzucht bei 60% der WK schneller als bei kontinuierlicher Wasserversorgung mit 60%. Eine Ursache für diesen „Nachholeffekt“ isr

in dem besseren Sproß:Wurzelverhältnis der anfänglich bei 30% der WK gehaltenen Pflanzen zu suchen. Die Sorte 'Strenzfelder' war der Hybride 'Wir 25' in der Länge und im Gewicht der oberirdischen Pflanzenteile überlegen. 'Wir 25' hatte dagegen ein höheres Wurzelgewicht und damit auch einen höheren Wurzelanteil. Auf das unterschiedliche Wasserangebot reagierten beide Sorten in der Pflanzenlänge in der Tendenz gleich. Für die übrigen untersuchten Merkmale konnte eine statistisch gesicherte Wechselwirkung nachgewiesen werden. 230.

Tomov, N. (Tomow, N.) Proučvanija vŭrchu razvitieto na skeletnite koreni na njakoi chibridi i sortove carevica. **(Studien über die Skelettwurzelentwicklung einiger Hybridmaise und Maissorten.)** Izvestija na Kompleksnija selskostopanski naučnoizsledovatelski institut — Karnobat, Sofija 2 (1962) S. 31–48. — 10 Abb., 8 Tab., 14 Lit. Zus. in Russ., Engl.
Untersucht wurde die Ausbreitung der Skelettwurzeln in Breite und Tiefe während der einzelnen Entwicklungsstadien der Hybriden 'WIR-42', 'Wisconsin 641 AA', 'Ohio C-92' und der Sorte 'Tschirpan 87'. Verfolgt wurde dabei auch der Zusammenhang zwischen der Entwicklung der Blattoberfläche und der Skelettwurzeln. Die Studien wurden anhand von Aufbruch- und Abwurfproben vorgenommen. Die Hybride 'WIR-42' wies die wenigsten Primärwurzeln, im Mittel 3,37 je Pflanze, auf. Im Blühstadium hatte diese Hybride durchschnittlich 54,2 Skelettwurzeln je Pflanze, aber bei einer Pflanzenhöhe von 180 cm hatten diese Wurzeln die geringste Länge (im Mittel 30,3 cm) und eine Gesamtblattoberfläche von 6376 cm^2. Die Hybriden 'Wisconsin 641 AA' und 'Ohio C-92' wiesen 4,33 Primärwurzeln je Pflanze auf. Vom 8-Blattstadium an nahm die Zahl der Skelettwurzeln rasch zu. Sie stieg bei 'Wisconsin 641 AA' bei einer Durchschnittswurzellänge von 76,5 cm bis auf 15,4 je Pflanze an. Im Blühstadium erreichten die Skelettwurzeln bei 240 cm Pflanzenhöhe und 7248 cm^2 Blattoberfläche ihre höchste Entwicklung (bis 202 cm breit und 116 cm tief). Einen noch stärkeren Wuchs zeigten die Skelettwurzeln bei 'Ohio C-92', wogegen die Sorte 'Tschirpan 87' eine größere Anzahl, aber verhältnismäßig kurze Wurzeln aufwies (im Durchschnitt 53 cm). Der oberirdische Pflanzenteil war schwach entwickelt: die Höhe erreichte 175 cm und die Blattoberfläche 4611 cm^2. M. Stoilow. 230.

Saito, Masataka und Takasawa, Hiroshi. Studies on the influence of low-temperature on soybean plants. II. Influence of low-temperature at various growing periods on plant growth and seed yield. **(Untersuchungen über den Einfluß niedriger Temperatur auf Sojabohnenpflanzen. 2. Mitt. Einfluß niedriger Temperatur zu verschiedenen Wachstumsperioden auf das Pflanzenwachstum und den Samenertrag.)** Res. Bull. Hokkaido nat. agric. Exp. Stat. **1962** Nr. 78. S. 26–31. — 8 Abb., 3 Tab., 10 Lit. Orig.: jap., Ausz.: engl. — 1. Mitt. vgl. LZ. Abt. II 7 (1962) Nr. 3. S. 612.
In dem einen Versuch wurden die Pflanzen 20 Tage lang in verschiedenen Wachstumsperioden, gestaffelt zu 10 Tagen Temperaturen von 13–15 °C ausgesetzt. Im 2. Versuch erfolgte die Behandlung mit niedrigen Temperaturen während der Blütenknospendifferenzierung und z. Z. der Entwicklung der Samen (Kontrolle ohne Behandlung), wobei außerdem mit einer geringen und einer hohen NPK-Gabe kombiniert wurde. Tiefe Temperaturen während der Blütendifferenzierung und des Blühens verursachten viel stärkere Schäden in Wachstum und Samenertrag als während der anderen Stadien, und zwar in Form von Sterilitätserscheinungen. Sorten mit normal 3–4 Samen/Hülse reagierten vorwiegend mit Verminderung der Samenzahl/Hülse, solche mit normal 1–2 Samen/Hülse mit Verminderung der Anzahl fruchtbarer Hülsen, Einzelsamengewicht und %-Anteil fruchtbarer Ovula. Die fördernde Wirkung der Düngung war nach Einwirkung tiefer Temperaturen wesentlich auffälliger als bei der unbehandelten Kontrolle. W. Stenz. 230.

Calábek, J.; Brno, VŠZ, Katedra Bot. a Mikrobiol. Vliv kyseliny giberelové na růst o ovíjení rostlin. **(Einfluß der Gibberellinsäure auf Wachstum und Windung der Pflanzen.)** Sborník Vysoké Školy zemědělské Brně, Rada A **1962** Nr. 1. S. 43–52. – 3 Abb., 3 Tab., 15 Lit. Zus. in Russ., Franz.

Unter dem Einfluß von Gibberellin wuchs bei *Pharbitis hispida* und *Phaseolus vulgaris* das Hypokotyl rascher und zu größerer Länge als bei der Kontrolle. Der Sproß erreichte innerhalb einer bestimmten Zeitspanne eine viel größere Länge als die Kontrollpflanzen. Das Gibberellin verkürzte die Dauer des langsamen Wuchses des oberhalb der Keimblätter befindlichen Achsenteils und verursachte raschen Wuchs, der vom Herabhängen der Sprößlinge und windenden Bewegungen begleitet wird. Manchmal zeigten sich die windenden Bewegungen um die Keimblattstiele der eigenen Pflanze bereits bei ganz kleinem Epikotyl. Der Gibberellineinfluß auf die Beschleunigung der Entwicklung von Blüten, auf das Reifen der Früchte usw. wird weiter verfolgt.

M. Pštross. 230.

Roguski, K. und Cieslewicz, J. **Über den Einfluß hoher Temperaturen im Gewächshaus auf verschiedene Entwicklungsstadien der Kartoffel.** Dtsch. Akad. Landwirtsch.-Wiss. Berlin, Tagungsber. **1962** Nr. 48. S. 125–129. nach Zus.

Die Wirkung höherer Temperaturen, 40–45 °C Tages- und 20–25 °C Nachttemperatur hatte während der Knospenbildung (a) oder während des Blühens (b) bei den untersuchten Pflanzen eine Verlängerung der Vegetationsperiode zur Folge. Die Pflanzen aus Behandlungsvariante a blühten zweimal. Weitere Temperaturerhöhungen führten zu Knollenmißbildungen, zu einer höheren Zahl kleiner Knollen und bei der Sorte 'Ackersegen' auch zur Fadenkeimigkeit. Die behandelten Varianten zeigten zum größten Teil Ertragsdepressionen gegenüber den unbehandelten Pflanzen. Die Knollenmißbildungen wurden auf die nachfolgende Generation nicht übertragen. Hohe Temperaturen im Gewächshaus können die Selektion in Blumentöpfen angezogener Sämlinge erschweren. 230.

Nanda, K. K. Some observations on the emergence, growth and flowering of branches in Papaver rhoeas L. **(Einige Beobachtungen über Aufgang, Wachstum und Blühen von Papaver rhoeas L.)** Phyton [Vicente López, Argentina] **16** (1962) Nr. 1. S. 27–43. – 7 Abb., 71 Lit.

In Gefäßversuchen mit *Papaver rhoeas* ergab sich, daß der Hauptschoß sich schnell streckte und in einer einzelnen Blütenknospe endete. Die Entwicklung von Knospen in den Blattachseln am Hauptschoß blieb während der schnellen Streckung des apikalen Wachstumspunktes fast völlig stehen. Sie wird erst nach dem Aufgang der Blütenknospe des Hauptschosses eingeleitet und geht dann basipetal vor sich. Die Periode, in der die Streckung des Stengels erfolgt, nimmt progressiv mit dem Abstand der Nodien zu, von denen sie sich aus der Hauptblüte erhebt, so daß die optimale Stengellänge und die Zahl der Nodien und Blätter ebenfalls von der Spitze nach unten hin progressiv zunehmen. Daraus resultierend, gruppieren sich diese Einzelblüten schließlich doldentraubenartig. W. Fleischmann. 230.

Plessers, A. G.; Ottawa, Ontario, Canada Dep. of Agric. The response of Raja and Redwing flax to temperature and to supplementary incandescent light in growth chambers. **(Die Reaktion von Pflanzen der Leinsorten 'Raja' und 'Redwing' auf die Temperatur und auf zusätzliches weißes Licht in Vegetationskammern.)** Canad. J. Plant Sci. **41** (1961) Nr. 4. S. 818–827. – 2 Abb., 4 Tab., 10 Lit.

Beide Sorten sind frühreifend (synthetische Sorten aus 9 bzw. 5 Linien). Die Pflanzen wurden in 2 Kammern unter gleicher Photoperiode (18 Std.) gehalten, wobei in der einen Kammer weißes Fluoreszenzlicht (Farbtemp. 4500 °K), in der anderen z. T. weißes Glühlampenlicht bei gleicher Lichtinten-

sität herrschte. Die Temperaturen lagen bei 70 und 80 °F. Als Ergebnis zeigt sich, daß das unterschiedlich schnelle Reifen beider Sorten nördlich des 55. Breitengrades (im Süden Canadas reifen beide Sorten gleichzeitig) offenbar auf verschiedenes Anpassungsvermögen zurückzuführen ist. Bei Fluoreszenzlicht waren die Differenzen im Zeitraum bis zum Blühen zwischen beiden Sorten wesentlich größer als bei Fluoreszenzlicht + Glühlampenlicht, wobei der Zeitraum bis zum Blühen verkürzt wurde. Die Stengellänge ging dabei entspr. zurück. Bei 80 °F waren die Differenzen größer als bei 70 °F. Hohe Wassergabe verstärkte ebenfalls die Unterschiede. 'Raja' reagierte hinsichtlich Blühtermin auf die verschiedenen Lichtqualitäten stärker als 'Redwing'. Die unterschiedliche Anpassungsfähigkeit zeigt Möglichkeiten für die Züchtung besser angepaßter und leistungsfähigerer synthetischer Sorten.
W. Stenz. 230.

Takahashi, Noriko, Moroo, Takeko, Hashimoto, Tohru und Yamaki, Toshio; Tokyo, Japan Women's Univ., Physiol. Lab. Effects of some organic acids on the dark germination of tobacco seed. **(Wirkung einiger organischer Säuren auf die Dunkelkeimung von Tabaksamen.)** Bot. Mag., Tokyo **75** (1962) Nr. 887. S. 163–169. — 4 Abb., 1 Tab., 4 Lit. Orig.: engl., Ausz.: jap.
Es wird die Wirkung von Pyrotrauben-, Essig-, Zitronen-, α-Ketoglutar-, Bernstein-, Fumar-, Äpfel- und Weinsäure auf die mittels Gibberellinsäure induzierte Dunkelkeimung von Tabaksamen in Gegenwart von NH_4OH bzw. KOH untersucht. Genannte Säuren beschleunigen die Gibberellinwirkung im sauren Bereich, bes. zwischen pH 2,0 und pH 4,5. In Gegenwart von NH_4OH induzieren die Äpfel- und Weinsäure die Dunkelkeimung in einem größeren pH-Bereich (zwischen pH 3,8 bzw. 4,5 und pH 8,0). Die höchste Keimfähigkeit wird bei pH 4,8 erreicht, bei den übrigen organischen Säuren bei pH 4,5. Die anorg. Salze induzieren die Dunkelkeimung bes. in Form ihrer Phosphate. Je länger die Lagerzeit, umso geringer ist die Beschleunigung durch diese Salze.
J. Merker. 230.

Cumming, Bruce G. und Steppler, Howard A.; Quebec, McGill Univ., Macdonald Coll., Fac. of Agric. The control of growth and development in red clover (Trifolium pratense L.). IV. Vegetative propagation and the use of growth regulators. **(Die Kontrolle von Wachstum und Entwicklung bei Rotklee [Trifolium pratense L.[. 4. Mitt. Vegetative Vermehrung und die Anwendung von Wachstumsregulatoren.)** Canad. J. Plant Sci. **41** (1961) Nr. 4. S. 836–848. — 9 Abb., 5 Tab., 20 Lit. 3. Mitt. vgl. LZ. Abt. II **5** (1960) Nr. 10. S. 2308.
Zur vegetativen Vermehrung von Rotklee wurde die Anzucht in glasbedeckten Holzkästen erprobt. Dabei wurden Wasservernebelung, Zusatzbelichtung und Wuchsstoffe (IES oder NES, 10 mg/ml 50%igem Äthanol, IES in Lanolin, 2 mg/g Lanolin, TJBS als Gießlösung) angewendet. Einfache Blattstecklinge mit Axillarknospen eigneten sich zur Bewurzelung besser als Kronen- oder Stengelschnittlinge. Sie ähneln im Verhalten auch mehr den Sämlingen. Vorbehandlung mit Kurztag sowie mit 2.3.5-Trijodbenzoesäure wirkten stark fördernd. MH wirkte auch fördernd, führte aber bei blühenden Stengeln zum Abwurf der Blüten. IES förderte bes. die Wurzelbildung, bes. in Kombination mit Langtag. Die Klonvermehrung geht auf diese Weise sehr schnell. Enggepflanzte Stecklinge konnten in den Kästen im Gewächshaus und auch unter kalten Lagerungsbedingungen überwintert werden. W. Stenz. 230.

Barker, W. G. und Steward, F. G.; Ithaca, N. Y., Cornell Univ., Dep. of Bot. Growth and development of the banana plant. I. The growing regions of the vegetative shoot. **(Wachstum und Entwicklung der Bananenpflanze. 1. Mitt. Die Wachstumszonen des vegetativen Sprosses.)** Ann. Botany [N. S.] **26** (1962) Nr. 103. S. 389–411. — 13 Abb., 32 Lit.
Vff. führten mikroskopische Untersuchungen, vor allem über die Struktur des Wachstumskegels, die Herkunft der Blattanlagen und das Wachstum des

Blattgrundes, durch und demonstrieren die Ergebnisse an Hand von Mikroaufnahmen. – Zweikernige Zellen (Zellteilung = Wachstumszone) finden sich an der Blattbasis und im interkalaren Meristem. Die Bildung der Luftkammern, die für reife Blätter charakteristisch sind, die Formation der Septa und das Zustandekommen des exzentrischen Wachstums der Mittelrippe (Meristem am Blattgrund) werden gezeigt. Andere Meristemzonen bilden die Blattspreite. Das hauptsächliche vegetative Wachstum wird von den Seitenblättern übernommen, trotzdem nimmt auch die Größe der zentralen Achse langsam zu. Diese Verhältnisse ändern sich bei der Bildung des Blütenschaftes. Achselknospen kommen am vegetativen Sproß nicht vor (Dominanz der Spitzenknospe), aber unter bes. Bedingungen können Adventivknospen erscheinen. Ungeklärt ist die Frage, welcher Mechanismus die in der Pflanze überall verstreuten Teilungsgewebe stimuliert oder kontrolliert. Da neben derartigen Geweben meist gefäßähnliche Stränge vorkommen, kann die Zufuhr von Nährstoffen und regelnden Subst. auf diesem Wege vermutet werden.

V. Ehrenpfordt. 230.

Barker, W. G. und Steward, F. G.; Ithaca, N. Y., Cornell Univ., Dep. of Bot. Growth and development of the banana plant. II. The transition from the vegetative to the floral shoot in Musa acuminata cv. Gros Michel. **(Wachstum und Entwicklung der Bananenpflanze. 2. Mitt. Der Übergang vom vegetativen Trieb zum Blütensproß bei Musa acuminata cv. 'Gros Michel'.)** Ann. Botany [N. S.] **26** (1962) Nr. **103**. S. 413–423. – 6 Abb., 1 Tab., 18 Lit. 1. Mitt. vgl. vorst. Ref.

Beim Übergang zur Blütenbildung müssen in der Pflanze alle das Wachstum aktivierenden Vorgänge umgestellt werden. Der ruhende Wachstumskegel, der in Form einer flachen Kuppel in das Rhizom eingesenkt ist, hebt sich und wird konisch. Die Zellen der Deckschichten sowie die Mutterzellen des Kegels teilen sich rasch und enthalten jetzt mehr Protoplasma. In den Achseln hoch angelegter kleiner Seitenäste erscheinen Blütenknospen. Die Ästchen zeigen jedoch nicht das charakteristische Wachstum an der Basis wie die Blätter. Um die Umgruppierung des gesamten Wachstumsverlaufs erklären zu können, muß untersucht werden, von welcher Stelle aus die Vorgänge gesteuert werden. Wegen der hohen Aktivität der Mutterzellen des Wachstumskegels in dieser Periode vermutet Vf., daß hier das Bildungszentrum der stimulierenden Subst. liegt. Diese Wirkstoffe müßten die Einstellung des starken lateralen Wachstums und danach die Beschleunigung der Entwicklung des Sprosses bewirken. V. Ehrenpfordt. 230.

Halevy, A. H.; Rehovoth, Hebrew Univ., Fac. of Agric. Interaction between gibberellin and quaternary ammonium carbamates in growth of cucumber (Cucumis sativus L.) seedlings. **(Wechselwirkungen von Gibberellin und quaternären Ammonium-Carbamaten bei wachsenden Gurkenkeimlingen [Cucumis sativus L.].)** Bull. Res. Council Israel, Sect. D **11D** (1962) Nr. 2. S. 83–90. – 1 Abb., 4 Tab., 19 Lit.

Die Gurkenkeimlinge wuchsen auf feuchtem Filtrierpapier in Petrischalen. Der wäßrigen Lösung wurden Mischungen von Gibberellin und 2 quaternären Ammoniumverbindungen zugesetzt (Subst. **I** = Amo 1618 = 2 Isopropyl-4-dimethylamino-5-methylphenyl-piperidincarboxyl-methylchlorid; Subst. **IV** = 3-Isopropyl-4-dimethyl-phenyl-N,N-dimethylcarbamatmethylchlorid). Gibberellin setzt den Hemmeffekt von **I** auf das Wurzelwachstum nicht herab; der Hypokotylverzögerung wirkt es zwar entgegen, stimuliert aber nicht das Wachstum. Die fördernde Wirkung von $1{,}5 \times 10^{-3}$ mol. GS-Lösung auf das Hypokotylwachstum kann durch **I**-Konz. unter $1{,}5 \times 10^{-3}$ Mol/l nicht beeinflußt werden. Höhere Konz. wirken der Wachstumsförderung entgegen, es kann zu direkten Hemmerscheinungen kommen. Bei Verzögerungen des

Hypokotylwachstums, die durch **I** und **IV** hervorgerufen wurden, wirkt GS im Dunkeln genau so aktiv wie im Licht und ruft beträchtliche Zuwachsquoten hervor. H.-L. Pätzold. 230.

Galston, Arthur W. **The life of the green plant.** Englewood Cliffs, New Jersey: Prentice-Hall, Inc. 1961. (116 S. m. Abb.) 8°. Der Text des Heftes umfaßt 5 Kapitel. Im 1. Kap. wird die Rolle der Pflanze im Haushalt der Natur, und zwar in energetischer Hinsicht (Sonne als Energiequelle, Strahlungsenergie) sowie als Quelle der Existenz der menschlichen und tierischen Bevölkerung der Erde, dargestellt. Danach folgt ein Kap. über die grüne Pflanzenzelle, in welchem die Zellbestandteile und -organelle, ihre Funktion sowie verschiedene Arten von Zellen beschrieben werden. Das 3. Kap. ist der Ernährung der Pflanze gewidmet, wobei Photosynthese, Assimilation, mineral. Ernährung und Wasserhaushalt besprochen und dabei z. B. auch Blattaufbau und Schließzellenfunktion erläutert werden. Das Kap. über Pflanzenwachstum hat die Darstellung der Wachstumskinetik, Aufbau und Funktion der Meristeme sowie Wachstumskontrolle unter Berücksichtigung von wachstumsfördernd und -hemmend wirkenden Subst. zum Gegenstand. Im letzten Kap. werden Differenzierung und Morphogenese erläutert. W. Stenz.

Kazarjan, Vagan Osipovič. Hrsg.: Akad. nauk Armjanskoj SSR; Botan. inst. **Fiziologičeskie osnovy ontogeneza rastenij.** (Die physiologischen Grundlagen der Ontogenese der Pflanzen.) Erevan: Izd. Armjanskoj SSR. 1959. (425 S.) 8°. DM 6,90. (1962 A 201)

Voprosy fiziologii i biochemii sel'skochozjajstvennych rastenij. (Fragen der Physiologie und Biochemie landwirtschaftlicher Nutzpflanzen.) Hrsg.: Minist. sel'skogo choz. USSR. Chafkov. 1959. (145 S. m. Abb.) 4°. Rbl. 4,65 = Trudy Chafkovskogo sel'skochozjajstvennogo instituta im. V. V. Dokučaeva Bd. 19 [56]. (ZB 2808)

D. Chemie der Pflanzen

Kinzel, Helmut; Wien, Univ., Pflanzenphysiol. Inst. **Zur Methodik der Analyse von pflanzlichen Zellsaft-Stoffen, mit besonderer Berücksichtigung der organischen Säuren.** J. Chromatogr. [Amsterdam] 7 (1962) Nr. 4. S. 493 bis 506. — 1 Abb., 3 Tab., 22 Lit. Zus. in Engl.

Vf. beschreibt eine Methode zur Gewinnung von Pflanzenextrakten, bei der alle im Zellsaft gelösten Stoffe erfaßt werden. Das Verfahren kann auch außerhalb des Labors durchgeführt werden. 25 g frische Blätter werden mit 175 ml siedendem aqua dest. übergossen und kurz aufgekocht. Nach dem Abkühlen wird homogenisiert und auf 250 ml aufgefüllt. Bezugsgröße ist bei quantitativen Bestimmungen der Frischwassergehalt der betreffenden Pflanzenteile. Weiterhin wird beschrieben, wie mit Hilfe von Ionenaustauschern Säuren aus dem Extrakt abgetrennt werden und die Säurefraktion von störenden Begleitstoffen, wie Phenolderivaten und Oxalsäure, befreit wird. Mit Hilfe von Ionenaustauschern ist es möglich, den Extrakt in verschiedene Fraktionen aufzutrennen (Kationen, Säuren und Nichtelektrolyte). Von einigen Säuren werden die Rf-Werte in verschiedenen Lösungsmitteln angegeben. Bei Durchlaufchromatogrammen in alkalischen Fließmitteln empfiehlt es sich, als Leitsubst. Phenolrot vorauslaufen zu lassen, da diese Verbindung rascher als org. Säuren wandert und auf dem Chromatogramm unmittelbar erkannt werden kann. Die getrennten Säuren werden am besten mit einem Mischindikator von 3 g Bromphenolblau und 1 g Methylrot in 1 l 95%igem Alkohol sichtbar gemacht. H. Nürnberger. 240.

Kłosińska-Rycerska, B. und Somorowska, K.; Warszawa, Dział Ziemniaka I. U. N.G. Wstępne badania składu chemicznego kildu odmian ziemniaków uprawianych w Polsce. **(Einleitende Untersuchungen der chemischen Zusammensetzung einiger in Polen angebauter Kartoffelsorten.)** Roczniki Nauk rolniczych, Ser. A **86** (1962) Nr. 3. S. 451–461. — 4 Tab., 10 Lit. Zus. in Russ., Engl.

7 Kartoffelsorten wurden untersucht: 'Pierwiosnek', 'Unikat', 'Giewont' (frühe Sorten); 'Epoka' (mittelfrühe Sorte); 'Pionier', 'Dar' und 'Flora' (späte Sorten). Nach der Ernte wurden die Kartoffeln 2 Wochen bei 5–10 °C

aufbewahrt und dann chem. untersucht. Bestimmt wurde der Gehalt der Knollen an Trockenmasse, Stärke, Vitamin C, N, Zellulose und Asche. Außerdem wurden festgestellt die Knollenform, die Lage der Augen, die Beschaffenheit und Farbe der Schale, die Fleischfarbe und die Schnelligkeit und Intensität des Dunkelwerdens des Fleisches nach dem Durchschneiden der Knollen. Neben den Sortenmerkmalen zeigten die Knollen auch einen verschiedenen Nichtstärkeanteil an der Tr.-Subst. („konstante" Differenz nach Maercker). Außerdem unterscheiden sich die untersuchten Kartoffeln im Gehalt an Vitamin C und Asche sowie auch durch den N-Gehalt und das Dunkelwerden des Fleisches. Man vermutet, daß zwischen der N-Menge und der Intensität des Dunkelwerdens des Fleisches eine Abhängigkeit besteht. S. Kowalski. 240.

Hellström, Nils, Torssell, Bengt und Aaamisepp, Margarethe; Uppsala, Roy. Agric. Coll., Inst. of Org. Chem. Investigations on oil turnips and oil rape. VII. On hardening in darkness. **(Untersuchungen über Rübsen und Raps. 7. Mitt. Über Abhärtung im Dunkeln.)** Acta Agric. scand. 11 (1961) Nr. 2. S. 143–150.— 2 Abb., 3 Tab., 2 Lit. 6. Mitt. vgl. Acta Agric. scand. 6 [1956] S. 17.

Vff. untersuchten die Veränderungen des Gehalts an Stärke, red. und Gesamtzucker, Rückstand nach der Zuckerextraktion bzw. Rückstand abzüglich Asche und Rohprotein sowie Rohprotein vor und nach der Extraktion der Zucker, d. h. des Gehalts an leichtlöslichen, Kjeldahl-N enthaltenden Stoffen in Abhängigkeit ihres Wachstums bei Dunkelheit bzw. künstlicher Beleuchtung. Als Versuchsobjekte dienten Rübsen der Sorte 'Tenus' und Raps der Sorten 'Rapido' und 'Matador'. Als Hauptresultat der bei Dunkelheit durchgeführten Versuchsserie ergab sich eine bedeutende Zunahme an Rohprotein und an leichtlöslichen, Kjeldahl-N enthaltenden Stoffen. Simultan mit dieser Entwicklung ging eine Abnahme der Resistenz gegen niedrige Temperaturen. H. Nürnberger. 240.

Hellström, Nils; Uppsala, Roy. Agric. Coll., Inst. of Org. Chem. Investigations on oil turnips and oil rape. VIII. On sugar and protein content in two varieties of oil rape. **(Untersuchungen über Rübsen und Raps. 8. Mitt. Über den Zucker- und Proteingehalt in zwei Varietäten von Ölraps.)** Acta Agric. scand. **11** (1961) Nr. 2. S. 151–159. — 3 Abb., 2 Tab., 4 Lit. 7. Mitt. vgl. vorst. Ref.

2 Rapssorten, von denen die eine, 'Matador' (M), mehr, die andere, 'Paraply' (P), weniger winterhart war, wurden während des Herbstes auf ihren Gehalt an Stärke, Zucker und Rohprotein untersucht. Anfang August wurde ins Freiland gesät. Ernte und Analyse erfolgten zu 5 Terminen zwischen dem 30. Sept. und dem 10. Dez. Das Material wurde in Blätter und Wurzeln unterteilt. Das auffallendste Ergebnis war, daß M höheren Gehalt an Stärke und Gesamtzucker aufwies als P. Ansonsten wurden keine signifikanten Differenzen gefunden, jedoch konnten eine Reihe früherer Ergebnisse (vgl. Hellström, Acta Agric. scand. 6 [1956] S. 17.) bestätigt werden. Weiterhin wurden die quantitativen Veränderungen der individuellen Zucker papierchromatographisch untersucht. Es traten auf: Glucose (**I**), Fructose (**II**), Saccharose (**III**) und Raffinose (**IV**). In den Blättern dominierte eine Abnahme von **I** zugunsten einer Zunahme von **III**. Am Ende der Versuchsreihe begann zusätzlich ein Abbau von **II** und eine Steigerung des Gehaltes an **IV**. In den Wurzeln dominierte **III**, die anderen Zucker zeigten ähnliche Veränderungen wie in den Blättern. Zwischen P und M bestanden keine grundsätzlichen Unterschiede. Abschließend wird eine mögliche Beziehung zwischen Zuckern und Protein diskutiert. Für P und M besteht offenbar eine lineare Abhängigkeit zwischen der rel. Menge der leichtlöslichen Proteinfraktion und der Zahl der mmol Zucker (berechnet als Monohexosen pro 100 g Zucker).

H. Nürnberger. 240.

Vančura, Miroslav; Praha, Výzkumný Ústav Pivovarský a Sladařský. Analytická kritéria našich a zahraničních chmelů. **(Analytische Kriterien tschechoslowakischer und ausländischer Hopfenpartien.)** Kvasný Průmysl 8 (1962) Nr. 2. S. 28–32. – 8 Lit. Zus. in Russ., Engl., Dtsch.
Es werden folgende analytische Methoden der Hopfenuntersuchung beschrieben: gravimetrische Methode nach Wöllmer, spektrophotometrische Methode, polarimetrische Methode, konduktometrische Methode und chromatographische Methode. Außerdem werden die während des Kochens eintretenden Veränderungen der im Hopfen erhaltenen Stoffe besprochen. Die beste Übersicht über die Zusammensetzung der Hopfenharze bietet die Methode von Wöllmer. Der Weichharzgehalt wird für eine bessere Kennziffer des Brauwertes gehalten als der Gehalt an α-Bittersäure. Für die böhmischen Hopfensorten ist das Verhältnis der α- zu den β-Anteilen der Bittersäure charakteristisch. Charakteristisch ist auch die Menge des Hopfengerbstoffes. Die Bestimmung der Hartharzmenge ist auch für die Ermittlung des Entwertungsgrades bei der Hopfeneinlagerung von Bedeutung. Die bis jetzt wenig überprüfte chromatographische Methode wird als perspektive analytische Methode betrachtet. Die Ergebnisse der objektiven analytischen Methoden müssen aber jedenfalls durch organoleptische Prüfungen ergänzt werden, da die Bierqualität in hohem Maße durch lokale Erzeugungsbedingungen und bes. durch die Qualität des Brauereiwassers beeinflußt wird.
P. Bartoš. 240.

Dougall, H. W.; Kitale, Kenya, Grassland Res. Stat. The chemical composition of some species and varieties of Trifolium. **(Die chemische Zusammensetzung einiger Arten und Varietäten von Trifolium.)** East African agric. Forestry J. 27 (1962) Nr. 3. S. 142–144. – 2 Tab., 2 Lit.
Vf. untersuchte mehr als 30 Arten und Varietäten von *Trifolium* auf ihren Gehalt an Asche, Rohprotein, Ätherextrakt, Rohfaser, Kohlenhydraten, SiO_2, SiO_2-freie Asche, Ca und P. Bis auf eine Ausnahme wurden sämtliche Leguminosen mit den zugeordneten Bakterien geimpft und im späten Mai in ein mit Superphosphat gedüngtes Saatbett gesät. Die Analysenergebnisse beziehen sich größtenteils auf blühendes Material. Lediglich Pflanzen, die bis zum 1. Dez. das vegetative Stadium nicht überschritten hatten, wurden erst zu diesem Zeitpunkt untersucht. Der Vergleich der Analysendaten ergab, daß der Gehalt an Rohprotein von einheimischen annuellen Pflanzen (21,08 $\pm$ 0,62) signifikant höher war ($P > 0,001$) als der von annuellen exotischen Leguminosen (15,37 $\pm$ 1,07) und daß der Rohfasergehalt einheimischer perennierender Pflanzen (22,13 $\pm$ 2,35) ebenfalls deutlich höher lag ($P > 0,001$) als bei Exoten des gleichen Typs (15,90 $\pm$ 0,64). Bei den im Blühstadium untersuchten Arten ergab sich folgende Beziehung: Gesamt-Kohlenhydratgehalt = 85,68 – 1,08 Rohprotein ($n = 23$; $r^2 = 0,68$). Hierbei bedeutet der Gesamt-Kohlenhydratgehalt die Summe des %-Gehaltes von Rohfaser und N-freien Extraktstoffen. Im Febr. des folgenden Jahres wurden die zeitig blühenden Pflanzen erneut untersucht. Der Gehalt an Rohprotein betrug bei den gealterten Proben 10,82% der Trockenmasse gegenüber 18,41% bei der ersten Analyse. Das Rohprotein-Verhältnis Altersstadium/Blühstadium betrug bei annuellen Exoten 0,624 $\pm$ 0,037, für einheimische Annuelle 0,561 $\pm$ 0,032 und für perennierende Exoten 0,642 $\pm$ 0,18. Die geringfügigen Differenzen waren nicht signifikant. H. Nürnberger. 240.

McGregor, W. G. und Carson, R. B.; Ottawa, Ontario, Canada Dep. of Agric. Fatty acid composition of flax varieties. **(Fettsäurezusammensetzung des Öls von Leinsorten.)** Canad. J. Plant Sci. 41 (1961) Nr. 4. S. 814–817. – 3 Tab., 7 Lit.
Das Öl von 4 Leinsorten und 10 Hybriden wurde auf Jodzahl sowie Gehalt an Linolen-, Linol- und Ölsäure untersucht. Die Hybriden hatten im Mittel

eine etwas höhere Jodzahl als die Sorten (191,3 gegenüber 189,4) und entspr. auch höheren Gehalt an Linolensäure (51,2 gegenüber 50,5). Der Gehalt an Linolsäure war bei den Hybriden geringer (13,7 gegenüber 14,2%), der an Ölsäure wiederum höher (29,2 gegenüber 27,3%). Die Differenzen zwischen verschiedenen Versuchsorten innerhalb einer Sorte waren größer als die zwischen verschiedenen Sorten. Die Jodzahl schwankte zwischen Sorten und Hybriden von 182–198, der Gehalt an Linolensäure von 46,9–54,6%, der an Linolsäure von 10,9–16,5%, der an Ölsäure von 24,4–35,4% (GD 2,73; 1,23%; 0,55% bzw. 2,92%). Trotz Umwelteinflüssen an verschiedenen Versuchsstationen blieb die Rangfolge der Sorten und Hybriden im wesentlichen gleich.
W. Stenz. 243.

Elton, G. A. H. und Ewart, J. A. D.; Rickmansworth, Herts., Brit. Baking Ind. Res. Assoc. Starch-gel electrophoresis of cereal proteins. **(Stärkegel-Elektrophorese von Getreideproteinen.)** J. Sci. Food Agric. **13** (1962) Nr. 1. S. 62–72. — 9 Abb., 3 Tab., 37 Lit.
Es wurden vergleichsweise die Weizenproteine von 8 Sorten und die Proteine von Gerste, Mais, Hafer und Roggen mit Hilfe der Stärkegel-Elektrophorese untersucht. Die einzelnen Getreidemehle wurden unter verschiedenen, genau angegebenen Bedingungen extrahiert und unter Verwendung eines Al-Lactatpuffers bei niederen pH-Werten — 3,23 ($\mu = 0,1$) bis 3,50 ($\mu = 0,05$) — der Elektrophorese unterworfen. Beim Vergleich der Proteine verschiedener Weizenvarietäten zeigte sich, daß die Albumin- und Globulinmuster sehr ähnlich sind, daß jedoch signifikante Differenzen zwischen den Mustern in der Glutenproteine bestehen und vielleicht eine Beziehung zur Proteinqualität gegeben ist. Der Vergleich der Proteine von Weizen, Roggen, Gerste und Hafer zeigt, daß große Differenzen zwischen den Proteinmustern bestehen. Es wird gezeigt, daß jede Gattung ein charakteristisches Proteinmuster besitzt und im Bereich der Glutenproteine lediglich das Roggenproteinmuster dem des Weizens annähernd entspricht. Gerste weist in diesem Bereich lediglich 2 schwache Banden auf, während im Mais- und Haferproteinmuster keine Bande enthalten ist.
I. Schröder. 244.

Smirnova-Ikonnikova, M. I. (Smirnowa-Ikonnikowa, M. I.); Puschkin, Gebiet Leningrad, Unions-Forsch.-Inst. für Pflanzenbau. Soderžanie i kačestvo belka u zernovych bobovych kul'tur. **(Eiweißgehalt und -qualität bei Körnerleguminosen.)** Vestnik sel'skochozjajstvennoj nauki, Moskva 7 (1962) Nr. 7. S. 40–53. — 17 Tab., 11 Lit. Zus. in Engl., Franz., Dtsch.
Der Gehalt an Eiweiß und die qualitative Zusammensetzung des Eiweißes der Aminosäuren an wasser-, salz- und laugenlöslichen Eiweißfraktionen wurde an verschiedenen Hülsenfrüchten (Erbse, Linse, Wicke, Kichererbse, Sojabohne, Vignabohne, Lupine) bestimmt, wobei die Pflanzen in verschiedenen geograph. Zonen des Landes angebaut wurden. Es wurden große Unterschiede im Eiweißgehalt sowohl bei Körnern verschiedener Kulturen, als auch bei Körnern verschiedener Arten und Sorten einer Kultur festgestellt. Das gleiche gilt auch für den Anteil der Aminosäuren Lysin, Tryptophan, Cystin, Methionin am Aufbau der Eiweiße sowie für das Verhältnis der wasser-, salz- und laugelöslichen Eiweißfraktionen. Diese Unterschiede beruhen neben unterschiedlichen Wachstumsbedingungen auch auf Eigentümlichkeiten der betr. Arten und Sorten. In Auswertung der Ergebnisse wird betont, daß bei der Züchtung der Hülsenfrüchte der Verbesserung der Qualität des Eiweißes durch Erhöhung des Gehalts an Tryptophan, Methionin, Cystin und Isoleucin große Aufmerksamkeit gewidmet werden muß, da z. B. vom Methioningehalt des Nahrungseiweißes das Wachstum des tierischen Organismus abhängt.
P. Stoß. 244.

Kato, Jiro, Purves, William K. und Phinney, Bernard O.; Sakai, Japan, Univ. of Osaka, Dep. of Biol.; Santa Barbara, Univ. of California, Dep. of

Biol. Sci.; Los Angeles, Univ. of California, Dep. of Bot. Gibberellin-like substances in plants. **(Gibberellinähnliche Substanzen in Pflanzen.)** Nature [London] **196** (1962) Nr. 4855. S. 687–688. — 1 Tab., 7 Lit.
Gibberellinähnliche Subst. sind im Pflanzenreich weit verbreitet (Angiospermen, Braunalge *Fucus vesiculosus*, ferner in einigen Pilzen). Nachweisversuche bei Gymnospermen und Farnen schlugen bisher fehl. In den vorliegenden Untersuchungen wurden Gibberelline nachgewiesen in der Gymnosperme *Juniperus chinensis* und in dem Farn *Alsophila cooperi*. Der Nachweis erfolgte anhand der Reaktion dreier Mais-Zwergmutanten, wobei für die positive Reaktion auf Gibberelline mindestens 25% stärkeres Wachstum gegenüber den Kontrollen gefordert wurde. Die Untersuchungen an anderen Pflanzen (einer Grün-, einer Braunalge, einem Lebermoos und einer Dinoflagellate) verliefen ergebnislos. W. Stenz. 245.

Hubac, Camille. Recherche de substances inhibitrices dans les caryopses immatures de blé „Fylgia". **(Untersuchung der Hemmstoffe in den unreifen Karyopsen der Weizensorte 'Fylgia'.)** C. R. hebd. Séances Acad. Sci. **255** (1962) Nr. 4. S. 758–760. — 3 Abb., 4 Lit.
Ein nur im inneren Integument und im Albumen lokalisierter Komplex von Keimhemmstoffen ließ sich in eine wasserlösliche und eine ätherlösliche Gruppe zerlegen. Die weitere Auftrennung der Gruppen mit aufsteigender Papierchromatographie (Papier: Whatman 3 MM) ergab in der wasserlöslichen Gruppe Subst. mit Hemmwirkung zwischen R_f 0,7–0,9 (Isopropanol-Ammoniak-Wasser 80:0,2:19,8) und in der ätherlöslichen Gruppe bei R_f 0–0,1 und 0,5–0,6 (Hexan-Chloroform-Wasser 75:15:10). Die Hemmstoffe wurden nicht identifiziert. K. Arlt. 245.

Chouteau, J. und Viart, P. Évolution des acides malique et citrique au cours du séchage à l'air des feuilles de tabac Paraguay. **(Veränderung im Gehalt an Äpfel- und Zitronensäure während der Lufttrocknung von 'Paraguay'-Tabakblättern.)** Ann. Inst. exp. Tabac Bergerac **3** (1961) Nr. 4. S. 649–658. — 3 Abb., 5 Tab., 3 Lit. Zus. in Engl.
Obwohl während der Lufttrocknung geringe Mengen an gebundenen org. Säuren abgebaut werden, ist durch den wesentlich größeren Trockenmasseverlust im getrockneten Blatt ein höherer Gehalt an org. Säuren festzustellen als z. Z. der Ernte. Eine geringe Menge an Äpfelsäure wird während dieser Zeit abgebaut, die Zitronensäure nimmt dagegen zu; die Äpfelsäure bleibt jedoch stets in größeren Mengen vorhanden. Ein unterschiedlicher Abbau von Äpfelsäure bzw. Synthese von Zitronensäure in Abhängigkeit von der Insertionshöhe besteht nicht, so daß der Gehalt an org. Säuren in den getrockneten Blättern wesentlich durch die chem. Zusammensetzung des grünen Blattes bestimmt wird. J. Merker. 246.

Hale, C. R.; Davis, Univ. of California, Dep. of Viticult. and Enol. Synthesis of organic acids in the fruit of the grape. **(Synthese organischer Säuren in Weinbeeren.)** Nature [London] **195** (1962) Nr. 4844. S. 917–918. — 1 Tab., 6 Lit.
Zur Feststellung, ob in Weinbeeren org. Säuren gebildet werden, wurden Weinranken in $^{14}CO_2$-Atmosphäre gehalten. 11 Std. nach Beginn der Behandlung wurden die Blätter entfernt, die Ranken unmittelbar über und unter den Trauben geringelt und nach verschiedenen Zeiten die org. Säuren nach Extraktion an einer Dowex-Säule getrennt. 62–73% der in den org. Säurenfraktionen gefundenen Aktivität entfallen auf Äpfelsäure, 13–15,5% auf Weinsäure; die rel. spez. Aktivität steigt während der Versuchszeit auf das Dreifache an. Vf. schließt aus den Ergebnissen, daß in den Früchten in bedeutendem Maße org. Säuren gebildet werden. H. Ackermann. 246.

Mackinney, G.; Berkeley, Univ. of California, Dep. of Nutrit. Sci. Les caroténoïdes des fruits. **(Die Carotinoide der Früchte.)** Fruits d'outre Mer

17 (1962) Nr. 8. S. 341–350. — 1 Abb., 21 Lit. Zus. in Russ., Engl., Span., Dtsch.

Vf. gibt einen Übersichtsbericht über die Carotinoide (I) in Früchten: a) I-Abtrennung von anderen Pflanzenfarbstoffen (Chlorophyllen, Flavonoiden) mittels Extraktion und Adsorption; b) Definition und Klassifizierung der I [Kettenaufbau, Ableitung der hochungesättigten I-Derivate (Hydroxyl-, Epoxy-, Ketoderivate) von aliphatischen und alicyclischen Kohlenwasserstoffen (Carotene)]; c) Farbe der I (Abhängigkeit von der Struktur: Cis-trans-Isomerie); d) I-Konz. in Geweben (Probenahme zur chem. Analyse ist von Bedeutung, da große Schwankungsbreite von ca. 0,1–400 ppm); e) Funktionen der I (Bildung von Carboniumionen in Gegenwart von Protonendonatoren oder Elektronenakzeptoren; nach Ansicht des Vf. existiert Komplexbindung von I mit Protein); f) I in Früchten (Auftreten von Menge und Anzahl ist in Abhängigkeit vom Reifegrad sehr unterschiedlich; 20 verschiedene I wurden schon in einer einzigen Frucht aufgefunden); g) Herkunft des Sauerstoffs in Xanthophyllen (in Hydroxylderivaten: von O_2 der Luft, in Epoxyderivaten: von 0 aus Wasser); h) Bildung der I (Im Laufe der Entwicklung tritt zunächst durch Degeneration der Chloroplasten eine Entfärbung der Früchte ein, während erst später alicylische, orange gefärbte I während der Reife gebildet werden. Einzelheiten des Entstehungsvorganges genetischer Faktoren und Milieubedingungen bedürfen noch weiterer Klärung). R. Ritter. 246.

E. Pflanzenökologie

Oshima, Yasuyuki; Setagaya, Tokyo, Metropolitan Univ., Fac. of Sci., Dep. of Biol. Ecological studies of Sasa communities. IV. Dry matter production and distribution of products among various organs in Sasa kurilensis community. **(Ökologische Untersuchungen von Bambusgras-Gemeinschaften. 4. Mitt. Trockenmasseproduktion und Verteilung der Produkte auf verschiedene Organe in einer Gemeinschaft von Sasa kurilensis.)** Bot. Mag., Tokyo **74** (1961) Nr. 881/882. S. 473–479. — 4 Abb., 2 Tab., 22 Lit. Orig.: engl., Ausz.: jap. 3. Mitt. vgl. LZ. Abt. II **7** (1962) Nr. 12. S. 3202.

In den vorangegangenen Untersuchungen war festgestellt worden, in welchem Umfang die einzelnen Organe an Photosynthese und Atmung beteiligt sind und in welcher Weise diese Größen von Temperatur, Lichtintensität in verschiedenen Höhen des Pflanzenbestandes, Blattflächenindex usw. abhängen. Auf Grund dieser Feststellungen werden in der vorliegenden Arbeit für einen reinen Bestand von *S. kurilensis* die tägliche Gesamt-Tr.-Masse-Produktion mit 36 g je m^2 Pflanzenbestand und die Jahresproduktion mit 4,76 kg Tr.-Masse/m^2 berechnet. Diese hohe produktive Leistung erklärt sich daraus, daß die Blätter in 2 Jahren jeweils 6 Monate lang ununterbrochen photosynthetisch tätig sind. Infolge des großen Anteils nicht photosynthetischer Organe (bes. der Achsenorgane) und deren starker Atmung ist der Atmungsverlust rel. höher als bei anderen Pflanzen (*Helianthus*, *Solanum*, *Aconitum*, *Fagus*, *Abies*) und beträgt etwa 65% der Gesamtproduktion. Der absolute Atmungsverlust je m^2 Pflanzenbestand betrug im Sommer täglich 16,8 g, im Winter 4,0 g und im ganzen Jahr 3,03 kg. Die jährliche Nettoproduktion wurde zu etwa $^1/_3$ unmittelbar für den Aufbau neuer Organe verwendet und zu $^2/_3$ in den Rhizomen und älteren Achsenorganen gespeichert. W. Junges. 249.

Oshima, Yasuyuki; Setagaya, Tokyo, Metropolitan Univ., Fac. of Sci., Dep. of Biol. Ecological studies of Sasa communities. V. Influence of light intensity, snow depth and temperature upon the development of Sasa kurilensis community. **(Ökologische Untersuchungen an Bambusgras-Gemeinschaften. 5. Mitt. Einfluß von Lichtintensität, Schneetiefe und Temperatur auf die Entwicklung einer Gemeinschaft von Sasa kurilensis.)** Bot. Mag., Toyko **75** (1962)

Nr. 884. S. 43–48. – 2 Abb., 2 Tab., 13 Lit. Orig.: engl. Ausz.: jap., 4. Mitt. vgl. vorst. Ref.

Sasa kurilensis ist auf der dem Festland zugewandten Seite von Honshu bis Hokkaido (mit reichlichem Schneefall) weit verbreitet, z.T. auch in sommergrünen Laubwäldern mit nur 7 bis 22% Lichteinfall, und gedeiht dort sehr gut. In der pazifischen Küstenregion mit nur geringem Schneefall dagegen kommt *S. kurilensis* nur spärlich vor, und in der warmtemperierten Zone Westjapans fehlt es gänzlich. Auf Grund von Untersuchungen in mehr oder weniger dichten Birkenwäldern (22 bzw. 41 bzw. 100% Lichtintensität) und an Standorten mit verschiedener Schneetiefe (10 bzw. 80 bzw. 300 cm Mitte März) ergaben sich folgende Zusammenhänge: Bei geringer Lichtintensität wurde zwar weniger neue Blattmasse gebildet, die Blätter hatten aber eine höhere Lebensdauer als im vollen Licht. Der Anteil der photosynthetisch nicht aktiven Sproßachsen am Gesamtgew. der Pflanzen war im Schatten geringer als im vollen Licht. Außerdem bildet *S. kurilensis*, den Lichtverhältnissen des Standortes entsprechend, Blätter mit den typischen Reaktionen von Sonnen- bzw. Schattenblättern aus. Mit zunehmender Schneedecke erhöhten sich Lebensdauer der Sproßachsen (von 6 auf 9,2 Jahre) und Zahl der Blätter und damit auch Gesamt- und Nettoassimilation. Die höchste Trockenmasse je m^2 des Bestandes wird bei einer mittleren Jahrestemperatur von 4,4 °C erreicht. Bei höheren Temperaturen nimmt die Atmung relativ stärker zu als die Photosynthese; bei niedrigeren Temperaturen geht die Gesamtproduktion infolge der Verkürzung der Vegetationsperiode zurück. W. Junges. 249.

K. Agrarmeteorologie

Holdrige, L. R.; San José, Costa Rica. The determination of atmospheric water movements. **(Die Bestimmung des Wassertransportes in der Atmosphäre.)** Ecology **43** (1962) Nr. 1. S. 1–9. – 1 Abb., 12 Lit.

Vf. versucht den Wassertransport durch Evapotranspiration unter Berücksichtigung der natürlichen Vegetation auf der ganzen Erde abzuschätzen. Grundlagen sind hierfür die mittleren jährlichen Werte der Biotemperatur und des Niederschlages, wobei zur Berechnung der Biotemperatur entweder die positiven Tagesmitteltemperaturen addiert und durch die Gesamtzahl der Tage geteilt oder nur die positiven Monatsmitteltemperaturen durch 12 (Anzahl der Monate im Jahr) dividiert werden. Hieraus können die potentielle Evapotranspiration, das potentielle Evapotranspirationsverhältnis und schließlich die wirkliche Evapotranspiration geschätzt werden. Unter potentiellem Evapotranspirationsverhältnis ist der Quotient aus jährlicher potentieller Evapotranspiration geteilt durch mittleren jährlichen Niederschlag zu verstehen. Die potentielle Evapotranspiration kann näherungsweise durch die Gleichung $PE = 58{,}93 \times t$ (bio) d.h. 58,93 mal Biotemperatur angegeben werden. Es wird ein Nomogramm angeführt, das es gestattet, Beziehungen zwischen Evaporation, Transpiration, Evapotranspiration und potentieller Evapotranspiration abzulesen. In durchgerechneten Beispielen zur Abschätzung von Evaporation und Evapotranspiration weichen die berechneten Werte nur um 1 bis 2% von den direkt bestimmten ab. A. Raeuber. 293.

Emecz, Tibor I.; Aberystwyth, Welsh Plant Breeding Stat. The effect of meteorological conditions on anthesis in agricultural grasses. **(Die Wirkung meteorologischer Verhältnisse auf das Öffnen der Blüten kultivierter Gräser.)** Ann. Botany [N. S.] **26** (1962) Nr. 102. S. 159–172. – 4 Abb., 5 Tab., 20 Lit.

In Gefäßversuchen wurde die Wirkung der Lufttemperatur, rel. Luftfeuchtigkeit, Lichtintensität und des Windes auf das Öffnen der Blüten von *Alopecurus pratense, Dactylis glomerata, Festuca pratense, F. arundinacea, F. ovina, Lolium perenne* und *Phleum pratense* geprüft. Steigende Temperaturen und Lichtintensitäten können das Öffnen der Blüten sowohl fördern als auch hemmen. Allg. bleiben aber hohe mittlere Tageswerte (über 20 °C) wirkungslos. Die untere Grenze liegt bei 11 °C, die obere bei 18 °C (*A. pratense* 11 °, *F. ovina* 18 °), wobei das Öffnen der Blüten bei *Lolium* und einigen *Festuca*-Arten sofort, bei den anderen untersuchten Gräsern nach 6 bis 12 Std. erfolgte. *L. perenne* reagiert sehr schnell auf Regen mit dem Schließen der Blüten, bei *Festuca* ist die Reaktion ähnlich, aber nicht so schlagartig. *Dactylis, Phleum* und *Alopecurus* sind in ihren Blütenbewegungen sehr träge, so daß Regen die begonnene Blütenöffnung nicht hemmen kann. Windgeschwindigkeit über 13 km/h verhindert das Blühen bei *Phleum*, während mehr als 19 km/h für *Lolium* günstig ist. Die tägliche Dauer der Blühzeiten ist von den meteorologischen Gegebenheiten, der Tageszeit und der Jahreszeit abhängig.

K. Hoffmann. 296.

III. BODENKUNDE

A. Allgemeine Literatur, Berichte, Statistiken u.a.

Scheffer, F.; Göttingen. **Die bodenkundliche Forschung und ihre Aufgaben im Rahmen der Schwesterdisziplinen.** Z. Pflanzenernähr., Düng., Bodenkunde **98(143)** (1962) Nr. 1. S. 18–29.

Vf. fordert die Anerkennung der Bodenkunde als eigene naturwissenschaftliche Disziplin, eine wesentliche Erweiterung der Problemstellung und der Forschungsschwerpunkte bei gleichzeitiger Verbesserung der Verbindungen zu den Schwesterdisziplinen sowie Gründung von Lehrstühlen für Bodenkunde ohne bodentechnologische Aufgaben an naturwissenschaftlichen Fakultäten. In Abänderung der auf methodisches Vorgehen aufgebauten Gliederung der Bodenkundlichen Gesellschaft schlägt Vf. die Bearbeitung der Probleme in folgenden Sachgebieten vor: Bodenanatomie und -morphologie, Bodenmetabolik, Bodengenetik, Bodensystematik, Bodengeographie, Bodentechnologie. Eine Reihe von Problemen, die gemeinsam mit naturwissenschaftlichen und nichtnaturwissenschaftlichen Schwesterdisziplinen bearbeitet werden sollten, wird umrissen. V. Koepke. 301.

Bould, C. Soil research and horticulture. **(Bodenforschung und Gartenbau.)** Agriculture [London] **69** (1962) Nr. 2. S. 86–90

Übersichtsarbeit, die sich mit folgenden Problemen befaßt: a) Stroh und Sägespäne, b) Bodenstruktur, c) N und Nährstoffe, d) P und Nährstoffe, e) K/Mg-Beziehungen, f) Boden-pH und Nährstoffe. 301.

Anonym. Glossary of terms approved by the Soil Science Society of America. **(Verzeichnis von Fachwörtern, die von der Soil Science Society of America bestätigt wurden.)** Proc. Soil Sci. Soc. America **26** (1962) Nr. 3. S. 305–317.

Das Verzeichnis enthält Fachwörter, die alphabetisch geordnet sind und erläutert werden. 301.

Gerasimov, I. P. und *Glazovskaja, M. A.* (Gerassimow, I. P. und Glasowskaja, M. A.) **Osnovy po^vovedenija i geografija počv.** (Grundlagen der Bodenkunde und Bodengeographie.) Moskva: Gosudarstvennoe izdatel'stvo geografičeskoj literatury. 1960. (490 S. m. Abb. u. Tab.) 8°. Das vorliegende Werk besteht aus 3 Teilen und der Einführung. In der Einführung wird das Wesen der Dokutschajewschen Lehre vom Boden und seiner Rolle in der modernen Bodenkunde und in der phys. Geographie behandelt. Teil I befaßt sich mit den phys., chem. und biol. Grundlagen der Bodenkunde und den Hauptrichtungen des Bodenbildungsprozesses. Im Teil II wird die allgemeine Theorie der Bodenkunde als geographische Wissenschaft dargelegt und die Lehre von den Bodenbildungsfaktoren sowie Probleme der Evolution und der Bodenfruchtbarkeit erörtert. Der III. Teil gibt eine Übersicht über Bodentypen, in diesem Teil werden auch allgemeine geographische Gesetzmäßigkeiten und ihre Verbreitung in der UdSSR und im Ausland betrachtet. Am Schluß des Werkes findet der Leser eine ausführliche Literaturübersicht. Dem Buch liegen 2 Karten, eine Bodenkarte der UdSSR und eine solche der ganzen Welt, bei. W. Peitz.

C. Bodenchemie

McCants, C. B. Seasonal distribution of nutrients in soil under tobacco culture. **(Jahreszeitliche Verteilung der Nährstoffe in mit Tabak bebauten Böden.)** Soil Sci. **94** (1962) Nr. 1. S. 36–43. – 5 Abb., 5 Tab., 17 Lit.

In den Jahren 1957–60 wurden auf 5 verschiedenen, mit Tabak bebauten Böden die jahreszeitliche Verteilung von N, K, Ca, Mg und P sowie die Veränderung im pH-Wert des Bodens untersucht. Die Bodenproben wurden in bestimmten Abständen während der Vegetationsperiode in einer Tiefe von 0–4, 4–8 und 8–12 in. unterhalb des Punktes der Düngeranwendung entnommen. Nach geringen Niederschlägen (innerhalb von 7 Wochen nach der Auspflanzung < 6 in.) und gleichmäßiger Verteilung derselben kam es zu keiner Verlagerung von N und K unterhalb des Bereiches bis 4 in., da derartige Bedingungen sehr günstig für das Pflanzenwachstum und die Nährstoffaufnahme sind. Traten dagegen starke Regenfälle an wenigen Tagen auf, kam es zu einer merklichen N- und K-Auswaschung, ebenso nach Regen am Ende der Vegetationsperiode. Eine Massenbewegung von N und K konnte jedoch in keinem Fall beobachtet werden. Eine Verlagerung von Mg, Ca oder P unterhalb des Bereiches bis 4 in. war nicht festzustellen. Der pH-Wert des Bodens verminderte sich in allen untersuchten Bodentiefen mit fortschreitender Vegetationszeit. J. Merker. 330.

Jenny, Hans; Berkeley, Univ. of California, Dep. of Soils and Plant Nutrit. Comparison of soil nitrogen and carbon in tropical and temperate regions. **(Vergleich des Bodenstickstoffs und -kohlenstoffs tropischer und gemäßigter Regionen.)** Univ. Missouri, Coll. Agric., agric. Exp. Stat., Res. Bull. **1961** Nr. 765. S. 5–31. – 11 Abb., 7 Tab., 36 Lit.

Das zum Verständnis des Bodens und seiner Probleme nötige Ökosystem (Boden + Pflanzen + Tiere), die bodenbildenden Faktoren (Zeit, Ausgangsmaterial, Klima, biotische und topographische Faktoren), das Verhältnis org. Subst. und Klimaeinfluß (N,C/Feuchtigkeit und Temperatur) sowie die N- und C-Gehalte von Waldböden und kultivierten Böden Indiens, Nord- und Lateinamerikas und ihre Beeinflussung durch den Menschen sowie der Kern des N-Problems der indischen Landwirtschaft nebst seiner Lösung werden besprochen. K. E. Lindner. 330.

Young, J. L. Inorganic soil nitrogen and carbon : nitrogen ratios of some Pacific Northwest soils. **(Anorganischer Bodenstickstoff und Kohlenstoff-Stickstoff-Verhältnisse einiger Böden des pazifischen Nordwestens.)** Soil Sci. **93** (1962) Nr. 6. S. 397–404. – 3 Tab., 14 Lit.

Der Anteil des mineral. N (NO_3 + austauschbares und fixiertes NH_4) am Gesamt-N betrug in den einzelnen Horizonten von 17 unterschiedlichen Böden 1,7–47,2%. Er war in der Krume geringer als in den tieferen Horizonten. Bezogen auf den Gesamt-N-Vorrat im ganzen Profil, machte der mineral. N 2,3–19,7% aus. Das Verhältnis von $C:N_t$ wich in der Krume nur wenig von dem Verhältnis $C:N_{org.}$ ab, in den tieferen Horizonten waren dagegen wesentliche Abweichungen vorhanden. Vf. empfiehlt, den Ausdruck C:N durch $C:N_{org.}$ zu ersetzen, da nur der letztgenannte ein Merkmal für die Qualität der org. Bodensubstanz darstellt. V. Koepke. 330.

Ansorge, H.; Halle-Lauchstädt, Inst. für Landwirtsch. Versuchs- und Untersuchungswes. der Dtsch. Akad. der Landwirtsch.-Wiss. zu Berlin. **Untersuchungen über die Verteilung und Nitrifikation von Ammoniak im Boden bei Düngung mit wasserfreiem Ammoniak.** Albrecht-Thaer-Arch. **6** (1962) Nr. 5. S. 327–338. – 5 Abb., 2 Tab., 7 Lit.

In 4- bis 3jährigen Versuchen auf Schwarzerdeboden bzw. stark lehmigem Sand lagen die Erträge nach Düngung mit wasserfreiem NH_3 nur wenig unter den nach Anwendung von NH_3-Wasser, $(NH_4)_2SO_4$ oder Kalkammonsalpeter

erzielten. Das 6–10 cm tief in den Boden eingebrachte NH_3 verteilte sich nur sehr langsam nach den Seiten. 5 cm neben der Ausbringungsreihe konnte erst nach 4 Wochen ein geringer Anstieg der NH_3- und NO_3-Konz. festgestellt werden. Stärkere Auswaschung in 20–40 cm Tiefe war auf keinem der beiden Standorte eingetreten. Die Nitrifikation des NH_3 war in den ersten Wochen nach der Einbringung sehr schwach. Sie erfolgte im Schwarzerdeboden sowohl im Freiland wie auch im Bebrütungsversuch schneller als im lehmigen Sandboden, obwohl die pH-Werte beider Böden gleich waren (7,1 bzw. 7,0).
V. Koepke. 330.

Beadle, N. C.W.; Armidale, New South Wales, Univ. of New England, Dep. of Bot. An alternative hypothesis to account for the generally low phosphate content of Australian soils. **(Eine alternative Hypothese für den allgemein niedrigen Phosphatgehalt australischer Böden.)** Austral. J. agric. Res. **13** (1962) Nr. 3. S. 434–442. – 3 Tab., 12 Lit.
Im Gegensatz zu der von Wild (1958) vertretenen Auffassung schreibt Vf. den geringen Phosphatgehalt der australischen Böden vor allem dem niedrigen Phosphatgehalt des geologischen Ausgangsmaterials zu, bei dem es sich vorwiegend um grobtexturierte Sedimente oder um unverfestigte Substrate sedimentären Ursprungs handelt. Bei der Entstehung dieser Sedimente spielt die Sortierung der Fraktionen eine viel wichtigere Rolle für den Phosphathaushalt als der Auslaugungsprozeß. Außerdem können Erosionsvorgänge durch Zerstörung der Böden und der darin gespeicherten org. Subst. eine Erschöpfung des Phosphatgehaltes der davon betroffenen Standorte zur Folge haben. Schließlich sollte auch der Einfluß der Vegetation bei der Einschätzung der Phosphatverluste berücksichtigt werden. W. Prager. 330.

MacKenzie, A. F.; Guelph, Ontario Agric. Coll. Inorganic soil phosphorus fractions of some Ontario soils as studied using isotopic exchange and solubility criteria. **(Fraktionen des anorganischen Bodenphosphors in einigen Böden Ontarios nach Untersuchungen mittels Isotopenaustausch und Löslichkeitskriterien.)** Canad. J. Soil Sci. **42** (1962) Nr. 1. S. 150–156. – 2 Abb., 4 Tab., 21 Lit.
Suspensionen von 8 Böden, die nach Einstellung des Lösungsgleichgewichtes der Phosphate einen Zusatz an trägerfreiem ^{32}P erhalten hatten und danach 120 Min. geschüttelt worden waren, wurden nach der Methode von Chang und Jackson auf ihren Gehalt an wasserlösl. sowie an Al-, Fe- und Ca-gebundenem P untersucht (aufeinanderfolgende Extraktionen mit NH_4Cl, NH_4F, NaOH, H_2SO_4; okkludiertes Phosphat blieb unberücksichtigt). Mit Anstieg des Boden-pH (Paste) von 6,8 auf 7,8 nahm der Anteil der Ca-Phosphate von 25 auf 75% zu, der der Al- und Fe-Phosphate entspr. ab. Die spez. Aktivität des extrahierten Al-gebundenen P entsprach annähernd der des NH_4Cl- bzw. wasserlösl. P, die des Fe-gebundenen P und vor allem die des Ca-gebundenen lag wesentlich darunter. Diese beiden Fraktionen sind nur in Teilen am Isotopenaustausch beteiligt. – Durch Bestimmung des nach den einzelnen Extraktionen in 0,01 mol. $CaCl_2$ lösl. P ergab sich, daß für die P-Löslichkeit im Ausgangsboden vor allem die Al-gebundene Fraktion bestimmend ist.
J. Garz. 330.

Schlichting, E.; Kiel, Univ., Inst. für Pflanzenernähr. und Bodenkunde. **Mikronährstoffe in den Böden Deutschlands.** Landwirtsch. Forsch., Sonderh. Nr. **16** (1962) S. 41–55. – 9 Abb., 47 Lit.
In einem Literaturüberblick werden die zwischen Ausgangsgesteinen, Bodenentwicklung, Nutzung, Witterung und Vorkommen sowie Ausdehnung von Fe-, Mn-, Cu-, Zn-, Co-, Mo- und B-Mangelgebieten bestehenden Beziehungen erörtert. Mangelstandorte und ihre Eigenschaften werden eingehend beschrieben. Zur Abgrenzung von Mangelgebieten werden neben Profiluntersuchungen systematische Flächenuntersuchungen und entspr. Kartierungen (nach Bodentypen) als notwendig erachtet. O. Knabe. 330.

Lehr, J. J.; Wageningen, Lab. voor Bemestingsonderzoek. **Der Bor-Versorgungsgrad holländischer Böden.** Landwirtsch. Forsch., Sonderh. Nr. **16** (1962) S. 72–83. – 7 Abb., 6 Tab., 16 Lit.

In mehrjährigen Untersuchungen wurden B-Gehalt (heißwasserlösl. B, nach Naftel) und B-Versorgungsgrad holländischer Böden ermittelt. Auf leichteren Böden mit einem B-Gehalt $< 0{,}35$ ppm (in trockenen Jahren höher) wurde häufig B-Mangel (Herz- und Trockenfäule bei Rüben) festgestellt; eine B-Düngung erbrachte deutliche Mehrerträge bei Rüben. Der Grenzwert (0,35 ppm) war nicht vom pH-Wert abhängig. Bei einem B-Gehalt des Bodens von 0,35–0,8 ppm wurde sichtbarer B-Mangel nur selten beobachtet, und eine B-Düngung (Feldversuche) wirkte nur unbedeutend. Auf leichten Böden können bereits bei einem Gehalt > 1 ppm Ertragsdepressionen auftreten. In Feldversuchen auf leichten, mit B schlecht versorgten Böden erzielten Gaben von etwa 10 kg/ha Borax die höchsten Erträge, höhere Mengen führten zu Ertragsdepressionen. In Laborversuchen wurde festgestellt, daß zugefügtes B durch steigende Kalkgaben in humusreichen Böden stark fixiert, in humusarmen Böden nur geringfügig festgelegt wird. O. Knabe. 330.

Weir, C. C. und Miller, M. H.; Guelph, Ontario Agric. Coll. The manganese cycle in soil. I. Isotopic exchange reactions of Mn-54 in an alkaline soil. **(Der Mangankreislauf im Boden. 1. Mitt. Isotopenaustauschreaktionen des ^{54}Mn in einem Alkaliboden.)** Canad. J. Soil Sci. **42** (1962) Nr. 1. S. 105–114. – 3 Abb., 5 Tab., 17 Lit.

Einer im Lösungsgleichgewicht befindlichen Bodensuspension wurde trägerfreies $^{54}MnCl_2$ zugesetzt. Aus dem zeitlichen Verlauf des Rückgangs der ^{54}Mn-Konz. ließ sich theroretisch ableiten, daß das Mn der Bodenlösung mit 5 verschiedenen Mn-Verbindungen der festen Bodenphase durch Austauschreaktionen im Gleichgewicht steht. Die schnellste der Austauschreaktionen erreichte bereits nach 5 Min. den Gleichgewichtszustand, sie erfaßte 97,36% des eintauschenden Mn. Bei 3 weiteren Reaktionen stellte sich das Gleichgewicht nach 20, 50 und 200 Min. ein. Die langsamste Reaktion hatte ihr Gleichgewicht nach 800 Min. noch nicht erreicht. Eine Identifikation der Fraktionen war noch nicht möglich. – Verschieden lange Extraktion der ^{54}Mn-behandelten Böden mit Pyrophosphat- bzw. $ZnSO_4$-Lösung und Berechnung der spez. Aktivität der nacheinander herausgelösten Mn-Mengen ergaben, daß die pyrophosphatlösl. Fraktion sich nur oberflächlich, die kleinere $ZnSO_4$-lösl. dagegen vollständig mit ^{54}Mn im Gleichgewicht befand. Diese Fraktion umfaßt das chelatartig gebundene Mn. J. Garz. 330.

MacKay, D. C. und Chipman, E. W.; Kentvill, Nova Scotia, Canada Dep. of Agric., Res. Stat. Note on molybdenum deficiency in Sphagnum peat soil. **(Mitteilung über Molybdänmangel in Sphagnum-Torfboden.)** Canad. J. Soil Sci. **42** (1962) Nr. 1. S. 222. – 1 Abb., 2 Lit.

Sphagnum-Torfboden aus Annapolis Valley (Nova Scotia) hat sich in Vegetationsversuchen als äußerst Mo-arm erwiesen. Mangelsymptome traten auf bei Spinat, Blumenkohl und Zwiebeln. J. Garz. 330.

Gjurov, G., Stančev, L., Stoilov, G. und Mašev, M. (Gjurow, G., Stantschew, L., Stoilow, G. und Maschew, N.) Mikroelementût med v glavnite počveni tipove i podtipove na Bûlgarija. **(Das Spurenelement Kupfer in den Hauptgruppen und Untergliederungen der Bodentypen in Bulgarien.)** Naučni trudove. Visš selskostopanski institut „Vasil Kolarov". Agronomičeski fakultet, Plovdiv **11** (1962) Nr. 1. S. 117–134. – 2 Tab., 21 Lit. Zus. in Russ., Dtsch.

Der Gesamt-Cu-Gehalt der oberen Bodenschichten bulgarischer Böden bewegt sich in den Grenzen von 5–140 mg/kg Boden. Den höchsten Gesamt-Cu-Gehalt (140 mg/kg) haben die podsolierten rostbraunen Waldböden, gefolgt von den auf andesitischem Alluvium entwickelten Tschernosem-Smolnitzaböden (95 mg/kg) und den zimtfarbigen Carbonat-Wiesenböden (83,5 mg/kg). Am wenigsten Cu enthalten die Moorböden (5 mg/kg) und die leichten, hellen Bleicherden sowie die ausgelaugten und podsolierten, zimtfarbigen Waldböden (10–15 mg/kg). In den oberen Bodenschichten, wo die Vegetation wesentlich stärker die Bodenbildung beeinflußt hat, ist mehr Cu abgelagert worden. In Böden mit eindeutig ausgeprägtem Podsolierungsprozeß wird Cu in den unteren Bodenschichten angereichert. Der Gehalt an beweglichem Cu beträgt bis zu 30 mg/kg Boden. In sauren Böden sind über 50% des Gesamt-Cu beweglich, in alkalischen ist der %-Satz geringer. Es wird hervorgehoben, daß die meisten in Bulgarien verbreiteten Bodentypen einen günstigen Cu-Haushalt aufweisen. M. Stoilow. 330.

Neelkantan, V. und Mehta, B. V. Distribution of copper in typical soil profiles of Gujarat. **(Verteilung von Kupfer in typischen Bodenprofilen von Guajarat.)** Indian J. agric. Sci. **32** (1962) Nr. 1. S. 39–46. – 5 Tab., 19 Lit.

Die Verteilung von verfügbarem (I) und Gesamt-Cu (II) in 6 typischen Bodenprofilen von Guajarat wurde mit Hilfe der von Holmes für II und der von Cheng für I angegebenen Methoden untersucht. Danach befand sich bei den Goradu-, Braun- und Schwarzerdeböden die Hauptmenge an I in der obersten Bodenschicht, während dies bei Kalkböden nicht der Fall war. Mit einer Ausnahme lag bei allen untersuchten Böden das Maximum des II-Gehalts in den 2 in. oder tiefer liegenden Bodenschichten. Der Gehalt an I und II der untersuchten Böden war ausreichend. Die Untersuchung der Beziehungen von pH-Gehalt an org. Subst. und Anteil der feineren Bodenfraktion zum Gehalt an I und II bei Goradu- und Kalkbodenprofilen ergab keine signifikante positive Korrelation. Dagegen wurden in Braun- und Schwarzerdeböden gesicherte Beziehungen zwischen Anteil der Tonfraktion und Gehalt an I und II gefunden. P. Stoß. 330.

Bishop, R. F. und Chisholm, D.; Kentville, Nova Scotia, Canada Dep. of Agric. Arsenic accumulation in Annapolis Valley orchard soils. **(Akkumulation von Arsen in den Böden der Obstplantagen von Annapolis Valley.)** Canad. J. Soil Sci. **42** (1962) Nr. 1. S. 77–80. – 1 Tab., 19 Lit.

In Annapolis Valley hat die Verwendung As-haltiger Spritzmittel auf langjährig durch Obstbau genutzten Standorten zu einer As-Anhäufung in den Böden geführt: 10–124 ppm As in den obstbaulich genutzten Böden gegenüber 3–8 ppm außerhalb der Plantagen. In 8 von insgesamt 25 untersuchten Fällen erreichte der Gehalt an wasserlösl. As mit >2 ppm Werte, die bei Anbau As-empfindlicher Kulturen (Erbsen, Bohnen, Erdbeeren) Schädigungen erwarten lassen. J. Garz. 330.

Flaig, W., Beutelspacher, H. und Söchtig, H.; Braunschweig-Völkenrode, Forsch.-Anst. für Landwirtsch., Inst. für Biochem. des Bodens. **Ein Beitrag aus dem Bereich der molekularen Dimension zur Morphologie des Bodens.** Z. Pflanzenernähr., Düng., Bodenkunde **98(143)** (1962) Nr. 3. S. 225 bis 231.

Die zahlreichen Bestandteile, aus denen der Boden zusammengesetzt ist, differieren in ihren Eigenschaften so beträchtlich, daß ihre Zusammenlagerung nicht nur auf verschiedene Weise erfolgen, sondern auch zur Bildung unterschiedlicher Formen führen kann. Dies gilt vor allem auch für die Tonminerale, deren strukturbildender Einfluß, neben der äußeren Gestalt, bedingt ist durch die Eigenschaften der Oberflächen sowie der in diesem Bereich ablaufenden Sorptions- und Umtauschvorgänge. Unter Hinweis auf die Vielseitigkeit dieser Problematik beschränken sich Vff. auf eine vergleichende Betrachtung des verschiedenen Verhaltens von linearen und sphärischen Polyanionen. Lineare Polymere zeichnen sich in diesem Zusammenhang u.a. durch eine in Abhängigkeit von Kettenlänge, Ladung und Kationenkonz. flockende oder dispergierende Wirkung aus. Sphärokolloide unterscheiden sich bei Vergleich mit dem Wirkungsmechanismus von gestreckten höhermolekularen linearen Polyanionen in Kaolinitsuspensionen u.a. dadurch, daß sie bei dem gleichen Molekulargewicht keine Koagulation hervorrufen. W. Prager. 332.

Warkentin, B. P.; Quebec, McGill Univ., Macdonald Coll., Dep. of Agric. Physics. Water retention and swelling pressure of clay soils. **(Wasserretention und Quellungsdruck von Tonböden.)** Canad. J. Soil Sci. **42** (1962) Nr. 1. S. 189–196.

Wenn die Annahme, daß das Quellvermögen von Tonen oberhalb eines bestimmten Wassergehaltes ausschl. auf den osmotischen Druck der austauschbaren Kationen zurückzuführen sei, richtig wäre, dann müßte sich der Quellungsdruck – der seinerseits der Tension des gebundenen Wassers (pF) aequivalent ist – im voraus aus der Ladungsdichte der Tonteilchen, ihrer spez. Oberfläche und dem Wassergehalt berechnen lassen. Vf. zeigt, daß das nur unter bestimmten Voraussetzungen und in Grenzen möglich ist. Nur für einen Na-gesättigten, in Parallelorientierung befindlichen Montmorillonit stimmen die berechneten Werte innerhalb eines weiten pF-Bereiches gut mit dem experimentell bestimmten Quellungsdruck überein. Ca-gesättigter Montmorillonit und Tone mit Beimengungen von Sand und Schluff zeigen dagegen beträchtliche Abweichungen, weil das Ca die innerkristalline Quellung unterbindet, und weil die zwischengelagerten gröberen Körner zu einem „toten Volumen" führen, das an der Quellung nicht beteiligt ist. Auch die regellose, nicht parallele Lagerung bringt durch die unregelmäßig geformten Hohlräume Abweichungen mit sich. Innerhalb des pF-Bereiches 3–4 lassen sich diese Abweichungen durch entspr. Korrekturen ausgleichen. Bei pF > 4 ist der Ton nicht mehr wassergesättigt. Bei pF < 3 bleiben trotz Korrekturen erhebliche Abweichungen zwischen dem für einen bestimmten Wassergehalt berechneten Quellungsdruck und dem gemessenen pF-Wert bestehen. Sie sind hier offenbar prinzipieller Natur und hängen wohl damit zusammen, daß bei zunehmender Quellung neben den osmotisch bedingten und in der Kalkulation erfaßten Repulsionskräften auch Attraktionskräfte wirksam werden. Vor allem bei regelloser Lagerung und bei Ca-Sättigung liegt der berechnete Quellungsdruck in diesem Bereich erheblich über dem gemessenen pF-Wert. J. Garz. 332.

Elgabaly, M. M.; Alexandria, Egypt, Univ. The presence of attapulgite in some soils of the Western desert of Egypt. **(Das Vorkommen von Attapulgit in einigen Böden der westlichen Wüste von Ägypten.)** Soil Sci. **93** (1962) Nr. 6. S. 387–390. – 2 Abb., 2 Tab., 12 Lit.

Die Tonmineralfraktion <1 μm von 2 Profilen (0–3 in.; 19–27 in.) zweier ägyptischer Wüstenböden wurde mittels Röntgenanalyse, DTA und Elektronenmikroskopie untersucht. Die Untersuchungen ergaben, daß die Tonfraktionen neben Calcit und Kaolin vorwiegend aus Attapulgit (65–80%) bestehen. Die Gegenwart von NaCl weist auf längere Überschwemmung durch Salzwasser hin, wobei Attapulgit aus Montmorillonit entstanden ist. P. Stoß. 332.

Lynch, D. L. und Graveland, D. N.; Edmonton, Univ. of Alberta. Some organic matter-clay mineral relationships in four Alberta soil profiles. **(Einige Wechselbeziehungen zwischen organischer Substanz und Tonmineralen in vier Bodenprofilen Albertas.)** Canad. J. Soil Sci. **42** (1962) Nr. 1. S. 68–76. – 4 Tab., 10 Lit.

Bei Untersuchungen über die Humusextraktion mittels 0,5 n NaOH stellten Vff. fest, daß sich die in den tieferen Horizonten (B_2 und C) vorhandenen Huminstoffe erst nach einer HCl-HF-Vorbehandlung und/oder H_2SO_4-Hydrolyse in nennenswertem Maße herauslösen lassen. Sie führen das auf die Lösung der

Ton-Humus-Komplexe und einen teilweisen Abbau der Huminstoffe zurück. Die Herauslösung des Ca aus den zumindest in den unteren Horizonten neutral reagierenden Böden berücksichtigen sie nicht (!). J. Garz. 333.

Vaculík, Rudolf; Brno, Vysoká Škola Zemědělská, Katedra Půdoznalství a Meteorol. Zkulturňování drnopodzolových půd v oblasti permských pískovců. II. Složení humusu a mikrobiální činnost. **(Kultivierung von Rasenpodsolböden im Gebiet der Permsandsteine. 2. Mitt. Humuszusammensetzung und mikrobielle Tätigkeit.)** Sborník českoslov. Akad. zemědělských Věd, rostlinná Výroba **8(35)** (1962) Nr. 3. S. 311–326. – 3 Tab., 11 Lit. Zus. in Russ., Dtsch. 1. Mitt. vgl. LZ. Abt. II **8** (1963) Nr. 2. S. 348.
Eine Übersicht über den Anteil bestimmter Komponenten der org. Subst. in Wald-, Wiesen- und Ackerböden wird gegeben. Die Klassifizierung entspricht der Methode von Najmr (1953). Nach Vf. sind die untersuchten Böden von Bořsov arm an org. Masse. Die Waldböden besitzen den kleinsten nichthydrolysierbaren Anteil, der im Ackerboden 40–60% erreicht. Der hydrolysierbare Anteil des Ackerbodens beträgt nur 51–60%, der des Waldbodens dagegen 59,12–82,62%. Der Anteil an Gesamthuminsäuren in der Waldbodenoberschicht schwankt zwischen 7,95 und 13,44% der org. Gesamtmasse, im Wiesenboden zwischen 11,44 und 25,0% und im Ackerboden zwischen 29,29 und 35,14%. Durch Kultivierung der Böden vermindert sich die Beweglichkeit der org. Subst. und die mikrobiol. Tätigkeit wird gefördert. J. Šindelářová. 333.

Waldron, A. C. und Mortensen, J. L.; Ohio State Univ. Soil nitrogen complexes: III. Distribution and identification of nitrogenous constituents in electrophoretic separates. **(Boden-Stickstoff-Komplexe. 3. Mitt. Verteilung und Identifizierung von Stickstoffbestandteilen in elektrophoretisch getrennten Fraktionen.)** Soil Sci. **93** (1962) Nr. 4. S. 286–293. – 7 Abb., 10 Lit. 2. Mitt. vgl. LZ. Abt. II **6** (1961) Nr. 12. S. 2843.
Org. Bodenmaterial wurde aus einem schluffig-tonigen Lehm mit 6 n HCl, 0,5 n NaOH bzw. 0,1 mol. $Na_4P_2O_7$ extrahiert. Nach elektrophoretischer Auftrennung ermittelte man die ninhydrin- und diphenylcarbazon-positiven Substanzen durch 2dimensionale Papierchromatographie. 50 ninhydrinpositive Verbindungen wurden im HCl-Hydrolysat gefunden, 25 davon identifiziert. 24 von den 53 NaOH-löslichen und 8 von den 16 $Na_4P_2O_7$-löslichen ninhydrin-positiven Sustanzen wurden identifiziert. Eine Identifizierung diphenylcarbazon-positiver Verbindungen war nicht möglich. Es wurden jedoch in allen Extrakten Nucleinsäuresubstanzen gefunden. Die vorhergehende elektrophoretische Trennung erleichterte die papierchromatographische Analyse sehr, bes. im Hinblick auf die braunen Komponenten.
K. Koepke. 333.

Biggar, J. W. und Nielsen, D. R.; Davis, Univ. of California, Dep. of Irrigation. Miscible displacement. II. Behavior of tracers. **(Austauschverdrängung. 2. Mitt. Verhalten von Tracern.)** Proc. Soil Sci. Soc. America **26** (1962) Nr. 2. S. 125–128. – Abb., Lit. 1. Mitt. vgl. LZ. Abt. II **6** (1961) Nr. 10. S. 2345.
Vff. untersuchten Richtung und Geschwindigkeit des Wasserflusses in einem Boden/Wasser-System. In 30 cm langen Glasröhren, die einen Durchmesser von 7 cm hatten, befanden sich folgende Materialien: 1. Columbia-Lehmschlamm, < 2 mm, 2. Aiken-Tonlehm, 1–2 mm, 0,5–1 mm, 0,25–0,5 mm, 3. Glasperlen, 200 μm, 4. Glasperlen, 390 μm. Die Flüssigkeitsbewegungen wurden mit Chloridionen und Tritium als Tracer studiert. Die tracerfreie Flüssigkeit bestand aus einer 0,1 n $CaSO_4$-Lösung, während die tracerhaltige Flüssigkeit von einer 0,1 n $CaCl_2$-Lösung mit einem Zusatz von 0,01 mc Tritium pro l gebildet wurde. Die bloße Anwesenheit eines Tracers in Strömungsrichtung vom Injektionspunkt aus stellt ein schlechtes Kriterium für die Fließgeschwindigkeit dar. Geringe Änderungen des Bodenwassergehaltes

beeinflussen schon erheblich die Ankunftszeit und die Konzentrationsverteilung. Vernachlässigung dieser Veränderungen ergibt signifikante Fehler bei der Berechnung der Fließgeschwindigkeit. Es muß bei allen Experimenten über Wasserbewegungen im Boden mit Hilfe von Tracern die Wechselwirkung der Tracerlösung mit dem Substrat genau untersucht werden.
G. Loßner. 335.

Nielsen, D. R. und Biggar, J. W.; Davis, Univ. of California, Dep. of Irrigation. Miscible displacement. III. Theoretical considerations. **(Austauschverdrängung. 3. Mitt. Theoretische Betrachtungen.)** Proc. Soil Sci. Soc. America **26** (1962) Nr. 3. S. 216–221. – Abb., Lit. 2. Mitt. vgl. vorst. Ref.
Vff. untersuchten die Austauschverdrängung in porösen Materialien an Hand einfacher Modelle. Geprüft wurden bei verschiedenen Fließgeschwindigkeiten Glasperlen, gesiebte Materialien und Böden mit verschiedenen Wassergehalten. Bei allen entwickelten Modellen wurde vorausgesetzt, daß weder chem. noch phys. Wechselwirkungen zwischen gelöstem Stoff, Flüssigkeit und porösem Material auftreten. Mit der vorliegenden Arbeit wurde bewiesen, daß mathematische Behandlungen, die diese Vorgänge nicht mit erfassen, für das Studium der Austauschverdrängungsprozesse ungeeignet sind.
G. Loßner. 335.

Soukup, J.; Pruhonice bei Prag, Tschechoslow. Akad. der Landwirtsch.-Wiss., Inst. für Zierpflanzen. **Die Sorption und Auswaschung von Nährstoffionen in gärtnerischen Erden. 2. Mitt. K-Ionen.** Z. Pflanzenernähr., Düng., Bodenkunde **98(143)** (1962) Nr. 1. S. 55–57. – 3 Abb, 3 Lit. 1. Mitt. vgl. LZ. Abt. II **7** (1962) Nr. 12. S. 3211.
Als K_2SO_4 zugesetztes K wurde im oberen Teil von Bentonitsäulen festgehalten. Nur 2% konnten mit Wasser eluiert werden. Der Hauptanteil befand sich in austauschbarer Form, ein kleinerer Teil war fixiert worden. Aus Weißtorfsäulen wurden 50% des K mit Wasser eluiert, der Rest war austauschbar gebunden. In Säulen mit Mischungen aus Torf und Bentonit nahm die K-Sorption mit zunehmendem Bentonitanteil zu. V. Koepke. 335.

MacLean, A. J.; Ottawa, Ontario, Canada Dep. of Agric. Fixation of potassium in some Canadian soils. **(Kaliumfixierung in einigen kanadischen Böden.)** Canad. J. Soil Sci. **42** (1962) Nr. 1. S. 96–104. – 1 Abb., 4 Tab., 11 Lit.
An 11 in ihrem Tongehalt verschiedenen Böden wurde in üblicher Weise das K-Fixierungsvermögen bestimmt. Es war in seinem Ausmaß im wesentlichen vom Tongehalt und K-Sättigungsgrad abhängig. Eine Kalkung der z.T. sauren Böden (9 Mon. vor dem Fixierungsversuch) hatte nur unbedeutenden Einfluß auf die K-Fixierung. J. Garz. 335.

Kelley, W. P.; Berkeley, Univ. of California. Sodium carbonate and adsorbed sodium in semiarid soils. **(Natriumcarbonat und adsorbiertes Natrium in semiariden Böden.)** Soil Sci. **94** (1962) Nr. 1. S. 1–5. – 12 Lit.
Die Entstehung von Na_2CO_3 in semiariden Böden und die Bedingungen, unter denen diese Prozesse ablaufen, werden diskutiert. Das durch Reaktion zwischen $CaCO_3$ und neutralen Na-Salzen sowie durch Bewässerung mit HCO_3^--haltigen Wässern gebildete und als „lösliches CO_3^{2-}" bestimmte Na_2CO_3 beeinträchtigt nur in geringem Maße das Pflanzenwachstum. Dagegen hat bei vielen Bodentypen der Gehalt an adsorbiertem Na^+ größere Bedeutung als „lösliches CO_3^{2-}". Diese Böden besitzen einen hohen pH-Wert, niedrigen Gehalt an löslichem Ca und ungünstige phys. Bodeneigenschaften. Das adsorbierte Na^+ wird gewöhnlich nur z.T. durch $CaSO_4$ entfernt. Der durch Akkumulation von Na-Salzen hervorgerufene Ionenaustausch in semiariden Böden spielt bei der Auswertung der experimentellen Ergebnisse eine große Rolle, jedoch müssen auch andere Faktoren, die den Austausch und die Bodeneigen-

schaften beeinflussen, berücksichtigt werden. Bei der Urbarmachung eines alkalischen Bodens müssen die Salze und/oder adsorbierten Kationen sowie die nachteiligen phys. Eigenschaften, die in vielen alkalischen Böden vorherrschen, beseitigt werden. P. Stoß. 335.

Weir, C. C. und Soper, R. J.; Winnipeg, Univ. of Manitoba. Adsorption and exchange studies of phosphorus in some Manitoba soils. **(Untersuchungen über Adsorption und Austausch von Phosphor an einigen Böden Manitobas.)** Canad. J. Soil Sci. 42 (1962) Nr. 1. S. 31–42. – 2 Abb., 5 Tab., 14 Lit.
P-Adsorptionsversuche an 2 kalkarmen und 2 kalkreichen Böden neutraler Reaktion (< 1 bzw. 11 und 40% $CaCO_3$) ergaben, daß bei geringem Kalkgehalt der P überwiegend an Al (NH_4F-Extrakt) gebunden wird, bei höheren $CaCO_3$-Gehalten dagegen vorzugsweise an Ca(H_2SO_4-Extrakt). Die Bindung an Fe (NaOH-Extrakt spielte bei den 4 Böden nur eine unbedeutende Rolle. Der an Al und Fe gebundene P erwies sich als schneller und vollständiger durch ^{32}P austauschbar als der Ca-gebundene. J. Garz. 335.

Hsu, Pa Ho und Rennie, D. A.; Saskatoon, Saskatchewan, Univ., Dep. of Soil Sci. Reactions of phosphate in aluminum systems. I. Adsorption of phosphate by x-ray amorphous „aluminum hydroxide". **(Reaktionen von Phosphat in Aluminium-Systemen. 1. Mitt. Adsorption von Phosphat durch röntgenamorphes „Aluminiumhydroxyd".)** Canad. J. Soil Sci. 42 (1962) Nr. 1. S. 197–209. – 2 Abb., 6 Tab., 12 Lit.
Kinetische Untersuchungen über die Phosphatadsorption durch amorphes $Al(OH)_3$ bei pH 7, 6, 5 und 3,8 sowie gestaffelten P-Konz. ergaben folgendes: Bei pH 7, 6 und 5 steht die Beziehung zwischen fixierter P-Menge und der P-Konz. im Einklang mit der Langmuirschen Adsorptionsisotherme. Die kinetische Analyse zeigt indessen, daß neben der nach 1 Std. abklingenden Adsorptionsreaktion noch eine 2. anhaltende Fixierungsreaktion weiterläuft, bei der es sich offensichtlich um einen Fällungsvorgang handelt. Mengenmäßig fällt dieser Vorgang aber nicht ins Gewicht, weil bei pH > 5 die Konz. an gelöstem Al^{3+} unbedeutend ist. Die insgesamt fixierte P-Menge nimmt mit fallendem pH zu, weil vermutlich der Dispersitätsgrad des $Al(OH)_3$ und die Al-Aktivität an seiner Oberfläche zunehmen. Bei pH 3,8 treten infolge einer höheren Al^{3+}-Konz. die Fällungsvorgänge stärker in Erscheinung. Bei hoher P-Konz. werden sie allerdings durch die Sorptionsreaktion verschleiert. – Vff. bringen die Gleichung für das Löslichkeitsprodukt des ausfallenden $Al(OH)_2H_2PO_4$ $K_1 = (Al^{3+})(H_2PO_4^-)(OH)^2$ in die Formulierung $K_2 = (Al(OH)_2^+)(H_2PO_4^-)$. Aus der Gleichung für den Anionenumtausch am sorbierenden $Al(OH)_3 - R{-}OH + H_2PO_4^- = R{-}H_2PO_4 + OH^-$ – formulieren sie ebenfalls die Gleichgewichtskonstante $K_3 = \frac{(R-OH)\,(H_2PO_4^-)}{(R-H_2PO_4^-)(OH^-)}$. Beide Konstanten werden dann zusammengefaßt zu $K_2^x = \left\{\frac{(R-OH)}{(R-H_2PO_4^-)(OH^-)} + (Al(OH)_2^+)\right\}(H_2PO_4^-)$
Vff. wollen mit dieser Formulierung betonen, daß beide Fixierungsvorgänge (Sorption und Fällung) einander chem. entsprechen, daß der Unterschied im wesentlichen nur darin liegt, daß das bindende Al-Ion sich entweder als $Al(OH_2^+)$ in Lösung befindet oder Bestandteil einer hochdispersen festen Phase ist. Sie weisen darauf hin, daß die Übereinstimmung mit der Langmuir-Isotherme Fällungsvorgänge nicht grundsätzlich ausschließt, daß andererseits aber auch die Konstanz eines Löslichkeitsproduktes kein unbedingtes Kriterium für das Fehlen von Sorptionsvorgängen ist, weil sie auch dann festgestellt wird, wenn die Sorptionskapazität abgesättigt ist. J. Garz. 335.

Hsu, Pa Ho und Rennie, D. A.; Saskatoon, Saskatchewan, Univ., Dep. of Soil Sci. Reactions of phosphate in aluminum systems. II. Precipitation of phosphate by exchangeable aluminum on a cation exchange resin. **(Reak-**

tionen von Phosphat in Aluminium-Systemen. 2. Mitt. Fällung von Phosphat durch austauschbares Aluminium an einem Kationen-Austauscherharz.) Canad. J. Soil Sci. **42** (1962) Nr. 1. S. 210–221. — 3 Abb., 4 Tab., 12 Lit. 1. Mitt. vgl. vorst. Ref.

Vff. haben einen Al^{3+}-belegten Kationenaustauscher mit NaH_2PO_4-Lösungen verschiedener Konz. behandelt, die teils gepuffert (pH 3,8), teils ungepuffert waren. Nach Einstellung der Gleichgewichte wurden die Menge an fixiertem P und Al, an austauschbarem Al und H sowie das pH festgestellt. — Aus den Werten geht hervor, daß es sich bei der P-Fixierung um eine Ausfällung von $Al(OH)_2H_2PO_4$ handelt. Die Beziehungen zwischen P-Konz. und fixierter P-Menge lassen sich aber auch mit bekannten Adsorptionsisothermen in Einklang bringen. Die Adsorption ließe sich folgendermaßen formulieren: $R\langle^{Na}_{Al-H_2PO_4}$. Dieser Annahme widersprechen jedoch die Änderungen im Gehalt an austauschbarem H bzw. des pH. Vff. vermuten, daß die Übereinstimmung mit den Adsorptionsisothermen nur scheinbarer Natur ist und dadurch zustande kommt, daß mit zunehmender NaH_2PO_4-Konz. und P-Fixierung infolge der hydrolytischen Bildung des $Al(OH)_2^+$ steigende H^+-Mengen frei gesetzt werden, die ihrerseits die Löslichkeit des Fällungsproduktes $Al(OH)_2H_2PO_4$ heraufsetzen und damit eine mit steigender P-Konz. abnehmende Fixierungsrate bewirken. — Während bei der P-Fixierung durch $Al(OH)_3$ diese Fällung von untergeordneter Bedeutung ist (geringe Konz. an gelöstem Al) und die Adsorption überwiegt, liegen die Verhältnisse bei Al^{3+}-belegten Austauschern also umgekehrt. Das dürfte auch für die Austauscher des Bodens gültig sein. Vff. räumen ein, daß eine Sorption in oben angedeuteter Weise ein Übergangsstadium sein kann. Sie haben ferner gezeigt, daß ein Austauscher, der mit (vermutlich polymeren) $Al(OH)_2^+$-Ionen belegt ist, im Gegensatz zum Al^{3+}-gesättigten nur unbedeutende P-Mengen fixiert, vermutlich, weil die Al-Hydroxyde dem Phosphat gegenüber nur mit einer der 3 OH-Gruppen reagieren, im sorbierten Zustand also nicht zugleich mit $H_2PO_4^-$ zu reagieren vermögen. J. Garz. 335.

Fang, S. C., Nance, R. D., Chao, Tsun Tien und Harward, M. E.; Corvallis, Oreg., State Univ., Agric. Exp. Stat. A chromatographic approach to the determination of sulfate adsorption and exchange of less-retentive soils. **(Eine chromatographische Näherung zur Bestimmung von Sulfatadsorption und -austausch in Böden mit geringem Rückhaltevermögen.)** Soil Sci. **94** (1962) Nr. 1. S. 14–18. — 4 Abb., 3 Tab., 6 Lit.

Adsorption und Austausch von Sulfat in Böden mit geringem Rückhaltevermögen wurden mit Hilfe von ^{35}S untersucht. Die in verd. Lösungen stattfindende Adsorption von Sulfat stimmte gut mit der Freundlichschen Adsorptionsisotherme überein. Der Gleichgewichtskoeffizient Boden-SO_4/Lösungs-SO_4 war für jeden der untersuchten Böden etwa konstant. Das adsorbierte $^{35}SO_4^{2-}$ konnte bei den meisten Böden fast quantitativ wieder ausgetauscht werden, wobei die Austauschgeschwindigkeit vom Bodentyp abhing. In einigen Böden nahm die Menge an nicht bzw. schwer austauschbarem SO_4^{2-} mit steigender SO_4^{2-}-Konz. der Adsorptionslösungen zu, wobei bis zu einer Gleichgewichts-Konz. von 5 ppm SO_4^{2-} keine merkliche Adsorption an nicht bzw. schwer austauschbaren Stellen stattfand. P. Stoß. 335.

Aomine, Shigenori; Kyushu Univ. A review of research on redox potentials of paddy soils in Japan. **(Ein Überblick über Forschungsarbeiten über Redoxpotentiale von Reisböden in Japan.)** Soil. Sci **94** (1962) Nr. 1. S. 6–13. — 3 Tab., 36 Lit.

Die Ergebnisse in Japan durchgeführter Arbeiten über Redoxpotentiale von Reisböden zeigen, daß das Redoxpotential des Ap-Horizonts bei pH 6 nach Überschwemmung schnell unter 0,30 V sinkt, wobei NO_3^- zu N_2, MnO_2 zu

Mn^{2+}, Fe^{3+} zu Fe^{2+} und SO_4^{2-} zu S^{2-} reduziert werden. Weiterhin werden H_2, CH_4 und org. Säuren gebildet. Durch Trockenlegung steigt das Redoxpotential leicht wieder über $E_h = + 0,30$ V, was einem oxydierten Zustand entspricht. Dagegen wird der B-Horizont durch Überschwemmung und Trockenlegung nur geringfügig in seinem Redoxpotential beeinflußt und behält seinen oxydierten Zustand über das ganze Jahr hinweg. Dieses Verhalten ist charakteristisch für einen gut dränierten Reisboden. An der Oberfläche überschwemmter Reisböden bildet sich eine einige mm dicke oxydierte Schicht aus. Weiterhin sind innerhalb der reduzierten Schicht Nester mit einem Redoxpotential $>$ 0,30 V vorhanden, was wesentlich zum guten Wachstum derReispflanzen beiträgt. P. Stoß. 337.

Turner, R. C. und Nichol, W. E.; Ottawa, Ontario, Canada Dep. of Agric., Soil Res. Inst. A study of the lime potential. 1. Conditions for the lime potential to be independent of salt concentration in aqueous suspensions of negatively charged clays. **(Eine Untersuchung des Kalkpotentials. 1. Mitt. Bedingungen, unter denen das Kalkpotential unabhängig von der Salzkonzentration in wäßrigen Suspensionen von negativ geladenen Tonen ist.)** Soil Sci. **93** (1962) Nr. 6. S. 374–382. – 3 Abb., 3 Tab., 10 Lit.

Die Abhängigkeit des Kalkpotentials pH-1/2 p (Ca + Mg) vom Ca/Mg-Verhältnis (**I**) sowie dem Verhältnis austauschbares Ca/Lösungs-Ca (**II**) wurde an verschiedenen Tonmineralen untersucht. Es zeigte sich, daß die Größe des Kalkpotentials innerhalb der Fehlergrenze unabhängig von **I** im untersuchten System ist. Bei **II** $<$ 1, bei dem das Kalkpotential von der Salz-Konz. der Lösung abhängt, ist **II** eine Funktion der prozentualen Basensättigung des Tonminerals und der Salz-Konz. der Lösung. Bei **II** $\geqslant$ 1 und Salz-Konz. $\leqslant 10^{-2}$mol. ist das Kalkpotential mit Ausnahme sehr geringer prozentualer Basensättigung konstant, wobei die Anwesenheit von austauschbarem Al keine notwendige Bedingung dafür darstellt. Versuche unter Verwendung von Torf mit niedrigem Aschegehalt als org. Austauschmaterial ergaben, daß sich dieser hinsichtlich der Abhängigkeit des Kalkpotentials von der Salz-Konz. anders als Tonminerale verhalten kann. P. Stoß. 337.

Turner, R. C. und Nichol, W. E.; Ottawa, Ontario, Canada Dep. of Agric., Soil Res. Inst. A study of the lime potential. 2. Relation between lime potential and per cent base saturation of negatively charged clays in aqueous salt suspensions. **(Eine Unteruchung des Kalkpotentials. 2. Mitt. Beziehung zwischen Kalkpotential und prozentualer Basensättigung von negativ geladenen Tonen in wäßrigen Salzsuspensionen.)** Soil Sci. **94** (1962) Nr. 1. S. 58–63. – 3 Abb., 1 Tab., 5 Lit.

Die $Ca(OH)_2$-Titration Al-gesättigter Tonminerale ergab, daß unabhängig vom verwendeten Tonmineral das Kalkpotential von der prozentualen Basensättigung abhängt. Das gleiche ist bei Fe-gesättigten Tonen der Fall, wobei das Kalkpotential bei gegebener prozentualer Basensättigung gegenüber Al-gesättigten Tonen niedriger ist. Al kann ohne Veränderung der Beziehung Kalkpotential – prozentuale Basensättigung durch andere 3wertige Kationen ersetzt werden, sofern deren Hydroxyde rel. unlöslich sind. Die Größe des Kalkpotentials bei gegebener Basensättigung hängt dann von der Löslichkeit des betr. Hydroxyds ab. Versuche mit Fe/Al-gesättigtem Bentonit ergaben, daß das Kalkpotential nicht immer als Maß für die Basensättigung dienen kann. Es eignet sich jedoch zum Nachweis, ob ein merkbarer Anteil der permanenten Ladungen der Tone durch austauschbares Al oder Fe neutralisiert ist. P. Stoß. 337.

Rixon, A. J. und Sherman, G. Donald; Hawaii, Univ., Agric. Exp. Stat. Effects of heavy lime applications to volcanic ash soils in the humid tropics.

(Einflüsse von großen Kalkgaben auf vulkanische Ascheböden in der feuchten Tropenzone.) Soil Sci. **94** (1962) Nr. 1. S. 19–27. — 1 Abb., 10 Tab., 24 Lit.
In Feldversuchen mit großen Kalkgaben (0–22000 bzw. 46000 lb./acre), entspr einer Einstellung auf pH 7, sowie gleichzeitiger Superphosphatzugabe (0–400 lb. P_2O_5/acre) wurden die Einflüsse auf die Eigenschaften der aus vulkanischer. Asche entstandenen hydratisierten, amorphen Böden von Hawai (Hilo, Akaka, Kaumoali) untersucht. Die 5 Mon. nach der Kalkung durchgeführten Analysen ergaben, daß zwar ein Anstieg des pH-Wertes erfolgte, jedoch pH 7 nicht erreicht wurde. Mit der Zunahme des Gehalts an austauschbarem Ca sank in den untersuchten Böden die Menge an extrahierbarem Al. Zwischen extrahierbarem Al und pH-Wert wurde eine signifikant negative Korrelation gefunden, während zwischen dem log des Gehalts an austauschbarem Ca und dem pH-Wert eine positive Korrelation bestand. Bei keinem der Böden wurde eine von der Kalkung herrührende signifikante Veränderung der Kationaustauschkapazität gefunden. Dagegen wurde bei allen P_2O_5-Gaben im Falle der Hilo-Böden eine signifikante Zunahme der Kationaustauschkapazität beobachtet. Bei den Akaka-Böden verminderte die Zugabe von 400 lb. P_2O_5/acre den Gehalt an austauschbarem Ca, während dies mit 30000 lb. Kalk/acre bei den Kaumoali-Böden eine signifikante Zunahme zur Folge hatte.
P. Stoß. 337.

D. Bodenphysik

Antipov-Karataev, I. N. und Kellerman, V. V.; Moskau, Akad. der Wiss. der UdSSR., Dokutschajew-Inst. für Bodenkunde. **Die Bodenaggregate und ihre kolloidchemische Analyse.** Z. Pflanzenernähr., Düng., Bodenkunde **98 143)** (1962) Nr. 3. S. 193–204. — 8 Abb., 4 Tab., 5 Lit.
Zwischen den verschiedenen Größen der wasserstabilen Aggregate eines Bodens bestehen auf Grund granulometrischer und mikromorphologischer Untersuchungsergebnisse keine stofflichen Unterschiede. Primär entstehen die Aggregate eines Bodens durch Zergliederung der gesamten Bodensubstanz; ihre weitere Stabilisierung erfolgt dann im Verlaufe des Bodenbildungsprozesses in Abhängigkeit vom Bodentyp durch den Einbau von kolloidalen Bindesubstanzen. Bei der Bildung von org.-mineral. Klebstoffen, die sich durch große Beweglichkeit auszeichnen, spielen Komplex- und Chelatbildner, wie z.B. die Fulvosäuren, eine bedeutsame Rolle. Die Tonminerale der Montmorillonit-Gruppe stellen wahrscheinlich die aktivsten Klebstoffe dar. Durch Behandlung wasserstabiler Aggregate mit geeigneten Lösungsmitteln läßt sich nach den Vorschriften der kolloidchem. Analyse eine Reihe von Bindungstypen unterscheiden.
W. Prager. 344.

Klute, A. und Richards, L. A.; Riverside, Calif., U.S. Salinity Lab. Effect of temperature on relative vapor pressure of water in soil: apparatus and preliminary measurements. **(Einfluß der Temperatur auf den relativen Dampfdruck des Wassers im Boden. Apparatur und vorbereitende Messungen.)** Soil Sci. **93** (1962) Nr. 6. S. 391–396. — 5 Abb., 1 Tab., 5 Lit.
Der Energiezustand des Wassers in dem an der Oberfläche der festen Phase des Bodens sorbierten Film läßt sich durch den rel. Druck des Wasserdampfes im Luft-Wasser-Grenzbereich nachweisen. Für diese Messungen stehen jetzt Thermoelement-Psychrometer zur Verfügung, die mit einer Genauigkeit von 1–2:100000 zu arbeiten gestatten. Nach Eichung wurde diese Apparatur für Messungen des Temperatureinflusses auf den rel. Druck des wasserhaltigen Dampfes eines Ca-gesättigten Chino-Tones sowie eines Na-gesättigten Montmorillonits bei wechselnden Wassergehalten verwendet. Unter diesen Bedingungen ließ der Chino-Ton bei Temperaturen von 5, 25, 40 °C charakteristische Abweichungen in den Totalsuktionswerten erkennen, die 0 bis 20 bar ausmachten, während sich der Montmorillonit nur innerhalb der Spanne von 25–40 °C entspr. verhielt.
W. Prager. 346.

Day, Paul R. und Forsythe, Warren M.; Berkeley, Univ. of California, Dep. of Soils and Plant Nutrition. Effect of isotropic confining pressure on hydrostatic pressure of water in unsaturated soil. **(Wirkung eines isotrop begrenzten Druckes auf den hydrostatischen Druck des Wassers in ungesättigtem Boden.)** Science [Washington] **136** (1962) Nr. 3518. S. 779–780. – 1 Abb., 2 Lit.
Unter Bezugnahme auf die Veröffentlichungen von Croney (1958) über die theoretischen Zusammenhänge zwischen dem Schrumpfungsabfall in ungesättigten Böden und dem Druckkoeffizienten des Porenwasserdruckes sowie des begrenzten Druckes entwickeln Vff. eine eigene mathematisch und experimentell fundierte Ableitung, die sich mit der Reaktion des Porenwasserdruckes auf den isotrop begrenzten Druck in ungesättigten Bodenproben beschäftigt. Die mitgeteilten Untersuchungsergebnisse lassen u.a. darauf schließen, daß das Verhalten derartiger Böden in erster Linie auf 2 charakteristische Schrumpfungsvorgänge zurückzuführen ist. W. Prager. 346.

Poulovassilis, A.; Univ. of Cambridge, School of Agric. Hysteresis of pore water, an application of the concept of independent domains. **(Hysteresis des Porenwassers, eine Anwendung des Begriffes in unabhängigen Bereichen.)** Soil Sci. **93** (1962) Nr. 6. S. 405–412. – 9 Abb., 6 Lit.
An einem porösen Körper aus verschieden großen Glasperlen, dessen konstantes Hohlraumsystem mit Wasser gefüllt war, demonstrierte Vf. mathematisch, experimentell und graphisch das Phänomen der Hysteresis. Als einzige meßbare Größen des Systems standen bei der Lösung des Problems nur der vorherrschende Sog und das Feuchtevolumen zur Verfügung. Die auf der Grundlage einer für die Hysteresis formulierten Theorie des unabhängigen Bereiches erfolgte Berechnung der Testkurven wies eine gute Übereinstimmung mit den experimentell ermittelten Kurvenbildern auf.
W. Prager. 346.

Kutílek, Miroslav; Praha, Katedra Hydromeliorací ČVUT. Hygroskopická půdni vláha. I. **(Hygroskopische Bodenfeuchtigkeit. 1. Mitt.)** Vodohospodársky Časopis **10** (1962) Nr. 1. S. 11–29. – 9 Abb., 2 Tab., **33** Lit. Zus. in Russ., Engl.
Die Arbeit befaßt sich mit der Theorie der Entstehung und den Eigenschaften der Bodenhygroskopizität. Es wurde bestätigt, daß die Adsorptionsisotherme durch 2 qualitativ verschiedene Prozesse beeinflußt wird, und zwar durch Adsorption bei niedrigeren und durch Kapillarkondensation bei höheren Wasserdampftensionen. Die Dichte des adsorbierten Wassers ist < 1; bei Anwesenheit 2wertiger Austauschkationen ist die Dichte kleiner als bei einwertig gesättigten Kaoliniten. Die Austauschkationen beeinflussen die Wasseradsorptionsrate nur wenig; i. allg. erhöhen die 2wertigen Austauschkationen die Adsorption, während die einwertigen sie verringern. Die Kapillarkondensation durch Kaolinite, die indirekt untersucht wurde, ist ziemlich hoch. Die mit einwertigen Kationen gesättigten Kaolinite weisen eine stärkere Kapillarkondensation auf als 2wertig gesättigte. Der Dispersionsgrad beeinflußt wesentlich die Wasserdampfadsorption durch Kaolinite. Die Theorie von Braunauer-Emmet-Teller (BET) eignet sich am besten zur Auswertung der Adsorptionsisothermen. J. Šindelářová. 346.

Letey, J., Stolzy, L. H. und Blank, G. B.; Los Angeles, Univ. of California, Agric. Exp. Stat. Effect of duration and timing of low soil oxygen content on shoot and root growth. **(Einfluß der Dauer und des Zeitpunktes von niedrigem Sauerstoffgehalt des Bodens auf das Wachstum von Schößlingen und Wurzeln.)** Agronomy J. **54** (1962) Nr. 1. S. 34–37. – 4 Abb., 3 Tab.
Sonnenblumen-, Baumwoll- und Bohnenpflanzen wurden im vegetativen Wachstumsstadium in verschiedenen Zeitabständen unter N_2-Atmosphäre gehalten, um Analogieschlüsse hinsichtlich des Verhaltens in überschwemmten Böden ziehen zu können. In den der Keimung folgenden frühen Wachstums-

stadien führte ein niedriger O_2-Gehalt des Bodens zu schweren Schädigungen der Pflanzen. Während der Periode der N_2-Behandlung waren bei allen Pflanzen starke Verlangsamung oder Aufhören des Wurzelwachstums festzustellen. Durch nachfolgende Luftbehandlung konnte keine unmittelbare vollständige Wiederherstellung der Wurzeln erreicht werden. Da die Transpiration von Pflanzen bei niedrigem O_2-Gehalt des Bodens verringert wurde, kann die Pflanze nicht von sich aus bei Überschwemmung des Bodens ihre Situation verbessern, so daß eine Dränung des] Bodens notwendig ist. Die Zeit, die ein Boden ohne ernste Schädigung der Kultur überschwemmt bleiben kann, hängt vom Entwicklungsstadium der Pflanze und der Wurzelentwicklung zum Zeitpunkt der eintretenden Überschwemmung ab. P. Stoß. 346.

Nikolaeva, I. N. (Nikolajewa, I. N.); Moskau, Bodenkundl. Dokutschajew-Inst. der Akad. der Wiss. der UdSSR. Vozdychopronicaemost' dernovo-podzolistoj počvy na različnych ugod'jach pri raznom ee uvlažnenii. **(Die Luftdurchlässigkeit eines Rasenpodsolbodens unter verschiedenen Beständen bei unterschiedlicher Bodenfeuchtigkeit.)** Počvovedenie, Moskva **1962** Nr. 8. S. 92–99. — 19 Lit. Zus. in Engl.
Vf. untersuchte die Zusammensetzung der Bodenluft, die Luftdurchlässigkeit der einzelnen Bodenhorizonte bei unterschiedlicher Feuchtigkeit und bestimmte die von der Bodenoberfläche ausgeschiedenen CO_2-Mengen. Versuchsbestände waren Wald, Brache, Kleegras, Winterroggen. Beziehungen zwischen den phys. Eigenschaften und der Luftdurchlässigkeit des Bodens werden mitgeteilt. Ch. Bachmann. 346.

E. Bodenbiologie

Ponomareva, S. I.,; Moskau, Bodenkundl. Dokutschajew-Inst. der Akad. der Wiss. der UdSSR. **Die Bedeutung der biologischen Faktoren für die Steigerung der Fruchtbarkeit rasenpodsoliger Böden.** Z. Pflanzenernähr., Düng., Bodenkunde **97(142)** (1962) Nr. 3. S. 205–215. — 10 Abb., 2 Tab., 15 Lit.
Es galt zu klären, wie sich die Fruchtbarkeit eines erodierten rasenpodsoligen Bodens verändert, nachdem der B-Horizont dieser Bodenbildung in die Ackerkrume einbezogen worden war und nachdem verschiedene biol. Faktoren, speziell Regenwürmer, wirksam werden konnten. — Die Auswertung der zu diesem Zwecke durchgeführten Gefäßversuche läßt u. a. darauf schließen, daß die chem. Zusammensetzung der Regenwurmexkremente im erodierten rasenpodsoligen Boden unter mehrjährigen Gräsern stark von der im rasenpodsoligen Kontrollboden bestimmten abweicht. Gleichzeitig erhöht sich der Gehalt an org. Subst., sorbierten Basen und pflanzenverfügbaren Nährstoffen. Weiterhin kann die Vegetationsperiode der auf Böden mit Regenwurmexkrementen angebauten Kulturpflanzen um etwa 2 Wochen verkürzt werden. W. Prager. 350.

Rübensam, E., Steinbrenner, K. und Naglitsch, F.; Müncheberg, Inst. für Acker- und Pflanzenbau. **Die Veränderungen der Bodenmikroflora und -mesofauna im Thyrower Nährstoffmangelversuch.** Albrecht-Thaer-Arch. **6** (1962) Nr. 6. S. 403–412. — 3 Abb., 5 Tab., 8 Lit. Zus. in Russ., Engl.
Zur Prüfung des Düngungseinflusses auf die bodenbiol. Faktoren wurden die Böden des Thyrower Nährstoffmangelversuches über 6 Wochen im Jahr 1961 auf Bakterien-, Pilz-, Aktinomyceten-, Collembolen-, Milben- und Nematodenzahlen untersucht. Die oft signifikanten düngungsbedingten quantitativen Unterschiede zeigten bei einigen Mikroben entgegengesetzte Tendenzen. So wurden im Boden der Variante Stallmist + NPKCa die höchsten Bakterien- und Aktinomycetenzahlen, aber nur wenige Pilze gefunden. Die meisten Pilze, aber wenigsten Bakterien wies die NPK-Variante (also Ca-Mangelvariante) auf. Die Korrelationsrechnung ergab eine Abhängigkeit der Bodentiere vom C-Gehalt und der Mikroorganismen vom pH-Wert des Bodens. H. Unger. 350.

Mitchell, R. und Alexander, M.; Ithaca, N. Y., Cornell Univ., State Coll. of Agric. Microbiological changes in flooded soils. **(Mikrobiologische Veränderungen in überfluteten Böden.)** Soil Sci. **93** (1962) Nr. 6. S. 413–419. – 6 Tab., 15 Lit.

Bei der Prüfung der mikrobiol. Vorgänge in 12 überfluteten amer. Böden konnten zwischen dem Gehalt der Böden an org. Subst. und der Zahl der Pilze enge Beziehungen gefunden werden. So war die Zahl der überlebenden Pilze nach 6wöchiger Überflutung in Böden mit höherem Gehalt an org. Subst. niedriger als in C-armen. Es gelang zu beweisen, daß es während der Überflutung zur Bildung fungicider Substanzen kommt. H. Unger. 350.

Tjagny-Rjadno, M. G.; Petrosawodsk, Forst.-Inst. der Karel. Zweigstelle der Akad. der Wiss. der UdSSR. Mikroflora počvennych agregatov i pitanie rastenij. **(Mikroflora der Bodenaggregate und die Ernährung der Pflanzen.)** Izvestija Akademii nauk SSSR. Serija biologičeskaja, Moskva **27** (1962) Nr. 2. S. 242–251. – 3 Abb., 4 Tab., 17 Lit. Zus. in Engl.

Krümel verschiedener Bodentypen und Größenklassen (0,25–10 mm) wurden phys., chem. und mikrobiol. untersucht. Alle Proben stammten von Brachflächen. Die mikrobiol. Untersuchung erstreckte sich auf folgende Organismen: Bakterien (Aerobier, Ammonifikanten, Sporenbildner, Nitrifikanten, Denitrifikanten, *Azotobacter*), mikroskopische Bodenpilze und Aktinomyceten. In hohem Maße bestimmte die Größe der Aggregate den Gehalt an Mikroorganismen; Krümel zwischen 3 und 4 mm Größe waren am reichsten besiedelt. Krümel von Podsolen und Grauerden waren stärker an der Oberfläche, die von Tschernosemen, Solontschaks und kastanienfarbigen Böden stärker im Inneren mit Mikroorganismen angereichert. Die Befunde weisen darauf hin, daß an der Oberfläche der Aggregate Mineralisierungsprozesse und im Inneren Humifizierungsprozesse dominieren. Jedoch sind Mineralisierungsprozesse in Mikrozonen innerhalb der Aggregate nicht ausgeschlossen. H. Winkler. 350.

Gel'cer, F. Ju. (Gelzer F. Ju.); Moskau, Abt. des Inst. für Landwirtsch. Mikrobiol. Značenie bakterij i gribov v obrazovanii peregnoja. **(Die Bedeutung der Bakterien und Pilze für die Humusbildung.)** Vestnik sel'skochozjajstvennoj nauki, Moskva **7** (1962) Nr. 5. S. 134–141. – 2 Abb., 20 Lit. Zus. in Engl., Franz., Dtsch.

In den bisherigen Arbeiten wurde nicht berücksichtigt, daß sich bei längerer Tätigkeit von Schimmelpilzen in sterilen Nährlösungen spontan sporenlose humusbildende Bakterien entwickeln können. Wurde Pilzmyzel der Einwirkung von Toluol ausgesetzt bzw. auf 60 °C erhitzt, so bildete sich innerhalb von 20 Jahren kein Humus. – Die Entwicklung von Bakterien im Anschluß an die Autolyse des Pilzmyzels ist unabdingbar mit dem Prozeß der Bildung von zementierenden Humusstoffen verbunden. Der Humus wird somit von den sporenlosen Bakterienformen gebildet, die sich sowohl auf den Pilzmyzelien entwickeln als auch in der Rhizosphäre von Gräsern reichlich vertreten sind. E. Kahn. 350.

Abdullaeva, A. (Abdullajewa, A.); Inst. für Bot. der Akad. der Wiss. der Usbek.SSR. Dejstvie fitoncidov luka i česnoka na nekotorye gruppy mikroorganizmov. **(Die Wirkung von Zwiebel- und Knoblauchphytonciden auf einige Mikroorganismengruppen.)** Uzbekskij biologičeskij žurnal, Taškent **6** (1962) Nr. 3. S. 40–45. – 2 Abb., 2 Tab., 8 Lit. Orig.: russ., Ausz.: usbek.

In Laborversuchen wurde nach der Methode von Tokin die Wirkung von flüchtigen und nichtflüchtigen Phytonciden der Zwiebel und des Knoblauches auf einige Mikroorganismengruppen (pathogene Bakterien und Pilze, nichtpathogene Bodenbakterien und -pilze) untersucht. Beide Pflanzen beeinflußten die genannten Mikroorganismengruppen in hohem Maße. Bes. stark wirkten die flüchtigen Fraktionen und der Pflanzensaft des Knoblauches, und zwar der Saft beider Pflanzen baktericid und fungicid. Durch Lagerung unter Zimmerverhältnissen und durch Trocknung an der Luft wurde die phytoncide Wirkung beider Pflanzen gegenüber Krankheitserregern stark vermindert. Es konnte weiter beobachtet werden, daß die flüchtige Fraktion und der Pflanzensaft der untersuchten Pflanzen das rote Pigment von *Bact. prodigiosum* zerstören. H. Winkler. 350.

Kozlovskaja, L. S. und Ždannikova, E. N. (Koslowskaja, L. S. und Shdannikowa, Je. N.); Krasnojarsk, Sibir. Abt. der Akad. der Wiss. der UdSSR, Inst. für Forst und Holz. Vzaimootnošenija počvennoj fauny i mikroflory. Soobščenie II. **(Wechselbeziehungen zwischen Bodenfauna und Bodenflora. 2. Mitt.)** Izvestija Sibirskogo otdelenija Akademii nauk SSSR, Novosibirsk **1962** Nr. 7. S. 79–88. – 20 Lit.

Die Untersuchung der Zusammensetzung der Mikroflora der Därme von niederen Bodenlebewesen ergab, daß mit Ausnahme von *Azotobacter* praktisch alle Gruppen der Mikroflora des Bodens anwesend sind. Die in die Därme der kompliziert organisierten Wirbellosen gelangende Mikroflora dient nicht als deren Nahrung. Die Wechselbeziehung zwischen Bodenlebewesen und Mikroflora ist symbiotischer Natur, wobei die Lebewesen infolge der Besonderheit des Baues ihres Verdauungstraktes günstigere Bedingungen als im Boden vorhanden für die Entwicklung der Mikroflora schaffen. Andererseits trägt die Mikroflora aktiv im Darm zur Zersetzung des org. Materials bei. Die Därme der Lebewesen stellen die Zentren der Vermehrung der Mikroorganismen dar, während sich in den Exkrementen die mikrobielle Zersetzung der org. Stoffe konzentriert. Basierend auf den Wechselbeziehungen mit der Mikroflora, lassen sich die niederen Bodenlebewesen in 2 Gruppen einteilen, wobei die 1. Gruppe die org. Subst. mineralisiert, während die 2. nach Abbau der org. Subst. durch nachfolgende Synthese zur Humusbildung im Boden beiträgt. P. Stoß. 350.

Latypova, R. M. und Kurbatov, I. M. (Latypowa, R. M. und Kurbatow, I. M.) K voprosu o fermentnoj aktivnosti zatorfovannych počv. **(Die Fermentaktivität von Torfböden.)** Trudy Belorusskoj sel'skochozjajstvennoj akademii, Gorki **34** (1961) S. 95–101. – 5 Tab., 16 Lit.

Katalase- und Saccharoseaktivitäten waren in Torfböden am höchsten, in Lehmböden am niedrigsten. Wurde Torf den Mineralböden zugesetzt, so erhöhte sich fast ausnahmslos die Fermentaktivität, die die Bodenfruchtbarkeit direkt beeinflußte. In Böden, die mit So-Weizen bebaut waren, wurde z. Z. der Wachsreife des So-Weizens die höchste Fermentaktivität festgestellt. Die Fermentaktivität frischer Bodenproben ließ sich objektiver einschätzen als die von lufttrockenen Bodenproben. W. Görtler. 350.

Estermann, Eva F. und McLaren, A. D.; Berkeley, Univ. of California, Dep. of Soils and Plant Nutrit. Contribution of rhizoplane organisms to the total capacity of plants to utilize organic nutrients. **(Anteil der „Rhizoplane"-Organismen an der Gesamtkapazität der Pflanzen zur Verwertung organischer Nährstoffe.)** Plant and Soil [The Hague] **15** (1961) Nr. 3. S. 243–260. – 9 Abb., 2 Tab., 30 Lit.

Als „Rhizoplane" werden die äußere Wurzeloberfläche und die ihr anhaftenden Partikel bezeichnet. Untersuchungen über die Verteilung der Enzymaktivitäten an Gerstenwurzeln zeigten, daß Phosphatase- und Invertaseaktivität zum größten Teil auf Wurzelenzyme, die Ureaseaktivität aber auf die Funktion der „Rhizoplane"-Organismen zurückzuführen ist. Proteinase, Esterase, Amidase und Asparaginase konnten nicht festgestellt werden. Das pH-Optimum für die Phosphataseaktivität der Gerstenwurzel betrug 5,3, das Temperaturoptimum 38 °C. Mg-Ionen ($0{,}2 \times 10^{-3}$ bis 1×10^{-3}) stimulierten die Bildung von Phosphatase. Wurzelphosphatase wurde an der Wurzelspitze und an der Epidermis vorgefunden. K. E. Lindner. 350.

Taylor, G. S. und Parkinson, D.; Liverpool, Univ., Hartley Bot. Inst. The growth of saprophytic fungi on root surfaces. **(Das Wachstum saprophytischer Pilze auf Wurzeloberflächen.)** Plant and Soil [The Hague] **15** (1961) Nr. 3. S. 261–267. – 2 Abb., 1 Tab., 9 Lit.
Die in unsterilem Boden wachsenden Wurzeln wurden sehr schnell von Pilzen besiedelt. Die Kolonisation begann am ältesten Wurzelteil und setzte sich i. allg. gleichmäßig über die Länge der Wurzel fort. Von einer sterilen Spitzenzone konnten keinen Pilze isoliert werden. Wurzeln, die aus einem unsterilen Boden in einen sterilen hineinwuchsen, wurden langsamer mit Pilzen besiedelt. Die am häufigsten vorkommenden Pilze sind in einer Tabelle zusammengefaßt. Die beobachteten Hyphen waren in nahezu allen Fällen hyalin und septiert.
K. E. Lindner. 350.

Zimenko, T. G. und Kabajlova, I. V. (Simenko, T. G. und Kabailowa, I. W.) Mikroflora kornej tomatov i fasoli pri vyraščivanii ich v vodnoj i počvennoj kul'ture. **(Mikroflora der Tomaten- und Bohnenwurzeln bei ihrem Anbau in Hydro- und Bodenkultur.)** Bjulleteń Instituta biologii. Akademija nauk Belorusskoj SSR, Minsk **1960** (hrsg. 1961) Nr. 6. S. 203–210. – 5 Tab., 21 Lit.
Vergleichende mikrobiol. Analysen über Konz. und Zusammensetzung der Mikroflora bei der Anzucht (Boden und Substrat) sowie der Aufzucht (Hydroponik) von Tomate und Bohne zeigten folgende bedeutende Unterschiede: 1. Die Zahl der nichtsporentragenden Bakterien war in Wasser- und Bodenkulturen um ein Vielfaches größer als in den Kontrollvarianten. 2. Auf den Tomatenwurzeln (Hydroponik) wuchsen viele Pigmentbakterien und Pilze; sporentragende Bakterienformen und Actinomyceten fehlten. Dagegen waren sporentragende Bakterien, Actinomyceten und geringe Mengen Mycobakterien in der Bodenkultur vorhanden; bes. entwickelten sich *Penicillium* und *Trichoderma*. 3. Die Hydrokultur der Tomate förderte die mineral. N assimilierenden Bakterien stärker als die Bodenkultur. 4. Der Nährlösung von Bohnen zugesetzte Bodenteilchen belebten einzelne Mikroorganismengruppen; auf den Pflanzenwurzeln (Bohne) siedelten sich Mycobakterien an, und der Anteil der ammonifizierenden Bakterien stieg erheblich. 5. Eine stärkere Mikroorganismentätigkeit verbesserte die Ernährungsbedingungen der Pflanzen.
G. Jury. 350.

Rajčeva, L. (Rajtschewa, L.) Vŭrchu rizosfernata, prikorenovata i korenovata mikroflora pri fija i ovesa. **(Über die Mikroflora der Rhizosphäre, der wurzelnahen Zone und der Wurzeloberfläche von Wicke und Hafer.)** Izvestija na Centralnija naučnoizsledovatelski institut po počvoznanie i agrotechnika „Nikola Puškarov“, Sofija **2** (1962) S. 91–110. – 6 Abb., 12 Tab., 9 Lit. Zus. in Russ., Dtsch.
Die Untersuchungen wurden auf 2 Tschernosem-Smolnitza-Böden und ausgelaugtem zimtfarbigem Waldboden durchgeführt. In der wurzelnahen Zone von Wicke und Hafer entwickelte sich die Mikroflora am stärksten, auf der Wurzeloberfläche schwächer, in der Rhizosphäre am schwächsten. Wesentliche Unterschiede in der Mikroflora beider Bodentypen wurden nicht festgestellt. Der mit Wicke bestellte Boden enthielt mehr Mikroben als der mit Hafer bebaute. In Wurzelnähe wurden sehr viel ammonifizierende Bakterien gefunden. Die nitrifizierenden Bakterien waren in der wurzelnahen Zone und in der Rhizosphäre verbreitet, während sie auf der Wurzeloberfläche fehlten. Denitrifizierende Bakterien wurden in großer Zahl sowohl in der wurzelnahen Zone als auch auf der Wurzeloberfläche selbst festgestellt. Nur wenige Actinomyceten und Schimmelpilze waren auf der Wurzeloberfläche, mehr jedoch in der wurzelnahen Zone festzustellen. M. Stoilow. 350.

Weichsel, Gertrud; Leipzig, Univ., Bot. Inst. **Untersuchungen über die Ausscheidung von Stickstoffverbindungen aus den Wurzelknöllchen von Legu-**

minosen. Flora [Jena] **151** (1961) Nr. 4. S. 535–571. – 6 Abb., 9 Tab., 64 Lit.

Die sich widersprechenden Ergebnisse der Untersuchungen über die N-Ausscheidung durch Leguminosenwurzelknöllchen boten Anlaß, dieses Problem an den Wurzelknöllchen der Erbse unter Berücksichtigung der verschiedenen Entwicklungsstufen zu bearbeiten. Die sich mit zunehmendem Alter schließende Knöllchenendodermis verhindert anscheinend in den späteren Entwicklungsstadien eine Stoffdiffusion. Dies zeigte auch die Unfähigkeit einer Neutralrotlösung, durch eine geschlossene Endodermis in das Knöllchen einzudringen. Die papierchromatographischen Untersuchungen ergaben Aminosäuren und Amide, deren Menge mit zunehmendem Knöllchenalter abnimmt. Bei Vorhandensein eines Konzentrationsgefälles und von Endodermislücken können diese Verbindungen aus den Knöllchen herausdiffundieren. Mit zunehmendem Knöllchenalter werden weniger Stoffe ausgeschieden. Bei Versagen einer Mischkultur hinsichtlich der Förderung der Nichtleguminosen nennt Vf. folgende Ursachen: fehlendes Konzentrationsgefälle, Aufnahme der N-Verbindungen durch die Leguminosenwurzel, Festlegung durch Mikroorganismen der Rhizosphäre sowie der physiol. Zustand der Wirtspflanze. Obwohl die Untersuchungen über die Abgabe von Aminosäuren aus Wurzelknöllchen in situ negative Ergebnisse zeigten, wird die Meinung vertreten, daß sie z. B. bei extremer Witterung und Ableitung der N-Verbindungen möglich ist. K. E. Lindner. 350.

Wagenbreth, Dietmar; Gatersleben, Inst. für Kulturpflanzenforsch. der Dtsch. Akad. der Wiss. zu Berlin. **Über das Wachstum und die Knöllchenbildungsfähigkeit isolierter Erbsenwurzeln in geteiltem Medium.** Flora [Jena] **151** (1961) Nr. 4. S. 607–620. – 15 Abb., 21 Lit.

Vf. berichtet über die erfolgreiche Anwendung der von Stolp beschriebenen Methode der Kultur von isolierten Erbsenwurzeln. Die Wurzelbasis befindet sich dabei in einem org. Nährmedium (Agar + Saccharose + Vitamine), die übrige Wurzel wird von einer mineral., mit Rhizobien beimpften Nährlösung umgeben. Der Einfluß des Saccharose- und Vitamingehaltes auf das Wachstum dieser Wurzeln wird beschrieben. – Knöllchenbildung konnte erzielt werden, wenn der beimpfte apikale Wurzelteil in einem mit mineral. Nährlösung getränkten Sand wuchs. Sowohl die an isolierten Wurzeln als auch die an intakten Pflanzen gebildeten Knöllchen zeigten weitgehende histologische Übereinstimmung. K. E. Lindner. 350.

Dobereiner, Johanna; Rio de Janeiro, Inst. de Ecol. e Exp. Agric. Nitrogen-fixing bacteria of the genus Beijerinckia derx in the rhizosphere of sugar cane. **(Stickstoffbindende Bakterien der Gattung Beijerinckia derx in der Rhizosphäre des Zuckerrohrs.)** Plant and Soil [The Hague] **15** (1961) Nr. 3. S. 211–216. – 1 Abb., 2 Tab., 16 Lit.

Die Untersuchungen unter Freilandbedingungen während zweier Wachstumsperioden zeigten, daß die *Beijerinckia*-Zahlen der Bodenproben aus der Rhizosphäre und von der Wurzeloberfläche des Zuckerrohrs 20- bzw. 50mal höher liegen als im Boden selbst. Die Zahl der auf Eier-Albumin-Agar wachsenden Bakterien, Actinomyceten und Pilze verringerte sich in der Zuckerrohrrhizosphäre. K. E. Lindner. 352.

Valera, Concepcion L. und Alexander, M.; Ithaka, Cornell Univ., Dep. of Agric. Nutrition and physiology of denitrifying bacteria. **(Ernährung und Physiologie denitrifizierender Bakterien.)** Plant and Soil [The Hague] **15** (1961) Nr. 3. S. 268–280. – 6 Tab., 14 Lit.

Eine positive Korrelation besteht zwischen dem pH-Wert des Bodens und den denitrifizierenden Bakterien sowie der Gesamt-Bakterienpopulation. Denitrifikanten sind gegenüber Säure empfindlicher als die bakterielle Mikroflora insgesamt. Hinsichtlich der Ernährung der N_2-bildenden Organismen können deutliche Unterschiede festgestellt werden. Bei fehlendem O_2 entwickeln sich einige Stämme leicht, indem sie Nitrat als Elektronen-Akzeptor gebrauchen, andere benötigen Ammonium oder Wachstumsfaktoren für die Denitrifikation. K. E. Lindner. 352.

Dinčev, D. (Dintschew, D.) Počveni aktinomiceti, antagonisti na ljucernovite grudkovi bakterii. **(Bodenactinomyceten, Antagonisten der Luzerne-Knöllchenbakterien.)** Izvestija na Centralnija naučnoizsledovatelski institut po počvoznanie i agrotechnika „Nikola Puškarov", Sofija **2** (1962) S. 77–89. – 2 Abb., 3 Tab., 18 Lit. Zus. in Russ., Engl.

Die Carbonatböden und die ausgelaugten Tschernoseme Nordbulgariens enthalten die meisten Actinomyceten, die auf Knöllchenbakterien der Luzerne antagonistisch wirken ($>$ 60% der untersuchten Proben enthielten $>$ 30% Actinomyceten-Antagonisten [**I**]). Am wenigsten **I** sind in den Bleicherden vorhanden. In Südbulgarien nehmen die ausgelaugten Tschernosem-Smolnitza-Böden den ersten Platz hinsichtlich der **I**-Zahl ein. – Die Böden enthalten mehr **I** als Rhizobien. – In älteren Luzernebeständen nimmt die Zahl der auf Rhizobien der Luzerne antagonistisch wirkenden Actinomyceten zu, die Virulenz der Rhizobien infolgedessen ab. M. Stoilow. 352.

Allison, F. E. und Klein, C. J.; Beltsville, Md., U.S. Dep. of Agric., A.R.S., Soil and Water Conserv. Res. Div., U.S. Soils Lab. Rates of immobilization and release of nitrogen following additions of carbonaceous materials and nitrogen to soils. **(Grad der Immobilisation und Freisetzung von Stickstoff als Folge von Zusätzen kohlenstoffreicher Stoffe und von Stickstoff zu Böden.)** Soil Sci. **93** (1962) Nr. 6. S. 383–386. – 2 Abb., 8 Lit.

Während der Bebrütung eines sandigen Bodens mit Zusätzen von Weizenstroh und mineral. N erfolgte eine sehr starke N-Immobilisation in den ersten 7 Tagen. Danach nahm die Immobilisationsrate laufend ab, bis am 19.–21. Tag etwa 1,7% N, bezogen auf das Anfangsgewicht des Strohes, in org. Verbindungen festgelegt waren. Parallel dazu nahm die CO_2-Atmung ab. Sie war am 20. Tag etwa um 90% geringer als am 2. Tag. Nach Ablauf von 3 Wochen wurde die N-Mineralisation größer als die Immobilisation, und nach 75 Tagen war die N-Festlegung auf 1,1% der Strohgabe zurückgegangen. Zur Sicherstellung des Abbaues war ein N-Zusatz erforderlich, durch den das C/N-Verhältnis auf 25,1 gebracht wurde. Bei Verwendung von Saccharose in ähnlichen Abbauversuchen ist es dagegen notwendig, das C/N-Verhältnis wesentlich enger zu gestalten, weil der Abbau schneller voranschreitet und die Mikroben vorübergehend höhere N-Mengen festlegen. Vff. schlußfolgern, daß die abweichenden Angaben über die erforderlichen N-Zusätze beim Abbau von C-reichem Material darauf zurückzuführen sind, daß die Zersetzbarkeit und andere die Abbauintensität beeinflussende Faktoren ungenügende Berücksichtigung finden. V. Koepke. 356.

Goring, Cleve A. I.; Seal Beach, Calif., Dow Chem. Co., Western Div., Agric. Res. Lab. Control of nitrification of ammonium fertilizers and urea by 2-chloro-6(trichloromethyl)pyridine. **(Regelung der Nitrifikation von Ammoniumdüngemitteln und Harnstoff durch 2-Chlor-6-[trichlormethyl]pyridin.)** Soil Sci. **93** (1962) Nr. 6. S. 431–439. – 17 Tab., 3 Lit.

Die Eignung von 2-Chlor-6-(trichlormethyl)pyridin zur gesteuerten Hemmung der NH_4-Nitrifikation wurde in Modellversuchen im Laboratorium mit 20 verschiedenen Böden untersucht. Das schwer flüchtige, sehr schwer wasserlösliche Reagens, das die Nitrifikation in geschlossenen Behältern in geringer Konz. vollständig unterdrückt, erwies sich unter freilandähnlichen Bedingungen nur als schwach wirksam. Bei breitwürfiger Anwendung von $(NH_4)_2SO_4$, NH_4NO_3, $(NH_4)_2HPO_4$ oder Harnstoff war ein Zusatz von mindestens 2%, bezogen auf den Düngemittel-N, zur Erzielung einer Hemmung erforderlich, bei Banddüngung ein solcher von 0,125%. Das Hemmungsreagens wirkte in den einzelnen Böden unterschiedlich, Beziehungen zur Textur, zum pH und zum Gehalt an org. Subst., an Carbonaten und an Wasser konnten jedoch nicht ermittelt werden. Die Hemmung der Nitrifikation war vermindert, wenn die N-Düngungemittel mit dem Reagenszusatz breitwürfig angewendet und nicht gleich befeuchtet wurden sowie bei sehr flacher Einbringung der Banddüngung. V. Koepke. 356.

Barrow, N. J. und Jenkinson, D. S.; Harpenden, Herts., Rothamsted Exp. Stat. The effect of water-logging on fixation of nitrogen by soil incubated with straw. **(Die Wirkung von Staunässe auf die Fixierung von Stickstoff in mit Stroh bebrütetem Boden.)** Plant and Soil [The Hague] **16** (1962) Nr. 2. S. 258–262. – 2 Abb., 10 Lit.
In Bebrütungsversuchen wurde in 2 mit Stroh versetzten tonigen Böden nach Überstauen mit Wasser Luft-N fixiert, wenn in der Atmosphäre über dem Boden O_2 enthalten war. Unter vollständig anaeroben Bedingungen wurde kein N gebunden. Im nur feuchten Boden (60% der WK.) wurde weder unter aeroben noch unter anaeroben Bedingungen N fixiert. V. Koepke. 356.

Dhar, N. R.; Allahabad, Univ., Sheila Dhar Inst. of Soil Sci. Nitrogen fixation by organic matter in soil improvement. **(Stickstoffixierung durch organische Stoffe für die Bodenverbesserung.)** J. Indian Soc. Soil Sci. **10** (1962) Nr. 2. S. 75–91. – 7 Tab.
Nach Einbringung von Stroh, Pflanzenrückständen oder Gräsern in Böden und bei Kompostierung dieser Stoffe konnte insbes. bei Zusatz von P-Düngemitteln eine Fixierung von Luft-N beobachtet werden. Im Feldversuch wurden nach Strohdüngung bei zusätzlicher P-Gabe (99 lb./acre P_2O_5 als Thomasphosphat) höhere Erträge von Gerste und höhere N-Aufnahmen ermittelt als bei zusätzlicher N-Gabe (112 lb./acre N als $(NH_4)_2SO_4$). In Laborversuchen konnten die nach Zusatz verschiedener N-Quellen zu Bodenproben auftretenden hohen N-Verluste durch Strohzusatz verringert werden. Die Probleme der Anreicherung des Bodens mit Humus und N werden an Hand von Ergebnissen aus der Weltliteratur erörtert. V. Koepke. 356.

Becking, J. H.; Wageningen, Agric. Univ., Lab. of Microbiol. A requirement of molybdenum for the symbiotic nitrogen fixation in alder (Alnus glutinosa Gaertn.). **(Eine Molybdänforderung für die symbiotische Stickstoffbindung durch die Erle [Alnus glutinosa Gaertn.].)** Plant and Soil [The Hague] **15** (1961) Nr. 3. S. 217–227. – 4 Abb., 5 Tab., 33 Lit.
In Gefäßversuchen wurde festgestellt, daß auch die Erle zur symbiotischen N-Bindung Mo benötigt. Das Trockengewicht der „Mo-Pflanzen" war 2–3mal größer als das der Mo-Mangelpflanzen. Der Gesamt-N-Gehalt lag ebenfalls wesentlich höher (370%, Mangelpflanzen = 100). Mo-Mangelpflanzen bildeten zahlreiche kleine Knöllchen aus, die über das gesamte Wurzelsystem verteilt waren, im Gegensatz zu den einzelnen großen Knöllchen bei Vorhandensein von Mo. Das schlechte Wachstum ohne Mo war eindeutig auf N-Mangel zurückzuführen. Das verabreichte Mo wurde hauptsächlich in den Wurzelknöllchen akkumuliert. K. E. Lindner. 356.

Boullard, Bernard und *Moreau, Richard.* **Sol, microflore et végétation.** Équilibres biochimiques et concurrence biologique. Paris: Masson et Cie. 1962. (172 S. m. Abb. u. Tab.) 14 × 22,5 cm. nfr. 20,–. Das Buch stellt den 20. Band einer Reihe „Évolution des Sciences" dar und wendet sich an Wissenschaftler im weitesten Sinn. Es ist in verständlicher Form geschrieben und gibt unter Berücksichtigung neuerer Arbeiten einen guten Einblick in das komplexe System Boden – Mikroflora – Vegetation. Im einzelnen werden im 1. Teil die Manifestationen des Bodenlebens, vor allem die Soziologie der Bodenmikroorganismen behandelt, wobei als Einteilungsprinzip die Klassifikation nach Nährstoffansprüchen (Lochhead) zugrunde gelegt wird. Die Mikroflora in Abhängigkeit von ökologischen Faktoren – Boden, Klima, Beziehungen zu grünen Pflanzen – schließt sich an. Im 2. Abschnitt werden die Vorgänge in der Rhizosphäre beschrieben und nach qualitativen Wirkungen bei Bakterien und Pilzen unterteilt. Es folgt ein Kapitel über Parasitismus, in dem der Angriff der Parasiten und deren Bekämpfungsmöglichkeiten geschildet werden. Der 3. Teil behandelt die Symbiose, die nach *Rhizobium* und Mykorrhiza gegliedert wird. Im letzten Teil werden die Wechselbeziehungen zwischen höheren Pflanzen beschrieben: Ausscheidungen der Wurzeln und die Mikroorganismen sowie deren Wirkungen und landwirtsch. Nutzanwendungen. W. Schulze.

F. Bodensystematik und Bodengenese

Kubiena, W.; Reinbek/Hamburg, Bundesforsch.-Anst. für Forst- und Holzwirtsch., Abt. für Bodenkunde und Forstökol. **Wesen, Ziele und Anwendungsgebiete der mikromorphologischen Bodenforschung.** Z. Pflanzenernähr., Düng., Bodenkunde **97(142)** (1962) Nr. 3. S. 193–205. – 15 Lit.
Gestützt auf die Beiträge zur Arbeitstagung für Mikromorphologie in Braunschweig-Völkenrode (1958), die erstmalig Vertreter aller Arbeitsgebiete, in denen die mikromorphologische Bodenforschung zur Anwendung gelangt, vereinte, kommt es dem Vf. darauf an, einen Überblick über das allen Disziplinen Gemeinsame zu geben. Diese verbindende Einheit zwischen den verschiedenen Arbeitsrichtungen liegt begründet in der grundsätzlichen Anerkennung der Ganzheit des Forschungsobjektes bei gleichzeitiger Abkehr von der ausschließlichen Merkmalsanalyse und bei bevorzugter Anwendung des morphologischen Prinzips. Die allgemeine Zielsetzung der mikromorphologischen Bodenforschung macht sich die Vorzüge einer ständigen Fühlung mit der Wirklichkeit zunutze und versucht, durch das vergleichende Studium lebender Böden und natürlicher Gefüge unter gebührender Berücksichtigung der wichtigsten Einzelelemente zur Erfassung bildhaft geschlossener Ganzheiten zu gelangen. Die dabei auftretenden Probleme lassen sich nur durch die enge Zusammenarbeit mehrerer Spezialisten lösen. W. Prager. 360.

Parfenova, E. I. und Jarilova, E. A.; Moskau, Bodenkundl. Dokutschajew-Inst. der Akad. der Wiss. der UdSSR. **Mikromorphologie des Bodens als Methode zur Untersuchung der geochemischen Landschaften.** Z. Pflanzenernähr., Düng., Bodenkunde **97(142)** (1962) Nr. 3. S. 265–273. – 6 Abb., 1 Tab., 9 Lit.
Die Lehre von Polynow (1956) über die geochem. Landschaften gründet sich auf die Entwicklungsgesetze der Verwitterungsrinde. Sie stellt ein Kernstück einer Migrationsreihe der Elemente dar. Die entspr. Untersuchungsmethodik umfaßt vor allem vergleichende Studien an Elementarlandschaften als den zugehörigen geographischen Einheiten. Unter den Analysenverfahren spielen die mikromorphologischen Untersuchungen eine wichtige Rolle bei der Kennzeichnung der natürlichen Bedingungen von Neubildungs- und migrationsvorgängen sowie bei der Beurteilung des Ablaufs bodenbildender Prozesse in einer Landschaft. Vff. demonstrieren die Brauchbarkeit der mikromorphologischen Analyse zur Bestimmung der Migrationsreihe von Elementen an einigen eluvialen und superaqualen Landschaften des zentralen Tschernosemgebietes sowie der Waldsteppenzone des europäischen Teiles der SU.
W. Prager. 360.

Rid, H. **Untersuchungen zur Dynamik schwerer Böden. 2. Mitt. Böden des südlichen Frankenjura.** Bayer. landwirtsch. Jb., Sonderh. **39** (1962) Nr. 1. S. 1–116. – 1. Mitt. vgl. LZ. Abt. II **7** (1961) Nr. 3. S. 571.
Zum Thema, das Rid federführend bearbeitet, werden in Einzelarbeiten folgende Probleme behandelt: Brunnacker, K.: „Feldbodenkundliche Untersuchungen im Frankenjura"; Zeidler, H.: „Vegetationskundliche Beobachtungen an Ackerunkrautbeständen in der südlichen Frankenalb"; Rid, H.: „Phys. Eigenschaften von Böden des Schwarzen, Braunen und Weißen Jura"; Wagner, A.: „Über Humusformen von Böden des Jura"; Rid, H.: „Ergebnisse chem. Untersuchungen von Böden des Schwarzen, Braunen und Weißen Jura"; Eberhard, E.: „Ergebnisse der mineralogischen Phasenanalyse an

7 Bodenprofilen im Raume von Thalmässing"; Poschenrieder, H. und Beck, Th.: „Mikrobiol.-biochem. Charakterisierung von Böden des Frankenjura"; Altemüller, H.-J.: „Mikromorphologische Untersuchungen an Bodenprofilen des mittleren fränkischen Jura". Am Schluß befindet sich eine zusammenfassende Diskussion der Untersuchungsergebnisse. 360.

Gerasimov, I. P. (Gerassimow, I. P.); Inst. für Geogr. der Akad. der Wiss. der UdSSR. Novaja amerikanskaja klassifikacija počv. **(Die neue amerikanische Bodenklassifikation.)** Počvovedenie, Moskva **1962** Nr. 6. S. 34–46. – 3 Tab., 10 Lit.
Vf. schätzt die neue amer. Klassifizierung der Böden ein (VII. Internationaler Bodenkunde-Kongreß) und stellt fest, daß der traditionelle Dualismus der amer. Bodenkundler in der Klassifikation der Böden (genetisches Vorgehen bei der Bestimmung der höheren systematischen Einheiten, empirisches bei der Bestimmung der niedrigeren) nicht überwunden wird. Vf. sieht in der Hauptsache 2 methodische Unzulänglichkeiten. Die erste besteht darin, daß die Hauptaufmerksamkeit weniger auf die unteren systematischen Einheiten als auf die höheren gelenkt wird. Die zweite wird in der zu starken Betonung der morphol. Merkmale bei der Klassifikation gefunden. Weiter wird bemerkt, daß die Verwendung einer vollkommen neuen Terminologie bei Bezeichnung der diagnostischen Merkmale und Benennung der Böden die Gefahr einer Isolierung der Bodenkundler von der praktischen Tätigkeit in sich birgt. Als positiv wird herausgestellt, daß den in Kultur genommenen Böden und deren Eigenschaften breiter Raum gewidmet wird, neue theoretische Vorstellungen sowie neue Methoden zur Klassifikation der Böden herangezogen werden (z. B. mikromorphologische Methode) und der Gruppierung der Böden eine große Menge an Untersuchungsmaterial zugrunde liegt.
H. Winkler. 360.

Reuter, Gerhard; Rostock, Univ., Inst. für Agrikulturchem. und Bodenkunde. **Tendenzen der Bodenentwicklung im Küstenbezirk Mecklenburgs.** Dtsch. Akad. Landwirtsch.-Wiss. Berlin, wiss. Abh. **1962** Nr. 49. S. 1–128. – 22 Abb., 4 Tab., 99 Lit. Zus. in Russ., Engl.
Die einleitenden Ausführungen sind zunächst der Untersuchungsmethodik im Gelände und im Labor gewidmet, wobei u. a. die vom Vf. (1957, 1958) entwickelte neue Horizontnomenklatur zur Darstellung gelangt. Weiterhin unterstreicht Vf. die Notwendigkeit, bei entwicklungskundlichen Profiluntersuchungen das Auftreten von „Interferenzen", die eine Unterscheidung von zeitlich bedingten „Entwicklungstypen" und standörtlich beeinflußten „Kombinationstypen" ermöglichen, stärker zu berücksichtigen. In Anlehnung an die in der Geomorphologie gebräuchlichen Begriffe unterbreitet Vf. darüber hinaus den Vorschlag, beim Studium der Entwicklungstendenzen unserer Böden eine Differenzierung nach harmonischen (= repetierfähigen) und disharmonischen (= nicht repetierfähigen) Prozessen bzw. Profilausformungen vorzunehmen. In dieser Hinsicht lassen zahlreiche Bodenbildungen im mecklenburgischen Küstenbezirk, hervorgerufen durch Änderungen des Klimas, des Grundwasserstandes und des anthropogenen Einflusses, disharmonische Merkmale des Entwicklungsablaufs erkennen, wie es z. B. für die Lessivé-Entwicklung auf sandigem Geschiebelehmmergel zutrifft. Daneben treten, bedingt durch geographische Lage und innere Faktoren, harmonische Entwicklungsprozesse hervor, wie sie z. B. für die Bildung von Podsolen auf Dünensanden oder für die Pararendzina-Braunerde-Podsol-Entwicklung auf Mergel mit gutem bis mäßigem Filtergerüst und nachfolgender Abtragung charakteristisch sind. W. Prager. 362.

Dalrymple, J. B.; London, Univ., Wye Coll. Some micromorphological implications of time as a soil forming factor, illustrated from sites in South-Eastern England. **(Einige mikromorphologische Folgerungen aus dem Einfluß**

der Zeit als eines bodenbildenden Faktors, dargestellt an Standorten in Südostengland.) Z. Pflanzenernähr., Düng., Bodenkunde **98(143)** (1962) Nr. 3. S. 232–239. – 4 Abb., 14 Lit.

Weite Gebiete des Londoner Beckens sind über abfallenden Kreidehängen und zutage tretenden tertiären Schichten mit schluff- und schlufflehmhaltigen Geschiebematerialien bedeckt, die als Brickerden bezeichnet werden. Die im Postglazial aus derartigen Brickerden hervorgegangenen Bodenbildungen weisen Tonverlagerungen auf, die zur Ausbildung eines B_t-Horizontes führten. Die vom Vf. vorgenommenen mikromorphologischen Profiluntersuchungen lassen erkennen, daß in das ursprünglich „erdige" Grundgefüge des Unterbodens in zunehmendem Maße eine orientierte Anlagerung von Fe-haltiger Tonsubstanz in den Poren und entlang der Leitbahnränder stattgefunden hat. Dieser Vorgang umfaßt 3 mikromorphologisch klar erfaßbare Stadien der Tonverlagerung. Die auf diese Weise entstehenden mikroskopischen Gefügearten ähneln z. B. dem Fließplasma der Parabraunerden, sie unterscheiden sich jedoch prinzipiell von den „lehmigen" Gefügeelementen, die in manchen Brickerden als ältere Reste beobachtet werden können. W. Prager. 362.

Bakalova, V., Benevski, M. und Vangelov, A. (Bakalowa, W., Benewski, M. und Wangelow, A.) Počvite v opitnata stancija za južni kulturi gr. Sandanski. **(Die Böden der Versuchsstation für Südkulturen in Sandanski.)** Izvestija na Centralinija naučnoizsledovatelski institut po počvoznanie i agrotechnika „Nikola Puškarov", Sofija **2** (1962) S. 159–196. – 14 Abb., 11 Tab., 23 Lit. Zus. in Russ., Engl.

Bei den Böden der Versuchsstation Sandanski handelt es sich um ausgelaugte zimtfarbige, durch Erosionsprozesse stellenweise in sekundäre Carbonatböden übergegangene Wiesenböden. Die Verdunstung dieser Böden überwiegt die Niederschläge, was zu ungünstigen Verhältnissen im Wasserhaushalt der Böden führt. Die Böden sind humus- und N-arm und enthalten wenig pflanzenaufnehmbares K_2 und bewegliches P_2O_5. M. Miltschew. 362.

Kubiena, W.; Reinbek/Hamburg, Bundesanst. für Forst- und Holzwirtsch., Abt. für Bodenkunde und Forstökol. **Die taxonomische Bedeutung der Art und Ausbildung von Eisenoxydhydratmineralien in Tropenböden.** Z. Pflanzenernähr., Düng., Bodenkunde **98(143)** (1962) Nr. 3. S. 205–213. – 8 Abb., 1 Tab., 11 Lit.

Die zu den eindeutigsten Merkmalen einer Bodenbildung zählende Mikromorphologie ist mit dem Chemismus ihrer Bauelemente aufs engste verbunden. Unter den zahlreichen Bauelementen zeichnen sich die neugebildeten Minerale, und speziell die Minerale des Eisenoxydhydrats, bez. ihrer Formbildung, der Art ihrer Entstehung, ihrer Funktion bei der Entstehung von Gefügetypen sowie hinsichtlich ihrer Vergesellschaftung als taxonomische Einheiten aus. Dies trifft im bes. Maße für die charakterisierenden Eisenoxydhydratminerale der tropischen Böden zu, indem z. B. das vorwiegende Auftreten von peptisiertem, amorphem Eisenoxydhydrat einen Braunlehm anzeigt, während die vorherrschende Ausbildung von geflocktem, amorphem Eisenoxydhydrat auf einen erdigen Braunlehm schließen läßt. Demgegenüber sind Pseudogleie durch Flecken aus peptisiertem, amorphem Oxydhydrat sowie durch Kristallaggregate von Goethit und Lepidokrokit in heller enteisender Grundmasse gekennzeichnet. Der Rotlehm ist charakterisiert durch das Auftreten feinster, in der Grundmasse schwebender Kristallite von Goethit und Hämatit, während der durch Flockung dieser Bauelemente angedeutete Vererdungsprozeß auf das Vorliegen einer Roterde hinweist. Die Laterite verfügen über zusammengewachsene, grobkristalline Aggregatkomplexe von Goethit und Hämatit, die bei der Schlacken- und Panzerbildung eine wichtige Rolle spielen.
W. Prager. 362.

Gračanin, Zlatko; Gießen, Justus-Liebig-Univ., Inst. für Bodenkunde und Bodenerhalt. **Zur Genese, Morphologie und Mikromorphologie der Hangtorfbildung auf Kalksteinen in Kroatien.** Z. Pflanzenernähr., Düng., Bodenkunde **98(143)** (1962) Nr. 3. S. 264–272. – 4 Abb., 1 Tab., 9 Lit.

Die *Sphagnum*-Torfe des kroatischen Karstgebietes entwickeln sich im Bereich der tiefen Dolinen auf stark zerklüfteten und vollkommen durchlässigen Kalkstein- und Dolomitunterlagen. Die vom Vf. unternommenen Studien beziehen sich auf 2 derartige Hochmoorstandorte in stark geneigter, nordexponierter Hanglage, teils unter Beständen des subalpinen Fichtenwaldes (*Piceetum croaticum subalpinum* Horvat), überwuchert von *Sphagnum*-Moosen, teils unter Beständen des Krummholzes (*Pinetum mughi croaticum* Horvat) mit intensiver *Sphagnum*-Vermoosung. Für die systematische Einordnung dieser nicht meliorationsfähigen Bodenbildungen schlägt Vf. im Rahmen der von Kubiena (1953) geschaffenen Klassifikation vor, den Typus Moss (Hochmoor) durch die Übernahme des Subtypus „Sphagnumtorfmoor auf Kalksteinen" zu erweitern. W. Prager. 364.

Bowser, W. E., Milne, R. A. und Cairns, R. R.; Edmonton, Alberta, Univ., Canada Dep. of Agric. Characteristics of the major soil groups in an area dominated by solonetzic soils. **(Charakteristische Merkmale der „Major Soil Groups" in einem Gebiet vorherrschender Solonetzböden.)** Canad. J. Soil Sci. **42** (1962) Nr. 1. S. 165–179. – 4 Tab., 14 Lit.

Im östlichen Alberta (Canada) findet sich neben Tschernosem verbreitet Solonetz. Außerdem trifft man, vor allem in den Übergangszonen, auf solodartig veränderten Solonetz, Solod und degradierten Tschernosem. Die Solonetz- und Solodböden sind – abgesehen von klimatischen Voraussetzungen – im wesentlichen durch salzhaltige Schichten des Muttergesteins bedingt. – Neben Profilbeschreibungen werden die Ergebnisse von chem. und phys. Untersuchungen an 18 Profilen mitgeteilt: Die Solonetzböden Albertas sind vor allem durch das Vorhandensein von Na_2SO_4 charakterisiert, daneben kommt $MgSO_4$ vor. Bicarbonate spielen eine untergeordnete Rolle, der Cl-Gehalt ist bemerkenswert gering. Ihr Sorptionskomplex ist im B-Horizont zu mehr als 15% mit Na belegt, der Anteil des Mg ist beträchtlich, der des Ca liegt unter 50%. Infolge von Durchschlämmungsvorgängen ist es im B-Horizont zu einer Tonanreicherung gekommen. – Aus den Solodböden sind die lösl. Salze weitgehend ausgewaschen. Der Anteil des sorbierten Na ist gegenüber dem Solonetz erheblich vermindert, der des Mg liegt noch rel. hoch. – Dem eigentlichen Tschernosem fehlen diese Merkmale. Übergangsformen weisen noch einen auffallend hohen Anteil an austauschbarem Mg auf, der Anteil des Ca liegt aber stets über 50%. – Die oberen Horizonte der Salzböden sind stärker versauert als die der Tschernoseme. Am niedrigsten, oft unter 6, liegt das pH bei den Solodböden. – Die Entwicklung des Solods und die systematische Stellung seiner Varianten zwischen den Ordnungen der solonetzartigen und der tschernosemartigen Typen werden diskutiert. Es handelt sich vor allem um die Frage, ob morphol. Merkmale, die mit einer ursprünglichen Solonetz-Entwicklungsphase in Verbindung stehen, oder chem. Merkmale, die die spätere Annäherung an den Tschernosem erkennen lassen, den Vorrang haben sollen. J. Garz. 364.

Blümel, F.; Petzenkirchen, Österreich, Bundesversuchsanst. für Kulturtechn. und Techn. Bodenkunde. **Formen der Eisenoxydhydrat-Ausscheidungen in Gleyen und Pseudogleyen.** Z. Pflanzenernähr., Düng., Bodenkunde **98(143)** (1962) Nr. 3. S. 258–264. – 4 Abb., 6 Lit.

Die morphologische Untersuchungsmethodik erweist sich nach den vom Vf. gesammelten Erfahrungen auch im landwirtsch. Wasserbau, und hier speziell im Rahmen von Entwässerungsmaßnahmen, als unentbehrlich. Dies trifft vor allem für die charakteristischen Eisenoxydhydratausscheidungen in

Gleien, Pseudogleien und deren Übergangsbildungen zu. Hang- und Grundwassergleie zeichnen sich dadurch aus, daß hier die Eisenoxydhydratausscheidungen entlang von Wurzelgängen und in Gestalt von flockigen Anreicherungen hervortreten. Pseudogleie verfügen dagegen über eisenoxydhydrathaltige Konzentrationskerne und Konkretionen, die je nach Form, Farbe und Größe Rückschlüsse auf ihre Entstehung sowie auf den Wasserhaushalt der Böden zu ziehen gestatten. Übergangsbildungen zwischen Gleien und Pseudogleien lassen in den entspr. Horizonten die typischen Merkmale der Eisenoxydhydratausscheidungen wie in den jeweiligen typologischen Grundeinheiten erkennen. W. Prager. 364.

Scheffer, F., Welte, E. und Meyer, B.; Göttingen, Univ., Agrikulturchem. und Bodenkundl. Inst.; Hannover, Landwirtsch. Forsch.-Anst. Büntehof. **Die Rendsinen der mitteldeutschen Berg- und Hügellandschaften (Leine-Weser-Bergland). 2. Mitt. Fraktur, Nichtcarbonatgehalt und spezifische Auflösungsgeschwindigkeit des Kalkgesteins als bestimmende Größen der Bodenentwicklungsgeschwindigkeit.** Z. Pflanzenernähr., Düng., Bodenkunde **98(143)** (1962) Nr. 1. S. 1–17. — 3 Abb., 2 Tab., 30 Lit. 1. Mitt. vgl. LZ. Abt. II **6** (1961) Nr. 6. S. 1357.

Bei vergleichenden Untersuchungen an Standorten, die sich durch gleiche Klima- und Vegetationsgeschichte auszeichnen, bot die Berücksichtigung der periglazialen Frostfraktur, des Nichtcarbonatgehaltes und der spez. Auflösungsgeschwindigkeit des Kalkgesteins u. a. auch eine brauchbare Grundlage für die geographische Abgrenzung der Rendzinaverbreitung in abtragungsfreien Lagen. Die analytischen und experimentellen Untersuchungsbefunde ermöglichten zunächst eine Zusammenfassung der bei den verschiedenen Kalkarten gefundenen Nichtcarbonatgehalte und rel. Lösungswerte zu sog. „Verwitterungswerten". Weiterhin ließ sich der Grad der holozänen Bodenentwicklung auf Frostschuttdecken gleichmäßiger Korngrößenzusammensetzung mit Hilfe von Verwitterungsgrenzwerten charakterisieren. Die Vff. setzten diese Werte in Beziehung zu den rel. Aufbereitungsgraden sowie zur Mächtigkeit und Mobilität der mit den jeweiligen Kalkstein-Schichtverbänden gekoppelten Frostschuttdecken, um schließlich auf dieser Grundlage ein Ordnungsschema zu entwerfen, in dem die untersuchten Kalksteinformationen nach zunehmendem Bodenbildungspotential eingestuft sind. W. Prager. 364.

Manil, G.; Gembloux, Belgique, Centre d'Étude des Sols Forestiers (I.R.S.I.A.), Inst. Agronomique. **Diskussion über den Ausdruck „Lessivé" auf Grund mikromorphologischer Beobachtungen.** Z. Pflanzenernähr., Düng., Bodenkunde **98(143)** (1962) Nr. 3. S. 214–218. — 1 Abb., 7 Lit.

Die in der franz. Fachliteratur seit mehr als 20 Jahren in allerdings verschiedenem Sinne verwendete Bezeichnung „Lessivé" erfuhr vor allem durch die aufschlußreichen Ergebnisse zahlreicher mikromorphologischer Untersuchungen von Kubiena (1956) eine Aktualisierung im internationalen Rahmen und wird heute vom gleichen Autor als Substantivum zur Kennzeichnung eines pedogenetischen Prozesses gebraucht. Auf dieser Grundlage unternimmt Vf. den Versuch einer dynamischen Begriffsdefinition bei gleichzeitiger Beachtung des rezenten Klimawechsels und des menschlichen Einflusses. Diese Überlegungen faßt er schließlich in einem Dreiecksdiagramm zusammen, an dem sich die Stellung der „Sols lessivés" in ihren Beziehungen zu den „Sols bruns lessivés" und den Pseudogleien demonstrieren läßt. W. Prager. 364.

Delecour, F. und Manil, G.; Gembloux, Belgique, Centre d'Étude des Sols Forestiers de l'Ardenne et de la Gaume. **Mikromorphologischer Beitrag zur Kenntnis der sauren Braunerden der belgischen Ardennen.** Z. Pflanzenernähr., Düng., Bodenkunde **98(143)** (1962) Nr. 3. S. 219–224. — 3 Tab., 9 Lit.

Die durch zahlreiche ökologische Varianten gekennzeichneten Sols bruns acides stellen im Untersuchungsgebiet Klimaxformen dar, zu denen vor allem die Gruppen der sauren Mull-Braunerden unter Schwingel-Buchenwaldvegetation und der sauren Moder-Braunerden unter Simsen-Buchenwaldvegetation gehören. Aus den hemiorg. A_1-Horizonten dieser Bodenbildungen bestimmten Vff. mit Hilfe von Dünnschliffen die Humusformen nach Kubiena (1953) und verglichen diese Ergebnisse mit jenen der chem. Analysen. Den mikromorphologischen Untersuchungsbefunden ist u. a. zu entnehmen, daß sich auf den überprüften Standorten die Entwicklung der Humusform vom sauren Mull bis zu den spez. Moderarten in ihren Einzelheiten leicht verfolgen läßt. Die Ergebnisse der chem. Humusuntersuchung lassen z. B. erkennen, daß sich das Verhältnis der Gesamthumusstoffe zum Gesamthumus regelmäßig in dem Maße erweitert, wie die Mulleigenschaften der Humusbildung mehr und mehr dahinschwinden. W. Prager. 364.

Reuter, G.; Rostock, Univ., Inst. für Agrikulturchem. und Bodenkunde. **Lessivé-Braunerde-Interferenzen auf Geschiebemergel.** Z. Pflanzenernähr., Düng., Bodenkunde **98(143)** (1962) Nr. 3. S. 240–246. – 4 Abb., 5 Lit.
Zahlreiche Bodenbildungen Deutschlands lassen in ihrer Profilierung keineswegs eine der klassischen Bodentypenlehre entspr. eindeutige Ausprägung des echten typologischen Vorbildes erkennen, sondern weisen verschiedene Typenmerkmale auf, deren Zusammentreffen in einem Profil der Vf. als Interferenz bezeichnet, womit zugleich eine den natürlichen Verhältnissen weitgehend angepaßte Unterscheidung nach vorwiegend pedogenetisch beeinflußten Entwicklungstypen und standörtlich bedingten Kombinationstypen möglich ist. Für Lessivé und Braunerde auf jungpleistozänem Geschiebemergel beschreibt Vf. die makro- und mikromorphologischen Eigenschaften derartiger Interferenzen, indem er gleichzeitig den dabei wirksamen Entwicklungsprozeß als einen disharmonischen, d. h. nicht repetierfähigen, charakterisiert. W. Prager. 364.

Altemüller, H.-J.; Braunschweig-Völkenrode, Forsch.-Anst. für Landwirtsch., Inst. für Bodenbearb. **Beitrag zur mikromorphologischen Differenzierung von durchschlämmter Parabraunerde, Podsol-Braunerde und Humus-Podsol.** Z. Pflanzenernähr., Düng., Bodenkunde **98(143)** (1962) Nr. 3. S. 247–258. – 8 Abb., 9 Lit.
Trotz des unterschiedlichen Alters der beschriebenen Böden, die sich in der Umgebung von Braunschweig auf Riß-Geschiebelehm, Würm-Löß und postglazialen Dünensanden entwickelten, läßt sich bei zusammenhängender Betrachtung doch in jedem der genannten Bodentypen eine Reihe von gemeinsamen mikromorphologischen Gefügearten erkennen, so daß Vf. an Hand dieser Verflechtung mehrere Entwicklungsprozesse, wie z. B. Entkalkung, lehmige Verwitterung, erdige Verwitterung, Mullbildung und Podsolierung, quer durch die untersuchten Böden hindurch verfolgen kann. Bei diesem Vorgehen gewinnt der Vergleich der B-Horizonte von durchschlämmten Parabraunerden sowie der Ortsteinhorizonte von Humuspodsolen bes. Bedeutung. Beide Profilbereiche zeichnen sich auf sandigen Ausgangsmaterialien durch Hüllengefüge aus, die infolge ihrer charakteristischen, typeneigenen Merkmale eindeutig voneinander unterscheidbar sind. W. Prager. 364.

G. Bodenuntersuchung

Krogman, K. K. und Anderson, D. T.; Lethbridge, Alberta, Canada Agric. Res. Stat. Note on a sampler for taking soil cores for the greenhouse and laboratory. **(Mitteilung über eine Einrichtung zur Entnahme von Boden-Bohrkernen für Gewächshaus und Laboratorium.)** Canad. J. Soil Sci. **42** (1962) Nr. 1. S. 224–225. – 2 Abb., 5 Lit.
Der beschriebene Probestecher (6 in. Dmr. und 20 in. Länge) wird hydraulisch mit einer Kraft von 3–4 t in den Boden getrieben. Der Bohrkern kann mit einer leichten eingepaßten inneren Hülse ungestört herausgenommen werden. Die Hülse kann gegebenenfalls gleich als Vegetationsgefäß dienen. J. Garz. 370.

Riŋķis, G.; Biol. Inst. der Akad. der Wiss. der Lett. SSR. O sposobach razloženija počvy pri opredelenii valovogo soderžanija rjada mikro- i makroėlementov. **(Verfahren zur Zerlegung des Bodens für die Bestimmung des Gehaltes an Mikro- und Makroelementen.)** Izvestija Akademii nauk Latvijskoj SSR, Riga **1962** Nr. 7. S. 77–84. — 3 Tab., 3 Lit. Orig.: russ., Ausz.: lett.

Die Methode, Boden durch Säuren (HNO_3), HCl, H_2SO_4) zu zerlegen, ist nur wenig zeitaufwendig, und teilweise werden damit die Verunreinigungen der Analysen beseitigt. Die Behandlung der Böden mit Säuren bringt 90–100% der Mikroelemente Zn, Cu, Mn, Co und Mo in Lösung. Diese Methode eignet sich für die Fe-Bestimmung; der im unlöslichen Rückstand befindliche Fe-Gehalt ist nicht größer als die Abweichungen zwischen den Paralleluntersuchungen. Auch der Ca- und Mg-Gehalt kann festgestellt werden, da bis auf unlösliche Al-Silicate Ca und Mg in Säuren löslich sind. Zur Bestimmung von P und K ist die Methode nicht geeignet, da stets zu niedrige Werte erhalten werden. W. Görtler. 372.

Robertson, J. A.; Edmonton, Univ. of Alberta. Comparison of an acid and an alkaline extracting solution for measuring available phosphorus in Alberta soils. **(Vergleich einer sauren und einer alkalischen Extraktionslösung zur Bestimmung des verfügbaren Phosphors in den Böden Albertas.)** Canad. J. Soil Sci. **42** (1962) Nr. 1. S. 115–121. — 2 Abb., 2 Tab., 10 Lit.

79 Böden aus Alberta (pH 5,4–7,7) wurden mit 2 bekannten Extraktionslösungen (0,03 n NH_4F + 0,03 n H_2SO_4 bzw. 0,5 mol. $NaHCO_3$ [pH 8,5]) auf ihren Gehalt an pflanzenverfügbarem Phosphat untersucht. Die Ergebnisse zeigen enge Korrelation zu den Erträgen bei parallel durchgeführten Vegetationsversuchen. Bemerkenswerte Unterschiede zwischen beiden Methoden ergaben sich nicht. J. Garz. 372.

Semb, G. Forskjell i innholdet av lettoppløselig og syreoppløselig kalium mellom ulike jordarter og betydningen av dette for prøvetaingsmetodikken. **(Unterschiede der Bodenarten im Gehalt an wasser- und säurelöslichem Kalium und die Folgerungen für die Bodenprobeentnahme.)** Forskn. Forsøk Landbruket **13** (1962) Nr. 4. S. 297–307.

Analysen von Bodenproben aus 7 Betrieben zeigten, daß kleine Differenzen sowohl zwischen den verschiedenen Bodenarten als auch im Gehalt des wasserlöslichen K vorhanden sind. Andererseits weisen diese Bodenproben große Differenzen im Gehalt der säurelöslichen K-Reserven auf. Die Anteile des wasser- und säurelöslichen K und die Grenzen der Bodenarten von 3 Betrieben werden auf Karten dargestellt. Die Karten geben ein klares Bild der engen Korrelation zwischen den Bodenarten und den säurelöslichen K-Reserven. Die entspr. Korrelation zwischen dem wasserlöslichen K und den Bodenarten konnte nicht festgestellt werden. Die Bestimmung des säurelöslichen K ist für die Beurteilung des gegenwärtigen K-Zustandes eines Bodens notwendig. Vf. empfiehlt, die Bodenprobeentnahme von denselben Feldern in bestimmten Zeitabständen zu wiederholen. H. Masche. 372.

Peive, J. und Pakaln, G.; Biol. Inst. der Akad. der Wiss. der Lett. SSR. Kolorimetričeskij metod opredelenija podvižnogo magnija v počvach. **(Eine colorimetrische Methode zur Bestimmung des beweglichen Bodenmagnesiums.)** Izvestija Akademii nauk Lativskoj SSR, Riga **1962** Nr. 3. S. 59–66. — 5 Tab., 13 Lit. Zus. in Engl., Dtsch.

2 g lufttrockener Boden werden mit 20 ml n Ammoniumacetatlösung 30 Min. geschüttelt und danach filtriert. Je nach dem zu erwartendem Mg-Gehalt werden 0,5 bis 4,0 ml entnommen und in ein Reagenzglas mit eingeschliffenem Gasstopfen (Dmr. 16 mm) überführt. Darauf werden 5 ml Pufferlösung (54 g NH_4Cl und 5 g Na_2S werden in 500 ml aqua dest. gelöst, nach Zugabe von 350 ml konz. NH_3 wird auf 1 l aufgefüllt), 0,1 ml 1%ige alkohol. 2.3-Dimercaptopropanol-1-

Lösung und 0,1 ml wäßrige Triäthanolaminlösung (1:10) zugegeben. Es wird mit aqua dest. auf 10 ml aufgefüllt. Danach wird mit Isoamylalkohol verdünnte Eriochromschwarz-T-Lösung (2,5 ml) zugefügt und 30 Sek. geschüttelt. Nach Schichtentrennung wird die Mg-Konz. visuell durch Vergleich mit Eichlösungen oder einer farbigen Celluloidskala ermittelt. — Die Methode, die sich bes. für Serienanalysen eignet, wurde mit der Standard-Phosphatmethode verglichen, wobei die Werte gut übereinstimmten. Analysen lettischer Böden mit o.a. Methode ergaben, daß eine Reihe von Böden zu wenig Mg enthält. P. Stoß. 372.

Gärtel, W.; Bernkastel-Kues/Mosel, Biol. Bundesanst. für Land- und Forstwirtsch., Inst. für Rebenkrankh. **Die Bestimmung von Magnesium, Bor, Mangan, Zink und Molybdän in Weinbergsböden.** Landwirtsch. Forsch., Sonderh. Nr. **16** (1962) S. 133–137. — 2 Tab., 16 Lit.
Mit den in der Agrikulturchemie angewandten Extraktions- und Untersuchungsmethoden ist die Bestimmung des lösl. Mg-, B-, Mn-, Zn- und Mo-Anteils in Weinbergsböden unter Berücksichtigung von Besonderheiten möglich. Die Mg-Bestimmung im $CaCl_2$-Auszug nach Schachtschabel ergibt, daß auf Böden des Mosel-Weinbaugebietes bei einem pH-Wert $< 5{,}5$ und einem Mg-Gehalt $< 7{,}0$ mg/100 g Feinerde Säureschäden und Mg-Mangel auftreten. Die flammenspektrometrische Mg-Bestimmung im Ca-Lactat-Auszug nach Egnér-Riehm ist möglich, die Werte liegen etwa 2,5–3mal höher als im $CaCl_2$-Auszug. Mn wird im $MgSO_4$-Auszug nach Schachtschabel bestimmt. Mn-Mangel ist im Weinbau bisher nicht bekannt. Als rationellste B-Bestimmung wird die im Auszug mit 0,02 n HCl angesehen; eine Arbeitsvorschrift wird beschrieben. Bei einem B-Gehalt des Bodens in 20–80 cm Tiefe von $< 0{,}7$ ppm muß mit B-Mangel, $> 6{,}0$ ppm mit B-Vergiftungen gerechnet werden. Zn wird mittels Dithizon im Na-Acetat-Auszug nach Shaw und Dean bestimmt. Hohe Cu-Mengen werden durch Na-Thiosulfat getarnt. Die Zn-Werte schwanken von 0–15 ppm. Mo wird nach Grigg oder im 6 n HCl-Auszug mit Dithiol nach H_2S-Fällung und Abtrennung des Cu mit Kationenaustauschern bestimmt. Grenzwerte für Mn, Zn und Mo liegen nicht vor. O. Knabe. 372.

Scholl, W.; Augustenberg, Staatl. Landwirtsch. Versuchs- und Forsch.-Anst. **Chemische Bestimmung von Molybdän in Böden, Pflanzen und Gesteinen mit Toluol-3,4-Dithiol.** Landwirtsch. Forsch., Sonderh. Nr. **16** (1962) S. 138 bis 147. — 3 Tab., 21 Lit.
Im Vergleich zur Rhodanidmethode, die durch Fe-III erheblich gestört werden kann, wird diese Fehlerquelle bei der Mo-Bestimmung mit Toluol-3,4-Dithiol (I) ausgeschaltet. Bei dieser Methode wird die salzsaure, kieselsäurefreie Analysenlösung durch Na-Citrat in einen pH-Bereich von 3–4 gebracht, durch Ascorbinsäure Fe-III zu Fe-II und Mo-VI zu Mo-IV reduziert. Mit Thioharnstoff wird vorhandenes Cu komplexiert und Fe-II vor Oxydation geschützt. Nach Zugabe der Reagenslösung (I gelöst in Methylalkohol unter Zusatz von Thioglykolsäure) bildet sich im Dunkeln der Mo-Komplex, der mit Toluol (oder CCl_4, Isoamylacetat, Isoamylalkohol, Butylalkohol u.a.) extrahiert und bei 660 mμ colorimetriert wird. Arbeitsvorschriften zur Bestimmung des leichtlösl. Mo des Bodens (Extraktion nach Grigg, Extraktion mit AL-Lösung und Heißwasserextraktion nach Berger und Truog), des Gesamt-Mo der Böden und Gesteine und des Mo der Pflanzen mit I werden angegeben und vergleichende Untersuchungen mit den Extraktionslösungen diskutiert. Mit den Werten der Heißwasserextraktion können gesunde und Mo-Mangelböden deutlich unterschieden werden. Die Beeinflussung des Mo-Gehaltes von Böden und Pflanzen durch Mo-Düngung und Rauchgase eines ferromolybdänerzeugenden Hüttenwerkes konnte durch die I-Methode festgestellt werden. O. Knabe. 372.

Long, W. A. de und Lowe, L. E.; Quebec, Macdonald Coll. Note on carbon-bonded sulphur in soil. **(Mitteilung über kohlenstoffgebundenen Schwefel im Boden.)** Canad. J. Soil Sci. **42** (1962) Nr. 1. S. 223. – 4 Lit.

Ein direkter Nachweis des an C gebundenen S im Bodenhumus ist durch Raney-Nickel möglich. Dieser Ni-Katalysator spaltet S unter Bildung von Ni-Sulfid aus org. Bindung ab. J. Garz. 372.

Anderson, D. M. und Jones, Rollin C.; Tucson, Univ. of Arizona, Dep. of Agric. Chem. and Soils. An inexpensive control circuit for mercury thermoregulators. **(Ein billiges Prüfgerät für im Handel zu erwerbende Thermoregulatoren.)** Proc. Soil Sci. Soc. America **25** (1961) Nr. 5. S. 146–417. – 2 Abb.

Bau, Schema und Funktionsweise eines Gerätes werden gezeigt, das zur Prüfung von Thermostaten entwickelt worden ist. Der bes. Vorzug des Gerätes, sein niedriger Preis, beruht auf der einfachen Konstruktion. Die Bestandteile, wie elektrischer Widerstand, Gleichrichter u. a., sind genau beschrieben, dazu sind alle technischen Daten angegeben. Handhabung und Arbeitsweise der Apparatur sind ersichtlich. Als vollkommen ausreichend wird die Meßgenauigkeit des Prüfgerätes bezeichnet. Die Zuverlässigkeit wurde u.a. auch bei verschiedenen agrarmeteorologischen Aufgaben geprüft.
T. v. Wilamowitz-Moellendorff. 374.

Staple, W. J. und Lehane, J. J.; Swift Current, Saskatchewan, Canada Dep. of Agric. Variability in soil moisture sampling. **(Variabilität bei der Probenahme zur Bestimmung der Bodenfeuchtigkeit.)** Canad. J. Soil Sci. **42** (1962) Nr. 1. S. 157–164. – 4 Tab., 14 Lit.

Die hohe Variabilität bei der Bestimmung der Bodenfeuchte bzw. der im Boden vorhandenen Wassermenge hängt nicht nur mit Unterschieden in der Textur zusammen, sondern wird auch durch das selbst auf kleinem Areal sehr verschieden schnelle Einsickern des Niederschlagswassers, durch die wechselnde Höhe der Schneedecke u.a. bedingt. – Handelt es sich darum, durch wiederholte Probenahme Änderungen im Wasservorrat des Bodens zu ermitteln, dann läßt sich die Variabilität dadurch vermindern, daß man die Einzelmessungen an denselben Stellen der Parzellen vornimmt und die Streuungen nach den für die einzelnen Meßstellen berechneten Differenzen berechnet. Bei der Mehrzahl der Versuche genügen 6–10 Einzelmessungen je Parzelle. Wenn die Grenzdifferenz 0,5 in. Wasser betragen soll, sind 30 und mehr Stichproben erforderlich. J. Garz. 374.

Taylor, Sterling A., Evans, D. D. und Kemper, W. D.; Logan, Ut., Univ., Agric. Exp. Stat. Evaluating soil water. **(Messung des Bodenwassers.)** Agric. Exp. Stat., Utah State Univ., Logan, Bull. **1961** Nr. 426. S. 1–67. – 22 Abb., 8 Tab., 19 Lit.

Die verschiedenen Methoden der Bodenfeuchtemessung gliedern sich in 2 Arten: a) Energiebestimmung des Bodenwassers mittels Tensiometer und anderer Apparate, b) Messung des Gewichts- und Volumenanteiles der Feuchtigkeit an Bodenproben. Man empfiehlt bevorzugt a für die Fälle, in denen das für die Pflanzen verfügbare Bodenwasser oder die Wasserbewegung im Boden bestimmt werden sollen, dagegen b, wenn man den abs. Wassergehalt des Boden bestimmen will. – Einleitend wird die Notwendigkeit von Bodenfeuchtemessungen erläutert, es folgt eine Übersicht der in den USA gebräuchlichen Begriffe und Maßeinheiten der Bodenfeuchte. Der 1. Hauptteil behandelt unter Verwendung eingehender mathematischer Ableitungen, die theoretischen Grundlagen der Bestimmung der Bodenfeuchte. Im 2. Hauptteil wird die praktische Durchführung der verschiedensten Meßmethoden besprochen. Bei der umfassenden Darstellung der theoretischen Grundlagen und der praktischen Ausführung der verschiedensten Arten von Bodenfeuchtemessungen berücksichtigen Vff. bes. die neuesten Methoden. Die kritische Bewertung der Methoden und Apparaturen sowie eine straffe Stoffgliederung erleichtern das Studium dieser Arbeit.

T. v. Wilamowitz-Moellendorff. 374.

Voisey, Peter W. und Cooper, D. J.; Ottawa, Canada Dep. of Agric., Engng. Res. Serv. Note on an instrument for measuring soil water level. **(Mitteilung über ein Instrument zur Messung des Grundwasserspiegels.)** Canad. J. Soil Sci. **42** (1962) Nr. 1. S. 226–228. – 2 Abb., 1 Lit.

Das beschriebene Gerät enthält als wesentliche Funktionselemente eine drehbar gelagerte und mit einem Handgetriebe versehene Trommel, auf die ein isolierter Draht aufgespult ist, dessen freies Ende eine ebenfalls (mit Ausnahme der Spitze) isolierte Beschwerung trägt. Das Gerät wird auf die zur Beobachtung des Grundwassers eingerichteten Rohre aufgesetzt und das Lot bis auf den Grundwasserspiegel herabgelassen (Aufleuchten einer Signallampe durch Schließen eines Stromkreises Boden – Lot – Seil – Gerät). Die Tiefe des Grundwasserspiegels ergibt sich aus der Zahl der dazu erforderlichen Trommelumdrehungen und aus dem Durchmesser der Trommel; sie kann an den Handrädern des 1:10 übersetzten Getriebes abgelesen werden. J. Garz. 374.

Bianchi, W. C.; Fresno, Calif., U.S. Dep. of Agric. Measuring soil moisture tension changes. **(Messung der Bodenfeuchtigkeit über Spannungsänderungen.)** Agric. Engng. **43** (1962) Nr. 7. S. 398–399. 404. – 2 Abb., 7 Lit.

Vf. berichtet über eine Meßeinrichtung zur stetigen oder periodischen Registrierung von Bodenfeuchtigkeitsänderungen. Die Meßeinrichtung besteht aus einzelnen Meßzellen und arbeitet auf der Basis von Dehnungsmeßstreifen. Die Meßzellen können an beliebigen Punkten des Feldes und in unterschiedlichen Bodentiefen untergebracht werden. Die Meßwerte werden an zentraler Stelle mittels kommerzieller Geräte registriert. Eine Meßzelle besteht im wesentlichen aus einem porösen Unterteil, 2 Zwischenringen, einem Deckel und einer Membran aus rostfreiem Stahl, auf der die Dehnungsmeßstreifen befestigt sind. Der Raum zwischen dem porösen Unterteil und der Membran ist mit Wasser gefüllt. K.-H. Schulte. 374.

Šul'c, M. (Schulz, M.); Moskau, Landwirtsch. Timirjasew-Akad. Oypt zimnich izmerenij vlažnosti počvy nejtronnym metodom. **(Messungen der Bodenfeuchtigkeit mittels Neutronenmethode im Winter.)** Trudy Vsesojuznogo naučno-issledovatel'skogo instituta gidrotechniki i melioracii, Moskva **38** (1962) S. 84–88. – 6 Abb.

Versuche bewiesen, daß die Neutronenmethode zur Messung der Bodenfeuchte auch unter erschwerten Bedingungen (im Winter) geeignet und genügend genau ist. Der Meßvorgang bleibt der gleiche, lediglich die Batterien müssen vor dem Abkühlen geschützt werden. Erhebliche Abweichungen der Ergebnisse (3 Wiederholungen) ergeben sich für die Werte, die in den oberen 20 cm des gemessenen Bodenprofiles gemessen werden. Diese Erscheinung wird auf die Nähe der Bodenoberfläche (Luft, Schnee) und die breitere Mündung der Bohrlöcher, die die Sonde aufnehmen, zurückgeführt. H. Winkler. 374.

Beskin, L.I. und Zajcev, A. I. (Beskin, L. I. und Saizew, A. I.); Moskau, Kostjakow-Unions-Forsch.-Inst. für Hydrotechn. und Meliorat.; Lenin-Akad. der Landwirtsch.-Wiss. Nejtronnyj metod opredelenija vlažnosti počv. **(Neutronenmethode zur Bestimmung der Bodenfeuchtigkeit.)** Trudy Vsesojuznogo naučno-issledovatel'skogo instituta gidrotechniki i melioracii, Moskva **38** (1962) S. 72–83. – 8 Abb., 1 Tab., 12 Lit.

Vf. gibt eine Darstellung der Methodik zur Bestimmung der Bodenfeuchte nach der Neutronenmethode. Dabei wird der Anwendungsbereich verschiedener Neutronen-Detektoren diskutiert und auf die Anwendung von In-, Ag-, Cd- und B-Zählern eingegangen. Weitere Ausführungen gelten der Beeinflussung der Meßergebnisse durch Bodendichte und verschiedene Ionen, wie B und Cl, und deren Ausschaltung. H. Winkler. 374.

Šiškov, K. N. (Schischkow, K. N.); Unions-Forsch.-Inst. für Hydrotechn. und Meliorat. Počvennyj vlagomer (tenziometr) i ego primenenie pri izučenii vodnogo počvennogo režima. **(Tensiometer und seine Verwendung bei der Untersuchung des Wasserhaushaltes im Boden.)** Počvovedenie, Moskva **1962** Nr. 8. S. 100–105. – 2 Abb. 3 Tab., 15 Lit. Zus. in Engl.

Das beschriebene Tensiometer sowjet. Produktion eignet sich für Bodenfeuchtigkeitsmessungen im Bereich zwischen max. Feldkapazität und einem Feuchtigkeitsgehalt von 15% des pflanzenverfügbaren Wassers. Die mit dem Tensiometer ermittelten Ergebnisse stimmten gut mit den nach der thermostatischen Trocknung festgestellten Werten überein. Ch. Bachmann. 374.

Šilova, E. I. und Korovkina, L. V. (Schilowa, Je. I. und Korowkina, L. W.); Leningrad, Univ. Sravnitel'naja charakteristika sostava rastvorov i lizimetričeskich vod dernovo-podzolistych počv. **(Vergleichende Charakteristik der Zusammensetzung des Boden- und Lysimeterwassers in Rasenpodsolböden.)** Počvovedenie, Moskva **1962** Nr. 8. S. 11–23. – 9 Lit. Zus. in Engl.

Vff. untersuchten die chem. Zusammensetzung der flüssigen Phase des Bodens, die mit Äthylalkohol (**I**), mit Lysimetern (**II**) und mit hydraulischen Pressen (**III**) gewonnen wurde. Die **II**-Bodenflüssigkeit enthielt im Vergleich zu den Labormethoden mehr CO_2 und Bicarbonat und spiegelte die im natürlich gelagerten Boden vorhandenen Verhältnisse am besten wider. Die Unterschiede in der chem. Zusammensetzung der nach verschiedenen Methoden gewonnenen Bodenflüssigkeit waren von den mechan. und chem. Bodeneigenschaften, dem Basensättigungsgrad des Bodens und dem Zeitpunkt der Bestimmung abhängig. Ch. Bachmann. 374.

IV. BODENBEARBEITUNG

C. Spezielle Fragen der Bodenbearbeitung

Niewiadomski, W.; Warszawa. O technologii uprawy roli i systemie zagospodawania stoków. **(Über die Technologie der Bodenbearbeitung und die Bewirtschaftung von Hängen.)** Nowe Rolnictwo **11** (1962) Nr. 9. S. 25–28. – 2 Abb., 5 Tab.

Die Ergebnisse der Feldversuche über den Einfluß der speziellen Bodenbearbeitung der Hänge, wie streichblechloses Pflügen, Grubbern, flache Maulwurfdränung und Terrassenbearbeitung, werden angegeben. Diese Varianten wurden mit der normalen und flachen Pflugfurche verglichen. Gute Ergebnisse ergab die Terrassenbearbeitung, besonders zur Zeit des Ablegens der Erdbalken „vom Hang“. Flache Maulwurfdränung parallel zum Hang zeigte eine Tendenz zur negativen Wirkung. Die Versuche zeigten, daß der Einfluß der Bodenbearbeitung auf die Höhe der Erträge auf dem Hang verhältnismäßig nicht so groß ist. Das kann möglicherweise auch aus dem kurzen Zeitraum der Einführung dieser Bearbeitungsmethoden hervorgehen. Entschieden größeren Einfluß auf die Erträge hat die Auswahl der Kulturen beim Aufbau der Fruchtfolge und das Bodenrelief. Z. Zimniak. 430.

McKeever, Ivan. Terracing – old practice goes modern. **(Terrassierung – alte Praxis auf den neuesten Stand gebracht.)** Soil Conservat. **28** (1962) Nr. 2. S. 29–30. – 3 Abb.

Einleitend wird auf die in den erosionsgefährdeten Gegenden der USA bereits ältere Geschichte der Geländeterrassierung hingewiesen. Diese alte Praxis bedingt es, daß die heute geübte Praxis der Terrassierung in den USA eine bedeutende Modernisierung erfahren hat, was vor allem auf den verstärkten Maschineneinsatz zurückzuführen ist. Die Handarbeit bei der Anlage von Terrassen wird immer mehr auch in kleineren Farmen durch leistungsstarke Maschinen abgelöst. Die Veränderungen in der Anlage solcher Terrassen zur Verteilung und Ablenkung des Haupterosionsstromes (Wind- und Wasser-

richtung) liegen aber auch darin begründet, daß die Streifen heute breiter sein müssen, damit auch sie durch breite Landmaschinen bearbeitet werden können.
W. Fleischmann. 430.

Lüddecke, F. und Bartels, A. **Durch tieferes Pflügen zu höheren Erträgen.** Dtsch. Landwirtsch. 13 (1962) Nr. 11. S. 531–532. – 6 Tab.
Es werden 11, unter den Bedingungen der mecklenburgischen Praxis (vornehmlich LPG) durchgeführte Pflugtiefenversuche zu Wi-Roggen, So-Getreide und Kartoffeln besprochen. – Zu Wi-Roggen nach Getreide sollte danach auf mittleren Böden 20–25 cm tief gepflügt werden, nach Kartoffeln 20 cm tief; in jedem Fall muß sich der Boden gesetzt haben. Auf Sandböden können diese Werte unter gleichen Vorfruchtbedingungen wie oben jeweils um ca. 5 cm reduziert werden. Zu So-Getreide sollte die Winterfurche auf mittleren Böden auch nach bodenlockernden Hackfrüchten auf 25–30 cm gezogen werden, zu Kartoffeln nach Getreide und Untersaaten auf leichten und mittleren Böden ebenfalls 25–30 cm. Gerade beim tieferen Pflügen muß aber die jeweilige Krumenstärke des Ackerlandes berücksichtigt werden. W. Fleischmann. 435.

Ermisch, D. **Zur Verbesserung der Pflugarbeit auf schweren Böden.** Dtsch. Landwirtsch. 13 (1962) Nr. 10. S. 487–491. – 5 Abb., 2 Tab., 11 Lit.
Auf schweren Böden mit hohem Hackfruchtanteil ist das ordnungsgemäße Pflügen problematisch, weil es mit der Herbsternte zusammenfällt und in der Mengen- und Güteleistung sehr witterungsabhängig ist. Es kommt also gerade bei der Herbstfurche auf die tiefen- und termingerechte Durchführung an. Die Vertiefung der Krume und die volle Erschließung des Unterbodens schwerer Böden muß allmählich erfolgen, wobei die tiefere Vollwendung bes. günstig ist. Auf den pflugsohlenverdichteten Lößlehm- und Aueböden kann auch die Untergrundlockerung zu guten Erfolgen führen. In jedem Fall ist aber eine erhöhte Sorgfalt beim Pflügen erforderlich, Leistungswettbewerbe (Leistungspflügen) der Traktoristen können dazu beitragen.
W. Fleischmann. 435.

Milčev, M. P. (Miltschew, M. P.) Izčisljavane na naornite terasi. **(Berechnung der Auspflugkonturfurchen.)** Izvestija na Centralnija naučnoizsledovatelski institut po počvoznanie i agrotechnika „Nikola Puškarov", Sofija 2 (1962) S. 149–157. – 1 Abb., 4 Lit. Zus. in Russ., Engl.
Es wird vorgeschlagen, die Berechnung der Auspflugterrassen als Stufenterrassen vorzunehmen, wobei als Ausgangskennwert auch die Bodentiefe benutzt werden soll. Die Bodentiefe wird mit 70 bis 100% der Gesamtmächtigkeit der Bodenhorizonte $A + B + C_{1+2+3}$ bei weichem und lockerem und $A + B + C_{1+2}$ bei festem Muttergestein genommen. Es werden auch Formeln zur Berechnung der Halbbreiten und der Breiten der Terrassenflächen sowie der Böschungen und aller anderen Elemente der Terrasse vorgeschlagen.
M. Miltschew. 435.

Schnieder, E. **Ergebnisse eines Pflugzeitenversuches auf leichtem Boden.** Dtsch. Landwirtsch. 13 (1962) Nr. 10. S. 492–494. – 6 Tab., 2 Lit.
Der Versuch zeigte, daß auch auf den leichten Böden die Hafer- und Kartoffelerträge durch den Pflugtermin beeinflußt werden. Im 7jähr. Mittel wurden bei Hafer Mehrerträge von 6–8% und bei Kartoffeln solche von 10–13% erzielt. Eine Okt.-Furche sollte für die Sommerfrüchte auf Sandböden vermieden werden (verstärkte Nitratmobilisierung im Herbst – geringere Erträge). Die Mon. Nov./Dez./Jan. sind dagegen gut geeignet. Für Kartoffeln erscheint die Frühjahrsfurche günstig. W. Fleischmann. 435.

Kunze, A. **Qualitätsgerechte Herbstbearbeitung fördert die Bodenfruchtbarkeit.** Dtsch. Landwirtsch. 13 (1962) Nr. 10. S. 484–487. – 3 Tab., 5 Lit.
Damit die Herbstfurche tatsächlich zu besserer Struktur des Bodens sowie zu besserem Wasser- und Nährstoffhaushalt (Bodenfruchtbarkeit) führt, muß

sie unbedingt vor Eintritt des Frostes mit Vorschäler gezogen werden. Die Arbeitstiefe ist entsprechend den Ansprüchen der Kulturpflanzen zu differenzieren, so daß auf alle Fälle eine von Jahr zu Jahr wechselnde Pflugtiefe erreicht und Pflugsohlenverdichtungen verhindert werden. Die auf allen Böden anzustrebende Krumenvertiefung kann in ihrer Wirksamkeit durch verstärkte org. Düngung, Kalkung und Mineraldüngung erhöht werden.
W. Fleischmann. 435.

Bartels, A. und Lewke, K. **Die Unterkrumenlockerung erhöht die Bodenfruchtbarkeit.** Dtsch. Landwirtsch. **13** (1962) Nr. 11. S. 532–534. – 1 Abb., 2 Tab.
Es wurde 1954–60 die Wirkung der Unterkrumenlockerung mit dem „CU4" auf die Verbesserung der Erträge geprüft, und zwar in jeweils 9 Versuchen zu Zuckerrüben und zu Kartoffeln. Auf den mittleren mecklenburgischen Böden konnten durch das Unterfahren der Verdichtungszone 12% mehr Rüben, 11% mehr Zucker und 6% mehr Blatt erbracht werden. Bei Kartoffeln ergaben sich eher Nach- als Vorteile, daher sollte die Lockerung besser innerhalb des Fruchtfolgeablaufes auf die mit Zuckerrüben zu bestellenden Flächen beschränkt werden. W. Fleischmann. 445.

Glet, Oldřich; Ruzyně Výzkumný Ústav Rostlinné Výroby ČSAZV. Vliv hloubky podmítky na změny ústrohné půdní hmoty. **(Einfluß der Schältiefe auf Veränderungen der organischen Bodenmasse.)** Rostlinná Výroba **8(35)** (1962) Nr. 6. S. 747–766. – 2 Abb., 4 Tab., 16 Lit. Zus. in Russ., Franz., Dtsch.
Es wird die Wirkung der 5, 10 und 15 cm Schältiefe auf die Veränderungen der Ernterückstände angeführt, die zeigen, daß die verschiedene Schältiefe unter den gegebenen klimatischen und Bodenbedingungen nicht nur die Zersetzungsintensität der Ernterückstände beeinflußt, sondern auch gleichzeitig den Charakter der Veränderungsprozesse vorwiegend bestimmt, die durch überwiegende Mineralisierung oder Humifizierung der organischen Masse zum Ausdruck kommt. Von den verfolgten Schältiefen war bei der Winterfeldfrucht die tiefere Ausführung besser geeignet, weil in diesem Falle die Zersetzungsfrist, die Humifizierung der organischen Überreste und das Freiwerden der Nährstoffe günstiger liegen. Bei den Sommerfrüchten erscheint dagegen die seichte Schälfurche günstiger, allerdings nur dann, wenn sie mit der Herbstfurche verbunden ist, nach der die organischen Rückstände im wesentlichen erst in der Frühjahrsperiode in Zersetzung übergehen. Die obenerwähnten Schältiefen brachten gleichzeitig höhere Erträge bei der angebauten Feldfrucht.
M. Pštross. 475.

Rid, H.; München, Bayer. Landesanst. für Pflanzenbau und Pflanzenschutz. **Einfluß der Bodenbearbeitung auf die Bodenstruktur.** Landwirtsch. Forsch. **15** (1962) Nr. 2. S. 105–117. – 7 Abb., 11 Lit. Zus. in Engl., Franz.
In einem Vortrag werden die Beziehungen zwischen Gerät, Boden und Pflanze anhand von Ergebnissen, die mit Zweischichtenpflug, Dränpflug und Ackerfräse sowie verschiedenen Nachbearbeitungsgeräten erhalten wurden, diskutiert. Die Untersuchung des Arbeitseffekts beinhaltete Bestimmung des Porenvolumens, Spatendiagnosen, Schollenanalysen, Reliefmessungen und Aufklärung der Wanderungsvorgänge der Nährstoffe mit Hilfe von ^{32}P. Dabei zeigte sich, daß Untergrundlockerung durch den Zweischichtenpflug die Wasserführung regelt und stauende Nässe beseitigt. Der Wirkungsbereich des Zweischichtenpfluges wird durch den Bodentyp abgegrenzt, wobei sich bes. auf pseudovergleyten Böden Ertragsteigerungen einstellten. Günstige Verhältnisse für den Einsatz des Dränpfluges sind bei einem Wassergehalt des Bodens von 10–15% gegeben. Der Abstand der Dränstränge sollte bei stark vernäßten Flächen 1,5 m betragen. Ertragsergebnisse von z.T. 10jährigen Dauerversuchen und phys. Bodenuntersuchungen weisen nach, daß sich richtiger Ein-

satz der Fräse im Ackerbau günstig auswirkt. 11 Nachbearbeitungsgeräte wurden durch Bestimmung des Relief-, Zerteilungs- und Mischeffekts der Geräte miteinander verglichen. Die heutigen Vorstellungen von der Gerätearbeit weichen oft von der Wirklichkeit ab. Die bodenphys. Messungen weisen auf die Reserven in der Bodenbearbeitung hin und zeigen neue Wege der Bodenbearbeitung durch Abstimmung zwischen den Faktoren Gerät, Boden, Pflanze und Düngung auf. P. Stoß. 475.

Krasucki, S. und Siwicki, S.; Warszawa, Inst. Hodowli i Aklimatyzacji Roślin, Zakład Buraka i Innych Roślin Korzeniowych w Bydgoszczy. Spulchnianie gleby międzyrzędami w uprawie buraków cukrowych. **(Bodenlockerung zwischen den Reihen bei Zuckerrübenanbau.)** Roczniki Nauk rolniczych, Ser. A **86** (1962) Nr. 3. S. 475–492. – 8 Tab., 11 Lit. Zus. in Russ., Engl.
In den Jahren 1953–56 und 1958 wurden in den Versuchsstationen des I.H.A.R. Untersuchungen über 3 Bearbeitungsarten der Lockerung zwischen den Zukkerrübenreihen durchgeführt: a) Lockerung auf ständige Tiefe 5–6 cm, b) Lokkerung mit sukzessiv abnehmender Tiefe von 12–3 cm und c) Lockerung mit sukzessiv zunehmender Tiefe von 3–12 cm. Im Jahre 1958 wurden die Bearbeitungsvarianten in trockenen und feuchten Verhältnissen untersucht. Auf Grund der erhaltenen Ergebnisse wurde festgestellt, daß die Wirkung der einzelnen Lockerungsarten zwischen den Zuckerrübenreihen in großem Maße von der Bodenfeuchtigkeit abhängig ist. In trockenen Verhältnissen zeigte sich die Lockerung auf ständige Tiefe 5–6 cm als beste. In feuchten Verhältnissen erhöhte die Lockerung mit sukzessiv abnehmender Tiefe (12–3 cm) die Wurzelerträge um 41,9 dt/ha im Vergleich zur Lockerung auf ständige Tiefe 5–6 cm. Die Lockerung mit sukzessiv zunehmender Tiefe (3–12 cm) führte in den meisten Fällen zur Ertragsverminderung. W. Roszak. 475.

Vágner, Maria; Brno, Vysoká Škola Zemědělská, Katedra Bot. a Mikrobiol. Vliv obdělávání půdy na mikrobiální deaminaci a konzum dusíku některých aminokyselin. **(Einfluß der Bodenbearbeitung auf die mikrobielle Deamination und auf den Stickstoffverbrauch bei einigen Aminosäuren.)**. Rostlinná Výroba **8(35)** (1962) Nr. 6. S. 803–810. – 3 Abb., 5 Tab., 5 Lit. Zus. in Russ., Dtsch.
Die Arbeit sollte die Zweckmäßigkeit einer gleichzeitigen Verfolgung der Ammonisierung und des Verbrauches leicht zersetzbarer organischer Stickstoffsubstanzen für die Auswertung der in der Zusammensetzung der Bodenmikroflora durch verschiedene Formen der Agrotechnik hervorgerufenen Veränderungen überprüfen. Analysen haben gezeigt, daß jeder agrotechnische Eingriff eine Veränderung der Mikroflora in bezug auf ihre Mineralisierungsfähigkeit und auf ihren Verbrauch der angewandten Aminosäure herbeiführt. Vom Gesichtspunkt dieser Mineralisierungs- oder eher Verbrauchstendenz ist es ratsam, die Bodenmikroflora auf Grund des Verhältnisses zwischen dem mineralisierten und verbrauchten Stickstoff zu beurteilen. Auf Grund von Chromatogrammen wurde festgestellt, daß unter den gegebenen Bedingungen Leucin am intensivsten und Tyrosin am wenigsten befallen wurde. Auf die Reihenfolge des Aminosäurenbefalls übte die Jahreszeit einen relativ stärkeren Einfluß als die agrotechnischen Eingriffe aus. M. Pštross. 475.

V. BODENMELIORATION UND BODENSCHUTZ

A. Allgemeine Literatur, Berichte, Statistiken u.a.

Kuphal, Willy. **Die neue Organisation im Meliorationswesen.** Wasserwirtsch.-Wassertechn. **12** (1962) Nr. 10. S. 447–448.
Vf. erläutert kurz die wesentlichsten Gesichtspunkte, von denen das im Juni 1962 erlassene neue Gesetz ausgeht. Er möchte durch die Entwicklung eigener

Gedanken zu organisatorischen Fragen der Verwirklichung des Gesetzes in der Praxis vor allem eine breite Diskussion auslösen. Das neue Gesetz stellt die Bedeutung der Melioration sowie die Zuständigkeiten und Verantwortlichkeiten klar heraus. Danach verbleibt die volle Verantwortung für alle Meliorationsanlagen einschl. der Binnenent- und -bewässerung beim Eigentümer oder Rechtsträger der Grundstücke, auf denen sie sich befinden.
W. Fleischmann. 501.

B. Bodenmelioration

Laktionov, B. I. (Laktionow, B. I.); Skadowsk, Ukrain.SSR, Versuchsstat. O prirode povyšennoj dispersnosti soloncovych počv i priemach chimičeskoj melioracii soloncov. **(Die Natur der erhöhten Dispersion der Solonetzböden und Maßnahmen der chemischen Melioration der Solonetzböden.)** Počvovedenie, Moskva **1962** Nr. 6. S. 78–87. – 9 Tab., 32 Lit. Zus. in Engl.

Da zwischen Gehalt an austauschbarem Na und Dispersionsgrad der Bodenmasse nicht in allen Fällen eine Abhängigkeit besteht, ist bei Meliorationsmaßnahmen in Solonetzböden (Gipsen) der Koagulationskoeffizient zur Grundlage zu nehmen. In Feldversuchen wird nachgewiesen, daß die nach dem Na-Gehalt errechneten Gipsgaben die phys. Bodeneigenschaften (Wasserinfiltration, Krümelstabilität, Dispersion des Feinerdeanteils) nur unwesentlich verbessern und den Winterweizenertrag nur um 2,3 dt/ha erhöhen, während nach dem Koagulationskoeffizienten errechnete Gipsgaben die Wasserinfiltration fast verzehnfachen, die wasserstabilen Aggregate der Krume von 8,47 auf 27,16% erhöhen und den Winterweizenertrag von 12 auf 26,2 dt/ha steigern. Zur chem. Melioration der Solonetzböden eignet sich Eisensulfat z.T. noch besser als Gips.
Ch. Bachmann. 520.

Henkel, G.und Klier, K. **Rahmen für die komplexe Planung von Meliorationen.** Dtsch. Landwirtsch. **13** (1962) Nr. 12. S. 584–589. – 1 Abb., 12 Lit.

Vff. versuchen unter Auswertung bisheriger Veröffentlichungen und eigener Erfahrungen einen als Vorschlag gedachten Rahmen für die komplexe Planung von Meliorationen zu entwickeln. Ferner legen sie die Stellung der Meliorationsplanung in der Gesamtplanung der Landwirtsch. dar, geben Begriffsbestimungen im Meliorationswesen und erläutern einige Grundsätze des Planungsrahmens sowie den Ablauf der Aufstellung komplexer Planungen einschl. einer überschlägigen ökon. Bewertung. Von den aufgeführten Standortfaktoren sind Boden und Klima bes. wichtig. Umstritten ist der Faktor der Nutzungs- und Bewirtschaftungsverhältnisse. Bes. Kennzeichen dieser Rahmenplanung ist, daß die Meliorationsplanung als integrierender Bestandteil in die Produktionsplanung eingeht. Der Ablauf der Planaufstellung erfolgt in 3 Abschnitten: 1. Erfassung aller ökon. Faktoren und ihrer Wirkungsweise, 2. Erfassung der ökon. Gegebenheiten und Zielsetzungen für das gesamte Planungsgebiet (nach Betrieben und Gemeinden gegliedert) und 3. die Perspektive der Meliorationsmaßnahmen, die sich aus den beiden ersten Abschnitten ergibt.
W. Fleischmann. 525.

Simon, W. und Zajonz, A. **Kultivierungsversuche mit Abraumerde auf Sandboden.** Albrecht-Thaer-Arch. **6** (1962) Nr. 7. S. 463–476. – 2 Abb., 13 Tab.

In wechselnder Höhe (bis über 30 cm) wurde feinerdereiche, diluviale Abraumerde des Rüdersdorfer Kalktagebaues auf armen Sandboden geschüttet, was bei allen angebauten Feldfrüchten zu beträchtlich höheren Erträgen führte. Futterpflanzen förderten die Kultivierung durch Humusanreicherung. Im Gefolge der Feinerdeeinwaschung in den Unterboden trat nach der Aufschüttung auch eine Erhöhung der pH-Werte ein. Eingemischte Abraumerde bewirkte bei ähnlichen Ausgangswerten höhere Werte an laktatlöslicher P_2O_5. Es dürfte zweckmäßig sein, aufgeschüttete Flächen einige Jahre nach der

Inkulturnahme etwa 40 cm tief umzubrechen, um den feinerdereicheren Horizont tiefer zu verlegen und damit Dürreschäden vorzubeugen.

W. Fleischmann. 525.

Klemes, Vít und Hejl, Radim; Brno, Krajské Vodohospodářské Rozvojové a Investiční Středisko, Ředitelství Vodohospodářského Rozvoje. Optimální zabezpečenost dodávek závlahové vody jako funkce maximální efektivnosti závlahového systému a vodního zdroje. **(Optimale Größe des Bewässerungsgebietes als Funktion des maximalen Nutzeffektes des Bewässerungssystems und der Wasserquelle.)** Vodní Hospodářství **1962** Nr. 6. S. 263–268. — 9 Abb., 5 Tab., 9 Lit.

Der methodische Vorgang bei der Ermittlung der optimalen Sicherstellung wird eingehend beschrieben. Diese Sicherstellung von Bewässerungsgaben erreicht z.B. bei 4000 ha je nach der Zahl der Wiederholungen annähernd 61%, nach der Dauer 89%, nach dem Umfang 90%, wobei zur Zeit der Einschränkung höchstens 35% der nötigen Wassermenge entnommen werden können. Diesem Sicherstellungsgrad entspricht eine Jahreslieferung von durchschnittlich 8,4 Mill. m^3 bzw. 2100 m^3/ha Wasser für Bewässerungszwecke. Wichtig sind auch die Angaben über die Schwankungen des Wasserspiegels im Reservoir während der verfolgten Zeitspanne.

M. Pštross. 535.

Haddock, Jay L. The influence of irrigation regime on yield and quality of potato tubers and nutritional status of plants. **(Der Einfluß der Bewässerungsmethode auf Knollenertrag und -qualität von Kartoffeln und Nährstoffniveau der Pflanzen.)** Amer. Potato J. **38** (1961) Nr. 12. S. 423–434. — 6 Tab., 20 Lit.

Die Wirkung von Beregnung und Furchenbewässerung auf den Knollenertrag wurde auf einem Lehmboden (pH 8) bei 4 Stufen der Wasserversorgung untersucht. Erhöhung von Quantität und Häufigkeit der Bewässerung führen zu höheren Knollenerträgen mit verbesserter Qualität (Mehligkeit). Bei vergleichbarem Feuchtigkeitsgehalt in der Wurzelzone ergaben Beregnung und Furchenbewässerung gleiche Ergebnisse. Blattanalysen sind eine brauchbare Basis zur Ermittlung des inneren Nährstoffspiegels der Kartoffelpflanzen. Die Verwendung von kritischen Werten (Minimumwerten) zur Einschätzung des Nährstoffspiegels bei unter verschiedenen Bedingungen kultivierten Kartoffelpflanzen erscheint aber ungenügend. Von größerer Bedeutung für hohe Kartoffelerträge als der Gesamtgehalt an Makronährstoffen (N, P, K) in den Blättern ist ein günstiges Verhältnis dieser Nährstoffe zueinander.

Ch. Pfeffer. 535.

Srivastava, P. B. L., Mehrotra, C. L. und Agarwal, R. R.; Kanpur, Uttar Pradesh, Dep. of Agric. The effect of leaching saline alkali soils with irrigation waters of different kinds on the permeability and the composition of the soils and the composition of the leachates. **(Die Wirkung der Durchsickerung von Salzalkaliböden mit Berieselungswässern verschiedener Art auf die Durchlässigkeit und die Zusammensetzung der Böden sowie die Zusammensetzung der Sickerwässer.)** J. Indian Soc. Soil Sci. **10** (1962) Nr. 2. S. 93–98. — 5 Tab., 2 Lit.

Bei 8 täg. kontinuierlicher Durchsickerung von Säulen 12 verschiedener Salzalkaliböden bewirkte an monovalenten Kationen reiches Abwasser die stärkste Verminderung des Salzgehaltes im Boden. Kanalwasser sickerte schneller durch als Abwasser, erhöhte aber die Bodenalkalität. Rel. salzarmes Brunnenwasser sickerte 2½mal langsamer durch als Abwasser. Aufschlämmung von geringen Gipsmengen im Rieselwasser (½ bzw. 1 t/acre) erhöhte die Durchsickerungsgeschwindigkeit und trug zur Reduzierung der Bodenalkalität und zur Erhöhung des Gehaltes an ein- und zweiwertigen Kationen und an Anionen im Sickerwasser bei.

V. Koepke. 535.

Nikolaev, M. (Nikolajew, M.) Novoe v ispol'zovanii stočnych vod. **(Neues bei der Nutzung von Abwässern.)** Kartofel' i ovošči, Moskva 7 (1962) Nr. 8. S. 48–50. – 2 Abb.

Aus langjährigen Untersuchungen haben sich drei Verfahren einer wirkungsvollen Verwendung der Abwässer ergeben: 1. Niederdrucksystem für die Untergrundbewässerung mit Rohrbenetzern, die unten mit einer Spezialöffnung versehen sind; 2. Bewässerung in Form einer Maulwurfdrainung und 3. Fistschenko-Anbauaggregat für die maschinelle Untergrundbewässerung, das im Jahre 1957 im praktischen Einsatz bei den Kollektivwirtschaften des Moskauer Gebiets geprüft wurde. Die Bewässerungsnorm von 100–250 m^3/ha wird 20–30 cm tief in den Boden eingebracht, wobei die Leistung des Aggregates 1,3 bis 2,3 ha in 7 Std. beträgt. – Die sanitär-hygienische Kontrolle ergab, daß bei diesen Verfahren der Untergrundbewässerung keine Verseuchung der angebauten Kulturen mit pathogenen Mikroben und Helmintheneiern erfolgt, auch die Bodenoberfläche war während der gesamten Bewässerungszeit frei von Darmstäbchen, die sogar zwei Monate nach Beendigung der Bewässerung in einer 60 cm tiefen Bodenschicht nicht festgestellt werden konnten.
E. Kahn. 535.

Schilstra, J. Irrigation as a soil and relief-forming factor in the Lower Mesopotamian Plain. **(Bewässerung als ein boden- und reliefbildender Faktor in der unteren mesopotamischen Ebene.)** Netherl. J. agric. Sci. **10** (1962) Nr. 3. S. 179–193. – 5 Abb., 1 Tab., 14 Lit.

Die Grundlage der gegenwärtigen Physiographie der unteren mesopotamischen Ebene hängt eng mit dem System von Schutzdämmen und Auffangbecken im Zweistromland von Euphrat und Tigris zusammen. Entsprechend der Ablagerung von Bodensedimenten durch das Bewässerungswasser hat sich die Physiographie dieser mit einer Ausdehnung von 600 × 200 km im mittleren und südlichen Teil des Irak liegenden Ebene geändert, wobei aber das ursprüngliche geomorphol. Bild noch bis zu einem gewissen Grad erkennbar ist. Gerade in diesem Gebiet gibt es in der Landwirtsch. bereits eine 6000jährige Tradition in der Bewässerungspraxis. Vf. führt Beispiele an, wie aus der „wilden"Bewässerung (durch denGezeiteneinfluß begünstigter Selbstlauf der Natur) allmählich eine planmäßige Bewässerung entwickelt wurde, was bei der steigenden Bevölkerungszahl und der damit notwendigen Erweiterung der LN eine zwingende Folge war. Aus einer abschließenden Übersicht über die Bodenklassifikation auf der Grundlage der dortigen geomorphol. Unterschiede leitet Vf. den Versuch einer Kartierung der Sedimentböden ab, und zwar unter Berücksichtigung von Texturanalysen. W. Fleischmann. 535.

Ambühl, E. **Vergleiche der Bewässerungsbedürftigkeit auf klimatischer Grundlage zwischen Berner Mittelland und Unterengadin.** Schweiz. Z. Vermess., Kulturtechn. Photogrammetrie **60** (1962) Nr. 10. S. 276–294. – 8 Abb., 3 Tab.

In vorliegender Arbeit wird versucht, an 2 prakt. Beispielen die Beziehung zwischen dem Klima mit seinen zugehörigen spezifischen Witterungsabläufen einerseits und den landwirtsch. Erträgen andererseits herauszuarbeiten, um auf diesem Wege zu Kriterien für die Bewässerungsbedürftigkeit zu gelangen. Die Heuernten erschienen für diese Untersuchungen bes. geeignet, da sie viel weniger abhängig von kurzfristigen Witterungsereignissen (Frost, Schnee, Hagel, Gewitter usw.) sind als etwa Getreide oder Hackfrüchte.
W. Fleischmann. 535.

Schulze, E. und Engels, H.; Bonn, Univ., Inst. für Pflanzenbau. **Rekultivierung von Lößböden im Rheinischen Braunkohlengebiet. 1. Mitt. Zusammenfassende Darstellung der bisherigen Versuchsergebnisse und der Erfahrungen bei der Umlagerung und Bewirtschaftung von Löß-Rohböden.** Z. Acker-

u. Pflanzenbau **115** (1962) Nr. 2. S. 115–143. — 1 Abb., 17 Tab., 13 Lit. Zus. in Engl.
Vff. berichten über erste Ergebnisse der seit 1956 durchgeführten Versuche zu dem Fragenkomplex: Umlagerung und Bewirtschaftung von Löß-Rohböden. Die umfangreichen Lößvorräte des Rheinischen Braunkohlengebietes, insbesondere der frische kalkhaltige Würmlöß, bieten günstige Voraussetzungen für die Rekultivierung. Die verschiedenen Umlagerungsverfahren rufen einen sehr unterschiedlichen Grad der Dichtlagerung hervor, wobei ein Schaufellader (Pay-Loader) am ungünstigsten und ein auf Schienen laufender Kippenpflug am günstigsten wirkte. Umlagerungsbedingte Bodenverdichtungen lassen sich mit tiefgreifenden Lockerungsgeräten nur kurzfristig beheben und geben nach einiger Zeit Anlaß zu noch stärkerer Verdichtung. Der sofort nach der Umlagerung erfolgende Anbau tiefwurzelnder Meliorationspflanzen verbessert nachhaltig Struktur, Ertragsfähigkeit und Fruchtbarkeit der Rohböden. Der einjährige Steinklee (Hubamklee) erwies sich dabei der Luzerne in der Meliorationswirkung überlegen. Rotklee, Welsches Weidelgras sind ebenso wie Getreide und Hackfrüchte zu Beginn der Inkulturnahme ungeeignet. Zufuhr von organischer Substanz und N-, P-, K-Handelsdüngern sind zur Erzielung hoher Ernten notwendig, da der Lößrohboden nach der Umlagerung humusarm und praktisch unbelebt ist und nur sehr niedrige P- und K-Mengen enthält. Da sich der pflanzenzugängliche N-Vorrat des Rohbodens als Minimumfaktor erwiesen hat, sind sehr hohe N-Gaben als entscheidende Voraussetzung für die Wirksamkeit der PK-Düngung und anderer Wachstumsfaktoren anzusehen. Bei betontem Anbau humuserzeugender Kulturpflanzen und sonst sachgerechter Bewirtschaftung des Rohbodens nimmt der Gehalt an organischer Substanz stetig zu; in der Krume jährlich um durchschnittlich 0,04%. D. Werner. 545.

187 Ončev, N. (Ontschew, N.) Protivoerozionno vlijanie na mulčiraneto. **(Erosionsbekämpfende Auswirkung der Mulchierung.)** Izvestija na Centralnija naučnoizsledovatelski institut po počvoznanie i agrotechnika „Nikola Puškarov", Sofija 2 (1962) S. 111–148. — 11 Abb., 11 Tab., 42 Lit. Zus. in Russ., Engl.
In 3jährigen Versuchen wurden mit Weinreben und Tabak bepflanzte Hänge mit unterschiedlichen Mengen von Mais und Stroh mulchiert. Festgestellt wurde, daß der oberflächliche Wasserabfluß auf den mulchierten Hangflächen um 1,7- bis 2,0mal und der feste Abfluß rund 20mal geringer war im Vergleich zu 'nichtmulchiert'. Wachstum und Erträge der Reben- und Tabakpflanzen nehmen nur im ersten Jahr zu, während sie in den Folgejahren infolge Verschlechterung in der Stickstoffernährung der Pflanzen abnehmen. Bei schweren und feuchten Böden verschlechtert die ganzflächige Mulchierung die Bodendurchlüftung (Aeration), daher wird bei diesen Böden die streifenweise (Kontur-) Mulchierung empfohlen. Die ganzflächige Mulchierung wird dagegen für leichte, stark erodierte Böden angeraten. M. Stoilow. 550.

Kramer, Dietrich und Manzke, Erich. **Die chemische Unkrautbekämpfung auf Deichen und Erddämmen.** Wasserwirtsch.-Wassertechn. **12** (1962) Nr. 10. S. 449–452. — 5 Abb., 3 Tab., 7 Lit.
Das beschriebene neue Unkrautbekämpfungsverfahren zeichnet sich durch folgende Merkmale aus: 1. es dient primär der Beseitigung breitblättriger Unkräuter und fördert dadurch sekundär die Bildung einer dichten Narbe ausläufertreibender Gräser als Voraussetzung stabiler, nicht erosionsgefährdeter Dammflächen; 2. es gründet sich auf dem Einsatz selektiver Wuchsstoffherbicide. Bei einer Aufwandmenge von 0,6 g/m² wurden die besten Erfolge bei gleichzeitig geringsten Kosten mit dem 2.4.5-T-Präparat „Selest" erzielt; 3. Voraussetzung für den Erfolg ist die Substitution der vernichteten Unkräuter durch Einwachsen der im Bestand vorhandenen Gräser. Vorteilhaft

ist eine der Spritzung vorangehende mineral. Volldüngung. Vff. geben anschließend eine detaillierte Arbeitsanweisung mit Geräte-, Leistungs- und Kostennachweis. W. Fleischmann. 555.

C. Bodenabtrag und Bodenschutz

Bisal, F. und Nielsen, K. F.; Swift Current, Saskatchewan, Canada Dep. of Agric. Movement of soil particles in saltation. **(Sprunghafte Verlagerung von Bodenteilchen.)** Canad. J. Soil Sci. **42** (1962) Nr. 1. S. 81–86. – 6 Abb., 1 Tab., 4 Lit.

Eine sprunghafte Verlagerung von Bodenteilchen erfolgt vor allem unter dem Einfluß des Windes. Sie ist im wesentlichen auf die Korngrößen von 0,1–0,5 mm beschränkt. Bei Modellversuchen in einem Windkanal ließ sich zeigen, daß dieses sprunghafte Wandern der Teilchen nicht durch eine rollende Bewegung eingeleitet, sondern durch einen plötzlichen, lokalen Sog ausgelöst wird, der durch die Unebenheiten und die Porosität der Bodenoberfläche sowie durch die turbulente Luftströmung zustande kommt. Die Ab- und Vorwärtsbewegung eines derart angehobenen Teilchens erfolgt auf einer ziemlich geraden Bahn, die in einem Winkel von $6 \pm 4°$ auf den Boden trifft. Offenbar nimmt die Beschleunigung in beide Richtungen mit Annäherung an den Boden gleichmäßig ab. Nur wenige Teilchen lassen während der Verlagerung eine rotierende oder oszillierende Bewegung erkennen. J. Garz. 575.

Anonym. Trees against the wind. **(Bäume gegen den Wind.)** Washington agric. Exp. Stat., PNW Bull. **1962** Nr. 5. S. 1–38. – 27 Abb.

Nach einleitender Beantwortung der Fragen: „Was ist ein Windbruch?“, „Ist ein Windbruch erforderlich?“ und „Wie lange dauert der Aufwuchs einer Windschutzanlage?“ werden prakt. Hinweise für die Planung und Anlage gegeben, wobei unterschieden wird zwischen Windschutz für die Farmgehöfte und für die Felder sowie „lebenden Schneezäunen“. Folgende immergrüne Bäume werden für Windschutzanlagen zur Anpflanzung empfohlen: *Pseudotsuga menziesii, Juniperus scopulorum, J. virginiana, Pinus nigra, P. contorta, P. ponderosa, P. sylvestris, Picea pungens, P. abies, Thuja occidentalis, T. plicata, Fraxinus pennsylvanica* var. *lanceolata* und *Ulmus pumila*; laubabwerfende Bäume sind: *Ulmus parviflora, Robinia pseudoacacia, Eleagnus angustifolia, Populus nigra* var. *italica, Salix alba* var. *vitellina* und *S. nigra.* An geeigneten Straucharten werden genannt: *Caragana arborescens, Prunus tomentosa, Cotoneaster acutifolia, Lonicera tatarica, Syringa vulgaris, Sorbus sitchensis, Ligustrum vulgare, Pinus mugo, Rosa multiflora* und *Artemisia abrotanum.* W. Fleischmann. 585.

VI. PFLANZENERNÄHRUNG UND DÜNGUNG

A. Allgemeine Literatur, Berichte, Statistiken u.a.

Bonner, James; Pasadena, Calif., Inst. of Technol. The upper limit of crop yield. **(Die obere Grenze des Ernteertrages.)** Science [Washington] **137** (1962) Nr. 3523. S. 11–15. – 3 Abb.

An Hand einschlägiger Lit. erörtert Vf. die obere Grenze der Pflanzenproduktion. Unter der Voraussetzung, daß Temperatur, Wasserversorgung, Mineralstoffernährung und CO_2-Versorgung optimal gestaltet sind und daß es möglich ist, Krankheiten und Schädlinge auszuschalten, ist die photosynthetische Wirksamkeit, d.h. das Ausmaß der Transformation von Lichtenergie in Pflanzensubstanz der begrenzende Faktor. Um dieses Lichttransformationsvermögen zu messen, benötigt man ein integrierendes Lichtmeter zur Registrierung des einfallenden Lichtes zwischen 4000–7000 Å und die pro Flächeneinheit in einem bestimmten Zeitabschnitt gebildete org. Subst. (Sproß und Wurzeln). Bei allen bisherigen Experimenten wurde in überwiegendem Ausmaß eine photosynthetische Wirksamkeit von nur 2–2,5% gefunden. Nur bei einigen speziellen Experimenten wird von Werten bis 5% gesprochen. Da die gegenwärtig angebauten Landpflanzen auf Grund ihrer Chloroplasten- und Blattstruktur keine höhere photosynthetische Wirksamkeit als 2–2,5% zulassen, ist Vf. der Ansicht, daß die obere Grenze der Pflanzenproduktion in einigen westeuropäischen Ländern, den USA und Japan bei einem angewandten höchsten Grad an ackerbaulichen Maßnahmen bereits erreicht ist und daß eine weitere Steigerung nur dann möglich sein wird, wenn es gelingt, Pflanzen mit einem höheren Lichttransformationsvermögen zu züchten.

W. Bergmann. 601.

Ohlrogge, A. J.; Lafayette, Ind., Purdue Univ., Agric. Exp. Stat. Some soil-root-plant relationship. **(Einige Beziehungen zwischen Boden, Wurzel und Pflanze.)** Soil Sci. **93** (1962) Nr. 1. S. 30–38. – 4 Abb., 26 Lit.

In einer Besprechung von Forschungsarbeiten der Purdue-Univ. werden vom Vf. der Wandeffekt, N-P-Effekt, die Reaktion der Wurzeln auf Düngemittelgaben sowie der Nährstoffbedarf der Pflanzen und seine Bestimmung diskutiert. Labor- und Feldversuche ergaben, daß das Wurzelwachstum vom Dmr. der Öffnung und der Zusammensetzung der Nährstofflösung beeinflußt wird. In Salzlösungen war im Gegensatz zu entionisiertem H_2O das Wurzelwachstum bei kleinstem Durchmesser am größten. Die Aufnahme von Düngemittel-P aus zugegebenen Düngemitteln wird durch Zumischung von Ammoniumsulfat zu Superphosphat erhöht. Getrennte N-Zugabe hatte beträchtliche Verminderung der P-Aufnahmen zur Folge. Die Reaktion der Pflanzenwurzeln auf Düngemittelzugabe hängt von vielen Faktoren, wie Dicke der Salzzone, Widerstandsfähigkeit der Wurzeln gegenüber Salz-Konz., verfügbarer Wassermenge und Entwicklung der Wurzeln ab. Aus den Ergebnissen solcher Untersuchungen lassen sich Hinweise über Herstellung und Einbringung der Düngemittel in den Boden zwecks Erhöhung des Ausnutzungsgrades der Düngemittel geben. Zur Ermittlung des Nährstoffbedarfs müssen Parameter wie Nährstoffaufnahme/Tag oder Std. unter Berücksichtigung von Umweltsfaktoren wie Licht, Temperatur, CO_2-Gehalt, H_2O-Zuführung usw. verwendet werden.

P. Stoß. 601.

B. Pflanzenernährung

Gončarik, M. N., Ruseckaja, L. P. und Maršakova, M. I. (Gontscharik, M. N., Russezkaja, L. P. und Marschakowa, M. I.) Ottok assimiljatov iz list'ev kartofelja. **(Abwanderung der Assimilate aus den Blättern der Kartoffel.)** Bjulleteń Instituta biologii. Akademija nauk Belorusskoj SSR, Minsk **1960** (hrsg. 1961) Nr. 6. S. 123–129. – 4 Tab., 12 Lit.

Durch Behandlung von Kartoffelpflanzen mit $^{14}CO_2$ (1,5–2 Std.) sammelten alle Blätter genügend mit ^{14}C markierte Assimilate. Von den Blättern wurde die eine Seite der Fiedern abgetrennt. Durch Messen der Radioaktivität nach 4, 6 und 8 Std. wurde die Abwanderung der Assimilate festgestellt. Aus der Höhe der Abwanderung aus den verschiedenen Blättern konnte keine Gesetzmäßigkeit ermittelt werden. Auch die Höhe der Abwanderung aus den Fiedern eines Blattes gibt keine Hinweise über die Abwanderungsrichtung . In einigen Fällen, bes. nach 6 bzw. 8 Std., wurde ein Zugang von Assimilaten festgestellt. Nur bei dem am Ende der Vegetation durchgeführten Versuch (15. IX.) ergab sich eine deutliche, gleichmäßig abfallende Abwanderung der Stoffe (von den oberen zu den unteren Blättern). Vff. kommen zu der Schlußfolgerung, daß schwach assimilierende Blätter Assimilate, die von der Pflanze gegenwärtig nicht genutzt werden, abzweigen können. Dieser Prozeß des Entzugs von Assimilaten aus dem Leitungssystem kann nicht als rein phys.-chem. Prozeß, sondern muß als ein physiol. Prozeß, bedingt durch den Stoffwechsel in allen Pflanzenteilen, angesehen werden. Bei geringer Photosynthese

(Versuch am 15.IX.) werden alle Assimilate abgeführt, anders dagegen bei hoher Intensität der Photosynthese (Versuche am 27.VI., 8.VII. und 17.VII.). In den Blättern wird teilweise gespeichert, während einzelne schwach assimilierende Blätter Assimilate aufnehmen. Die angeführten Versuche beweisen eindeutig, daß die Zuwanderung und Anhäufung von Assimilaten in einzelnen Blättern der Kartoffel auch am Tage erfolgt und nicht durch eine Zufuhr aus den Knollen, sondern nur über die Stoffwechselregulierung des Transports der org. Stoffe durch die Pflanze erklärt werden kann. G. Jury. 625.

Karpilov, Ju. S. (Karpilow, Ju. S.); Kasan, Landwirtsch. Inst. Izmenenie trebovanij kukuruzy k azotnomu pitaniju v ontogeneze v svjazi s osobennostjami obmena veščestv. **(Veränderung der Anforderungen von Mais an die N-Ernährung in der Ontogenese im Zusammenhang mit Besonderheiten des Stoffwechsels.)** Izvestija Akademii nauk SSR. Serija biologičeskaja, Moskva 27 (1962) Nr. 1. S. 112–116. – 1 Abb., 4 Tab., 8 Lit. Zus. in Engl.

Der Einfluß der N- und P-Düngung auf Maispflanzen in verschiedenen Entwicklungsphasen sowie die Dynamik des C- und N-Stoffwechsels wurden in Vegetationsversuchen untersucht. N-Düngung der Sprößlinge vergrößerte infolge geringer Photosynthese die bestehende Disproportion zwischen Kohlenhydrat- und N-Stoffwechsel und hemmte das Pflanzenwachstum, während P-Düngung in dieser Periode die Bildung von lösl. Kohlenhydraten förderte und damit günstige Bedingungen für die Entwicklung der Pflanze schuf. Mit der Entwicklung des 6. Blattes wird N von der Pflanze bes. gut assimiliert. Zu diesem Zeitpunkt ist infolge genügender Photosynthese ein beträchtlicher Gehalt an Kohlenhydraten vorhanden. P. Stoß. 625.

Marschner, H. und Mengel, K.; Stuttgart-Hohenheim; Gießen. **Apparent free space (AFS).** Z. Pflanzenernähr., Düng., Bodenkunde **98(143)** (1962) Nr. 1. S. 30–44. – 1 Tab., 121 Lit.

Literaturübersicht zu Problemen 1. der Austauschadsorption und Donnan-Verteilung im „scheinbar freien Raum" (apparent free space = AFS), 2. der Größe des AFS und der Problematik seiner quantitativen Bestimmung, 3. der Lokalisation des AFS und 4. der Bedeutung des AFS für die Ionenaufnahme. V. Koepke. 625.

Crooke, W. M. und Knight, A. H.; Aberdeen, Scotland, Macaulay Inst. for Soil Res. An evaluation of published data on the mineral composition of plants in the light of the cationexchange capacities of their roots. **(Eine Einschätzung der veröffentlichten Werte über die Mineralzusammensetzung von Pflanzen in bezug auf die Kationaustauschkapazitäten ihrer Wurzeln.)** Soil Sci. **93** (1962) Nr. 6. S. 365–373. – 2 Abb., 3 Tab., 24 Lit.

Die Hypothese, wonach die Kationaustauschkapazität der Pflanzenwurzel (I) den Gesamt-Kationen-Gehalt der Pflanzen beeinflussen kann, wurde an eigenen und aus der Lit. entnommenen Analysen des Mineralgehaltes verschiedener Pflanzen nachgeprüft. Zwischen I und dem Gehalt der oberen Pflanzenteile an den gesamten Kationen, Asche, Basenüberschuß und den gesamten Spurenelementen wurde eine positive Korrelation gefunden. Das gleiche war zwischen Ätherextrakt und Proteingehalt einerseits sowie I andererseits der Fall. Bei Auftragung der einzelnen Pflanzenarten nach steigender I ergibt sich ein Übergang von einem „carbonischen" zu einem „proteinischen" System. Die Richtung zu einer mehr proteinischen Zusammensetzung des org. Pflanzenmaterials wird durch höhere NO_3^--Aufnahme charakterisiert, die von größerer Aufnahme der hauptsächlichsten Kationen begleitet sein muß. Die erhöhte Aufnahme der Spurenelemente Fe, Mn, Cu und Zn hängt wahrscheinlich mit dem höheren Bedarf der Enzymsysteme zusammen, die die komplizierteren Prozesse in den proteinischen Pflanzen vermitteln.
P. Stoß. 630.

Epstein, Emanuel, Rains, D. W. und Schmid, Walter E.; Davis, Univ. of California, Dep. of Soil and Plant Nutrit. Course of cation absorption by plant tissue. **(Verlauf der Kationenabsorption durch Pflanzengewebe.)** Science [Washington] **136** (1962) Nr. 3521. S. 1051–1052. — 1 Abb., 9 Lit.
Die Rb-Absorption durch abgeschnittene Gerstenwurzeln aus Lösungen mit 0,1 mmol ^{86}RbCl und 0,5 mmol $CaCl_2$ und einem pH-Wert von 5,6 war temperaturabhängig und bildete innerhalb einer Std. eine lineare Funktion der Zeit. Es zeigte sich während der Anfangsaufnahme keine vom Stoffwechsel unabhängige Austauschphase. Die durch Absorption in den Wurzeln erreichte Rb-Konz. war wesentlich höher als in der umgebenden Lösung; eine Abnahme der Absorptionsrate trat dadurch nicht ein. Diese Tatsache wird als Beweis für einen hohen Grad der Irreversibilität aller Absorptionsvorgänge angesehen und am Begriff der „Enzym-Kinetik" am Beispiel des Fe-Transportes durch Träger diskutiert. O. Knabe. 630.

Mengel, K.; Gießen, Justus-Liebig-Univ., Inst. für Pflanzenernähr. **Die K- und Ca-Aufnahme der Pflanze in Abhängigkeit vom Kohlenhydratgehalt ihrer Wurzel.** Z. Pflanzenernähr., Düng., Bodenkunde **98(143)** (1962) Nr. 1. S. 44–54. — 1 Abb., 5 Tab., 20 Lit.
In Nährlösungsversuchen mit markiertem K und Ca konnte an abgeschnittenen lebenden Wurzeln von Gerste und an intakten Mais-, Gurken-, Buschbohnen-, Ackerbohnen- und Erbsenpflanzen nachgewiesen werden, daß eine Verminderung des Kohlenhydratgehaltes der Wurzeln eine erhebliche Herabsetzung des Aufnahmevermögens für K und auch für Ca zur Folge hatte. Gleichzeitig ging der Transport von K und Ca in den Sproß zurück. Dagegen wurde der Anteil an austauschbar im Freien Raum („apparent free space") gebundenen K- und Ca-Ionen kaum beeinflußt. Die im Versuch durch mehrstd. Abdunkeln der intakten Pflanzen oder Stehenlassen der abgeschnittenen Wurzeln erreichte Kohlenhydratverarmung der Wurzeln wurde analytisch erfaßt. V. Koepke. 630.

Mengel, K.; Gießen, Justus-Liebig-Univ., Inst. für Pflanzenernähr. **Der Einfluß des Stoffwechsels auf die Aufnahme und Verteilung von markiertem Kalium bei Sonnenblumen.** Z. Pflanzenernähr., Düng., Bodenkunde **98(143)** (1962) Nr. 1. S. 57–63. — 3 Tab., 15 Lit.
5 Wochen alte Sonnenblumenpflanzen wiesen bei Zusatz von Glucose zur Nährlösung (10^{-3} mol. an Glucose) nach 15 Std. einen signifikant höheren Gehalt an markiertem, nicht austauschbarem K in den Wurzeln auf als die Kontrollpflanzen. Der K-Transport in die oberirdischen Pflanzenteile war dagegen gehemmt. Bestreichen der Blätter mit 0,1 mol. Glucoselösung hatte einen erheblichen Anstieg der K-Aufnahme mit bes. starker Anreicherung in den Blättern zur Folge. Enthielt die Blattdüngungslösung neben Glucose auch KCl, dann war der K-Konz.-Anstieg in allen Pflanzenteilen geringer. Zusatz von 2.4-Dinitrophenol zur Nährlösung (10^{-5} mol.) reduzierte den K-Gehalt in allen Pflanzenteilen im Vergleich zur Kontrolle signifikant, hatte aber keinen Einfluß auf die Menge an austauschbarem Wurzel-K.
V. Koepke. 630.

Bange, G. G. J. und Vliet, E. van; Leiden, Holland, Foundation for Res. on Plant Nutrit. Translocation of potassium and sodium in intact maize seedlings. **(Translokation von Kalium und Natrium in intakten Maiskeimlingen.)** Plant and Soil [The Hague] **15** (1961) Nr. 4. S. 312–328. — 11 Abb., 7 Lit.
Maispflänzchen absorbierten aus Nährlösungen mit unterschiedlichen Na- und K-Konz. innerhalb von 12–24 Std. abnehmende Na-Mengen, aber gleichbleibende K-Mengen. Na wurde erst nach 15 Std. in geringem Maße in den Sproß transportiert, während K nach 6 Std. mit zunehmender Geschwindigkeit in den Sproß wanderte. Die Translokation von K, nicht aber die von Na,

in den Sproß ging weiter, wenn die Pflänzchen nach 24 Std. aus der Nährlösung herausgenommen und in ein Na- und K-freies Medium gebracht wurden. Vff. schließen aus den Ergebnissen auf das Bestehen eines spezifischen Mechanismus für die Aufnahme und den Transport von K in den Sproß, und eines anderen, nicht spezifischen Mechanismus, mit denen Na und K in die Wurzelzellen aufgenommen werden. V. Koepke. 630.

Elgabaly, M. M. und Wiklander, L.; Berkeley, Univ. of California. The mechanism of anion uptake by plant roots: I. Uptake of chloride from Cl-resin systems and its relation to the electrical properties of root surfaces. **(Der Mechanismus der Anionenaufnahme durch Pflanzenwurzeln. 1. Mitt. Chloridaufnahme von Cl-Austauschersystemen und ihre Beziehung zu den elektrischen Eigenschaften der Wurzeloberflächen.)** Soil Sci. **93** (1962) Nr. 4. S. 281–285. — 3 Abb., 13 Lit.

Die Aufnahme von Cl^- aus Cl-beladenem Dowex 50, Filtraten der Gleichgewichtslösungen und äquivalenten $CaCl_2$-Konz. durch Gerstenwurzeln (2 g/l Suspension bzw. Lösung) wurde untersucht. Die Cl-Aufnahme aus Cl-Dowex ist bei allen Konz. höher gegenüber den Filtraten, aber niedriger im Vergleich zu $CaCl_2$-Lösungen (mit Ausnahme der höchsten Konz. von 6 mval /3 l). Zur Erklärung dieser Ergebnisse muß die Natur der Wurzeloberfläche herangezogen werden, die als Kationenaustauscher anzusehen ist, so daß bei negativer Ladung eine elektrische Doppelschicht angenommen werden muß, wenn ein positiv geladener Cl-Austauscher vorliegt. Bei enger Berührung beider Schichten tritt teilweise Ladungsausgleich ein, so daß Ionen in die Lösung diffundieren können. Während Kationen leicht in die Wurzeln eindringen können, müßten die Anionen von der negativen Ladung der Wurzeln abgestoßen werden. Bei engem Kontakt können Austauscher-Cl und H^+ bzw. Ca^{++} an der Wurzel freie HCl bzw. $CaCl_2$ bilden und Cl^--Ionen können leichter in die Wurzel eintreten. Dieser Vorgang ist aber konzentrationsabhängig. W. Schulze. 630.

Blanchet, R., Chaumont, Colette und Studer, R.; Châteauroux, Stat. Agronomique. Alimentation phosphorique des plantes et phénomènes de contact racines-particules de sol. **(Phosphaternährung der Pflanzen und Kontakterscheinungen Wurzeln-Bodenpartikel.)** Ann. agronom. **13** (1962) Nr. 1. S. 21–29. — 5 Abb., 10 Lit. Zus. in Russ., Engl., Dtsch.

Zu einigen Sand-Ton-Gemischen unter Verwendung von Montmorillonit und Kaolinit in Gefäßen mit fließender Nährlösung wird P — 0,1–2,5 mg/l — in Form von KH_2PO_4 gegeben und *Lolium italicum* gesät. Infolge der PO_4-Sorption — bes. durch den Tonanteil bedingt — werden 2 Effekte bewirkt: durch Festlegung von PO_4 tritt eine Konkurrenz mit den Pflanzen auf; durch Konzentrierung von PO_4 an der Oberfläche der Tonminerale wird die P-Aufnahme der Pflanze begünstigt, die nicht nur das in Lösung befindliche PO_4 aufnimmt. Es kommt also auf den Vorrat an sorbiertem PO_4 und auf die Konz. der Lösung an. Bei gewachsenen Böden muß allerdings noch die Beweglichkeit des PO_4 berücksichtigt werden. Unter den experimentellen Bedingungen werden maximale Pflanzenerträge bei Konz. von 0,1–0,2 (Ton) bzw. bis 2,5 mg P/l (Sand) erzielt. W. Schulze. 630.

Guljaev, E. I. und Ronsal', G. A. (Guljajew, Je. I. und Ronsal, G. A.); Cherson, Landwirtsch. Zjurupa-Inst. O vlijanii kornevych vydelenij odnoletnich bobovych kul'tur na žiznedejatel'nost' kukuruzy pri sovmestnom ich proizrastanii. **(Der Einfluß der Wurzelausscheidungen einjähriger Leguminosen auf die Lebenstätigkeit von Mais beim gemeinsamen Aufwachsen.)** Botaničeskij Žurnal, Moskva–Leningrad **47** (1962) Nr. 8. S. 1152–1159. — 10 Tab., 15 Lit.

In Gefäßversuchen (Boden und Wasser) wurde der gegenseitige Einfluß von Mais und verschiedenen Leguminosen (Soja, Vignabohne, Platterbse, Wicke und Gartenbohne) untersucht. Mit Ausnahme von Mais-Wicke wurde durch alle anderen Leguminosen mit Mais der Gesamtertrag der oberirdischen Pflanzenmasse auf 118–185 % gesteigert. Durch verschiedene biochem. Analysen (Gesamt- und Eiweiß-N, P in Trichloressigsäure, K, Zucker, Chlorophyll, Ascorbinsäure, Atmung, Katalase, Peroxydase) der Pflanzen wurde der spezifische Einfluß der Leguminosen auf Mais näher bestimmt. In den Rhizosphären von Mais mit Leguminosen war ein größerer Gehalt an ammonifizierenden und Zellulose-zersetzenden Bakterien, ebenfalls von Azotobacter und Clostridium, als bei Mais in Reinkultur vorhanden. Wasserlösl. Stoffe aus den Wurzeln von Vignabohnen und Platterbsen zeigten einen verschiedenen Einfluß auf die Maisentwicklung. Die biochem., mikrobiol. und agrochem. Analysen zeigten, daß die spezifischen Stoffe aus den Wurzeln der Leguminosen als einer der größten Faktoren bei der eigentümlichen Wechselwirkung zwischen Mais und verschiedenen Leguminosen bezeichnet werden müssen. K. Böttcher. 630.

Kurmies, B.; Essen-Bredeney. **Über die quantitative Formulierung des Ertragszuwachses.** Phosphorsäure 22 (1962) Nr. 1/2. S. 80–116. — 6 Abb., 17 Tab., 13 Lit.
Ausgehend von der Ertragsgleichung nach Mitscherlich, deren Kennzahlen A, c und b diskutiert werden, wird ein neues Rechenverfahren abgeleitet, nach dem A und c aus beliebigen experimentell gefundenen Wertepaaren von x, y berechnet werden können. Zunächst wird der Wert für c nach einem näher beschriebenen graph. Verfahren bestimmt und dann der Grenzwert für den Ertragszuwachs bzw. den Ertrag verrechnet. Ein auf diese Weise verrechneter Versuch für N, P und K ergab, daß sich die Grenzwerte des Mehrertrags und der c-Werte innerhalb der Versuchsreihen stetig ändern, was durch das unterschiedliche physiol. Verhalten der Nährstoffe innerhalb einer Steigerungsreihe erklärt wird. Daraus wird der Schluß gezogen, daß die Ertragsgleichung von Mitscherlich in dieser Form nicht zutrifft, sondern lediglich als Arbeitshypothese gelten kann. Die nach einer abgeleiteten Hyperbelgleichung berechneten Grenzwerte für Mehrertrag und Systemmodul haben andere numerische Werte als die nach der Exponentialgleichung berechneten, zeigen aber i. allg. das gleiche Verhalten. Bei gleich guter Übereinstimmung zwischen den gefundenen und berechneten Werten der beiden Gleichungen ist infolge einfacherer Handhabung die Hyperbelgleichung vorzuziehen. P. Stoß. 635.

Samuilov, F. D. und Efremov, Ju. Ja. (Samuilow, F. D. und Jefremow, Ju. Ja.); Kasan, Biol. Inst. der Zweigstelle der Akad. der Wiss. der UdSSR. Izučenie vodnogo obmena rastenij s pomošč'ju tjaželoj vody (D_2O). **(Untersuchung des Wasserhaushalts der Pflanzen mittels schweren Wassers [D_2O].)** Fiziologija rastenij, Moskva 9 (1962) Nr. 4. S. 438–445. — 3 Abb., 5 Tab., 19 Lit. Zus. in Engl.
Das erste Blatt von in Wasserkultur angezogenem, im Zweiblattstadium befindlichen Mais wurde der Vakuumtrocknung unterzogen, um das Wasser der massenspektrometrischen Isotopenanalyse zu unterwerfen. Ein Teil der Pflanzen wurde von Anbeginn der Keimung in schwerem Wasser angezogen, ein anderer nur in einem bestimmten Zeitabschnitt mit diesem versorgt. Die D-Konz. der Lösung betrug 1,07–1,20 Atom%. Ein Wasserwechsel der Pflanze mit der umgebenden Atmosphäre wurde ausgeschlossen. Sämtliches Wasser des Blattes konnte durch Wasser der Außenlösung ersetzt werden. Dieser Wechsel erfolgte nicht nur durch die Wurzeln, sondern auch durch die oberirdischen Organe mit dem Wasser der Luft. Die Fraktionen des gebundenen und freien Wassers der Pflanze sind als dynamische Größen zu betrachten, zwischen ihnen erfolgt ein gegenseitiger Austausch. Der Wasserwechsel zwischen den einzelnen Fraktionen innerhalb der Zelle erfolgte schneller, als der Wasserwechsel zwischen der Pflanze und der Umgebung. J. Birke. 640.

Nečas, Josef; Havlíčkův, Brod, Výzkumný Ústav Bramborářský ČSAZV. Vodní režim bramborů. 1. Růstové a výnosové reakce bramborů na sníženou půdní vlhkost. **(Der Wasserhaushalt der Kartoffel. 1. Mitt. Reaktion der Kartoffel auf herabgesetzte Bodenfeuchtigkeit vom Wachstums- und Ertragsgesichtspunkt.)** Sborník českoslov. Akad. zemědělských Věd, rostlinná Výroba **8(35)** (1962) Nr. 1. S. 17–44. – 7 Abb., 5 Tab., 16 Lit. Zus. in Russ., Dtsch.

Es sollte der Einfluß verminderter Bodenfeuchtigkeit auf Wachstum und Ertrag dreier Kartoffelsorten ('Ambra', 'Krasava' und 'Karmen') verfolgt werden. Die Kartoffeln wuchsen in Vegetationsgefäßen mit 4 verschiedenen Bodenfeuchtigkeitsspiegeln, die entweder während der ganzen Vegetationszeit unverändert blieben oder in den einzelnen Entwicklungsphasen gesenkt wurden. – Die Ontogenese der Kartoffeln wurde durch verminderte Bodenfeuchtigkeit verlangsamt. Die Wachstumskurven zeigten starke Deformationen, die für einzelne Entwicklungsphasen charakteristisch sind. Die Abweichungen im Wasserhaushalt beeinflußten in markanter Weise die Gesamternte und Durchschnittsgröße der Knollen, unbedeutend den zahlenmäßigen Knollenansatz und wenig markant den Stärkegehalt. Auf Grund des Wasserverbrauchs je Knollen- und Stärkeproduktionseinheit fand man sortenbedingte Abweichungen in bezug auf ökonomisches Wirtschaften einzelner Sorten mit der Bodenfeuchtigkeit. Die Bodendürre veränderte auch die chem. Zusammensetzung der Knollen, indem der %-Satz der Eiweißstoffe und offenbar auch anderer Nichtstärke-Substanzen zunahm. P. Bartoš. 640.

Stoddard, E. M. und Miller, P. M.; Connecticut, New Haven, Agric. Exp. Stat., Dep. of Plant Pathol. Chemical control of water loss in growing plants. **(Chemische Kontrolle des Wasserverlustes in wachsenden Pflanzen.)** Science [Washington] **137** (1962) Nr. 3525. S. 224–225. – 1 Abb., 4 Lit.

Die Wurzeln wachsender Erdbeerpflanzen wurden eine halbe Stunde lang in 8-Oxychinolinsulfat verschiedener Konz. (Testpflanzen) bzw. in Leitungswasser (Kontrollpflanzen) getaucht. In beiden Fällen waren vor Versuchsbeginn die Stomata geöffnet, am Versuchsende jedoch nur die der Kontrollpflanzen. Das gleiche Resultat, d. h. Schließen der Stomata der Testpflanzen, erhielten Vff., wenn die Wurzeln nur 3 Min. den Flüssigkeiten ausgesetzt wurden. Auch abgeschnittene *Chrysanthemum*-Blätter, deren Stiele mit den Schnittflächen in die Lösung bzw. Wasser tauchten, führten zum gleichen Ergebnis. Vff. vermuten im Schließen der Stomata die Hauptursache für die Herabsetzung des Wasserverlustes bei vorbehandelten Testpflanzen. Wurden diese Dürrebedingungen unterworfen, konnte festgestellt werden, daß im Vergleich zu den Kontrollpflanzen die Testpflanzen die Trockenheit besser überstanden, was sich ebenfalls auf geschlossene Stomata zurückführen ließ. I. Frommhold. 640.

Scheumann, W. und Fritzsche, K.; Tharandt, Inst. für Forstwiss. der Dtsch. Akad. der Landwirtsch.-Wiss. zu Berlin. **Hydratur und Wachstum von Pappeln in Abhängigkeit von der Nährstoffversorgung des Bodens.** Züchter **32** (1962) Nr. 3. S. 179–184. – 4 Abb., 2 Tab., 10 Lit.

Durch Bestimmung des osmotischen Wertes des Preßsaftes von Blättern der in Mitscherlich-Gefäßen angezogenen Pflanzen der 3 Klone *Populus euram.* cv. 'Forndorf', *P. euram.* cv. 'regenerata Deutschland' und W 3 wurde die Hydratur zu 3 verschiedenen Zeitpunkten im Laufe der Vegetationsperiode festgestellt. Von den Klonen 1 und 3 waren 8 und vom Klon 2 6 Düngervarianten angesetzt worden. Die Entnahme der Blätter erfolgte am 4. 7. 61 (dem 51. Tag nach Versuchsbeginn), am 26.7. 61 und am 10.8. 61. Es ergab sich, daß Hungerzustand und einseitige Mineralstoffernährung zu einer Erhöhung des osmotischen Wertes führen und daß zwischen Hydratur und Wachstum eine hohe positive Korrelation besteht. Die unterschiedliche Reaktion der Pappelsorten auf abweichende Düngergaben ließ sich refraktometrisch erfassen. O. Schröck. 640.

Lagerwerff, J. V. und Eagle, H. E.; Riverside, Calif., United States Salinity Lab. Transpiration related to ion uptake by beans from saline substrates. **(Transpiration von Bohnen in Beziehung zur Ionenaufnahme aus salzhaltigen Substraten.)** Soil Sci. **93** (1962) Nr. 6. S. 420–430. — 3 Abb., 3 Tab., 41 Lit.

Phaseolus-Bohnen wurden in Hoagland-Nährlösungen unterschiedlichen Konz. und unterschiedlichen Ionenverhältnissen von NaCl, $CaCl_2$ und $MgCl_2$ ausgesetzt. In bestimmten Zeitabständen (ca. 11, 19, 24 und 29 Tage nach Übertragung der Keimlinge in die Lösungen) erfolgte die Bestimmung von Blattoberfläche sowie Frisch- und Trockengewicht der Wurzeln und Sprosse. Die osmotischen Werte der Blätter und Stengel wurden kryoskopisch, der Gehalt an Na, K und Ca flammenphotometrisch gemessen. Außerdem konnte die Transpirationsintensität aus dem Wasserverlust berechnet werden. Es ergab sich, daß die Transpirationsintensität bezogen auf die Gesamtblattfläche mit zunehmendem Wachstum abnahm. Bei Bezug auf die unbeschatteten Blätter erwies sie sich fast unabhängig vom Wachstum und wurde hauptsächlich durch die Unterschiede der Salzlösung beeinflußt. Entspr. stieg bei höheren Ionenverhältnissen der osmotische Wert in den Stengeln und Blättern sowie der Wasserbedarf der Pflanzen. Die Untersuchungen hinsichtlich der Beziehungen zwischen Transpiration und Ionenaufnahme führten zu dem Ergebnis, daß Na^+ in stärkerem Maße von den Wurzeln als von den Blättern aufgenommen wurde. Umgekehrt war es bei Ca^{++} und Cl^-. K^+ verhielt sich antagonistisch zu Na^+. Es konnte keine Proportionalität zwischen der Intensität der Wasser- und der der Ionenaufnahme festgestellt werden. Vff. sind der Meinung, daß die Ionenaufnahme selektiv und aktiv erfolgt. I. Frommhold. 640.

Ivanickaja, E. F. (Iwanizkaja, Je. F.); Moskau, Pflanzenphysiol. Timirjasew-Inst. der Akad. der Wiss. der UdSSR. Osobennosti anatomičeskogo stroenija rastenij v uslovijach raznokačestvennogo zasolenija počvy. **(Besonderheiten des anatomischen Aufbaus der Pflanzen bei qualitativ unterschiedlicher Bodenversalzung.)** Fiziologija rastenij, Moskva **9** (1962) Nr. 2. S. 199 bis 209. — 6 Abb., 6 Tab., 30 Lit. Zus. in Engl.

An Hafer, Baumwolle und Pferdebohnen wird in Gefäßversuchen der Einfluß von Sulfat-(**I**) und Chloridversalzung (**II**) hinsichtlich o. g. Fragen untersucht. **II** unterdrückte das Wachstum aller Versuchspflanzen am stärksten. Daher waren die anatomischen Veränderungen bei **II** wesentlich stärker ausgeprägt als bei **I**, wobei die biol. Besonderheiten ebenfalls eine Rolle spielen. **I** rief bei Baumwolle und Tomaten haloxeromorphe, **II** dagegen halosukkulente Merkmale hervor. Andererseits induzierte **II** bei Hafer eine haloxeromorphe Struktur. Pferdebohnen zeigten bei **I** keine anatomischen Veränderungen, während bei **II** die Pflanzen abstarben. Die durch die Versalzung hervorgerufenen anatomischen Veränderungen werden vom Vf. als adaptive Schutzreaktion gedeutet. G. Graul. 645.

Kaddah, Malek T. und Fakhry, Selim I.; Bacos, Alexandria, Egypt., U. A. R., Soil Salinity Lab. Tolerance of Egyptian rice to salt: 2. Salinity effects as related to cationic composition, temporary application, and irrigation and drainage frequency. **(Salztoleranz von ägyptischem Reis. 2. Mitt. Salzwirkungen in Abhängigkeit von Kationenzusammensetzung, Applikationszeit, Bewässerungs- und Entwässerungsfrequenz.)** Soil Sci. **93** (1962) Nr. 2. S. 95–103. — 6 Tab., 22 Lit.

Der Kornertrag von Nahda-Reis wird sowohl vom totalen Salzgehalt als auch (teilweise) von der Kationenzusammensetzung bestimmt (bei konstant blei-

bender totaler Salzkonz., jedoch hohen spezifischen Kationenanteilen stiegen die Erträge in der Folge Na < Mg < Ca). Die Stroherträge verhielten sich, wenn auch in geringerem Maße den Beeinflussungen folgend, den Kornerträgen analog. Die Auswirkung der „Besalzungsdauer" war abhängig von der Salzwasserkonz., dem Wuchsstadium und der Länge der zwischen den Salzwasserzusätzen liegenden Zeiten. Der Salzgehalt der Bodenlösung stieg entspr. dem Salzgehalt der Bewässerung und den Verabreichungsquoten.
H.-E. Freytag. 645.

Greig, J. K. und Smith, F. W.; Manhattan, Kansas State Univ., Agric. Exp. Stat., Dep. of Agronomy, Dep. of Horticult. Salinity effects of sweetpotato growth. **(Versalzungseinflüsse auf das Wachstum der Batate.)** Agronomy J. **54** (1962) Nr. 4. S. 309–313. – 2 Abb., 3 Tab., 16 Lit.
In Nährlösung erhielten die Pflanzen je 0; 250; 500; 1000 bzw. 2000 ppm Ca, Mg, K, Na oder alle Kationen im Gemisch. Außerdem wurden Versuche auf feinsandigem Lehm (12,8 mval Austauschkapazität) durchgeführt, wobei die Versalzung durch Vermischen des Bodens mit kationengesättigtem Austauscher in bestimmten Mengen erreicht wurde. Die Bodenlösungen wurden konduktometrisch untersucht und zu den Erträgen in Beziehung gesetzt. – Zwischen dem log des rel. Wachstums des Sprosses und dem osm. Druck ergab sich eine lineare negative Korrelation ($\bar{Y} = -0{,}25186X + 2{,}28347$, wobei $\bar{Y}$ = log des rel. Wachstums und X = osm. Druck der Nährlösung). Bei dem größten osm. Druck zeigten sich die Schäden an den Pflanzen zuerst. Ab 1,7 atm ergab sich signifikante Verminderung des Wachstums. Bei den Versuchen mit Boden ergab sich die Beziehung $\bar{Y} = -0{,}24681X + 2{,}0792$, wobei X = osm. Konz. der Bodenlösung. Signifikante Wuchshemmung ergab sich hier ab 1,9 atm osm. Druck der Bodenlösung. Alle Pflanzen starben bei über 1,9 atm ab, außer wenn das Ionengemisch verwendet wurde. In anderen Versuchen mit Boden ergab sich bei 1,32–2,34 atm keine Wuchshemmung des Sprosses, wohl aber der Knollen, so daß sich bei Bestrahlung des Gesamtgewichtes der Pflanze wiederum Reduzierung des Wachstums bei Druck über 1,74 atm ergab. Das Ausmaß der Hemmung wurde durch die Art der Kationen nicht beinflußt, aber die Wachstumscharakteristika änderten sich.
W. Stenz. 645.

Lachover, D. und Feldhay, H.; Rehovoth, Israel, Inst. Nat. Univ. d'Agric., Dep. des Plantes de Grande Cult., Div. de Chim. Agric. Examen préliminaire de l'absorption de macroéléments et du bilan de fertilité du sol chez les arachides cultivées sous irrigation, en Israël. **(Vorläufige Untersuchung der Aufnahme von Makroelementen und der Bodenfruchtbarkeit bei Erdnuß, die in Israel unter Bewässerung angebaut wurde.)** Oléagineux **17** (1962) Nr. 7. S. 599–611. – 2 Abb., 9 Tab., 17 Lit.
Mit Ausnahme des Küstenbezirks sind alle untersuchten Böden kalkhaltig bei schwach bis stark alkalischer Reaktion. Organ. S. und N kommen nur in geringen Mengen vor: 0,3–0,6% bzw. 0,02–0,08%. Pflanzenverfügbarer P (nach Olsen) schwankt mit 7–153 kg P/ha in weiten Grenzen. Bez. des pflanzenverfügbaren K sind die Böden in Abhängigkeit von der Textur meist mittel bis gut versorgt: 125–1475 kg K/ha. An Gesamttrockenmasse werden etwa 16,5 t/ha geerntet. N und K nehmen im Laufe der Vegetationszeit ab (N: 3,5 → 2,2 bzw. K: 2,5 → 1,1%), die Werte für P bleiben dagegen konstant auf etwa 0,24%. Die N-Bilanz schwankt zwar, doch ist sie stets negativ, d. h., es wird mehr N durch die Ernte entzogen als dem Boden zugeführt wird, so daß sich die Bodenfruchtbarkeit vermindert (keine symbiotische N-Bindung). P weist meist eine positive Endbilanz auf. Für K gilt das gleiche wie für N; von 21 untersuchten Feldern haben nur 4 eine positive Bilanz.
W. Schulze. 645.

Martin-Prével, P. und Dugain, F. Potassium, calcium et magnésium dans la nutrition de l'ananas en Guinée. VI. Le sol et l'alimentation de la plante. **(Kalium, Calcium und Magnesium bei der Ernährung der Ananas in Guinea. 6. Mitt. Der Boden und die Ernährung der Pflanze.)** Fruits d'outre Mer **17** (1962) Nr. 5. S. 211–227. — 4 Abb., 3 Tab., 14 Lit. 5. Mitt. vgl. LZ. Abt. II **7** (1962) Nr. 12. S. 3241.

Im Verlaufe der 3 Versuchsjahre sank der durchschnittliche C-Gehalt des Bodens von 1,74 auf 1,55%, während das C/N-Verhältnis von 16,3 auf 17,3, der Gesamthumus von 0,86 auf 1,19% und der Humifizierungskoeffizient von 30,9 auf 40,4% (der org. Masse) stieg. Nicht signifikant waren dagegen die Veränderungen im N-Gehalt. Für K, Ca, Mg und Na fanden sich von 1956–59 folgende Veränderungen (in %) 0,07 → 0,09; 0,21 → 0,41; 1,15 → 0,24; 0,13 → 0,02. Trotzdem sind Einwirkungen auf den Ertrag kaum festzustellen. — Der Einfluß von Bodenunterschieden wurde für die Streuung innerhalb der Blocks durch den Vergleich der Variabilitätskoeffizienten (s%) und für die Unterschiede zwischen den Wiederholungen durch die Gegenüberstellung des durchschnittlichen Bodenwerts des jeweiligen Blocks und der Erträge untersucht. Auch hierbei ergaben sich keine stichhaltigen Beeinflussungen. — Die verschiedenen Düngermengen der Varianten zeigten bei K und Ca mit steigender Gabe einen Anstieg des Gehalts im Boden, während Mg-Differenzen nicht nachweisbar waren. Nach der anschließenden Besprechung der Wechselwirkungen zwischen den mineral. Elementen wird zusammenfassend folgendes geschlossen: 1. Der Boden ist für die Ananas in Hinsicht auf seinen Nährstoffgehalt ohne größere Bedeutung (Möglichkeiten der Mineraldüngung), allerdings müssen Wasser- und Luftführung garantiert werden, wozu ein günstiger Standort wieder bessere Voraussetzungen bietet. 2. Beim Ananasbau ist mit einer gewissen Degradierung des Bodens zu rechnen. 3. Die wesentlichen Grundzüge der Kationenversorgung lassen sich mit wenigen, rel. einfachen Mechanismen erklären.

V. Ehrenpfordt. 645.

Martin-Prével, P.; Outre-Mer, Inst. Français de Rech. Fruitière. Potassium, calcium et magnésium dans la nutrition de l'ananas en Guinée. VII. Conclusions. **(Kalium, Calcium und Magnesium bei der Ernährung der Ananas in Guinea. 7. Mitt. Schlußfolgerungen.)** Fruits d'outre Mer **17** (1962) Nr. 6. S. 257–261. — 2 Abb., 3 Lit. 6. Mitt. vgl. vorst. Ref.

Die Anlage des Versuches nach der Methode der systematischen Varianten nach M. V. Homès brachte bessere Informationen und geringeren Arbeitsaufwand als eine entspr. faktorielle Anlage. Bei 16 Varianten konnte jeder der 3 Nährstoffe bei 9 Stufen, frei von Beeinflussung durch unterschiedliche pH-Werte oder begleitende Anionen, geprüft werden. Gleichzeitig wurde für Ca und Mg die Sulfat- bzw. Oxydform verglichen. — Die z. T. schlechte Übereinstimmung zwischen berechneter und gefundener optimaler Nährstoffmischung beruht auf dem Nährstoffgehalt des Bodens und den Reserven im Pflanzgut (bes. bei Stecklingen) und konnte bis zu einem gewissen Grad durch Verrechnung über die Differenzen zur Vergleichsvariante verbessert werden. Die Ergebnisse, z. B. Erhöhung der K-Gaben bei Einführung der Mg-Düngung können vom Standort des Versuchs nicht ohne weiteres auf andere Gebiete übertragen werden. Die Analyse der Blätter 'D' ist zur Feststellung des Ernährungszustandes der Pflanze ungeeignet, vorteilhafter erscheint die Untersuchung nur des Blattgrundes und dafür eine mehrmalige Messung und Wägung des ganzen Blattes. Da das Verhältnis N/K von Nov. bis Juni und die Gehalte an P, Ca und Mg von Jan.-Juni rel. konstant bleiben, ist eine einmalige Analyse nach der 1. Düngergabe ausreichend. Das Blattwachstum wird von der Summe der Elemente K, Mg, Ca (die sich hierbei weitgehend gegenseitig ersetzen können) bestimmt, die Zeitspanne Spritzung-

Ernte ist daneben bes. vom Mg abhängig. Ca wirkt nur zusammen mit den beiden anderen Kationen, K dagegen scheint, z. T. auch allein, bes. für die Fruchtqualität, Krankheitsresistenz und Schalenfarbe verantwortlich zu sein. Dem Mg schließlich kommt die Rolle eines Regulators und Katalysators zu.

V. Ehrenpfordt. 645.

Key, J. L., Kurtz, L. T. und Tucker, B. B.; Illinois, Univ. Influence of ratio of exchangeable calcium-magnesium on yield and composition of soybeans and corn. **(Einfluß des Verhältnisses von austauschbarem Calcium-Magnesium auf Ertrag und Zusammensetzung von Sojabohnen und Mais.)** Soil Sci. **93** (1962) Nr. 4. S. 265–270. – 1 Abb., 4 Tab., 9 Lit.

4 Böden wurden mit $MgCl_2$- bzw. $CaCl_2$-Lösung behandelt und unter der Voraussetzung, daß alle Böden mit dem betreffenden Kation gesättigt waren, so gemischt, daß Ca/Mg-Verhältnisse von 50, 20, 10, 5, 1 und 0,2 entstanden. Bei Sojabohnen und Mais brachten die Böden immer dann etwas geringere Erträge, wenn die Ca/Mg-Verhältnisse kleiner als 1 waren. Für die Austauscher-Sand-Mischungen traf im wesentlichen dasselbe zu. Diese Ergebnisse zeigen, daß die Erträge durch unterschiedliche Ca/Mg-Verhältnisse kaum beeinflußt werden. Schlechteres Wachstum der Sojabohnen schien eher infolge nicht ausreichender Nährstoffmengen einzutreten. Austauschkapazitäten von 27 und 9 mval brachten hier nämlich höhere Erträge gegenüber 3 mval. An Mais dagegen wurde bei dieser geringen Austauschkapazität eine Ertragsminderung nicht festgestellt.

W. Schulze. 660.

Treggi, G.; Pisa, Univ., Inst. di Pathol. Vegetal. e Microbiol. Agrar. e Techn. Influence of sodium on the development of the fibro-vascular bundles in hemp plants. **(Einfluß von Natrium auf die Entwicklung der Fibrovasalbündel von Hanfpflanzen.)** Pant and Soil [The Hague] **15** (1961) Nr. 4. S. 291–294. – 10 Abb., 2 Lit.

Die Verabreichung von 6–12% Na, bezogen auf die Summe von K, Na, Mg und Ca, wirkte sich günstig auf die Entwicklung des Fasergewebes von Hanfpflanzen aus. Die Fasern waren fester und hatten dickere Wände. Bei höheren Konz. als den oben genannten war die Na-Wirkung geringer oder nicht mehr vorhanden. Vf. empfiehlt auf der Grundlage der erzielten Ergebnisse die Düngung von Hanf mit Na-haltigen Düngemitteln.

V. Koepke. 660.

Larsen, Asger. Forsøg med natriumgødskning af spidhør. **(Düngungsversuche mit Natrium zu Spinnlein.)** Tidsskr. Planteavl **66** (1962) Nr. 2. 336 bis 352. – 5 Tab., 11 Lit.

1956–1960 wurde vom Staatl. Dänischen Forschungsinstitut für Pflanzenkultur auf den Forschungsstationen Lyngby, Aarslev, Ødum und Rønhave eine Serie von 20 Düngungsversuchen zu Spinnlein durchgeführt. Die Versuche erfolgten nach folgendem Plan: 1. Grunddüngung (PK), 2. Grunddüngung + 150 kg/ha $Ca(NO_3)_2$, 3. Grunddüngung + 150 kg/ha $NaNO_3$, 4. Grunddüngung + 150 kg/ha $Ca(NO_3)_2$ + 150 kg/ha Na_2SO_4. 2. und 4. brachten keine gesicherten Differenzen in den Erträgen. Nur 3. zeigte eine Ertragssteigerung an entsamtem Stroh, gestutztem Lein und gestutztem Werg. Dieser positive Effekt wird dem Na zugeschrieben. Daß diese Wirkung bei 4. nicht feststellbar war, wird auf das SO_4 zurückgeführt. Eine ertragsvermindernde Wirkung des Ca bei 2. und 4. wird nicht für wahrscheinlich gehalten.

G. Loßner. 660.

Kick, H.; Bonn, Univ., Agriculturchem. Inst. **Gedanken zur Spurenelementversorgung der Kulturpflanzen.** Landwirtsch. Forsch., Sonderh. Nr. **16** (1962) S. 1–17. – 4 Tab., 28 Lit.

Neben einer Abgrenzung und Definition des Begriffes Spurenelemente in pflanzenphysiol. Hinsicht wird der heutige Stand der Spurenelementforschung auf dem Gebiet der Pflanzenernährung eingehend dargestellt.

Dabei wird auf die allg. Bedeutung der Spurenelemente als Pflanzennährstoffe, Spurenelementmangel und -überschuß im Boden, Auftreten, Ursachen und Symptome von Spurenelementmangel bei Kulturpflanzen und auf die Kennzeichnung des Versorgungszustandes der Böden mit Spurenelementen bes. eingegangen. Ferner werden Möglichkeiten der Spurenelementdüngung (Boden- und Blattdüngung, Saatgutbehandlung), Düngungsmethoden und der Gehalt von Düngemitteln an Spurenelementen angegeben.
O. Knabe. 665.

Enzmann, Josef; Leipzig. **Der Einfluß von Bor, Mangan und Kupfer auf Wasserabgabe und Ertrag von Pflanzen.** Wiss. Z. Karl-Marx-Univ. Leipzig, math.-naturwiss. R. **11.** (1962) Nr. 3. S. 471–535. — 50 Abb., 28 Tab., 176 Lit.
Unter Verwendung von Hohenbockaer Quarzsand und verschiedenen Mineral- und Humusböden als Nährsubstrat wurde der Einfluß von B, Mn und Cu auf die Anwelktranspiration von Zuckerrüben, Hafer, Gerste, Lein, Senf und Kartoffeln untersucht. Die Bestimmung der Anwelktranspiration erfolgte unter konstanten und definierten Bedingungen und Benutzung einer Spezialtranspirationswaage. Durch B wurde die rel. Wasserabgabe der Pflanzen, bes. bei Z-Rüben, stark beeinflußt, sie war im Düngungsoptimum am geringsten. B-Mangel und -Überschuß führten zu einem Anstieg der Werte. Steigende B-Mengen riefen auf leichten Böden eine Erhöhung, auf schweren Böden eine Einschränkung der rel. Wasserabgabe hervor. Unter gleichen Bodenverhältnissen wurde durch B-Düngung bei Gerste die rel. Wasserabgabe erhöht, hingegen bei Z-Rüben gesenkt. Bei geringer Bodenfeuchtigkeit hatten Z-Rübenpflanzen ein höheres B-Düngebedürfnis als bei ausreichender Wasserzufuhr. Durch CaO-Gaben wurde die toxische Wirkung hoher B-Mengen herabgesetzt, bereits vorhandener B-Bedarf erhöht. Z-Rübenpflanzen hatten in einem Mg-reichen Substrat ein geringes B-Düngebedürfnis. Durch steigende B-Düngung wurde der B-Gehalt in Rübenblättern erhöht, der Rohproteingehalt in Rübenkörpern und -blättern gesenkt. Geringe Mn- bzw. $CuSO_4$-Gaben führten bei Hafer zu einer Einschränkung, höhere zu einer erheblichen Steigerung der rel. Wasserabgabe. Auf Mangelböden (Niedermoor) führten erst höhere Gaben zu einer Transpirationseinschränkung. Hohe Mn-Gaben verursachten bei Hafer Cu-Mangel und hohe Cu-Gaben Mn-Mangel. Bei Trockenheit und hohen CaO-Gaben wurde durch die rel. Wasserabgabe des Hafers ein höheres Mn- und Cu-Düngebedürfnis angezeigt als bei ausreichender Wasserversorgung und ohne CaO. Das Mn- bzw. Cu-Düngebedürfnis des Hafers auf verschiedenen Böden konnte durch die Anwelktranspiration mit Haferpflanzen im Vierblattstadium ermittelt werden. Verschiedene So-Gersten- und Hafersorten zeigten bei steigenden B-, Mn- bzw. Cu-Gaben ein unterschiedliches transpiratorisches Verhalten. Vf. folgert, daß mit Hilfe der Anwelkmethode das Wirkungsoptimum der untersuchten Mikronährstoffe ermittelt werden kann. O. Knabe. 665.

Henkens, Ch. H.; Groningen, Inst. voor Bodemvruchtbaarheid. **Manganmangel und dessen Beseitigung.** Landwirtsch. Forsch., Sonderh. Nr. **16** (1962) S. 66–71. — 3 Abb., 3 Tab., 6 Lit.
Es wurden Untersuchungen über die Beseitigung von Mn-Mangel auf Böden mit hohem pH-Wert ($CaCO_3$-haltige Ton- und Tonsandböden) durch Spritzung mit $MnSO_4$ durchgeführt. In Voruntersuchungen mit ^{54}Mn ergab sich, daß blattgespritztes Mn leicht in apikaler, aber nicht in basaler Richtung transportiert wird und nach der Spritzung gebildete Blätter mit diesem Mn nicht versorgt werden. Eine prophylaktische Spritzung hat daher keine Bedeutung für eine geregelte Mn-Versorgung der Pflanzen. In Mangelgebieten sind deshalb wiederholte Spritzungen während der Vegetationszeit notwendig. In Feldversuchen konnten durch wiederholte Blattspritzungen Ertragserhöhungen und die Beseitigung von Mangelerscheinungen bei Weizen, Rüben und Erbsen

beobachtet werden. Starkes Auftreten von Braunherzigkeit bei Erbsen konnte durch eine Mn-Spritzung z. Z. der vollen Blüte und am Ende der Blüte behoben werden. O. Knabe. 665.

Parker, Don T.; Ames, Iowa, US. Dep. of Agric. Influence of mulching on the manganese content of corn plant tissue. **(Einfluß des Mulchens auf den Mangangehalt von Maispflanzengewebe.)** Agronomy J. **54** (1962) Nr. 4. S. 303–305. – 5 Tab., 22 Lit.

Der Mn-Gehalt von Maiskeimlingen war auf gemulchten Böden geringer als auf unbedeckten. Deutlicher Mn-Mangel wurde nicht beobachtet, jedoch trat auf den gemulchten Böden in den jungen Maispflanzen als Folge von Mn-Mangel eine Hemmung der Photosynthese nud eine Anhäufung von freiem α-Amino-N ein. In Böden mit niedrigem Gehalt an verfügbarem Mn kann die Mn-Ernährung von Mais durch Mulchen kritisch beeinflußt werden. O. Knabe. 665.

Drouineau, G. und Mazoyer, Rose; Antibes, Alpes-Maritimes, Centre de Rech. Agronomie de Provence, Stat. d' Agronomie et de Physiol. Végétale. Contribution à l'étude de la toxicité du cuivre dans les sols. **(Beitrag zum Studium der Toxizität des Kupfers in den Böden.)** Ann. agronom. **13** (1962) Nr. 1. S. 31–53. – 12 Abb., 7 Tab., 33 Lit. Zus. in Russ., Engl., Dtsch.

In Frankreich hat der Cu-Gehalt der Böden in Weinbergen und Obstgärten während der letzten 10 Jahre durch Spritzen mit Cu-haltigen Schädlingsbekämpfungsmitteln erheblich zugenommen. Das am Sorptionskomplex befindliche Cu^{++}, das durch Ammoniumacetat extrahierbar ist, kann für die Beurteilung von Schädigungen herangezogen werden. Für alle in Gefäßversuchen untersuchten Pflanzen – Lupinen, Mais, Bohne, Tomaten – nahm die toxische Wirkung des Cu mit abnehmendem pH zu, wenn auch die einzelnen Pflanzenarten in ihrer Cu-Empfindlichkeit bei gleichem Boden und pH unterschiedlich sind. Mit dieser Einschränkung kann Toxizität angenommen werden, wenn 100 ppm Cu bei pH $\lessapprox$ 6 bzw. 50 ppm bei pH $<$ 5 vorhanden sind: Wachstumshemmung, Zerstörung des Wurzelsystems. Spezifische Cu-Toxizitätssymptome für oberirdische Pflanzenteile gibt es nicht. Wenn der Gehalt des Bodens an austauschbarem Cu 200 ppm nicht überschreitet, kann dessen toxische Wirkung durch Kalkung und Anwendung physiol. alkalischer Dünger beseitigt werden. W. Schulze. 665.

Naik, M. S. und Asana, R. D.; New Delhi, Indian Agric. Res. Inst., Bot. Div. Effect of zinc deficiency on the synthesis of protein, mineral uptake and ribonuclease activity in the cotton plant. **(Wirkung des Zinkmangels auf Proteinsynthese, Mineralstoffaufnahme und Ribonukleaseaktivität in der Baumwollpflanze.)** Indian J. Plant Physiol. **4** (1961) Nr. 2. S. 103–111. – 5 Tab., 17 Lit.

Zn-Mangel bei Baumwollpflanzen in Wasserkultur setzt die Blattproduktion, Internodienlänge, Pflanzenhöhe und Proteinsynthese herab. Die Versuche wurden in Gefäßen durchgeführt; als Nährsubstrat diente die Lösung nach Hewitt. Außerdem wurde Ferriammoniumacetat zugesetzt, da sonst Chloroseerscheinungen auftraten. Bei Zn-Mangel war das Trockengewicht aller Pflanzenteile stark reduziert. Ebenso wurde eine beträchtliche Verringerung der Protein-N-Konz. in den Blättern und Stengeln festgestellt. In den Blättern wurde eine starke Anhäufung von Asparaginsäure, in den Stengeln eine solche von Glutaminsäure gefunden. Die N-Bestandteile der Wurzel wurden von Veränderungen kaum betroffen. Des weiteren war bei Zn-Mangel die Aufnahme von N, Mineralstoffen, Cu und Zn zwischen 28 und 52 Tagen verhältnismäßig gering, die von P fast gänzlich gehemmt und die von Mn etwas erhöht. Zwar zeigten alle Teile der Baumwollpflanzen Ribonukleaseaktivität, eine durch Zn-Mangel gesteigerte Aktivität konnte jedoch ausschließlich in den Blättern beobachtet werden. G. Loßner. 665.

Brown, J. C. und Tiffin, L. O.; Beltsville, Soil and Water Conserv. Res. Div., A. R. S., U. S. Dep. of Agric. Zinc deficiency and iron chlorosis dependent on the plant species and nutrient-element balance in Tulare clay. **(Zinkmangel und Eisenchlorose in Abhängigkeit von Pflanzenart und Nährstoffgleichgewicht in Tulare Lehm.)** Agronomy J. 54 (1962) Nr. 4. S. 356–358. – 5 Abb., 2 Tab., 12 Lit.

In Gefäßversuchen mit 14 verschiedenen Pflanzenarten wurde das Auftreten von Zn- und Fe-Mangel auf Tulare Lehm untersucht. Bohnen, *Hibiscus esculentus*, Tomaten, Dill, Baumwolle und Mais zeigten Zn-Mangelsymptome, bedingt durch das geringe Zn-Aufnahmevermögen dieser Pflanzen. Fe-Chlorose wurde an 'PI-54619-5-1'-Sojabohnen und *Lespedeza cuneata* auch bei Zn-Zufuhr beobachtet. Zn-Gaben induzierten in Mais und Hirse Fe-Chlorose. Durch steigende P-Gaben wurden der Zn-Mangel und die Fe-Chlorose verstärkt. Vff. weisen auf die Beziehungen zwischen dem Nährstoffgleichgewicht und der Ertragsfähigkeit des Tulare Lehm hin.

O. Knabe. 665.

Simons, John N., Swidler, Ronald und Benedict, Harris M.; Pasadena, A. R. C., Stanford Res. Inst. Absorption of chelated iron by soybean roots in nutrient solutions. **(Absorption von chelatisiertem Eisen durch Sojabohnenwurzeln in Nährlösungen.)** Plant Physiol. **37** (1962) Nr. 4. S. 460–466. – 1 Abb., 4 Tab., 7 Lit.

Die Untersuchungen wurden mit intakten 'PI-54619-5-1'-Sojabohnenpflanzen und 6 verschiedenen Fe-Chelaten mit unterschiedlichen Stabilitätskonstanten in Nährlösungen durchgeführt. EHPG wurde nur dann durch die Wurzeln aufgenommen, wenn seine Konz. die des Fe in der Nährlösung überstieg. Die Pflanzen zeigten schwere Chlorose, wenn in der Nährlösung geringe EHPG-Mengen ohne Fe oder große Überschüsse an EHPG, CHDTA oder DTPA gegenüber Fe vorhanden waren. Es wird angenommen, daß die aufgenommenen Chelatbildner das in der Pflanze befindliche Fe chelatisieren und zur Chlorose führen. Durch Bespritzen der Blätter mit $FeSO_4$ konnte diese Chlorose beseitigt werden. Die Versuche deuten darauf hin, daß die natürlichen Chelate in den Sojabohnen erfolgreich mit den synthetischen Chelaten um das Fe konkurrieren können, wenn diese Stabilitätskonstanten $< 10^{25}$ haben wie FeNTA, FeHEEDTA oder FeEDTA, jedoch nicht mit FeDTPA, FeCHDTA oder FeEHPG, die eine Stabilitätskonstante $> 10^{28}$ haben. Das EHPG aus FeEHPG kann daher nicht in die Pflanzenwurzeln aufgenommen werden, weil die Chelatbindung so stark ist, daß die Pflanze das FeEHPG-Molekül nicht spalten kann. Die Aufnahmerate der Chelatbildner ist langsamer als die des Fe durch Fe-Mangelpflanzen.

O. Knabe. 665.

Jung, J.; Ludwigshafen/Rhein, Landwirtsch. Versuchsstat. Limburgerhof der BASF. **Die Eisenversorgung der Pflanzen mit Chelaten.** Landwirtsch. Forsch., Sonderh. Nr. **16** (1962) S. 84–92. – 4 Abb., 4 Tab., 18 Lit.

Einleitend wird der chem. Aufbau verschiedener Fe-Komplexbildner (Chelate), die in neuester Zeit in der Pflanzenernährung zur Verhütung und Heilung von Fe-Chlorose eingesetzt werden, beschrieben. In eigenen Wasserkulturversuchen mit Mais (pH 8) erwiesen sich die Fe-Chelate im Vergleich zu Mohr'schem Salz als sehr gute Fe-Quellen, deren Wirkung durch variierten pH-Wert oder P-Gehalt nicht verändert wird. Anhand von Literaturhinweisen wird die Verwendung von Fe-Chelaten im Garten- und Obstbau beschrieben und darauf hingewiesen, daß auf tonreichen und kalkhaltigen Böden die Anwendung zyklischer Fe-Chelate wegen ihrer höheren Stabilität vorteilhaft ist.

O. Knabe. 665.

Branton, Daniel und Jacobson, Louis; Berkeley, Univ. of California, Dep. of Soils and Plant Nutrit., Coll. of Agric. Iron transport in pea plants.

(Eisentransport in Erbsenpflanzen.) Plant Physiol. **37** (1962) Nr. 4. S. 539 bis 545. — 1 Abb., 4 Tab., 38 Lit.

Der Fe-Transport in intakten, 9 Tage alten Erbsenpflanzen in Nährlösungen wurde bei unterschiedlicher Transpiration, Stoffwechselhemmung und Fe-Konz. unter Verwendung von ^{59}Fe untersucht. Erbsenpflanzen, die in Fe-freien Lösungen angezogen und dann in Fe-haltige Lösungen überführt wurden, verlagerten weniger Fe in den Sproß als Pflanzen, die in Fe-haltigen Lösungen angezogen wurden. In einigen Versuchen wurden Pflanzen verwendet, von denen 24 Std. vor Versuchsbeginn die äußeren Gewebe der Wurzeln durch Abziehen entfernt worden waren. Ein Vergleich dieser Pflanzen mit normalen zeigte, daß der Fe-Transport weitgehend von der Stoffwechselaktivität der Wurzelzellen abhängig ist. Durch DNT wurde die Fe-Verlagerung in normalen Pflanzen gehemmt, in wurzelbehandelten Pflanzen war kein Einfluß festzustellen. Die Fe-Konz. der Nährlösung hatte keinen Einfluß auf den Fe-Transport. O. Knabe. 665.

Branton, Daniel und Jacobson, Louis; Berkeley, Univ. of California, Dep. of Soils and Plant Nutrit., Coll. of Agric. Iron localization in pea plants. **(Eisenlokalisation in Erbsenpflanzen.)** Plant Physiol. **37** (1962) Nr. 4. S. 546–551. — 6 Abb., 23 Lit.

Durch makro- und mikroautoradiographische Verfahren wurde die Anfangsverteilung von lösl. und unlösl. Fe in nichtchlorotischen Pflanzen untersucht. Wurzeln, die in Lösungen mit 0,5 ppm Fe gestellt wurden, waren sofort mit Fe-Partikeln bedeckt. Pflanzen, die in Lösungen unter Fe-Mangel aufwuchsen, speicherten aus Fe-Lösungen das Fe in den Parenchymzellen der Wurzeln und überführten weniger Fe in den Transpirationsstrom als Pflanzen, die immer ausreichend Fe zur Verfügung hatten. Durch DNP wurde die Fe-Absorption gehemmt. In Blättern wurde der größte Teil des eintretenden Fe im Phloem und Randparenchym der Gefäßbündel angesammelt. Es lagen keine Anzeichen für eine Ablagerung und Festlegung des Fe im Xylem vor. Die schnelle Fe-Absorption in den Wurzeln und Gefäßbündelgeweben wird als eine normale Erscheinung gedeutet. O. Knabe. 665.

Waisel, Yoav; Groningen, Univ., Dep. of Plant Physiol. The absorption of Li and Ca by barley roots. **(Die Absorption von Li und Ca durch Gerstenwurzeln.)** Acta bot. neerl. **11** (1962) Nr. 1. S. 56–68. — 10 Abb., 2 Tab., 14 Lit.

Der Einfluß von Ca auf die Li-Aufnahme wurde an abgeschnittenen Gerstenwurzeln untersucht. Die Li-Absorption wurde durch Ca und Sr infolge Ionenkonkurrenz und durch Mg gehemmt. Die Hypothese, daß die Li-Absorption durch Ca-bedingte Ionenschranken gehemmt wird, wurde nicht bestätigt. Die Li-Absorption wurde durch Temperaturerhöhung von 20 auf 30 °C auf das 2,3–2,5fache erhöht, gleichgültig, ob Ca-Ionen vorhanden waren oder nicht. Bei 0 °C wurde nach einer schnellen Anfangsaufnahme die Li-Absorption verlangsamt. Nach dem Baden der Wurzeln in Wasser von 30 °C konnte bei 0 °C wiederum eine schnelle Aufnahme beobachtet werden. Die Höhe der Li-Aufnahme bei 30 °C wurde nicht durch die bei 0 °C aufgenommene Li-Menge beeinflußt. O. Knabe. 665.

Ichikawa, Ryushi, Eto, Masako und Abe, Michiko; Chiba City, Nat. Inst. of Radiol. Sci. Strontium-90 and cesium-137 absorbed by rice plants in Japan, 1960. **(^{90}Strontium- und ^{137}Cäsiumabsorption durch Reispflanzen in Japan, 1960.)** Science [Washington] **135** (1962) Nr. 3508. S. 1072. — 2 Tab., 5 Lit.

In der Periode vom Ährenschieben bis zur Ernte wurden Reispflanzen mit Polyäthylenplatten bedeckt und nach der Ernte der ^{90}Sr- und ^{137}Cs-Gehalt in diesen und in frei aufgewachsenen Pflanzen bestimmt. Etwa 40% des ^{90}Sr-Gehaltes von polierten Reiskörnern wurde aus den radioaktiven Niederschlägen der Luft, etwa 60% aus dem Boden aufgenommen. Der ^{90}Sr-Gehalt der Reiskleie und -ähren ist in freigewachsenen Pflanzen bes. hoch. Etwa 20% des ^{137}Cs-Gehaltes der Reispflanzen wurden zwischen Ährenschieben und Ernte aus radioaktiven Niederschlägen aufgenommen. O. Knabe. 665.

Olson jun., Theodore A.; Minneapolis, Gen. Mills, Centr. Res. Lab. Strontium-90 in the 1959 United States wheat crop. **(^{90}Strontium in der Weizenernte der Vereinigten Staaten, 1959.)** Science [Washington] **135** (1962) Nr. 3508. S. 1064. – 1 Tab., 2 Lit.
88 Weizenproben aus 18 Staaten wurden auf ihren ^{90}Sr-Gehalt untersucht. Die Werte schwankten von 4,7–132 pc/kg. Die höchsten Werte wurden in den südlichen Zentralstaaten, sehr geringe Werte in den Weststaaten gefunden. Differenzen zwischen diesen Werten und Untersuchungsergebnissen anderer Autoren aus dem Jahre 1958 werden auf die jährlich unterschiedlichen Niederschlagsmengen zurückgeführt. O. Knabe. 665.

Fleming, G. A.; Wexford, Agric. Inst. Selenium in Irish soils and plants. **(Selen in irischen Böden und Pflanzen.)** Soil Sci. **94** (1962) Nr. 1. S. 28–35. – 1 Abb., 7 Tab., 22 Lit.
In 3 irischen Gebieten ist der Se-Gehalt der Pflanzen so hoch, daß bei den Tieren Toxizitätserscheinungen auftreten. Diese Gebiete sind meistens tiefliegend und ungenügend entwässert. Der Boden hat einen hohen Gehalt an unzersetzter org. Masse, der Se-Gehalt liegt in der Krume über 15 ppm und schwankt bis 1200 ppm in einem Profil in einer Tiefe von 6–12 in. In Gebieten ohne Toxizitätserscheinungen schwankt der Se-Gehalt im Boden von 0,4–9,2 ppm. Der Se-Gehalt im Pflanzenmaterial der Toxizitätsgebiete liegt über 7 ppm. In Gefäßversuchen wurde die Se-, Mo- und S-Aufnahme aus Böden mit einem Gehalt von 161 ppm Se durch verschiedene Pflanzenarten untersucht. In Gramineen wurde der geringste (28–40 ppm), in Cruziferen der höchste Se-Gehalt (145–409 ppm) festgestellt. Der Mo- und S-Gehalt war in Leguminosen bes. hoch und betrug im Weißklee 400 ppm Mo und 4900 ppm S. O. Knabe. 665.

Garber, K.; Hamburg, Staatsinst. für Angew. Bot. **Pflanze und Fluor.** Qualitas Plantarum Mater. vegetabiles [Den Haag] **9** (1962) Nr. 1. S. 33–44. – 5 Tab., 11 Lit. Zus. in Engl., Franz.
Literaturangaben zum F-Problem werden diskutiert. Der Gesamt-F-Gehalt im Boden unterliegt großen Schwankungen, beträgt im Mittel etwa 300 ppm. Der lösl. F-Anteil ist in tonreichen Böden am höchsten. Der F-Gehalt in Getreidekörnern und Kartoffeln schwankt um 1 ppm, in Getreidestroh um 10 ppm, in Gemüse von 1,5 bis 5,0 ppm, in Gewürzkräutern um 10 ppm und in Spinat von 0,94–21,8 ppm. In Teeblättern wurden 178 ppm F gefunden. Teeaufgüsse sind eine gute F-Quelle für den menschlichen Körper, da 60–80% des F durch H_2O aus den Blättern gelöst werden. Durch Düngung mit F-haltigen Düngemitteln (bes. P-haltigen) ist eine Erhöhung des F-Gehaltes in den Pflanzen möglich. Zufuhr hoher F-Mengen (Düngung oder Industrieabgase) kann zu Pflanzenschädigungen führen. Bes. empfindlich sind Gladiolen, Tulpen, Weinreben, Hainbuchen, Schwertlilien, Knaulgras und Hirse. O. Knabe. 665.

Mazoyer, Rose; Antibes, Stat. d'Agronomie et de Physiol. Végétale, Centre de Rech. Agronom. de Provence. Emploi des résines anioniques en chimie analytique agricole. Applikation au dosage du zinc. **(Verwendung von Anionenaustauschern in der analytischen Agrikulturchemie. Anwendung bei der Bestimmung des Zinks.)** Ann. agronom. **12** (1961) Nr. 6. S. 609–617. – 1 Tab., 16 Lit. Zus. in Russ., Engl., Dtsch.
Nach Veraschen des biol. Materials (1–2 g) bei 450–500 °C werden 5 ml 2 mol. HCl zugefügt und ein aliquoter Teil der Lösung (bis 40 μg Zn) direkt

auf einen Anionenaustauscher – 1,5-2 g Dowex 1×8, 50–100 mesh, Höhe der Säule 8–9 cm – gegeben. Mit 2 ml mol. HCl wird gewaschen und mit 20 ml KCl werden störende Ionen entfernt, anschließend kann Zn mit 20 ml 0,1n $NaNO_3$ in einen 50-ml-Meßkolben durchgewaschen werden. Nach Zugabe von 5 ml Zincon-Reagens (2-Carboxy-2'-hydroxy-5'-sulfoformazyl-benzol) entsteht eine gefärbte Komplexverbindung, die bei 6200 Å colorimetrisch bestimmt wird. Bei den Analysen muß sorgfältig auf Reinheit der Gefäße und Reagenzien geachtet werden. An Jasminblättern wurde der Zn-Gehalt – 25 μg/g Trockengewicht – mit einem Variationskoeffizienten von 5,5% bestimmt. W. Schulze. 667.

Bussler, W.; Berlin, TU, Inst. für Pflanzenernähr., Bodenchem. und Bodenbiol. **Ein Nachweis von Ca-Ionen in Pflanzenzellen.** Z. Pflanzenernähr., Düng., Bodenkunde **97(142)** (1962) Nr. 1. S. 52–58. – 1 Abb., 2 Tab., 8 Lit. Zum schnellen visuellen Nachweis von Ca^{2+} im Pflanzengewebe werden 0,264 g Pikrolonsäure mit 100 ml aqua dest. 5 Min. bei 50 °C erwärmt und über Nacht stehengelassen. Nach Filtration wird die Lösung mit 0,1 n NaOH gegen Phenolphthalein neutralisiert. Die mikroskopischen Schnitte werden mit einem Tropfen dieser Lösung versetzt und nach 5 Min. bei 100 bis 300facher Vergrößerung in der ganzen Tiefe des Präparates untersucht. Die Menge der im Präparat ausfallenden Ca-Pikrolonat-Kristalle zeigt, ob die untersuchte Pflanze gut oder schlecht mit Ca versorgt ist. Der Ausfall dieses Ca-Testes kann schon vor dem Auftreten von Mangelsymptomen Aufschluß über die Ca-Versorgung der Pflanze geben. P. Stoß. 667.

C. Düngemittel, ihre Gewinnung und Anwendung

Vojnova-Rajkova, Ž. und Bakalivanov, D. (Wojnowa-Rajkowa, Sh. und Bakaliwanow, D.) Opiti za biologično aktivizirane na organo-mineralnite smeski. **(Versuche zur biologischen Aktivierung von organisch-mineralischen Düngergemischen.)** Izvestija na Centralnija naučnoizsledovatelski institut po počvoznanie i agrotechnika „Nikola Puškarov", Sofija **2** (1962) S. 39–56. – 18 Abb., 7 Tab., 6 Lit. Zus. in Russ., Dtsch.

Es wurde die biol. Aktivität der unter Laborbedingungen hergestellten org.-mineral. Düngergemische untersucht. Die Gemische bestanden aus Stalldung, 1% Ammonsalpeter, 2% Superphosphat, Calciumcarbonat und Kaliumsulfat (je 1%). Diesem Düngergemisch wurden noch 5–10% feingehäckseltes Stroh zugesetzt. Andere Versuchsvarianten bestanden nur aus Stalldung und Stroh, Stroh und Mineralstoffen u. a. Die Kompostierung erfolgte unter anaeroben Bedingungen. Die größte Zunahme der Mikroorganismen wurde bei der Variante mit dem gut verrotteten Stalldung + Mineraldüngern + 5% Strohzusatz beobachtet. 2 Mon. nach der Kompostierung lag die Menge der Mikroorganismen am höchsten, nach dem 3. Mon. sank sie schroff ab. Die Gemische, denen auch Stroh zugemengt wurde, wiesen eine höhere Ammoniakmenge auf. Die aus frischem Stallmist und Stroh bestehenden Gemische zeigten eine schwache biol. Aktivität. Als das aussichtsreichste erwies sich das Gemisch aus 300 kg gut verrottetem Stalldung + 25 kg Superphosphat + 4,5 kg Ammonsalpeter + 15 kg gehäckseltem Stroh, das 1 Mon. lang unter anaeroben Bedingungen kompostiert wurde (für eine Fläche von 0,1 ha). Sowohl Gefäß- als auch Feldversuche zeigten, daß erwähntes Düngergemisch die Weizenerträge auf Smonitza-Böden um 52% und die Sonnenblumenerträge auf Bleicherden um 42% steigerte. Diese Düngung bewirkte außerdem eine die Pflanzenernährung sehr günstig beeinflussende Veränderung in der Rhizosphären-Mikroflora. M. Stoilow. 671 a.

Vaňha, Bedřich; Havlíčkův Brod, Výzkumný Ústav Bramborářský, Valečov, Pracoviště. Odbobí zapravení draselné soli a superfosfátu do půdy k bramborům. **(Zeitpunkt des Einpflügens von Kalisalz und Superphosphat**

zu Kartoffeln.) Sborník českoslov. Akad. zemědělských Věd, rostlinná Výroba **8(35)** (1962) Nr. 1. S. 45–62. – 2 Tab., 6 Lit. Zus. in Russ., Dtsch.
1958–60 wurden insgesamt 16 Versuche durchgeführt, um das Einpflügen von Mineraldüngern zu Kartoffeln zu prüfen. Als Düngemittel wurden Kalisalz, Superphosphat, Ammoniumsulfat und Lovosice-Salpeter verwendet, und die ganze Versuchsfläche wurde mit einer Gabe von 250 dt/ha Stalldung gedüngt. Das Einpflügen beeinflußte die Erträge und die Qualität bes. auf Böden, deren Nährstoffverhältnis vom optimalen abweicht. Für optimal hält Vf. 1 N nach Pázler; 1,34 P_2O_5 nach Egnér; 1,71 K_2O nach Schachtschabel. Neben dem Nährstoffverhältnis im Boden war auch die Bodenart für die Wirksamkeit der Düngemittel von entscheidender Bedeutung. Für Böden mit zu sandiger und kieshaltiger Unterkrume, deren K-Ionensorption schwach ist, eignete sich das Herbsteinpflügen von Kalisalz nicht. Das oberflächig eingebrachte Kalisalz steigerte die Wasseraufnahme der Pflanze und das Cl-Anion hemmte die Aufnahme des H_2PO_4-Anions durch die Pflanze, und zwar umso mehr, je später das Kalisalz angewandt wurde. Das zu gleicher Zeit erfolgte Einpflügen von Kalisalz, Superphosphat und Stalldung steigerte die Aufnahme von H_2PO_4- und K-Ionen. Gleichzeitiges Streuen von Kalisalz, Superphosphat und Ammoniumsulfat vor der Saat eignete sich nur für Böden mit rel. P-Überfluß; in den meisten Fällen empfiehlt sich das Herbsteinpflügen von 18 kg P_2O_5 + 28 kg K_2O je 100 dt Stalldung.
P. Bartoš. 671 a.

Vidal, P., Bono, M. und Fauché, J.; Paris, Inst. de Rech. Agronom. Trop. et de Cult. Vivrières CRA Bambey. Influence des fumures organiques et minérales sur la production des sorghos et la qualité des récoltes. **(Einfluß der organischen und mineralischen Düngung auf die Hirse-Produktion und die Erntequalität.)** Agronom. trop. **17** (1962) Nr. 6. S. 383–388. – 2 Abb., 3 Tab., 3 Lit. Zus. in Engl., Span.
1959 wurden unter Feldbedingungen (randomisierte Blockanlage nach Fisher, Parzellengröße 21 m²) folgende Düngerkombinationen untersucht: 1. Kontrolle (ohne Düngung); 2. 10 t/ha Stalldung zur Saat; 3. 150 kg/ha 14-7-7 Mineraldüngung zur Saat; 4. die gleiche Mineraldüngung in 75 kg/ha zur Saat und 75 kg/ha zum Ährenschieben unterteilt sowie 5. die gleiche Mineraldüngung, alles z. Z. des Ährenschiebens gegeben. Als Versuchssorte diente 'Congossane', der Pflanzenabstand betrug $1 \times 0{,}50$ m. – Setzt man den Kornertrag von 1. mit 573 kg/ha = 100%, so ergaben 2. 216%, 3. 150% und 4. 142%. Ungünstig wirkte 5., da der Ertrag unter dem der Kontrolle lag (94%). Durch die Mineraldüngung wurde der Proteingehalt um rd. 0,5 bis 0,8% gesenkt. Eine Beeinträchtigung der Glasigkeit der Körner ergab sich daraus nicht. In der Reihenfolge der 5 Düngekombinationen erbrachte der Kornertrag folgende Proteinmengen in kg/ha: 63,0; 120,7; 82,9; 80,7; und 59,6.
P. Schäfer. 671 a.

Ansorge, H.; Berlin, Dtsch. Akad. der Landwirtsch.-Wiss., Sekt. 10, Landwirtsch. Versuchs- und Untersuchungswes. **Untersuchungen über den Zeitpunkt der Düngung mit Phosphorsäure und Kali.** Z. landwirtsch. Versuchs- u. Untersuchungswes. 8 (1962) Nr. 3. S. 234–240. – 5 Tab.
1956–60 wurden 86 Feldversuche an verschiedenen Orten der DDR angelegt, um die Beeinflussung der Ausbringung der PK-Düngemittel im Spätsommer bzw. Herbst – PK-Gabe wurde mit der Winterfurche untergepflügt – mit der im Frühjahr zu vergleichen. Als Testpflanzen dienten Kartoffeln, Rüben und Getreide. Beim Vergleich aller Versuche konnten im Mittel, außer auf den leichtesten Sandböden, keine Ertragsunterschiede zwischen der Herbst- und Frühjahrsdüngung festgestellt werden. Keine größeren Unterschiede wurden ebenfalls beim Vergleich beider Ausbringungsverfahren auf Böden mit unterschiedlicher PK-Versorgung beobachtet. Auf Grund der

Untersuchungsergebnisse wird aus arbeitswirtsch. Erwägungen die PK-Düngung – außer auf den leichtesten Böden – zur Winterfurche empfohlen. Die Auswaschung der schädlichen Cl-Anteile während der Wintermonate wirkt sich bes. günstig auf den Kartoffelanbau aus, da durch verminderten Cl-Anteil im Boden der Stärkegehalt der Kartoffeln erhöht wird.
H. Masche. 671 b.

Lantican, Ricardo M. und Soriano, Pedrito M. The response of sweet potato to different fertilizer treatments. **(Die Reaktion von Bataten auf verschiedene Düngungsmaßnahmen.)** Philippine Agriculturist **45** (1961) Nr. 5. S. 258–263. – 2 Tab., 11 Lit.
Um die spezifischen und kombinierten Wirkungen von N, P, K und Spurenelementen auf den Ertrag von Bataten auf einem lehmigen bis tonigen Lipa-Boden (Philippinen) zu ermitteln, wurden sowohl in trockenen als auch in feuchten Jahreszeiten Versuchsparzellen angepflanzt. Statistisch signifikante Ertragszunahmen bei den Wurzeln als Folge von N-Zufuhr wurden nur bei N-Raten zw. 0 und 100 kg/ha festgestellt. Bei P_2O_5 führten 90 kg/ha zu beständig niedrigeren Erträgen im Vergleich zu solchen Behandlungen, die kein mineral. Element enthielten. Bei K_2O-Gaben in Höhe von gleichfalls 90 kg/ha traten signifikant höhere Erträge dann auf, wenn in dieser Behandlung kein N enthalten war; nach Erhöhung auf 180 kg/ha K_2O hielt die Ertragssteigerung an. Eine deutlich positive Reaktion ergab sich auch bei den Spurenelementen B, Zn, Mo und Cu. W. Fleischmann. 671 b.

Barat, G. K. und Das, N. B.; New Delhi, Indian Agric. Res. Inst. Soil and foliar application of urea and superphosphate. **(Boden- und Blattapplikation von Harnstoff und Superphosphat.)** Indian J. agric. Sci. **32** (1962) Nr. 1. S. 25–34. – 7 Tab., 18 Lit.
Die Wirksamkeit der Blattapplikation von Harnstoff und Superphosphat (($\sim$ 11 und $\sim$ 22 lb. N/acre $\sim$ 5 lb. und $\sim$ 10 lb. P/acre) wurde mit der gleicher Düngemittelgaben zum Boden in Gefäßversuchen mit Mais verglichen, wobei als Kriterien die Aufnahme von N, P und K sowie die Produktion an Tr.-Subst. dienten. Die N- und P-Aufnahme aus Sprays war größer als bei Einbringung der Düngemittel in den Boden. Dabei vergrößerten P-Sprays den N-Gehalt und N-Sprays verringerten den P- und K-Gehalt der Pflanzen. P-Düngung des Bodens erhöhte nur bei größeren Gaben die K-Absorption. N-Düngung hatte unabhängig von Art und Menge der Zugabe die Steigerung der Produktion an Tr.-Subst. zur Folge, während bei P-Düngung nur durch Einbringung der geringeren Menge in den Boden höhere Erträge erhalten wurden. Die Ergebnisse zeigen, daß die Blattapplikation von Harnstoff und Superphosphat der Einbringung in den Boden hinsichtlich P- und N-Aufnahme zwar überlegen, jedoch unter den Versuchsbedingungen nicht von größerer Produktion von Tr.-Subst. und größerer K-Aufnahme begleitet war. P. Stoß. 671 b.

Khan, Abdul Azeez. Chemical fertilization of wheat in Peshawar Region. **(Chemische Düngung zu Weizen im Peshawar-Gebiet.)** Agric. Pakistan **12** (1961) Nr. 4. S. 693–700. – 8 Tab.
Um die Notwendigkeit einer Mineraldüngung, bes. mit N und auch teilweise P zu beweisen, wurden zahlreiche Düngungsversuche durchgeführt. Zu klären waren 1. die optimale Höhe von schwefels. Ammoniak, 2. die Wirkung von N, P und K, 3. die N-Wirkung von schwefels. Ammoniak, Ammonsulfatsalpeter und Harnstoff, 4. die Wirkung zweier Mischdünger. Die Versuche auf 2 Versuchsgütern werden ausführlich besprochen. Sie ergaben einen optimalen Ertrag bei 30 lb./acre N. Eine erhöhte Gabe führte durch Lagerung zu Ertragsrückgang. P und K waren in diesen Fällen ohne Einfluß. Auch ein Unterschied in der Wirkung der 3 verschiedenen N-Dünger war nicht festzustellen. Über 100 Feldversuche bei Bauern unter verschiedenen Boden-

und Klimaverhältnissen ergaben bei N ähnliche Ergebnisse und werden nur summarisch besprochen. Bei diesen Versuchen war teilweise eine P-Wirkung festzustellen. Die durchschnittliche Steigerung durch N betrug im Peshawar-Distrikt rund 30%, während sie im Mardan-Distrikt nur 10–20% betrug. W. Lesch. 671 b.

Barthakur, Badan C. und Poehlman, J. M.; Columbia, Univ. of Missouri, Dep. of Field Crops. Response of normal and „uzu" winter barley varieties to fertilizer additions. **(Reaktion von normalen und „uzu"-Wintergerstesorten auf Zugabe von Düngemitteln.)** Agronomy J. **54** (1962) Nr. 4. S. 329 bis 332. – 1 Tab., 9 Lit.
Die Wi-Gerstesorten 'Mo. B-475' und 'C. I. 7439' wurden in ihrem Verhalten auf Zugabe von 300 und 600 lb./acre (12-10-10)-Düngemittel miteinander verglichen. 'C. I. 7439' stammt aus Korea und besitzt das recessive „uzu"-Gen. Die „uzu"-Sorten sollen große Düngemittelgaben sogar unter regnerischen und warmen klimatischen Bedingungen gut ertragen. Die Versuche ergaben, daß 'Mo. B-475' hinsichtlich des Ertrags 'C. I. 7439' bei beiden Varianten der Düngemittelzugabe überlegen war. Das Fehlen einer signifikanten Sorte-Düngemittel-Beziehung deutete darauf hin, daß die beiden Sorten gleichartig auf die Düngemittelgaben reagierten. Das günstige Stroh/Korn-Verhältnis der „uzu"-Sorte (1,46 im Vergleich zu 1,88 von 'Mo. B-475') spricht dafür, produktive „uzu"-Typen zu züchten, wobei bei der Selektion bes. auf hohe Anzahl der Halme und große Korngröße geachtet werden sollte. P. Stoß. 671 b.

Gervais, Paul, Dionne, J. L. und Richardson, W. S.; Lennoxville, Canada Dep. of Agric. Productivity and chemical composition of alfalfa as influenced by varying levels of phosphorus and potassium applications. **(Einfluß variierter Phosphor- und Kalidüngung auf Produktivität und chemische Zusammensetzung von Luzerne.)** Canad. J. Plant Sci. **42** (1962) Nr. 1. S. 1–10. – 1 Abb., 4 Tab., 18 Lit.
In einem Gefäßversuch mit Lehm- und Schwemmsandlehmboden wurden steigende P_2O_5- und K_2O-Gaben 0, 60, 120, 180 und 240 lb./acre einzeln und kombiniert angewandt. Als Versuchspflanze diente Luzerne mit insgesamt 9 Schnitten. Die Düngung erfolgte vor der Saat und jeweils nach 3 Schnitten. Der höchste Ertrag wurde auf dem Lehmboden durch 180 lb./acre P_2O_5, auf dem Schwemmsandlehmboden durch 60 lb./acre P_2O_5 erreicht. Die Wirkung der K-Düngung nahm im Laufe der Vegetation zu, durch steigende Gaben wurde der Ertrag stetig erhöht. Der Ca-Gehalt der Luzerne wurde durch P-Düngung kaum beeinfluß, durch K-Gaben gesenkt. Der P-Gehalt wurde durch P-Düngung erhöht, durch K-Düngung gesenkt; der K-Gehalt wurde durch K-Düngung erhöht und durch P-Düngung gesenkt. O. Knabe. 671 b.

Morris, H. D. und Celecia, Juan F.; Univ. of Georgia, Agronom. Dep. Effect of time of fertilizer application on yield and nutrient uptake of Coastal bermudagrass on Cecil sandy loam. **(Die zeitliche Anwendung von Düngemitteln in ihrer Wirkung auf Ertrag und Nährstoffaufnahme bei Cynodon dactylon auf Cecil sandigem Lehm.)** Agronomy J. **54** (1962) Nr. 4. S. 335–338. – 4 Tab., 12 Lit.
Auf schwach mit P und mäßig mit K versorgtem Boden wurde die Düngewirkung von 200 lb. N und 50–600 lb. P + K zu Reinbeständen von *Cynodon dactylon* in 4jähr. Feldversuchen geprüft, wobei einmalige Gaben mit verteilten Gaben zu verschiedenen Jahreszeiten verglichen wurden. Jährlich wurden 4 Schnitte gewonnen. Die höchsten Erträge wurden bei einer 4maligen Teilung der N-Gabe erzielt (max. 11975 lb. Heu/acre bei Zufuhr von 200 lb. N). Diese Gabe brachte auch im 4. Nutzungsjahr noch einen Ertrag von 10563 lb. Heu/acre; es folgten 2malige Gabe (April u. Juli), einmalige Gabe

im Frühjahr und an letzter Stelle einmalige Herbstgabe. Eine PK-Gabe im Frühjahr wirkte günstiger als im Herbst, eine Erhöhung über 100 lb./acre (P + K) brachte keinen Ertragsantieg. Jährliche Gaben waren wirkungsvoller als eine Vorratsdüngung. H. Pätzold. 671 b.

Ystaas, Jonas; Lofthus, Norway, Ullensvang Res. Stat. Gjødslingsforøk med magnesium og kalium til epletre. **(Düngungsversuche mit Mg und K zu Apfelbäumen.)** Forskn. Forsøk Landbruket **13** (1962) Nr. 4. S. 233–255.
In der vorliegenden Arbeit werden die Ergebnisse von 4 4jährigen Düngungsversuchen mit Mg und K zu jungen Apfelbäumen der Sorten 'Torstein' und 'Raud Prinsar' mitgeteilt. Die Bäume wuchsen in einem Grasbestand, der als Heu geerntet wurde. – Signifikante Ertragsunterschiede wurden außer einer Ausnahme durch verschiedene Mg- und K-Düngungen nicht festgestellt. Die Symptome mit Mg-Mangel, die an den Blättern auftraten, wurden durch eine Düngung von 5 dt/ha Dolomit abgeschwächt. Eine Gabe von 5 dt/ha Mg-Sulfat, die nach 2 Jahren wiederholt wurde, beeinflußte die Mg-Mangelsymptome weniger als eine einmalige Gabe von 10 dt/ha. Dolomitdüngung war der Mg-Sulfatdüngung überlegen. Einige Bäume, die 3–4 Jahre lang keine K-Düngung erhielten, zeigten K-Mangelsymptome. Durch Mg-Sulfat wurde der pH-Wert des Bodens günstiger beeinflußt als durch Dolomit, Mg-Sulfat erhöhte den Mg-Gehalt der Blätter signifikant im 1. Sommer, Dolomit im 2. Sommer nach der Behandlung. Eine Erhöhung des K-Gehaltes in den Blättern wurde durch eine jährliche Düngung von 2 dt/ha Pottasche erzielt. H. Masche. 671 b.

Hewitt, C. W. und Osborne, R. E.; Jamaica, Min. of Agric. Further field studies on leaf analysis of Lacatan bananas as a guide to the nutrition of the plant. **(Weitere Freilandversuche zur Blattanalyse bei Lacatan-Bananen als Richtlinie für die Ernährung der Pflanze.)** Empire J. exp. Agric. **30** (1962) Nr. 119. S. 249–256. – 1 Abb., 8 Tab.
In einigen Feldversuchen wurden Bananen mit steigenden K-Gaben (0; 2,52;5,04 und 20,16 dt/ha) bei entspr. NP-Grunddüngung oder mit 1 kg $(NH_4)_2SO_4$/Pflanze oder mit 0,70 kg Superphosphat/Pflanze oder mit 0,70 kg Chlorkali bei jeweils entspr. Grunddüngung gedüngt und der Blatt (3. Blatt) -N-, -P- und -K-Gehalt sowie der Ertrag und das Bananenbüschelgewicht ermittelt. Die mittlere K-Gabe von 5,04 dt/ha erwies sich in jeder Weise als ausreichend. Der K-Gehalt der Blätter wurde durch die höchste Gabe kaum erhöht, dagegen der N-Gehalt meist etwas erniedrigt. Der Ertrag an Bananen wurde bes. durch die K-Düngung erhöht, durch die P-Düngung nur gering. Zwischen dem K-Gehalt der Blätter und dem Büschelgewicht der Bananen bestand eine sehr gute Korrelation. Vff. sind der Ansicht, daß die Nährstoffversorgung der Bananen gut ist, wenn die Blätter (3. Blatt) enthalten: 2,6% N, 0,45% P_2O_5, 3,30% K_2O, 1,40% CaO und 0,60% MgO. W. Bergmann. 671 b.

Walker, Laurence C. The effects of water and fertilizer on loblolly and slash pine seedlings. **(Die Wirkungen von Wasser und Düngemitteln auf Loblolly- und Slash-Kiefernsämlinge.)** Proc. Soil Sci. Soc. America **26** (1962) Nr. 2. S. 197–200. – 1 Abb., 6 Tab.
In der südöstlichen Küstenebene (USA) wurden auf einem tonigen Lehm (humic gley soil) die Wechselwirkungen von Dränage, Bewässerung und Düngung auf Überleben, Wachstum und Nährstoffgehalt von *Pinus taeda* und *Pinus elliottii* untersucht. Der Wasserstand wurde von +4 über den Normalstand bis –4 in. variiert, die Düngung von 0 über 1000 lb. 8-8-8-Dünger + 100 lb. Spurenelementmischung (Es-Min-El)/acre bis zur gleichen Gabe mit zusätzlich 400 lb. Diammoniumphosphat/acre. Bei hohem Wasserstand wirkte sich die Düngung auf das Überleben der Pflanzen negativ aus, wahrscheinlich deshalb, weil Unkräuter und Gräser zu stark gefördert wurden

und die Kiefern verdämmten. Das Höhenwachstum der Kiefern wurde durch die Düngung gefördert, bei hohem Wasserstand allerdings nur durch die Grunddüngung. Der NPK-Gehalt der Nadeln wurde durch die Düngung erhöht, desgleichen durch Dränage. Die Variante mit dem höchsten Wasserstand und fehlender Düngung besaß den geringsten Nährstoffgehalt. Chlorotische Erscheinungen traten in der 2. Vegetationsperiode nur bei hohemWasserstand auf; die Düngung führte in jedem Fall zu einer Vertiefung der Grünfärbung. Senkung des Wassers und Erhöhung der Düngung wirkten sich auf die Nadellänge positiv aus. H. J. Fiedler. 671 b.

Könekamp, A. H.; Braunschweig-Völkenrode, Inst. für Grünlandwirtsch., Futterbau und Futterkonservier. **Über die Wirkung organischer Dungstoffe auf Dauerweiden.** Wirtschaftseigene Futter 8 (1962) Nr. 1. S. 18–28. – 1 Abb., 5 Tab., 15 Lit. Zus. in Engl.

An Hand von eigenen Untersuchungen und Ergebnissen anderer Stellen wird neben der Nährstoff- und Bedeckungswirkung eine spezifische Wirkung der org. Dünger auf Dauerweiden aufgezeigt. – Außer dem Gehalt an Spurenelementen und Wuchsstoffen erhöhte die org. Düngung die Löslichkeit der Phosphorsäure. Versuchsergebnisse bewiesen außerdem, daß Wurzelmasse, Keimzahl und Humusgehalt bei NPK- und Stallmistgaben gesichert höher lagen als bei rein mineral. Düngung. Der Ertrag der Weide wurde somit durch die zusätzliche Stallmistgabe im Mittel von 12 Jahren im Vergleich zur reinen NPK-Düngung um 586 kStE/ha erhöht. Gleichzeitig wurde die Weidezeit um 10 Tage verlängert. – Weideleistungsermittlungen in zahlreichen Betrieben der landw. Praxis zeigten ebenfalls eine positive Wirkung der org. Düngung. Neben der Ertragssteigerung wirkte sich die org. Düngung stabilisierend auf artenreiche Pflanzenbestände aus, desgleichen wurde die Verteilung des Futterwuchses günstig beeinflußt. H. Ansorge. 673.

Todorova, B. (Todorowa, B.) Vŭrchu izmenenieto na azota pri kompostiraneto na oborskija tor s chiperfosfat. **(Über die Stickstoffveränderung bei der Kompostierung von Stalldung mit Hyperphosphat.)** Izvestija na Centralnija naučnoizsledovatelski institut po počvoznanie i agrotechnika „Nikola Puškarov", Sofija 2 (1962) S. 67–76. – 4 Abb., 16 Lit. Zus. in Russ., Engl.

Zur Lagerung des Stallmistes in Stapeldungstätten und Dunghaufen wurden Versuche in folgenden Varianten ausgeführt: 1. Stallmist, 2. Stallmist mit 1,5% Hyperphosphat und 3. Stallmist mit 3,6% Hyperphosphat. Es wurde dabei ermittelt, daß bei einer 9monat. Lagerung in Dunghaufen der Tr.-Subst.-Verlust 56%, in Stapeldungstätten 33,7% beträgt. Die Verluste an N lagen entspr. bei 48,3 und 33%. Ein 1,5- und 3,6%iger Hyperphosphatzusatz verringerte den Tr.-Subst.-Verlust nur unwesentlich auf 49% bei den Dunghaufen und 26,5% bei den Stapeldungstätten, wogegen der N-Verlust viel wesentlicher herabgesetzt wurde (auf 30–37% bzw. 15–16%). M. Miltschew. 673.

Bunt, A. C.; Bayfordbury, Hertford, John Innes Horticult. Inst. Some physical properties of pot plant composts and their effect on plant growth. II. Air capacity of substrates. **(Einige physikalische Eigenschaften von Topfpflanzenkomposten und ihre Wirkung auf das Pflanzenwachstum. 2. Mitt. Luftkapazität der Substrate.)** Plant and Soil [The Hague] 15 (1961) Nr. 1. S. 13–24. – 4 Abb., 6 Tab., 13 Lit.

In Topfversuchen mit verschiedenen Quarzsandfraktionen hatte die zunehmende Luftkapazität (2,9–29,7%) bis zu etwa 25% einen zunehmend positiven Einfluß auf die Entwicklung von *Antirrhinum orontium* und Tomatenpflanzen. Die Anzahl der Tage bis zur vollen Blütenentwicklung und der vor der ersten Blüte gebildeten Blätter nahm mit steigender Luftkapazität zu. Bei Verwendung eines krümeligen Wiesenbodens (21,2% Ton,

13,9% Schluff, 49,5% Feinsand) gingen die Frischsubstanzerträge von Tomatenpflanzen dagegen mit zunehmender Luftkapazität (3,6–38,4%) zurück, wenn die Düngung vor der Pflanzung mit dem Boden vermischt wurde. Wurde die Düngung (außer P) laufend in einer Lösung verabfolgt, dann blieb die Luftkapazität des Bodens (1,9–20%) ohne Einfluß auf das Pflanzenwachstum. Da die Mineralisation org. N-Verbindungen bei geringer Luftkapazität gehemmt ist, empfiehlt es sich, ggf. mineral. N zuzusetzten.
V. Koepke. 676.

Barkoff, E.; Tikkurila, Finnland, Maatalouden tutkimusteskus Maanviljelyskemian jafysiikan laitos. Masuunikuonan ja hienafosfaatin maata kalkitseva vaikutus pitkäaikaisen laboratoriokokeen perusteella. **(Über die Wirkung von Hüttenkalk und fein gemahlenem Rohphosphat auf Grund eines langwährenden Laboratoriumversuchs.)** Maataloustieteellinen Aikakauskirja [J. sci. agric. Soc. Finland] **33** (1961) Nr. 3. S. 194–202. — 7 Abb., 9 Lit. Zus. in Dtsch.

An einem 9jährigen Laboratoriumsversuch wurde an Grobsand, Lehm und stark humifiziertem Seggentorf die Wirkung von Kalksteinmehl, Hüttenkalk (48% CaO) und tunesischem Rohphosphat untersucht. Die gegebenen Mengen entsprachen 0; 2,5; 10 und 20 t/ha Kalk. Die Böden wurden angefeuchtet (Feldkapazität) und in bedeckten Gefäßen bei Zimmertemperatur stehen gelassen. Im Laufe des Versuchs sanken die pH-Werte auf allen Böden und bei allen Kalkformen ab, was auf Nitratbildung zurückgeführt wurde. Die Neutralisationswirkung des Hüttenkalkes war fast ebenso groß wie die des Kalksteins, doch das Rohphosphat neutralisierte nur wenig. Auf die Humusmenge hatte die Kalkung keinen Einfluß, obwohl rel. viel Kalk gegeben wurde (Begünstigung der Mikroorganismentätigkeit) und die Einwirkungszeit lang war. Extraktion der Böden mit einer Acetat-Essigsäure-Pufferlösung (pH 4,65) ergab, daß die Werte für K nur bei Lehm vermindert waren; die Mengen an lösl. P waren dagegen vergrößert (Fruchtbarkeitsanalyse).
W. Schulze. 678.

Sen, Abhiswar, Kamath, M. B., Tamhane, R. V. und Idnani, M. A.; New Delhi, Indian Agric. Res. Inst. Absorption of moisture by ammonium sulphate nitrate under storage conditions. **(Absorption von Feuchtigkeit durch Ammonsulfatsalpeter unter Lagerungsbedingungen.)** Indian J. agric. Sci. **32** (1962) Nr. 1. S. 55–61. — 3 Tab., 1 Lit.

Der Feuchtigkeitsgehalt des als vorteilhaftes N-Düngemittel verwendeten Doppelsalzes $(NH_4)_2SO_4 \cdot NH_4NO_3$ wurde, wie bei Indian J. agric. Sci. **32** (1962)Nr.1.S.47. beschrieben, bestimmt. Zwischen Feuchtigkeitsgehalt und dem Produkt aus durchschnittlicher Temperatur und durchschnittlicher rel. Feuchtigkeit bestand eine signifikante positive Korrelation. Als Verpackungsmaterial des Düngemittels sind mit Alkathen ausgekleidete Säcke vorzuziehen, da in diesen die Absorption von Feuchtigkeit am geringsten ist. Stehen nur Jutesäcke und mit Kreppapier ausgekleidete Säcke zur Verfügung, so sind in sehr feuchten Gebieten erstere zu bevorzugen. P. Stoß. 680.

Kaila, A. und Hänninen, P.; Helsinki, Univ., Dep. of Agric. Chem.; Centr. Finland Agric. Exp. Stat., A., R. C. Fertilizer nitrogen in soil. **(Düngemittel-Stickstoff im Boden.)** Maataloustieteellinen Aikakauskirja [J. sci. agric. Soc. Finland] **33** (1961) Nr. 3. S. 169–184. — 11 Tab., 7 Lit. Zus. in Finn.

Die Verteilung von NH_4-N und NO_3-N in Böden — in unterschiedlichen Mengen oberflächich gegeben — wurde innerhalb zweier Vegetationszeiten untersucht. Beide N-Formen können bei Ton- bis Lehmböden längere Zeit in beträchtlicher Menge im obersten Zoll verbleiben, vorausgesetzt, daß nach Einbringung weder heftige Regenfälle noch längere Periodenm äßigen Regens auftreten. Die Pflanzen nehmen N vor allem aus Schichten unterhalb des obersten Zolls auf. Auf Grund dieser Ergebnisse ist das Einarbeiten der N-Dünger zu empfehlen. Es liegen auch Anzeichen dafür vor, daß NH_4-N in einigen Fällen fixiert wird, doch werden mit Kalkammonsalpeter die gleichen Erträge erzielt wie mit Calciumnitrat. Wahrscheinlich ist den Pflanzen im Laufe der Vegetationszeit mit fortschreitender Entwicklung die NH_4-Aufnahme bei nicht zu trockenem Boden doch möglich. W. Schulze. 680.

Agerberg, Lars S. und Svensson, Birger. Potatisens kvävegödsling A. Frösök med stigande mängder kvävegödsel. III. Försök i potatis åren 1935 bis 1959. **(Stickstoffdüngung zu Kartoffeln. A. Steigende Mengen von Stickstoffdüngern. 3. Mitt. Versuche mit Kartoffeln in den Jahren 1935–59.)** Kungl. Lantbrukshögskolan Statens Lantbruksförsök, Statens Jordbruksförsök, Medd. **1961** Nr. 125. S. 1–22. – 7 Abb., 2 Tab. 2. Mitt. vgl. LZ. Abt. II **5** (1960) Nr. 5. S. 1105.
Der Mitt. liegen 1108 Feldversuche mit Industriekartoffeln auf leicht tonigen und humushaltigen Mineralböden in Südschweden zugrunde. Da das Versuchsmaterial (Anlage, Sorten, N-Menge und äußere Bedingungen) uneinheitlich ist, wurde eine spezielle Berechnungsmethode auf der Grundlage folgender Funktion angewendet: $y = a_0 + a_1x + a_2x^2$ und ihre Ableitung $y' = a_1 + 2\,a_2x$. Y ist der Knollenertrag in dt/ha bei einer Menge von X dt/ha eines 20,8%igen N-Düngers; a_0 ist der Knollenertrag ohne jede N-Anwendung; a_1 und a_2 sind durch Regressionsanalyse geschätzte Faktoren. a_0 war im südl. Landesteil höher als im nördl., die N-Wirkung war im Süden größer. Die besten Erträge ergaben sich auf Böden mit mäßigem Tongehalt, N wirkte dagegen in Böden mit geringem Tongehalt am besten. Mit zunehmendem Humusanteil im Boden nahmen die Erträge zu, die N-Wirkung ab; ähnlich war es bei Stalldungzufuhr. Je niedriger der K-Gehalt des Bodens war, umso geringer waren die Erträge und die N-Wirkung. Bei P waren diese Beziehungen nicht ganz so eng wie bei K, doch mit gleicher Tendenz. Bez. des pH-Wertes wurden die höchsten Erträge zwischen 6,0 und 6,4 festgestellt, ein unmittelbarer Einfluß der pH-Werte auf die N-Wirkung konnte nicht nachgewiesen werden. Im Mittel aller Versuche mit verschieden hohen N-Gaben (x) läßt sich der Ertrag aus der Funktion $y = 209{,}3 + 12{,}41\,x + 1{,}00\,x^2$ berechnen. Zusätzl. Versuche bez. des Stärkegehaltes ergaben mit steigenden N-Gaben eine abs. negative Reaktion. W. Fleischmann. 680.

Zubenko, V. Ch. und Sykalo, N. G. (Subenko, W. Ch. und Sykalo, N. G.); Krasnodar, Landwirtsch. Inst. des Kuban-Gebietes. Puti uveličenija belkovych veščestv. **(Wege zur Steigerung des Gehaltes an Eiweißstoffen.)** Kukuruza, Moskva **7** (1962) Nr. 6. S. 20–22. – 3 Tab.
Das o. g. Inst. arbeitet seit vielen Jahren an der Erhöhung des Eiweißgehaltes bei Mais und stellte 1961 fest, daß Zufuhr von Mineraldünger bei der Aussaat und Kopfdüngungen (N_{20-45}, P_{20-35}) den Rohproteinertrag um 70 bis 86 kg/ha erhöhen und daß Ammonsalpeter (150 kg/ha, direkt vor dem Rispenschieben) den Rohproteinertrag um 288 kg/ha steigerte. Gleichzeitige Anwendung von Düngung und Bewässerung ergab Mehrerträge an Rohprotein von 384–487 kg/ha. Späte Kopfdüngung mit Ammonsalpeter bei P-Grunddüngung vergrößerte den Tryptophangehalt in den Körnern (Mais enthält meist zu wenig Tryptophan). Die Silage aus in Milchwachsreife geerntetem Mais von Sommersaaten enthält dort um 1,5–2% mehr Rohprotein als aus Mais (im selben Reifestadium) von der Hauptfläche. Es ist also zweckmäßig, dort Silage von den Sommersaaten und Körner von den Hauptflächen zu gewinnen. L. Rang. 680.

Pavlov, A. N. und Grinfel'd, Ė. G. (Pawlow, A. N. und Grinfeld, E. G.); Moskau, Pflanzenphysiol. Timirjasew-Inst. der Akad. der Wiss. der UdSSR; Krasnodar, Forsch.-Inst. für Landwirtsch. Vlijanie orošenija i vnekornevych podkormok močevinoj na soderžanie belka v kukuruze. **(Der Einfluß**

von Bewässerung und Naßkopfdüngung mit Harnstoff auf den Eiweißgehalt im Mais.) Kukuruza, Moskva **7** (1962) Nr. 6. S. 59–60. – 3 Tab.
1961 wurden auf bewässerten und nichtbewässerten Parzellen Naßkopfdüngungen zu Mais mit Harnstoff (3–5%ige Lösung + 0,2% des Anfeuchters OP-7) vorgenommen. Naßkopfdüngung wurde gegeben: 1. in der Phase der Körnerbildung (31. Juli), 2. zu Beginn der Milchreife (4. Aug.), 3. in der Phase der Milchreife (9. Aug.). Der Eiweißertrag (im Maiskorn) betrug ohne Bewässerung und ohne Naßkopfdüngung 601 kg/ha, mit Naßkopfdüngung 672 kg/ha; mit Bewässerung entspr. 731 und 873 kg/ha. Der Eiweißgehalt stieg jedoch ohne Bewässerung bei später Kopfdüngung durch Erhöhung des Zeingehaltes, bei Bewässerung aber auch z. T. durch Zunahme der biol. vollwertigen Eiweißfraktionen. L. Rang. 680.

Ronis, V. (Ronis, W.); Lugowaja, Gebiet Moskau, Williams-Unions-Inst. für Futtermittelforsch. Sposoby obogaščenija kukuruzy proteinom. **(Verfahren zur Anreicherung des Maises mit Protein.)** Kukuruza, Moskva **7** (1962) Nr. 8. S. 31–33. – 2 Tab.
Die Daten aus Versuchen des o. g. Unions-Inst. über Anreicherung des Maises mit Protein durch Blattdüngung mit Carbamid (Region Stawropol) werden angeführt. Am wirksamsten war Spritzen des Maises mit einer Carbamidlösung zu Beginn der Milchwachsreife, bei Bodendüngung zu Mais mit mineral. N (N_{180} + N_{180} Carbamid je ha; 101–110 g/FE verdauliches Protein). L. Rang. 680.

Jung, J.; Limburgerhof, Landwirtsch. Versuchsstat. **Über die Wirkung von Crotonylidendiharnstoff (CD-Harnstoff) als Stickstoffdünger.** Plant and Soil [The Hague] **15** (1961) Nr. 4. S. 284–290. – 2 Tab., 8 Lit.
Die Wirkung des N in Crotonylidendiharnstoff (CDH), Ureaform (UF), Acetylendiharnstoff, Oxamid, Glykokoll, Hippursäure und Casein zu Weidelgras in Gefäßversuchen wurde mit der von NH_4NO_3 verglichen. Die Summe der Erträge der ersten 4 Schnitte lag bei CDH-Düngung etwas niedriger als mit NH_4NO_3, bis zum 6. Schnitt wurde Gleicheit erreicht. Wesentlich geringer war die Wirkung von UF. Die Erträge der Varianten mit Acetylendiharnstoff, Oxamid, Glykokoll und Casein lagen nach dem 4. Schnitt etwas höher als die mit CDH. In einem Versuch mit hohen Wassergaben zeigte sich, daß CDH und UF am wenigsten ausgewaschen wurden. Die N-Ausnutzung betrug bei NH_4NO_3 im erstgenannten Versuch 74,67% und im Auswaschungsversuch 28%. Für CDH lagen die entspr. Werte bei 55,87 bzw. 48,0%, für UF 34,13 bzw. 23,93%. V. Koepke. 680.

Hernes, Odd; Møystad, Statens Forsøksgard. Forsøk med ulik spredningstid av salpeter til korn. **(Versuche mit unterschiedlichen Anwendungszeiten von Salpeter zu Getreide.)** Forskn. Forsøk Landbruket **13** (1962) Nr. 4. S. 257–266. – 3 Tab., 3 Lit.
In 29 Feldversuchen, die auf 2 Standorten mit lehmigem Moräneboden bzw. feinsandigem bis schluffigem Boden 1956–61 durchgeführt wurden, erbrachte $Ca(NO_3)_2$-Düngung in Mengen von 200 und 300 kg/ha zu So-Gerste, So-Weizen und Hafer signifikante Mehrerträge an Korn und Stroh. Auf dem erstgenannten Boden war die Düngung 10 Tage nach dem Auflaufen wirksamer als zum Zeitpunkt des Auflaufens oder sofort nach der Aussaat, auf dem anderen Standort war dagegen die N-Düngung beim Auflaufen am günstigsten. Auf Kornqualität, Reife und Lagerungsneigung hatte der Düngungszeitpunkt keinen Einfluß. Verabreichung der N-Menge in 2 Teilgaben brachte keine Vorteile. Kalkammonsalpeter erwies sich in der Wirkung auf die Korn- und Stroherträge dem $Ca(NO_2)_3$ etwas unterlegen. K. Koepke. 680.

Hänninen, P. und Kaila, A.; Helsinki, Centr. Finland Agric. Exp. Stat., A. R. C.; Univ., Dep. of Agric. Chem. Calcium nitrate and ammonium nitrate limestone as sources of nitrogen for oats and barley. **(Calciumnitrat und Kalkammonsalpeter als Stickstoffquellen für Hafer und Gerste.)** Maataloustieteellinen Aikakauskirja [J. sci. agric. Soc. Finland] **33** (1961) Nr. 3. S. 159 bis 168. — 9 Tab., 2 Lit. Zus. in Finn.

In Feldversuchen wurden Calciumnitrat (**I**) und Kalkammonsalpeter (**II**) zu Hafer in Mengen bis zu 100 kg/ha N gegeben. 5–6 Wochen nach der Saat erschienen die mit **I** behandelten Pflanzen dunkler, diese Unterschiede glichen sich später aus; doch führte **I** z. T. zu höherem N-Gehalt der Pflanzen und brachte in einigen Fällen geringe Mehrerträge. Sonst waren signifikante Unterschiede der Wirkung beider Dünger — auch was den Reifevorgang betrifft — nicht festzustellen. Bez. der Gerste waren ebenfalls Ertragsunterschiede nicht vorhanden, nur der N-Gehalt war bei **II**-Düngung niedriger, was evtl. für den Braugersteanbau von Bedeutung ist. W. Schulze. 680.

Austin, Anselm und Miri, R. K.; New Delhi, Indian Agric. Res. Inst., Bot. Div. Effect of nitrogen and irrigation on the protein and gluten content of some New Pusa wheats. **(Wirkung von Stickstoff und Bewässerung auf den Protein- und Glutengehalt einiger New Pusa-Weizen.)** Indian J. Plant Physiol. **4** (1961) Nr. 2. S. 150–155. — 5 Tab., 11 Lit.

Um den N-Einfluß auf die Protein- und Glutengehalte der Weizenkörner zu untersuchen, wurden Versuche angestellt, deren Ergebnisse variationsstatistisch verrechnet wurden. Als Versuchsmaterial dienten die Körner von 4 veredelten New Pusa-Weizensorten (N. P. 718, N. P. 823, N. P. 824 und N. P. 828), die mit verschiedenen N-Gaben (0, 20, 40 und 80 lb./acre N) und Bewässerungen gewachsen waren. N wurde in Form von Ammonsulfat in einer Gabe zur Aussaatzeit verabreicht. Höhere N-Mengen steigerten i. allg. die Protein- und Glutengehalte der Körner aller Sorten, jedoch war diese Reaktion unterschiedlich. Bei zunehmender Anzahl der Bewässerungen, im vorliegenden Falle 3 und/oder 4, wurden die Protein- und Glutengehalte der Körner erniedrigt. Für Protein ist der Effekt der Wechselwirkung zwischen Sorte und Bewässerung hoch signifikant. Mit 4 Bewässerungen schien die maximale Reduktion des Proteingehaltes bei N. P. 718 und die minimale bei N. P. 823 erreicht zu sein. G. Loßner. 680.

Vetter, H. und Assadolahi, A.; Kiel, Inst. für Pflanzenbau und Pflanzenzücht. **Der Einfluß später Stickstoffgaben auf die Standfestigkeit und den Ertrag von Sommerweizen und Sommergerste.** Z. Acker- u. Pflanzenbau **115** (1962) Nr. 1. S. 12–20. — 7 Abb., 3 Tab., 19 Lit. Zus. in Engl.

1958/59 wurden Versuche mit So-Weizen und So-Gerste auf sandiger und lehmiger Braunerde zur Überprüfung der Wirkung von zusätzlichen, späten N-Gaben auf Ertrag und Standfestigkeit durchgeführt. Die Frühjahrs-N-Düngung war in Gaben von 50, 60, 80 und 100 kg/ha N differenziert und mit späten N-Gaben von 0,20, 40 kg/ha kombiniert. — Bonitierungen des Lagers zeigten, daß auch die späten N-Gaben die Standfestigkeit herabsetzten, daß aber die Lagerung nur halb so stark war wie bei entspr. Erhöhung der Frühjahrsdüngung. Die Korn- und Stroherträge wurden durch die späten N-Gaben fast immer erhöht, wenn nicht schon vor der Getreideblüte starkes Lager eintrat. — Die Wirkung von gestreutem Kalksalpeter und gespritztem Harnstoff als Spätgabe war 1958 etwa gleich, während im Trockenjahr 1959 die Harnstoffspritzung schlechter wirkte. — Spätgaben, die vor der Internodienstreckung verabreicht wurden, hatten stärkeres Lagern des Getreides zur Folge als Gaben zwischen Schoßbeginn und Ährenschieben.
H. Ansorge. 680.

Dilz, Karl und Steggerda, Jan J.; Wageningen, The Netherlands, Dutch Nitrogen Fertilizer Ind. Nitrogen availability of oxamide and ammonium nitrate limestone. **(Stickstoffverfügbarkeit von Oxamid und Kalkammonsalpeter.)** J. agric. Food Chem. **10** (1962) Nr. 4. S. 338–340. — 4 Tab., 3 Lit.

In Freiland-Gefäßversuchen mit Raigras, Lein und Spinat wurde die Wirksamkeit von Oxamid (Diamid der Oxalsäure, N-Gehalt 31,8%) als N-Düngemittel mit der von Kalkammonsalpeter (I) verglichen. Bei beiden Düngemitteln waren N-Freisetzung und -Aufnahme durch die Pflanzen gleich, jedoch wurden bes. bei Spinat Unterschiede im physiol. Verhalten gefunden. Bezogen auf die N-Aufnahme führte Düngung mit I zu höherer Produktion an Tr.-Subst., während andererseits die N-Aufnahme aus Oxamid weitaus größer als aus I war. Durch zusätzliche $CaSO_4$-Gaben (gedacht als Ersatz des als Oxalat ausgefällten Ca) wurde in den Parallelversuchen mit I überraschend eine Stimulierung der Produktion an Tr.-Subst. und der N-Aufnahme bei Spinat und Raigras gefunden, die nicht erklärt werden kann. Obwohl Oxamid gegenwärtig noch nicht großtechnisch produziert wird, sollten weitere Untersuchungen durchgeführt werden, damit Gegensatz zu den Harnstoff-Formaldehyd-Kondensaten der N-Bedarf schnell wachsender Pflanzen gedeckt werden kann. P. Stoß. 680.

Manil, Paul und Nys, Léon; Gembloux, Inst. Agronom. de l'État. Effet de la fumure minérale azotée sur la luzerne semée en terrain nu. **(Wirkung mineralischen Stickstoffes auf Luzerne in Blanksaat.)** Bull. Inst. agronom. Stat. Rech. Gembloux **29** (1961) Nr. 3/4. S. 335–338. — 3 Tab.

Mit *Rhizobium*-Kultur geimpfte Luzerne der Sorte 'Du Puits' wurde im Mai in Blanksaat ausgesät und erhielt 0; 150 resp. 300 kg Natronsalpeter kurz nach der Saat. Die mit N gedüngten Serien entwickelten sich anfangs etwas schneller, wiesen eine dunklere Blattfärbung auf, besaßen jedoch an den Wurzeln weniger Knöllchen als die Pflanzen der O-Serie. Beim 1. Schnitt zeigte die 300-kg-Serie eine schwache Ertragsüberlegenheit, beim 2. Schnitt dominierte jedoch die O-Serie, so daß im Gesamtertrag mit 41,91 dt/ha Tr.-Subst. die O-Serie überlegen war (150 kg: 38,97 dt, 300 kg: 40,73 dt Tr.-Subst.). H. Pätzold. 680.

Rognerud, Bengt und Myhr, Einar; Norges Landbrukshøgskolan, Inst. for Kulturteknikk. Forsøk med vatning og ulik nitrogengjødsling på kulturbeite. **(Versuch mit Beregnung und variierter Stickstoffdüngung auf Mähweide.)** Forskn. Forsøk Landbruket **13** (1962) Nr. 4. S. 285–296. — 1 Abb., 8 Tab., 7 Lit.

Die Beregnung einer Mähweide auf humusreichem Tonboden führte im trocknen Sommer 1955 zu beträchtlichen Ertragssteigerungen, blieb aber in den folgenden 3 Jahren mit überdurchschnittlichen Niederschlägen wirkungslos. Eine Wechselwirkung zwischen Beregnung und N-Düngung war ebenfalls nur im erstgenannten Jahr gegeben. Die Verabreichung der N-Düngung (41; 82 bzw. 123 kg/ha N als Kalkammonsalpeter) in 2 Teilgaben ($\frac{1}{2}$ nach dem 1. Schnitt, $\frac{1}{2}$ nach dem 2. Schnitt) war im Vergleich zur ungeteilten Verabreichung bei der niedrigen und mittleren Gabe nachteilig, bei der hohen blieb sie ohne Einfluß auf den Gesamtertrag. Der Kleeanteil ging unter dem Einfluß der Trockenheit im Sommer 1955 und bei zunehmender N-Düngung in allen Jahren zurück. Die chem. Zusammensetzung des Futters wurde durch die Beregnung und N-Düngung nicht verändert, lediglich der Rohproteingehalt war bei steigenden N-Gaben geringer geworden. K. Koepke. 680.

Olive, Boyce M. und Hardesty, John O.; Beltsville, Md., U. S. Dep. of Agric., Soil and Water Conserv. Res. Div. Effect of particle size on the granulation of triple superphosphate. **(Einfluß von Teilchengröße auf die Granulierung von Tripelsuperphosphat.)** J. agric. Food Chem. **10** (1962) Nr. 4. S. 334–337. — 2 Abb., 5 Tab., 20 Lit.

Der Einfluß der Variationen in der ursprünglichen Verteilung der Teilchengröße und der Durchschnittsgröße auf den Nutzeffekt der Granulierung wurde an 2 Tripelsuperphosphaten untersucht. Als bestes Ausgangsmaterial für die Granulierung während der Ammonisierung sind Tripelsuperphosphate mit 5–15% groben (6–20 mesh), 65–85% mittleren (20–65 mesh) und 10 bis 20% feinen (> 65 mesh) Anteilen geeignet. Höher Gehalt des groben Anteils beeinflußte das Teilchenwachstum ungünstig, während höherer Gehalt an feinen Anteilen leicht zu Variationen des Feuchtigkeitsgehaltes führte. Die Granulierung von Tripelsuperphosphat allein oder in Mischung mit anderen Düngemittelbestandteilen wird beträchtlich von Härte, Dichte und Porosität der Partikel beeinflußt. Dabei hängt der Nutzeffekt der Granulierung bes. sowohl von Verteilung der Teilchen als auch von der durchschnittlichen Teilchengröße ab. P. Stoß. 682.

Getsinger, J. G., Siegel, M. R. und Mann jun., H. C.; Wilson Dam, Ala., Tennessee Valley Authority. Ammonium polyphosphates from superphosphoric acid and ammonia. **(Ammoniumpolyphosphate aus Superphosphorsäure und Ammoniak.)** J. agric. Food Chem. **10** (1962) Nr. 4. S. 341–344. — 3 Abb., 1 Tab., 8 Lit.

Es wird über ein im Labormaßstab entwickeltes Verfahren zur Herstellung von (16-61-0)- und (18-59-0)-Düngemitteln aus Superphosphorsäure (76% P_2O_5) und NH_3 berichtetet. Die resultierenden Ammoniumpolyphosphate sind vollständig in H_2O lösl., wobei das enthaltene P_2O_5 gleiche Wirksamkeit wie Diammoniumphosphat-P_2O_5 und größere als Superphosphat-P_2O_5 besitzt. Als Verfahrensbedingungen werden 25–300 p. s. i., 365–415 °F und 30–90 Min. Verweilzeit angegeben. Das den Reaktor verlassende flüssige Material wird unter Mischen mit Recycleprodukt granuliert. Die Kristallisation des Produktes und das Erhärten der Granalien wird durch Rühren des geschmolzenen Materials beschleunigt, wobei Trocknung nicht erforderlich ist. Die erhaltenen Düngemittel können direkt oder in Mischung mit anderen Düngemitteln eingesetzt bzw. zur Herstellung hochgradiger flüssiger Düngemittel verwendet werden. P. Stoß. 682.

Wakefield, Zachary T. und Egan jun., Edward P.; Wilson Dam, Ala. Tennessee Valley Authority, Div. of Chem. Development. Melting points in orthophosphoric acid-pyrophosphoric acid system. **(Schmelzpunkt im System Orthophosphorsäure — Pyrophosphorsäure.)** J. agric. Food Chem. **10** (1962) Nr. 4. S. 344–346. — 1 Abb., 2 Tab., 20 Lit.

Es wird ein Schmelzpunktdiagramm für das System Orthophosphorsäure — Pyrophosphorsäure angegeben, das den Bereich der Zusammensetzung der Superphosphorsäure (~ 76% P_2O_5) erfaßt. Bei 16 °C und 75,4% P_2O_5 tritt ein Eutektikum auf. Bei höheren P_2O_5-Gehalten kristallisiert Pyrophosphorsäure in 2 Formen, der gewöhnlichen, metastabilen mit Fp 54,3 °C sowie einer bisher unbekannten mit Fp 71,5 °C, von der Daten der röntgenometrischen Strukturbestimmung angegeben werden. Das Diagramm wurde mit Hilfe eines bes. Verfahrens aufgenommen, das durch die bei diesem System auftretende Unterkühlung notwendig wurde. Die Ergebnisse sind für die Lagerung und Weiterverarbeitung von Superphosphorsäure von großem praktischem Wert. P. Stoß. 682.

Kaila, R.; Helsinki, Univ., Dep of Agric. Chem. Effect of incubation and liming on the phosphorus fractions in soil. **(Wirkung von Inkubation und Kalkung auf die Phosphorfraktionen im Boden.)** Maataloustieteellinen Aikakauskirja [J. Sci. agric. Soc. Finland] **33** (1961) Nr. 3. S. 185–193. — 4 Tab., 13 Lit. Zus. in Finn.

100-g-Proben von 2 mit Superphosphat bzw. Hyperphosphat gedüngten Böden — eine Hälfte unter Zusatz von 1 g $CaCO_3$ — wurden angefeuchtet (Feldkapazität) und 7 Mon. bei 20 °C gehalten. Dann wurden die P-Fraktionen nach Jackson untersucht. Kalkung übte keine Wirkung auf die Mineralisierung des org. P. aus. Die ungekalkten Proben zeigten die Tendenz, mineral.

P als Fe- oder Al-Phosphat zu akkumulieren. Die gekalkten Proben führten bei saurem Boden zum Auftreten von P in der NH_4F- und in der NaOH-Fraktion, bei neutralem Boden wurde P bes. in der NH_4F-Fraktion gefunden. Mit Hyperphosphat gedüngte Proben (ohne Kalk) ließen nicht nur eine Mineralisierung von org. P, sondern auch die Umwandlung eines Teils des Apatits in NH_4F- und NaOH-lösl. Formen erkennen. Kalkung verhinderte die Anhäufung des mineral. gebundenen P in alkalilösl. Form, die säurelösl. nahm jedoch nicht ab. W. Schulze. 682.

Kanwar, J. S. und Kanwar, B. S. Direct and residual effect of bonemeal as affected by particle size and nature of the soil. **(Durch Teilchengröße und Natur des Bodens beeinflußte direkte und Nachwirkung von Knochenmehl.)** Indian J. agric. Sci. **32** (1962) Nr. 1. S. 71–78. – 6 Tab., 13 Lit.

Die Wirksamkeit von Knochenmehl wurde in Gefäßversuchen mit sauren und Kalkböden bei Luzerne- und Maiskulturen bzw. mit einem sauren Boden mit hohem Gehalt an org. Subst. bei Alexandrinerklee und Mais untersucht. Die Wirksamkeit nahm mit steigender Zugabe und abnehmender Teilchengröße der Knochenasche zu. Bei saurem Boden mit niedrigem P-Gehalt entsprachen 150 lb./acre P_2O_5 in Knochenmehl (0,5 mm) etwa 100 lb. P_2O_5 in Superphosphat, während bei Kalkboden Knochenmehl nur 77% der Wirksamkeit von Superphosphat ereichte. Die Nachwirkung wies die gleiche Tendenz auf, wobei auf Kalkboden mit hohem Gehalt an org. Subst. Knochenmehl wirksamer als Superphosphat war. Die Ergebnisse zeigen, daß Knochenmehl mit Teilchengrößen um 0,5 mm unter Berücksichtigung des Mehrbedarfs gegenüber Superphosphat als wirksames Düngemittel in den sauren Punjab-Böden verwendet werden kann. P. Stoß. 682.

Grant, Penolope M.; Northrand, South Africa, African Explosives and Chem. Ind. Ldt. The response of maize to different forms of phosphate under varying incidence of drought. **(Die Reaktion des Maises auf verschiedene Phosphatformen bei wechselndem Trockenheitsgrad.)** South African J. agric. Sci. **4** (1961) Nr. 4. S. 447–457. – 4 Tab., 16 Lit. Zus. in Franz., Niederl.

In einem Gewächshaus wurden Düngungsversuche an 2 Maissorten vorgenommen. Die Experimente erfolgten bei 3 verschiedenen Bodenreaktionen (pH 5,7; pH 5,8 und pH 6,3) unter Anwendung 4 verschiedener Trockenheitsgrade. Die Ergebnisse wurden an dem Trockenmasseertrag des im Blühstadium geernteten Maises beurteilt, während mögliche Wirkungen der Düngemittel auf den Wasserverbrauch an dem Gesamtwasserverbrauch pro Pflanze und pro Einheit produzierter Trockenmasse gemessen wurden. Pulverisiertes, ammonifiziertes Superphosphat, in dem eine Hälfte des Phosphates wasserlösl. war, stellte einen ebenso wirkungsvollen Dünger wie Superphosphat Ammonsulfat-Gemisch dar. Granulierung des ammonifizierten Superphosphats veränderte die Wirkung nicht, jedoch zeigten die bei pH 6,3 erhaltenen Resultate, daß die Granulierung des stark ammonifizierten Superphosphats ($> 3\%$ N) auf neutralen Böden zu Wirkungsverlusten führen würde. Die Trockenheitsbehandlungen hatten nur geringen Einfluß auf das Verhalten zu den Düngemitteln, und die Düngemittelanwendung hatte keine Auswirkung auf den Gesamtwasserverbrauch der Pflanze. N im Düngemittel erniedrigte jedoch den Wasserverbrauch pro Einheit produzierter Trockenmasse. G. Loßner. 682.

Burghausen, Rudolf; Jena, Friedrich-Schiller-Univ., Inst. für Acker- u. Pflanzenbau. **Die Kalidüngung der Kartoffeln.** Wiss. Z. Friedrich-Schiller-Univ. Jena/Thür., math.-naturwiss. R. **11** (1962) Nr. 1/2. S. 45–60. – 4 Abb., 25 Tab., 227 Lit.

In einer zusammenfassenden Literaturübersicht werden Fragen zur K-Düngung der Kartoffel diskutiert. – Eigene Hydrokulturversuche bestätigen die große Bedeutung des K für die Ernährung der Kartoffel. In mehrjährigen Feldversuchen auf schweren, gut mit K versorgten Böden wurden durch die K-Düngung keine Mehrerträge erzielt. Unter diesen Bedingungen scheint es aus betriebs- und arbeitswirtsch. Gründen ratsam, höhere K-Mengen in 2jährigen Abständen und nicht direkt zu Kartoffeln zu geben. Durch zusätzliche K_2O-Kopf-Düngung in Staubform von 1 dt/ha konnten in Jahren, in denen durch anschließende Niederschläge eine baldige Lösung erfolgte, gesicherte Mehrerträge erzielt werden. O. Knabe. 684.

Kresge, C. B. und Younts, S. E.; Maryland Agric. Exp. Stat. Effect of various rates and frequencies of potassium application on yield and chemical composition of alfalfa and alfalfa-orchardgrass. **(Kaligaben verschiedener Menge und Häufigkeit in ihrer Wirkung auf Ertrag und chemische Zusammensetzung von Luzerne und Luzerne-Knaulgras.)** Agronomy J. **54** (1962) Nr. 4. S. 313–316. – 2 Abb., 4 Tab., 12 Lit.

In 3jähr. Feldversuchen wurden jährlich 83 resp. 165 resp. 331 lb. K_2O/acre in 1–4 Gaben verabfolgt. Bei reiner Luzerne zeigte sich die Verteilung in 2 Gaben (zu Vegetationsbeginn und nach dem 1. Schnitt) bei Zufuhr von 83 und 331 lb. K_2O überlegen, bei einer Gabe von 165 lb. K_2O war eine Teilung in 4 Gaben gleich günstig. Diese Gaben brachte sogar etwas höhere Erträge als die Höchstgabe von 331 lb. (max. 11,9 t Tr.-S./acre). – Auch bei Luzernegras blieb die 2malige Teilung am vorteilhaftesten (Maximalertrag bei 165 lb. K_2O 13,7, bei 331 lb. K_2O 13,9 t Tr.-S./acre). Der K_2O-gehalt von Luzernegras übertraf den der reinen Luzerne in den meisten Fällen und erreichte Werte bis zu 3,10%. H. Pätzold. 684.

Achundov, A. (Achundow, A.) Dejstvie kalijnych udobrenij na urožajnost' i kačestvo čaja. **(Wirkung von Kalidünger auf Ertrag und Qualität von Tee.)** Soc. s. ch. Azerbajdžana **1961** Nr. 7. S. 26–29. – Aus: Referativnyj žurnal. Biologija, Moskva **1962** Nr. 1. G 463. S. 53.

In Versuchen, die in der Zone von Lenkoran durchgeführt wurden, brachte eine K-Düngergabe zu NP einen Ertragszuwachs an Teeblättern von 240 bis 600 kg/ha. Von den erprobten K-Düngern wurde die größte Wirksamkeit beim Einsatz von Kalimagnesium (200 kg/ha) ereicht, darauf folgt schwefelsaures Kali (200 und 300 kg/ha), und den letzten Platz nimmt Sylvinit (200 kg/ha) ein. Die K-Dünger verringern den Gesamtgehalt an N in grünen Teeblättern und erhöhen den Tanningehalt, den Gehalt an Extraktionsstoffen und an K. übersetzt v. E. Fröhmcke. 684.

Kühn, H.; Gießen, Justus-Liebig-Univ., Inst. für Pflanzenernähr. **Möglichkeit der Mikronährstoffanreicherung in Gemüsepflanzen durch Düngung.** Landwirtsch. Forsch., Sonderh. Nr. **16** (1962) S. 112–121. – 10 Tab., 3 Lit.

Der Einfluß hoher Cu-, Mn-, Zn- und Co-Gaben (50, 100, 200 kg/ha $CuSO_4$ bzw. $MnSO_4$; 50, 100, 150 kg/ha $ZnSO_4$; 10, 20 kg/ha $CoCl_2$) auf eine Anreicherung dieser Elemente in Gemüsepflanzen wurde in Gefäßversuchen auf einem ausreichend mit Mikronährstoffen versorgten Boden mit Radieschen, Sellerie, Spinat, Gurken, Schnittsalat, Grünkohl, Gartenkresse und Karotten untersucht. Die Erträge wurden durch die hohen Gaben nicht beeinflußt, lediglich bei Gurken traten bei mittleren und hohen Mn-Gaben Ertragsdepressionen auf. Der durchschnittliche Cu-Gehalt der Gemüsepflanzen wurde von 5,9 ppm bis auf 9,8 ppm durch 200 kg/ha $CuSO_4$ erhöht. Der Mn- und Zn-Gehalt der Gemüsepflanzen wurde durch Veränderungen der Bodenreaktion weit mehr beeinflußt als durch hohe oder sehr hohe Düngergaben. Durch die geringste Co-Gabe wurde der Co-Gehalt teilweise verdoppelt. Die Aufnahme anderer Mineralstoffe wurde durch die hohen Mikronährstoffgaben nicht beeinflußt. O. Knabe. 698.

Jungermann, K;. Darmstadt, Landwirtsch. Versuchsanst. **Beiträge zur Mikronährstoff-Frage (III).** Landwirtsch. Forsch., Sonderh. Nr. **16** (1962) S. 93–111. — 12 Tab. 2. Mitt. vgl. LZ. Abt. II **7** (1962) Nr. 8. S. 2130.
In Vegetationsversuchen mit verschiedenartigen, ausreichend mit Spurenelementen versorgten Böden wurde der Einfluß prophylaktischer sowie höherer Gaben an Spurenelementen auf den Gehalt an diesen Elementen in 16 verschiedenen Versuchspflanzen untersucht. Als prophylaktisches Düngemittel wurde der spurenelementhaltige Mehrnährstoffdünger 'Complesal 12/12/17/2' (I) mit einem Gehalt von 0,1% B, 0,1% Mn, 0,04% Cu, 0,02% Zn und 0,0005% Co angewandt. Höhere Gaben wurden in Form von Borax bis zur 5fachen Menge und als Sulfate von Mn, Cu, Zn und Co bis zur 100fachen Menge der im **I** vorhandenen Spurenelemente verabfolgt. Der Gehalt der Pflanzen an Mn, Cu, Zn und Co wurde durch **I** nicht erhöht, der B-Gehalt wurde bei einigen Pflanzen erhöht. Hohe B-Gaben führten bei fast allen Pflanzen zu einem Anstieg des B-Gehaltes, bei Hafer zu Ertragsdepressionen. Höhere Mn-, Cu-, Zn- und Co-Gaben erhöhten den Gehalt an diesen Elementen in den Pflanzen nur geringfügig. In einigen Versuchsreihen wurde durch **I** mit einem Mo-Gehalt von 0,001% (durch Zufügen von Na_2MoO_4) der Mo-Gehalt der Pflanzen erheblich erhöht, der bes. durch höhere Mo-Gaben teilweise auf das 40fache anstieg. In einigen Feldversuchen wurde beobachtet, daß durch eine Kalkung oder durch Anwendung verschiedener P- und N-Dünger eine stärkere Veränderung des Spurenelementgehaltes der Pflanzen eintrat als durch Düngung mit **I.** O. Knabe. 689.

Smeltzer, G. G., Langille, W. M. und MacLean, K. S.; Truro, N. S., Dep. of Agric. and Marketing. Effects of some trace elements on grass and legume production in Nova Scotia. **(Einflüsse einiger Spurenelemente auf die Gras- und Leguminosenproduktion in Nova Scotia.)** Canad. J. Plant. Sci. **42** (1962) Nr. 1. S. 46—52. — 1 Abb., 4 Tab., 12 Lit.
In Feldversuchen auf 4 verschiedenen Böden mit pH-Werten von 5,6–7,2 und einem Gesamtgehalt von 3,9–9,3 ppm Co, 1,0–4,5 ppm Mo, 274–593 ppm Zn, 354–1802 ppm Mn, 16,8–21,9 ppm Cu und 0,40–1,06 ppm B (H_2O-lösl.) wurde der Einfluß einer Blattdüngung mit Co, Mo, Zn, Mn, Cu und B auf einen Gras-Leguminosen-Bestand untersucht. Die Düngung hatte keinen signifikanten Einfluß auf die Erträge und Bestandszusammensetzung. Der Gehalt an den gedüngten Elementen wurde in den Pflanzen signifikant erhöht. O. Knabe. 689.

Henkens, Ch. H.; Groningen, Inst. voor Bodemvruchtbaarh. **Bedeutung des Kupfers für Ackerbau und Grünland.** Landwirtsch. Forsch., Sonderh. Nr. **16** (1962) S. 56–65. — 12 Abb., 2 Tab., 5 Lit.
In zahlreichen Gefäß- und Feldversuchen mit Sand- und Fehnkolonieböden wurden enge Beziehungen zwischen dem Cu-Gehalt (HNO_3-lösl.) des Bodens und dem rel. Kornertrag von So-Weizen und Hafer festgestellt. Bei Werten < 4 ppm Cu trat Cu-Mangel auf, der durch Düngung mit 50 kg/ha $CuSO_4$ beseitigt werden kann. Der Grad des Cu-Mangels wurde durch den pH-Wert des Bodens nicht beeinflußt. Zwischen verschiedenen Hafer- und Weizensorten bestanden Unterschiede in der Empfindlichkeit gegenüber Cu-Mangel. Zwischen dem Cu-Gehalt des Bodens und dem Cu-Gehalt in Weidelgras und Rotklee bestanden ebenfalls enge Beziehungen. Bei einem Gehalt > 4 ppm Cu im Boden kann mit Sicherheit mit einem Cu-Gehalt > 7 ppm in Gras und Rotklee gerechnet werden. In Feldversuchen zeigte sich, daß das Cu im Düngungsjahr nicht tiefer als 2,5 cm in den Boden eindringt. Es wird daher empfohlen, die Cu-Düngung auf Grasland möglichst schon vor der Einsaat vorzunehmen. O. Knabe. 689.

Gruhn, K., Graupe, B. und Anke, M.; Jena, Friedrich-Schiller-Univ., Inst. für Tierernähr. **Die Wirkung einer Molybdändüngung auf Futterertrag**

und Futterwert der Luzerne in Mangelgebieten. Dtsch. Landwirtsch. **13** (1962) Nr. 9. S. 453–456. – 7 Tab., 9 Lit.
Eine Versuchsreihe, die auf einem Mo-Mangelstandort mit Luzerne als Testpflanze durchgeführt wurde, bestätigte die Annahme, daß durch eine Düngung mit 2 kg Na-Molybdat/ha der Grünmasseertrag und in noch stärkerem Maße der Rohproteingehalt der Luzerne erhöht werden können. – Der Grünmasseertrag wurde beim 1. Schnitt um 83%, beim 2. Schnitt um 122% gesteigert. Das Blatt/Stengel-Verhältnis der Luzerne änderte sich durch die Düngung nicht. Der Reinproteingehalt erhöhte sich um 46%. Von 16 untersuchten Aminosäuren wurde der Gehalt an Arginin, Threonin, Valin, Gesamtleucinen, Serin, Lysin und Methionin gesteigert, der Gehalt an Glutamin- und Asparaginsäure erniedrigt. Der P-, Cu-, Mn- und Zn-Gehalt wurde durch die Mo-Düngung nicht beeinflußt. Der Mo-Gehalt der Luzerne erhöhte sich nur bis zu den Normalwerten, gleichzeitig verringerte sich der Fe-Anteil.
H. Masche. 689.

Cressman, H. K. und Davis, J. F.; Michigan, State Univ. Sources of sulfur for crop plants in Michigan and effect of sulfur fertilization on plant growth and composition. **(Schwefelquellen für Kulturpflanzen in Michigan und Einfluß einer Schwefeldüngung auf Pflanzenwachstum und -zusammensetzung.)** Agronomy J. **54** (1962) Nr. 4. S. 341–344. – 6 Tab., 16 Lit.
In mehrjährigen Feldversuchen auf 4 Mineralböden und 1 org. Boden wurde der Einfluß einer S-Düngung auf verschiedene Pflanzenarten untersucht. Hochkonzentrierte, S-freie P-Dünger wurden mit gewöhnlichem Superphosphat verglichen und in Kombinationen mit Gips angewandt. Die Erträge und der Proteingehalt der Pflanzen wurden durch S-Zufuhr nicht verändert. Der S-Gehalt von Rotklee und Kartoffeln auf einem unfruchtbaren, sandigen Boden wurde durch S-Gaben erhöht. Durch Niederschläge wurden dem Boden jährlich 10,1 lb./acre S zugeführt. In der Nähe großer Industriegebiete waren bemerkenswerte SO_2-Mengen in der Atmosphäre. Der verfügbare S-Gehalt der Böden und die jährlich durch die Niederschläge zugeführten S-Mengen decken den S-Bedarf der Pflanzenarten. O. Knabe. 689.

Kvaracchelija, M. T. (Kwarazchelija, M. T.); Unions-Forsch.-Inst. für Landwirtsch. Mikrobiol. Sovmeščenie bakterizacii semjan fosforobakterinom s protravlivaniem ich granozanom. **(Impfung des Saatguts mit Phosphorobakterin und Beizung mit Granosan.)** Bjulleteń naučno-techničeskoj informacii po sel'skochozjajstvennoj mikrobiologii. Vsesojuznyj naučno-issledovatel'skij institut sel'skochozjajstvennoj mikrobiologii, Leningrad **1961** Nr. 9. S. 26–29. – 4 Tab., 3 Lit.
Die Toxinwirkung von Granosan auf mit Phosphorobakterin behandeltes Saatgut zeigt sich im Augenblick der Umwandlung der Sporen in vegetative Zellen. Ein Teil der Phosphorbakterienzellen stirbt ab, aber die überlebenden beginnen sich schnell zu vermehren; bereits nach 3–5 Tagen ist die Anzahl der Zellen nicht geringer als die an ebenfalls mit Phosphorobakterin, aber nicht mit Granosan behandeltem Saatgut. Das Absterben der Zellen, sofern das Saatgut in den Boden ausgesät wurde, konnte nur in den ersten 6 Std. beobachtet werden; nach 12 Std. begann bereits wieder der Vermehrungsprozeß. Bei Entwicklung der Phosphorbakterien in einer Nährlösung konnte nur ein Absterben, aber keine Vermehrung beobachtet werden.
W. Görtler. 689.

Enkina, O. V. (Jenkina, O. W.) O sovmestnom primenenii granozana i fosforobakterina. **(Gleichzeitiger Einsatz von Granosan und Phosphorobakterin.)** Bjulleteń naučno-techničeskoj informacii po sel'skochozjajstvennoj mikrobiologii. Vsesojuznyj naučno-issledovatel'skij institut sel'skochozjajstvennoj mikrobiologii, Leningrad **1961** Nr. 9. S. 24–26. – 2 Tab.

Granosan hat keinen bedeutenden Einfluß auf die Bakteriensporen des Phosphorobakterins, verringert aber die Anzahl der vegetativen Zellen auf künstl. Nährböden und in sterilen Böden. Erfolgt die Bakterisierung am Tage der Beizung oder kurz danach, so zeigt Granosan Toxinwirkung auf die Bakterien. Bereits 15 Min. nach der Bakterisierung der Samen, die zuvor mit Granosan bestäubt wurden, erwies sich die Anzahl der beobachteten Zellen um das zweifache geringer als an Samen, die nicht gebeizt wurden. Erfolgt die Beizung 15 Tage vor der Bakterisierung, verringert sich die Toxinwirkung des Granosans bedeutend. W. Görtler. 689.

Challik, O. G.; Tartu, Estn. Landwirtsch. Akad. Zola gorjučego slanca kak udobrenie. **(Ölschieferasche als Düngemittel.)** Vestnik sel'skochozjajstvennoj nauki, Moskva **7** (1962) Nr. 3. S. 77–84. – 4 Abb., 6 Tab., 5 Lit. Zus. in Engl., Franz., Dtsch.

In Feld- und Gewächshausversuchen wurde die Eignung von Ölschieferasche (35,8–39,7% Ca; 7,5–9,0% Me_2O_3; 1,5–3,6% MgO; 0,9–1,3% K_2O; 5,7–7,9% SO_3 3,3–5,4% in HCl lösl. SiO_2; 12,7–20,2% unlösl. Rückstand) als Düngemittel an verschiedenen Kulturen untersucht und mit der von Kalktuffstein verglichen. Gefäßversuche mit Gerste, Klee, Kartoffeln und Mais ergaben, daß die Erträge bei Düngung mit Ölschieferasche durchweg höher als bei Kalkdüngung lagen. Bedingt durch den Gehalt an Spurenlementen, bes. B, traten die bei Kalkdüngung von Zucker- und Futterrüben sowie Luzerne beobachteten Mangelkrankheiten (Markfäule der Wurzeln, Chlorose) mit Ölschieferasche nicht auf. In sandigen Böden wurde in der Asche befindliches K, S und Mg durch Gerste, Klee und Bohne gut aufgenommen. Die Untersuchung des bei der Verbrennung des Ölschiefers anfallenden Zyklonstaubes ergab, daß das darin enthaltene K in pflanzenverfügbarer Form vorliegt. P. Stoß. 689.

Locascio, S. J., Nettles, V. F. und Neller, J. R.; Florida, Agric. Exp. Stat. The effect of sawdust incorporation in a soil on growth of Irish potatoes and sweet corn. **(Der Einfluß der Sägemehleinbringung in einen Boden auf das Wachstum von Kartoffeln und Zuckermais.)** Proc. Florida State horticult. Soc. **74** (1961, hrsg. 1962) S. 197–201. – 3 Tab., 9 Lit.

Die Einbringung von 5–25 t/acre Sägemehl in einen feinsandigen Boden durch Einscheiben blieb ohne eindeutigen Einfluß auf die Erträge der in den beiden nächsten Jahren angebauten Kartoffeln. Die danach wiederholte Sägemehlzuführung (15–55 t/acre) zeigte im 1. und 3. Jahr ebenfalls keine Wirkung auf die Erträge von Zuckermais. Lediglich im 2. Jahr lag der Ertrag an marktfähigem Zuckermais bei der höchsten Sägemehlvariante signifikant höher als ohne Sägemehl. Der C-Gehalt des Bodens ist durch die hohen Sägemehlgaben deutlich erhöht worden. V. Koepke. 689.

Sharratt, W. J., Peterson, A. E. und Calbert, H. E.; Madison, Wisconsin Agric. Exp. Stat.; Wilson Dam, Ala., Tennessee Valley Authority. Effect of whey on soil and plant growth. **(Einfluß von Molke auf Boden und Pflanzenwachstum.)** Agronomy J. **54** (1962) Nr. 4. S. 359–361. – 1 Abb., 5 Tab., 5 Lit.

Der Einfluß der Zugabe verschiedener Mengen von Molke (0, 2, 4, 8 und 12 acre-in.) auf Bodeneigenschaften und Wachstum von Mais wurde untersucht. Mit 1 acre-in. ($\sim$ 130 t) wurden dem Boden neben anderen Elementen $\sim$ 330 lb. N, $\sim$ 110 lb. P und $\sim$ 400 lb. K zugeführt. Durch Behandlung (etwa 3 Wochen vor der Auspflanzung) mit 8–12 acre-inc. Molke erhöhten sich P-, K- und Na-Gehalt des Bodens um das 3–5fache. Durch 2–4 acre-in. Molke wurde er etwa verdoppelt. Im 1. und 2. Jahr nach der Molkezugabe wurden gesteigerte Erträge erhalten, wobei die günstigste Wirkung der geringeren Menge im Jahr und die der größeren Menge im 2. Jahr lag. NO_3-Bestimmungen ergaben, daß der in der Molke enthaltene org. N im Boden leicht zu NO_3 umgewandelt wird. Ein günstiger Einfluß von Molke auf den phys. Zustand des Bodens wurde ebenfalls festgestellt. Die bisher in den USA ins Abwasser gegebenen Molkemengen können also vorteilhaft dem Boden zugeführt werden. P. Stoß. 689.

D. Düngemitteluntersuchung

Hoffman, W. M., Ferretti, R. J. und Clark, K. G.; Beltsville, Md., U. S. Dep. of Agric., Soil and Water Conserv. Res. Div., U. S. Fertilizer Lab. Calcium, magnesium, and sulfur contents of mixed fertilizers marketed in 1949–50 and in 1955–56. **(Calcium-, Magnesium- und Schwefelgehalt gemischter Düngemittel, die 1949–50 und 1955–56 gehandelt wurden.)** J. agric. Food Chem. **10** (1962) Nr. 4. S. 327–334. – 1 Abb., 8 Tab., 11 Lit.

Die Veränderungen im Gehalt der Düngemittel an Ca, Mg und S wurden an einer repräsentativen Auswahl (425 und 491 Proben) der 1949/50 und 1955/56 gehandelten Düngemittel untersucht, da die Entwicklung zu höhergradigen Düngemitteln oft mit einem Abfall des Ca,- Mg- und S-Gehalts gleichgesetzt wird. Die Analysen ergaben, daß nach Ablauf der 6 Jahre zwar der Ca-, Mg- und S-Gehalt um 5,3; 12,8 und 4,8% abgenommen hatte, jedoch die verbleibenden Ca-, Mg- und S-Mengen die gleiche Größenordnung wie in früheren Jahren erreichten. Mit der Produktion von hochgradigen Düngemitteln sank das Verhältnis der sekundären Nährstoffe zu N, P und K in den bereitgestellten Düngemitteln beträchtlich ab, wobei jedoch die Menge der 1955/56 in den Düngemitteln enthaltenen sekundären Nährstoffe größer war als 1949/50, da die Produktion von Düngemitteln 1955/56 gegenüber 1949/50 um 20,6% zunahm. P. Stoß. 690.

Schollenberger, Charles J. und Whittaker, Colin W.; Ohio Agric. Exp. Stat.; U. S. Dep. of Agric. A comparison of methods for evaluating activities of agricultural limestones. **(Ein Vergleich von Methoden zur Bewertung der Wirksamkeit landwirtschaftlich nutzbarer Kalksteine.)** Soil Sci. **93** (1962) Nr. 3. S. 161–171. – 3 Abb., 8 Tab., 11 Lit.

An 24 zermahlenen Proben mit unterschiedlichem Dolomit/Calcit-Verhältnis (16 fast ausschließlich Dolomit, 8 38 – 81% Calcit [+Dolomit] enthaltende Kalksteinmehle) wird über Korrelationsrechnungen die Übereinstimmung verschiedener Methoden der „Aktivitätsbestimmung" (rate of reaction) zur Kalkung nutzbarer Gesteine geprüft (NH_4Cl-Destillation, Oxalat-Methode, EDTA-Reaktion, Fähigkeit zur pH-Erhöhung eines sauren Bodens, CO_2-Freisetzung nach Schollenberger und Whittaker [vgl. LZ. Abt. II **3** (1958) Nr. 12. S. 2492.] und auf Grund des Calcit-Dolomitgehaltes berechnete $CaCO_3$-Äquivalente). – Gute Übereinstimmung wurde in einigen Fällen (über Korngrößen hinweg) für die Calcit enthaltenden Proben gefunden, selten jedoch bei Korrelation über alle Gesteinsgruppen. Die chem. Methoden (NH_4Cl-, Oxalat- und EDTA-Reaktionen) zeigten oft keine befriedigende Reproduzierbarkeit in ihrer Kalkaktivitätsanzeige bei variierter Mineralzusammensetzung. Da die 3 übrigen Methoden jedoch nicht befriedigend miteinander in Übereinstimmung stehende Aussagen erbrachten, ihre Auswahl offenbar vom Objekt abhängig ist, wurde – hinsichtlich der hier wichtigsten Funktion (Fähigkeit zur pH-Korrektur) – die „Boden-pH-Erhöhung" als Standard-Methode deklariert. H. E. Freytag. 690.

Ferrari, C., Gelli, P. und Palotta, U.; Bologna, Univ., Ist. di Aim Age. **Über die kolorimetrische Bestimmung der Phosphorsäure in Düngemitteln.** Phosphorsäure **22** (1962) Nr. 1/2. S. 74–79. – 1 Tab., 6 Lit.

Zur colorimetrischen Bestimmung von Gesamt-, wasser-, ammoncitrat- und citronensäurelösl. P wird die Molybdänblau-Methode vorgeschlagen. Die Analysenlösung soll 0,02–0,10 mg P_2O_5/100 ml enthalten und wird durch

Verdünnen der betr. Auszüge im Verhältnis 1:100 erhalten. 10 ml der verdünnten Lösung werden nacheinander mit 65–70 ml aqua dest., 10 ml Molybdatlösung (14,4 g Ammonmolybdat, gelöst in 500 ml H_2O, werden mit einer Mischung aus 500 ml aqua dest. und 215 ml H_2SO_4 d = 1,84 versetzt und auf 2 l verdünnt) und 2 ml 2,5%iger Ascorbinsäurelösung versetzt. Die Mischung wird 30 Min. auf dem Wasserbad erhitzt und nach Abkühlen auf 100 ml aufgefüllt. Die Färbung der Lösung, die mehrere Tage beständig ist, wird bei 650 nm gemessen. Die erhaltenen Ergebnisse werden durch Multiplizieren mit dem „Analysenfaktor", ermittelt durch P-Bestimmung an einer abgewogenen KH_2PO_4-Menge, korrigiert. Es wird empfohlen, anstelle des „Analysenfaktors" den Faktor „F" einzuführen, in dem Gewicht der Einwage der Düngemittel und die Verdünnung enthalten sind. Man erhält dann direkt den P-Gehalt des Düngemittels. P. Stoß. 690.

VII. PFLANZENBAU AUF DEM ACKER

B. Fruchtwechsel und Fruchtfolgen

Franke, G. **Zur Verträglichkeit von Hafer mit sich selbst und mit anderen Getreidearten.** Albrecht-Thaer-Arch. 6 (1962) Nr. 6. S. 419–433. – 9 Tab., 15 Lit. Zus. in Russ., Engl.

Die Verträglichkeit von Hafer mit sich selbst und mit anderen Getreidearten wurde in Feld- und Gefäßversuchen vom Vf. untersucht. In den Feldversuchen lagen die Kornerträge der Hafermonokulturen bis auf eine Ausnahme vom 1. Versuchsjahr an unter dem Versuchsmittel. Die Parzellen mit Hafermonokulturen hatten erheblich höheren Besatz an *Heterodera avenae* als Parzellen mit wechselnden Anbaufolgen zwischen Hafer u. a. Getreidearten. Gefäßversuche mit Boden ohne *Heterodera avenae* ergaben keine Mindererträge beim mehrmaligen Nacheinanderbau von Hafer. Untersuchungen von Monokulturen der verschiedenen Getreidearten ergaben außer bei Wi-Roggen höheren Zystenbesatz. Ertragsminderungen von Getreide nach Getreide sind häufig auf den Befall mit *Heterodera avenae* zurückzuführen. Gefäßversuche mit Böden unterschiedlichen Verseuchungsgrades bestätigen diese Feststellung. Es wird angenommen, daß der Faktor Verträglichkeit kaum einen dominierenden Ertragseinfluß ausübt. Durch optimale Wasser- und Mineraldüngerversorgung ist eine ausgleichende Wirkung auf vorfruchtbedingte Ertragsunterschiede wahrscheinlich. G. Schröder. 714.

Borcherdt, Christoph. **Fruchtfolgesysteme und Marktorientierung als gestaltende Kräfte der Agrarlandschaft in Bayern.** Kallmünz; Regensburg: Lassleben. 1960. (292 S. m. 42 Abb.) 4° = Arbeiten aus dem geographischen Institut. Bd. 5. (1962 A 782)

C. Saat- und Pflanzgut

Engelmann, Carlheinrich. **Über die Keimfähigkeit feuchten Saatgutes.** Z. landwirtsch. Versuchs- u. Untersuchungswes. 8 (1962) Nr. 3. S. 218–224. – 6 Tab., 3 Lit.

Frühere Untersuchungsergebnisse wurden erneut bestätigt: Unter den Getreidearten reagierten die Arten mit nackten Körnern (Weizen, Roggen) stark auf hohe Niederschläge z. Z. der Reife und Ernte durch Absinken der Keimfähigkeit, die Arten mit bespelzten Körnern sind z. T. ebenfalls empfindlich (Hafer), z. T. weitgehend unempfindlich (Gerste). Unter den Hülsenfrüchten sind Erbsen, Wicken und Lupinen in diesem Sinne empfindlich, Ackerbohnen unempfindlich; unter den Kleearten bleibt allein die Serradella unverändert, die Grasfrüchte sind durch die Spelzen nur bedingt geschützt. Von den sehr unterschiedlich reagierenden Gemüsesamen zeichnen sich Möhren und Spinat durch hohe Widerstandsfähigkeit aus, während Radies- und Kohlsamen in feuchten Jahren in ihrer Keimfähigkeit stark zurückgehen.
W. Fleischmann. 720.

Roztropowicz, S.; Warszawa, Zakład Ziemnika I. U. N. G. Biologiczna i produkcyjna wartość dużych i małych kłębów ziemniaka. **(Der biologische und produktive Wert großer und kleiner Kartoffelknollen.)** Roczniki Nauk rolniczych, Ser. A **86** (1962) Nr. 3. S. 463–475. — 1 Abb., 8 Tab., 13 Lit. Zus. in Russ., Engl.

In den Untersuchungen wurden die Kartoffelerträge der aus den Augen des Kronenendes kleiner (40 g) und großer (120) g Knollen entstandenen Pflanzen verglichen. Das mittlere Gewicht eines ausgeschnittenen Auges betrug 4–5 g. Die Beurteilung der Augen erfolgte auf Grund ihrer chem. Zusammensetzung (Gehalt an Tr.-Subst., Stärke, red. Zuckern und Saccharose sowie Katalase- und Phosphatase-Aktivität), Beobachtungen während des Wachstums (Anzahl der Stengel) und der Höhe der Erträge. Gleichzeitig wurden Untersuchungen geführt über die Ertragshöhe der Kartoffeln, die aus kleinen und großen Knollen aufgezogen waren, bei ausgeglichener Stengelanzahl. Zum Ausgleich der Stengelanzahl wurden so viel Stengel von den Stauden der großen Knollen entfernt, bis die Anzahl dieselbe war wie bei den Stauden aus den kleinen Knollen. Die Untersuchungen wurden mit der Sorte 'Ackersegen' durchgeführt. Es wurde kein Unterschied in der Ertragshöhe der Pflanzen festgestellt, die aus den Augen kleiner oder großer Knollen entstanden waren. Das zeigt, daß die Augen aus den verschiedenen Knollen den gleichen Produktionswert haben. Gleich war auch der Produktionswert kleiner und großer Pflanzenknollen; aber die Höhe der Erträge ist abhängig von der Anzahl der aus der Knolle ausgetriebenen Stengel. Pflanzen aus großen Knollen haben mehr Stengel, entwickeln mehr oberirdische Masse und haben eine größere Assimilationsfläche, welche direkt mit der Ertragshöhe korreliert.

S. Kowalski. 720.

Linehan, P. A. und Mathews, D.; Northern Ireland, Off. Seed Testing Stat. Measurement of uniformity in seed bulks. Part II. **(Messung der Einheitlichkeit von Saatgutpartien. 2. Mitt.)** C. R. Assoc. int. Essais Semences **27** (1962) Nr. 2. S. 423–430. — 3 Tab., 3 Lit. Zus. in Franz., Dtsch. 1. Mitt. vgl. LZ. Abt. II **5** (1960) Nr. 11. S. 2638.

Die Homogenität (H) von 816 Saatgutpartien von *Lolium perenne* und 349 Partien von *Lolium multiflorum* von 4 aufeinanderfolgenden Ernten wurde nach der Formel von Miles (vgl. nachstehendes Referat) bestimmt. Für jede der beiden Arten werden „kritische“ H-Werte empfohlen. Bei Überschreitung dieser Werte wird die Partie als heterogen beurteilt. Für *Lolium perenne* wird als kritischer Wert H = 1,00 in bezug auf Reinheit vorgeschlagen; in bezug auf Fremdbesatz wird H = 2,00 als kritischer Wert angesehen. Bei *Lolium multiflorum* betragen die entspr. Werte 2,00 bzw. 4,00. Bei beiden Samenarten korrelierten die H-Werte von Reinheit bzw. Fremdbesatz positiv (r = 0,52).

C. Tittel. 725.

Miles, S. R.; Lafayette, Ind., Purdue Univ. Heterogeneity of seed lots. **(Heterogenität von Saatgutpartien.)** C. P. Assoc. int. Essais Semences **27** (1962) Nr. 2. S. 407–413. — 2 Lit.

Da keine Saatgutpartie vollkommen gleichmäßig beschaffen ist, benutzt Vf. das Wort „Heterogenität“ anstelle der bisher üblichen Bezeichnung „Homogenität“. Die Heterogenität von Saatgutpartien kann durch Bestimmung der Reinheit, der Keimfähigkeit oder der Zahl der Unkrautsamen in der Gewichtseinheit geprüft werden. Hierzu sind Mittelproben aus möglichst vielen Packungen einer Partie zu untersuchen. Die Heterogenität (H) wird durch die Formel $H = V/W - 1$ errechnet (V = Stichprobenvarianz; W = „erwartete“ Varianz der Untersuchungsproben = $\bar{x}\,[100 - \bar{x}]$/Samenzahl).

C. Tittel. 725.

Miranda, H. de; Wageningen, Netherlands, Government Seed Testing Stat. Germination and purity tolerances. Discussion of general principles.

(Keimfähigkeits- und Reinheitstoleranzen. Besprechung allgemeiner Prinzipien.) C. R. Assoc. int. Essais Semences 27 (1962) Nr. 2. S. 373–385. – 3 Abb., 2 Tab., 4 Lit. Zus. in Franz., Dtsch.

Die Toleranzen bei der Saatgutprüfung sollen auf einem klar definierten statistischen Modell basieren. Das binomiale Modell und eine einfache graphische Darstellung werden beschrieben. Bei der Darstellung handelt es sich um eine Karte mit geraden Linien als Toleranzgrenzen. Beispiele für die Anwendung dieser Karte für die Auswertung von Analysenergebnissen werden gegeben. Einige Vorschläge werden an den ISTA-Kongreß gerichtet, die folgende Fragen betreffen: Festlegung und Anwendung der zulässigen Untersuchungsspielräume, Berücksichtigung der Zahl der untersuchten Samen bei Reinheits- und Keimfähigkeitstoleranzen, genaue Definition der Begriffe „signifikante Differenz" und „Garantie-Toleranz". C. Tittel. 725.

Neergaard, Paul; Hellerup, Denmark, Government Plant Protection Serv. Tolerances in seed health testing. A discussion on basic principles. **(Toleranzen bei der Gesundheitsprüfung des Saatgutes. Eine Diskussion über Grundprinzipien.)** C. R. Assoc. int. Essais Semences 27 (1962) Nr. 2. S. 386 bis 399. – 5 Lit. Zus. in Franz., Dtsch.

Bei der Ausstellung von Zertifikaten für die Pflanzenquarantäne sind international einheitliche Toleranzen wichtig. Für die Aufstellung der Krankheitstoleranzen müssen folgende entscheidende Faktoren berücksichtigt werden: 1. Genauigkeit der angewendeten Untersuchungsmethode, 2. Quarantänevorschriften des Einfuhrlandes, 3. wirtsch. Bedeutung des Krankheitserregers, 4. Klimabedingungen des Einfuhrlandes und Verbreitung der samenübertragbaren Krankheiten in den verschiedenen Ländern, 5. Häufigkeit des Vorkommens der Krankheitserreger im Saatgut, 6. die in der Praxis verwendete Saatmenge pro Flächeneinheit, 7. Bekämpfungsmöglichkeiten durch Saatgutbeizung. – Zur Erläuterung dieser Faktoren werden einige Beispiele gegeben. Außerdem werden Formeln mitgeteilt zur Berechnung der Inokulationsdichte auf der Basis des Prozentsatzes der Infektion bzw. der Zahl der pathogenen Einheiten pro Gewichtseinheit.

C. Tittel. 725.

Neergaard, Paul; Hellerup, Denmark, Government Plant Protection Serv. The infection percentage as a relative value in assessing disease tolerances for seed health testing. **(Der Prozentsatz der Infektion als relativer Wert für die Bestimmung der Krankheitstoleranzen bei der Gesundheitsprüfung von Saatgut.)** C. R. Assoc. int. Essais Semences 27 (1962) Nr. 2. S. 400–406. – 2 Tab., 3 Lit. Zus. in Franz., Dtsch.

Die Inokulationsdichte (Zahl der inokulierten Stellen pro ha) infolge eines bestimmten Prozentsatzes infizierter Samen ist von der Saatdichte stark abhängig. Zur Berechnung des Prozentsatzes der Infektion (p) auf der Basis der Saatdichte bei einer gegebenen Inokulationsdichte (I) dient die Formel: $p = \frac{I}{10\,qs}$, wobei q = Saatmenge in kg/ha; s = Zahl der Samen in 1 g. Weitere Formeln zur Berechnung des durchschnittlichen Abstandes zwischen den inokulierten Stellen in den Reihen werden mitgeteilt. C. Tittel. 725.

Filimonova, T. G. (Filimonowa, T. G.); Sibir. Forsch.-Inst. für Landwirtsch. Ispol'zovanie gibberellina dlja opredelenija žiznesposobnosti semjan. **(Die Verwendung von Gibberellin bei der Bestimmung der Lebensfähigkeit von Samen.)** Selekcija i semenovodstvo, Moskva 27 (1962) Nr. 5. S. 60–61. – 1 Abb.

Hafer-, Gersten- und Hirsesaatgut wurde mit wäßriger Gibberellinlösung (0,01%ig) behandelt (je 10 kg Saatgut 1 l). Zur Kontrolle wurden gleiche Saatgutmengen in Wasser eingeweicht. Durch Gibberellin erhöhte sich bei Hafer die Triebkraft gegenüber der Kontrolle von 53 auf 61% und die Keimfähigkeit von 78 auf 87%; bei Gerste analog von 12 auf 40% und von 24 auf 73%. Auch schwächere Konz. (bis 0,0001%ig) steigerten erheblich Triebkraft und Keimfähigkeit. Diese Ergebnisse sind für Gebiete mit ungünstigen Witterungsbedingungen während der Kornausbildung und Reife von großer Bedeutung. G. Jury. 725.

Butusov, V. A. und Lysenko, Ju. A. (Butussow, W. A. und Lyssenko, Ju. A.); Krasnodar, Landwirtsch. Inst. des Kubangebietes. Ljuminescentnyj metod opredelenija žiznesposobnosti semjan zernobobovych kul'tur. **(Die Lumineszenzmethode zur Bestimmung der Lebensfähigkeit von Körnerleguminosensaatgut.)** Selekcija i semenovodstvo, Moskva **27** (1962) Nr. 5. S. 59–60. — 1 Tab.
Bei *Phaseolus, Pisum, Cicer arietinum* und *Lathyrus* wurden die klarsten Ergebnisse bei Anwendung von 0,2%igem Jodeosin (Erythrosin) als Kontrastmittel erreicht. Auch die Verwendung einer gesättigten wäßrigen Lösung von Fluorescein ist möglich. Dagegen versagen Indigocarmin und Safranin. Bei Futterbohnen konnten aus den Unterschieden der Fluoreszenz keine Schlußfolgerungen hinsichtlich Saatguteignung gezogen werden. In diesem Fall sind noch geeignete neue Fluorochrome ausfindig zu machen. Die Fluoreszenzmethode ermöglicht in den beschriebenen Fällen die Bestimmung der Lebensfähigkeit innerhalb von 2 Std. G. Jury. 725.

Avakjan, V. A. (Awakjan, W. A.) Moskau, Landwirtsch. Timirjasew-Akad. Biochimičeskaja charakteristika zdorovogo i vyrozdennogo kartofelja. **(Biochemische Charakteristik der gesunden und abbaukranken Kartoffel.)** Izvestija Akademii nauk Armjanskoj SSR. Biologičeskie nauki, Erevan **14** (1961) Nr. 10. S. 75–84. — 4 Abb., 3 Tab., 7 Lit.
An Knollen von abbaukranken Kartoffeln wurden die biochem. Veränderungen durch Bestimmung der Tr.-Subst. und des Gehalts an Stärke, löslichen Eiweißfraktionen und freien Aminosäuren untersucht. Es wurden gegenüber gesunden Kartoffelknollen Verringerung des Gehaltes an Tr.-Subst., an Stärke und eine gewisse Zunahme der löslichen Eiweiß-Fraktionen gefunden. Bei Knollen von Pflanzen mit positiver Reaktion auf Virus X besteht i. allg. die Tendenz zur rel. und abs. Vergrößerung des Gehaltes an löslichen Eiweißfraktionen. Ein wesentliches Merkmal der Erkrankung der Kartoffel ist die Zunahme an freien Aminosäuren und davon bes. an basischen Aminosäuren. Insgesamt gesehen, ergeben sich bei abbaukranken Kartoffeln bedeutende Veränderungen im Ablauf des Stoffwechsels, wobei hauptsächlich das Verhältnis der Kohlenhydrat-Nährstoffe zu N-haltigen Nährstoffen in Richtung der N-haltigen Nährstoffe verschoben wird. P. Stoß. 725.

Röstel, H.-J.; Kleinwanzleben, Inst. für Pflanzenzücht. **Untersuchungen an mono- und polykarpem Zuckerrübensaatgut.** Zuckererzeugung **6** (1962) Nr. 7. S. 177–180. — 3 Abb., 12 Tab., 6 Lit.
An Hand umfangreicher Tabellen werden die wichtigsten Merkmale und Eigenschaften von mono- und polykarpem Zuckerrübensaatgut besprochen. Mit steigender Früchtigkeit (Anzahl Früchte je Knäuel) des Saatgutes nimmt die Masse der Einzelsamen und Keimlinge ab. Die Einzelfrüchte monokarper Familien sind wesentlich größer als die polykarper. Kalibrierungsversuche zeigten, daß TKM und Keimfähigkeit in dem entspr. Kaliber bei monokarpem Saatgut höher liegen als bei polykarpem. Mit zunehmender Größe der Einzelfrüchte nimmt deren Keimfähigkeit zu. Untersuchungen über den optimalen Schnittpunkt ergaben, daß monokarpe Samenträger in der Vollreife geschnitten werden sollten. Frühe Ernte hat niedrigere TKM und Keimfähigkeit des Saatgutes sowie ungenügende Zuckererträge zur Folge. H.-J. Röstel. 725.

Hutin, C.; Paris, Stat. Offic. d'Essais de Semences. Analyses de routine de la polyploidie des semences de betterave. **(Serienmäßige Prüfungen zur**

Bestimmung der Ploidiestufe bei Saatgut von Beta-Rüben.) C. R. Assoc. int. Essais Semences **27** (1962) Nr. 2. S. 542–556. – 5 Lit. Zus. in Engl., Dtsch.
Die Ploidiestufenanteile in anisoploidem Beta-Saatgut werden an der amtlichen Samenprüfungsstelle zu Paris in serienmäßigen Prüfungen durch Zählen der Chromosomen festgestellt. Da die Chloroplastenmethode (Zählen der Plastiden in den Stomatazellen) zu falschen Schlüssen führt, wird diese Genomstufen-Bestimmungsmethode nicht benutzt. Zur Untersuchung werden 8 × 50 Knäuel bei 20 °C auf Filterpapier angekeimt, die Wurzelspitzen mit Oxychinolin vorbehandelt und in Alkohol-Eisessig fixiert. 200 Keimlinge werden untersucht. Die unbestimmbaren Wurzeln sollen 10% nicht übersteigen. Mit dieser Methode läßt sich rel. schnell arbeiten.
H.-E. Fischer. 725.

Radersma, S. C.; Wageningen, Government Seed Testing Stat. Comparison of Western European routine methods for determination of polyploidy of beet seeds. **(Ein Vergleich zwischen westeuropäischen Routinemethoden zur Feststellung des Polyploidiegrades von Rübensaatgut.)** C. R. Assoc. int. Essais Semences **27** (1962) Nr. 2. S. 592–598. – 3 Tab., 11 Lit.
Es wurden Erkundigungen bei 10 westeuropäischen Saatprüfungsstationen eingeholt, ob es eine offizielle Kontrolle der gegebenen Garantien hinsichtlich des Polyploidiegrades des Beta-Rübensaatgutes gibt, ob Routineuntersuchungen durchgeführt werden und welche Methode der Genomstufenbestimmung bevorzugt wird. Nur Paris gab auf die Fragen 1 und 2 eine bejahende Antwort. In Wien, Münster, Wageningen und Kopenhagen findet dagegen eine begrenzte Zahl von Untersuchungen statt. Die übrigen fünf Stationen antworteten negativ. Die meisten Stationen bevorzugen als Methode das Auszählen der Chromosomen an Wurzelspitzen oder Primärblättern nach Vorbehandlung mit Oxychinolin. Nur Wien zählt Trabanten-Chromozentren. Die Station Münster hat vor der Einführung einer modifizierten Chromosomenzählmethode die Anzahl der Chloroplasten in den Spaltöffnungszellen als Kriterium herangezogen. H.-E. Fischer. 725.

Johnston, Margot E. H. und Miller, Jean G.; New Zealand, Seed Testing Stat.; Dep. of Agric. Investigation into germination techniques for ryegrass, Lolium spp. **(Untersuchungen über die Keimungsverfahren für Weidelgras, Lolium spp.)** C. R. Assoc. int. Essais Semences **27** (1962) Nr. 2. S. 345–356. – 1 Abb., 5 Lit. Zus. in Franz., Dtsch.
In der amtlichen Samenüberprüfungsstation in Palmerston North wird Weidelgras auf Filtrierpapier bei 20 °C in Keimschränken mit Glastüren eingekeimt. Jede Wiederholung wird mit durchsichtiger Plastikfolie bedeckt; die Auszählungen erfolgen nach 6 und 12 Tagen. Bei Keimruhe wird 4 Tage bei 5 °C vorgekühlt. Dieses Verfahren weicht etwas von den ISTA-Vorschriften ab. Vergleichsversuche zeigten, daß bei Anwendung dieser Vorschriften die Keimung in geringem Maße erhöht wurde. Der Vorteil der Palmerston-North-Methode liegt in der Handlichkeit und Arbeitserleichterung. Die Versuche beschäftigten sich außerdem mit dem Einfluß der Lage der Samen im Keimschrank, der Temperatur und der Keimungsbedingungen im Jacobsen-Apparat. C. Tittel. 725.

Voisenat,; Paris, Stat. Off. d'Essais de Semences. Au sujet des essais de Lolium à la lumière ultraviolette. Nécessité d'en mieux préciser la technique. **(Ein Beitrag zum Ultraviolett-Test bei Lolium. Die Notwendigkeit der genaueren Definition der Versuchsmethode.)** C. R. Assoc. int. Essais Semences **27** (1962) Nr. 2. S. 599–602. – Zus. in Engl., Dtsch.
Gemeinsame Untersuchungen der Zentralstation für Genetik und Pflanzenzüchtung Versailles und der Pariser Samenprüfungsstation ergaben, daß die

Fluorescenz bei *Lolium* von den Keimbedingungen abhängig ist. Weiterhin kann das Ergebnis des Fluorescenztests insbesondere durch das Licht und die Art des verwendeten Filterpapiers beeinflußt werden. Die genaue Festlegung der Versuchsbedingungen ist deshalb erforderlich. Es wird vorgeschlagen, daß durch das Sortenkomitee Vergleichsversuche organisiert werden, an denen sich alle Stationen beteiligen. C. Tittel. 725.

Baekgaard, H. C.; Copenhagen, State Seed Testing Stat. Continued examinations of the content of fluorescent seeds in Danish varieties of Perennial ryegrass (Lolium perenne). **(Fortsetzung der Untersuchungen über den Anteil fluorescierender Samen in dänischen Stämmen des Deutschen Weidelgrases [Lolium perenne].)** C. R. Assoc. int. Essais Semences **27** (1962) Nr. 2. S. 562–572. – 1 Tab.

Die 1952 begonnenen Versuche zur Bestimmung des Anteils fluorescierender Typen bei DeutschemWeidelgras wurden mit 521 Mustern von 20 dän. Stämmen durchgeführt. Fluorescenz kam bei den verschiedenen Stämmen z. T. in erheblichem Ausmaß vor (0,3–18,7%). Die späten Stämme wiesen den größten Anteil fluorescierender Typen auf. Durch Anbauversuche konnte nachgewiesen werden, daß es sich bei diesen Typen nicht um Welsches Weidelgras handelte. Die Pflanzen aus fluorescierenden Samen unterschieden sich in bezug auf botan. Merkmale, Ausdauer und Kälteresistenz nicht von denen aus nicht fluorescierenden Samen. C. Tittel. 725.

Everson, L. E., Shih, C. S. und Cady, F. B.; Ames, Iowa State Univ. A comparison of the „hand" and „uniform" methods for the purity analysis of Kentucky bluegrass (Poa pratensis) seed. **(Ein Vergleich von „Hand"- und „Einheits"-Methoden zur Reinheitsbestimmung von Saatgut der Wiesenrispe [Poa pratensis].)** C. R. Assoc. int. Essais Semences **27** (1962) Nr. 2. S. 476–488. – 8 Tab., 8 Lit.

21 der ISTA angehörende Saatgutuntersuchungsstationen beteiligten sich an Vergleichsuntersuchungen mit 9 verschiedenen Mustern von Wiesenrispe, um die Ergebnisse der Handmethode zu kontrollieren. Die Reinheits- und Keimfähigkeitsergebnisse der Stationen wichen beträchtlich voneinander ab. Diese Abweichungen waren wesentlich geringer, wenn die „Einheits-Blasmethode" angewendet wurde. Bei dieser Methode wurde das Saatgut mit Hilfe des Blasapparates „General Blower" in reine Samen und unschädliche Verunreinigungen getrennt. Es ist aber notwendig, auch die Keimbedingungen genau zu standardisieren, um vergleichbare Ergebnisse zu erhalten. C. Tittel. 725.

Meijer Drees, E.; Wageningen, Netherlands, Government Seed Testing Stat. Minimum size of working sample for provenance estimation in clover seed. **(Mindestgröße der Untersuchungsprobe zur Provenienzfeststellung von Kleesaatgut.)** C. R. Assoc. int. Essais Semences **27** (1962) Nr. 2. S. 431–444. – 4 Abb., 5 Tab.

Auf mathematischer Grundlage wird eine einfache, aber hinreichend genaue Methode zur Feststellung der erforderlichen Mindestprobengröße erarbeitet. Die Zahl der artfremden Samen wird in Teilproben von 2×25 oder 2×50 g festgestellt. Daraus kann errechnet werden, welche Größe die Untersuchungsprobe besitzen muß, damit in ihr mindestens 80% aller in der eingesandten Probe enthaltenen Arten gefunden werden. Die Rechnung basiert auf folgender mathematischen Beziehung zwischen Probengröße (x) und Zahl der Arten (y): $y = \frac{a}{1 + \frac{b}{x}}$. Die Größen a und b sind Parameter, die von den einzelnen Proben abhängig sind. C. Tittel. 725.

Tseng, Shu Tien und Lin, Cheng I.; Taipei, Taiwan, Republic of China, Nat. Taiwan Univ., Coll. of Agric., Dep. of Agronomy, Seed Technol. Lab. Studies on the physiological quality of pure rice seed. **(Untersuchungen über die physiologische Qualität reiner Reissamen.)** C. R. Assoc. int. Essais Semences **27** (1962) Nr. 2. S. 459–475. – 4 Abb., 6 Tab. Zus. in Franz., Dtsch.
Nach der Definition der Internationalen Vorschriften für die Prüfung von Saatgut werden auch verkümmerte, unreife und physiol. geschwächte Samen zu den reinen Samen gerechnet. Aus diesen reinen Samen können demzufolge kräftige und schwach entwickelte Pflanzen entstehen. Vff. untersuchten die physiol. Qualität der reinen Samen von Reis und stellten fest, daß die Gleichartigkeit der Keimpflanzen einen großen Einfluß auf Pflanzenertrag und -wachstum besitzt. In Taiwan ist es üblich, 3–5 Reispflanzen gemeinsam in einem Büschel auszupflanzen. Bei Verwendung unterschiedlich entwickelter Pflanzen kann der Ertrag beeinträchtigt werden. Es wird vorgeschlagen, eine Methode zur Erkennung der lebensschwachen Samen auszuarbeiten. C. Tittel. 725.

Gavrielith-Gelmond, H.; Rehovoth-Beit Dagan, Israel, Nat. and Univ. Inst. of Agric., Div. of Seed Res. and Testing. A review of problems associated with testing of peanut seed (Arachis hypogaea). **(Eine Übersicht über die Probleme bei der Prüfung von Erdnußsamen [Arachis hypogaea].)** C. R. Assoc. int. Essais Semences **27** (1962) Nr. 2. S. 357–372. – 7 Abb., 14 Lit. Zus. in Franz., Dtsch.
Die lange Blütezeit der Erdnuß bringt es mit sich, daß im Saatgut mitunter überreife oder ausgetrocknete Samen und leere Hülsen vorkommen. Das notwendige Enthülsen der Samen vor der Aussaat bedeutet eine Gefährdung der Samen durch Beschädigungen. Nach den Untersuchungen sind Samen mit kleinen Rissen nur zu etwa 33% lebensfähig. Für die Saatgutuntersuchung sind folgende Probleme zu lösen: 1. Richtige Probenahme der unenthülsten Samen, die erst im enthülsten Zustand untersucht werden, 2. Verringerung der max. Partiengröße, 3. gerechte Definition des Begriffs „reine Samen" bei beschädigten Samen, 4. Möglichkeiten der Saatgutbeizung für Keimversuch und Freilandaussaat, 5. Anwendung der biochemischen Keimprüfung, da häufig Keimruhe vorkommt. C. Tittel. 725.

Evreinov, M. G., Smirnova, I. S., Koževnikova, N. F. und Kotljarov, M. V. (Jewreinow, M. G., Smirnowa, I. S., Koshewnikowa, N. F. und Kotljarow, M. W.) L voprosu predposevnoj obravotki semjan ul'trafioletovymi lučami i ėlektričeskim tokom. **(Saatgutbehandlung mit UV-Strahlen und elektrischem Strom.)** Naučnye trudy. Ėlektrifikacija sel'skogo chozjajstva. Vsesojuznyj naučno-issledovatel'skij institut ėlektrifikacii sel'skogo chozjajstva (VIĖSCh), Moskva **10** (1961) S. 147–167. – 7 Abb., 6 Tab., 8 Lit.
Die Ergebnisse der Labor- und Feldversuche gestatten auszusagen, daß die Methoden der Saatgutbehandlung mit UV-Strahlen und elektr. Strom zur Ertragssteigerung der landwirtsch. Kulturen eine Perspektive besitzen und eingehende Überprüfung im Produktionsmaßstab verdienen. Bei Behandlung von Maissaatgut mit UV-Strahlen erhöhte sich die Keimenergie um 10–20% und die Keimfähigkeit um 3–4%. Bei Weizensaatgut erhöhte sich die Keimenergie sogar um 30–35%. Je weiter die Bestrahlungsquelle vom Saatgut entfernt ist, desto länger ist die erforderliche Zeit der Bestrahlung. Bei Behandlung von Maissaatgut mit Wechselstrom erhöhte sich die Keimenergie um 23%, die Keimfähigkeit um 12%; bei Verwendung von Gleichstrom entsprechend um 15 bzw. 6%. Ähnliche Versuche wurden ferner mit So-Roggen, So-Weizen, Reis u. a. Kulturarten durchgeführt.
W. Görtler. 726.

Fischnich, O., Heiliger, F., Krug, H. und Pätzold, Chr.; Braunschweig-Völkenrode, Forsch.-Anst. für Landwirtsch., Inst. für Pflanzenbau und

Saatguterzeug. **Forschung am Pflanzgut der Kartoffel.** Europ. Potato J. 5 (1962) Nr. 1. S. 93–122. – 16 Abb., 9 Tab., 39 Lit. Zus. in Engl., Franz.
Vff. geben einen Überblick über den Stand der Forschung im Inst. für Pflanzenbau und Saatguterzeugung. Die Temperatur und Luftfeuchtigkeit während der Lagerung, die Bodentemperatur nach dem Auspflanzen sowie die Lufttemperatur und Lichtbedingungen während des Wachstums standen im Vordergrund der Untersuchungen unter kontrollierten Klimabedingungen. Neben der unmittelbaren Beeinflussung der Pflanze durch diese Faktoren wurde auch deren „Nachwirkung" im weiteren Entwicklungsverlauf Beachtung geschenkt. Im Feldversuch wurde in Verbindung mit der Lagerung und Pflanzgutvorbereitung der Einfluß von Witterung und Kulturmaßnahmen untersucht. Hier interessierten vorwiegend Probleme der Düngung, des Standraumes, der Pflanztiefe, der Unkrautbekämpfung, des Erntetermins im Hinblick auf Pflanzgut sowie seine Sortierung und Lagerung. Im Zusammenhang mit diesen Fragen standen stoffwechselphysiol. Untersuchungen.
Ch. Pfeffer. 726.

Grečišnikova, O. (Gretschischnikowa, O.) Predposadočnaja obrabotka klubnej. **(Vorbehandlung des Kartoffelpflanzgutes.)** Kartofel' i ovošči, Moskva 7 (1962) Nr. 3. S. 19. – 1 Tab.
Behandlung des Pflanzgutes mit Kupfersalzen intensiviert die Oxydationsprozesse, die für erhöhte Krankheitsresistenz der Pflanzen von größter Bedeutung sind. Die Behandlung der Knollen mit Bor, Kupfer und Phosphor beschleunigt das Blühen. Durch das Spritzen des Saatgutes mit einem Superphosphataufguß konnten der Ertrag um 10% und die Stärkeausbeute um 21% gesteigert werden. Bei 10 Rbl. Aufwand je ha betrug die Mehreinnahme 176–284 Rbl. E. Kahn. 726.

Burghausen, R.; Jena, Friedrich-Schiller-Univ., Inst. für Acker- und Pflanzenbau. **Vorkeimen der Pflanzkartoffeln unter Kunstlicht.** Dtsch. Agrartechn. **12** (1962) Nr. 2. S. 79–82. – 4 Abb., 2 Tab., 31 Lit.
Zur Vorbehandlung der Pflanzkartoffeln haben sich Vorkeimung und Keimstimmung in der Praxis bewährt. Durch die Verwendung von Kunstlicht ist die Vorkeimung in allen frostsicheren Räumen möglich (also ohne zusätzliche Bauten). Voraussetzung sind elektr. Anschluß mit 220 V/50 Hz Wechselstrom. Eine bes. Vorkeimleuchte wird bereits serienmäßig hergestellt und kostet komplett 95. – DM. Mit einer Leuchte können u. U. 20–25 dt Kartoffeln vorgekeimt werden; für 1 ha sind bei einer Stapelhöhe von 1,60 m 12 m^2 Grundfläche erforderlich. Am zweckmäßigsten erfolgt die Lagerung in Stiegen bei Temperaturen von 3–4 °C bis Febr. und 8–10 °C anschließend. Durch zunehmende Belichtungsdauer wird die keimhemmende Wirkung des Lichtes erhöht. Der durch Vorkeimung erzielte rel. Mehrertrag wird mit verspäteter Pflanzzeit größer und beträgt 13–20%. R. Kämmerer. 726.

Birecki, M. und Roztropowicz, St. **Der Einfluß des Vorkeimens von Kartoffelknollen auf die Entwicklung des Wurzelsystems.** Dtsch. Akad. Landwirtsch.-Wiss. Berlin, Tagungsber. **1962** Nr. 48. S. 95–104. – nach Zus.
Durch das Vorkeimen wird eine üppigere Entwicklung des Wurzelsystems von Kartoffelpflanzen bewirkt. Die aus vorgekeimten Knollen gebildeten Pflanzen sind durch ein günstigeres Verhältnis von Wurzelmasse zu oberirdischer Masse gekennzeichnet. Pflanzen aus vorgekeimten Knollen sind besser mit Nährstoffen und Wasser versorgt, da außer der Bildung einer abs. größeren Wurzelmasse die auf eine Einheit Wurzelmasse fallende Blattmasse geringer ist als bei Pflanzen aus nicht vorbehandelten Knollen. Die Vorkeimwirkung ist sortenspezifisch. Frühe Sorten reagieren stärker als späte Sorten. Mit Hilfe des Vorkeimens von Knollen wird die Ertragsbildung durch Wachstumsbeschleunigung, Vergrößerung des Wurzelsystems und der Blattmasse gefördert. 726.

Burghausen, R.; Jena, Friedrich-Schiller-Univ., Inst. für Acker- und Pflanzenbau. **Der Einfluß des Vorkeimens von Saatkartoffeln auf Keimwachstum, Entwicklungsrhythmus und Krankheitsbefall.** Europ. Potato J. Nr. 1. S. 50–56. – 2 Tab., 3 Tab., 15 Lit. Zus. in Engl., Franz.
Die Temperaturgrenze, bei der alle Kartoffelkeime weiterwachsen, wurde durch Vorkeimen von 8,7 auf 6,8 °C verlegt. Somit erlaubt die Vorkeimung eine wesentliche frühere Pflanzung. Durch die beschleunigte Keimentwicklung wird die Zeitspanne Pflanztermin – Aufgang verkürzt. Die übrigen Zeitstrecken verkürzen sich nicht. Der Anteil Kümmerer und Fehlstellen wurde durch das Vorkeimen verringert. Ebenso zeigen die vorgekeimten Bestände etwas weniger Fußkrankheiten. Das Auftreten von Blattrollkrankheit und leichten Virosen wurde vermindert. Ch. Pfeffer. 726.

Shadbolt, C. A., Bishop, J. C., Schweers, V. H. und Harvey, O. A.; Riverside, Univ. of California, Dep. of Vegetable Crops; Davis, Univ. of California, Dep. of Vegetable Crops; Berkeley, Univ. of California, Agric. Extension Serv. Factors affecting potato seed piece breakdown during hot weather. **(Faktoren, die den Zusammenbruch von geschnittenen Pflanzenknollen beeinflussen.)** Amer. Potato J. **39** (1962) Nr. 6. S. 217–226. – 6 Tab., 3 Lit.
Die vollständige Fäulnis von geschnittenen Pflanzenknollen tritt im Juli bis Aug. in Kalifornien innerhalb von 48–72 Std. nach dem Pflanzen auf und kann zu einem ungleichmäßigen Bestand oder sogar zu einem vollständigen Ausfall führen. Während bisher vorwiegend pathogene Organismen dafür verantwortlich gemacht wurden, sollten vorliegende Untersuchungen den Einfluß des Schneidens, des Zeitpunktes des Schneidens und der Lagerung von Pflanzgut aus dem vorjährigen Herbstanbau und von im Juni geerntetem Pflanzgut an zwei Orten klären. In Riverside wurden bei 'White Rose' durch Verkürzung der Zeit zwischen Schneiden und Auspflanzen Aufgang und Ertrag verbessert. In Tulare war einen Tag vor dem Pflanzen geschnittenes Pflanzgut besser als unmittelbar vor dem Pflanzen geschnittenes. Zwei Tage vor dem Pflanzen in nassen Säcken aufbewahrtes geschnittenes Pflanzgut ergab einen besseren Stand und höheren Ertrag als trocken gelagertes oder mit Gips behandeltes Pflanzgut. Kürzere Behandlung führte zu keinen Unterschieden. Altes, in einem Kühlraum gelagertes Pflanzgut aus der vorjährigen Herbsternte reagierte wenig auf die Behandlung. Das einige Tage vor dem Pflanzen geschnittene neue Pflanzgut (Juniernte) war in Riverside bei gleicher Behandlung dem alten Pflanzgut unterlegen. Wurde das Pflanzgut unmittelbar vor dem Pflanzen geschnitten, so wurde von dem neuen Pflanzgut ein Mehrertrag erzielt. In Tulare war unabhängig von der Behandlung i. allg. das alte Pflanzgut gleich oder besser als das neue Pflanzgut. Die Lagerung des neuen Pflanzgutes in einem Kühlraum hatte keinen günstigen Einfluß. 10 Tage vor dem Pflanzen aus dem Kühlraum entnommenes altes Pflanzgut verhielt sich ähnlich wie das einen Tag vor dem Pflanzen entnommene. Ch. Pfeffer. 726.

Čirkovskij, V. I. (Tschirkowski, W. I.); Krasnodar, Mikojan-Unions-Inst. für Tabak und Machorkaforsch. Preodolenie prorastaemosti semjan tabaka i drugich vidov roda nikociana putem vozdejstvija gibberellinom. **(Überwindung der Keimruhe von Tabaksamen und anderen Nicotiana-Arten durch Behandlung mit Gibberellin.)** Tabak, Moskva **22** (1961) Nr. 4. S. 42–45. – 3 Tab., 1 Lit.
Samen von *Nicotiana tabacum* und anderen *Nicotiana*-Arten wurden 10 bzw. 30 min oder 2, 6 bzw. 18 Std. in einer 0,02%igen Gibberellinlösung zur Verbesserung der Keimfähigkeit vorgequellt. Dabei konnte bei allen frisch geernteten und jungen Samen, bei denen die Ursache der niedrigen Keimfähigkeit ihre ungenügende phys. Reife ist, die Keimfähigkeit verbessert

werden, nicht dagegen bei Samen, deren geringe Keimfähigkeit durch schlechte Lagerung und zu hohes Alter bedingt war. Dadurch ist es möglich, schlecht keimendes Saatgut hinsichtlich seines Alters zu untersuchen und die Keimruhe einiger Tabaksorten und *Nicotiana*-Arten zu überwinden. Die mangelnde Kreuzungsfähigkeit zwischen einigen *Nicotiana*-Arten kann durch Gibberellinbehandlung verbessert werden. J. Merker. 726.

Brockwell, J.; Canberra, C. S. I. R. O., Div. of Plant Ind. Studies on seed pelleting as an aid to legume seed inoculation. I. Coating materials, adhesives, and methods of inoculation. **(Untersuchungen über die Samenpillierung als Hilfe für die Leguminosen-Saatgutimpfung. 1. Mitt. Pillierstoffe, Bindemittel und Methoden der Impfung.)** Austral. J. agric. Res. **13** (1962) Nr. 4. S. 638–649. – 1 Abb., 3 Tab., 33 Lit.

Saatgut von Bodenfrüchtigem Klee wurde pilliert, wobei für die Pilliermasse Gummi arabicum (45% in Wasser) oder Methyläthylzellulose (5%ig in Wasser) oder „Nitrocoat“ (wasserlösliche Gummiarten mit Nährstoffen für Bakterien, speziell zur Impfung von Leguminosensaatgut), als Füllmittel und Zusätze Dolomit, org. Stoffe (Trockenblut, Trockenmilch, Hefeextrakt, Vitamine), Kalk oder Holzkohle verwendet wurden. Die Impfung mit *Rhizobium trifolii* erfolgte teils äußerlich, teils durch Beimischung zur Pilliermasse mit einem handelsüblichen Torfpräparat. – Gegenüber ohne Pillierung geimpftem Saatgut war die Knöllchenbildung durch jede Art Pillierung stets verbessert (Prüfung auf Podsolboden, wo die herkömmliche Impfung oft versagte). Bei Pillierung mit Kalk allein sowie mit Dolomit + Milchpulver oder Trockenblut ergaben sich höhere Trockensubstanzgewichte pro Pflanze als bei den anderen Mitteln. Das beste Bindemittel, bes. im Hinblick auf die Lagerfähigkeit des geimpften Saatgutes (Lagerung bis 27 Tage), war Gummi arabicum. Bei kurzer Lagerung (bis 5 Tage) waren die anderen Bindemittel gleichwertig. W. Stenz. 726.

Wesemann, E.; Münster, Westfalen-Lippe, Landwirtschaftskammer, Samenprüfstelle. **Möglichkeiten der Unterscheidung von Sorten bei Vicia faba major L. am Samen.** C. R. Assoc. int. Essais Semences **27** (1962) Nr. 2. S. 557–561. – 1 Abb., 1 Tab., 3 Lit. Zus. in Engl., Franz.

Zur Unterscheidung der Puffbohnensorten am Korn wurden bisher Samenschalenfarbe, Korngröße und Nabelfarbe verwendet. Ein weiteres brauchbares Unterscheidungsmerkmal ist die Fluorescenz der Samenschale, die bei 6 von 21 untersuchten Sorten festgestellt wurde. Bei dem untersuchten Material besaßen nur die weißblühenden Sorten Samen mit fluorescierender Schale. Bei allen Sorten fluorescierten die Kotyledonen in verschiedenen, aber nicht sortenspezifischen Farben. C. Tittel. 728.

Eifrig, H.; Münster, Westfalen-Lippe, Landwirtschaftskammer, Samenprüfstelle. **Die Feststellung grünhülsiger und gelbhülsiger Busch- und Stangenbohnen im Laboratoriumsversuch.** C. R. Assoc. int. Essais Semences **27** (1962) Nr. 2. S. 573–575. – 2 Abb., 4 Lit. Zus. in Engl., Franz.

Grün- und gelbhülsige Bohnen lassen sich an der Färbung der etwa 10 mm langen Hülsen im Knospenstadium erkennen. Geöffnete Blüten sind zur Unterscheidung ungeeignet, da nach Entfaltung der Kronenblätter auch die Hülsen der Wachsbohnen vorübergehend ergrünen. Bei Anzucht im Gewächshaus oder im Klimaschrank kann die Grün- oder Gelbhülsigkeit bereits 4 Wochen nach der Aussaat festgestellt werden. C. Tittel. 728.

D. Saat und Pflege

I'so, St. **Über den Wert des Behackens von Körnermais in Ungarn.** Dtsch. Akad. Landwirtsch.-Wiss. Berlin, Tagungsber. **1962** Nr. 48. S. 161–166. – nach. Zus.

5jähr. Versuche auf unterschiedlichen Böden verschiedenster Struktur und Qualität in Martonvásár haben ergeben, daß auf das übliche Hacken beim Mais verzichtet werden kann, wenn die Maisschläge mit selektiven Unkrautbekämpfungsmitteln saubergehalten werden. In keinem Fall konnte eine signifikante Wirkung des Hackens auf Bodenfeuchtigkeit, Ertrag und Struktur nachgewiesen werden. Diese Untersuchungen konnten durch Versuche an 12 repräsentativen Stellen in ganz Ungarn sowie in Großversuchen von Produktionsbetrieben vollauf bestätigt werden. 738.

E. Ernte und Ernteverfahren

Gall, H.; Groß-Lüsewitz, Inst. für Pflanzenzücht. der Dtsch. Akad. der Landwirtsch.-Wiss. zu Berlin. **Organisation der Kartoffelernte.** Dtsch. Landwirtsch. **13** (1962) Nr. 9. S. 446–449. — 3 Abb., 1 Tab.

Die Kartoffelernte bedarf einer sorgfältigen Planung des Ernteablaufes, um bei hoher Arbeitsproduktivität Knollen mit guter Qualität zu bergen. Die Planung des Ernteablaufes je nach Verwendungszweck wird beschrieben. Ch. Pfeffer. 746.

Spengler, A. **Der Doppelte Drusch bei der Samenernte von Gräsern.** Wiss.-techn. Fortschr. Landwirtsch. **2** (1961) Nr. 6. S. 250–252. — 2 Tab., 3 Lit.

Der Hockendrusch in der Grassamenernte wird mit dem Doppelten Drusch, der im Mähdrusch und einem 2. Drusch nach 5–8 Tagen aus dem Schwad besteht, verglichen. Durch den Doppelten Lieschgrasdrusch konnte der Arbeitszeitaufwand von 54,1 auf 22,1 Akh/ha reduziert werden, während die Motor-PS-Std. von 315,6 nur auf 400,7 je ha anstiegen, so daß die Gesamterntekosten um 28,16 DM/ha (= 17,7%) zurückgingen. W. Lampeter. 752.

F. Konservierung und Lagerung des Erntegutes

Nehring, K.; Rostock, Inst. für Landwirtsch. Versuchs- und Untersuchungswes. der Dtsch. Akad. der Landwirtsch.-Wiss. zu Berlin. **Über die Ergebnisse der Arbeiten auf dem Gebiet der Maiseinsäuerung und Maisverfütterung.** S.-B. dtsch. Akad. Landwirtsch.-Wiss. Berlin **10** (1961) Nr. 5. S. 31–50. — 1 Abb., 25 Tab. — nach Zus.

Das Ergebnis der umfangreichen Untersuchung läßt sich dahin zusammenfassen, daß sich unsere ursprüngliche Konzeption, nach der als entscheidend für den Verlauf der Gärungsvorgänge wie für die Gärverluste der Gehalt an Tr.-Subst. und die bei der zunehmenden Reife eintretenden Änderungen in der chem. Zusammensetzung des Maises anzusehen sind, durchaus bestätigt hat. Demgegemäß verbessert sich die Geeignetheit des Maises für die Einsäuerung mit zunehmender Vegetation deutlich, und sie ist am günstigsten im Zustand der Wachsreife bei 22–28% Tr.-Subst., wobei der größte Teil des ursprünglichen Zuckers in Stärke umgewandelt ist. Demgemäß ist die bereits oft ausgesprochene Forderung aufrechtzuerhalten, daß alle Maßnahmen im Maisanbau unter unseren klimatischen Bedingungen dahin orientiert werden müssen, Mais mit hohem Trockensubstanzgehalt zu erreichen. Im übrigen sind die gleichen Anforderungen bei der Einsäuerung des Maises zu stellen wie auch bei der Einsäuerung der sonstigen Früchte. Hervorzuheben ist die Forderung auf kurzes Häckseln von 2–3 cm. Der Einsatz von Maiskolbensilage in der Schweinemast ist bei der niedrigen Verdaulichkeit abzulehnen. Maiskolbensilage ist kein günstiges Schweinemastfutter. Sie kann in Notfällen zur Streckung des eigentlichen Mastfutters dienen. 758.

Land Jensen, H., Mølle, Kr. G., Møller, Erik und Pedersen, E. J. Nørgaard. Ensileringsforsøg med saerligt henblik på afprøvning af tilsaetningsmidler. **(Silierungsversuche unter besonderer Berücksichtigung der Erprobung von Sicherungszusätzen.)** Tidsskr. Planteavl **66** (1962) Nr. 2. S. 256–335. – 14 Abb., 33 Tab., 35 Lit.

Der Bericht ist eine Einschätzung der von 1950–60 von der Versuchsstat. für Pflanzenbau der dän. Regierung durchgeführten Silierungsversuche. Die Mehrzahl der Versuche wurde in überdachten, zylindrischen Betonsilos (2,5 bis 3,5 m hoch und 1,0–1,5 m Dmr.) mit Preßdrücken zwischen 500 und 800 kg/m² durchgeführt, der Sickersaft wurde aufgefangen und analysiert. In den ersten 5 Jahren gelangten Rübenblatt, Kleegras, Luzerne, Grünmais und Markstammkohl zur Einsäuerung, in den letzten 5 Jahren Kleegras und Luzerne. Die Sicherungszusätze (Mengen lt. Firmenangabe) waren: 1. AIV-Säure, 2. Ameisensäure, 3. AIV-Salz, 4. DAG-Salz, 5. Reymersholms Silierungsphosphat, 6. Silamon, 7. Silosan, 8. Perstorps Silierungssalz, 9. Kofasalz und einige Chemikalien (z. B. SO_2 und CO_2), die aber bald wieder aus dem Versuchsprogramm herausgenommen wurden. Erneut wurde die Abhängigkeit der Silierungsverluste von den Silotemperaturen sowie vom Gehalt der Pflanzen an Rohfaser und Tr.-Subst. deutlich. Das beste Ergebnis wurde allg. mit 1 erzielt, und zwar sowohl hinsichtlich Verlusten als auch Qualität der Silage, gefolgt von 2 in den Fällen, in denen große Mengen angewendet wurden. Für den Erfolg von Säurezusätzen oder von deren Salzen scheint die Menge an dissoziierten Säuren ausschlaggebend zu sein, während die Anionen hierbei immer mehr an Bedeutung verlieren.

W. Fleischmann. 758.

Burghausen, R.; Jena, Friedrich-Schiller-Univ., Inst. für Acker- und Pflanzenbau. **Zweckmäßige Kartoffellagerung.** Dtsch. Landwirtsch. **13** (1962) Nr. 9. S. 450–453. – 6 Abb., 1 Tab., 15 Lit.

Die chem. Krautabtötung an unreifen Beständen erleichtert die Ernte und verbessert die Lagerfähigkeit. Untersuchungen über die Wirkung einiger Herbicide ergaben, daß der Praxis das Abtöten mit Hedolit, Selinon oder Selest empfohlen werden kann. Die Wirkung der DNOC-haltigen Mittel kann noch durch krautschädigende Maßnahmen verstärkt werden. Des weiteren wird ein Überblick gegeben über Grundsätze der Kartoffellagerung, Lagerungsformen im Großbetrieb, Lagerung der Pflanzkaroffeln und Lagerung von Speise- und Wirtschaftskartoffeln. Ch. Pfeffer. 759.

Dolzmann, Heinz; Jena, Inst. für Acker- und Pflanzenbau, Abt. Hopfenbau. **Fachgerechte Trocknung und Nachbehandlung des Hopfens erhalten die Qualität des Erntegutes.** Hopfenbau 4 (1962) Nr. 3. S. 3–6. – 2 Tab., 8 Lit.

Hopfen kann nur durch Trocknung lagerfähig gemacht werden. Da er leicht verderblich ist, muß die Trocknung möglichst schnell nach der Ernte erfolgen. Wenn die Darre zu anderen Zwecken verwendet wurde, ist sie so zu reinigen, daß keine Qualitätsbeeinflussung des Hopfens zu erwarten ist. Die Darrtemperatur ist nicht höher als 60 °C zu wählen, da sich mit Erhöhung der Temperatur der Bitterwert verringert. Die Erhöhung der Luftgeschwindigkeit während des Darrprozesses über die bei den hiesigen Darren gebräuchlichen Geschwindigkeiten von 0,20 m/s ist nicht ratsam, da der Energiebedarf bei diesem Darrtyp stark ansteigt. Der Darrprozeß ist beendet, wenn der Hopfen die Lagerfähigkeit erreicht hat. Diese ist mit 12% Wassergehalt gegeben. Eine Nachbehandlung erfolgt in der Weise, daß der Hopfen mehrfach gestürzt wird, damit sich ein gleichmäßiger Wassergehalt in der ganzen Partie eingestellt. Zu trockenen Hopfen kann man durch entspr. Behandlung anfeuchten und zu feuchten Hopfen nachtrocknen. Auch nach dem Einsacken ist die Kontrolle auf den Feuchtigkeitsgehalt vorzunehmen, damit die Qualität erhalten bleibt. H. Dolzmann. 759.

G. Versuchswesen

Wiegert, Richard G.; Ann Arbor, Univ. of Michigan, Dep. of Zool. The selection of an optimum quadrat size for sampling the standing crop of grasses and forbs. **(Die Auswahl einer optimalen Quadratgröße bei der Entnahme der anstehenden Grünmasse von Gräsern und Kräutern.)** Ecology **43** (1962) Nr. 1. S. 125–129. – 4 Abb., 2 Tab., 13 Lit.

Es wurde die optimale Größe von Entnahmequadraten zur Feststellung des Besatzes von Kräutern, Gräsern und abgestorbenen Pflanzen geprüft. Vf. benutzte dazu ineinandergesetzte Quadrate von 0,016 m^2 (Quadratgröße 1), 0,047 m^2 (Quadratgröße 3), 0,187 m^2 (Quadratgröße 12). Die optimale Größe wird definiert als die Größe, die bei einem gegebenen (Zeit-)Aufwand die niedrigsten Vertrauensgrenzen für den Durchschnittswert erfordert. Außer dem Zeitaufwand und der Varianz der Mittelwerte beeinflußt der Abfall der Durchschnittswerte, der bei kleinen Quadratgrößen und durch die Überschreitung der Vertrauensgrenze durch zu geringe Zahl der Untersuchungsquadrate hervorgerufen wird, die Auswahl der optimalen Quadratgröße (oQ). Unter Berücksichtigung von Aufwand und Varianz ergibt sich für die krautigen Pflanzen und die Gesamtgrünmasse eine oQ von 1,187 m^2, für Gras beträgt die oQ 0,047 m^2 und für totes Pflanzenmaterial 0,063 m^2. Für die Bestimmung der oQ ist die Art der Pflanzenverteilung von großer Bedeutung. Gräser sind annähernd zufällig verteilt, krautige Pflanzen und totes Pflanzenmaterial kommen dagegen mehr als Gruppenanhäufungen in einer durchschnittlichen Ballungsgröße von 0,047 m^2 vor. Vf. leitet aus seinen Ergebnissen eine Empfehlung zur Bestimmung der oQ ab.

H. Naumann. 761.

Schulze, J.; Bad Lauchstädt, Inst. für Landwirtsch. Versuchs- und Untersuchungswes. **Zur Bestimmung der Einzelfehler in faktoriellen Versuchen vom Typ 2^n.** Z. landwirtsch. Versuchs- u. Untersuchungswes. **8** (1962) Nr. 4. S. 257–278. – 16 Tab., 11 Lit. Zus. in Russ., Engl.

Die Bestimmung von Einzelfehlern kann erforderlich sein, um eine der Voraussetzungen für die Anwendung der Varianzanalyse, die Homogenität der Varianzen der einzelnen Versuchsglieder, zu überprüfen. Es wird die Bestimmung der Einzelfehler (Varianzen), der Versuchsglieder (im faktoriellen Versuch auch als Behandlungskombinationen bezeichnet) und der Haupt- und Wechselwirkungen für faktorielle Versuche vom Typ 2^n für folgende Fälle an Hand von Beispielen dargestellt: 1. faktorielle Versuche in Blockanordnung ohne Vermengen („confounding"); 2. faktorielle Versuche mit vollständigem Vermengen einer bestimmten Wechselwirkung; 3. faktorielle Versuche mit teilweisem Vermengen bestimmter Wechselwirkungen (Dabei wird je Wiederholung nur eine Wechselwirkung vermengt.); 4. Faktorielle Versuche mit Vermengen von mehreren Wechselwirkungen in einer Wiederholung, wobei sowohl das vollständige, wie das teilweise Vermengen besprochen wird. Abschließend wird der Bartlett-Test zur Prüfung der Homogenität von Varianzen demonstriert.

G. Bätz. 768.

Rayner, A. A. und Murdoch, M. G.; Natal, Univ., Fac. of Agric.; Agric. Res. Inst. Estimation of orthogonal single-degree-of-freedom components of the second-order intraction in a $3 \times 3 \times 3$ factorial design with two replications and partial confounding. **(Schätzung der orthogonalen Komponenten bei einem Freiheitsgrad für Wechselwirkung von zweiter Ordnung bei einem $3 \times 3 \times 3$ faktoriellen Plan mit zwei Wiederholungen und teilweisem Vermengen.)** South African J. agric. Sci. **5** (1962) Nr. 2. S. 265–272. – 9 Lit. Zus. in Franz., Afrikaans.

Vff. knüpfen an bekannte Untersuchungen verschiedener Autoren an, bes. an die Abhandlung von Yates aus dem Jahre 1937 (The design and analysis of factorial experiments. Techn. Comm. No. 35, Imperial Bureau of Soil Science) und benutzen die gleichen Bezeichnungen. Außerdem wird das von R. L. Anderson 1956 (Complete factorials, fractional factorials and confounding – in Experimental Designs in Industry [Victor Chew editor], New York: Wiley) vorgeschlagene Modell $y_{ijk} = \beta_{pqr}\, a^i_r\, b^q_j\, c^r_k + \varepsilon_{ijk}$ verwendet. Der Vorteil des von den Vff. angegebenen Rechenweges liegt darin, daß alle Quadratsummen unabhängig von den entspr. linearen Funktionen berechnet werden können. G. Reißig. 769.

H. Pflanzen der gemäßigten Zone

Guitard, A. A., Newman, J. A. und Hoyt, P. B.; Beaverlodge; Fort Vermilion, Alberta, Canada Dep. of Agric., Exp. Farms. The influence of seeding rate on the yield and the yield components of wheat, oats and barley. **(Der Einfluß der Saatstärke auf den Ertrag und die Ertragskomponenten von Weizen, Hafer und Gerste.)** Canad. J. Plant Sci. **41** (1961) Nr. 4. S. 751–758. – 6 Abb., 1 Tab., 4 Lit.

2 Weizen-, 3 Hafer- und 3 Gerstensorten wurden mit 6 verschiedenen Saatstärken (Weizen 0,5; 1,0 . . . . 3,0; Hafer 1,5; 2,0 . . . . 4,0; Gerste 1,0; 1,5 . . . . 3,5 bu./acre) an 3 verschiedenen Versuchsorten ausgesät. Den Höchstertrag erreichte Weizen an allen Versuchsorten bereits bei 1,0 bu./acre, Hafer bei 2,5, Gerste bei 2,0–2,5 bu./acre. An einigen Versuchsorten sanken die Weizen- und Gerstenerträge bei Steigerung der Saatmenge wieder ab, bei Hafer blieben sie gleich hoch. Sorte und Jahr änderten nichts an diesen Tendenzen. Differenzen bestanden jedoch in den Ertragsmerkmalen, wie Pflanzenzahl/acre, Anzahl fruchtbarer Ähren bzw. Rispen, Kornzahl/Infloreszenz und TKM. Steigende Saatmenge bewirkte lineare Zunahme der Pflanzenzahl und zugleich kurvenlineare Abnahme der Anzahl fruchtbarer Blütenstände. Außerdem sanken Kornzahl/Blütenstand und TKM. Auf Grund des starken Einflusses der Saatmenge auf die Ertragskomponenten wird die Prüfung von Pflanzen und Stämmen anhand von einzeln stehenden Pflanzen als nicht adäquat betrachtet. W. Stenz. 772.

Winkler, Hugo und Lustig, Hans. Sortförsök med havre och korn utförda vid Statens Försöksgård Flahult åren 1949–1960. **(Sortenversuche mit Hafer und Gerste, durchgeführt in der staatlichen landwirtschaftlichen Versuchsfarm Flahult in den Jahren 1949–1960.)** Kungl. Landbrukshögskolan Statens Lantbruksförsök, Statens Jordbruksförsök, Medd. **1962** Nr. 131. S. 1–23. – 7 Tab., 10 Lit.

Der Versuchsbetrieb liegt im Gebiet von Jönköping in Schweden. Die Versuche waren in 3 Serien angelegt, und zwar teilweise auf *Sphagnum*-Torfboden (I), teilweise auf Fennmoorboden (II). Serie 1 betrifft Hafer auf **I**: Im Kornertrag standen die Sorten 'Blenda', 'Sol II' und 'Sv: s Å 01680' mit nur ganz geringen Unterschieden an der Spitze. Bei Berücksichtigung des Gewichtes der unbespelzten Körner übertraf letztere Sorte die beiden anderen im Ertrag. Gegenüber den Folgesorten 'Blenda' und 'Sisu' war sie sogar um 4,7 bzw. 4,4% besser. Bez. der Kornqualität nahm wiederum 'Sv: s Å 01680' die Spitzenstellung ein, ihr hl-Gew. betrug 60,4 kg; die nächst besten Sorten waren 'Bambu II', 'Edda', 'Blenda' und 'Bambu' I. Die Halmfestigkeit war ebenfalls bei 'Sv: s Å 01680 am besten. – Serie 2 betrifft Gerste auf **I**: Standard- und Spitzensorte war hier 'Asplunds', gefolgt von 'Rika', 'Ymer' und 'Freja'. Das höchste hl-Gew. wiesen 'Drake', 'Freja' und 'Rika' auf, die höchste TKM hatte 'Drake'. – Serie 3 betrifft Gerste auf **II**: Hier sind kaum Abweichungen gegenüber Serie 2 zu verzeichnen.

W. Fleischmann. 772.

Vasilev, I. (Wassilew, I.) Rezultati ot izpitvaneto na sŭvetskite sortove zimna pšenica. **(Ergebnisse der Prüfung sowjetischer Winterweizensorten.)** Izvestija na Kompleksnija selskostopanski naučnoizsledovatelski institut – Karnobat, Sofija 2 (1962) S. 5–14. – 2 Abb., 5 Tab., 2 Lit. Zus. in Russ., Engl.

In den Jahren 1953–59 wurden folgende sowjetische Weizensorten geprüft: 'Odesskaja-3', 'Gostianum-237', 'Worschilowskaja', 'Nowoukrainskaja-83', 'Odesskaja12','Lgowskaja-837', 'Lutescens-17', 'Lessostepka75','Krimskaja mestnaja', 'Albanskaja' und die 'Krasnosjornaja'-Sorten 131, 421, 431, 441 und 451. In den bis 1955 durchgeführten Versuchen diente die bulgarische Sorte 'Nr. 14', ab 1955 die Sorte 'Nr. 301' als Kontrolle. Die Erträge aller sowjetischen Sorten lagen unter denen der Kontrolle 'Nr. 301'. Die Sorte 'Lutescens' zeigte hohe Winter- und Lagerfestigkeit. Alle Sorten mit Ausnahme von 'Worschilowskaja' wurden stark von Schwarz- und Braunrost befallen.

M. Stoilow. 773.

Aziz, M. A. Improved agronomic practices of wheat cultivation in the former Punjab. **(Verbesserte Anbaupraxis bei Weizen im früheren Pandschab.)** Agric. Pakistan **12** (1961) Nr. 4. S. 690–692.

Weizen ist in Westpakistan die Hauptnahrungspflanze und nimmt ca. 10 Mill. acres ein, wovon ca. 3½ Mill. t. geerntet werden. Die Skala der Boden- und Klimaverhältnisse ist dort sehr groß. 60% der von Natur aus meist sehr trockenen Böden werden bewässert, Fruchtfolgefragen spielen daher eine große Rolle. Die gebräuchlichste Rotation besteht aus Weizen, *Sorghum*, Guar, Kichererbse, Baumwolle, Bodenfrüchtigem Klee. Zur Saatbettbereitung sind 5–6 Pflugfurchen mit anschließender Schleppe erforderlich, die günstigste Saatzeit liegt zwischen Mitte Okt. bis Mitte Nov., spätere Saat führt zu Mindererträgen. Da der Faktor 'verfügbares Wasser' jedoch nicht immer mit diesem Optimum der Saatzeit übereinstimmt, sind die Anbauer gezwungen, folgende Ausweichmethode zu benutzen: die Aussaat erfolgt in trocken gepflügtes Land, das unmittelbar danach überflutet wird. Damit wird eine Verlängerung der Wachstumsperiode um 2 Wochen erreicht, woraus Ertragszunahmen resultieren. Die Aussaatmenge liegt bei 50–60 lb./acre. Die Aussaat erfolgt durch Breitsaat, Dibbeln von Hand hinter der Furche, Dibbeln mittels einer am Pflug befestigten Röhre oder maschinelles Drillen. Gedüngt wird hauptsächlich mit Stallmist. Zwecks Verringerung der Lagerneigung wird der Feldbestand um Weihnachten herum häufig leicht geschröpft. Der Drusch geht noch recht primitiv vor sich.

W. Fleischmann. 773.

Nelson, C. E. und Roberts, S. Cultural practices affecting stand and their relationships with tillering, lodging, and yield of rill-irrigated wheat. **(Anbaupraktiken, die den Stand und ihre Beziehungen zum Schossen, Lagern und Ertrag von furchenbewässertem Weizen beeinflussen.)** Washington agric. Exp. Stat., Bull. **1961** Nr. 629. S. 1–16. – 11 Abb., 8 Tab., 11 Lit.

Bei gleicher Richtung der Drillreihen und Bewässerungsfurchen und einem gegenseitigen Abstand von 24–28 in. war der Stand um 12% besser, als wenn im rechten Winkel zu den Bewässerungsfurchen gedrillt wurde. Ein um 16,2% besserer Stand wurde erreicht, wenn der Boden nach der Saat verdichtet wurde. 6 bei der Herstellung der Furchen für die Bewässerung eingesetzte Grabeschaufeltypen wurden in ihrem Einfluß auf den Aufgang des Weizens untersucht, und zwar in Beziehung zur Aussaatmenge. In jedem Fall ergab sich dabei ein verminderter Aufgang von 33,7–42,1%. Mit steigender Aussaatmenge nahm auch die Zahl der durch die Furchenzieher in ungünstige Bodenschichten (schlechtes Keimmedium) verschobenen Samenkörner zu. Bei dichteren Beständen nahm die Schoßtätigkeit ab, ähnlich verhielten sich in dieser Abhängigkeit auch die Erträge und die Lagerneigung als Funktion der Halmfestigkeit, allerdings traten von Jahr zu Jahr gewisse, wohl witterungsbedingte Unterschiede auf. W. Fleischmann. 773.

Fajersson, Fajer. Fortsatta undersökningar över kalksalpeterns effekt pa bancovete. **(Weitere Untersuchungen über die Wirkung von Kalksalpeter auf ‚Banco'-Weizen.)** Agri Hortique Genetica [Landskrona] **19** (1961) Nr. 3/4. S. 303–310. – 4 Tab., 1 Lit. Zus. in Engl.

Aus 1955–59 durchgeführten Versuchen folgt, daß die beste Wirkung auf den Weizenertrag durch Kopfdüngungen Mitte Apr. (300 kg/ha) und in der 2. Maiwoche (300 kg/ha) erzielt wird. Für die Qualität sind etwas spätere Düngetermine günstiger. H. Kretschmer. 773.

Fajersson, Fajer. En jämförelse mellan kalksalpeter- och ureagödsling till Svenno varvete. **(Ein Vergleich zwischen Kalksalpeter und Harnstoff zu 'Svenno'-Sommerweizen.)** Agri Hortique Genetica [Landskrona] **19** (1961) Nr. 3/4. S. 311–318. – 3 Tab., 6 Lit. Zus. in Engl.

Beide Düngemittel wirkten günstig auf Ertrag und Qualität des Weizens. Kalksalpeter schnitt jedoch im Mittel etwas besser ab. Beim Harnstoff war die Ausbringung in Form wäßriger Lösungen der trockenen Anwendung überlegen. H. Kretschmer. 773.

Ackermann, D. **Bericht über die Hauptprüfung mit Sommergerste 1961.** Hrsg.: Regierung der Deutschen Demokratischen Republik, Ministerium für Landwirtschaft, Erfassung und Forstwirtschaft, Zentralstelle für Sortenwesen. 1961. (32 S.) [Maschinenschr. vervielfältigt].

An zahlreichen Versuchsorten in allen Teilen der DDR wurden die Sorten a) 'Frigga', b) 'Elsa', c) 'Certina', d) 'Lisa', und e) 'Plena' sowie die Stämme f) Hohenthurmer St. 4592–51, g) Hadmerslebener 1977/41 und h) Bernburger 39 678/54 geprüft. Für jeden Versuchsort sind Bodeneigenschaften, Vorfrucht und Düngung angegeben. Die Boniturwerte waren im Mittel aller Versuchsorte nicht sehr unterschiedlich. c war im Anfang etwas schlechter, in der Jugendentwicklung etwas besser als die anderen Sorten. Die phänol. Daten wiesen keine wesentlichen Sortenunterschiede auf. Die Wuchshöhe betrug 87–94 cm im Mittel. f war etwas früher reif. Der Befall mit Flugbrand war bei f und h an einigen Versuchsorten sehr hoch. Im Mittel aller Orte lag er bei diesen Sorten bei 56,3 und 56,4 befallenen Pflanzen je 100 m², während bei den anderen Sorten weniger als 10 Pflanzen befallen waren. Gelbrost trat stärker bei f auf, Schwarzrost bei c, Netzflecken bei d und g. f war etwas schwächer in der Standfestigkeit. Die TKM war am höchsten bei d, am geringsten bei f, die Schüttdichte hoch bei f, niedrig bei c. Die höchsten Werte bei der Siebsortierung hatte g. Der Spelzenanteil war bei c bes. hoch. Im Ertrag lagen d, g und h um 6,7–11,7% über dem Durchschnitt, f um 14% darunter. Die Stroherträge lagen über dem Mittel bei c, e, g und h. W. Stenz. 777.

Aziz, M. A. und Bhatti, H. M. Importance of barley for saline and dry lands in West Pakistan. **(Bedeutung von Gerste für Salz- und Trockenländereien in Westpakistan.)** Agric. Pakistan **12** (1961) Nr. 4. S. 687–689. – 2 Tab.

In Westpakistan gibt es infolge der geringen Niederschläge und der dadurch geringen Auswaschung viele, mit von der chem. Verwitterung herrührenden Salzen angereicherte Böden, die von den meisten Kulturpflanzen nicht vertragen werden. Auf Grund vieler Versuche über die Salztoleranz von landwirtsch. Nutzpflanzen erwies sich die Gerste aber als sehr tolerant, gegenüber dem im Vergleich angebauten Weizen brachte sie 1½–2mal höhere Erträge als dieser. Da in Westpakistan ca. 50% der LN Salzböden sind, kommt der Gerste dort große Bedeutung zu. W. Fleischmann. 777.

Knoch, G. **Vergleichender Anbau von Winter- und Sommergerste in höheren Lagen des Bezirkes Gera.** Z. landwirtsch. Versuchs- u. Untersuchungswes. 8 (1962) Nr. 3. S. 197–205. – 5 Abb., 4 Tab., 12 Lit.

Die 1956–60 durchgeführten Versuche sollten Aufschluß darüber geben, ob in den höheren Lagen (400–728 m NN) Südostthüringens ein Teil der So-Gerste (a) mit Erfolg durch Wi-Gerste (b) ersetzt werden kann. Im Mittel der Jahre brachte b um 2,9 dt/ha höhere Erträge als a, daher wird es für gerechtfertigt gehalten, b mit ca. 3–5% Anteil an der AF einzuführen. a sollte in erster Linie dem Qualitätsgerstenbau vorbehalten bleiben. Zu beachten ist aber, daß b neben pH-Werten um 6,5 und früher Aussaat (um den 10. Sept.) vor allem geeignete Vorfrüchte (Frühkartoffeln, Wi-Raps und Rotklee) verlangt. Die frühe Felddräumung von b ermöglicht stärkeren und erfolgreichen Stoppelzwischenfruchtbau (Verbesserung der Futtergrundlage). Die in GE ausgedrückte Leistung von a und b läßt die Überlegenheit von b deutlich werden, sie lag in den Versuchen bei 27%. W. Fleischmann. 777.

Petrov, P. (Petrow, P.) Proučvane vlijanieto na posevnite srokove i posevnata norma vŭrchu dobiva na zŭrno pri ečimika. **(Studien über den Einfluß der Aussaatmenge und Aussaatzeit auf den Kornertrag bei Gerste.)** Izvestija na kompleksnija selskostopanski naučnoizsledovatelski institut – Karnobat, Sofija 2 (1962) S. 49–64. – 2 Abb., 11 Tab., 9 Lit. Zus. in Russ., Engl.

Die Aussaat erfolgte in Abständen von 10–15 Tagen in der Zeit vom 10. Okt. bis zum 15. Febr. (mit Unterbrechungen im Jan.) dabei wurden 250, 300 und 400 keimfähige Samen je m^2 ausgesät. Im Vierjahresdurchschnitt wurde der höchste Ertrag von 38,8 dt/ha bei 300 keimfähigen Samen je m^2 und Aussattermin 10. Okt. erzielt. Ähnlich hoch war der Ertrag bei gleicher Aussaatzeit und 400 keimfähigen Körnern je m^2. Der geringste Ertrag ergab sich bei Aussaat am 15. Febr. Die Aussaatmenge von 400 keimfähigen Samen je m^2 lieferte die höchsten Kornerträge. Mit Verspätung der Aussaatzeit werden die Ertragsrückgänge größer, und der Einfluß der Aussaatmenge wurde stärker. M. Stoilow. 777.

Bahn, E. **Ertragsleistung, Ertragssicherheit und Vorfruchtwert des Hafers.** Z. landwirtsch. Versuchs- u. Untersuchungswes. 8 (1962) Nr. 3. S. 241–248. – 6 Tab., 4 Lit.

Zwischen 1955 und 1960 hat sich die Haferanbaufläche in der DDR infolge des zurückgegangenen Pferdebestandes um rd. $^1/_3$ verringert. Bei betriebswirtsch. Erwägungen über den Ersatz des Hafers durch andere Fruchtarten im Anbauverhältnis ist neben den Ertrags- und Kostenrelationen auch die Vorfruchtleistung von Bedeutung. Aus zahlreichen Feldversuchen in 6 Jahren im gesamten Gebiet der DDR ergab sich, daß So-Weizen und Hafer in den Kornerträgen auf Böden gleicher Ertragslage etwa die gleichen, So-Gerste um etwa 1,5 dt (5%) geringere Leistungen haben. Die geringste Ertragssicherheit wies der Hafer auf, und zwar in Abhängigkeit von der Jahreswitterung; im Vorfruchtwert stand der Hafer dagegen an 1. Stelle. Nach Eliminierung des Einflusses der Bodenqualität war er in seiner Vorfruchtwirkung den anderen Getreidearten deutlich, um 2–4 dt/ha, überlegen, damit steht er etwa auf gleicher Stufe mit Kartoffeln. W. Fleischmann. 779.

Bogomolova, M. T. (Bogomolowa, M. T.) Voprosy agrotechniki i podbora sortov ovsa. **(Probleme der Agrotechnik und der Auswahl von Hafersorten.)** Sb. naučn. tr. Grodnensk. obl. gos. s.-ch. opytn. st. **1960** Nr. 1. S. 52–58. – Aus: Referativnyj žurnal. Biologija, Moskva **1961** Nr. 14. G 380. S. 46.

Es werden Daten von Versuchen aus den Jahren 1926–50 zur Sortenprüfung, zum Studieren der Bodenvorbereitung und des Einflusses verschiedener N- und K-Düngerformen auf den Hafterertrag angeführt. Am ertragreichsten waren die Sorten 'Bely Udyg', 'Bely Orjol', 'Bely Masur', 'Antonski bely'

und 'Rychlik Kosarowski'. Das beste Verfahren der Frühjahrsbearbeitung der Herbstfurche leichter Sandböden war 2maliges Grubbern mit Federzinkenkultivatoren. Die N-Düngung erhöhte den Kornertrag um 30–50%. Von den K-Düngern erwies sich Kainit als der beste.
übersetzt v. E. Fröhmcke. 779.

Kaufmann, M. L.; Lacombe, Alberta, Canada Dep. of Agric. Yield-maturity relationships in oats. **(Beziehungen zwischen Ertrag und Reife bei Hafer.)** Canad. J. Plant. Sci. **41** (1961) Nr. 4. S. 763–771. – 1 Abb., 4 Tab., 7 Lit.
An 20 Versuchsstationen standen je 15–20 Hafersorten in Prüfung, an deren Erträge im Laufe von 14 Jahren die Untersuchungen angestellt wurden. Die Stationen liegen in 5 Zonen, in denen bestimmte ertragsmindernde Umstände wirksam waren: a) heiße, trockene Reifezeit, Vegetationsdauer des Hafers 105 Tage, Ertrag im Mittel 65 bu./acre; b) Frühfrostschäden an den Rispen, 106/87; c) Dürre, 96/61; d) Schwarz- und Kronenrost (bes. an den Stationen in Manitoba), 95/81; e) Schwarz- und Kronenrost, *Septoria*, zuweilen starke Sommerhitze, 89/65 (Zonen a–e vom Westen her in Richtung Ostküste Kanadas). Eine positive Korrelation zwischen Reifezeit und Ertrag ergab sich, wenn die Bedingungen für alle Reifeklassen günstig waren. Bei Auftreten von Rost sowie bei bestimmten klimatischen Bedingungen waren die spätreifen Sorten benachteiligt. Der Quotient Ertrag: Reife-Index auf der Grundlage der Produktion/Tag von der Saat bis zur Reife wird als Hilfe bei der Züchtung angesehen. Ernteschäden sollten berücksichtigt und in Karten die betr. Gebiete niedergelegt werden im Hinblick auf die regionalen Tests.
W. Stenz. 779.

Schick, R.; Groß-Lüsewitz, Inst. für Pflanzenzücht. der Dtsch. Akad. der Landwirtsch.-Wiss. zu Berlin. **Über die Arbeit der Forschungsgemeinschaft Mais und ihre Aufgaben im Jahre 1961.** S.-B. dtsch. Akad. Landwirtsch. Wiss. Berlin **10** (1961) Nr. 5. S. 5–16. – 3 Abb., 2 Tab. nach Zus.
In dem vorliegenden Vortrag wird versucht, aus den umfangreichen Versuchen und Arbeiten der Forschungsgemeinschaft Mais einige der sich daraus für den Anbau des Maises in der DDR und für weitere Forschungsaufgaben auf diesem Gebiet ergebenden Schlußfolgerungen zu ziehen. Einzelheiten aus dem umfangreichen Programm der Forschungsgemeinschaft Mais werden in den Referaten der Vertreter der an diesen Versuchen maßgeblich beteiligten Institute gegeben. 782.

Svinarev, V. I. (Swinarjow, W. I.) Astrachan, Staatl. Landwirtsch. Versuchsstat. Razvitie kukuruzy pri izbytočnom uvlažnenii. **(Die Entwicklung bei Feuchtigkeitsüberschuß.)** Vestnik sel'skochozjajstvennoj nauki, Moskva **7** (1962) Nr. 6. S. 92–93. – 2 Tab.
Durch Wassereinstau (Furchenbewässerung) im 5- bis 6-Blattstadium wurde bei Mais (Aussaat 12. Mai, 70×70 cm Pflanzenabstand) ein Feuchtigkeitsüberschuß im Boden hergestellt, der sich je nach der Einstaudauer ungünstig auf Wachstum und Entwicklung auswirkte. Die Einstaudauer von 5–8 Tagen ergab bezüglich Entwicklung und Morphologie nur geringe Veränderungen gegenüber einer normalen Bewässerung (5mal während der Vegetationszeit, WK 55–65%), wogegen die Wurzelentwicklung sichtbar eingeschränkt wurde. Einstau von 18–25 Tagen zeigte dagegen auch deutliche Reduzierung der Pflanzenhöhe, Kolbenzahl, Kolbenlänge und des Kolbengewichtes. Bei 45 bis 50 Tagen Einstaudauer betrug die Pflanzenhöhe zur Aberntung nur noch 30 cm gegenüber 206 cm bei normaler Bewässerung, die mittlere Kolbenzahl 0,2 gegen 2,8, die Kolbenlänge 8,5 gegen 16,1 cm und das Kolbengewicht 45,2 gegen 359,6 g. W. Roder. 782.

Schreiber, Henry A., Stanberry, Chauncy O. und Tucker, Henry. Irrigation and nitrogen effects on sweet corn row numbers at various growth

stages. **(Bewässerung und Stickstoffdüngung in verschiedenen Wachstumsphasen in ihrer Auswirkung auf die Reihenzahl beim Zuckermais.)** Science [Washington] **135** (1962) Nr. 3509. S. 1135–1136. — 1 Abb., 2 Tab., 5 Lit.
Vff. untersuchten von 1957–59 mit einer bekannten Zuckermaissorte die Wirkung der Düngung und Bewässerung. Die Zahl der Kornreihen am Kolben wurde vor allem durch reichliche N-Düngung signifikant erhöht. Es ergab sich aber kein enger Zusammenhang mit der Ertragsleistung. Die Bewässerung hatte auf die Reihenzahl keinen Einfluß.
H. Müller/Bernburg. 782.

Cvetkov, Stojan. (Zwetkow, Stojan.) Biologičeski i stopanski kačestva na njakoi dvojno linejni chibridi carevica. **(Biologische und wirtschaftliche Eigenschaften einiger Doppellinienhybridmaise.)** Selskostopanska nauka, Sofija **1(7)** (1962) Nr. 1. S. 21–27. — 5 Tab., 5 Lit. Zus. in Russ., Engl.
In bezug auf Vegetationsdauer, Länge der einzelnen Entwicklungsstadien und Leistungsfähigkeit wurden 11 ausländische Doppelhybriden von Mais geprüft. Die kürzeste Wachstumszeit wiesen die Hybriden 'WIR-42' und 'WIR-281' auf. Die längste Vegetationsperiode hatten die Hybriden 'Ohio C-92', 'United 66', 'Wisconsin 641' und 'Pioneer 345'. Die frühen Hybriden durchlaufen die Entwicklungsperiode Rispen- bis Kolbenschieben unter günstiger Witterung, während bei den späten eine Trockenperiode einsetzt, die sich sehr beeinträchtigend auf die normale Befruchtung auswirkt. Gegenüber Trockenheit waren 'WIR-42' und 'WIR-281' am widerstandsfähigsten; sie lieferten in Trockenjahren die höchsten Erträge. Die höchsten Erträge in normalen Jahren brachte die Hybride 'Pioneer 318', gefolgt von 'Iowa 4316', 'Pioneer 345' u. a. M. Stoilow. 782.

Dmitrieva, V. I. (Dmitrijewa, W. I.) Vlijanie uslovij osveščenija na biologičeskie osobennosti i urožajnost' grečichi. **(Einfluß der Lichtverhältnisse auf biologische Besonderheiten und Ertrag von Buchweizen.)** Sbornik trudov po agronomičeskoj fizike. Agrofizičeskij naučno-issledovatel'skij institut, Moskva **1962** Nr. 9. S. 145–153. — 5 Abb., 5 Tab., 4 Lit.
3jährige Gefäß- und Parzellenversuche unter Feldbedingungen mit verschiedener Aussaatdichte ließen erkennen, daß quadratische Aussaat bei Buchweizen eine größere Ernte als rechteckige Aussaat verspricht, wenn auch im letzteren Fall die Pflanzen gleichmäßiger ausgebildet sind. Die Blattentwicklung allein, bei verschiedener Aussaatdichte, sagt nichts über die mögliche Erntehöhe des Buchweizens aus; ausschlaggebend sind die Lichtverhältnisse. So wurden bei Aussaatdichten 20×20 cm und $30 \times 3{,}3$ cm zwar die gleichen Blattmengen, aber verschiedene Erträge, 42 bzw. 30 dt/ha ermittelt. Beste Ernteerträge wurden bei 10×10 cm Aussaatdichte mit 47,8 dt/ha bei einer Gesamtblattentwicklung von 33020 m^2/ha ermittelt. Aussaatdichte von 7×7 cm ergab bei 51795 m^2/ha Blattfläche einen Ertrag von 43 dt, während bei Aussaat 15×15 cm bei 17542 m^2/ha Gesamtblatt 46,8 dt/ha erzielt wurden. L. Tunger. 789.

Bettac, E. **Bericht über die Hauptprüfung mit Ackerbohnen 1961.** Hrsg.: Regierung der Deutschen Demokratischen Republik, Ministerium für Landwirtschaft, Erfassung und Forstwirtschaft, Zentralstelle für Sortenwesen. 1961. (20 S.) [Maschinenschr. vervielfältigt].
An 20 nach Bodeneigenschaften und Versuchsumständen beschriebenen Versuchsorten wurden die Sorten 'Erfordia' (a), 'Friebo' (b) und 'Dornburger' (c) geprüft. Aufgang, Jugendentwicklung und Stand z. Z. der Blüte waren bei c am besten. Die Wuchshöhen betrugen 128, 131, 136 cm. Die phänol. Daten waren nicht unterschiedlich. Der Krankheitsbefall ergab im Mittel keine Sortentendenz, Standfestigkeit und Rohproteingehalt waren kaum unterschiedlich. Die TKM betrugen 483, 543 bzw. 556 g. Die Kornerträge

lagen bei 44,0; 47,1 und 46,1 dt/ha (rel. 100, 107, 105), die Rohproteinerträge bei rel. 100, 107, 100, die Stroherträge bei 53,4; 60,7 bzw. 62,5 dt/ha (100, 114, 117). W. Stenz. 795.

Bettac, E. **Bericht über die Sortenprüfung mit Trockenspeisebohnen 1961.** Hrsg.: Regierung der Deutschen Demokratischen Republik, Ministerium für Landwirtschaft, Erfassung und Forstwirtschaft, Zentralstelle für Sortenwesen. 1961. (8 S.) [Maschinenschr. vervielfältigt].

An 4 Versuchsorten wurden die Sorten a) 'Bauernfreude' und b) 'Dornburger Weiße' sowie die Stämme c) Kleinwanzlebener St. 524 und d) Bernburger St. 107/55 geprüft. Die Böden der Versuchsorte sind durchweg Lößlehme mit Wertzahlen von 62–97. Die höchsten Boniturwerte bei Aufgang, Jugendentwicklung und Stand zur Blütezeit hatte c. Beim Blühbeginn ergab sich die Reihenfolge a (am frühesten), c, d, b, bei dem des ersten Hülsenansatzes und dem der Kornreife b, a, c, d. d war gegen Brennfleckenkrankheit weniger resistent. Die TKM betrug in der genannten Reihenfolge 403, 236, 330, 218 g. Bei den Erträgen zeigten die neuen Stämme starke Überlegenheit: 23,1; 14,7; 26,0; 29,3 dt/ha (rel. 100, 64, 113, 127). Die Stroherträge betrugen rel. 100, 138, 137, 134. Der Rohproteingehalt der Samen betrug 25,3–26,7% der Tr.-Substanz. W. Stenz. 795.

Barbacki, S.; Warszawa. Łubin pastewny w porōwnaniu z gorzkim. **(Die Futterlupine im Vergleich mit der Bitterlupine.)** Nowe Rolnictwo **11** (1962) Nr. 5. S. 10–13. — 7 Tab.

Bei der Analyse der Ergebnisse der bis jetzt durchgeführten Versuche konnte infolge großer Schwankungen in der Fruchtbarkeit der Futter- und Bitterlupinen das Problem nicht entschieden werden, ob die Verminderung des Alkaloidgehaltes zur biol. Abschwächung der Pflanzen und Verminderung der Erträge führt. Zur genaueren Untersuchung dieses Problems wurden in den Jahren 1956–60 in Przebędowo Versuche angelegt mit genetisch vergleichbaren Lupinensorten, die untereinander lediglich im Alkaloidgehalt differierten. Bei den Grünmasseerträgen traten wesentliche Unterschiede zwischen Futter- und Bitterlupinen auf. Dagegen waren die Samenerträge bei den Futterlupinen oft niedriger als bei den Bitterlupinen, und zwar meistens dann, wenn die Pflanzen durch solche Schädlinge, wie Blattrandkäfer, befallen sind. S. Kowalski. 802.

Nordestgård, A. Forsøg med stammer af vinterraps 1958–61. **(Versuche mit Winterrapszuchtstämmen 1958–61.)** Tidsskr. Planteavl **66** (1962) Nr. 3. S. 489–495. — 1 Tab.

Folgende Hauptergebnisse werden genannt:

	dt/ha Samen	kg/ha Rohfett	kg/ha Rohprotein
Hammenhøg Plus	28,2	1198	650
Hammenhøg Verstal	29,9	1288	668
Svaløf Matador E	29,5	1243	678
Svaløf Matador C	29,4	1240	677

W. Fleischmann. 812.

Anonym. **Bericht über die Stammesprüfung mit Leindotter 1961.** Hrsg.: Regierung der Deutschen Demokratischen Republik, Ministerium für Landwirtschaft, Erfassung und Forstwirtschaft, Zentralstelle für Sortenwesen. 1961. (9 S.) [Maschinenschr. vervielfältigt].

An 6 Versuchsorten (Bodenarten lehmiger Sand, sandiger Lehm und Löß), die nach Bodenmerkmalen, Grundwasserstand, Vorfrucht und Düngung beschrieben werden, wurden im Vergleich mit der Leindotter-Landsorte (a) die Stämme Bernburger St. 110/58 (b) und Bernburger St. 115/58 (c) geprüft. Die Bonituren ergaben keine großen Unterschiede in den Wuchsmerkmalen. Die Ausgeglichenheit war bei b und c etwas besser. Die Stämme enthielten wesentlich mehr Samen/Schötchen (182 und 193 gegenüber 148), ihre Samen waren fettreicher (43,0 und 43,7% gegenüber 40,2%). Im Ertrag waren die Stämme der Landsorte um 10 bzw. 17% überlegen, im Rohfettertrag um 20 bzw. 31%. W. Stenz. 827.

McGregor, W. G., Plessers, A. G. und Craig, B. M.; Ottawa, Ontario, Canada Dep. of Agric., Genetics and Plant Breeding Res. Inst. Species trials with oil plants. I. Crambe. **(Versuche mit Ölpflanzenarten. 1. Mitt. Crambe.)** Canad. J. Plant Sci. **41** (1961) Nr. 4. S. 716–719. — 3 Tab., 10 Lit.

Nach Beschreibung der Pflanze werden Vergleichsversuche mit einem polnischen, sowjetischen und schwedischen Stamm sowie der Leinsorte 'Rocket' beschrieben. Danach gab *Crambe abyssinica* (Meerkohl) im 3jähr. Mittel doppelt so hohe Samenerträge (2173–2411 lb./acre) wie der Lein (1154 lb./acre bei nur wenig geringerem Ölgehalt (33,7; 33,2; 35,4% gegenüber 37,8%). Die Jodzahl lag bei 92,5–97,5 (Lein 186,0). Die Fettsäurezusammensetzung gleicht im ganzen der des Rapsöls. Abweichend ist der geringere Gehalt an Palmitinsäure, Linolsäure, Eicosensäure und der höhere an Behen- und Erucasäure. Myristin- und Lignocerinsäure waren nur im *Crambe*-Öl enthalten. W. Stenz. 827.

Plessers, A. G., McGregor, W. G., Carson, R. B. und Nakoneshny, W; Ottawa, Ontario, Canada Dep. of Agric. Species trial with oilseed plants. II. Camelina. **(Versuche mit Ölpflanzenarten. 2. Mitt. Camelina.)** Canad. J. Plant Sci. **42** (1962) Nr. 3. S. 452–459. — 1 Abb., 3 Tab., 20 Lit. 1. Mitt. vgl. vorst. Ref.

Nach einer Literaturübersicht und botan. Beschreibung werden die Ergebnisse von Anbauversuchen mitgeteilt. Leindotter wurde im Vergleich mit Lein ('Rocket') und Raps ('Arlo' und 'Golden') an 2 Versuchsorten angebaut. Im Mittel von 3 Jahren brachte der Leindotter den höchsten Kornertrag (1751,3 bzw. 1473,5 gegen 1069,3 bzw. 559,0 bei Lein und 1157,0 bzw. 1003,0 bei 'Arlo', 1551,3 bzw. 1062,5 bei 'Golden'). Der Ölgehalt war etwas niedriger, der Proteingehalt etwas höher als bei den anderen Arten. Die Jodzahl des Öls war wesentlich höher als bei Raps, aber etwas niedriger als bei Lein. Differenzen in der Fettsäurezusammensetzung bestehen im Anteil an Erucasäure (Raps 33–41, Leindotter 3,7%, Leinöl ist frei davon), Linolensäure (7,5–9; 36,1, 56,0%), Eicosensäure (11,5–13,0; 17,5; 0,0). Bei den restlichen ungesättigten und bei den gesättigten Säuren sind die Unterschiede nur gering. Für die nördlichen Regionen ist die Eigenschaft des Leindotters, 3–4 Wochen eher zu reifen als der Lein, von bes. Bedeutung. Die Grenze des Ölfruchtanbaues kann dadurch weiter nach Norden verschoben werden. W. Stenz. 827.

Jablonski, M. **Beiträge zur Keimungsphysiologie und zur Beurteilung des Gebrauchswertes von Früchten der Crambe (Crambe abyssinica Hochst.).** Albrecht-Thaer-Arch. 6 (1962) Nr. 9. S. 649–665. — nach Zus.

Höchste Erträge werden bei *Crambe abyssinica* bei Durchführung der Ernte im „Schnittreifestadium" erzielt. Spätere Erntetermine führen zu Ertragseinbußen, was durch den einsetzenden Abfall der ältesten, bestausgebildeten Früchte verursacht wird. Der Befall mit *Alternaria brassicae* kann diese Erscheinung fördern. Die Fruchtausbildung, charakterisiert durch Tausendfrucht- und samenmasse, verbessert sich bis zur Schnittreife. Gleichzeitig verringert sich bis zu diesem Zeitpunkt der Anteil der Fruchtschale am Gesamtgewicht. In der Schnittreife wurden 99% der Früchte in den Größenklassen von 2,5–3,25 mm Dmr. und größer gefunden. Der Fettgehalt der Früchte steigt bis zur Vollreife weiter an. Vor der Schittreife tritt der höchste Fettgehalt in den größten Früchten (3,0–3,25 mm Dmr.) auf. Erst in der Vollreife zeigen alle Größenfraktionen etwa den gleichen Fettgehalt. Die Säurezahl des Samenöls sinkt bis zum Zeitpunkt der Grüngelbreife ab, danach nur noch unbedeutend. Die Jodzahl unterliegt während des Reifevorganges keinen wesentlichen Änderungen. Keimenergie und Keimfähigkeit der Früchte sind weniger vom Reifegrad als von ihrer guten Ausbildung abhängig. Nach der Ernte tritt eine Keimruheperiode von etwa 3 Mon. auf. Ein vollwertiges Saatmaterial stellen Früchte dar, die in der Schnittreife geerntet worden sind und aus denen die kleineren mit < 2,5 mm Dmr. herausgereinigt wurden. Die kleineren Früchte < 2,5 mm besaßen ungeachtet des Reifegrades geringere Keimfähigkeit. Die Aufbewahrung im ungedroschenen Zustand in Scheunen oder Schobern oder der Früchte in ungeeigneten Räumen ist abzulehnen. Temperatur unter 0 °C und zu hohe Feuchte der Früchte führen zu teilweisem oder totalem Verlust der Keimfähigkeit. 12% Wassergehalt in den Früchten und mehr sowie Absinken der Temperaturen auf −8 bis −10 °C schädigen die Keimfähigkeit ohne Rücksicht auf die Einwirkungsdauer des Frostes. Weitere Temperatursenkung verstärkte den Schädigungsgrad. Bei Früchten mit weniger als 7% Wassergehalt, deren Samen auch keinen höheren als 5% aufweisen, wird die Keimfähigkeit durch tiefe Temperaturen nicht beeinträchtigt. Der Verlust der Keimfähigkeit wird durch das Erfrieren des Keimes, vornehmlich der Radicula, verursacht. Niedrige Temperaturen verringern nicht nur die Keimfähigkeit, sondern verursachen auch gleichzeitig Chlorophyllschwund in den Kotyledonen (weiße Flecke). 827.

Khan, Abdur Rashid und Shafi, Muhammed. Cultivation of potatoes in West Pakistan. **(Kartoffelanbau in Westpakistan.)** Agric. Pakistan **12** (1962) Nr. 4. S. 715–718.
Vff. weisen auf die erstaunliche Tatsache hin, daß in der westpakistanischen Provinz trotzt teilweise ungünstiger Witterungsverhältnisse die natürlichen Bedingungen ausreichen, Kartoffeln das ganze Jahr über anzubauen. Es können dort 3 Ernten hintereinander erzielt werden, und zwar in den Berglagen zwischen Apr./Mai und Sept./Okt. (Sommerernte), in den Ebenen zwischen Sept. und Jan. (Herbsternte) und zwischen Jan. und Mai (Frühjahrsernte). Allerdings sind die Erträge auf Grund noch zu geringer Kenntnisse bei den Anbauern niedrig. Seit der Unabhängigkeit des Landes haben sich mit steigenden Anbauflächen auch diese Verhältnisse gebessert. Vff. vermitteln in Versuchen staatlicher Stellen gewonnene Erkenntnisse in Form eines 8 Punkte umfassenden Leitfadens der Praxis, wobei sie folgende Probleme behandeln: Pflanzzeit, Pflanzgutbereitstellung, Pflanzgutmenge, Pflanzmethoden und Bewässerung, Pflege, Ertragsleistung, Sorten, Krankheiten und Schädlinge. W. Fleischmann. 832.

Proudfoot, K. G. und McCallum, J. Seed potato production in Northern Ireland. **(Pflanzkartoffelerzeugung in Nordirland.)** Europ. Potato J. **4** (1961) Nr. 4. S. 330–340. — 2 Abb., 2 Tab. Zus. in Franz., Dtsch.
Das für die Pflanzkartoffelvermehrung günstige Klima ließ nach dem Krieg den Export von Pflanzkartoffeln nach Großbritannien auf etwa 50000 t und nach Europa, Asien und Afrika auf eine ähnliche Menge ansteigen. Der gute Ruf der irischen Pflanzkartoffeln ist der engen Zusammenarbeit der Forschungs- und Beratungsstellen des Ministeriums für Landwirtschaft mit den Vermehrern und dem Handel zu verdanken. Ein Überblick über die Forschung auf dem Gebiet der Pflanzenpathologie wird gegeben. Die Züchtung erfolgt durch den Staat und durch private Züchter. Eine stärkere Ver-

breitung des Kartoffelnematoden ist durch gesetzliche Maßnahmen verhütet worden. Die Entwicklung nematodentoleranter Sorten ist angelaufen. In einem Anhang werden die wichtigsten Bestimmungen für die Anerkennung von Pflanzkartoffeln wiedergegeben. Ch. Pfeffer. 832.

Stajkow, Georgi und Kartalev, Petŭr. (Stajkow, Georgi und Kartalew, Peter.); Plowdiw, Bulgarien, Höheres Landwirtsch. Inst. „W. Kolarow". Forsirano proizvodstvo na ranni kartofi. **(Beschleunigte Frühkartoffelerzeugung.)** Gradinarstvo, Sofija 4 (1962) Nr. 2. S. 7–9. — 1 Abb., 1 Tab.
Es wurden Versuche zur Wachstumsbeschleunigung vorgekeimter Kartoffeln durch gleichzeitig mit der Auspflanzung in die Nester eingebrachte org. und mineral. Dünger ausgeführt. Dadurch erzielte man die besten Erfolge. Empfohlen wird folgendes Düngergemisch: 300 g Rottedung, 10 g Superphosphat, 40 g Asche und 10–12 g Ammonsalpeter je Nest.
M. Stoilow, 832.

Green, H. C. Row widths and inter-row cultivation of potatoes. **(Reihenabstand und Zwischenreihenbearbeitung bei Kartoffeln.)** Europ. Potato J. 5 (1962) Nr. 1. S. 57–67. — 3 Abb., 5 Tab., 3 Lit. Zus. in Franz., Dtsch.
Durch Veränderung der Kartoffelanbaumethoden sollte der Einsatz von Vollerntemaschinen erleichtert werden. Bes. sollten der Klutenanteil und die Gesamtmenge der abzusiebenden Erde vermindert werden. Die „Beetkultur", bei der 2, 3 oder 4 Reihen dicht nebeneinander liegen und für die Schlepper anschließend ein breiterer Streifen freigelassen wird, verminderte bei allen Varianten bei gleicher Pflanzenzahl je Flächeneinheit den Knollenertrag. Außerdem ist die Menge der abzusiebenden Erde wahrscheinlich eher größer als bei der üblichen Reihenkultur. Schwierigkeiten bereitet auch das Zudecken der Kartoffeln. Weitere Untersuchungen über den Einfluß der Reihenweite (28 und 36 in.) und der Zwischenreihenbearbeitung (Streichbleche zum Anhäufeln, Fräsenhäufler) ergaben keinen wesentlichen Einfluß der Hauptbehandlung auf den Ertrag. Es wurden aber zweimal soviel Kluten bei den weiten Reihenabständen ermittelt wie in den engen Reihen. Dies beruht zum großen Teil auf dem größeren Erdvolumen. In den mit Streichblechen behandelten Reihen fanden sich dreimal soviel Kluten wie in den mit dem Fräsenhäufler bearbeiteten Reihen. Ch. Pfeffer. 832.

sHeadford, D. W. R.; Sutton Bonington, Loughborough, Leics., England, Univ., of Nottingham, School of Agric. Sprout development and subsequent plant growth. **(Keimentwicklung und folgendes Pflanzenwachstum.)** Europ. Potato J. 5 (1962) Nr. 1. S. 14–22. — 5 Abb., 1 Tab., 3 Lit. Zus. in Franz., Dtsch.
Es wird ein zusammenfassender Bericht von Versuchen von 1956–60 über das Wachstum der Kartoffelpflanze gegeben. Zwischen der Knollengröße und dem Keimwachstum während der Lagerung wurde eine lineare Beziehung bei der Sorte 'King Edward' ermittelt. Durch Aufzucht von Pflanzen in Nährlösung wurde festgestellt, daß diese bis zu einer Blattfläche von 287 cm^2 93% der Trockenmasse aus der Knolle bezogen und die Konz. an Nährstoffen in der äußeren Lösung nur geringen Einfluß auf das Wachstum hatte. Lichtintensitäten von 1,07–28,8 $cal/cm^2/d$ und Tageslängen von 8–24 h hatten nur geringen Einfluß auf das Keimwachstum während der Lagerung bei 15 °C und keinen Einfluß auf die weitere Entwicklung nach dem Auspflanzen. Im Bereich von 4–25 °C bewirkte Temperaturerhöhung eine Beschleunigung des Keimwachstums; bei weiterer Erhöhung auf 30 °C ging das Keimwachstum zurück. Die Keimspitzen starben nach einiger Zeit bei Temperaturen über 20 °C ab, so daß die längsten Keime bei 15 °C erzeugt wurden. Umlagerung der Knollen in einen Raum mit anderer Temperatur bewirkte, daß die Keime sofort die Wachstumscharakteristik dieser Temperatur annahmen. Bis zu 1,5 cm Keimlänge wurden der Aufgang und der Knollenansatz beschleunigt. Die rel. Zunahmegeschwindigkeiten an Trockenmasse und Blatt-

fläche in den ersten Wachstumsstadien gingen mit größerer Keimlänge zurück. Der Aufgang wurde durch hohe Temperaturen beschleunigt. Hohe Temperatur nach dem Aufgang verzögerte die Knollenbildung.

Ch. Pfeffer. 832.

Hansmann, G. **Bericht über die Hauptprüfung mit Zuckerrüben 1961.** Hrsg.: Regierung der Deutschen Demokratischen Republik, Ministerium für Landwirtschaft, Erfassung und Forstwirtschaft, Zentralstelle für Sortenwesen. 1961. (25 S.) [Maschinenschr. vervielfältigt].

An 23 Versuchsorten der DDR wurden die Sorten a) 'Plenta', b) 'Media', c) 'Multmedia', d) 'Sacchara', e) 'Multverna' und der Bernburger Stamm TR (f) sowie die Kleinwanzlebener Stämme g) 5875 (monokarp), h) 6075 (monokarp), i) 5970 (bikarp), k) 9411, l) 9481 und m) 8186 geprüft. Nach Darstellung der Versuchsbedingungen folgen die Anbau- und Erntedaten, die teilweise erheblich verschieden sind. Im Aufgang war e besser, k etwas schlechter als die anderen Sorten. Die Jugendentwicklung war bei b und d etwas geringer, die Ausgeglichenheit bei d und h. Im Krankheitsbefall ergaben sich kaum Sortenunterschiede. Die Schosserzahlen (Spätschosser) waren mit 1,08 und 1,10% bei g und h am höchsten; sehr schoßfest waren c und d. Der Zuckergehalt schwankte zwischen 17,5 (g, h, i) und 19,4% (d), der Rübenertrag zwischen 360 (d) und 431 dt/ha (a), der Zuckerertrag zwischen 69,2 (e) und 78,0 dt/ha (a), der Blattertrag zwischen 327 (d) und 387 dt/ha (c). Die typischen Merkmale der Zuchtrichtungen spiegeln sich in den Ertragszahlen deutlich wider. Die monokarpen Stämme g und h standen im Zuckerertrag etwas zurück (beide rel. 93) und entsprachen damit in der Leistung etwa der Sorte d (rel. 91). W. Stenz. 834.

Rintelen, P.; Weihenstephan. **Rentabilitätsfragen des Zuckerrübenbaues.** Zucker **15** (1962) Nr. 20. S. 526–533. — 12 Abb., 3 Tab., 7 Lit. Zus. in Engl., Franz.

Der Zuckerrübenanbau (ZA) bietet zahlreiche Vorteile und läßt je Flächeneinheit den höchsten spezialkostenfreien Rohertrag erwarten. Trotzdem ist es (privat-)wirtsch. nicht richtig, den ZA bis zur fruchtfolgemäßig vertretbaren Grenze auszuweiten. Wird er über ein wirtsch. Optimum ausgedehnt, sinken — in Abhängigkeit vom Ertrag — die Reinerträge. Dies beruht auf einer Veränderung der innerbetrieblichen Werte. Den Beweis dafür tritt Vf. an einem Betriebsmodell an. Bei Variation der Flächenanteile von Zuckerrüben, Kleegras und Getreide werden u. a. Vorfruchtwert, Verwertung des Blattes, Produktionskosten der Zuckerrüben und der Stalldungwert in die Betrachtungen einbezogen. Darauf aufbauend werden die Gewinnbeiträge der „Grenzhektare" abgeleitet und die optimale Betriebsorganisation diskutiert. Die Auswirkungen der Mechanisierung und der weiteren Lohnentwicklung auf die Rentabilität des ZA beschließen die Arbeit. Für den süddeutschen ZA kommt Vf. zu einer optimistischen Rentabilitätsprognose.

W. Schinkel. 834.

Lüdecke, H. und Neeb, O.; Göttingen, Inst. für Zuckerrübenforsch. **Untersuchungen über die Beziehungen zwischen Saattiefe und Feldaufgang bei Zuckerrübensaatgut.** Zucker **15** (1962) Nr. 21. S. 544–549. — 5 Abb., 1 Tab., 6 Lit. Zus. in Engl., Franz.

In Saatkästen wurden unterschiedliche Witterungseinflüsse auf die Bodenkrume nachgeahmt und dabei die Keimung des Zuckerrübensaatgutes in verschiedenen Saattiefen geprüft. Zur Ermittlung des Einflusses von Verschlämmung und Verkrustung auf den Verlauf des Knäuelaufganges wurde segmentiertes Saatgut verwendet. Durch Verkrustung der Saatbettoberfläche kann der Aufgang erheblich gemindert werden. Diese Minderung tritt bei größerer Saattiefe stärker in Erscheinung als bei 2,5 cm tiefer Ablage. Bei rechtzeitigem Brechen der Kruste wird das Aufgangsergebnis ebenso wie bei Verschlämmung allein kaum beeinflußt. In ähnlichem Sinne wie bei Verkrustung wirkte sich eine Verfestigung durch mechanischen Druck aus. In einem weiteren Versuch wurden polykarpes, segmentiertes und monokarpes Saatgut geprüft und festgestellt, daß polykarpes und monokarpes Saatgut in der Minderung des Aufganges mit zunehmender Saattiefe praktisch übereinstimmen, während segmentiertes Saatgut einen deutlich stärkeren Rückgang aufweist. L. Bachmann. 834.

Bachmann, L. **Standweiten- und Spätdüngungsversuche mit der anisoploiden Zuckerrübensorte 'Multmedia'.** Albrecht-Thaer-Arch. **6** (1962) Nr. 9. S. 641. bis 648. – nach Zus.

Anisoploide und diploide Zuckerrübensorten reagieren auf Düngungs- und Standweiteneinflüsse in gleicher Weise. – Durch N-Zusatzdüngung im Juli wurden bes. die Blatterträge positiv beeinflußt. Beim Rübenertrag war die Wirkung der späten N-Düngung als leichter Anstieg, jedoch in starker Abhängigkeit von der Jahreswitterung, nachweisbar. Der technol. Wert der Rüben (Zucker- und Aschegehalt) verschlechterte sich bei Zusatzdüngung. Der Weißzuckerertrag überstieg den der normalgedüngten Parzellen trotz Förderung des Massenwachstums nur unwesentlich. – Die Standweitenversuche ließen erkennen, daß dichte Pflanzenbestände dem Rübenbau bes. in Jahren mit ungünstiger Niederschlagsverteilung Ertragssicherheit verleihen. Bestandesdichten unter 60 000 Pflanzen/ha führten in allen Jahren zu Mindererträgen. Bei weitem Standraum der Rüben verschlechterte sich deren technol. Wert. Der Weißzuckerertrag fiel in solchen Beständen, bes. in Jahren mit normalem Witterungsverlauf, deutlich ab. 834.

Laričeva, M. D., Šnejder, Ju. I. und Kašmanova, O. I. (Laritschewa, M. D., Schneider, Ju. I. und Kaschmanowa, O. I.); Lugowaja, Gebiet Moskau, Williams-Unions-Inst. für Futtermittelforsch. Podzimnij posev kak sposob sozdanija otnositel'no ustojčivogo k boleznjam sorta sacharnoj svekly. **(Winteraussaat als Verfahren zur Schaffung einer krankheitsresistenten Zuckerrübensorte.)** Agrobiologija, Moskva **1962** Nr. 3. S. 447–448. – 3 Tab.

In der Nichtschwarzerdezone sind Wurzelbrand, Herz- und Trockenfäule sowie *Cercospora* stark verbreitet. Durch die Herbstaussaat von Hybridsaatgut wurde die Zuckerrübensorte 'Sewernaja (WNIISP-1)' geschaffen, die bei geringem Schosseranteil hohe Resistenz gegenüber den genannten 3 Krankheiten besitzt. Nach phytopathol. Vergleichsprüfungen einiger Sorten ('Biskaja 541', 'Ramonskaja 36', 'Jaltuschkowskaja-Monokarpe', 'Iwanowskaja-Monokarpe' u. a.) liegt 'Sewernaja (WNIISP-1)' bei Wurzelbrand mit einem Befallsgrad von 20–23% zusammen mit 'Jaltuschkowskaja-M.', bei Herz- und Trockenfäule mit 32% und bei *Cercospora* mit 11–17% zusammen mit 'Jaltuschkowskaja-M.' und 'Meshotnenskaja 0 56' in der niedrigsten Gruppe. Die Gruppe mit dem höchsten Befall liegt bei Wurzelbrand bei 39–48%, bei Herz- und Trockenfäule bei 50–62,5% und bei *Cercospora* bei 62%. Auf Grund dieser Ergebnisse wird die Herbstaussaat als wirksame Maßnahme bei der Resistenzzüchtung angesehen. G. Jury. 834.

Corstiaensen, W. P. M. De mechanisatie van de teelt van stoppelknollen. **(Die Mechanisierung des Anbaues von Stoppelrüben.)** Inst. Landbouwtechn. Rationalisatie, Wageningen, Gestencilde Meded. **1962** Nr. 5. S. 1–22. – 26 Abb., 4 Tab.

Stoppelrüben werden in den Niederlanden vorwiegend auf leichten Böden als Zweitfrucht nach Roggen, Frühkartoffeln, Erbsen und Gerste angebaut. Bei traditionellen Arbeitsmethoden beträgt der Arbeitsaufwand 160–200 AKh/ha/Jahr. Dieser hohe Arbeitsaufwand kann durch die Mechanisierung der Arbeiten um ca. 50% gesenkt werden. Bei dem Vergleich verschiedener Aussaatmethoden wurden die günstigsten Ergebnisse mit der Einzelkornsämaschine „Hela“, die mit dem Pflug mitgezogen werden kann, erzielt. Die Pflege der Stoppelrüben kann bei Reihensaat mit Hackmaschinen, bei Breitsaat mit der Unkrautegge erfolgen. – Bei der Vorführung von Erntemaschinen im Nov. 1961 in Rolde wurden 6 verschiedene Maschinentypen eingesetzt. Schwerpunkte der Beurteilung der Arbeitsleistung waren der Sandgehalt der Stoppelrüben (a) und der Anteil des auf dem Felde verbliebenen Erntegutes (b). Bei der „Borga“ der Fa. Borg & Mensinga's Machinefabriek N.V., Appingedam, betrug a 1,5–1,8%, b bei einer Strecke von 40 m 8,7 kg; bei der Anbaumaschine von Lohmann lag a zwischen 0,7 und 0,9%, b bei einer Strecke von 40 m bei 14,2 kg. M. Lüpnitz. 836.

Rentsch, J. **Bericht über die Hauptprüfung mit Futtermöhren 1961.** Hrsg.: Regierung der Deutschen Demokratischen Republik Ministerium für Landwirtschaft, Erfassung und Forstwirtschaft, Zentralstelle für Sortenwesen. 1961. (9 S.) [Maschinenschr. vervielfältigt].

An 6 Versuchsorten, deren Charakteristika näher beschrieben sind, wurden die Sorten a) 'Lobbericher' – Friedrichswerth, b) 'Lobbericher' – Waldmann, c) 'Rheinische' – Waldmann und d) 'Rote Riesen' – Bad Doberan geprüft. Sorten b und c hatten bei Aufgang, Jugendentwicklung und allg. Stand etwas bessere Boniturwerte. Die Frischerträge lagen bei c am höchsten (5,8% über dem Mittel), gefolgt von b, d und a, Im Laubertrag ergab sich die Folge b, c, a, d. Das Wurzel/Laubverhältnis war ziemlich gleichmäßig hoch, an einem Versuchsort für alle 4 Sorten jedoch deutlich höher. W. Stenz. 838.

Neczýpor, W. **Über den Einfluß der Düngung und der Erntezeit auf den Gesamtglykosidgehalt und das Verhältnis der Glykosidzusammensetzung bei Wolligem Fingerhut (Digitalis lanata Ehrh.)** Pharmazie **17** (1962) Nr. 8. S. 480–482.

Für die großtechnische Gewinnung von Reinglykosiden aus Wolligem Fingerhut kommt nicht nur der Wahl geeigneter Zuchtsorten Bedeutung zu, sondern es ist der mögliche Einfluß der mineral. Düngung und Erntezeit auf den Gesamtglykosidgehalt und das Verhältnis der Glykosidzusammensetzung von Interesse. Gefäßversuche mit gestaffelten Düngergaben und unterschiedlichen Erntezeiten führten zu folgenden Ergebnissen: *Digitalis lanata* hat im Rosettenstadium ein von der mineral. Düngung mit N, P, K und B sowie der Erntezeit unabhängiges und sehr wenig variierendes Verhältnis der Glykosidkomponenten. Zur Blütezeit verschiebt sich die Glykosidrelation der Pflanze zugunsten der Digoxigeninglykoside; der prozentuale Gesamtgehalt je g Blatt-Trockenmasse nimmt erheblich ab. Die Höhe des Gesamtcardenolidgehaltes ließ sich weder durch unterschiedliche Nährstoffkombination noch durch Erhöhung der Düngung sichtbar beeinflussen. Der Gesamtgehalt ist in Abhängigkeit vom Erntetermin und der genetischen Konstitution der Pflanzen Schwankungen unterworfen. Die Glykosidbestimmung erfolgte papierchromatographisch. G. Schröder. 852.

Hansmann, G. **Bericht über die Hauptprüfung mit Tabak 1961.** Hrsg.: Regierung der Deutschen Demokratischen Republik, Ministerium für Landwirtschaft, Erfassung und Forstwirtschaft, Zentralstelle für Sortenwesen. 1961. (15 S.) [Maschinenschr. vervielfältigt].

Die Schneidegutsorten 'Wohlsdorfer Burley' (a) und 'Ergo' (b) wurden an 5 Versuchsorten (Bodenarten sL, SL, L_1Lö, L_1Lö und LS) geprüft. Die Standorte sind nach Bodeneigenschaften, Vorfrucht und Düngung beschrieben. Sorte b zeigte besseres Wachstum bei der Anzucht, a ergab einen höheren Jungpflanzenbestand. Die anderen Boniturwerte waren nicht sehr unterschiedlich. a blühte eher und hatte mehr braune Kapseln (44%) als b (7%). Der Krankheitsbefall wechselte stark. Rippenanteil und Flächengewicht sowie Glimmdauer waren bei a höher, Nicotin- und N-Gehalt bei b. Die Blattzahl/Pflanze war bei beiden Sorten gleich hoch. Der Gewichtsertrag/Pflanze betrug 59,0 bzw. 81,2 g, der Flächenertrag 18,9 bzw. 26,0 dt/ha (bei 82% Tr.-Subst.). b hatte höheren Anteil Güteklasse Ia. — 6 Zigarrengutsorten und -stämme wurden unter ähnlichen Voraussetzungen geprüft. Hohen Jungpflanzenanteil und gutes Wachstum hatte bes. der Stamm R 13. Bei den anderen Bonitierungsdaten gab es keine allzugroßen Unterschiede. R 13 schnitt auch im Entwicklungsstand am besten ab. Der Krankheitsbefall wurde vorwiegend durch den Versuchsort bestimmt. Der Rippenanteil betrug 22,0–32,5%, das Flächengewicht 34,3–59,7 g/m². Hygroskopizität und Glimmdauer waren kaum unterschiedlich. Der Nicotingehalt schwankte beträchtlich zwischen den Sorten (0,11–0,81%) und auch innerhalb einer Sorte zwischen den Versuchsorten. Die Sortentendenzen sind aber deutlich. Die Anzahl Blätter betrug je nach Sorte 17,8–27,5, der Ertrag/Pflanze 69,5–115,1 g, der Flächenertrag 22,3 bis 27,1 dt/ha (bei 82% Tr.-Subst.). Beträchtlich schwankte der Ertrag an Güteklasse Ia (103–1025 g). W. Stenz. 855.

Renier, A. und Mounat, A. Comparaison de variétés de tabac Paraguay de diverses origines. **(Vergleichende Untersuchung über unterschiedliche Herkünfte der Tabaksorte Paraguay.)** Ann. Inst. exp. Tabac Bergerac **3** (1961) Nr. 4. S. 705–717. — 3 Tab. Zus. in Engl.
Auf Grund mehrjähriger Versuche werden verschiedene „Herkunftsvarietäten" der Tabaksorte 'Paraguay' miteinander verglichen. Dabei hat sich gezeigt, daß die einzelnen Herkünfte eine befriedigende Homogenität aufweisen und daß die praktische Selektionsmethode der „Regional Directions of Culture" ermöglicht, stabile und gut differenzierte 'Paraguay'-Typen aus der angebauten Population zu isolieren. Die Herkünfte aus Tour und Anger liefern einen deutlich niedrigeren Ertrag als die aus Periguex, Orléans, Haguenau und Colmar. Die Herkunft Haguenau ist durch geringen Alkaloidgehalt ausgezeichnet. Die beste Qualität hat die Herkunft 'Perigueux 48'; sie verdient unter den Bedingungen von SW-Frankreich die meiste Beachtung.
J. Merker. 855.

Mounat, A., Hitier, H. und Renier, A. Comparaison d'huiles végétales et animales pour les traitements inhibiteurs des bourgeons de tabac. **(Vergleich von pflanzlichen und tierischen Ölen bei der Bekämpfung von Tabakgeizen.)** Ann. Inst. exp. Tabak Bergerac **3** (1961) Nr. 4. S. 719–728. — 5 Tab. Zus in Engl.
Aus den vergleichenden Untersuchungen zwischen 2 pflanzlichen Ölen (Nuß- und Rapsöl) und 2 Fischölen geht hervor, daß Fischöle, trotz ihrer im Vergleich zu pflanzlichen Ölen unterschiedlichen physikal.-chem. Eigenschaften zur Bekämpfung von Tabakgeizen verwendet werden können. Die beiden Fischöle hatten eine ähnliche Wirkung wie Nußöl und lieferten bessere Ergebnisse als reines Rapsöl. Der Blattertrag war bei Verwendung von Fischölen etwa gleich hoch wie bei Verwendung von Rapsöl, jedoch wurde durch das eine Fischöl eine gesicherte Ertragsminderung im Vergleich zu reinem Nußöl festgestellt. Die physikal. Blattqualitäten und der Nicotingehalt wurden durch Anwendung von Fischölen nicht negativ beeinflußt. Aus wirtsch. Erwägungen wird daher empfohlen, anstelle der teuren Pflanzenöle für die Geizenbekämpfung bestimmte Fischöle zu verwenden.
J. Merker. 855.

Zelenka, Vl.; Žatec, Výzkumný Ústav Chmelařský — ČSAZV. Příspěvek o vlivu klimatických činitelů na obsah hořkých látek ve chmelu. **(Beitrag zum Einfluß der klimatischen Faktoren auf Gehalt von bitteren Stoffen im Hopfen.)** Chmelařství **35** (1962) Nr. 3. S. 43–44. — 4 Abb., 2 Tab.
Der Bitterstoffgehalt (besonders α-Humulon) stellt ein wichtiges Qualitätsmerkmal des Hopfens dar und wird z. Z. der Fruchtzapfenbildung durch den Wetterverlauf beeinflußt. Der Hopfen des Jahrgangs 1961 enthielt bedeu-

tend mehr α-Humulon, obwohl es schien, daß die klimatischen Bedingungen des Jahres 1960 z. Z. der Zapfenbildung für den Bitterstoffgehalt günstiger waren. Die Monatsdurchschnitte und -summen genügen also für die Bewertung ihres Einflusses auf den Bitterstoffgehalt nicht. Dieser wird vor allem während des ersten Drittels oder der ersten Hälfte der Zapfenbildung durch die klimatischen Faktoren stark beeinflußt, wie ein Vergleich des Wetterverlaufes mit den phänol. Angaben beweist. Der Vergleich des Bitterstoffgehaltes von Hopfen aus höheren und kälteren Lagen sowie aus wärmeren und tieferen Lagen zeigt, daß höhere Temperaturen und Sonnenschein für die Bildung des α-Humulons günstig sind. Im Jahre 1960 war der Bitterstoffgehalt in den kälteren Lagen niedriger, im Jahre 1961 war es in den wärmeren Lagen der Fall, weil dort die Zapfenbildung bei kälterem Wetter um 4–6 Tage früher einsetzte, während der später einsetzende Hopfen aus kälteren Lagen solchem Wetter nicht mehr ausgesetzt war.

P. Bartoš. 855.

Köhnlein, J.; Kiel, Univ., Inst. für Pflanzenzücht. und Pflanzenbau. **Feldfutterbau auf Heidesandboden NW-Deutschlands. Futterhackfrüchte mit und ohne vorangegangene Winterzwischenfrucht. 1. Mitt.** Wirtschaftseigene Futter 8 (1962) Nr. 1. S. 2–17. — 1 Abb., 9 Tab.

Die Heidesandböden mit einer BWZ zwischen 18 und 24 weisen große Ertragsschwankungen auf, weil der rohhumushaltige Boden schon nach kurzer Trockenzeit wasserabweisend wirkt. Da eine starke Viehhaltung hier die Existenzgrundlage bildet, untersuchte Vf. die Möglichkeit des Winterzwischenfruchtbaues sowie den Nachbau von Futterhackfrüchten. Grünroggen erwies sich als die günstigste Wi-Zwischenfrucht, zugleich aber auch als beste Vorfrucht für anschließend gepflanzte Futterhackfrüchte. Von letzteren ist die Kohlrübe zu bevorzugen. Markstammkohl ist als Zweitfrucht nach Frühkartoffeln geeignet. Die Trockenmasseerträge gedrillter Futterrüben sind denen der Kohlrübe einschl. Grünroggen auf Böden in gutem Kulturzustand und einem pH von 5,5 überlegen. Der Ersatz von Kohlrüben und Wi-Zwischenfrucht durch Futterrüben ohne Wi-Zwischenfrucht darf nicht dazu führen, daß der Anbau von Grünroggen gänzlich unterbleibt, da letzterer eine Verkürzung der Winterfutterperiode erlaubt. In Gebieten mit geringerer Spät- und Frühfrostgefahr kann im Vergleich mit Rüben eine Ertragsüberlegenheit des Silomaises erwartet werden. Für die Ausdehnung des Silomaisanbaues werden aber Aufwendungen für die erforderliche Mechanisierung und Siloraum nötig. J. Schieblich. 860.

Kilcher, M. R. und Heinrichs, D. H.; Swift Current, Saskatchewan, Canada Dep. of Agric. A grass-alfalfa mixture compared with cereal grains for fodder production under semi-arid conditions. **(Ein Gras-Luzernegemisch im Vergleich zu Grüngetreide zur Futtererzeugung unter semiariden Bedingungen.)** Canad. J. Plant Sci. **41** (1961) Nr. 4. S. 799–804. — 1 Abb., 3 Tab., 7 Lit.

55 Jahre in Kultur stehendes, bisher mit Getreide bebautes Land wurde a) mit Trespe-Kammquecke-Luzerne (4 + 3 + 2 lb./acre), b) jedes Jahr mit Hafer (2 bu./acre), c) wechselnd mit Hafer-Sommerbrache (2 bu./acre Hafer) und d) wechselnd mit Weizen-Sommerbrache ($1^1/_4$ bu./acre Weizen) bestellt. Die Ernte erfolgte bei a Anfang Juli bei mittlerer Blüte der Luzerne, bei den Getreideparzellen zu Beginn der Teigreife. Im 9jährigen Mittel ergab c (1940 lb./acre) den höchsten Tr.-Subst.-Ertrag, gefolgt von a (1900 lb.), b und d (je 1720 lb.). Im ganzen waren die Unterschiede nicht groß. Erhebliche Differenzen gab es jedoch in den einzelnen Jahren. In trockenen Jahren war das Getreide z. B. 1956–60), sonst das ausdauernde Gemisch überlegen. Die Erträge schwankten jahrweise sehr stark, z. B. bei a zwischen 160 und 4200 lb./acre Tr.-Subst. Niedrige Erträge bei a wurden vor allem

durch mangelnde Niederschläge im Mai verursacht. Es wird empfohlen, das Gemisch zur Winterfütterung anzubauen, aber zur Sicherheit zusätzlich Grüngetreide zu bauen. W. Stenz. 860.

Stern, W. R. und Donald, C. M.; Adelaide, Univ., Waite Agric. Res. Inst. Light relationships in gras-clover swards. **(Lichtverhältnisse in Kleegrasbeständen.)** Austral. J. agric. Res. **13** (1962) Nr. 4. S. 599–614. – 8 Abb., 8 Tab., 5 Lit.

Die Konkurrenz zwischen Gras und Klee ist für Weiden wärmerer Gebiete von großer landwirtsch. Bedeutung. Die klee-unterdrückende Wirkung der N-Düngung ist bekannt. Sie wurde hier systematisch untersucht im Zusammenhang mit anderen, die botan. Zusammensetzung des Bestandes beeinflussenden Faktoren. Die N-Düngung wurde so variiert, daß vom Bestand mit dominierendem Kleeanteil bis zum Bestand mit dominierendem Grasanteil zahlreiche Abstufungen geschaffen wurden (0; 22,4; 67,2; 201,6 lb./acre N). Mit steigender N-Gabe stieg der Ertrag an Gras. Dabei nahm die über dem Blattdach des Klees stehende Grasblattfläche zu. Dies wiederum schwächte den Lichtgenuß für den Klee ab, wodurch dessen Wachstum gemindert wurde. Bei starkem Graswachstum kam es dabei zur Verminderung der Anzahl an Kleepflanzen. Der abs. Ertrag an Klee-Tr.-Subst. war demzufolge bei fehlender N-Dügung am höchsten, der an Gras-Tr.-Subst. bei der höchsten N-Menge. W. Stenz. 860.

Stern, W. R. und Donald, C. M.; Adelaide, Univ., Waite Agric. Res. Inst. The influence of leaf area and radiation on the growth of clover in swards. **(Der Einfluß von Blattfläche und Lichtstrahlung auf das Wachstum von Klee in Gemengen.)** Austral. J. agric. Res. **13** (1962) Nr. 4. S. 615–623. – 6 Abb., 2 Tab., 9 Lit.

Nachdem in einer früheren Arbeit (vgl. vorst. Ref.) der Einfluß der N-Düngung auf die Wirkung des Lichtfaktors geklärt wurde, erfolgte eine Untersuchung über den Einfluß des Lichtes allein auf den Klee. Dazu wurden Mischungen mit verschieden hohem Kleeanteil (Bestände aus den im vorigen Ref. beschriebenen Versuchen) sowie aus schmalen Kästen (40 × 2,5 cm) mit Klee oder Gras besät, künstlich zusammengesetzte Bestände verwendet. – Das Wachstum des Klees stand in direkter Beziehung zur Lichteinstrahlung auf das Blätterdach. Wachstum trat nur ein bei Einstrahlungsraten über 60 bis 80 cal/cm²/d. Bei geringeren Werten wurde es eingestellt, oder es ergaben sich sogar negative Raten. Eine Beziehung ergab sich zwischen Strahlungsmenge, Blattflächenindex und Wachstumsrate. Der optimale Blattflächenindex steigt mit wachsender Strahlungsmenge. Mit steigendem Blattflächenindex steigt auch die zum max. Wachstum nötige Lichtmenge. – Im Zusammenhang mit der Förderung des Wachstums durch Düngung und Bewässerung bekommt das Problem des Lichthaushaltes zunehmende Bedeutung. W. Stenz. 860.

Kendall, W. A., Stroube, W. H. und Taylor, N. L. Growth and persistence of several varieties of red clover at various temperature and moisture levels. **(Wachstum und Ausdauer verschiedener Rotkleesorten bei unterschiedlichen Temperatur- und Feuchtigkeitsbedingungen.)** Agronomy J. **54** (1962) Nr. 4. S. 345–347. – 4 Tab.

6 amerikanische Rotkleesorten wurden 3jährig im Feldversuch geprüft, wobei im Ansaatjahr 1, im 1. Nutzungsjahr 3 und im 2. zwei Schnitte gewonnen wurden. Daneben liefen Gefäßversuche, in denen Temperatur, Lichtdauer, Nutzungshäufigkeit und Wasserzufuhr variiert wurden. Im Gewächshaus zeigte 'Kenland Breeder' die geringsten und 'Kenland Blend' die höchsten Sproß- und Wurzelgewichte pro Einzelpflanze. Hier war die erste Sorte am ausdauerndsten, so daß „kleine Pflanze“ mit „längerer Lebensdauer“ korrelierte (im Feldversuch wurde jedoch kein gesicherter Unter-

schied ermittelt.) Auf unterschiedliche Schnittnutzung reagierten alle Sorten annähernd gleich. Es wird vermutet, daß Rotkleepflanzen mit dem geringsten Stoffwechsel in Mangelzeiten am langlebigsten sind. H. Pätzold. 863.

Colville, W. L. und Torrie, J. H.; Madison, Wis., Agric. Exp. Stat. Effects of management on food reserves, root rot incidence and forage yields of medium red clover, Trifolium pratense L. **(Die Wirkungen der Bewirtschaftung auf Reservestoffe, das Auftreten von Wurzelfäule und Futtererträge von Rotklee, Trifolium pratense L.)** Agronomy J. **54** (1962) Nr. 4. S. 332–335. – 4 Tab., 15 Lit.

Unter Grünhafer angesäter Rotklee wurde bei unterschiedlicher Nutzungshäufigkeit 3 Jahre lang auf Ausdauer und Ertrag geprüft. Die Versuche wurden in 2 aufeinanderfolgenden Jahren parallellaufend angelegt. Trockenheit im Ansaatjahr begünstigte die Verbreitung der Wurzelfäule (Erreger nicht genannt), nicht jedoch 1- oder 2maliger Schnitt in einem Trockenjahr. Einmalige Nutzung im Ansaatjahr verursachte eine bessere Überwinterung und erhöhten Ertrag, beeinflußte jedoch nicht den Gehalt an lösl. Kohlenhydraten in den Wurzeln, der im Ansaatjahr 36–40% betrug, im 2. Nutzungsjahr wiederum auf 17–19% im Frühjahr abnahm. Eine Schnittnutzung zur Vollblüte brachte die höchsten Tr.-Subst.-Erträge, z. Z. der Knospenbildung jedoch den geringsten Anteil an Wurzelfäule, den höchsten an lösl. Kohlenhydraten und die beste Bestandesdichte. H. Pätzold. 863.

Davis, A. G. Lucerne. **(Luzerne.)** Rhodesia agric. J. **59** (1962) Nr. 2. S. 68–84. – 2 Abb., 21 Tab., 44 Lit.

Vorliegende Arbeit will in Versuchen gewonnene Anbauerfahrungen mit Luzerne als Ratschläge für die Praxis in Rhodesien und Nyasaland weitergeben, da bisher noch wenig Kenntnis über diese wichtige Futterpflanze besteht. Einleitend werden Ausführungen zur Geschichte und Anbaustatistik gemacht, sodann werden Futterwert, Klimaansprüche, Boden und Düngung, Fruchtfolgefragen, Sorten und Ertragsleistung, Aussaat, Pflege, Bewässerung, Pflanzenschutz, Schnitt und Produktionskosten besprochen. W. Fleischmann. 863.

Palmer, T. B.; Lincoln, New Zealand, Dep. of Sci. and Ind. Res., Crop Res. Div. Winter growth of lucerne (Medicago sativa). III. Variety production at Lincoln, New Zealand. **(Das Winterwachstum von Luzerne [Medicago sativa]. 3. Mitt. Leistungen der Luzernesorten in Lincoln, Neuseeland.)** New Zealand J. agric. Res. **4** (1961) Nr. 5/6. S. 651–659. – 1 Abb., 4 Tab., 5 Lit.

Auf flachgründigem Auelehm, der auf sehr grobem Kies lagert und in den Sommermonaten sehr stark austrocknet (seine Feldkapazität an pflanzenaufnehmbarem Wasser wird mit 50 mm angegeben), wurden von 1955–60 3 Luzernesorten- und herkunftsversuche mit 25 und 36 Gliedern durchgeführt. Bei der Nutzung im Spätherbst (2. Maihälfte) waren in der Regel die Tr.-Subst.-Erträge der Luzerneherkünfte aus dem Mittelmeergebiet oder aus Ländern mit ähnlichem Klima signifikant höher als die der anerkannten Neuseeländischen Sorte (13–22 dt gegenüber 8–13 dt/ha); während die 'New Zealand Certified' sich in der Spätwinternutzung (Aug.-Sept.) fast allen geprüften Sorten und Herkünften als ertragsüberlegen erwies, mit Ausnahme gegenüber einigen span. Ökotypen. Je nach Witterung variierten die Erträge von Jahr zu Jahr in weiten Grenzen, weshalb Vf. eine längere Prüfdauer für notwendig erachtet. W. Lampeter. 863.

Pfeffer, Ch. und Mühleisen, R.; Groß-Lüsewitz, Inst. für Pflanzenzücht.; Zehdenik, Saatzuchthauptgut. **Untersuchungen über die optimale Aussaatstärke von di- und tetraploider Serradella.** Albrecht-Thaer-Arch. **6** (1962) Nr. 6. S. 447–457. – 10 Tab., 6 Lit.

3- bzw. 2jährige Aussaatstärkenversuche (20–60 kg/ha) an 2 Orten (Karow und Zehdenick) ergaben, daß bei beiden Ploidiestufen die höchsten Saatguterträge bei 20–30 kg/ha Aussaatmenge erzielt werden. Während die Grün- und Trockensubst.-Erträge bei Anwendung der Untersaat mit Erhöhung der Aussaatstärke nur unwesentlich anstiegen, ergaben sich für die polyploide Sorte beim Stoppelsaatverfahren größere Mehrerträge (22–39 und 6–17 dt/ha Tr.-Subst.) mit Erhöhung der Aussaatstärke, als dies bei den diploiden Sorten (33–36 und 15–31 dt/ha Tr.-Subst.) eintrat. In fast allen Versuchsvarianten lagen die Tr.-Subst.-Erträge der polyploiden Serradella etwas, teils signifikant unter denen der diploiden Sorten. Die Saatguterträge der diploiden Sorten waren sogar in fast allen Fällen signifikant höher als bei der polyploiden. Triebkraftprüfungen in Sand (1, 3, 5, 7 und 9 cm Tiefe) zeigten, daß in der Triebkraft trotz der höheren TKM der Polyploiden keine Unterschiede zwischen den di- und tetraploiden Sorten bestehen. Bei längerer Vegetationszeit (Hauptfruchtbau) unterscheidet sich die tetraploide Serradella von den diploiden Sorten deutlich durch niedrigere Pflanzenverluste. Diese Tatsache und die höhere Leistungsfähigkeit der Einzelpflanze werden als Ursache dafür angesehen, daß bei tetraploider Serradella bereits eine niedrigere Anzahl keimfähiger Samen zu einem max. Ertrag führt, als dies bei diploiden Formen der Fall ist. W. Lampeter. 863.

Cooper, Clee S., Klages, Murray G. und Schulz-Schaeffer, Jürgen; Montana Agric. Exp. Stat. Performances of six grass species under different irrigation and nitrogen treatments. **(Die Leistungen von 6 Grasarten unter verschiedenen Wasser- und Stickstoffgaben.)** Agronomy J. **54** (1962) Nr. 4. S. 283–288. — 4 Abb., 9 Tab., 9 Lit.
In 3jähr. Feldversuchen wurden Reinbestände von *Poa pratensis*, *Bromus inermis*, *Dactylis glomerata*, *Festuca arundinacea*, *Elymus junceus* und *Phalaris arundinacea* jährlich 3-, 5- oder 32mal beregnet und erhielten 100 oder 400 lb./acre N. Jährlich wurden 5 Schnitte gewonnen. Alle Gräser reagierten auf Wasser- und N-Zufuhr positiv, wobei *F. arundinacea* die höchsten (5 t./acre) und *E. junceus* die geringsten Erträge erbrachten (etwa 3 t./acre Tr.-Subst.). Die N-Verwertung erreichte bei 100 lb./acre N Werte bis zu 107% (!), bei 400 lb. N lagen sie zwischen 57 und 94% (bei der höchsten Wasserzufuhr). Zunehmende Wassergaben verbesserten die N-Verwertung. Bei Zufuhr von 400 lb. N (in einer Gabe) erhöhten sich die Erträge und der N-Gehalt bei allen Schnitten. Zufuhr von 100 lb. N wirkte sich nur auf den 1. Schnitt positiv aus. H. Pätzold. 864.

Vose, P. B.; Aberystwyth, Welsh Plant Breeding Stat. Nutritional response and shoot/root ratio as factors in the composition and yield of genotypes of perennial ryegrass, Lolium perenne L. **(Nährstoffverwertung und Sproß/Wurzelverhältnis als Faktoren für Zusammensetzung und Ertrag von Genotypen bei Deutschem Weidelgras, Lolium perenne L.)** Ann. Botany [N. S.] **26** (1962) Nr. 103. S. 425–437. — 1 Abb., 7 Tab., 13 Lit.
Drei Stämme von *Lolium perenne* wurden als Einzelpflanzen im Feldversuch getestet und bei gleicher Nährstoffversorgung sehr unterschiedliche Sproß-Erträge (Differenzen von 100%) festgestellt. Im Gefäßversuch in Nährlösung (bei 2 verschiedenen NPK-Gaben) waren die Unterschiede zwischen den 3 Stämmen jedoch wesentlich geringer. Als Ursache für eine Überlegenheit im Feld wird die stärkere Wurzelbildung angeführt, die bei Versorgung durch Nährlösung ohne Bedeutung ist. Im Gefäßversuch konnte festgestellt werden, daß geringe Nährstoffversorgung die Wurzelbildung nicht nur rel., sondern auch abs. im Vergleich zum Sproß fördert und daß hohe Nährstoffzufuhr, insbes. an N, das Sproßwachstum begünstigt. Eine sortenbedingte, auf enzymatischer Aktivität beruhende, unterschiedliche Fähigkeit der Nährstoffaneignung und -verwertung wird vermutet. H. Pätzold. 864.

Dewey, Douglas R. Germination of crested wheatgrass in salinized soil. **(Keimung von Kammquecke in Salzböden.)** Agronomy J. **54** (1962) Nr. 4. S. 353–355. — 3 Tab., 6 Lit.
Saatgut von 4 Sorten von *Agropyrum desertorum* wurde in Gefäßversuchen mit Salzlösungen in Konz. von 6000, 12 000 oder 18 000 ppm (NaCl + $CaCl_2$) im Vergleich mit unversalztem Wasser behandelt. Die Keimruhe wurde mit zunehmendem Salzgehalt verkürzt, die Keimzahlen verringerten sich jedoch beträchtlich, wobei 'Commercial' die schlechteste Keimung zeigte. — Bei der Prüfung 16 verschiedener Herkünfte von unterschiedlich stark salzhaltigen Böden erwies sich das Saatgut von stark versalzten Böden als am tolerantesten gegenüber Keimschäden im Salzwasser. Selektion für die Züchtung salzverträglicher Sorten wird empfohlen. H. Pätzold. 864.

Werner, K.; Gundorf, Inst. für Landwirtsch. Betriebs- und Arbeitsökon. der Dtsch. Akad. der Landwirtsch.-Wiss. zu Berlin. **Ökonomische Probleme des Silomaisanbaues.** S.-B. dtsch. Akad. Landwirtsch.-Wiss. Berlin **10** (1961) Nr. 5. S. 79–87. — 3 Tab. nach Zus.
Die Untersuchungen haben also gezeigt, daß der Maisanbau große arbeitswirtschaftliche Vorteile durch seine gute Mechanisierbarkeit in sich birgt. Bei zweckentsprechendem Austausch mit weniger ertragreichen Früchten ist auch ein insgesamt höherer Nährstoffertrag zu erwarten. Die in der Bestellung anzuwendenden Arbeitsverfahren müssen im Zusammenhang mit den biol. Erfordernissen ausgewählt werden. Die bes. klimatischen Verhältnisse verlangen eine kurze Erntezeit Ende Sept., der höhere Mähhäckslerbedarf wird durch höhere Nährstofferträge mehr als ausgeglichen. Silomais wird zur Deckung des Winterfutterbedarfes produziert. Der notwendige Flächenbedarf muß für jeden Betrieb individuell nach Futterbedarf und Maiserträgen ermittelt werden. Erst eine zweckmäßige Organisation der gesamten Futterwirtschaft bringt die hohe Leistungskraft des Futtermaises voll zur Wirkung. 864.

Specht, G.; Potsdam, Inst. für Landwirtsch. Versuchs- und Untersuchungswes. der Dtsch. Akad. der Landwirtsch.-Wiss. zu Berlin. **Ergebnisse von Versuchen zur Agrotechnik des Silomaises.** S.-B. dtsch. Akad. Landwirtsch.-Wiss. Berlin **10** (1961) Nr. 5. S. 51–77. — 8 Abb., 20 Tab., 11 Lit. nach Zus.
Mehrjährige Versuche zur Agrotechnik des Silomaises ergaben, daß der Mais unter unseren Klimabedingungen stark witterungsabhängig ist. Der Gesamtertrag von Winterzwischenfrucht und nachfolgendem Silomais liegt i. allg. höher als die alleinige Leistung des Hauptfruchtmaises, bes. in den günstigen Maisanbaugebieten. Eine Steigerung der Erträge ist durch geeignete, dem Klima angepaßte Sorten und Hybriden sowie durch Einhaltung der optimalen Aussaattermine zu erreichen. Saatgutbehandlungsmethoden (Vorquellen, Stimulation, Jarowisation) führten zu keinem Erfolg. Zur Erziehung hoher Ernten sind Silomaisbestände mit 80 000–100 000 Pflanzen je ha erforderlich, die im Durchschnitt mit 40–50 kg/ha Aussaatmenge erreicht werden können. — Die Anwendung des Herbizides W 6658 (Aminotriazinbasis) brachte sehr gute Erfolge hinsichtlich Unkrautvernichtung, Ertragssteigerung und Einsparung an Hackarbeit. Eine schädigende Wirkung auf die nachfolgenden Kulturen kann durch sorgfältiges Spritzen, richtige Dosierung, Ausbringen in einem schmalen Band auf die Maisreihen und Anbau von weniger empfindlichen Nachfrüchten vermieden werden. — Um den Zuwachs an Tr.-Subst. und die Verbesserung des Gehalts an Tr.-Subst. sowie des Reifegrades im letzten Wachstumsmonat (Sept.) ausnutzen zu können, darf die Ernte der Silomaisfelder nicht zu früh erfolgen. 864.

Meinl, G. und Effmert, B. **Über einige Probleme der Stoffproduktion bei Futterkohl.** Dtsch. Akad. Landwirtsch.-Wiss. Berlin, Tagungsber. **1962** Nr. 48. S. 179–187. — nach Zus.

Phänometrische Untersuchungen an Markstammkohl und Futterkohlkreuzungen haben ergeben, daß der Kohl rel. träge auf Veränderungen der Umweltbedingungen reagiert. Den größten Einfluß auf die Veränderung der Zuwachswerte haben Temperatur und Bodenfeuchte. Der Standraumbedarf wird weitgehend von der Ausbildung unterschiedlich großer Blattstiele bestimmt. Die Blattstiele sind in bezug auf ihre Inhaltsstoffe am schlechtesten zu bewerten. Es ist daher anzustreben, wenig standraumbedürftige Formen mit sitzenden, großflächigen Blättern zu schaffen, die einen Stamm von 4–6 cm Dicke ausbilden, der nur am Grunde stärker verholzt sein darf. Da die Qualität der Blattspreite auch besser ist als die des Stammes, soll ein möglichst hoher Blattanteil erzielt werden. Dies könnte leichter durch ein großes Einzelblatt als durch Erhöhung der Blattzahl zu erreichen sein. Als beste Hybriden erwiesen sich solche aus Kreuzungen von Markstammkohl, Rosenkohl und Wirsingkohl. 864.

Karunin, B. A. und *Beljaeva, Z. S.* Hrsg.: Glav. uprav. sel'skochoz. propagandy i nauki Minist. sel'skogo choz. RSFSR. **Opyt vyraščivanija kukuruzy na Urale i v Sibiri.** (Erfahrungen im Maisanbau im Ural und in Sibirien.) Moskva. 1955. (22 S.) 8°. (DA 1337)
Morozov, Petr Fedorovič. **Vyraščivanie i ispol'zovanie sacharnoj svekly na korm skotu. (Opyt Sibiri.)** (Anbau und Nutzung der Zuckerrübe als Viehfutter.) Moskva: Sel'chozizdat. 1961. (79 S.) 8°. DM –,50. (1962) A 449.
Movsisjanc, Agaron Pogosovič. **Rezervy kormoproizvodstva.** (Reserven der Futterproduktion) Moskva: Izd. Minist. sel'skogo choz. RSFSR. 1961. (160 S.) 8°. DM 1,35. (1962 A 420)
Ulitin, Aleksej Michajlovič. **Mnogoletnie kormovye travy na Kubani.** (Die mehrjährigen Futterpflanzen im Kuban.) Krasnodar: Krasnodarskoe knižnoe izd. 1958. (113 S.) 8°. (1962 A 259)
Zadoncev, Anton Ivanovič. **Vyroščuvannja vysokych urožaiv ta rajonuvannja gibrydiv i sortiv kukurudzi.** (Erzielung hoher Erträge und Standortverteilung der Maishybriden und Maissorten.) Kyïv: Derž. vyd. sil'śk. lit. Ukr.RSR. 1961. (118 S.; ukrain.) 8°. (1962 A 314)
Kukuruza v novych rajonach. Peredovoj opyt vozdelyvanija. (Mais in neuen Anbaugebieten.) Moskva: Sel'chozgiz. 1960. (133 S.) 8°. (1962 A 539)
Dostiženija nauki i peredovoj opyt po sveklovodstvu. (Erkenntnisse der Wissenschaft und die fortschrittlichen Erfahrungen im Rübenbau.) Hrsg.: Vsesojuznaja akad. sel'skoch. nauk imeni V. I. Lenina. Moskva: Sel'chozgiz. 1961. (403 S.) 4°. (1962 B 74)

I. Pflanzen der Subtropen und Tropen

Sellschop, J. P. F. Cowpeas, Vigna unguiculata (L.) Walp. **(Kuhbohnen Vigna unguiculata [L.] Walp.)** Field Crop Abstr. **15** (1962) Nr. 4. S. 259–266. — 85 Lit.

Vorliegende Lit.-Übersicht behandelt die Verbreitung und wirtsch. Bedeutung von *Vigna unguiculata*, ihre Herkunft und Klassifikation sowie die Bemühungen zur Verbesserung dieser Kultur und ihres Schutzes gegen Schädlinge und Krankheiten unter dem Blickwinkel der Anbaupraxis in Afrika. W. Fleischmann. 871.

Enyi, B. A. C.; Nsukka, Univ. of Nigeria, Coll. of Agric. Comparative growth-rates of upland and swamp rice varieties. **(Vergleich der Wachstumsraten bei Berg- und Sumpfreissorten.)** Ann. Botany [N. S.] **26** (1962) Nr. 103. S. 467–487. — 7 Abb., 10 Tab., 27 Lit.

Der Wachstumsrhythmus kann an Hand der Trockenmassenentwicklung verfolgt werden. Vf. vergleicht in einem Gewächshausversuch in Trinidad 2 Parzellen von je 18 m^2 (**I** = überstaut, Sumpfreis, Sorte 'Dima'; **II** = Bergreis, Sorte 'Kindinga'). In 14täg. Abstand wurden Proben entnommen und davon Pflanzenhöhe, Ährenlänge, Sproßzahl, Blattzahl und Blattfläche sowie die Trockenmasse und der N-Gehalt von Blattspreite, Blattscheide, Halm, Rispen und Wurzeln bestimmt. Aus den Ergebnissen konnten Formeln zur Berechnung der Assimilationsrate und der Blattwachstumsrate abgeleitet werden. — **II** erreichte eine größere Höhe und Trockenmasse, wies aber eine geringere Blatt- und Halmzahl auf. Die Blattfläche pro Blattgewicht war bei Sorte **II** größer, die Zuwachskurven der Blattflächen und der Blattrockengewichte zeigten dagegen in beiden Fällen etwa gleichen Verlauf. Während der ganzen Vegetationsperiode war die rel. Wachstumsrate bei **II**, die Assimilationsrate bei **I** besser. **I** wies zuerst höheren, später geringeren N-Gehalt als **II** auf. Die N-Aufnahme lag für beide Sorten bei der Bestockung und in der generativen Phase (hier bes. bei **II**) sehr hoch. Es wird daher eine geteilte N-Gabe empfohlen. V. Ehrenpfordt. 872.

Briones, Aurelio A. und Raymundo, Martin E. The influence of varying depths of mud on the yield of lowland rice. **(Der Einfluß verschiedener Krumentiefe auf den Ertrag von Sumpfreis.)** Philippine Agriculturist **44** (1962) Nr. 10. S. 567–572. – 1 Abb., 7 Lit.

Auf den Reisfeldern wechselt je nach dem Bodenrelief, der Bodenentstehung und der Bearbeitung auf kleinem Raum die Krumentiefe sehr stark. – Zur Versuchsdurchführung wurde ein Feld von 900 m^2 Größe durch kleine Dämme in 30 Parzellen geteilt und die Krumentiefe (bis zur verhärteten Sohle) mit Bohrsonden von Meter zu Meter gemessen. Hierbei ergaben sich Krumenstärken von 30–80 cm (in der Praxis z. T. nur 10–15 cm), die man in 3 Gruppen einteilte (**I** = 30–45, **II** = 45–60, **III** = > 60 cm). Die Erträge wurden bei Frühjahrs- und Herbsternte aus Kleinparzellen (1,04 m^2) bei 6 Wiederholungen errechnet. Die 2. Ernte (stärkere Niederschläge) brachte höhere Korn-, aber geringere Stroherträge (Korn: 401 bzw. 620 g/Parzelle). Bei der ersten Aussaat erhielt man für **I, II, III** Kornerträge von 498, 332 bzw. 390 g, während beim 2. Anbau der Ertrag mit steigender Krumenstärke fortlaufend fiel: 656, 608, 595. Ähnlich verhielten sich die Strohgewichte. Es wird angenommen, daß schon die Krumentiefe von 30–45 cm als sehr günstig angesehen werden muß und daß bei Stärken über 45 cm die gegebenen (Düngung) und vom Boden freigesetzten Nährstoffe in z. T. zu geringer Konz. vorliegen.
V. Ehrenpfordt. 872.

Castillo, P. S. A comparative study of directly seeded and transplanted crops of rice. **(Vergleichende Untersuchungen direkt gesäter und verpflanzter Reisbestände.)** Philippine Agriculturist **44** (1962) Nr. 10. S. 560–566. – 6 Tab., 4 Lit.

Es ist bekannt, daß die direkte Saat in vielen Ländern der Erde höhere und rentablere Erträge als die Pflanzung bringt, für das Gebiet der USA herrscht aber in der Literatur über die beste Anbauart Unklarheit. In einem Versuch wurden daher bei Frühjahrs- und Herbsternte in Spaltanlage 3 Sorten (standfest, mittel, lagerschwach) bei Aussaat und Pflanzung geprüft. Es ergab sich, daß je nach Saison, Sorte, Standfestigkeit und Bestockung die eine oder andere Methode zu empfehlen ist. Verpflanzte Bestände waren stets höher, dabei aber wegen der tiefer gehenden Wurzeln standfester. Die gesäten Parzellen blühten zeitiger, brachten jedoch kürzere Rispen. Sorten mit geringer Bestockung schnitten bei Saat besser ab, sofern sie genügend standfest waren, sich gut bestockende, aber lagerschwache Typen sollten dagegen verpflanzt werden. Für Sorten mit mittlerer Standfestigkeit ist in der feuchten Jahreszeit Pflanzung, sonst direkte Saat zu empfehlen. V. Ehrenpfordt. 872.

Dastur, R. H. und Narasimhachar, S. G.; Dharwar, Agric. Coll. Studies on growth and yields of Egyptian cotton under irrigated conditions in Mysore. I. The effect of manuring on morphological and reproductive characters. **(Untersuchungen über Wachstum und Erträge von ägyptischer Baumwolle bei Bewässerung in Mysore. 1. Mitt. Wirkung der Düngung auf morphologische und reproduktive Eigenschaften.)** Indian J. agric. Sci. **32** (1962) Nr. 2. S. 129–140. – 7 Abb., 14 Tab., 3 Lit.

Die Baumwollerträge im Bezirk Mysore waren von 1952–60 unzureichend, mehrjährige Versuche (ab 1942) hatten aber zuerst befriedigende Ergebnisse gebracht. Vf. vergleicht daher Entwicklungsverlauf und Leistung der Baumwolle in Ägypten (**I**) und dem Sudan (**II**) mit dem indischen Anbau (**III**). Die Saatzeit ist überall verschieden. Die Reifezeit der Baumwolle liegt in

Indien zwischen der in **I** und **II**. Dagegen sind Höhe, Nodienzahl, Gesamttrockenmasse sowie Kapselzahl und damit der Ertrag viel geringer als in **I** und **II**. Dies liegt wahrscheinlich daran, daß bei Nov./Dez.-Bestellung die Temperaturen nicht ausreichen, während bei Maiaussaat häufig viele junge Pflanzen durch starke Regenfälle vernichtet werden. Die 1947/49 gefundene günstige Wirkung von 33–100 lb./acre N auf den Ertrag konnte in neuen Versuchen nur für einen Standort (Maiaussaat, höherere Temperaturen) bestätigt werden. In diesem Fall erhöhte sich die Blütenzahl, und dadurch stiegen die Erträge um 37–51%. Weiterhin war die Reihenweite von 2 ft. der engeren (1,5 ft.) überlegen. V. Ehrenpfordt. 878.

Passlow, T. und Trudgian, K. G.; Queensland, Dep. of Agric. and Stock, Div. of Plant Ind. Effects of fruit form removals on cotton yields in Central Queensland. **(Die Auswirkung der Entfernung von Fruchtformen auf die Ertragsbildung von Baumwolle in Zentral-Queensland.)** Queensland. J. agric. Sci. **17** (1960) Nr. 4. S. 311–320. — 12 Tab., 6 Lit.
In Zentral-Queensland wird die Baumwolle von Mitte Okt. bis Anfang Dez. gesät. Gewöhnlich geben frühe Pflanzungen die höchsten Erträge, obgleich diese Aufwüchse durch den Verlust von Blütenköpfen und jungen Samenkapseln als Folge großer Hitze und Insektenbefall im Dez. und Anfang Jan. geschädigt werden. In Versuchen der Jahre 1957–59 wurden Baumwoll-Blütenköpfe und -kapseln etwa 3 Wochen nach Erscheinen der ersten Blütenköpfe 8 Wochen lang entfernt. Das Reifen der nachgewachsenen Früchte hing von den Aufwuchsbedingungen ab. Die Früchte wurden wieder ersetzt, wenn auf eine dürftige Jugendentwicklung gute Wachstumsbedingungen folgten, jedoch nicht bei ungünstigen Wachstumsbedingungen zu einem späteren Zeitpunkt. Die Ursache hierfür war eine ungewöhnlich starke Schädigung durch *Pectinophora scutigera* (Hold.) 1958/59 und *Heliothis armigera* (Hubn.) im März. L. Rath. 878.

Ducker, H. C. Groundnut growing in the Rhodesias and Nyasaland. Part II. **(Erdnußanbau in Rhodesien und Njassaland. 2. Mitt.)** Rhodesia agric. J. **59** (1962) Nr. 2. S. 90–95. — 3 Abb., 1 Tab., 7 Lit.
Die Erdnuß gehört in den beiden afrikanischen Ländern zu den wichtigsten Leguminosen. Sie bevorzugt gut strukturierte und tiefgründige Böden mit pH-Werten zwischen 5,8 und 6,2. Die Fruchtfolge muß gut ausbalanciert sein, da die Kultur dann auch leichter unkrautfrei gehalten werden kann. Ihre Selbstverträglichkeit ist gering, so daß sie frühestens nach 4 Jahren wieder auf dem gleichen Feld angebaut werden kann, da sonst vor allem Verseuchungen mit der *Cercospora*-Blattfleckenkrankheit auftreten. Die Düngeransprüche sind bes. auf fruchtbaren Böden gering, da das stark entwickelte Wurzelsystem die Pflanze befähigt, sich die Nährstoffrückstände vorhergehender Fruchtfolgeglieder nutzbar zu machen. Die Saatbettbereitung muß sehr sorgfältig erfolgen, desgl. auch die Aussaat, da der Samen bes. anfällig gegenüber mechan. Beschädigungen ist. An geeigneten Sorten werden vor allem genannt: 'Makulu Red' (mittelspät) und 'The Beginner's Nut', ferner die spätreifen Virginia- und afrikanischen Riesentypen. Die Pflegearbeiten müssen stets auf hohe Pflanzenbestände pro Flächeneinheit gerichtet sein, da sie auch hohe Erträge bedingen. Die Ernte setzt ein, wenn etwa 60–70% der Kapseln reif sind. Die Zeit zwischen Aussaat und Ernte beträgt 125–170 Tage. Großer Wert muß auf die Nachtrocknung (anhaftende Erde!) gelegt werden. W. Fleischmann. 880.

Sly, J. M. A. und Tinker, P. B.; Benin, Nigeria, West African Inst. for Oil Palm Res. An assessment of burning in the establishment of oil palm plantations in Southern Nigeria. **(Beurteilung des Waldabbrennens bei der Anlage von Ölpalmenpflanzungen in Südnigeria.)** Trop. Agric. **39** (1962) Nr. 4. S. 271–280. — 3 Tab., 25 Lit.

Sowohl in der Literatur als auch in der Praxis herrscht Unklarheit darüber, ob das Abbrennen des Waldes für den Ertrag der Pflanzungen ungünstig ist. Denkbar sind sofortige Schäden (1.–3. Jahr) als auch vorzeitige Erschöpfung des Bodens in späterer Zeit (10.–20. Jahr). Bei der Beurteilung dieser Frage müssen die Vorteile des Abbrennens (billiger, schneller, bessere Bearbeitungsmöglichkeit, geringerer Schädlingsbefall) mit berücksichtigt werden. — 1940, 50 und 51 wurden daher z. T. polyfaktorielle Versuche mit dem Hauptfaktor Brennen — nicht brennen angelegt. In den ersten beiden Jahren erforderten die nicht gebrannten Parzellen um 16% höhere Kosten, später ergaben sich keine Differenzen mehr. In den 3 Versuchen trat nur in einem Fall durch Brandwirtschaft ein signifikanter Minderertrag ein (im Mittel der ersten 4 Jahre 4423 gegen 3892 lb./acre). Auch hier ließ die Differenz in späteren Jahren nach. Bodenuntersuchungen auf K, Na, Mg, Ca, C, N, P, pH und Austauschkapazität zeigten nur bei K, Na und Ca- und auch dort uneinheitlich — Differenzen zwischen den Varianten. Vf. zieht den Schluß, daß im Gegensatz zur eigentlichen Brandwirtschaft bei Ackernutzung ein einmaliges Abbrennen sich i. allg. nicht ungünstig auswirkt. Das eventuelle Auftreten von Mangel an Hauptnährstoffen kann zudem leicht durch Mineraldüngung ausgeglichen werden. V. Ehrenpfordt. 880.

Oakes, A. J. und Skov, O.; U.S. Virgin Islands, U.S. Dep. of Agric., A.R.S. Some woody legumes as forage crops for the dry tropics. **(Einige Buschleguminosen als Futterpflanzen für die trockenen Tropen.)** Trop. Agric. **39** (1962) Nr. 4. S. 281–287. — 4 Tab., 5 Lit.

Zur Zufütterung zu proteinarmem Weidegras wird eine Leguminose benötigt, die auch in Trockenzeiten sichere Erträge bringt. In einem 5jähr. Versuch wurden daher *Gliricidia sepium* (a), *Leucaena leucocephala* (b), *Albizzia lebbeck* (c), *Delonix regia* (d) und zum Vergleich *Cajanus cajan* (e) bei 3–4 Schnitten pro Jahr geprüft. e ist nur einjährig und ebenso wie d im Proteingehalt unzureichend. a erwies sich als schnittempfindlich und versagte daher nach dem 2 Jahr. b und c sind etwa gleichwertig, b ist aber wegen seiner höheren Grünfutterleistung und der Chloroseresistenz vorzuziehen. Die Pflanze kann gemäht und siliert bzw. getrocknet oder auch, zusammen mit Gras, als Weide genutzt werden. Allerdings ist sie gegen zu starken Verbiß empfindlich und wird bei Nichtnutzung zu hochwüchsig. Die Schnitthäufigkeit sollte sich nach der Entwicklung richten (3–5 ft. hoch). Pro Jahr ist mit einem Grünmasseertrag von 10–20 t./acre bei 4–10% Proteingehalt zu rechnen.
V. Ehrenpfordt. 885.

Ahmed, Saeed und Ghafoor, M. Abdul. Falsa (Grewia asiatica) cultivation in West Pakistan. **(Anbau von Falsa [Grewia asiatica] in Westpakistan.)** Agric. Pakistan **12** (1961) Nr. 4. S. 762–768. — 9 Lit.

Diese tropische Frucht gehört zur Familie der *Tiliaceae*, ihre genaue Geschichte ist noch unbekannt, ursprünglich wurde sie als Heilpflanze angebaut. In Westpakistan wird sie als Obst gegessen. Da die Frucht sehr transportempfindlich ist, kann sie immer nur in der Nähe ihrer Verbrauchszentren angebaut werden. Einige Ratschläge für den Anbau werden in vorliegender Arbeit gegeben, und zwar hinsichtlich Klima, Bodenansprüchen, Sorten, Vermehrung, Pflanzen, Ausschneiden, Düngung, Bewässerung, Unterkulturen, Ernte, Ertragsleistung, Krankheiten und tierischen Schädlingen sowie Verwertung.
W. Fleischmann. 893.

Khan, Abdur Rashid, Shafi, Muhammad und Gill, Ishfaq Ahmed. Cultivation of musk melon in West Pakistan. **(Anbau von Muskmelonen in Westpakistan.)** Agric. Pakistan **12** (1961) Nr. 4. S. 719–733.

Die Muskmelone (*Cucurbita moschata*) ist ein beliebtes Sommergemüse und nimmt in Westpakistan jährlich eine Anbaufläche von ca. 60000 acres ein.

Ihr Vitamingehalt ist hoch (A, B_1, B_2 und C), auch der Mineralgehalt befriedigt. Trockenheit, hohe Temperaturen und Sonnenschein wirken sich gut auf die Qualität aus. Die ihr zusagenden Böden reichen von Sand über sandigen Lehm bis zum Ton, die Wasserführung muß jedoch gut sein. Die Aussaat erfolgt in stallmistgedüngten Boden im Febr./März. Bewässerung ist im allg. nicht erforderlich. Geerntet kann bereits im Mai/Juni werden, wobei normalerweise 250 maunds/acre erreicht werden (1 md. = 37,3 kg). Bevorzugt werden wegen ihrer besseren Transporteignung hartrindige Sorten, wie 'C 194' und 'C 96'. Die gefährlichsten Schädlinge sind die Melonenfliege und der Pilz *Pseudoperonospora cubersis*. Ersterer Schädling wird mit 0,4% DDT oder 0,75% Rotenon bekämpft, letzterer mit Zerlate. W. Fleischmann. 893.

Ahmad, Saeed. Cultivation of Guavas in West Pakistan. **(Anbau von Guavas in Westpakistan.)** Agric. Pakistan **12** (1961) Nr. 4. S. 745–761. – 3 Lit.
Guava (*Psidium guajava*) gehört zur Familie der *Myrtaceae* und erfreut sich in Westpakistan neuerdings als Obst großer Beliebtheit, was sich in den Anbauflächen (7313 acres) ausdrückt. Der Vitamin-C-Gehalt liegt mit Werten zwischen 91,0 und 286,8 mg/100 g eßbarer Frucht recht hoch. Die von den Bäumen vertragene Klimaskala reicht sehr weit, am meisten sagt ihnen aber Trockenheit zu. Die geeignetsten Böden sind tiefgründige, gut dränierte, fruchtbare Lehmböden, pH-Schwankungen von 4,5–8,2 werden ohne weiteres vertragen. Die gebräuchlichste Vermehrungsart ist die generative. Das Pflanzen braucht nicht bes. sorgfältig zu erfolgen, um so mehr Bedeutung ist der Düngung zu widmen, und zwar vor allem bei voll tragenden Bäumen, die bes. gut auf Ammoniumsulfat und Stalldung reagieren. Bei jüngeren Bäumen empfehlen sich Unterkulturen, wie Gemüse und Leguminosen. Das Pflücken erfolgt ausschließlich von Hand, da die Früchte sehr druckempfindlich sind. Pro Baum werden ca. 200–300 Früchte im Sommer und 300–400 im Winter gepflückt. Nach Ausführungen über Sorten und Krankheiten werden abschließend die Verwertungsmöglichkeiten besprochen.
W. Fleischmann. 893.

Sinha, R. B., Randhawa, G. S. und Jain, N. L.; New Delhi, Indian Agric. Res. Inst. Seasonal changes in Hamlin and Valencia Late oranges. **(Veränderungen bei 'Hamlin' und 'Valencia Late'-Orangen im Laufe der Jahreszeiten.)** Indian J. agric. Sci. **32** (1962) Nr. 2. S. 149–161. – 9 Abb., 3 Tab., 26 Lit.
Citrusfrüchte brauchen zur Reifung sehr lange (10–13 Mon.). Pflege und Düngung können daher auf die günstigste Entwicklung abgestimmt werden, wenn der Entwicklungsrhythmus bekannt ist. Da nach der Ernte die Fruchtqualität (im Gegensatz zu Äpfeln oder Bananen) sich nicht mehr verbessert, andererseits aber bei zu später Durchführung die nächste Ernte vermindert wird, kommt der Wahl des optimalen Pflücktermins und damit den Veränderungen im Gehalt der Frucht bei der Reife bes. Bedeutung zu. Um für Indien entspr. Unterlagen zu bekommen, wurden monatl. bzw. 14täg. entnommene Fruchtproben von 2 Sorten auf Dmr., Gewicht, Volumen, Schalendicke, Zucker, Acidität, lösliche Inhaltsstoffe, Vitamin C und Respiration (CO_2-Produktion) untersucht. – Dmr., Gewicht und Volumen nahmen etwa in gleicher Weise, und zwar bes. von Mitte Okt. bis Ende Nov. zu, während die Schalenstärke in den ersten Stadien der Reife abnahm und später konstant blieb. Der Saftanteil stieg mit dem Fruchtwachstum, die löslichen Inhaltsstoffe, der pH-Wert und das Zucker/Säure-Verhältnis nahmen im Verlauf der Reife zu. Der Gehalt an red. Zuckern nahm bis zur Vollreife zu, dagegen blieb der Gesamtzuckergehalt zuletzt konstant. Der Gehalt an Gesamtsäure und Ascorbinsäure veringerte sich bei der Reife. Ebenso ließ die Respiration bis auf ein konstant bleibendes Ausmaß nach. Von Mitte Nov. an nahm der Anteil granulierter Früchte (Gehaltsverluste) bei der Sorte 'Hamlin' bis auf 92% zu;

bei 'Valencia Late' trat diese Erscheinung nicht auf. Die erste Sorte sollte daher unter den Bedingungen des Versuchsortes in der ersten Novemberwoche, die zweite Ende Jan. geerntet werden. V. Ehrenpfordt. 894.

Tropičeskie i subtropičeskie rastenija. Kratkie itogi introdukcii v oranžeree Glavnogo botaničeskogo sada. (Tropische und subtropische Pflanzen.) Hrsg.: Akad. nauk SSR; Glav. botan. sad. Moskva: Izd. Akad. nauk SSSR. 1961. (187 S.) 4°. (1962 B 48)

VIII. GRÜNLAND

B. Wiesen

Shankar, J. V. und Bharucha, F. R. Chemical composition of grasses in hilly grassland of Bombay. **(Chemische Zusammensetzung von Gräsern im Hügelgrasland von Bombay.)** Indian J. agric. Sci. **32** (1962) Nr. 1. S. 9–13. – 6 Tab., 19 Lit.

Chem. Untersuchungen, die an Grasproben aus der Nähe von Bombay vorgenommen wurden, ergaben, daß diese Gräser – in der Hauptsache *Eragrostis*, *Themeda* spp. – niedrigen Protein-, Mineralstoff-, CaO- und P_2O_5-Gehalt hatten und dringend düngebedürftig waren. Bes. niedrig lag der P_2O_5-Gehalt, so daß die Düngung mit Phosphaten notwendig ist. Der Gehalt an ätherlöslichen Stoffen ist hoch und liegt bei *Themeda* über den bisher von anderen tropischen Gräsern bekannten Werten. Nach der Blüte steigt der Rohfasergehalt, aber der Gehalt an verdaulichen Nährstoffen fällt, so daß der Schnitt vor der Blüte erfolgen muß. K. Schulz. 920.

Dimitrov, S. (Dimitrow, S.) Rodŭt glavica (Dactylis L.) v Bŭlgarija. **(Die Gattung Knaulgras [Dactylis L.] in Bulgarien.)** Naučni trudove. Visš selskostopanski institut „Vasil Kolarov". Agronomičeski fakultet, Plovdiv **11** (1962) Nr. 1. S. 177–190. – 13 Abb., 20 Lit. Zus. in Russ., Dtsch.

Auf Grund einer ganzheitlichen Untersuchung der Morphologie, Biologie und Ökologie der Arten von der Gattung *Dactylis* L. wird vom Vf. darauf hingewiesen, daß für die Systematik entscheidende morpholog. Merkmale Bau und Zusammensetzung des Ährchens, die Spelzenform, die Grannen und die Ährchenanzahl sind. Der Rispenbau, die Blätter und Stengel können als zusätzliche Unterscheidungsmerkmale benutzt werden. Ferner wurde festgestellt, daß in Bulgarien die folgenden 4 Arten vorkommen: *Dactylis glomerata* L., *Dactylis ciliata* Opiz., *Dactylis aschersoniana* Graebn. und *Dactylis glaucescens* Willd. Es wird eine systemische Beschreibung der 4 Arten gegeben. Ferner wird hervorgehoben, daß neben diesen Arten noch viele Hybridformen, am häufigsten als Kreuzungen aus den Arten *Dactylis glomerata* und *Dactylis ciliata*, auftreten. Nach einigen kritischen Bemerkungen hinsichtlich der Bestimmung der einzelnen Arten gibt Vf. einen Bestimmungsschlüssel für die Arten der Gattung *Dactylis* in Bulgarien. M. Stoilow. 925.

Madsen, S. B. und Olesen, M. Comparative experiments with taking working samples by means of spoon and of Pascall divider. **(Vergleichende Versuche über die Entnahme von Untersuchungsproben mit Hilfe eines Löffels und des Pascall-Probenteilers.)** C.R. Assoc. int. Essais Semences **27** (1962) Nr. 2. S. 414–422. – 5 Abb., 2 Tab. Zus. in Dtsch.

2 Proben einer Saatgutmischung (bestehend aus Weidelgras, Wiesenschwingel, Rotklee, Wiesenlieschgras und Verunreinigungen) wurden 6mal in Untersuchungsproben von je 2 g aufgeteilt, die eine Probe mit dem Löffel, die andere mit dem Pascall-Probenteiler. Mit dem Löffel wurde von kleinen Samen (Wiesenslieschgras) und Verunreinigungen zu wenig und von Rotklee zu viel entnommen. Bei einer anderen Probe, einem Gemisch von Deutschem Weidelgras und Wiesenschwingel, wurden von den schweren Samen zu wenig entnommen. Auch bei der Verwendung des Pascall-Probenteilers fand eine Ent-

mischung statt. Das Saatgut aus dem rechten und linken Auslauf war unterschiedlich zusammengesetzt. Wahrscheinlich ist diese Sortierung von der Art des Einschüttens in den Probenteiler abhängig. C. Tittel. 925.

Finckh, B.; München, Bayer. Landesanst. für Landkult. und Moorwirtsch. **Zum Problem der mineralischen Stickstoffdüngung auf Dauerwiesen.** Bayer. landwirtsch. Jb. **39** (1962) Nr. 3. S. 289–310. — 5 Abb., 19 Tab., 17 Lit.
In den Jahren 1957–60 wurden zahlreiche N-Steigerungsversuche auf Mähwiesen in Bayern durchgeführt und der Einfluß steigender N-Gaben (0, 40, 60, 80, 100, 120 kg/ha) auf den Heuertrag untersucht. In sämtlichen Versuchen wurden neben einer ständigen PK-Grunddüngung im 1. Versuchsjahr 200 dt/ha Stallmist und im 3. Jahr 300 dt/ha Jauche verabreicht. Im Mittel von 15 vierjährig durchgeführten Versuchen stiegen die Heuerträge von 74 dt/ha (N_0) bis auf 108 dt/ha (N_{120}) an. Die Stickstoffleistung nahm mit zunehmenden N-Gaben nur geringfügig ab. Eine Abnahme der N-Leistung bei längerer Anwendungsdauer war nicht vorhanden. — Die Witterung beeinflußte die Stickstoffleistungen stark. So war die N-Wirkung in dem Trockenjahr 1959 nur rel. gering. Ebenso übte auch der Pflanzenbestand einen großen Einfluß auf die Leistung des Stickstoffs aus. An Hand von 5 Versuchen auf verschiedenen Wiesentypen wurde die Wirkung und Rentabilität der gesteigerten N-Düngung erläutert. Nach den vorliegenden Berechnungen sind im Mittel N-Gaben von 80–120 kg/ha auf Mähwiesen rentabel. Voraussetzung für eine gute Düngewirkung ist jedoch eine 3malige Nutzung bei höheren N-Gaben.
H. Ansorge. 940.

Brünner, F.; Aulendorf, Württemberg, Staatl. Versuchsanst. für Grünlandwirtsch. und Futterbau. **Die Wirkung verschiedener Wechseldüngungen auf den Ertrag von Mähwiesen.** Wirtschaftseigene Futter 8 (1962) Nr. 2. S. 85–97. — 8 Tab.
Die Auswertung der Ergebnisse von 2 größeren und 4 kleinen Versuchen mit verschiedenen Wechseldüngungen auf Wiesen in Württemberg, die über 8 Jahre (zwei 4jährige Perioden) liefen, erlaubte folgende Feststellungen: Die Versuche bestätigen die bisher bekannten Wirkungen der Wiesendüngung und lassen keine besonderen Einflüsse eines regelmäßigen Wechsels von organischer und mineralischer Düngung verschiedener Form und Höhe der Nährstoffgabe erkennen. Ein jährlicher Wechsel zwischen PK- und NPK-Düngung brachte gleiche Ergebnisse, wie sie dem Mittel aus beiden Düngungen, jährlich gegeben, entsprechen. Die aufgetretenen Unterschiede lassen sich auch beim Wechsel zwischen Handels- und Wirtschaftsdüngung aus der unterschiedlichen Nährstoffzufuhr erklären. F. Weißbach. 940.

Mott, Norbert; Steinach bei Straubing, Lehr- und Forsch.-Inst. für Grünland und Feldfutterbau. **Der Einfluß der Schnitthäufigkeit auf Ertrag und Pflanzenbestand der Fuchsschwanzwiese bei unterschiedlicher N- und PK-Düngung.** Bayer. landwirtsch. Jb. **39** (1962) Nr. 3. S. 311–334. — 4 Abb., 11 Tab., 11 Lit.
Auf Fuchsschwanzwiesen bei Steinach wurde der Einfluß der Schnitthäufigkeit auf den Heu- und Rohproteinertrag sowie den Pflanzenbestand in zwei 1935 bzw. 1938 angelegten Dauerversuchen überprüft. — Im Mittel der Jahre 1935–53 war bei Unterlassung der N-Düngung im Vergleich zum Zweischnitt bei Dreischnitt ein Rückgang der Heuerträge um 12% und bei Vierschnitt um 19% vorhanden. Die mit der Schnitthäufigkeit gekoppelten N-Steigerungen (Zweischnitt 40 kg/ha N, Dreischnitt 60 kg/ha N und Vierschnitt 80 kg/ha N) konnten den Ertragsabfall durch die höhere Schnittzahl nicht beseitigen, sondern nur verringern. Im Mittel nahm der Heuertrag durch die N-Gaben um 10–15 dt/ha zu. Im Gegensatz zu den Heuerträgen wurden die Rohproteinerträge durch die Erhöhung der Schnittzahl im Mittel um 17–39% gesteigert. Es konnte ein deutlicher Zusammenhang zwischen den Sommer-

niederschlägen und dem Heuertrag festgestellt werden. Innerhalb jeder Schnittvariante hatten die steigenden PK-Gaben Ertragszunahmen zur Folge. Die häufige Schnittnutzung hat einen Anstieg der Kräuter- und ein Absinken der Gräseranteile bewirkt. Der Leguminosenanteil blieb fast unverändert.
H. Ansorge. 945.

C. Weiden

Smith, C. A.; Mazabuka, Northern Rhodesia, Centr. Res. Stat. Tropical grass/legume pastures in Northern Rhodesia. **(Tropische Gras-Leguminosenweiden in Nordrhodesien.)** J. agric. Sci. **59** (1962) Nr. 1. S. 111–118. – 1 Abb., 10 Tab., 23 Lit.
Es wurden das Rhodesische Riesengras und 3 Leguminosen (*Stylosanthes gracilis, Cajanus cajan, Stizolobium deeringianum*) rein und im Gemisch in 3jähriger Wiederholung geprüft. Der Trockenmasse- und besonders der Rohproteinertrag der Leguminosen und der Leguminosen-Grasgemische war merklich höher als der des reinen Grases. Der nach dem Leguminosen-Grasgemisch gebaute Mais hatte einen höheren Blatt-N-Gehalt und einen annähernd doppelten Ertrag gegenüber dem nach reinem Gras angebautem Mais. Bei der Verfütterung von Heu aus Gras und den einzelnen Leguminosen-Grasgemischen an Mastrinder gab es keine wesentlichen Unterschiede in der Lebendmassezunahme. Die Verdaulichkeit des Rohproteins von Heu aus Gras bzw. Gras/*Stylosanthes* betrug 29,4 bzw. 54,7, der Gehalt an verd. Rohprotein 1,2 bzw. 4,6%. G. Rubach. 950.

Bennewiz, H. **Herbst- und Winterarbeiten auf der Weide.** Dtsch. Landwirtsch. **13** (1962) Nr. 10. S. 507–509. – 6 Lit.
Die wichtigsten im Herbst und Winter durchzuführenden Arbeiten zur Vorbereitung der Weiden auf die nächstjährige Nutzung werden genannt und begründet, und zwar Herbstspätweide, Abbau und Pflege von E-Zaunanlagen, Pflege der Weidenarbe, Düngung der Weide, Instandsetzen und Neubau von Weideeinrichtungen sowie Unterhaltung und Neubau von Gräben. Unter Berücksichtigung der Mechanisierungsmöglichkeiten werden Hinweise für die prakt. Durchführung gegeben. W. Fleischmann. 968.

Breunig, W.; Berlin, Humboldt-Univ., Inst. für Acker- und Pflanzenbau. **Untersuchungen über die Wirksamkeit der Nachmahd und Fladenverteilung in der Weidepflege.** Z. Landeskult. **3** (1962) Nr. 2. S. 120–169. – 19 Abb., 12 Tab., 63 Lit. Zus. in Russ., Engl.
Die 2jährigen auf Weiden vorgenommenen Untersuchungen wurden auf Anmoor und Moor durchgeführt und betrafen Fladenverteilung, Geilstellengröße sowie Berechnungen über Bestandteile der Ausscheidungen und die den Weideflächen zugeführten Nährstoffe über Kot und Harn. Bodenuntersuchungen unter den Kot- und Harnflächen ergänzten die Ermittlungen. Verglichen wurden sodann verschiedene Methoden der Fladenverteilung und deren Wirkung im Verlaufe der Weideperiode, wobei die Reifenschleppe den Umfang der Geilstellen stark vergrößerte (243 resp. 239% gegenüber 100% bei Handverteilung) und die Schulte-Egge mit 156 resp. 145% eine Mittelstellung einnahm. Um eine Flächenausdehnung der Geilstellen zu vermeiden, wird eine Fladenverteilung erst für den Spätsommer, dagegen eine 1–2malige Nachmahd schon bis zum Juli/Aug. gefordert. Als beste Koppelpflege wird die Reihenfolge Nachmahd – (Nachmahd) – Schleppen – Schleppen empfohlen.
H. Pätzold. 968.

Arnold, G. W.; Canberra, C.S.I.R.O., Div. of Plant Ind. Effects of pasture maturity on the diet of sheep. **(Wirkungen des Reifegrades von Weidefutter auf die Futterverwertung bei Schafen.)** Austral. J. agric. Res. **13** (1962) Nr. 4. S. 701–706.

Ein Kleegrasbestand (*Trifolium subterraneum* + *Phalaris tuberosa*) wurde teils geschnitten und an eingepferchte Schafe frisch verfüttert, teils abgeweidet. Der Zeitraum umfaßte Frühjahr und Vorsommer (10.9.–23. 12. 1958). Das Futter war im Dez. nahezu trocken auf dem Halm. – Die Verdaulichkeit des geschnittenen Futters war über den gesamten Zeitraum geringer als bei Weidegang. Sie nahm bei Weidegang bis Ende Okt. nur von 79 auf 76% ab, bis Ende Nov. auf 60% und bis zum Versuchsende auf 53%. Die höhere Verdaulichkeit des abgeweideten Futters wird auf die Selektion junger Triebe durch die Schafe zurückgeführt. H. Pätzold. 970.

D. Acker-Grünland-Wechselnutzung

Esser, J.; Kleve-Kellen, Nordrhein-Westfalen, Forschungsstelle für Grünland und Futterbau. **Auf dem Wege zur „Acker-Kräuterweide". Über den Wert der Wegwarte (Cichorium intybus) als Futterpflanze.** Wirtschaftseigene Futter 8 (1962) Nr. 2. S. 98–105. – 1 Abb., 2 Tab., 9 Lit.
Als Nachteil der zweijährigen Kleegrasweide auf dem Ackerland wird oft die botanische Einseitigkeit des Futters angesehen. Die Erprobung einer in England empfohlenen Ansaatmischung, die 11 kg/ha Wegwarte (*Cichorium intybus*) neben verschiedenen Anteilen Schweden- und Weißklee enthielt, brachte bei zwar hohem Eiweißgehalt nur unbefriedigende Erträge. Noch nicht abgeschlossene, weitere Untersuchungen lassen erkennen, daß der Futtertyp der Wegwarte bei einer Saatstärke von 3 kg/ha im Frühjahr zusammen mit Kleegras ausgesät werden kann. Diese Pflanze wird in solchen Mischungen nicht unterdrückt, eignet sich gut zur Beweidung und mehrjährigen Nutzung, besitzt ein ausgeprägtes Regenerationsvermögen, wird gern gefressen und kann den Futterwert der Weide besonders hinsichtlich Vielseitigkeit und Mineralstoffgehalt verbessern. F. Weißbach. 980.

Schultz, R.; Parchim, Zucht- und Versuchsstat. für Schafschwingel. **Höhere Erträge vom leichten Sandboden durch intensiven Schafschwingelanbau.** Dtsch. Landwirtsch. **13** (1962) Nr. 9. S. 437–439. – 5 Abb., 2 Tab., 3 Lit.
Der Schafschwingel wurde bisher als relativ extensive mehrjährige Fruchtart auf leichten Böden Mecklenburgs zur Samengewinnung (Export) angebaut. Durch einjährige Kultur sowie starke und zeitige N-Düngung lassen sich Samenerträge und Menge und Qualität der Wurzelmasse jedoch erheblich steigern. Als optimale Düngung werden 100 kg/ha N (75 kg bis 15.8. + 25 kg bis 1.3.), 120 K_2O + 60 – 80 P_2O_5 (bis 30.9.) empfohlen. Bei Auswaschungen stellte man (bis zu 60 cm Tiefe) für den einjährigen Anbau Wurzelmengen von 75 dt/ha mit 1,59% N und 46% C fest, während der 2jährige Bestand nur 64 dt mit 1,37% N, aber 52% C (Verholzung) aufwies. Es wird vermutet, daß der unterschiedliche Vorfruchtwert bei 1- und 2jährigem Anbau (Kartoffeln nach Schafschwingel + Leguminosenstoppelfrucht 310 bzw. 220 dt/ha) auf diese Differenzen zurückzuführen ist. Bei sofortigem Umbruch nach der Samenernte kann vorteilhaft ein Leguminosengemenge (Lupinen) gedrillt werden, das normalerweise sehr hohe Futtererträge bringt und gleichzeitig im Zusammenwirken mit den Wurzelrückständen des Schafschwingels für die nachfolgende Hackfrucht(Kartoffeln) eine sehr gute Vorfrucht darstellt (Ernterückstände = 600–800 dt/ha organische Substanz). Z.Z. werden ca. 10000 ha Schafschwingel gebaut, so daß eine Fläche von etwa 75000 ha im Rahmen günstiger Fruchtfolgen (durchschnittliche Ertragssteigerung = 70 bis 80%) bewirtschaftet wird. Auf Grund der guten Absatzmöglichkeiten für den Samen kann der Anbau aber noch verdoppelt werden.
V. Ehrenpfordt. 980.

Schmidt, K. J. **Die zweckmäßige Organisation der Futterwirtschaft. dargestellt am Beispiel der LPG Bendelin, Kr. Perleberg.** Dtsch. Landwirtsch. **13** (1962) Nr. 12. S. 598–601. – 4 Lit.

Der Betrieb hat 1100 ha LN auf leichtem Diluvialboden (⌀ AZ 24). Die größte Leistungsreserve liegt in der Intensivierung der Grünlandbewirtschaftung. Der Futterbedarf bestimmt die Ausdehnung des Hauptfrucht-Futterbaues, wobei der Anbau der standortmäßig ertragreichsten Fruchtarten bei gleichzeitiger Mechanisierbarkeit möglichst aller Arbeiten im Vordergrund steht. Durch zweckmäßige Organisation der Feldwirtschaft sollten Zwischen- und Zweitfruchtanbau max. ausgedehnt und unter Anpassung an die natürlichen Standortbedingungen leistungsfähig und rentabel gestaltet werden. Für das Milchvieh kann durch den verstärkten Leguminosenanbau (Haupt- und Zwischenfrucht) ein günstigeres Eiweiß-StW-Verhältnis geschaffen werden. Ziel der Organisation der gesamten Futterwirtschaft sollte sein, das Endprodukt aus dem Futterbau mit niedrigsten Kosten und geringstem Aufwand an lebendiger Arbeit zur Verfütterung zu bringen. W. Fleischmann. 980.

IX. GARTENBAU

A. Allgemeine Literatur, Berichte, Statistiken u.a.

Kilner, Richard B. Panels and talks presented to International Shade Tree Group. **(Fachvorträge und Gespräche der Jahrestagung der International Shade Tree Group.)** Amer. Nurseryman **116** (1962) Nr. 5. S. 11. — 3 Abb.

Es wird über die 38. Jahrestagung der Intern. Shade Tree Group in San Francisco berichtet. In den Vorträgen werden Erfahrungen und Probleme erörtert, die für die Forschung interessant erscheinen. Ergebnisse werden kurz genannt. — In Japan hat *Ginkgo biloba* als Straßenbaum weite Verbreitung gefunden, da er sich nach den Erdbeben vor 40 Jahren als sehr widerstandsfähig gegen Feuer und Sturm erwies. Auswirkungen von Luftverschmutzungen auf Gehölze werden behandelt. Durch Auspuffgase konnten Verbrennungen, Entfärbungen, Blattfall und Wachstumsverzögerungen beobachtet werden. — Die Tagung schloß mit einem Ausblick in die Zukunft.

F. H. Pfützner. 1001.

B. Allgemeiner Gartenbau

Vries, K. J. de; Wageningen, Inst. of Horticult. Engng. The economical comparison of glasshouse types. **(Wirtschaftlicher Vergleich von Gewächshaustypen.)** Advances horticult. Sci. **3** (1962) S. 334–340. — 4 Abb. Zus. in Franz., Dtsch.

Die Gewächshaustypen mit den höchsten Baukosten haben in der Regel auch die höchsten Unterhaltungskosten, letztere steigen jedoch nicht proportional mit den Baukosten. Ein moderner galvanisierter Typ erfordert ca. die doppelte Investitionshöhe im Vergleich zum Venlotyp, die Unterhaltungskosten betragen jedoch nur das 1,5fache. Die wichtigsten Faktoren in modernen Gewächshäusern sind die Kosten für Arbeitslöhne und Heizung, sie sind bei modernen Häusern geringer als bei älteren. Die Investitionen in einem neuen Gewächshaus sind gerechtfertigt, wenn sie zur Rationalisierung des Produktionsprozesses führen. Die Produktion von Tomaten in einem modernen Gewächshaus ist gegenüber dem Venlotyp (nicht fest verglast) rationeller, wenn 1. der kg-Ertrag von 10 kg/m² um 6% steigt, 2. eine bessere Qualität durch einen 6% höheren Preis resultiert, 3. der Gesamtertrag 2 Tage früher auf den Markt kommt. Unter niederländischen Verhältnissen bringt eine Tomatenkultur für jeden Tag, den sie früher auf den Markt kommt (Mitte Apr. bis Mitte Juni) einen zusätzlichen Gewinn von 3% des Gesamternteertrages. Der teuerste Haustyp in den Niederlanden (6,5 m Spannweite, große Scheiben, galvanisiertes Stahlgerüst) ist für frühe Tomaten wirtschaftlicher im Vergleich zum Venlotyp, wenn der kg-Ertrag um 2%, die Qualität durch einen um 2% höheren Preis und der Ertrag einen Tag früher einsetzt. Das Kulturrisiko ist in modernen Häusern geringer. W. Killer. 1024.

Frampton, Francis R.; Chichester, England, Framptons Nurseries Ltd. The use of aluminium in the development of mobile and static glasshouses. **(Die Verwendung von Aluminium bei der Konstruktion von Roll- und festen Gewächshäusern.)** Advances horticult. Sci. **3** (1962) S. 346–356. – 8 Abb., 1 Tab., 13 Lit. Zus. in Franz., Dtsch.
Vf. berichtet über Konstruktion und Bau von Rollhäusern und festen Gewächshaustypen aus korrosionsbeständigen Al-Legierungen. Die Schiffbreite beträgt 30 ft. (9,14 m). Bei der Konstruktion wurde auf die Gewichtsverminderung bes. Wert gelegt. Es gelang, das Gew. der Al-Konstruktion auf 5,37 kg/m^2 bedeckte Fläche zu reduzieren. Der Binderabstand beträgt 14 ft. 3,5 in. Jedes radtragende Fundament trägt den für 300 sq. ft. Grundfläche entsprechenden Gewächshausteil. Die zur Fortbewegung des Hauses erforderliche Kraft beträgt 5% des Gew. des Hauses. Gewächshausblocks von 19000 sq. ft. und einem Gew. von 40 t können von einem Punkt aus fortbewegt werden. Dies wurde durch Einbau von Längs-, Quer- und Diagonalverstrebungen erreicht. Mit Ausnahme der Binder und Rollen besteht die gesamte Konstruktion aus korrosionsbeständigem Al. Vf. berichtet weiter über Häuser mit Al-Bindern in noch größeren Abständen. Es wurden verschiedene Profile geprüft. Verschiedene Sprossenprofile werden angegeben. W. Hiller. 1024.

Anonym. Une serre d'un type nouveau. **(Ein neuer Gewächshaustyp.)** Advances horticult. Sci. **3** (1962) S. 341–345. – 3 Abb. Zus. in Engl., Dtsch.
In der landwirtsch. techn. Versuchsstation in Lemberge (Belgien) wurde ein völlig zelegbares Gewächshaus mit Metallröhrenkonstruktion, 9 m Breite, 60 m Länge, 3,7 m Firsthöhe und 1,7 m Traufenhöhe entwickelt und gebaut. Das Haus besitzt kein Fundament, sondern ruht auf im Boden verankerten Metallplatten. Im ersten Jahr wurde mit einer 0,1 mm starken Polyäthylenfolie abgedeckt. Die Folie widerstand einer mehrtäg. Sonnenbestrahlung nicht. Z.Z. werden Versuche mit Polystyrolfolien durchgeführt, wobei die Stärke der Dachfolie 0,25 mm und die der Seitenwände 0,12 mm beträgt. W. Hiller. 1024.

Devinoy, N. Unse serre tropicale. **(Ein Gewächshaus für Tropenpflanzen.)** Advances horticult. Sci. **3** (1962) S. 367–373. – 5 Abb. Zus. in Engl., Dtsch.
Vf. legt einen Entwurf für ein Gewächshaus vor, das Riesenfarne, *Philodendron*, Blattpflanzen, Felsenpflanzen, Palmen, Orchideen, Kakteen, einen Teich für *Victoria regia* enthalten und im Garten von Jussieu bei Versailles stehen soll. Der Durchmesser des Hauses beträgt 50 m, die Maximalhöhe 20 m, die Oberfläche 2500 m^2. Das Regenwasser wird auf dem Trichterdach über einen zentralen Abfluß gesammelt. Weiter sind vorgesehen Filter, Pumpe, Sprüheinrichtung. Die Anlage hat die Form einer länglichen Ellipse, deren Achse in Nord-Süd-Richtung liegt. Im Mittelpunkt befinden sich zentrale Stützen. Der Boden steigt amphitheatralisch nach außen an. Entlang der Scheiben befinden sich Fließwasseranlagen. Im Inneren des Hauses sind die wärmeren Abteilungen. Die Stahlkonstruktion befindet sich außerhalb des Hauses und ist daher weniger korrosionsgefährdet. Es werden Stahlrohrbalken und Doppelglas verwendet. W. Hiller. 1024.

Warren, F. S. und Langille, J. E. Note on soil cooling apparatus for the greenhouse. **(Anmerkung über eine Kühleinrichtung für den Gewächshausboden.)** Canad. J. Plant Sci. **42** (1962) Nr. 3. S. 545–547.
Für bestimmte Untersuchungen ist es notwendig, den Gewächshausboden zu kühlen. Zu diesem Zweck hat sich eine Einrichtung bewährt, die aus Kühlaggregat, Kaltwasserbehälter, Umwälzpumpe und einem im Boden verlegten Rohrsystem besteht. Ein ½PS Milchkühler unterkühlt das Wasser im Reservoir. Die Umwälzpumpe bewegt das Kaltwasser vom Behälter in die verlegten $^3/_8$ Zoll Kupferrohre und zurück. Kühlaggregat und Umwälzpumpe werden thermostatisch gesteuert. Bei 85 °F Lufttemperatur gelang es mit dieser Anlage, ein Beet von 8 × 4 ft. gleichmäßig auf 55 °F zu kühlen. H. Erfurth. 1024.

Springer, E.; Hannover, Torfinst.; Bad Zwischenahn, Torfforsch. GmbH. **Hat die Körnung des Torfkultursubstrates einen Einfluß auf das Pflanzenwachstum?** Torfnachrichten **13** (1962) Nr. 7/8. S. 13–15. – 3 Abb.
Torfkultursubstrate haben in der Regel ein Porenvolumen von über 90 Vol.%, sogar bei voller Wassersättigung liegt der Luftanteil noch bei 35–45 Vol.%. Das günstige Luft- und Wasserverhältnis kann durch gröbere Strukturierung des Substrates nicht wesentlich verbessert werden, doch es verarbeitet sich schlechter. Zur Klärung der Fragen wurden Schalenversuche mit Salat angestellt. Zunächst wurden Körnungsversuche in Zusammenhang mit unterschiedlicher Kalk- und Düngesalzkonzentration überprüft. Es konnten in keiner Variante gesicherte Unterschiede in den verschiedenen Körnungen festgestellt werden. Der geringe Körnungseinfluß wurde durch den Kalk- und Nährstoffeinfluß weit überdeckt. Ferner wurden Körnungsversuch im Zusammenhang mit der Wasserfrage durchgeführt. Auch hier wurden die geringen ungesicherten Körnungsunterschiede von den Wasserfragen weitgehend überdeckt. Teilweise schnitt die grobe Körnung etwas schlechter ab, was auf schlechteren Wurzel-Substrat-Kontakt der pikierten Pflänzchen und auf schnellere Austrocknung der oberen Schicht zurückgeführt wird.
U. Walter. 1030.

LeCompte jun., Stuart B. und Spakkes, Charles H.; New Brunswick, N.J., Rutgers Univ., New Jersey Agric. Exp. Stat., Dep. of Horticult. A simple index of soil drought related to solar radiation and to evaporation in the field. **(Ein einfacher Index der Bodentrockenheit in Verbindung zur Sonneneinstrahlung und zur Verdunstung auf dem Feld.)** Advances horticult. Sci. **3** (1962) S. 472–477. – 4 Abb., 9 Lit. Zus. in Franz., Dtsch.
Vff. verwendeten zur Bestimmung der Indizes Gipsblöcke. Nach Regen oder Bewässerung zeigte der Block Widerstände zwischen 1000 und 4000 Ohm. Trockener Boden zeigte Widerstände zwischen 5–7000 Ohm. Vff. benutzten 16–48 Gipsblöcke per acre. Der Trockenindex ist definiert als das Verhältnis der Zahl der trockenen Blöcke (Widerstände über 5000 Ohm) zur Gesamtzahl der Gipsblöcke. Vff. wässerten mit 1,5 in., wenn der Trockenindex sich zwischen 0,5–0,8 bewegte. In Perioden, in denen kein Regen fällt, steigt der Trockenindex geradlinig mit der eingefallenen Strahlung an. Bei einer erfolgten Einstrahlung von ca. 2500 cal/cm^2 sank der Trockenindex nach einer Wassergabe auf 0,2, es ist hier ungefähr die Energie eingestrahlt, die zur Verdunstung der 1,5 in. Wasser erforderlich ist. W. Hiller. 1052.

Brooks, F. A., Kepner, R. A. und Schultz, H. B.; Davis, Univ. of California, Agric. Exp. Stat. Protection against radiation frosts by using heaters alone or blowers and heaters. **(Schutz gegen Strahlungsfröste durch Verwendung von Geländeheizung allein oder Geländeheizung und Windmaschinen.)** Advances horticult. Sci. **3** (1962) S. 438–445. – 5 Abb., 1 Tab., 10 Lit. Zus. in Franz., Dtsch.
Große Windmaschinen (70 PS) werden in 220 × 220 m Abstand, kleinere (15 PS) in 120 × 170 m installiert. Die Windmaschinen besitzen 2 Flügelräder auf dem hinteren und vorderen Ende der Achse. Sie sind auf einem Turm installiert und drehen sich in 4 Min. um 180° auf der horizontalen Ebene. Die Temperaturdifferenz zwischen 1,5 und 12 m Höhe beträgt sehr oft 6°, so daß in vielen Fällen nur Windbewegung und keine Heizung erforderlich ist. Durch Verwendung von Windmaschinen kann die Brenndauer der Heizöfen auf $^1/_6$ reduziert werden. W. Hiller. 1080.

C. Gemüsebau

Korjanov, N. und Marčenko, P. (Korjanow, N. und Martschenko, P.); Unions-Forsch. Inst. für Mechanisier. und Elektrifizier. der Landwirtsch.; Gebiet Rostow, Sowchos „Sowetskaja Rossija“. Borozdkovo-terrasnyj sposob vozdelyvanija ovoščnych kul'tur. **(Furchen- und Terrassenanbau von Gemüsekulturen.)** Kartofel' i ovošči, Moskva 7 (1962) Nr. 6. S. 14–17. – 4 Abb.

Furchen- und Terassenanbau von Gemüsekulturen gestatten bei Quadratnest- oder Rechteckpflanzung für Bodenvorbereitung, Pflege und Erntearbeiten den Einsatz von Maschinen. Quadratnest- und Rechteckpflanzung zeigten sich der Reihenpflanzung bei Kohl, Gurken und Tomaten überlegen. Die Einbringung von Mineraldünger erfordert bei Quadratnestpflanzung z.B. nur 5,8 AKh/ha. Die Pflege von Kohlschlägen nur 48 AKh/ha, bei Reihenpflanzung das 3fache. Der Spätkohlertrag betrug bei Quadratnestpflanzung 36 t/ha, bei der Reihenpflanzung dagegen nur 16 t/ha. Bei mech. Bearbeitung belief sich die Arbeitszeit je t Kohl für die Aussaat auf 3,5 Std., für die Pflanzung auf 12,9 Std. Die Furchenbewässerung kann schnell und gleichmäßig durchgeführt werden. Eine Lockerung der Furchen nach der Bewässerung ist in einer Tiefe von 12–15 cm zu empfehlen. Sie dient zur besseren Feuchtigkeitshaltung und gleichzeitig der Schädlingsbekämpfung. L. Tunger. 1101.

Basse, H.; Rethmar über Lehrte, Bundessortenamt. **Grundsätze und Methoden der Wertbeurteilung von Gemüsesorten.** Advances horticult. Sci. 3 (1962) S. 526–534. – Zus. in Engl., Franz.

Nach grundlegenden Ausführungen über Wertbeurteilung und Wertbegriff bei Gemüse wird auf die Methoden der Wertprüfung von Gemüsesorten eingegangen. Genauere Angaben werden für Erbse, Buschbohne und Kopfsalat gegeben. Im Anschluß wird auf analytische Untersuchungen als Ergänzung der Anbauprüfung eingegangen: phys., chem. Untersuchungen, Geschmacksprüfungen, physiol. und ökol. Eigenschaften, Resistenz. Am Schluß wird auf die Züchtung eingegangen. W. Hiller. 1120.

Reinhold, J. und Vogel, G.; Großbeeren, Inst. für Gemüsebau der Dtsch. Akad. der Landwirtsch.-Wiss. zu Berlin. **Ergebnisse zur betrieblichen Gemüselagerung mit der technischen Miete.** Dtsch. Gartenbau 9 (1962) Nr. 9. S. 235 bis 238. – 5 Abb., 6 Tab., 15 Lit.

Die betriebliche Gemüselagerung soll in Hinblick auf die kontinuierliche Gemüseversorgung verbessert werden. Im Inst. für Gemüsebau Großbeeren wurde eine techn. Miete entwickelt. Im Vergleich zur Erdmiete kann der Arbeitsaufwand verringert, die Haltbarkeit des Gemüses und die Auslagerung bei Frost verbessert werden. Die techn. Miete besteht aus 2 Seiten- und Giebelwänden. Die Einzelmieten (Länge 3 m, Breite 1,4 m, Höhe 1 m) können in beliebiger Anzahl hintereinander gesetzt werden. Als Material werden Holz, Ekadur und Piatherm verwendet. Es erfolgt ein weißer Farbanstrich der Außenseiten. Die Mieten sind mindestens 10 Jahre haltbar. Die Anlagekosten betragen etwa 1.250–1.500.– DM. Das Fassungsvermögen von 5 hintereinander gesetzten Mieten beträgt etwa: 8 t Weißkohl, 9 t Rotkohl, 7 t Wirsing oder 7,5 t Möhren. Die Lüftung kann der Witterung gut angepaßt werden. Vergleichsweise wurde Gemüse in Erdmieten, techn. Mieten und Kohlscheunen gelagert. Die Lagerverluste waren in Erdmieten am größten. Der Geldmehrerlös war nach der Lagerung in der techn. Miete und Kohlscheune beträchtlich höher als in der Erdmiete. Die techn. Miete wird weiter bearbeitet. L. Dreibrodt. 1123.

Orth, F.; Fischenich, Kreis Köln, Biol. Bundesanst. für Land- und Forstwirtsch., Inst. für Gemüsekrankh. und Unkrautforsch. **Maleinsäurehydrazid (MH) — ein Mittel zur Verhinderung des Austreibens von Zwiebeln im Lager.** Gesunde Pflanzen 14 (1962) Nr. 8. S. 155–157. – 2 Tab. Zus. in Engl.

Es wird ein kurzer Überblick über die vielseitigen Verwendungsmöglichkeiten des Maleinsäurehydrazids (MH) gegeben, wobei jedoch darauf hingewiesen wird, daß häufig allg. Anwendungsregeln für die Praxis noch nicht bestehen. Ferner berichtet Vf. über eigene Veruche mit MH zur Verzögerung des Austriebs von Zwiebeln während der Lagerung. Vf. untersuchte verschiedene Spritztermine und MH-Konz. Die günstigste Wirkung hatte eine 0,5%ige MH-Lösung; über den günstigsten Spritztermin können jedoch noch keine endgültigen Aussagen gemacht werden. H. Ackermann. 1123.

Bäz, H. **Bericht über die Sortenprüfung mit Blumenkohl 1962 (Anbau unter Glas).** Hrsg.: Regierung der Deutschen Demokratischen Republik, Ministerium für Landwirtsch., Erfassung und Forstwirtsch., Zentralstelle für Sortenwesen. 1962 (15 S.) [Maschinenschr. vervielfältigt].

Die Sorten 'Sechswochen' ,'Elektra', 'Frühernte' und 3 Neuzüchtungen wurden an 5 Versuchsorten im Frühbeetkastenanbau geprüft. Versuchsbedingungen u. Witterungsverlauf werden vor der tabellarischen Darstellung der Einzelergebnisse und einer Gesamteinschätzung jeder Sorte angegeben. Den höchsten Ertrag mit 356,3 kg je 100 m² im Mittel aller Versuche bringt die Sorte 'Frühernte'. Sie ist aber am spätesten erntereif bei guter Sortierung. Die Sorten 'Elektra' und 'Sechswochen' nehmen im Ertrag und in der Sortierung mit geringem Abstand den 2. und 3. Platz ein. In der Frühzeitigkeit übertreffen sie die Sorte 'Frühernte'. Die für den Anbau im Frühbeetkasten günstigste Kombination von Frühreife, Ertrag und Sortierung besitzt die Sorte 'Elektra'. Die Neuzüchtungen übertreffen die Sorten in der Frühreife. Im Ertrag und der Qualität des Erntegutes befriedigen sie noch nicht. Die Ausgeglichenheit im Pflanzentyp und der Reife ist noch nicht genügend. Für den Anbau unter Glas erweisen sich 'Elektra' und 'Frühernte' als gut geeignet, wenn der Anbau im Frühbeetkasten erfolgt. P. Hahn. 1132.

Mildner, E. **Bericht über die Sortenprüfung mit Kohlrabi 1962 (Anbau unter Glas).** Hrsg. Regierung der Deutschen Demokratischen Republik, Ministerium für Landwirtsch., Erfassung und Forstwirtsch., Zentralstelle für Sortenwesen. 1962. (21 S.) [Maschinenschr. vervielfältigt].

Die Kohlrabisorten 'Knaufs Frühweiß', 'Erfordia' und 'Nichtschießender' werden im Anbau im Gewächshaus und Frühbeetkasten mit einer Neuzüchtung, einer Sorte aus Westdeutschland, zwei aus der Schweiz und CSSR verglichen. Die Versuche wurden an 4 Orten durchgeführt. Nach Angabe der Versuchsvoraussetzungen werden die Ergebnisse im Einzelnen dargestellt. Beim Anbau im Gewächshaus war 'Knaufs Frühweiß' die früheste Sorte. Sie brachte den höchsten Anteil erntefähiger Knollen zur 1. Ernte, sortierte am besten und besitzt eine hohe Schoßfestigkeit. Im Ertrag (kg/m²) nahm 'Erfordia' die Spitze ein. Diese Sorte ist auch gut schoßfest, nur etwas später erntereif. Für den Anbau im Gewächshaus ist sie gut geeignet. 'Nichtschießender' zeigte sich für den Anbau unter Glas wenig geeignet. Die Erntereife ist zu spät, Ertrag und Sortierung nicht besser als bei den vorgenannten Sorten. Schoßfestigkeit ist gut. Im Frühbeetkastenanbau kommt die besondere Leistungsfähigkeit der Sorte 'Knaufs Frühweiß' noch deutlicher zum Ausdruck. Die geprüfte Neuzucht, die westdeutschen, schweizer- und ČSSR-Sorten konnten die Standardsorten 'Knaufs Frühweiß' und 'Erfordia' nicht übertreffen, sondern nur in einigen Merkmalen erreichen. P. Hahn. 1138.

Bäz, H. **Bericht über die Sortenprüfung mit Rosenkohl 1961.** Hrsg.: Regierung der Deutschen Demokratischen Republik, Ministerium für Landwirtsch., Erfassung und Forstwirtsch., Zentralstelle für Sortenwesen. 1962. (19 S.) [Maschinenschr. vervielfältigt].

Die Sorten und Stämme 'Wilhelmsburger', 'Rosamunde', 'Rosi', 'A 3/1', 'Fest und Viel', 'Börderose', 'Erfurter Auslese', 'Nz. St. 10/54' und 'A 3/2' wurden an 6 Versuchsorten in der DDR einer Prüfung unterzogen. Die starken Barfröste (bis −22 °C) Ende Dez. verursachten an allen Versuchsorten große Frostschäden. Bei der Ernte im Spätherbst brachte 'Rosamunde' (VEG Saatzucht Amt Hadmersleben) mit 81,8 dt/ha den höchsten Rosenertrag, 'A 3/2'

(Holland) den größten Futtermasseertrag mit 138,6 dt/ha und 'A 3/1' (Westdeutschland) mit 83,4% Güteklasse A-Anteil die beste Sortierung. Die Ernte nach stärkeren Frösten lag im Rosenertrag bei 'A 3/1' mit 41,1 dt/ha am höchsten. Den größten Futtermasseertrag erbrachte ebenfalls wie im Spätherbst 'A 3/2' mit 222,5 dt/ha. Die beste Rosensortierung zeigte 'Nz. St. 10/54' (VEG Saatzucht Groß-Brütz, Zuchtstadion Bad Doberan) mit 82,8% Güteklasse A. E. Wittenberg. 1144.

Rentsch, J. **Bericht über die Sortenprüfung mit Speisemöhren 1962. (Anbau unter Glas.).** Hrsg.: Regierung der Deutschen Demokratischen Republik, Ministerium für Landwirtsch., Erfassung und Forstwirtsch., Zentralstelle für Sortenwesen. 1962. (14 S.) [Maschinenschr. vervielfältigt].

An 3 Versuchsorten wurden im Frühbeetkasten die Sorten 'Pariser Markt', 'Duwicker', 'Gonsenheimer Treib', 'Erstling' und 'St. 7–8/59' auf Anbaueignung für den Anbau unter Glas geprüft. Die beste Sortierung wurde bei der Sorte 'Pariser Markt' ermittelt, die auch zuerst die Erntefähigkeit erreichte. Nachteilig war die starke Neigung zum Platzen und das große gelbe Herz. Die Sorte 'St. 7–8/59' ist eine Verbesserung von 'Duwicker' in der Qualität. Sie zeichnet sich durch Rotherzigkeit aus, bei einer etwas späteren Reifezeit. Im Durchschnittsgewicht erreicht sie die Sorte 'Duwicker' nicht ganz, übertrifft aber 'Gonsenheimer Treib' und 'Erstling'. Diese Sorten sortieren besser als 'Duwicker' und 'St. 7–8/59' und sind früher erntereif. Sie besitzen ein günstiges Möhren: Laub-Verhältnis. Die Qualität der Möhren ist gut, bes. bei 'Erstling'. Die geprüften Sorten eignen sich alle für den Anbau unter Glas. P. Hahn. 1146.

Blechschmidt, W., Schulz, S. und Schulz, Frieda. **Diesjährige Erfahrungen beim kombinierten Anbau von Tomaten und Gurken unter Glas.** Dtsch. Gartenbau 9 (1962) Nr. 10. S. 258–260.

Zur Hebung der Flächenproduktivität erprobte ein Gemüsebaubetrieb des Oderbruches eine kombinierte Gurken-Tomatenpflanzung. In einem Mehrzweckegewächshaus mit 4 m Schiffbreite wurde zwischen 2 Gurkenspalieren zusätzlich eine Reihe Tomaten gepflanzt. Nach Überzeugung der Verfasser ist diese Kombination bei der installierten Luftheizung in klimatischer Hinsicht möglich, da Temperaturdifferenzen bis zu 9 °C zwischen den bodennahen Luftschichten und dem First auftreten. Der Tomatenertrag betrug ca. 1 kg je Pflanze, die zusätzlichen Kosten 1,19 DM je Pflanze. *Cladosporium* trat an den Tomaten im Beobachtungsjahr nicht auf. Nach Meinung der Vff. war der Gurkenertrag nicht beeinflußt. Als Beleg wird der Ertragsverlauf der Gurken ohne Tomaten 1961 mit dem von 1962 mit Tomatenzwischenpflanzung verglichen. H. Erfurth. 1159.

Young, Harold W. Production of spring vegetables under shade. **(Die Erzeugung von Frühgemüse im Schatten.)** Proc. Florida State horticult. Soc. 74 (1961, hrsg. 1962) S. 209–216.

Unter den Freilandbedingungen Floridas wurde der Einfluß künstlich erzeugten Schattens auf die Gemüsefrühkulturen Gurke, Tomate und Stangenbohne geprüft. Neben agrarmeteorol. Messungen bestimmte man in 2jährigen Untersuchungen Ertrag, Qualitätseigenschaften und Ernteverteilung der 3 Gemüsearten. Durch Schattieren mit Schattenleinwand wurde der Gurkenertrag erhöht, die *Rhizoctonia*-Schäden verminderten sich. Bei Tomate wurden die höchsten Anfangs- und Gesamterträge unter vollem Sonnenlicht erreicht. Die Späternten waren im Schatten überlegen. Unbeschattete Tomaten hatten ein höheres Fruchtgewicht. Während „catface"-Schäden durch Schattieren verringert wurden, zeigten sich zwischen Rißbildung und Schattenwirkung keine klaren Beziehungen. Die Bohne reagierte auch bei verschiedenen Drillabständen mit Ertragsabfällen, wenn sie schattiert wurde.
H. Erfurth. 1159.

Popova, Dobra, (Popowa, Dobra.) Prinos kŭm proučvaneto na njakoi vŭprosi vŭv vrŭzka s biologijata na cŭfteneto na patladžana (S. melongena). **(Studien über den Blühvorgang der Eierfrucht [S. melongena].)** Izvestija na Centralnija naučnoizsledovatelski institut po rastenievŭdstvo, Sofija **12** (1961) S. 187–207. — 7 Abb., 12 Tab., 16 Lit. Zus. in Russ., Franz.

Vf. beschreibt den morphol. Aufbau der Blüten und weist darauf hin, daß bei einigen Sorten die Narbe oberhalb der Staubbeutel (Heterostylie) liegt, bei anderen die Griffellänge gleich der der Staubfäden ist, bei dritten die Staubfäden länger als die Griffel sind. Beim letzten Blütentyp ist der Prozentsatz des Blütenabfallens am höchsten. Vf. stellt fest, daß die Eierfrucht vorwiegend vormittags, vereinzelt auch bis 16 h blüht. Aufbewahrte Narben bleiben bei 20–22 °C und einer Luftfeuchtigkeit von 55–60% 8–10 Tage lebensfähig. Mehrmaliges Bestäuben und Bestäubung mit Pollengemischen verursachen erhöhte Samenleistung und besseren Fruchtsansatz. Blüten, deren Narben höher liegen als die Staubfäden, fruchten besser. M. Stoilow. 1160.

Mitchell, Wm. D. und Wittwer, S. H.; East Lansing, Michigan State Univ., Dep. of Horticult. Chemical regulation of flower sex expression and vegetative growth in Cucumis sativus L. **(Chemische Beeinflussung der Blütengeschlechtsmerkmale und des vegetativen Wachstums bei Cucumis sativus L.)** Science [Washington] **136** (1962) Nr. 3519. S. 880–881. — 1 Tab., 11 Lit.

Bei monözischen Gurken (Sorte: 'Marketer') wurde mit steigenden Konz. Allyl-trimethylammoniumbromid (**I**) (Nährlös. 10^{-6} bis 5×10^{-4} molar) der Anteil an ♀ Blüten (**II**) erhöht, der an ♂ Blüten (**III**), sowie die Pflanzenhöhe verringert. Durch steigende Konz. Gibberellin A_3 (**IV**) (10^{-7} bis 10^{-3} molar) wird bei gynözischen Pflanzen (Sorte: 'MSU 713-5') der Anteil an **II** verringert, an **III** erhöht und die Länge der ersten Internodie vergrößert. **I** und **IV** weisen also in bezug auf die generative und vegetative Entwicklung entgegengesetzte Wirkung auf. H. Ackermann. 1162.

Kummer, M. **Bericht über die Sortenprüfung mit Einlege-Gurken 1961.** Hrsg.: Regierung der Deutschen Demokratischen Republik, Ministerium für Landwirtsch., Erfassung und Forstwirtsch., Zentralstelle für Sortenwesen. 1962. (9 S.) [Maschinenschr. vervielfältigt].

Auf Eignung als Einlegegurken wurden die Sorten 'Vorgebirgstrauben', 'Eva' und 2 Herkünfte von 'Delikateß' geprüft. Infolge Einwirkung ungünstiger Witterung konnten von 5 angelegten Versuchen nur 2 ausgewertet werden. Es werden dargestellt die Versuchsvoraussetzungen, der Witterungsverlauf, die Einzelergebnisse, Bonituren und eine allg. Beurteilung der Prüfsorten. Die Sorte 'Vorgebirgstrauben' war mit 205,2 dt/ha die ertragreichste und zugleich die früheste Sorte. Die Sortierung war gut, nur die Früchte wurden sehr schnell dick und die Qualität befriedigte wegen des sehr großen Kernhauses nicht. 'Eva' brachte einen mittleren Ertrag (185,4 dt/ha) bei guter Sortierung. Die Qualität der Früchte ist gut, das Kernhaus etwas kleiner als bei den anderen Sorten. Sie ist die späteste Sorte des Prüfsortimentes. Die Herkünfte der Sorte 'Delikateß' nehmen mit einem mittleren Ertrag von 155,8 bzw. 153,2 dt/ha im Ertrag die letzten Plätze ein. In der Sortierung sind sie 'Eva' knapp unterlegen. In der Fruchtreife liegen sie zwischen 'Vorgebirgstrauben' und 'Eva'. Zwischen den Herkünften bestehen geringe Unterschiede, bes. in der Sortierung und im Ertrag. P. Hahn. 1162.

Popova, Dobra, Vladimirov, Boris und Zacharieva, Lilija. (Popowa, Dobra, Wladimirow, Boris und Sachariewa, Lilija.); Sofia, Zentr. Forsch.-Inst. für Pflanzenzücht. Proučvane na njakoi čuždestranni sortove gradinski fasul za promišlena prerabotka. **(Untersuchung einiger fremdländischer Gartenbohnensorten für die Verwertungsindustrie.)** Selskostopanska nauka, Sofija **1(7)** (1962) Nr. 3. S. 287–294. — 5 Tab., 8 Lit. Zus. in Russ., Engl.

Untersucht wurden pflanzenbauliche und technolog. Eigenschaften von 9 Bohnensorten. Die Sorten 'Imuna', 'Selekta', 'Stela', 'Faworit' und 'Meteor' waren ertragreicher (im Durchschnitt um 10 bis 100%), früh reifender und gegen Bakteriose widerstandsfähiger als die Standardsorte 'Saxa'. Die erwähnten Sorten besitzen gute technolog. Eigenschaften und sind zur Herstellung von sterilisierten Bohnenkonserven gut geeignet. Ihre Einführung in die Praxis wird empfohlen. M. Stoilow. 1170.

Mart'janova, K. L., Gubanova, Z. P. und Žurichin, V. K. (Martjanowa, K. L., Gubanowa, S. P. und Shurichin, W. K.); Mitschurinsk, Staatl. Pädagog. Inst. Povyšenie zasuchoustojčivosti i urožajnosti pomidorov. **(Verbesserung der Trockenresistenz und der Ertragsleistung der Tomate.)** Vestnik sel'skochozjajstvennoj nauki, Moskva **7** (1962) Nr. 5. S. 40–41. — 1 Tab.

Ein gewisser Schutz der Pflanzen gegen Trockenheit kann durch Anfeuchten des Samens mit nachfolgendem Abtrocknen im Verlauf einiger Tage bis zu seinem ursprünglichen Feuchtigkeitsgehalt erreicht werden. Entspr. Untersuchungen wurden an Hafer, Weizen, Zuckerrüben und Möhren mit Erfolg durchgeführt. Intensivere Samenvorbereitungen wurden an Tomaten angestellt. Eine Woche vor Aussaatbeginn wurden Tomatensamen 30 Std. in Wasser eingeweicht. 2 l Wasser wurden auf 1 kg Samen zugegeben. Bei 18–22 °C wurden die Samen bis zur urpsrünglichen Feuchigkeit getrocknet. Es konnte eine Erhöhung des Fruchtertrages festgestellt werden. Trockenresistente Pflanzen wiesen 66, die Kontrollen nur 60 Früchte auf. Der Ertrag je ha betrug 231 dt bzw. 112,5 dt. Gleichzeitig konnte durch die Samenvorbehandlung eine Verfrühung der Ernte erreicht werden.

L. Tunger. 1176.

Witte, Karl. **Kombinierter Treibtomaten-Bewässerungs- u. Jungpflanzen-Bestrahlungsversuch 1961.** Rhein. Mschr. Gemüse-, Obst- u. Gartenbau **50** (1962) Nr. 6. S. 174–176.; Nr. 7. S. 205–206. — 3 Abb., 10 Tab.

Tomatenjungpflanzen, Sorte 'Moneymaker', wurden teilweise mit HQL-R-Lampen (1 Lampe für 1,44 m^2) zusätzlich belichtet. Die Aussaat erfolgte am 22.12., bzw. 30.11., die Pflanzung am 16.2. 1961. Geprüft wurde die Wirkung der Zusatzbelichtung auf den Ertrag gegenüber der Kontrolle. Ferner verglich man an beiden Anzuchtvarianten die Wirkung einer Tropfenbewässerung gegenüber einer üblichen Beregnung. Die Wassergaben während der Kultur (275 mm in Einzelgaben) waren bei beiden Beregnungsvarianten gleich. Die Belichtung hatte eine deutliche Wachstums- und Ertragsbeschleunigung gegenüber „unbelichtet" zur Folge, obwohl Pflanzen etwa gleicher Größe (Blattzahl, jedoch nicht gleiches Pflanzengewicht) ausgepflanzt wurden. Die Tropfenbewässerung wirkte gegenüber der Beregnung ebenfalls ertragsfördernd. Bei beiden überlegenen Methoden wurden vor allen Dingen die Frühertäge erhöht. Der ertragserhöhende Einfluß der Belichtung war stärker als der der Tropfenbewässerung. Jede der beiden ertragsfördernden Varianten wirkte dort stärker, wo die zweite ertragssteigernde Variante fehlte. Die Belichtungskosten beliefen sich auf 19,80 DM für 100 Jungpflanzen. Die Belichtung erwies sich als rentabel. Die Tropfenbewässerung mit Tropfschläuchen (mit Düsen) der Fa. Cameron Irrigation Comp. verstopften bei kalkreichem Wasser sehr leicht. B. Spender. 1176.

White, R. A. J. Advances in glasshouse tomato growing. **(Fortschritte im Unterglasanbau der Tomate.)** New Zealand J. Agric. **104** (1962) Nr. 5. S. 417. 419. 421. 423. 425. 427.

Rationellere Anbautechnik und Pflege erhöhten in Neuseeland die Produktivität des sich stark ausweitenden Tomatenanbaues unter Glas. Bes. Bedeutung dabei hat die flüssige Düngung in Verbindung mit der eingeführten Tropfenbewässerung. Jährlich werden Bodenbehandlungen mit Chlorpikrin oder DD gegen *Verticillium* bzw. Wurzelgallenälchen vorgenommen. Anstelle des

Spritzverfahrens werden die Pflanzenschutzmittel durch Aerosol- oder Microsol-Erzeuger und häufig mittels Farbspritzpistolen appliziert. Teilweise befinden sich deshalb zentral gespeiste Preßluftzapfstellen in den Häusern. Gegen *Cladosporium* benutzt man Phenyl-Hg-salicylat, Zineb, Maneb und Dichlone, gegen *Didymella* Maneb und Captan. Gegen die *Botrytis*-Fäule, die durch häufige Hormonspritzungen verstärkt auftrat, werden Hormonpräparate mit Ferbam gemischt angewendet. Die Tomatenveredlung befindet sich im Versuchsstadium. Zur Bodenpflege werden besonders N-arme org. Dünger verabreicht. Mit Wässern, Kalken und Gründüngung begegnet man der Bodenversalzung. Stark verbreitet sind cladosporium-resistente Stämme und Heterosis-Sorten. Verbesserte Gewächshauskonstruktionen und rationellere Heizung ermöglichten neben veränderter Jungpflanzenanzucht einen früheren Kulturbeginn. Man bevorzugt vollautomatische Luftheizung mit Ölfeuerung. Mittels Polyäthylenschläuchen wird die Warmluft besser verteilt.

H. Erfurth. 1176.

Dimitrov, Georgi und Gjurov, Stefan. (Dimitrow, Georgi und Gjurow, Stefan.); Plowdiw, Bulgarien, Zentr. Forsch.-Inst. für Gemüsebau „Mariza". Otgleždane na ranni domati pod polietilen. **(Frühtomatenanbau unter Polyäthylenfolien.)** Gradinarstvo, Sofija **4** (1962) Nr. 2. S. 9–11. — 1 Tab.
In 1 Versuch mit der Hybride 'Nr. 10 × Bison' wurden die Auspflanztermine variiert, und zwar vom 1.–3., vom 10.–11. und vom 20.–27. April. Dabei wurden auch unterschiedliche Auspflanzverfahren erprobt. Als der günstigste unter allen Terminen erwies sich der vom 1.–3. April, bei dem der Frühreifeindex um 121–169% und der Gesamtertrag um 33% höher war als bei der Kontrolle (Pflanzung nach dem 20. April ohne Polyäthylen). Das Bandauspflanzverfahren mit Abständen 80 × 40 × 30 cm (80 cm Lichtschacht, 40 cm Reihenabstand im Band und 30 cm Abstand in der Reihe) erwies sich als das geeignetste. Der Frühtomatenanbau unter Polyäthylenfolien kann als wirtsch. angesehen werden. M. Stoilow. 1176.

Kummer, M. **Bericht über die Sortenprüfung mit Stutztomaten 1961.** Hrsg.: Regierung der Deutschen Demokratischen Republik, Ministerium für Landwirtschaft., Erfassung und Forstwirtschaft., Zentralstelle für Sortenwesen. 1962. (11 S.) [Maschinenschr. vervielfältigt].
Die Tomatensorten 'Harzfeuer', 'Matura', 'Hellperle' und 'Rotkäppchen', als Buschtomate zum Vergleich, wurden in einem Versuch im Gewächshaus in Nossen und im Frühbeetkasten in Quedlinburg auf ihre Eignung im Anbau als Stutztomate geprüft. Die Pflanzung im Gewächshaus erfolgte am 28.3., im Frühbeetkasten am 14.4., Abstand 50 × 30 cm. Die Stabtomatensorten wurden im Gewächshaus nach der 4., im Frühbeetkasten nach der 3. Traube gestutzt und entgeizt. Die Buschtomate 'Rotkäppchen' wurde weder entgeizt noch gestutzt. Im Gewächshaus wurden sehr hohe Erträge erzielt. 'Hellperle' brachte mit 870,2 kg je 100 m^2 den besten Ertrag an reifen Früchten, 'Harzfeuer' mit 642,2 kg den geringsten. Die Sorte 'Harzfeuer' zeichnete sich im Kastenanbau durch guten Ertrag, geeignete Wuchsform, sehr gute Sortierung, Frühreife und niedrigen Anteil parthenokarper Früchte aus. Im Hausanbau hat sie Bedeutung infolge sehr früher Reife und guter Platzfestigkeit. 'Matura' besitzt für den Kastenanbau eine geeignete Wuchsform, Ertrag und Platzfestigkeit befriedigen nicht, Reife früh. Im Hausanbau konnte ein gleiches Verhalten ermittelt werden. 'Hellperle' ist infolge langer Internodien für den Kastenanbau nicht geeignet. Im Gewächshaus wird der hohe Ertrag durch die späte Reife gemindert. 'Rotkäppchen' war für den Kastenanbau durch zu starken Wuchs wenig geeignet. Die Fruchtform und Sortierung befriedigte bei der Sorte im Kasten und Gewächshaus nicht. Nach der 4. Blütentraube gestutzte und entgeizte Spaliertomaten sind der Buschtomate 'Rotkäppchen' im Anbau unter Glas überlegen. P. Hahn. 1176.

Soboleva, T. I. (Sobolewa, T. I.) Nekotorye osobennosti tetraploidnych form obyknovennogo tomata Lycopersicon esculentum Mill. **(Einige Besonderheiten tetraploider Formen von Lycopersicon esculentum Mill.)** Sbornik trudov aspirantov i molodych naučnych sotrudnikov. Vsesojuznyj institut rastenievodstva, Leningrad **1961** Nr. 2. S. 198–208. – 5 Tab., 10 Lit.
4 Tomatensorten, a) mit 15–20 g Fruchtgew. und 2 Kammern, b) 70 g und 3–4 Kammern, c) 60–70 g und 3–6 Kammern, d) 120–130 g und 8–13 Kammern wurden am 11.3. ausgesät, am 10.5. verpflanzt und am 15.6. in das Freiland gesetzt. An tetraploiden Sorten und diploiden Kontrollpflanzen wurden u. a. Besonderheiten der Entwicklung, Fruchtdurchmesser, Zahl der Kammern und die Pollenfertilität untersucht. Dabei wurde beobachtet, daß tetraploide Formen gewöhnlicher Tomaten eine längere Vegetationsperiode haben als diploide. Die Ursache scheint in einer allg. Verzögerung des Entwicklungstempos und in verlängerter Blütezeit zu liegen. Tetraploidie führt zu deutlicher Verkleinerung des Fruchtdmr. und zur Verringerung der Kammeranzahl/Frucht. Diese und andere charakteristische Merkmale können zu verschiedenen Zeiten und unter andersartigen Bedingungen verborgen bleiben. Tetraploide Sorten verfügen über weniger fertile Pollen als diploide. Der Prozentsatz der Pollenfertilität bewegt sich bei den versch. Pflanzen in weiten Grenzen, korreliert aber nicht mit der Zahl der Früchte und der darin befindlichen Samen. L. Tunger. 1176.

Kolev, N. und Alipieva, M. (Kolew, N. und Alipiewa, M.) Rastežni i reproduktivni projavi na salatata (Lactuca sativa L.). 1. Osobenosti v rasteža i razvitieto na glavestata salata (L. sativa var. capitata) pri otgleždaneto i v parnici. **(Vegetative und generative Entwicklung des Salats [Lactuca sativa L.]. 1. Mitt. Besonderheiten im Wachstum und der Entwicklung des Kopfsalats [L. sativa var. capitata] bei seinem Frühbeetanbau.)** Izvestija na Centralnija naučnoizsledovatelski intsitut po rastenievŭdstvo, Sofija **12** (1961) S. 147–158. – 2 Abb., 5 Tab., 16 Lit. Zus. in Russ., Dtsch.
In halbwarmen und kalten Kästen wurden 3jähr. Versuche mit den Kopfsalatsorten 'Maikönig' und 'Junska edra' durchgeführt. Die Aussaaten erfolgten am 4.10., 4.11. und 4.12. In beiden Kästen war die Wachstumszeit der frühesten Sorten 'Maikönig' bei frühester Aussaat 150 Tage. Die Blattzahl nahm während der ganzen Vegetationsperiode zu, doch die Gewichtszunahme war während der Zeit der Kopfbildung am höchsten. Vff. empfehlen zur kontinuierlichen Ernte den gleichzeitigen Anbau beider Sorten in halbwarmen und kalten Kästen. S. Waklinowa. 1182.

Gjurov, Stefan. (Gjurow, Stefan.); Plowdiw, Bulgarien, Zentr. Forsch.-Inst. für Gemüsekult. „Mariza". Proučvane na njakoi sortove i načini na otgleždane na salata v studeni parnici. **(Studien über einige Sorten und Anbauverfahren von Salat in kalten Frühbeeten.)** Selskostopanska nauka, Sofija **1(7)** (1962) Nr. 1. S. 29–34. – 5 Tab., 6 Lit. Zus. in Russ., Engl.
Durch vergleichende Versuche wurden die Salatsorten 'Maikönig', 'Dickkopf', 'Tempo' und 'Durana' geprüft. Untersucht wurde der Einfluß der Aussaatzeit und der Auspflanzdichte. Es wurden drei Aussaatzeiten geprüft: vom 1.–5.4., vom 20–25.4. und vom 10.–15. 10. Die Pflanzweiten betrugen entsprechend: 20 × 20, 20 × 15 und 15 × 15 cm. Die Sorten 'Dickkopf', 'Tempo' und 'Durana' überboten ertragsmäßig die Sorte 'Maikönig', besitzen gute Geschmackseigenschaften, hohen Mineralsalz- und Vitamin-Gehalt und sind einer Verbreitung würdig. Unter den Anbaubedingungen von Südbulgarien erwies sich die Aussaatzeit vom 1.–25. 4. als die günstigste. Die günstigsten Auspflanzweiten für die Sorten 'Maikönig' und 'Durana' waren 20 × 15 cm, für 'Dickkopf' und 'Tempo' 20 × 20 cm. M. Stoilow. 1182.

Mildner, E. **Bericht über die Sortenprüfung mit Kopfsalat 1962 (Anbau im Gewächshaus).** Hrsg.: Regierung der Deutschen Demokratischen Republik,

Ministerium für Landwirtschaft, Erfassung und Forstwirtschaft, Zentralstelle für Sortenwesen. 1962. (6 S.) [Maschinenschr. vervielfältigt).
Die Salatsorten 'Böttners Treib' und 'Vitessa' wurden im Vergleich mit einer Neuzüchtung 'St. 509' im Gewächshaus an 3 Versuchsorten geprüft. Das größte Durchschnittskopfgewicht mit 140 g und die beste Sortierung konnte für die Sorte 'Vitessa' ermittelt werden. Sie brachte die höchsten Erträge bei einer guten Widerstandsfähigkeit und geringen Ausfällen. Die 'Nz 509' reicht im Durchschnittskopfgewicht und der Sortierung ziemlich an 'Vitessa' heran, ist etwas früher und bringt einen etwas höheren Ausfall. 'Böttners Treib' ist die früheste Sorte des Versuches. Die Köpfe bleiben etwas zu klein bei einer hohen Anfälligkeit gegenüber Blattrandbrand. 'Vitessa' ist für den Anbau im Gewächshaus am besten geeignet. P. Hahn. 1182.

Mildner, E. **Bericht über die Sortenprüfung mit Kopfsalat 1962 (Anbau im Frühbeetkasten).** Hrsg.: Regierung der Deutschen Demokratischen Republik, Ministerium für Landwirtschaft, Erfassung und Forstwirtschaft, Zentralstelle für Sortenwesen. 1962. (13 S.) [Maschinenschr. vervielfältigt].
Die Salatsorten 'Böttners Treib', 'Vitessa', 'Wagners Sonata', 'Maikönig' und 2 Neuzuchten wurden an 6 Versuchsorten in Frühbeetkästen geprüft. Nach Angaben der Versuchsvoraussetzungen werden die Prüfungsergebnisse im einzelnen tabellarisch dargestellt und abschließend eine Gesamteinschätzung für jede Sorte gegeben. In der Frühzeitigkeit steht die Sorte 'Böttners Treib' an der Spitze. 'Vitessa' und 'Nz 509' erreichen fast die gleiche Frühreife bei höherem Ertrag je m² und größerem Kopfgewicht. In der Sortierung sind beide Sorten ebenfalls 'Böttners Treib' überlegen. Bes. gute Anbaueigenschaften zeigt 'Vitessa'. 'Wagners Sonata' erreicht die gleichen Erträge wie 'Maikönig', ist aber stärker anfällig gegenüber Salatfäule und Blattrandbrand. Die Herkünfte der Sorte 'Maikönig' waren gut ausgeglichen, mittelfrüh erntereif bei geringen Ausfällen. P. Hahn. 1182.

LeCompte jun., Stuart B. und Blumenfield, Daivd; New Brunswick, N. J., Rutgers Univ., New Jersey Agric. Exp. Stat., Dep. of Horticult. Forecasting time of first asparagus harvest. **(Die Zeitvoraussage der ersten Spargelernte.)** Advances horticult. Sci. **8** (1962) S. 460–465. — 5 Tab., 5 Lit. Zus. in Franz., Dtsch.
Mit Hilfe der Temperatursummen ist es möglich, die Zeit der ersten Spargelernte vorauszusagen. Unter den Bedingungen von New Jersey ist für die Summierung der Temperaturen die Zeit vor dem 1. März ohne Bedeutung.
W. Hiller. 1190.

Paribok, T. A. Rost repčatogo luka v uslovijach svetokul'tury. **(Das Wachstum der Zwiebel bei Lichtkultur.)** Sbornik trudov po agronomičeskoj fizike. Agrofizičeskij naučno-issledovatel'skij institut, Moskva **1962** Nr. 9. S. 127–136. — 3 Abb., 7 Tab., 8 Lit.
Das Wachstum der Zwiebeln wird durch Belichtung beschleunigt. Die Vegetationsperiode kann durch Zusatzbelichtung um die Hälfte bis $^1/_3$ verkürzt werden. Bei 12std. Belichtung wird eine hohe Leistung erzielt, während unter Kurztagsbedingungen nur das Längen- und Blattwachstum erfolgt. Die Formierung der Zwiebeln bleibt unter Kurztagseinfluß aus. Einer seitlichen Bestrahlung ist wegen höherer Temperaturen (im Vergleich zur Oberbeleuchtung) der Vorzug zu geben. Das Gewicht der Zwiebeln betrug bei Seitenbeleuchtung 230 mg, bei Oberbeleuchtung 120 mg. Die Bildung der Zwiebeln setzte bei Seitenbeleuchtung 11 Tage früher ein. L. Tunger. 1197.

Walkof, Chas; Morden, Manitoba, Canada, Exp. Farm, Res. Branch. Note on a method for selecting and maintaining uniform maturity in onions. **(Bemerkungen zu einer Methode zur Auswahl und Erhaltung einer einheit-**

lichen Reife bei Zwiebeln.) Canad. J. Plant Sci. **42** (1962) Nr. 1. S. 216–218. – 2 Abb.
Zur Erzielung einer einheitlichen Reife wurden Zwiebeln der Sorten 'Brigham gelbe Kugel' (I) und 'Frühe gelbe Kugel' einer Wärmebehandlung unterzogen. Die Zwiebeln, die nach Warmlufttrocknung (90 bis 95 °F) über 10 Tage Neuwuchs zeigten, wurden ausgesondert, die ruhenden Zwiebeln bei 40 °F während des Winters gelagert. Der auf diese Weise gewonnene Stamm von I ergab in den folgenden Jahren mit beginnender Reife innerhalb von 5 bis 7 Tagen einen 90%igen Umfall der Triebe. H. Ackermann. 1197.

Bŭčvarov, Stefan. (Batschwarow, Stefan.); Gorna-Orjachowiza, Bulgarien, Versuchsstat. für Gemüsekult. Vlijanie na sroka na pribirane i načina na dosušavane vŭrchu dobiva i kačestvoto na luka. **(Einfluß des Erntetermins und der Trocknungsart auf Ertrag und Qualität der Zwiebel.)** Selskostopanska nauka, Sofija **1(7)** (1962) Nr. 2. S. 175–184. – 3 Tab., 8 Lit. Zus. in Russ., Engl.
Die Zwiebelernte wurde zu 4 Terminen durchgeführt: 1. Nach Ausbildung von 1–3 Schalen und erweichtem Laub (1. Juli), 2. beim Vergilben und Umfallen einzelner Schlotten (10. Juli), 3. bei allg. Vergilben und Umfallen (20. Juli), 4. bei abgestorbenem Laub. Darüber hinaus wurde ein Düngungsversuch mit N-, P- und K-Gaben, einzeln und in Kombinationen, durchgeführt. Es wurde festgestellt: reine und kombinierte N-Düngung steigert den Ertrag, verkürzt die Wachstumszeit, erhöht das Ausmaß der Zwiebelmißbildungen, mindert die Festigkeit der Schutzhüllen und beeinträchtigt die Lagerfähigkeit. P- und K-Düngungen beschleunigen die Reife und verbessern die Lagerfähigkeit der Zwiebeln. Der günstigste Erntetermin ist die Zeit zwischen 2 und 3. Nach dem Ausraufen verbleiben die Zwiebeln 3–4 Tage zum Trocknen auf dem Felde. Nach 20 bis 30 Tagen erhalten die Zwiebeln feste, intensivrot gefärbte Schutzhüllen. M. Stoilow. 1197.

Gagnebin, F.; Genève, Univ., Stat. de Bot. Exp. Rapport sur les essais de fenouils en 1961. **(Bericht über Fenchelversuche im Jahre 1961.)** Rev. horticole suisse **35** (1962) Nr. 7. S. 252–258. – 3 Abb., 3 Tab., 3 Lit.
Fenchelsorten wurden auf ihre Eignung unter den örtlichen Bedingungen geprüft. Von Juli bis Nov. 1961 wurden 4 Sorten ('Géant Mammouth', 'Perfection Berthet', 'Tschirren', 'Rome Rochat') in Reihen von 60 cm Abstand und bei unterschiedlichen Lichtverhältnissen angebaut. Unzureichendes Licht sollte die Auslese geeigneter Typen unterstützen. Im Anbau stehen nur 2jährige Typen, die in der warmen Jahreszeit sehr schwach wachsen. Die länger werdenden Nächte sind günstig für das Anhäufen von Reservestoffen in den unteren Blattstielen und für die 'Knollenbildung'. Bei den einjährigen Typen wird das Wachstum durch die langen Tage sehr stark angeregt, sie haben einen hohen %Satz Knospen bzw. Blüten und sind empfindlich gegen lange Juli- und Augusttage. Der wilde Fenchel ist eine Langtagpflanze. 'Tschirren' zeigte 2, wenn auch nicht sehr ausgeprägte Fehler, nämlich Abfallen der Blattstiele und Bildung von Vorblühern. Vf. vermutet einen Zusammenhang zwischen beiden Eigenschaften. Die Qualität dieser Selektion wird aber verbessert durch die Fähigkeit zum Weiterwachsen im Herbst trotz sinkender Temperaturen. Das sei für einen Herbstfenchel wichtiger als die beiden vorhergenannten Fehler. In Zukunft sollen Pflanzen isoliert werden, die sich nicht verzweigen. Zu hohe N-Gaben fördern einseitig das Blattwachstum. L. Dreibrodt. 1199.

Grainger, V. F. Sweet corn trials, 1954–57. **(Versuche mit Zuckermais 1954–57.)** J. nat. Inst. agric. Bot. **9** (1961) Nr. 1. S 92–98. – 6 Abb., 6 Tab.
Geprüft wurden die Sorten a) 'John Innes Hybrid No 2', b) 'Early Golden Market', c) 'North Star', d) 'Canada Gold', e) 'Northern Cross' und f) 'Katahdin

Gold'. a–c sind frühe, d und e mittelfrühe Sorten, und f ist eine späte Sorte. a ist wenig ausgeglichen, die anderen Sorten mittel bis gut. a ist wenig wuchsfreudig, b und c sind mäßig, d–f gut wuchsfreudig. Je später die Sorte, desto stärker ist die Neigung zur Bildung von Seitentrieben und desto länger ist der Kolben (6–7 → 8–9 in.; Kolben jeder Sorte groß abgebildet). Die Reifezeit der frühesten Sorte liegt um 21 Tage früher als die der spätesten Sorte. Der Ertrag an Marktware (Sorte a 7,3 t/acre = 100) betrug rel. 84, 121, 90, 142, 104. Die Sorten werden einzeln besprochen. W. Stenz. 1199.

Literatur über Gewächshausbelüftungsvorrichtungen. Hrsg. Instn.: Dok.-Stelle im Inst. für Landmaschinen -u. Traktorenbau, Leipzig. (Lit.-Nr. 16/62. Titelanzahl: 21 m. Annotationen. Ber.-Zeit: 1957–1961.)

Bogorad, Lazar Moisseevič u. a. **Spravočnik brigadira-sadovoda kolchozov i sovchozov nečernozemnoj polosy.** (Handbuch des Gartenbaubrigadiers.) 2. Aufl. Moskva; Leningrad: Sel'chozgiz. 1959. (398 S.) 8°. (1962 A 255)

A nagyüzemi zöldségtermesztés fejlesztése Fejér megyében. (Entwicklung des Gemüsebaues im Großbetrieb im Kamitat Fejér.) Budapest. 1962. (19 S.) 8°. (DA 1385)

Unter d. Red. v. *Ermakov, A. I.* u. a. **Biochimija ovoščnych kul'tur.** (Die Biochemie von Gemüsekulturen.) Leningrad: Izd. sel'skoch. lit., žurnalov i plakatov. 1961. (543 S.) 8°. (1962 A 550)

D. Obstbau

Gorin, T. I.; Unions-Forsch.-Inst. für Forst- und Bodenmeliorat. Transpiracija u plodovych derevev zimoj. **(Transpiration der Obstbäume im Winter.)** Vestnik sel'skochozjajstvennoj nauki, Moskva 7 (1962) Nr. 5. S. 114–118. – 3 Tab. Zus. in Engl., Franz., Dtsch.

Die Intensität der Transpiration in den Wintermonaten beträgt bei Apfeltrieben 0,17–0,65%, bei Kirschtrieben 0,18–0,91% und bei Quitten 0,16–0,54% des Ausgangsgew. lebender Triebe. Bei 3jährigen Trieben ist die Intensität der Transpiration im Vergleich zu 1jähr. Trieben bedeutend geringer. Untersuchungen weisen darauf hin, daß in der kalten Jahreszeit im Gewebe mehrjähriger Pflanzen ein ständiger Wasserlauf vorhanden ist, wodurch die verausgabten Wassermengen wieder kompensiert werden. Der Wassergehalt von Apfelbäumen beträgt in den Monaten Nov.–Apr. durchschnittl. 48–52% bez. auf Tr.-Subst., bei Kirschen 49–60% und bei Quitten 45–46%. Der Wasserverbrauch in den Wintermonaten beträgt bei Apfelbäumen 17–46% und steigt in den Mon. März/April wieder auf 87–150% an. In Obstanlagen sollte daher im Herbst für eine ausreichende Bodenfeuchtigkeit auf 1½–2 m Tiefe gesorgt werden. Dadurch wird das Erfrieren der Bäume und Siechtum in den Wintermon. verhütet. L. Tunger. 1201.

Anonym. **Spindelbuschhecke und Dreiasthecke.** Schweiz. Z. Obst- u. Weinbau 71 (1962) Nr. 20. S. 483–499. – 17 Abb.

Die Spindelbuschhecke und die Dreiasthecke sind heute in der deutschsprachigen Schweiz die meist diskutierten und angebauten Heckenformen. Bei der Spindelbuschhecke werden kräftige Fruchtäste in Reihenrichtung entwickelt. Die gesamte Heckenbreite wird auf 3 m und die Heckenhöhe auf 3,50–4 m beschränkt. Als Veredlungsunterlage werden EM II und EM VII verwendet. Die Reihenabstände betragen 5 m, die Baumabstände in der Reihe 4m. Bei der Dreiasthecke werden die Gehölze mit Mitteltrieb und zwei gleichwertigen Leitästen in Reihenrichtung erzogen. Diese drei Hauptelemente des Kronenaufbaues werden schon bei der Pflanzung ausgewählt. Quer zur Reihenrichtung wird nur Fruchtholz belassen. Für starkwachsende Hecken, die freistehend (ohne Drahtgerüst) erzogen werden, bevorzugt man als Unterlage EM XI und EM XIII. Für mittelstarkwachsende Hecken werden EM II und EM VII verwendet. Bei diesen Hecken ist die Erziehung am Drahtgerüst notwendig. Die Pflanzungen erfolgen im Abstand 5×5 m bzw. 6 × 6 m.
Horst Müller. 1222.

Rasmussen, P. Molls; Blangstedgaard, Danmark, State Exp. Stat. Metoder til bestemmelse af frugtens modningsgrad ved plukning og under lagringen. **(Methoden zur Bestimmung des Fruchtreifegrades während der Pflückzeit und der Lagerung.)** Tidsskr. Planteavl **66** (1962) Nr. 2. S. 353–364. – 8 Abb., 3 Tab. Zus. in Engl.

Durch chem. und phys. Methoden wurde versucht, den Fruchtreifegrad von Äpfeln zur Pflückreife und während der Lagerung zu bestimmen. Die Untersuchungen wurden an den Sorten 'Lobo', 'Golden Delicious', 'Belle de Boskoop', 'Ingrid Marie', 'Cox's Orange', 'Bramley' vorgenommen. Bestimmt wurden titrierbare Säure (**I**), Refraktometerwert (**II**), Druckfestigkeit (**III**) und Saftviskosität (**IV**) unter verschiedenen Lagerbedingungen (unterschiedlicher CO_2- und O_2-Gehalt der Lagerluft, Temperatur, K- und N-Düngung). Die Veränderungen der **I**- und **II**-Werte sind nur gering; mit **III** und bes. **IV** läßt sich dagegen der Reifegrad objektiver bestimmen.

H. Ackermann. 1223.

Anonym. Quelques résultats tirés d'essais de conservation de la variété 'Golden Delicious'. **(Einige Versuchsergebnisse über die Lagerung der Sorte 'Golden Delicious'.)** Arboricult. fruitière [N. S.] **9** (1962) Nr. 96. S. 12–13. 15–16. – 5 Abb., 3 Tab.

Für 'Golden Delicious' (20. Okt. 59 ein-, 25. Apr. 60 ausgelagert) wird 1959 die beste Lagertemperatur mit 0 °C angegeben. Die Parallelen bei einer Temperatur von 2 und 4 °C hatten größere Gewichtsverluste. 1960 wurden neben der Temperatur auch Herkunft der Früchte, Unterlagen und das Verhalten gelblich/rot (roussissure) verfärbter Äpfel auf dem Lager geprüft. Wasserverlust und Pilzbefall wurden einmal in jedem Monat (5. Dez. bis 5. Mai) bestimmt. Es wurde festgestellt, daß eine Lagertemperatur von 0 °C günstiger als die von 2 °C ist. Die Kühllagerung von 'Golden Delicious' scheint nur bis März rentabel zu sein. Die verschiedenen Herkünfte der Früchte (Vertroy 600 mm Niederschläge, Changins 1075 mm, außerdem Bäume verschiedenen Alters) beeinflußten die Lagerfähigkeit zugunsten derer aus Vertroy. Die gelbrot verfärbten Früchte (als Ursache werden klimatische oder Spritzmitteleinflüsse vermutet) waren besser lagerfähig als die normalen. Die Früchte von Bäumen auf der Unterlage EM II hielten sich besser als die auf EM VII bei den Vegetationsbedingungen von 1960. Diese Ergebnisse wurden mit nur kleinen Obstmengen erzielt und sollen zunächst nur gewisse Richtlinien darstellen. Es wären in Zukunft gründliche Untersuchungen über den Einfluß verschiedener Unterlagen auf die Kühllagerfähigkeit notwendig.

L. Dreibrodt. 1223.

Säkö, Jaakko; Piikiö, Finland, Dep. of Horticult. Varaston lämpötilan vaikutus omenien säilyvyyteen. **(Einfluß der Lagerungstemperatur auf die Haltbarkeit von Äpfeln.)** Maatalous ja Koetoiminta [Agric. and Res.] **16** (1962) S. 169–178. – 3 Abb., 4 Tab. Zus. in Engl.

Die Haltbarkeit von Äpfeln der Sorten 'Atlas', 'Kaneli', 'Lobo', 'Wealthy' und 'Åkerö' war bei einer Lagerungstemperatur von −2 bis 0 °C größer als bei einer solchen von +3 bis +5 °C. Die Festigkeit des Apfelfleisches war bei der kühleren Lagerung im April stets größer als bei der Lagerungstemperatur von +4 °C. Die Kälteschäden waren minimal, und bei der empfindlichsten Sorte wiesen nur 5,5% der Äpfel Schädigungen auf. Dagegen konnten die Pilzerkrankungen, bes. die *Gloeosporium*-Fäule, durch die niedrigere Temperatur weitgehend unterdrückt werden. V. Koepke. 1223.

Haas, P. G. de und Wennemuth, G. **Kühllagerung von Baumschulgehölzen. I. Klimatologisch-technische Probleme bei der Lagerung von Gehölzen.** Gartenbauwissenschaft **27(9)** (1962) Nr. 2. S. 199–213. – 1 Abb., 8 Tab., 4 Lit.

Vff. befaßten sich mit grundlegenden klimatologisch-technologischen Problemen der Kühllagerung. Sie verglichen Kühlräume mit direkter Kühlung und solche mit Mantelkühlung hinsichtlich rel. Luftfeuchtigkeit und Raumtemperatur. Die Erreichung und Aufrechterhaltung einer rel. hohen Luftfeuchtigkeit bei Temperaturen von 1 °C ist bei Kühlräumen mit direkter Kühlung schwieriger. Die einzelnen Faktoren werden untersucht. Danach ermöglicht eine Verstärkung der Raumisolierung eine höhere Raumfeuchtigkeit. Die „Luftwäsche" hat sich bei 1 °C nicht bewährt; „Aerosol"-Aparate sind günstiger. Temperaturunterschiede innerhalb eines Mantelkühlraumes konnten festgestellt werden. In größeren dichtgelagerten Pflanzenstapeln tritt eine Erwärmung der Pflanzen auf. Es wird daher eine Lagerung in Regalen, die einen besseren Luft- und Wärmeaustausch gestattet, empfohlen.
J. Schmadlak, 1223.

Haas, P. G. de und Wennemuth, G. **Kühllagerung von Baumschulgehölzen II. Pflanzenbauliche und physiologische Probleme.** Gartenbauwissenschaft **27**(9) (1962) Nr. 2. S. 214–230. – 2 Abb., 13 Tab., 6 Lit. 1. Mitt. vgl. vorst. Ref.

Vff. untersuchten die Pflanzenreaktion bei den verschiedenen Kühl- und Lagerungsmethoden. Dabei sollte festgestellt werden, bei welchen Lagerungsbedingungen die Pflanzen den Kühlraum verlassen können, ob deren Zustand den Einschlagpflanzen entspricht oder diesen noch übertrifft. Bei den einzelnen Behandlungsarten reagieren die untersuchten Pflanzen meistens gleichsinnig. Die Temperatur beeinflußt im wesentlichen die Verkaufsqualität, die Luftfeuchtigkeit in Verbindung mit der Lagerdauer den Wasserverlust der Pflanzen. Dabei ist der Schädigungs- und Letalbereich des Wasserverlustes artspezifisch. Transpirationsschutzmittel vermindern den Wasserverlust, stehen jedoch in keinem Verhältnis zum Aufwand. Der Tr.-Subst.-Verlust erhöht sich mit zunehmender Lagerzeit, ansteigender Temperatur und abnehmender Hydratur der Pflanzen. Die Kühlung ermöglicht ein späteres Pflanzen als beim bisher üblichen Einschlagen der Gehölze. Die Pflanzenqualität ist bei Pflanzen aus dem Mantelkühlraum am besten; es folgen diejenigen aus dem Direktkühlraum. Aus dem Einschlag ist die Qualität am schlechtesten. Überlagerung ist jedoch nur unter gewissen Qualitätseinbußen möglich. Die Baukosten für den Mantelkühlraum liegen etwas unter denen des Direktkühlraumes. J. Schmadlak. 1223.

Herrmann, J. und Grossmann, H. G.; Berlin, Humboldt-Univ., Inst. für Technol. und Vorratspflege. **Zur Frage der Vitamin-C-Erhaltung im Apfelsaft.** Flüssiges Obst **29** (1962) Nr. 9. S. IX/26–IX/27. – 1 Tab., 5 Lit.

Die Ascorbinsäuresituation beim Apfelsaft ist äußerst ungünstig. Der Gesamt-Vitamin-C-Gehalt bei Äpfeln, der je nach Sorte, Standort und Zeitpunkt nach der Ernte 5–30 mg% beträgt, wird bei der Saftbereitung durch Oxydationsprozesse völlig abgebaut, so daß Apfelsaft praktisch frei von diesem wichtigen Vitamin ist. Ein Verfahren, bei dem der Vitamin-C-Gehalt erhalten bleibt, ist bisher nicht bekannt, lediglich ein Anreichern des Saftes mit synthetischer l-Ascorbinsäure ist möglich. 3 diesbezügliche Versuche aus der Literatur werden angeführt und eigene Versuche beschrieben. Vitaminierte Apfelsäfte bleiben heller in der Farbe und frischer im Geschmack. Auch bei der C-Vitaminierung wird ein Teil der zugesetzten Ascorbinsäure oxydiert. Bei einem Ascorbinsäurezusatz von 30 mg% und nachfolgendem Pasteurisieren bei 70 °C waren nach 3 Monaten noch 19 mg% vorhanden. Günstig erwies es sich, den Saft erst zu erhitzen (15 Min. bei 80 °C), um die Enzyme zu inaktivieren und den gelösten Sauerstoff zum größten Teil zu vertreiben, und dann die l-Ascorbinsäure hinzuzusetzen, da diese dann ziemlich stabil blieb. A. Mügge. 1225.

Fregoni, Mario; Piacenza, Univ. Cattolica, Ist. di Coltiv. Arboree. La successione delle piante arboree: problemi relativi al reimpianto dei frutteti e dei vivai. **(Der Nachbau von Gehölzen: Probleme bezüglich der Nachpflanzung im Obstbau und in der Baumschule.)** Frutticoltura **24** (1962) Nr. 6/7. S. 463–471.

In den Gebieten von Emilia, Romagna, Veneto, Liguria, Campania u. a. wird ein sehr intensiver Obstbau betrieben. Das Auftreten der Bodenmüdigkeit ist deshalb ein wichtiges Problem. Die Untersuchungen verschiedener Autoren lassen erkennen, daß die Ursachen oft recht unterschiedlich sind. Es haben sich deshalb einige Hypothesen über die Bodenmüdigkeit herausgebildet. 1. Die Toxintheorie besagt, daß Ausscheidungen von Wurzeln oder bakterieller bzw. pilzlicher Symbionten der Wurzel die Entwicklung der nachfolgenden Individuen hemmen. 2. Es können aber auch Störungen im Gleichgewicht der Mikroflora oder -fauna auftreten, die zu einer Anhäufung pathogener Agenzien führen. Es konnten nach der Räumung von Obstgehölzen z. B. Ansammlungen von *Fusarium sp.*, *Alternaria sp.*, *Amillaria sp.* sowie des Bakteriums *Phytomonas* gefunden werden. In neuerer Zeit wurde bewiesen, daß auch Nematoden (*Pratylenchus sp.*) eine Bodenmüdigkeit verursachen. 3. In einigen Fällen ließen sich die Müdigkeitserscheinungen des Bodens auf Mangel an Makro-, bes. aber Mikronährstoffen zurückführen. 4. In einzelnen Gebieten können Strukturschäden des Bodens, die Veränderung seines Reaktionszustandes und Wasserhaushaltes Hemmungen an den nachfolgenden Pflanzen hervorrufen. 5. Schließlich wurde auch nachgewiesen, daß die Akkumulation bestimmter Schädlingsbekämpfungsmittel im Boden (Arsen) die typischen Müdigkeitserscheinungen auftreten lassen. Die bisherigen Versuche zur Bekämpfung der Bodenmüdigkeit umfassen die Bodendesinfektion (flüssig, räuchern) gegen Pilze, Bakterien und Nematoden, die Eleminierung toxischer Stoffe durch Kalk, Kompost oder Chemikalien und die Veredlung auf andere Unterlagen, wobei die Resistenz gegen toxische Stoffe, Nematoden, Pilze und Bakterien eine Rolle spielt (z. B. *Myrobalana 29*). Die Wirkung der genannten Gegenmaßnahmen ist aber allg. gering, oder aber mit einem großen Aufwand an Kosten verbunden. Die Anzahl der Jahre, die zwischen der Räumung und dem Nachbau der gleichen oder einer anderen Obstart liegen müssen, ohne daß Müdigkeitserscheinungen an den Gehölzen auftreten, ist unterschiedlich. Der Apfel und die Birne können sofort nach Steinobst gepflanzt werden, sollten aber, nach sich selbst angebaut, erst nach 3–4 Jahren folgen. Pfirsich und Kirsche sind sehr nachbauempfindlich. Der Nachbau sollte erst nach 18 bis 20 Jahren erfolgen. Alle anderen Steinobstarten können in einem Abstand von 3 bis 4 Jahren nacheinander angebaut werden.

S. Kramer. 1230.

Angelov, Todor. (Angelow, Todor.); Plowdiw, Bulgarien, Höheres Landwirtsch.-Inst. „W. Kolarow“. Srokove za okulirane na podložkite v pitomnika. **(Termine zur Unterlagenokulation im Zuchtgarten.)** Ovoštarstvo, Sofija **9** (1962) Nr. 2. S. 22–26. — 2 Tab.

Im Zeitraum 1953–1958 wurde ein Versuch mit den Unterlagen folgender Obstarten ausgeführt: Apfel, Birne, Quitte, Zwetsche, Steinweichsel (*Prunus mahaleb*) und Pfirsich. Zu verschiedenen Terminen wurden folgende Kulturarten aufveredelt: 'Ajwanija‘ und 'Goldparmäne‘, 'Pastorenbirne‘ und 'Gute Luise‘, 'Portugiesische Quitte‘, 'Kjustendiler Blaue Pflaume‘ und 'Grüne Reneklode‘, 'Napoleons Knorpelkirsche‘, 'Droganowa shâlta‘ und 'Elberta‘ sowie die Pfirsichsorten 'Aleko pascha‘ und 'Ranna Madsharska‘. Die Okulation wurde in der Zeit vom 8. Juli–18. Sept. in Abständen von jeweils 10 Tagen ausgeführt. Aus den Versuchen ergibt sich, daß von Anfang Juli bis Mitte Sept. vorgenommene Okulationen bei allen Obstarten erfolgreich waren. Außer der Quitte brachte die zeitiger ausgeführte Okulation bei allen Obstarten, bes. aber bei Aprikose und Pflaume, bessere Erfolge. Die Okulation nach Mitte Aug. ist nur unter der Voraussetzung möglich, daß man den Okulaten eine bes. Pflege, wie Bewässerung, Krankheits- und Schädlingsbekämpfung, angedeihen läßt. Die Ergebnisse erbrachten außerdem den Beweis, daß die Befürchtung des vorzeitigen Knospenaustriebes unbegründet ist.

Z. Zankow. 1230.

Blasse, W.; Berlin, Humboldt-Univ., Inst. für Obstbau. **Untersuchungen über den Anbau von Gründüngungspflanzen im Obstbau.** Arch. Gartenbau **10** (1962) Nr. 6/7. S. 460–480. — 13 Abb., 8 Tab., 17 Lit.

In den Jahren 1958–61 wurden auf schwach humosem Sandboden in Marquardt/Potsdam Aussaatzeitenversuche mit Reinsaaten von Sonnenblumen, Phacelia, Serradella, Lupinen, Erbsen, Winterwicken, Rübsen, Senf und Weidelgras durchgeführt. Untersucht wurden die Grünmasseleistung, Tr.-Subst., Feuchtigkeitsentzug und Trockenheitsresistenz, Bestandsentwicklung, Unkrautunterdrückung, Trittfestigkeit und Regenerationsvermögen sowie Bienenweide und Kosten. Die Grünmasseleistungen bei Aussaat A und M Juli waren bei Sonnenblume, Phacelia und Serradella, bei Aussaat E Juli und A Aug. bei Sonnenblume, Phacelia und Rübsen am höchsten. Die Tr.-Subst.-Flächenleistung geht im wesentlichen mit der Grünmasseleistung parallel, prozentual ist sie bei Senf und Rübsen am höchsten. Die Wurzeltrockensubstanzleistung lag bei Weidelgras, Weißklee, Lupine und Wicke an der Spitze. Im Feuchtigkeitsentzug weisen Sonnenblume, Weidelgras und Phacelia die höchsten, Lupine, Weißklee und Wicke die niedrigsten Werte auf. Das rascheste Auflaufen zeigten Kruziferen. Die beste Unkrautunterdrückung wurde durch Sonnenblumen, Weidelgras und Senf erzielt. Hohe Trittfestigkeit und gute Regenerationsfähigkeit wiesen Weidelgras, Weißklee und Rübsen auf. Die wertvollste Bienenweide stellen Phacelia, Weißklee und Senf dar. Über den Einfluß der Beschattung auf die Pflanzenentwicklung und die Veränderung des Humusspiegels konnten noch keine Ergebnisse erzielt werden. Wirtschaftlich und anbaumäßig ist das Ausbringen von Gründüngungsgemischen am vorteilhaftesten. S. Stritzke. 1230.

Blasse, W.; Marquardt, Humboldt-Univ., Inst. für Obstbau. **Die Eignung verschiedener Gründüngungspflanzen für den Deckfruchtanbau im Obstbau.** Intensivobstbau 2 (1962) Nr. 6. S. 85–88. — 3 Abb., 5 Tab.

Die Ansprüche, die an eine Gründüngungspflanze vom obstbaulichen Standpunkt aus gestellt werden, weichen von denen der Landwirtschaft ab. Als bes. Forderungen werden genannt: hohe Grünmasse- und Wurzelleistung, geringer Entzug von Bodenfeuchtigkeit, Trockenresistenz, möglichst große Schattenverträglichkeit, rasche Jugendentwicklung, Trittfestigkeit, Regenerationsfähigkeit nach Überfahren mit Schleppern und Transportfahrzeugen. Es werden folgende Versuchsergebnisse angegeben: Grünmasseerträge bei Reinsaaten von verschiedenen Gründüngungspflanzen, Tr.-Subst.-Leistung, Feuchtigkeitsentzug, Trockenheitsresistenz, Bestandsentwicklung, Unkrautunterdrückung, Trittfestigkeit und Regenerationsvermögen, Bienenweide und Saatgutkosten. Auf Grund der erzielten Ergebnisse werden von 10 Gründüngungspflanzenarten die unter Marquardter Verhältnissen beobachteten Vor- und Nachteile beschrieben. Die Notwendigkeit, die Versuche fortzusetzen und zu erweitern, z. B. durch die Zusammenstellung von geeigneten Gründüngungsgemischen, wird begründet. Auf die Vorzüge der Baumgassen in neuzeitlichen Obstanlagen für die Entwicklung der Gründüngungspflanzen wird hingewiesen. W. Groh. 1230.

Reinken, G.; Bonn, Univ., Inst. für Obstbau. **Die Transpiration von Obstgehölzen in Abhängigkeit von Entwicklungszustand, Ernährung und Witterung.** Arch. Gartenbau **10** (1962) Nr. 6/7. S. 538–561. — 5 Abb., 9 Tab., 108 Lit.

Im Gefäßversuch prüfte Vf. mit Hilfe des gemessenen Wasserdurchflusses die wöchentliche Transpiration bei Apfel, Birne, Sauerkirsche und Johannisbeere. Darüber hinaus wurde der Einfluß unterschiedlicher P-Versorgung und verschiedener Phosphatformen auf die Transpiration beim Apfel ('Zuccalmaglio' auf EM IX und EM XI) untersucht. Hohe P-Gaben verringerten die Transpiration signifikant, geringere P-Versorgung, im Extrem bis zum Mangel, hatte erhöhte Transpirationsquoten zur Folge. — Die verwendeten Obstarten unterscheiden sich in ihrer Transpirationsleistung artspezifisch. Die höchste Verdunstung zeigte die Birne, es folgen mit gleichmäßig verringerter Transpiration Apfel und Sauerkirsche und dann die Johannisbeere mit den tiefsten Verdunstungswerten. Die Höhe der Transpiration wird maßgeblich von der Blattflächenentwicklung bestimmt. Zunahme der Blattfläche bedingt erhöhte Verdunstung. Die Abhängigkeit der Transpiration von Witterungsfaktoren machte sich bes. bei veränderter Temperatur, Sonnenscheindauer und Sättigungsdefizit bemerkbar. Die gefundenen Transpirationskoeffizienten von 140–240 l/kg Tr.-Subst. entsprechen weitgehend den bereits bei Forstgehölzen ermittelten Werten. Apfelbäume der Sorte 'Zuccalmaglio' auf EM IX transpirierten im mehrjährigen Durchschnitt je Vegetationsperiode etwa 80 l/m^2 Blattfläche. W. Fiedler. 1230.

Kolesnikow, W. A.; Moskau, Timirjasew-Akad. **Untersuchungen über das Wurzelsystem und die Ernährung der Obstgehölze.** Arch. Gartenbau **10** (1962) Nr. 6/7. S. 447–459. — 3 Abb., 10 Lit.

An Hand der Ergebnisse umfangreicher Untersuchungen des Wurzelsystems der Obstgehölze mit Hilfe verschiedener Methoden gliedert Vf. die Wurzelsysteme in generativ und vegetativ entstandene Wurzelsysteme. Die Einzelwurzeln teilt er in Wachstums- oder Achsenwurzeln, Saug- oder aktive Wurzeln, Wurzeln mit Übergangserscheinungen und Leitwurzeln ein. Achselwurzeln zeigen einen bedeutend größeren Zuwachs als Saugwurzeln. Die Radien der Wurzelsysteme sind immer um das 1,5- bis 2fache und mehr größer als die Kronenausdehnung. Das Hauptwurzelwachstum ist abhängig von den Umweltverhältnissen und ist in verschiedenen Bodentiefen unterschiedlich. Das Maximum des Wachstums liegt im Frühjahr. Die Verteilung der Wurzeln und die Durchwurzelung im Boden ist maßgeblich von Obstart, Sorte, Unterlage, Bodenpflege und Standort abhängig. Zucker- und Stärkegehalt der Saugwurzeln waren unabhängig von unterschiedlicher Bewässerung im Frühjahr (Mai) am höchsten, nahmen zur Ernte hin ab und stiegen gegen Ende der Vegetationsperiode wieder an. Auf den bewässerten Varianten war der N-Gehalt der Wurzeln höher. Das Wurzelwachstum wird begünstigt durch Düngung, Bewässerung und Offenhalten des Bodens. W. Fiedler. 1230.

Hobbis, E. W. und Coles, J. S. The destruction of apple tree stumps and roots by chemical means. **(Die Zerstörung von Apfelbaumstümpfen und Wurzeln durch chemische Mittel.)** Annu. Rep. agric. horticult. Res. Stat., Long Ashton, Bristol **1958** S. 59–61. — 1 Tab., 2 Lit.

Die Behandlung von Baumstümpfen mit Ätzsoda, Bleichpulver, Aqua regia und Kalkammonsalpeter + Superphosphat verursachte eine unterschiedliche Zersetzung des Stumpfes und der Wurzeln. Nach 4 Jahren war sie bei den mit Dünger behandelten Stümpfen am weitesten fortgeschritten, Ätzsoda hatte die geringste Wirkung. U. Neumann. 1230.

Hutchinson, A. und Taper, C. D.; Ontario, Hort. Exp. Stat.; Quebec, Macdonald Coll. Note on the ethanol conductivity method for the estimation of apple rootstock vigor. **(Bemerkungen zur Äthanol-Leitfähigkeitsmessung als Methode zur Bestimmung der Wuchsstärke von Apfelunterlagen.)** Canad. J. Plant Sci. **42** (1962) Nr. 3. S. 527–529. — 1 Tab., 5 Lit.

Triebspitzen von 2jährigen unveredelten Unterlagen wurden 30 Tage in Äthanol (80%) gestellt. Die Entnahme erfolgte zu 3 Zeitpunkten. Es wurde die Leitfähigkeit des Extraktes mit Hilfe einer Wheatstoneschen Brücke bestimmt. – Die schwachwachsende Unterlage EM IX wies eine signifikant höhere Leitfähigkeit auf als EM I und XII. Während EM VII, I und XII keine gesicherten Unterschiede zeigten, hatte *Malus robusta* Nr. 5 die niedrigste Leitfähigkeit, die gegenüber allen genannten Unterlagen signifikant verschieden ist. Die früheren Entnahmezeitpunkte (19. 8. und 29. 8.) hatten eine signifikant höhere Leitfähigkeit als der spätere (8. 9.). – Die Methode wird zur Trennung sehr stark- und sehr schwach wachsender Unterlagen von den stark- und mittelstark wachsenden empfohlen. M. Umhauer. 1232.

Zeller, Otti; Hohenheim, Inst. für Obstbau. **Entwicklungsgeschichte der Blütenknospen und Fruchtanlagen an einjährigen Langtrieben von Apfelbüschen. 1. Mitt. Entwicklungsverlauf und Entwicklungsmorphologie der Blüten am einjährigen Langtrieb.** Z. Pflanzenzücht. 44 (1960) Nr. 2. S. 175 bis 216. – 39 Abb., 8 Tab., 48 Lit.

An den Apfelsorten 'Goldparmäne', 'Berlepsch', 'Cox', 'Boskoop' und 'Ontario' auf EM IX wurde die Entwicklung der Blütenknospen und Früchte am einjährigen Langtrieb untersucht. Die Blütenknospendifferenzierung beginnt am Langtrieb später und uneinheitlicher als am Kurztrieb. In der mittleren Zone des Langtriebes und in der terminalen Knospe ist die generative Tendenz am stärksten ausgeprägt. Bei den Langtriebblüten ist oft die Ausbildung des Meristempflockes mangelhaft und demzufolge auch die der generativen Organe. Ihre Blütenanlagen verkümmern z.T. schon 5–6 Wochen nach dem Beginn des Blütenimpulses, häufig im Stadium der Pollentetradenbildung oder im Stadium der Eizellenbildung. U. Neumann. 1232.

Lucke, Rupprecht. **Zur Notwendigkeit der Fruchtholzverjüngung beim Apfel.** Obstbau 80 (1961) Nr. 9. S. 164–166. – 7 Abb.

Vf. weist auf die Wandlung der Erkenntnisse über den Wert des kurzen und des langen Fruchtholzes hin. Die Nachteile des Quirlholzes werden geschildert, die u.a. im ungünstigen Stand an benachteiligten Astpartien und in geringerer Wasserleitfähigkeit bestehen. Dadurch ist die Wuchsleistung des kurzen Fruchtholzes ungünstiger als die des Langholzes. Als Beweis dafür wird die Entstehung des Quirlholzes beschrieben. Durch die Bildung von Blüten wird das vegetative Wachstum stark gehemmt. Im Laufe der Zeit entwickelt sich dann stark verzweigtes kurzes Fruchtholz, das als quirlartiges Gebilde bekannt ist. Die günstigsten Bedingungen für die Blütenbildung weisen mittelstarke Triebe auf. Solche Sprosse befinden sich in reichlichem Maße an 2- oder 3jährigen Langtrieben, die nicht zurückgeschnitten worden sind. In diesem Zusammenhang wird auch die Begünstigung der Alternanz durch das Quirlholz erklärt. Dabei wird die Frage aufgeworfen, ob die Alternanz nicht vermieden werden könnte, wenn sich der Blütenbesatz an einjährigen Langtrieben, also im Jahre der Entstehung des Triebes entwickeln würde. Abschließend wird noch angegeben, daß Kurztrieb-Blütenstände am Quirlholz in der Regel 1–2 Tage früher aufblühen als Blütenstände an Langtrieben. Sie sind infolgedessen stärker spätfrostgefährdet. Seitensprosse an 2jährigen Langtrieben haben ein wesentlich stärkeres Fruchtungsvermögen als die gleichstarken Kurztriebe des Quirlholzes. Früchte an Langtriebseitensprossen werden schwerer als an altem Quirlholz. Aus den Ausführungen wird gefolgert, daß junge, kräftige ungeschnittene Langtriebe in der Regel 2 Jahre nach ihrer Entstehung wertvolles Fruchtholz darstellen. Die Leistungsfähigkeit des fruchtenden Langtriebes nimmt jedoch von Jahr zu Jahr ab, bis er mit überaltertem Quirlholz besetzt ist. Durch entspr. Schnittmaßnahmen ist deshalb die Bildung des Quirlholzes zu unterbinden. Dies ist durch die Entfernung der abgetragenen, weniger triebfreudigen Langtriebruten möglich, wenn diese etwa 4–5 Jahre alt sind. Dagegen sind junge Langtriebe, auch Oberseitentriebe oder „Reiter“ unbeschnitten zu belassen, damit sie sich zu Trägern von Fruchttrieben entwickeln. Nur wenn ihre Zahl bes. groß ist, sollten sie ausgelichtet werden. W. Groh. 1232.

Bömeke, H. **Farbverbesserung und Reifebeschleunigung an Apfelfrüchten durch das Hormonspritzmittel H 15.** Mitt. Obstbauversuchsringes Alten Landes **17** (1962) Nr. 8. S. 286–287.

Vf. beschreibt die Anwendung des neuen Hormonspritzmittels H 15 zur Förderung der Fruchtfarbe und Fruchtreife. Das Mittel hat sich seit 1958 i- Versuchen in der Obstversuchsanstalt in York bewährt. Es führt zu einer besn seren Ausfärbung der Fruchtschale. Außerdem wird die Pflückreife um etwa 8 Tage vorverlegt und der Fruchtfall noch bis zu 6 Wochen nach der Spritzung wesentlich eingeschränkt. Da die Haltewirkung des Mittels in den ersten 7 bis 12 Tagen nach der Spritzung unbefriedigend ist, muß es frühzeitig, bevor normalerweise der Fruchtfall einsetzt, angewendet werden. Deshalb ist H 15 auch nicht für die sehr frühen Apfelsorten ,wie 'Klarapfel‘ oder 'Schöner von Bath‘, geeignet. Es ist aber bei den Sorten 'James Grieve‘ oder 'Gravensteiner‘ bei einer Konz. im Bereich von 0,015–0,03% mit gutem Erfolg eingesetzt worden. Für die Erzielung einer guten Ausfärbung ist der Zeitpunkt des Spritzens ausschlaggebend. Bei einer mittleren Konz. von 0,02% wird für die früheren Sorten wie 'Gravensteiner‘ 4 bis 5 Wochen vor der Ernte, bei den spätreifenden Sorten wie 'Goldparmäne‘, 'Cox-Orangen‘ die Zeit von 5–6 Wochen vor der Ernte empfohlen. Die Haltewirkung gegen den Fruchtfall hält bei den späteren Sorten etwa 6 Wochen vor. Da das Hormonmittel in die Zelle eindringen muß, um wirksam zu sein, ist an sonnenscheinarmenTagen bzw. in den Nachmittags- oder Abendstunden zu spritzen. Dann hält die Spritzflüssigkeit die Blätter verhältnismäßig lange Zeit feucht, wodurch die Wirkung erhöht wird. Die rote Deckfarbe entwickelt sich nur am Baum. Die gelbe Grundfarbe kommt auch auf dem Lager zur Ausbildung. Die früheren Apfelsorten, wie 'Gravensteiner‘, sollte man nicht länger als 14 Tage lagern und dann dem Verbraucher zuführen. Später reifende Sorten können ohne Bedenken 1 bis 2 Monate gelagert werden. Sie lassen sich auch kühllagern. Ist die Genußreife erreicht, dann sollten sie bald zum Verbrauch gelangen. Wegen dieser Reifebeschleunigung ist es zweckmäßig, nicht alle Bäume einer Sorte mit dem Spritzmittel zu behandeln, sondern nur einen Teil derselben. Dann verteilt sich der Reifeprozeß auf einen längeren Zeitraum. W. Groh. 1232.

Arlt, K.; Marquardt, Humboldt-Univ., Inst. für Obstbau. **Die Beeinflussung des Vitamin-C-Gehaltes bei einigen Apfelsorten durch Unterlage und Lagerungsdauer. Vorl. Mitt.** Intensivobstbau 2 (1962) Nr. 6. S. 90–91. — 6 Abb.

Untersuchungen über den Einfluß von Unterlagen auf den Vitamin-C-Gehalt und den Auf- bzw. Abbau des Vitamin C vom Zeitpunkt der Einlagerung ab bis zum letztmöglichen Verbrauchstermin wurden durchgeführt. Früchte der Sorten 'Berlepsch‘, 'Boskoop‘ und 'Ontario‘ wurden verwendet, die von Bäumen auf EM-Typen und *Malus baccata/prunifolia*-Unterlagen stammten. Den vorläufigen Ergebnissen ist zu entnehmen, daß 2 verschiedene Verhaltensweisen des Vitamin-C während der Lagerung unterschieden werden können. Die erste ist durch den Abbau des Vitamin C während der Lagerung gekennzeichnet (z.B. 'Berlepsch‘), die 2. durch ein Ansteigen während der ersten Wintermonate mit schnell danach folgendem Abbau, der sich in der letzten Periode der Lagerung nur noch wenig fortsetzt (z. B. 'Boskoop‘, 'Ontario‘).
W. Groh. 1232.

Gritzbach, D. **Entwicklung und Stand des Aprikosenanbaus am Süßen See.** Intensivobstbau 2 (1962) Nr. 6. S. 88–89. 91. — 2 Abb., 3 Tab.

Nach einem Überblick über die in Deutschland insgesamt und in der Deutschen Demokratischen Republik im besonderen vorhandenen Bestände an Aprikosenbäumen wird das am Süßen See (Eisleben) befindliche Aprikosenanbaugebiet

näher beschrieben. In einer Tab. wird der Baumbestand der 4 Gemarkungen angegeben, in denen sich der Aprikosenanbau konzentriert. Danach werden die Klimaverhältnisse des Gebietes beschrieben und die Klimawerte mit denen anderer eur. Aprikosenanbaugebiete verglichen. Es folgen Angaben über die landschaftliche Lage der Anbauflächen, die Bodenverhältnisse und die Anbautechnik. Auf die Unterlagen- und Sortenfrage wird bes. eingegangen. Von den Sorten haben sich die 'Deutshe Aprikose', die 'Französische Aprikose' und andere Lokalsorten neben einigen pomologisch bekannten, weiter verbreiteten Sorten bewährt. Das durchschnittl. Alter der Aprikosenbäume liegt bei 40 Jahren. Es kommen aber auch 50jährige und ältere Bäume vor. Der Durchschnittsertrag wird mit 30–60 kg je Baum angegeben.
W. Groh. 1242.

Fiedler, W.; Dresden-Pillnitz, Inst. für Obstbau und Zierpflanzen der Dtsch. Akad. der Landwirtsch.-Wiss. zu Berlin. **Untersuchungen über das Transpirationsverhalten verschiedener Unterlagen und Veredlungsgemeinschaften bei Aprikosen.** Arch. Gartenbau **10** (1962) Nr. 2. S. 119–163. – 16 Abb., 7 Tab., 35 Lit.
An 11 unveredelten und veredelten Aprikosenunterlagen wurden in einer Baumschulprüfung Transpirationsuntersuchungen durchgeführt. Neben der Beschreibung der Versuchsapparatur und Methodik sind folgende Ergebnisse zu nennen: Zwischen den unveredelten Unterlagen waren Unterschiede im Transpirationsverhalten vorhanden. Von den 3 veredelten Sorten zeigte eine Abweichungen gegenüber den anderen. Unveredelte Unterlagen transpirieren stärker als veredelte. Unverträglichkeit ist nur bei hochgradigem Auftreten über das Transpirationsverhalten erkennbar. Geringes Transpirationsvermögen ist in der Regel mit geringer Wuchsleistung verbunden. Im Gegensatz zum Austrieb von Kombinationen ist der Vegetationsabschluß an einem Rückgang der Transpirationsintensität zu erkennen. M. Umhauer. 1242.

Žulja, V. M. (Shulja, W. M.) Osobennosti razmeščenija kornevoj sistemy čerešni v zavisimosti ot počvy i podvoev. **(Besonderheiten des Wurzelsystems von Süßkirschen in Abhängigkeit von Boden und Unterlage.)** Sadovodstvo, vinogradarstvo i vinodelie Moldavii **1960** Nr. 4. S. 7–9. – Aus: Referativnyj žurnal. Biologija, Moskva **1961** Nr. 18. G 618. S. 66.
Im Moldauisch. Forschungsinst. für Gartenbau, Weinbau u. Weinbereitung wurde die Struktur des Wurzelsystems an „Schnitten" untersucht. Auf schwerem Lehm betrug die durchschnittl. Anzahl der Wurzeln (Süßkirsche 'Rannjaja Marka' auf wilde Süßkirsche gepfropft [I]) 486 je m^2 Wandfläche, auf 'Antipka' gepfropft (**II**) 223 u. bei der wurzelechten Sorte 'Rosnanka' 360 (**III**). Die Hauptmasse der Gerüstwurzeln war in einer Tiefe von 35–40 cm konzentriert, auf leichtem Lehm in tieferen Schichten. Auf leichten Lehmböden besitzt **III** den Vorzug vor **II**. Auf schweren Lehmen übertreffen **II** und **III–I**.
übersetzt v. W. Peitz. 1245.

Malyčenko, V. V. (Malytschenko, W. W.) Vlijanie različnych vidov i form udobrenij na otrastanie povreždennych kornej višni i formirovanie ich v zavisimosti ot sposobov vnesenija udobrenij. **(Der Einfluß verschiedener Düngerarten und -formen auf das Nachwachsen beschädigter Wurzeln der Sauerkirsche in Abhängigkeit von den Einbringungsverfahren.)** Dokl. Naučn. konferencii 1957 g. Stalingr. s.-ch. in-t. T. 2., Stalingrad **1960** S. 229–233. – Aus: Referativnyj žurnal. Biologija, Moskva **1961** Nr. 18. G 617. S. 66.
In Versuchen des Forschungsinst. für Gartenbau in Mitschurinsk (1952–53) erhöhten alle verwendeten Düngemittel bei 12jähr. Sauerkirschbäumen (Sorte 'Ljubskaja', Unterlage 'Antipka') das Nachwachsen der Wurzeln. Von den N-Düngern war Ammoniumnitrat am wirkungsvollsten. Die Wurzelreaktion auf N und P war stärker als auf K. Bei Kombinationen von PK u. NK war das Wachstum neuer Wurzeln intensiver als bei Einzeleinbringung der Dünge-

mittel. Die beste Wirkung wurde bei einem Gemisch von Stalldung und NPK erzielt. In einem anderen Versuch verdoppelte sich bei 10jähr. Bäumen auf 'Antipka' das Wurzelwachstum, wenn Gaben von $N_{30}P_{40}K_{30}$ gleichmäßig in die Grube verteilt wurden. Bei oberflächiger Einbringung des Düngers bilden sich Wurzeln in den oberen Bodenschichten. Bei der Sauerkirsche 'Ljubskaja' auf 'Rastunge' förderten Gaben von $N_{20}P_{60}K_{30}$ auf den Boden der Pflanzgrube ein tieferes Eindringen der Wurzeln. übersetzt v. W. Peitz. 1245.

Zachov, St. (Sachow, St.); Kostinbrod, Bulgarien, Zentr. Forsch.-Inst. für Obstzucht. Biologični osnovi za plododavaneto na čerešata. **(Biologische Grundlagen des Fruchtens der Kirsche.)** Priroda, Sofija **10** (1961) Nr. 6. S. 77 bis 80.
Als Gründe des periodischen Tragens von Kirschen werden die günstigen Umweltbedingungen und die Notwendigkeit der Befruchtung durch fremde Sorten aufgeführt. Man stellte im Lande 5 intersterile (unter sich unbefruchtbare) Gruppen von Kirschsorten fest, und zwar: I. 'Rumânka', 'Edra tscherna chrustschjalka' und 'Chedelfingenska tscherna chrustschjalka', II. 'Napoleon' und 'Bjala ispanska', III. 'Obiknovena râshdawitschka belwiza', 'Peresta belwiza' und 'Tscherna peresta tscherescha', IV. 'Starosagorska rosowa tscherescha' und 'Elton', V. 'Droganowa shâlta chrustschjalka' und 'Djonissenowa shâlta chrustschjalka'. Bei Neupflanzungen sollen diese biol. Eigenheiten berücksichtigt werden. Es wird hervorgehoben, daß infolge der allmählichen und systematischen Sorteneinengung im Kjustendiler Obstgebiet von 1908 bis 1939 ein bedeutender Ertragsrückgang der Kirschenbestände zu beobachten ist. Kr. Tschanew. 1245.

Enev, Anastas. (Enew, Anastas.) Rezultati ot selekcija na praskovata. **(Züchtungsergebnisse beim Pfirsich.)** Selskostopanska nauka, Sofija **1(7)** (1962) Nr. 2. S. 185–192. – 1 Abb., 3 Tab. Zus. in Russ., Engl.
Vf. erläutert die Ergebnisse der von 1944–1959 im Forsch.-Inst. für Obstbau in Kjustendil mit Pfirsich durchgeführten züchterischen Arbeit. Gekreuzt wurden die Sorten 'Hale', 'Elberta', 'Kâsna-Dupnischka', 'Marygold', 'Rosowa' und 'Karmenl' (♀) mit den Sorten 'Majski zwjat' und 'Alexander' (♂). Die besten Geschmackseigenschaften zeigten die Hybriden 'Karmen × Alexander', 'Rosowa × Alexander' und 'Elberta × Alexander'. Bei der Hälfte der Hybridpflanzen war die Fruchtfleischfärbung der Muttersorte gleich. Etwa $^2/_3$ der Hybridpflanzen besaßen steinlösende Früchte. Die größten Früchte lieferten die Hybriden, bei denen 'Elberta' die Muttersorte war. Ein Großteil der Hybriden reifte 15 Tage früher als 'Elberta' und 'Hale'. Abschließend ist eine neugezüchtete Sorte beschrieben. M. Stoilow. 1248.

Arangelov, Arangel. (Arangelow, Arangel.) Praskova zlatna kurtovka. **(Der Pfirsich 'Slatna kurtowka'.)** Ovoštarstvo, Sofija **9** (1962) Nr. 5. S. 22–23. – 2 Abb.
An der Sorte 'Hale' wurde eine Knospenmutation aufgefunden, aus der die neue Pfirsichsorte 'Slatna kurtowka' entstand. Die Eigenschaften der neuen Sorte sind: mittleres Einzelfruchtgewicht 200 g (ohne Bewässerung) und 300 bis 500 g (mit Bewässerung), Fruchthöhe 70 mm, Breite 74 mm, Dicke 69 mm, von regelmäßiger ovaler Form, kaum merklich feinwollig, goldgelb mit dunkelroten verwaschenen Flecken, mit gelbem bis orangefarbenem Fruchtfleisch, leicht steinlösend. Genußreife: Anfang Aug., d.h. 10–15 Tage vor 'Hale'. Z. Zankow. 1248.

Strydom, D. K.; Stellenbosch – Elsenburg, Univ., Coll. of Agric. The effect of leaves on root initiation in marianna – 2624 plum cuttings. **(Der Einfluß von Blättern auf die Wurzelbildung bei 'Marianna-Nr. 2624' Pflaumengrünstecklingen.)** South African J. agric. Sci. **5** (1962) Nr. 1. S. 147–148. – 1 Tab., 5 Lit.

Grünstecklinge von 'Marianna Nr. 2624' (*Prunus cerasifera* × *P. munsoniana*) wurden mit unterschiedlicher Blattzahl und Blattflächenanteil nach dem Tauchen in eine Indolylbuttersäurelösung (4.000 ppm) gesteckt und auf ihre Bewurzelung hin untersucht. Eine Sprühnebelanlage stand im Vermehrungshaus zur Verfügung. Wurde die volle Blattzahl belassen, so war das Bewurzelungsergebnis am besten, d.h. 90% oder mehr der Stecklinge bewurzelten sich. Bei Belassen aller Blätter betrug die durchschnittliche Wurzelzahl (Schnittermin Juli) 25,1, wurde nur ein Blatt belassen, dann war sie 10,7, bei ½ Blatt 7,1 und ¼ Blatt 1,8. Damit wird als erwiesen betrachtet, daß die Blattfläche einen sehr deutlichen Einfluß auf die Wurzelbildung ausübt.
W. Blasse. 1250.

Nedev, Nedju und Tračev, Dimitŭr. (Nedew, Nedju und Tratschew, Dimiter.) Cenni orechovi formi v Južna Bŭlgarija. **(Wertvolle Walnußformen in Südbulgarien.)** Ovoštarstvo, Sofija **9** (1962) Nr. 2. S. 26–31. – 6 Abb.
In einigen Gebieten Südbulgariens angestellte Untersuchungen von 1954–60 wurden sehr wertvolle, sich mit hohen Fruchteigenschaften auszeichnende Walnußformen aufgefunden. Davon werden folgende beschrieben: Nr. 13, 5, 121, 4, 11 und 1. Alle Formen sind aus Früchten hervorgegangen. Eine der Formen, Nr. 13, besitzt folgende Eigenschaften: sehr große Früchte (11,4 g und 19,85 cm^3), mit fast glatter, leichtbrüchiger Schale, 67,20% Fettgehalt und Reife in der 2. Septemberhälfte. Z. Zankow. 1255.

Görgényi, J. **Gewebeentwicklung sproßbürtiger Wurzeln der obsttragenden Ribes-Arten.** Acta bot. Acad. Sci. hung. **6/7** (1961) Nr. 1/2. S. 221–256; Nr. 3/4. S. 735. – Aus: Ung. Agrar-Rdsch. **1962** Nr. 3.
Vf. untersuchte an Stecklingen von *Ribes nigrum* und *R. rubrum* bzw. an Ablegern von *R. uva-crispa* die Bildung sproßbürtiger Wurzeln. Bei den schnellwüchsigen Arten *R. nigrum* und *R. rubrum* ist die Wurzelbildung ähnlich und rasch, bei *R. uva-crispa* gehemmt. Die halb verholzten Stecklinge bewurzeln sich in Abhängigkeit von der Kambiumaktivität. Bei *R. nigrum* und *R. rubrum* erfolgen Triebwachstum und Differenzierung der primären Gewebe gleichmäßig. *R. uva-crispa*-Triebe entwickeln sich rasch, bilden aber bald Gipfelknospen aus. Ihre Internodien sind kurz. Die Triebe verdicken sich nach Beendigung des Längenwachstums kaum. Die Gewebedifferenzierung der Apikalteile ist unterschiedlich. Die Gewebe altern schnell. Sie enthalten wenig Parenchym. Die Markstrahlen bestehen aus 1–2 Zellreihen und werden auch im Bast nicht breiter. Die Zellen scheiden mehr Sekrete aus als die Zellen der beiden anderen Arten. Die Korkkambiumbildung erfolgt früh und breitet sich schnell auf die Internodien aus. Lentizellen werden vor allem auf 2jähr. Ruten ausgebildet. 1257.

Fadeeva, T. S. und Djatlova, A. I. (Fadejewa, T. S. und Djatlowa, A. I.) Leningrad, Univ. Dinamika prorostanija semjanok u reciproknych gibridov zemljaniki. **(Dynamik der Keimung der Samen reziproker Erdbeerhybriden.)** Botaničeskij žurnal, Moskva-Leningrad **47** (1962) Nr. 8. S. 1190–1194. – 5 Tab., 5 Lit.
Samen reziproker Erdbeerhybriden zeigen in Form und Ausmaß sowohl im trockenen als auch im gequollenen Zustand charakteristische Ähnlichkeiten mit den Muttertypen. Die Energie der Keimung ist von der Kreuzungsart stark abhängig. Kreuzungen, aus denen Heterosisformen hervorgegangen sind, zeichnen sich durch bes. hohe Keimungsenergie aus. Hybridsamen, deren mütterliche Form die Walderdbeere ist, keimen schnell. Die Form 'Puren' als Mutter bewirkte eine langsamere Keimung. In bezug auf die Dynamik der Keimung hängt die Heterosis von dem Verhältnis Genotyp der Hybridensämlinge/Form der Mutterpflanze ab. Gelagerte Samen der Walderdbeeren keimten im Vergleich zu frischem Samen (nach 6 Mon.) sehr langsam.
L. Tunger. 1260.

Eremin, G. V. (Jeremin, G. W.) Novye sorta zemljaniki. **(Neue Erdbeersorten.)** Sadovodstvo, Moskva **100** (1962) Nr. 9. S. 24–25. — 1 Abb., 2 Tab.
Vf. beschreibt neue Erdbeersorten aus dem Süden der SU, die sehr ertragreich und dürreresistent sind. Als Elternsorten wurden verwendet: 'Kulwer', 'Nobl', 'Laxton', 'Luise'. Die Erträge liegen bei 66–76 dt/ha. Bes. hervorgehoben wird die Sorte 'Adagumskaja'. I. Lekve. 1260.

Bolton, A. T. und Turner, L. H.; Ottawa, Ontario, Canada Dep. of Agric. Note on obtaining virus-free plants of red raspberry through the use of tip cuttings. **(Bemerkungen zur Erzielung virusfreier roter Himbeerpflanzen durch Verwendung von Kopfstecklingen.)** Canad. J. Plant. Sci. **42** (1962) Nr 1. S. 210–211. — 3 Abb., 4 Lit.
Getopfte virusinfizierte Himbeeren (Sorte 'Latham') wurden in einer Wärmekammer (98 °F) 1–6 Mon. gehalten. 3–6 in. lange Kopfstecklinge von diesen Pflanzen wurden mit Seradix-B-Hormonpuder behandelt und in einer Mischung von 1 Teil Torf und 2 Teilen Sand im Mistbeet (70 °F) zur Bewurzelung gebracht. Nach 21 Tagen wurden die bewurzelten Pflanzen eingetopft. Durch Pfropfung der Tochterpflanzen auf *Rubus henryi* konnte nachgewiesen werden, daß 12 von 28 der hitzebehandelten Mutterpflanzen nach 75 Tagen virusfrei waren. H. Ackermann. 1262.

Baumann, Jos. **Erfahrungen mit schwarzen Johannisbeeren 1962.** Flüssiges Obst **29** (1962) Nr. 9. S. IX/8–IX/14. — 7 Abb., 10 Tab.
Berichtet wird über einen Vergleichsanbau der 4. Auslese nach 10jähriger Prüfung aus 44 Schwarzen Johannisbeersorten. Die Ergebnisse des 3jähr. Vergleiches 4jähr. Pflanzen werden für jede der 6 geprüften Sorten gegeben und zwar Ertrag im 2., 3. und 4. Standjahr, Gesamtertrag, durchschn. Ertrag je Strauch, Süßmostqualität, Pflückbarkeit, Reife und Wuchs. Die Sorte 'Silvergieters Schwarze' erwies sich mit 4,25 kg je Strauch am ertragreichsten. Ferner wurden 10 Sorten im plantagenmäßigen Anbau geprüft. Die Erträge von 4 Jahren und eine Sortenbeurteilung werden angeführt. Über Anpflanzungen zwischen Apfelhochstämmen sowie über Erfahrungen mit 10 älteren Sorten wird kurz berichtet. Auf eine Arbeitseinsparung bei der Beerenverarbeitung durch den Einsatz der Amos-Traubenabbeermaschine und der Willmes-Maischenpresse wird hingewiesen. A. Mügge. 1265.

Kuminov, E. P. (Kuminow, Je. P.); Minussinsk, Region Krasnojarsk, RSFSR, Versuchsstat. für Garten- und Melonenbau. Napravlennoe vospitanie gibridov černoj smorodiny. **(Gelenkte Erzielung der Hybriden Schwarzer Johannisbeeren.)** Agrobiologija, Moskva **1961** Nr. 4. S. 500–504. — 3 Tab.
Durch Schaffung entsprechender Ernährungsbedingungen wurde versucht, die Frostresistenz, den Ertrag und andere Eigenschaften von in Sibirien erhaltenen Hybriden der Schwarzen Johannisbeere zu verbessern. Verwendet wurden 2jährige Hybridsämlinge von europäischen und heimischen sibirischen Sorten, die auf gut gedüngtem Boden angezogen wurden. Von hier kamen sie auf Böden mit unterschiedlicher Düngung (NPK, Humus). Als effektiv erwies sich das Einbringen des Düngers in die Pflanzgruben; PK und PK + Humus hatten erhöhte Frostresistenz zur Folge. Humus allein gab schlechtere Ergebnisse. N-Dünger (Ammoniumsulfat) allein oder als Zugabe zu PK verringerte die Ausbeute an resistenten Setzlingen um das Doppelte und mehr. Junge Setzlinge reagieren auf zusätzliche Düngung im Sommer durch Bildung großer Beeren. Jedoch führen auch hierbei N-Gaben zur Verringerung der Frostresistenz. H. Weber. 1265.

Marro, Marco und Casellato, Maria Maddalena; Milano, Univ. Staz. Sperim di Ortifrutticolt. La cascola precoce e tardiva del Ribes nero. Impiego delle sostanze di crescita durante la cascola tardiva. **(Blüten- und Früchtefall der Schwarzen Johannisbeere. Die Verwendung von Wuchsstoffen wäh-**

rend des Früchtefalls.) Frutticoltura **24** (1962) Nr. 6/7. S. 535–541. — 3 Tab., 18 Lit.

Verschiedene Autoren wiesen nach, daß der Rhythmus des Fallverlaufes einen Blütenfall (früher Fall) und einen Früchtefall (später Fall) aufweist. Der Früchtefall steht in engem Zusammenhang mit der Befruchtung und der Ausbildung von Wuchsstoffen. Es wurden Versuche (und Vorversuche) mit Wuchsstoffen (α-NES und 2.4.5 TP) zur Verminderung des Früchtefalls durchgeführt. Bei der Sorte 'Silvergieters Schwarze' konnte durch eine Behandlung mit 2.4.5-TP in einer Lösung von 10 ppm nach 30 Tagen nur ein Früchtefall von 7,8% ermittelt werden, während unbehandelte Sträucher einen Früchtefall von 17,2% aufwiesen. Die Ergebnisse sind bei P = 5% signifikant. Die Wirkung von α-NES war nicht signifikant zur Kontrolle (15,0%). Der Vitamin-C-Gehalt der Früchte wurde durch die Behandlung etwas gesteigert, während sich der Zucker- und Säuregehalt etwa verminderte.

S. Kramer. 1265.

Magriso, Ju. (Magrisso, Ju.) Za njakoi elementi, charakterizirašti mikroklimata na lozjata otgleždane na nakloneno i ravno mjasto. **(Über einige Elemente, die das Bestandsklima in auf geneigtem und ebenem Gelände angelegten Weinbergen kennzeichnen.)** Izvestija na Centralnija naučnoizsledovatelski institut po lozarstvo i vinarstvo—Pleven, Sofija (1962) S.37–47. — 6 Tab., 7 Lit. Zus. in Russ., Franz

Es wurden Untersuchungen bez. des Boden- und Luftwärmehaushaltes sowie der Luftfeuchtigkeit in Weingärten durchgeführt, deren Neigung 15° und 3° beträgt. Die Rebpflanzungen bestanden aus 7jähr., nach dem verbesserten Gyotschnitt erzogenen, Weinstöcken, bei einem Zeilenabstand von 1,6 m und einem Stockabstand in der Zeile von 1,30 m. Wie die Untersuchungsergebnisse ergaben, war die Bodentemperatur in einer Tiefe von 10–50 cm auf dem ebenen Gelände immer niedriger. Die 24stündigen Bodentemperaturschwankungen waren auf dem geneigten Gelände größer, diese der Lufttemperatur dagegen auf dem ebenen. Die Luftfeuchtigkeit war auf dem ebenen Gelände höher als auf dem geneigten. Das ebene Gelände wies ein niedrigeres Luftfeuchtigkeitssättigungsdefizit auf als das geneigte. Z. Zankow. 1270.

Todorov, Ivan. (Todorow, Iwan.) Opit sŭs zimno oblagorodjavane na lozi. **(Versuche mit Winterhandveredlung von Reben.)** Lozarstvo i vinarstvo, Sofija **11** (1962) Nr. 1. S. 26–29. — 2 Tab.

Zwecks Minderung der bei der Handveredlung von Reben im März und April auftretenden Arbeitsspitze wurde ein Versuch zur Verlängerung dieser Zeit angestellt. Der Versuch wurde mit der Sorte 'Bolgar' auf 'Rupestris du Lot'-Unterlage ausgeführt. Die Kopulation erfolgte zu 3 Terminen: am 1. Jan., am 1. Febr. und am 1. Apr. (Kontrolle). Die Pfropfreben aus den ersten 2 Terminen werden in 2 Gruppen eingeteilt: die einen werden ohne Stratifikation bis zum Zeitpunkt ihrer Einschulung aufbewahrt, die anderen dagegen bei 3–12 °C stratifiziert gelagert. Die nicht stratifizierten Pfropfreben werden vor dem Einschulen stratifiziert. Aus techn. Gründen sind die am 1. Febr. kopulierten Reben aus dem Versuch entfallen. Aus den Versuchsdaten geht hervor, daß die Handveredlung während der Wintermonate mit Erfolg angewandt werden kann, wobei die Pfropfreben nichtstratifiziert, unter niedrigen Temperaturen über 0 °C aufbewahrt werden müssen. Die Kontrolle brachte 48%, die nichtstratifizierten , am 1. Jan. okulierten Reben 46% und die stratifizierten vom selben Termin 41% erstklassiger bewurzelter Reben.

Z. Zankow. 1270.

Lilov, D. und Mamarov, P. (Lilow, D. und Mamarow, P.) Vlijanie na različni vidove podložki vŭrchu dobiva na oblagorodeni vkoreneni lozi ot sorta Mavrud. **(Einfluß der unterschiedlichen Unterlagsrebenarten auf die Anwachs-**

ergebnisse bei der Herstellung von verschulten Pfropfreben der Sorte 'Mavrud'.) Izvestija na Centralnija naučnoizsledovatelski institut po lozarstvo i vinarstvo – Pleven, Sofija 1 (1962) S. 115–121. – 1 Abb., 2 Tab., 3 Lit. Zus. in Russ., Franz.

Zwecks Prüfung der Anwachsergebnisse wurden 1958–1959 Edelreiser der Sorte 'Mavrud' auf 18 verschiedene Unterlagen veredelt. Die besten Ergebnisse, 75,6% angewachsene erstklassige Pfropfrebchen, wurden mit der Unterlage 'Riparia Tomenteux 'erzielt. Die niedrigsten Anwachsergebnisse waren bei den Unterlagen 'Rupestris' × 'Berlandieri P-8', 33 EM, 420 A und 34 EM zu verzeichnen. Z. Zankow. 1270.

Csepregi, Pál und Zilai, János. Alanyfajták hatása a ráoltott szőlőfajta termékenységére és növekedési erélyére. **(Der Einfluß der Unterlagensorten auf die Ertragsfähigkeit und Wachstumsenergie der Edelsorten bei der Weinrebe.)** Kertészeti szölészeti Föiskola Évkönyve [Ann. Acad. Horti-Viticult.] **25** **(9)** (1961) Nr. 1. S. 83–96. – Aus: Ung. Agrar-Rdsch. **1962** Nr. **4**.

Die Hochschule für Garten- und Weinbau führte Versuche mit 6 Rebunterlagen durch. Als Edelsorte wurde 'Ezerjo' ('Tausendgut'), zur Kontrolle 'Riparia portalis' verwendet. Im 2. Standjahr überragte der Ertrag auf der Unterlage 'Aramon' × 'Rupestris G 1'. In späteren Jahren befriedigte der Ertrag auf 'Riparia' nicht. Im 5. Jahr nach der Pflanzung betrug der Mehrertrag auf den 3 'Teleki'-Unterlagen mehr als 50% gegenüber 'Riparia' als Unterlage. Die Ergebnisse von '5 C', '5 BB' und '8 B' schwankten stark. Die Unterlagen beeinflußten die Weinqualität gering. Im Wachstum blieb 'Riparia portalis' stark zurück. Im Rebgewicht erwies sich 1958 '5 C', 1959 '5 BB' als beste Unterlage. Die 'Teleki'-Hybriden brachten 30–50% mehr Reben als 'Riparia'. Phänologisch unterschieden sich die Unterlagensorten nicht. 1270.

Lilov, D. C. und Mamarov, P. T. (Lilow, D. Z. und Mamarow, P. T.); Plewen, Bulgarien, Zentr. Forsch.-Inst. für Weinbau und Weinbereit. Vlijanie na različni vidove podložki vŭrchu doviba na oblagorodeni vkoreneni lozi ot sorta Mavrud. **(Einfluß unterschiedlicher Unterlagenarten auf die Ausbeute an bewurzelten Pfropfreben bei der Sorte 'Mavrud'.)** Lozarstvo i vinarstvo, Sofija **11** (1962) Nr. 1. S. 30–33. – 1 Abb., 2 Tab.

Zur Rotweinbereitung ist die Sorte 'Mavrud' eine der wertvollsten Keltertraubensorten, die jedoch zu den verschiedenen Unterlagen eine nicht gleich gute Affinität aufweist. Zwecks Ermittlung der geeignetsten Unterlage wurde diese Sorte auf 18 verschiedene Unterlagen gepfropft. Der Versuch lief von 1958–59 . Während der Vegetationsperiode wurden Zuwachsmessungen vorgenommen und am Ende derselben der Prozentsatz der erstklassigen Edelreben errechnet. Den besten Erfolg erzielte man mit der Unterlage 'Tomenteux'. Zwecks Ermittlung der Fruchtung und des Wachstums auf dieser Unterlage geht der Versuch weiter. Z. Zankow. 1270.

Lilov, D. und Vŭlčev, V. (Lilow, D. und Wâltschew, W.) Sŭzdavane na novo loze s lozi, parafinirani predi zasaždane. **(Neuanlage von Weinbergen mit vor der Auspflanzung paraffinierten Pflanzreben.)** Lozarstvo i vinarstvo, Sofija **11** (1962) Nr. 2. S. 15–18. – 1 Abb., 1 Tab.

Es wurde eine vergleichende Prüfung mit der Anlage einer neuen Rebpflanzung nach dem gewöhnlichen Auspflanzverfahren und mit vorher paraffinierten Edelreben durchgeführt. Das Paraffinieren erfolgte bei 60 °C, wobei nur die oberen Rebteile, etwa 2–3 cm unterhalb der Veredlungsstelle, auf etwa 1 s eingetaucht werden. Die Versuche ergaben, daß in bezug auf Anwachsprozentsatz und Zuwachslänge der neuen Triebe bei beiden Auspflanzverfahren keine wesentlichen Unterschiede bestehen. So waren die Prozentsätze des Anwachsens bei den paraffinierten Reben nur um 1,6% und der Zuwachs um 2,3% höher. Durch den Wegfall des Bedeckens der Edelrebe mit lockerer Erde erwies sich dieses Auspflanzverfahren im Vergleich zum gewöhnlichen als wirtschaftlicher. M. Stoilow. 1270.

Magriso, Ju. N. (Magrisso, Ju. N.) Vlijanie na vlagozapasjavaštoto napojavane vŭrchu rasteža i elementite na dobivnostta pri lozata. **(Einfluß der Vorratsbewässerung auf Wachstumszuwachs und Ertragsleistungselemente bei der Rebe.)** Lozarstvo i vinarstvo, Sofija **11** (1962) Nr. 1. S. 15–21. – 6 Tab., 8 Lit.
Der Versuch wurde mit den Sorten 'Gâmsa', 'Dimiat' und 'Bolgar' auf ausgelaugtem, schwerem, Tschernosemboden durchgeführt. Die auf Vorrat gegebene Wasserversorgung erfolgte nach dem Häufeln der Stöcke zwischen dem 25. und 30. Dez. durch eine Wassergabe von 150 l/m². Die Vorratsbewässerung während der Vegetationsruhe der Weinreben verbessert die Bodenfeuchtigkeit fast bis zu Beginn der Traubenernte, verzögert das Anschwellen der Winteraugen um 4 bis 5 Tage, mindert den Prozentsatz der nichtausgetriebenen Augen und erhöht das Wachstum des Weinstocks. Die Menge der Nährwurzeln bis zu einer Bodentiefe von 40–50 cm nimmt zu. Die Zahl der fruchttragendenSommertriebe, derFruchtungskoeffizient und die durchschnittliche Zahl der Gescheine je Weinstock steigt. Z. Zankow. 1270.

Gärtel, Wilhelm; Bernkastel-Kues/Mosel, Biol. Bundesanst. für Land- und Forstwirtsch., Inst. für Rebenkrankh. **Untersuchungen und Beobachtungen über das Verhältnis Boden-Amerikanerunterlage im Mosel-Weinbaugebiet.** Dtsch. Weinbau **17** (1962) Nr. 18. S. 706–709. 712. – 8 Abb.
Im Zusammenhang mit Untersuchungen über das Verhalten einiger Unterlagsreben auf bestimmten Böden wurde auch die Ursache für das Auftreten der als falsche Melanose bezeichneten Blattkrankheit geklärt. Es konnte festgestellt werden, daß diese Form im Gegensatz zur infektiösen Melanose auf Nährstoffmangel beruht. Durch Festlegung von K treten in Rebmuttergärten ohne vorherige ausreichende K-Vorratsdüngung an den Rebblättern ähnliche Nekrosen wie bei der Melanose auf. Die Reaktion der Unterlagsreben auf K-Mangel ist unterschiedlich. Am empfindlichsten waren die 'Berlandieri' × 'Riparia'-Kreuzungen 5 BB und 5 C, am widerstandsfähigsten 'Trollinger' × 'Riparia' 26 G. Diese Unterschiede waren auch bei Pfropfreben nachweisbar. Mg-Mangel kann an Unterlagen und Pfropfreben ebenfalls Blattschäden vom Melanose-Typ verursachen. Weitere Untersuchungsergebnisse über das Verhalten einiger Unterlagsreben zeigten, daß in Ertragsweinbergen bei auf 5 BB veredelten Pfropfreben das Durchrieseln begünstigt wird und Pfropfrebenanlagen in Herden von Reisig-Krankheiten keine Abbauerscheinungen aufweisen, während wurzelechte Bestände stark befallen werden. K. Thiele. 1270.

Sadovskaja, R. O. (Sadowskaja, R. O.) Vzaimootnošenija vinogradnogo rastenija s azotfiksirujuščimi mikroorganizmami. **(Wechselbeziehungen zwischen Weinrebe und stickstoffbindenden Mikroorganismen.)** Tr. Kišinevsk. s.-ch. in-ta **19** (1960) S. 81–102. – Aus: Referativnyj žurnal. Biologija, Moskva **1961** Nr. 18. G 643. S. 69. – 27 Lit.
1955–56 wurden Untersuch. der Mikroflora in der Rhizosphäre der Rebsorten 'Weißer Chasselas' und 'Riparia × Rupestris 101–14' durchgeführt. Als Dünger wurde schwefelsaures Ammoniak u. KNO_3 (0,2 g/kg Boden), KH_2PO_4 und KCl (0,2 g P_2O_5 u. 10 g Kompost/kg Boden) verwendet. Die Behandlung der Wurzeln mit Azotobakterin verbesserte das Wachstum der Weinrebe im 1. Mon. nach der Einbringung. Bei Düngung ohne N wurde eine hemmende Wirkung des Azotobakterins beobachtet. Ammonium-N unterdrückte die Entwicklung des Azotobacters, Wurzelausscheidungen der Weinrebe verzögerten die Entwicklung des Azotobacters und stimulierten die Entwicklung oligonitrophiler Mikroorganismen, -bakterien und Aktinomyceten. übersetzt v. W. Peitz. 1270.

Nedelčev, N., Stoev, K., Kondarev, M. und Zankov, Z. (Nedeltschew, N., Stoew, K., Kondarew, M. und Sankow, S.) Chibrid Italija × Sultanina VI-4. **(Hybride 'Italia × Sultanina VI-4'.)** Lozarstvo i vinarstvo, Sofija **11** (1962) Nr. 2. S. 24–27. — 1 Abb., 2 Tab.

Aus der Kreuzung der Sorten 'Italia' und 'Sultanina' wurde im Jahre 1941 die Sorte Hybrid 'VI-4' geschaffen, die Eliteform dagegen 1949 ausgelesen. Vff. geben eine bot. Beschreibung und agrobiol. Charakteristik. Im Vergleich zur Sorte 'Sultanina' bringt die neue Sorte unter den Anbauverhältnissen von Septemwri einen 2mal höheren Ertrag. Während das Einzeltraubengewicht ungefähr dem der 'Sultanina' gleich ist, sind die Beeren der Hybride 'VI-4' größer. 100 Beeren der Sorte 'Sultanina' wiegen 347 g, bei der Hybride 'VI-4' dagegen 578 g. Die neue Sorte enthält mehr Zucker und Säuren. Ihre Beeren halten einen höheren Druck (im Mittel 1456 g) aus. Am geeignetsten ist der gemischte Schnitt — 1–2 Fruchtruten und einige Zapfen. Auch zur Spaliererziehung ist die neue Sorte gut geeignet. Die Hybride 'VI-4' ist eine ausgesprochene samenlose Tafeltraubensorte, die sich auch zur Rosinenerzeugung eignet. M. Stoilow. 1270.

Ivanov, J. (Iwanow, J.) Njakoi osobennosti na lozovite semena i semenačeta, polučeni ot lozi na sobstven koren i oblagorodeni vürchu podložka. **(Einige Besonderheiten der Samen und Sämlinge aus wurzelechten und Pfropfreben.)** Izvestija na Centralnija naučnoizsledovatelski institut po lozarstvo i vinarstvo — Pleven, Sofija **1** (1962) S. 77–90. — 7 Tab., 15 Lit. Zus. in Russ., Franz.

Untersuchungen ergaben, daß die Samen der Edelreben eine erhöhte Lebenskraft, gleichmäßigere Keimung, intensivere Atmungs- und Katalaseaktivität und ein rascheres Wurzelwachstum aufweisen. Ihre Sämlinge bringen einen höheren Prozentsatz an normalen Pflanzreben. Z. Zankow. 1270.

Katerov, Kalju Iv. (Katerow, Kalju Iw.) Schema za ampelografično opisanie i proučvane na kulturnite sortove lozi. **(Ein Schema zur ampelographischen Beschreibung und Studien der Kulturrebsorten.)** Lozarstvo i vinarstvo, Sofija **11** (1962) Nr. 2. S. 19–24. — 13 Lit.

Im Zusammenhang mit der Herausgabe der 'Bulgarischen Ampelographie' wird ein Schema zur Abstimmung der Sortenbeschreibung und der dabei zur Anwendung kommenden Terminologie vorgeschlagen. Das vorgeschlagene Schema wurde in Anlehnung an die Methodik von Lasarewski und Prostoserdow ausgearbeitet. Das Kennzeichnende für das neue Schema, wodurch es sich von dem bei der Sortenbeschreibung in der 'Ampelographie der UdSSR' benutzten unterscheidet, ist folgendes: Einteilung der Sorten nach der Zeit der Vollreife, Auswertung der Fruchtbarkeits- und Ertragswerte nach der Knospenart, Ermäßigung der Werte der mechan. Zusammensetzung und gesonderte Angaben über Aufbau und Struktur der Traube und Beere. Die Einschaltung eines neuen Abschnittes bez. der wirtsch. Charakteristik, Klassifikation und Ausnutzung der Sorten sowie anderer zusätzlicher Merkmale und Eigenschaften kennzeichnen ferner das neue Schema. M. Stoilow. 1270.

Grosser, H. U. und Zörcher, H.; Neustadt/Weinstr., Landes-Lehr- und Forsch.-Anst. für Wein- und Gartenbau. **Der 'Riesling Klon 90' (Neustadt), ein Beitrag zur Klonenzüchtung der Pfalz.** Weinberg u. Keller **9** (1962) Nr. 8. S. 288–307. — 19 Tab.

Der im Rahmen der bodenständigen Selektion in der Pfalz gezüchtete 'Riesling Klon 90' wurde langjährig unter verschiedenen Versuchsbedingungen geprüft. In der Affinitätsprüfung zeigt der Klon auf der Unterlage '26 G' die besten Ertragswerte; darauf folgen ein '5 BB'-Klon und die Unterlagen '3309' und 'SO 4'. Das Mostgew. ist auf '26 G' trotz des hohen Ertrages noch zufriedenstellend. Auf die Säureentwicklung nehmen die verschiedenen Unterlagen keinen Einfluß. Zwischen Ertrag und Mostgew. besteht eine deutliche Beziehung. Bei zunehmendem Ertrag nimmt das Mostgew. ab; es bleibt aber auch dann noch annehmbar. Ein Standweitenversuch auf der Unterlage '5 BB' galt der Prüfung des Verhaltens des Klones bei verschiedenen Erziehungsarten. Die Erträge schwanken hierbei erheblich; sie steigen ausgehend von der Zeilung von 1,35 m bis zu 2,40 m an und fallen bei den Abständen von 2,80 und 3,20 m ab. Das Mostgew. ist beim Zeilenstand von 1,35 m im Jahresdurchschnitt mit 85,2 Öchsle am höchsten, fällt dann langsam ab und steigt bei 3,20 m Abstand wieder bis auf 79,4 Öchsle an. Dies deutet auf die Einwirkung des Menge-Gütegesetzes hin. Auf den Säuregehalt wirkt sich die Zeilung nicht aus. Bei Weitraumanlagen soll aus arbeitswirtschaftlichen Gründen die Zeilenweite von 2,80 m nicht unterschritten werden. Als optimal für Ertrag und Qualität wird bei mittelhoher Erziehung ein Standraum von 1,60 × 1,20 m angesehen. K. Thiele. 1270.

Bláha, Josef; Mutěnice, Stanice; Výzkumný Ústav pre Vinohradníctvo a Vinárstvo PČSAPV. Odrůdové aspekty plodnosti u révy vinné. **(Sortenaspekte bei der Fruchtbarkeit der Reben.)** Sborník českoslov. Akad. zemědělských Věd, rostlinna Výroba **8(35)** (1962) Nr. 3. S. 405–416. — 7 Tab., 5 Lit. Zus. in Russ., Franz., Dtsch.

Untersuchungen sollten zeigen, ob Augen von fruchttragenden Trieben nach der Pfropfung fruchttragende und Augen von sterilen Trieben auch sterile Stöcke bilden. 10 Rebsorten wurden auf 'Berlandieri' × 'Riparia 5 BB' veredelt. Der Standort war in bezug auf die Bodenbeschaffenheit ausgeglichen. Die im Laufe von 6 Jahren gewonnenen Ergebnisse sind angeführt. Bei den einzelnen Stöcken wurde alljährlich das Gew. der Ernte ermittelt. Es zeigten sich Unterschiede im biol. und psysiol. Wert bei den einzelnen Sorten zwischen den sterilen und fruchtbaren Sommertrieben und bei Augen aus Nodien mit Ranken, ohne Ranken oder mit Gescheinen. Bei einigen Sorten gibt es praktisch keinen Unterschied zwischen den Augen von fruchtbaren und sterilen Trieben in bezug auf die Fruchtbarkeit (z. B. 'Roter Traminer', 'Müller-Thurgau', 'Weißer Burgunder', 'Frankovka' usw.). Bei 'Rhein-Riesling' und 'Grüner Veltliner' ist eine Sortierung am Platze. J. Šindelářová. 1270.

Skuiń, K. P. (Skuin, K. P.); Moskau, Landwirtsch. Timirjasew-Akad. Značenie selekcii vinograda na severe dlja južnych ukryvnych rajonov vinogradarstva. **(Bedeutung der Rebenselektion im Norden für die südlichen Rayone mit winterbedecktem Weinbau.)** Vinodelie i vinogradarstvo SSSR, Moskva **21** (1961) Nr. 3. S. 35–37. — 1 Tab.

Vf. will mit Hilfe der Selektion in nördlichen Gebieten leistungsfähige Sorten für den Weinbau im Süden schaffen. Es ergibt sich, daß die Differenzen bezüglich des Zuckergehaltes in Moskau wesentlich höher als in Jerewan (Armenien) sind, das erhöht die Wirksamkeit der Auslese wesentlich. Die einzelnen Kreuzungen werden beschrieben und ihre Analysendaten angegeben. H. Müller/Bernburg. 1270.

Anonym. Sampling grapes in the vineyard. **(Probenahme von Weintrauben.)** J. Dep. Agric. South Australia **65** (1962) Nr. 7. S. 294–299. — 3 Abb., 2 Tab.

Ein Überblick über die Problematik der Probenahme zur Bestimmung der Weinreife wird gegeben. Die Unterschiede im Zuckergehalt (**I**) der Trauben verschiedener Weinstöcke sind etwa doppelt so hoch wie zwischen Trauben eines Weinstockes (**II**). Der **I** der Beeren ist bei Proben von **II** mit geringem Ertrag höher, ferner wird **I** durch Lichteinwirkung, Sitz der Traube, Bewässerung usw. beeinflußt. Als ausreichend für eine Durchschnittsprobe wird für einen Weingarten mit mehr als 1000 Stöcken die Entnahme je einer Traube von 10% der Stöcke angesehen, wobei solche mit anormal niedrigem Ertrag auszuschließen sind. Bei Entnahme von Einzelbeeren soll von jedem Stock eine Beere entnommen werden, wobei die Entnahmestelle variiert werden muß. Es ist eine Gegenüberstellung des prozentualen I zwischen den Proben und der Gesamternte angegeben. H. Ackermann. 1270.

Tchagušev, N. A. **Orechoplodnye Krasnodarskogo kraja.** (Das Schalenobst der Region Krasnodar.) Krasnodar: Krajgosizdat. 1952. (89 S.) 8°. (1962 A 260)
Biró, Károly, Telbisz, Károly und *Váry, János.* **Utmutató a nagyüzemi szölötermesztére, szaporitóanyagtermelésre és szölöteleistésre.** (Wegweiser zum Weinbau, zur Herstellung des Vermehrungsmaterials und zum Weinpflanzen im Großbetrieb.) (97 S.) 4°. (1962 B 95)

E. Zierpflanzenbau

Maljutin, N. I.; Rayon Mytischenski, Gebiet Moskau, Baumschule „Marfino" für Blütenschmuck. Zavisimost' urožaja semjan ot okraski svetkov. **(Abhängigkeit des Samenertrages von der Farbe der Blüten.)** Botaničeskij žurnal, Moskva-Leningrad **12** (1962) Nr. 7. S. 1045–1047. – 1 Tab., 2 Lit.
3jährige Beobachtungen bei *Delphinium cultorum* ergaben, daß Sorten mit weißen Blüten 2–3mal weniger Samen ansetzten als blaue oder violette Sorten. Ursache dafür ist der geringere Besuch der weißen Sorte ('Galahad') durch bestäubende Insekten (Hummeln), was im veränderten Bau der inneren Organe der weißen Blüten und der weißen Farbe begründet ist. Es wird auf das gelegentliche Auftreten duftender Blüten hingewiesen, die den Mangel des durch die Farbe hervorgerufenen geringeren Insektenbesuches kompensieren könnten. H. Jank. 1330.

Kötz, J. und Schilling, D.; Bad Langensalza, GPG „Roter Oktober". **Die Verwendung von Folie bei der Vermehrung von Chrysanthemum indicum.** Dtsch. Gartenbau **9** (1962) Nr. 9. S. 248. – 1 Abb.
Es wird Polyäthylenschlauchfolie vom VEB Eilenburger Celluloid-Werk verwendet. Gesunde Stecklinge und peinliche Sauberkeit sind Voraussetzung für einen sehr guten Bewurzelungserfolg bei einer bedeutenden Einsparung an Arbeitszeit. Infolge der gespannten Luft unter der Folie haben die Stecklinge immer genug Wasser zur Verfügung. Es reicht ein einmaliges Angießen nach dem Stecken, das tägliche Spritzen entfällt. Temperaturen von 18–22 °C haben sich als am günstigsten für den Feuchtigkeitsgehalt der Luft erwiesen. An kühlen, feuchten Tagen wird die Feuchtigkeit evtl. zu hoch, es bilden sich größere Tropfen. Die Folie muß entfernt werden, um Fäulnis zu vermeiden und kann nach Abtrocknen der Stecklinge wieder aufgelegt werden. Wichtig ist ferner zur Erhaltung der Feuchtigkeit, daß die Folie an den Seiten gut abschließt und das Gewächshaus nötigenfalls schattiert wird bzw. durch Lüften oder Spritzen auf der angegebenen Temperatur gehalten wird. Die Folie lag den Stecklingen direkt auf, kann aber auch auf Holzrahmen gespannt werden. Die Bewurzelung erfolgte nach 8–10 Tagen. U. Walter. 1340.

Joiner, J. N. und Smith, T. C. Some effects of nitrogen and potassium levels on flowering characteristics of Chrysanthemum morifolium, „Bluechip". **(Einige Wirkungen von Stickstoff- und Kaliumgaben auf die Blüheigenschaften von Chrysanthemum morifolium, 'Bluechip'.)** Proc. Florida State horticult. Soc. **73** (1960) S. 354–358.
In 2 Serien von Gefäßversuchen bei *C. morifolim* wurden N und K in differenzierten Gaben von 50, 100, 200 oder 400 ppm (300 ppm) verabreicht. Es wurde untersucht, ob Ertrag, Kulturzeit, Farbintensität und Haltbarkeit durch das wechselnde N:K-Verhältnis beeinflußt werden. N-Gaben bis zu 200 ppm erhöhten in allen Fällen den Ertrag (Anzahl d. Blüten × Durchmesser). Bei 300 ppm N fiel der Ertrag ab. Höhere K-Mengen verbesserten das Schnittergebnis. Im 1. Versuch wurde durch erhöhte N-Gabe ein Blühverzug beobachtet. Die Kulturzeit in Tagen war linear, quadratisch und kubisch von N und quadratisch von K abhängig. Die Farbintensität wurde fotoelektrisch bestimmt. Die Blüten der Sommerernte verblaßten bei Zugabe von 400 ppm

N. Es bestand eine lineare und quadratische Ahbängigkeit zwischen der Blütenfarbe und den beiden Nährstoffen, wobei die lineare Komponente zu N, die quadratische zu K gut signifikant waren. Die Blüten waren bei geringer N-Düngung haltbarer. Ferner wurde der Zuckergehalt des Blütengewebes bestimmt und im ersten Versuch eine Beziehung zur N- und K-Düngung ermittelt. Im 2. Versuch (Okt.–Dez.) wurden Kulturzeit, Blütenfarbe und Zuckergehalt durch die Behandlungen nicht beeinflußt. Die Wirkung unterschiedlicher Temperaturen auf die Versuchsergebnisse wurden diskutiert. H. Erfurth. 1340.

Hieke, Karel; Průhonice, Výzkumný Ústav Okrasného Zahradnictví ČSAZV. Příspěvek k otázce množení Klatovských karfiátů řízkováním. **(Beitrag zum Problem der Vermehrung von Klattauer Nelken durch Stecklinge.)** Sbornik českoslov. Akad. zemědělských Věd, rostlinná Výroba **8(35)** (1962) Nr. 3. S. 417–436. – 10 Abb., 5 Tab., 26 Lit. Zus. in Russ., Dtsch.
Die Klattauer Nelke (*Dianthus caryophyllus clatoviensis*) gehört zu den nicht remontierenden mehrjährigen Topfpflanzen. Gegenüber den neu eingeführten Nelken (amer. und Chabaudnelken) weist sie einige Nachteile auf (Vermehrung ausschließl. durch Absenker, niedriger Vermehrungskoeff., geringer Blütenertrag). Der geeignetste Zeitpunkt zum Stecklingschneiden, die beste Methode des Schnittes, die wirksamste Kombination, Konz. und Applikation von Wuchsstoffen sollten ermittelt werden, um die Klattauer Nelke von neuem in Kultur nehmen zu können. Es wurden 12 Sorten geprüft. Von den Stimulierungsmitteln haben sich die mit Nikotinsäure kombinierte 3-Indolylbuttersäure, ferner das Präparat Rhizopon B und das tschechoslowakische Mittel VS 9 bewährt. Bei der Junivermehrung bewährte sich der lange Schrägschnitt am besten. Die Bewurzelungsfähigkeit der Stecklinge ist in bedeutendem Maße eine Sortenfrage. Am erfolgreichsten ist die Bewurzelung von Stecklingen, die vor dem Aufblühen der Mutterpflanzen geschnitten werden. J. Šindelářová. 1340.

Joiner, Jasper N. und Gruis, Jako T. Effects of nitrogen and potassium levels on growth, flowering and chemical composition of zinnia and marigold. **(Die Wirkung von Stickstoff- und Kaligaben auf Wachstum, Blüte und chemische Zusammensetzung von Zinnien und Tagetes.)** Proc. Florida State horticult. Sco. **74** (1961, hrsg. 1962) S. 445–447.
In Florida wurden Düngungsversuche durchgeführt, um die Qualität von Einjahrsblumen zu verbessern. 8 Tage nach dem Auspflanzen düngte man *Zinnia elegans* und *Tagetes erecta* 4mal mit je 1 lb./100 sq.ft. in wöchentlichen Abständen: Die Reinnährstoffgehalte an N und K_2O wurden variiert und betrugen 8, 16 oder 32%. Die Wirkung veränderter Düngung wurde an der Anzahl der Blüten, ihrer Qualität und an den Wuchseigenschaften der Pflanzen erfaßt. Bei geringster K-Versorgung bewirkten mittlere und hohe N-Gaben eine Verschlechterung aller Merkmale. Bei beiden Arten wurden beste Ergebnisse durch einen Dünger mit 8–0–8 oder 16–0–32% Reinnährstoffen erreicht. Die N- und K-Gaben veränderten die Gehalte an N, P, K, Ca und Mg im Pflanzengewebe. H. Erfurth. 1342.

Henrard, G. Essai sur le bouturage du Ficus decora. **(Stecklingsvermehrungs-Versuch zu Ficus decora.)** Bull. horticole [N. S.] **17(80)** (1962) Nr. 9. S. 239 bis 243.
Im Sprühnebelverfahren bzw. durch Verdunstungsschutz mittels Paraffin wurde das Bewurzelungsvermögen der Stecklinge von *Ficus decora* in 3 Substraten (Torf, Lithoperl [Perlite] sowie einer Mischung Torf und Lithoperl [2:1]) bei 25° bzw. 30 °C untersucht. Es zeigte sich, daß zwischen den Faktoren Substrat, Temperatur und Verdunstungsschutzmethode Beziehungen bestehen. Die besten Bewurzelungsergebnisse wurden beim Sprühnebelverfahren in Lithoperl bei einer Temperatur von 25 °C erzielt. W. Dänhardt. 1352.

Dickey, R. D. Effect of three shipping containers on freezing injury to Philodendron oxycardium. **(Die Wirkung von drei Versandbehältern auf den Frostschaden bei Philodendron oxycardium.)** Proc. Florida State horticult. Soc. 74 (1961, hrsg. 1962) S. 444–445.
Durch geeignete Verpackung müssen Kälteschäden an Grünpflanzen beim Versand vermieden werden. Nachfolgende 3 Verpackungen wurden hinsichtlich ihrer wärmeisolierenden Eigenschaften miteinander verglichen: der Standard-Behälter aus Wellfaserpappe mit und ohne Zellstoffdecken und eine Versuchskiste mit doppelter Wellung und Polyäthylenauskleidung. Die Behältnisse wurden mit *Philodendron oxycardium* besetzt und 1, 2 oder 4 Std. bei 0 °F aufbewahrt. Anschließend bonitierte man die Kälteschäden. Nach einstd. Lagerung war die leichtere Standardkiste mit Zellstoffumhüllung überlegen. Die Pflanzen der Versuchskiste zeigten mittlere, die des Standardbehälters ohne Abdeckung schwere Schäden. Nach 2 oder 4 Std. traten Totalschäden ein. H. Erfurth. 1352.

Pompejus und Schopf. **Verfrühung der Blüte bei Aechmea fasciata.** Gartenwelt 62 (1962) Nr. 13. S. 266–267.
In Mittelfranken wurde in 3jähr. Versuchen mit Zusatzlicht geprüft, ob die Blütezeit der *Aechmea fasciata* von den Sommermon. auf den Winter vorverlegt werden kann. Ab Einbruch der Dunkelheit wurden 3jähr. Sämlinge täglich 5 Std. mit Mischlichtlampen (HWA 1000/500 W; 100 W/m^2) zusätzlich belichtet. Bei insgesamt 455, 570 und 820 Std. Zusatzlicht blühten 94, 24 und 48% der Pflanzen bis zum 15. März, während 95–100% der unbelichteten die Blüten im Juni/Juli zeigten. Die Ursachen der großen jährlichen Schwankungen konnten nur vermutet werden. Der Belichtungsaufwand wird als vertretbar angesehen. Über die Blüteverfrühung mit CaC_2 liegen keine praxisreifen Ergebnisse vor. H. Erfurth. 1355.

Kühle, G.; Dresden-Pillnitz, Inst. für Gartenbau der Dtsch. Akad. der Landwirtsch.-Wiss. zu Berlin. **Der Einfluß verschiedener Kulturmethoden auf den Arbeitsaufwand und den Ertrag von Gloxinien.** Dtsch. Gartenbau 8 (1961) Nr. 3. S. 124–125. — 3 Abb., 2 Lit.
3 Varianten wurden in jeweils 3 Betrieben untersucht: Torfkultur mit Schlauch- und intermittierender Staubewässerung und Erdkultur mit Schlauchbewässerung. Die Torfkultur wurde wie üblich mit Weißtorf unter Kalk und steigendem S_1-Zusatz durchgeführt. Bei der Staubewässerung empfiehlt es sich, beim letzten Verpflanzen die Düngernorm zu senken, da es infolge fehlender Auswaschung zu Salzschäden kommen kann. Der Vorteil der Torfkultur zeigte sich durch Arbeitszeiteinsparung bei der Substrataufbereitung und den Gießarbeiten infolge der Staubewässerung. Ferner sind die erzielten Gelderträge bei Torfkultur mit Staubewässerung höher, da einmal die Verluste niedriger sind und die Pflanzen kräftiger werden. Auch die früher einsetzende Blüte ist positiv zu bewerten. Außerdem wird noch auf den niedrigeren Preis von Torfsubstrat hingewiesen sowie auf das geringe Gew. des Torfkultursubstrates. U. Walter. 1355.

Springer, E.; Hannover, Torfinst.; Bad Zwischenahn, Torfforsch. GmbH. **Wie feucht soll das Torfkultursubstrat in den Wintermonaten gehalten werden?** Torfnachrichten 13 (1962) Nr. 7/8. S. 15–16. — 4 Abb.
Nach bisherigen Untersuchungen und Erfahrungen kann ein Torfkultursubstrat praktisch nicht zu feucht gehalten werden, wenn Staunässe verhindert wird. Ob das auch für den Winter mit ungünstigen Kulturbedingungen zutrifft, wurde in Schalenversuchen mit *Cinerarien,* die bes. *Botyrtis*-anfällig sind, im Zusammenhang mit unterschiedlicher Salzkonz. untersucht. Die Versuchsreihe mit dem höchsten Wassergehalt zeigte sich in allen Salzkonzentrationsstufen im Wachstum überlegen. Günstigste Salzkonz. war in allen Wassergehaltsstufen 1,5 kg Volldünger/m^3 Torf. Bei zunehmender Salzkonz. zeigte

die feuchte Reihe geringere Wachstumsdepressionen gegenüber den trocken gehaltenen Pflanzen. Der Pflanzenausfall nahm mit steigendem Salzgehalt zu, war aber im feuchten Substrat geringer. Es wird darauf hingewiesen, diese Ergebnisse nicht auf alle Pflanzenarten zu übertragen, bes. nicht auf solche, die im Winter eine gewisse Ruheperiode durchmachen. U. Walter. 1355.

Burghardt, Helmut. **Nährstoffversorgung und Blütenbildung bei Fuchsien.** Gartenwelt **62** (1962) Nr. 13. S. 267–268.
In einem Nährstoffsteigerungsversuch bei 1jährig überwinterten Fuchsien, Sorte 'Beacon' wurden Blütenbildung und vegetativer Aufbau geprüft. Die getopften Pflanzen (10, später 12 cm-Topf) erhielten als Grunddüngung 0, 2,5 und 5,0 g, nach 19 Wochen 0, 2 und 4 g eines 12 + 12 + 20 Handelsdüngers je l Einheitserde P. Innerhalb der 3½ mon. Blütezeit erhöhte sich die Anzahl der Blüten mit steigenden Nährstoffgaben. Verschiedene Messungen des vegetativen Wachstums zeigten die gleiche Tendenz. Der Blühverlauf wies auf die Notwendigkeit einer Nachdüngung. Gegenüber unbehandelt verdreifachte sich die Gesamtzahl der Blüten durch höchste Düngergaben.
H. Erfurth. 1355.

Incze, Ferenc. Összefüggés a termések száma és a magvak súlya között a Cyclamen persicum-nál. **(Zusammenhang zwischen der Zahl der Früchte und dem Gewicht der Samen beim Cyclamen persicum.)** Kertészeti sözlészeti Föiskola Évkönyve [Ann. Acad. Horti-Viticult.] **25 (9)** (1961) Nr. 1. S. 189–194. – Aus: Ung. Agrar-Rdsch. **1962** Nr. 4.
1953 wurde an der Ung. Hochschule für Garten- und Weinbau mit je 10 Pflanzen von *Cyclamen persicum* ein Versuch durchgeführt, um die Bedeutung der Samengröße zu ermitteln. Jeder Pflanze wurden 5 oder 15 Samenstengel belassen. Die Bestäubung erfolgte mit Pollen ein und derselben Vaterpflanze. Es wurde das Einzelkorngewicht bestimmt. Bei 5 Fruchtkapseln/Pflanze wurden in 90% aller Fälle schwerere Samen erzielt. Die Zahl der Fruchtkapseln je Pflanze zu verringern, wird jedoch nur für Zuchtzwecke empfohlen. Zur genaueren Klärung der Frage muß die Rolle der Sorte, der Bestäubungszeit, der Belichtungsumstände usw. untersucht werden. 1355.

Shepherd, F. W.; Camborne, Cornwall, Rosewarne Exp. Horticult. Stat. Shrubs and trees for shelter hedges for horticultural crops. **(Bäume und Sträucher als Windschutzpflanzungen für Gartenbaukulturen.)** Advances horticult. Sci. **3** (1962) S. 75–85. – 1 Tab., 1 Lit. Zus. in Franz., Dtsch.
In der Versuchsstation wurden im Laufe von 5 Jahren 400 Species und Sorten zur Prüfung aufgepflanzt. In einer Liste sind 271 Species aufgeführt mit ihren Eigenschaften in bezug auf Windresistenz der Blätter und Schosse; Windresistenz und Wurzelstabilität, Wüchsigkeit der Pflanzen. Unter den Klimabedingungen und Bodenverhältnissen der Versuchsstation bewährte sich *Cupressocyparis leylandii* (*Cupressus macrocarpa* × *Chamaecyparis nootkaensis*) am besten. Sie kann geschnitten und ungeschnitten kultiviert werden. Die Hecke wird groß und dicht. Die stärksten und kältesten Winde werden gut vertragen. Weiter hatten sich noch bewährt: *Escallonia macrantha*, *E. organensis*, *E. rosea*, *E. x ingrami*, *Eleagnus angustifolia*, *E. pungens*, *E. umbellata*, *Arundinaria japonica*, *A. simoni*, *Thuja plicata*, *Berberis darwinii*, *Cotoneaster lactea*, *Griselinia littoralis*, *Atriplex halimus*, *Ulex europaeus*, *Olearia spec.*, *Hebe spec.*, *Prunus cerasifera*, *Ribes sanguineum*, *Rosa rugosa* und *Salix caprea*. W. Hiller. 1380.

Zaar, Ė. I. und Jakovleva, E. A. (Saar, E. I. und Jakowlewa, Je. A.); Leningrad, Inst. für Cytol. der Akad. der Wiss. der UdSSR; Bot. Komarow-Inst. der Akad. der Wiss. der UdSSR. Privivka drevesnych rastenij na rannich fazach rosta. **(Veredlung von Gehölzen in frühen Wachstumsphasen.)** Bo-

taničeskij žurnal, Moskva-Leningrad **47** (1962) Nr. 3. S. 371–373. – 3 Abb., 19 Lit.
Es wird eine Veredlungsmethode beschrieben, die für wenig regenerationsfähige Gehölzarten Bedeutung hat. Dabei werden treibende Augen unter Verwendung von Heteroauxin (0,1–0,03%ige Lösung) in 3–4 Mon. alte Sämlinge okuliert. Die relativ große Berührungsfläche zwischen Auge und Unterlage fördert die Übereinstimmung im Vegetationsrhythmus der Veredlungspartner. Diese Methode konnte bisher bei *Quercus robur* L., *Quercus suber* L., *Ligustrum lucidum* C. Koch und *Syringa vulgaris* C. Koch erfolgreich angewendet werden. W. Schuricht. 1380.

Dänhardt, W. und Kühle, G. **Die Bedeutung der Unterlage für die Rosenkultur. Bericht über Unterlagenversuche zu Hausrosen.** Dtsch. Gartenbau **9** (1962) Nr. 10. S. 275–277.
In einem 4jähr. Versuch unter Glas wurde die Schnittleistung von 5 Rosensorten auf 5 Unterlagen geprüft. Einbezogen wurden die Sorten 'Poinsettia', 'Kordes Sondermeldung', 'Gretel Greul', 'Virgo', 'Speks Yellow' und die Unterlagen *Rosa canina* 'Pollmer', 'Schmids Ideal', *R. canina* 'Münchs Auslese', *R. canina inermis* und *R. coriifolia var. froebelii.* Unter Berücksichtigung des Sortierungsergebnisses sind die Schnitterträge (DM/Fläche) im Mittel der 3 Hauptertragsjahre verglichen worden. Die besten Ergebnisse im Sortenmittel bewirkte 'Pollmer', die schlechtesten 'Schmids Ideal'. Die anderen Unterlagen nehmen Mittelstellungen ein. Der Schnittertrag wird durch die Sorten stärker beeinflußt als durch die Unterlagen. Es traten Differenzen von mehr als 100% auf. Höchste Leistungen erreichte 'Virgo'. Es folgten 'Kordes Sondermeldung', 'Gretel Greul', 'Speks Yellow' und 'Poinsettia'. Die Blütenanzahl je Pflanze schwankt zwischen 10 und 25, der Geldertrag zwischen 40,– und 100,– DM/m^2. Die größten unterlagenbedingten Schwankungen der Erträge belaufen sich je nach Sorte zwischen 14,5 und 24,6%. Durch die Unterlagen wurde der Blühverlauf unwesentlich, die Blütenfarbe nicht beeinflußt. H. Erfurth. 1380.

Maštakov, S. M., Ledovskij, S. Ja. und Volkova, L. I. (Maschtakow, S. M., Ledowski, S. Ja. und Wolkowa, L. I.); Minsk, Biol. Inst. der Akad. der Wiss. der Beloruss.SSR. Vlijanie novych stimuljatorov rosta na korneobrazovanie u čerenkov drevesnych porod. **(Einfluß neuer Wachstumsstimulatoren auf die Wurzelbildung von Baumreisern.)** Fiziologija rastenij, Moskva **9** (1962) Nr. 2. S. 249–252. – 1 Abb., 1 Tab., 7 Lit.
Bei Reisern von *Cornus alba* L., *Hippophae ramnoides* L., *Berberis Thunbergii* D. C., *Tilia tomentosa* Moench, *Philadelphus* L., *Thuja* L., *Hydrangea* L. und 2 Rosenarten wurde die Wirkung von 5-Aminotetrazol und Na-1-phenyl-3-methyl-pyrazol auf die Erhöhung der Bewurzelungsfähigkeit geprüft. Die Konz. physiol. aktiver Stoffe betrug jeweils 50, 100 und 200 mg/l, die Einwirkungszeit 21 Std. 2jährige Versuche ergaben, daß die beiden geprüften aktiven Stoffe zur Bewurzelung von Baumreisern eingesetzt werden können. J. Birke. 1380.

Nitsch, J. P.; Ithaka, N. Y., Cornell Univ. Photoperiodic regulation of growth in woody plants. **(Photoperiodische Regulierung des Wachstums bei Gehölzen.)** Advances horticult. Sci. **3** (1962) S. 14–23. – 5 Abb., 11 Lit. Zus. in Franz., Dtsch.
Gehölze reagieren auf Lichteinflüsse sehr unterschiedlich. In ihrem physiol. Verhalten können 4 Gruppen unterschieden werden: 1. Kurztage (8–12 Std.) verursachen keinen Wachstumsstop, das Wachstum ist mehr oder weniger kontinuierlich im Kurz- und Langtag, z. B. *Pyracantha coccinea.* 2. Kurztage (8–12 Std.) verursachen keinen Wachstumsstop, das Wachstum erfolgt periodisch, und die Ruhe setzt nach einer gewissen Zeit ein im Kurz- und Langtag z. B. *Syringa vulgaris.* 3. Kurztage verursachen Wachstumsstop, Langtage

(über 15 Std.) halten die Pflanzen im kontinuierlichen Wachstum z. B. *Rhus typhina*. 4. Kurztage verursachen Wachstumsstop, im Langtag erfolgt periodisches Wachstum z. B. *Quercus borealis*. Viele Zwischentypen wurden gefunden. *Picea abies* z. B. stellt im Kurztag das Wachstum ein, im Langtag (18 Std.) wächst sie 5–6 Mon. und bildet dann ruhende Knospen. Der Vegetationspunkt zeigt im Kurztag 3 Verhaltensweisen: 1. Das Wachstum steht still z. B. *Weigelia florida*. 2. Die Blattprimordien entwickeln sich in den Schuppen und schließen das terminale Meristem ein z. B. *Populus*. 3. Das Abwerfen des ganzen Wachstumspunktes geschieht z. B. bei *Rhus typhina* oder *Robinia pseudacacia*. Die photoperiodischen Reaktionen werden durch die Temperatur modifiziert bzw. spielen sich nur in bestimmten Temperaturbereichen ab. Verhaltensbeispiele werden gegeben. Gibberellinbehandlung kann bei *Rhus* und *Weigelia* die hemmende Wirkung des Kurztages aufheben.
W. Hiller. 1380.

Matzke, Wolfgang. **Überwinterung von Gehölzen in Gefäßkultur.** Gartenbauwirtschaft [Wien] **1962** Nr. 9. S. 218–219.
Vf. gibt Arbeitsanweisungen zur verlustarmen Überwinterung von getopften, kälteempfindlichen Baumschulgehölzen in klimatisch rauhen Lagen. Zusammenrücken der Gefäße, Mulchen und Sonnenschutz, besonders aber die Verwendung von Folienzelten aus Polyäthylen werden empfohlen.
H. Erfurth. 1380.

Egolf, Donald R. Ornamental deciduous flowering viburnums. **(Blühende Viburnumarten für Zierzwecke.)** Amer. horticult. Mag. **41** (1962) Nr. 3. S. 139–154.
Die Gattung *Viburnum* umfaßt 227 Arten, von denen in Europa und Nordafrika 5, in Asien 125 und in Amerika 97 Arten beheimatet sind. Die asiatischen Arten haben einen traubenartigen Blütenstand und eine Chromosomenzahl von 8 oder einem Mehrfachen davon, während die übrigen doldige Blütenstände und eine auf der Grundzahl 9 aufgebaute Chromosomenzahl aufweisen. In den amerikanischen Baumschulen wird nur eine geringe Anzahl der bekannten Viburnumarten kultiviert, von denen Vf. 21 Arten, Bastarde und Cultivare nennt, die zur Pflanzung in der Landschaft geeignet sind. Dazu gehören u.a. *V.* × *burkwoodii*, *carlesii*, *fragrans*, *lantana*, *macrophyllum* u. a. Zu jedem empfohlenen *Viburnum* gibt Vf. Angaben zur Heimat, Winterhärte, Kultur Vermehrbarkeit usw. H. Günther. 1380

X. PFLANZENZÜCHTUNG

A. Allgemeine Literatur, Berichte, Statistiken u. a.

Haan, H. de; Wageningen, Inst. of Agric. Plant Breeding. The Netherlands plant breeder's decree. **(Das niederländische Pflanzenzüchterdekret.)** Euphytica [Wageningen] **11** (1962) Nr. 1. S. 1–4. — 1 Tab., 8 Lit.
Seit über 20 Jahren wird dem Pflanzenzüchter in den Niederlanden der Schutz seiner Sorten gesetzlich gewährt. Dieses Gesetz regelt die Eintragung in das Sortenregister, die Saatgutanerkennung, den Saatguthandel und -vermehrung, die Züchterrechte und die Lizenzansprüche des Züchters, wodurch ein stimulierender Einfluß auf die Entwicklung der holländischen Pflanzenzüchtung ausgeübt wurde. So flossen den holländischen Kartoffelzüchtern i. J. 1958 480000 Gulden zu. Dieses Gesetz ermöglicht auch den Schutz ausländischer Züchtungen, sofern das andere Land in gleicher Weise niederländische Sorten in derselben Weise schützt. K. Schulz. 1501.

B. Allgemeine Pflanzenzüchtung

Bergann, Friedrich; Potsdam, Pädagog. Hochschule, Bot. Inst. **Über den Nachweis zwischen Genwirkungen (Partnerinduktionen) bei der Pigment-**

bildung in den Brakteen der Periklinalchimäre Euphorbia pulcherrima Willd. „Eckes Rosa“. Biol. Zbl. **81** (1962) Nr. 4. S. 469–503.

Nachdem bei pflanzlichen Pfropfungen die erstrebte spez. Beeinflussung der Pfropfpartner im Sinne einer sog. vegetativen Hybridisation mit dem Ziel einer erblichen Beeinflussung heute recht zurückhaltend beurteilt wird, sind andererseits aber Fälle bekannt geworden, die über eine bloße, durch Ernährung, Wasserversorgung etc. bedingte Modifikation hinausgehen. Solche als Partnerinduktionen bezeichnete Beeinflussungen beschränken sich in ihrer Dauer zwar auf das Bestehen der Pfropfsymbiose, ändern aber trotzdem während dieser Zeit die normale Variationsbreite des einen der Pfropfpartner erheblich, und zwar in Richtung auf die spez. Merkmale des anderen Partners. Zwischenzellige Genwirkungen als Folge von Partnerinduktionen sind bevorzugt bei Pfropfchimären zu erwarten. Zum Beispiel treten an den Blüten periklinalchimärisch konstituierter Klonpflanzen nicht selten intermediäre Farbtöne auf, die bei isolierten Pflanzen nicht zu verzeichnen sind. Durch Trennung der beiden zur Chimäre vereinigten Idiotypen und eine In-vivo-Zerlegung eines periklinalchimärischen Klons von *Euphorbia pulcherrima* Willd. postuliert der Vf. die Diffusion eines dem „weißen“ Gewebe fehlenden Stoffs aus dem benachbarten „roten“ Spendergewebe, der bei dem pigmentdefekten Partnergewebe die Farbstoffbildung auslöst. Die in bes. Ausführlichkeit geschilderten Experimente sind eine wesentliche Bereicherung der Chimärenkenntnis und zugleich der Aufklärung zwischenzelliger Genwirkungen. G. Barich. 1515.

Napp-Zinn, Klaus; Köln, Univ., Bot. Inst. **Über die genetischen Grundlagen des Vernalisationsbedürfnisses bei Arabidopsis thaliana. 1. Mitt. Die Zahl der beteiligten Faktoren.** Z. Vererbungslehre **93** (1962) Nr. 1. S. 154–163. – 3 Tab., 20 Lit. Zus. in Engl.

Vf. gibt einen Beitrag zur Klärung der Frage über die genaue Zahl und Wirkungsweise der am Vernalisationsverhalten von *Arabidopsis thaliana* beteiligten Erbfaktoren. Hierzu wurde die stark kältebedürftige Rasse 'Stockholm' (St) mit der nicht kältebedürftigen Rasse 'Limburg$_5$' (Li_5) gekreuzt und Rückkreuzungen durchgeführt. Die Analyse der Ergebnisse zeigte, daß für das Vernalisationsverhalten mindestens 5 Gene verantwortlich sind. Die Rückkreuzungen von $Li_5 \times St$ mit Li_5 ($= R_1$) ergab, daß $^1/_4$ der Pflanzen Li_5 ähnlich war, wenn die Blattzahl und Blütezeit als Kriterium herangezogen wurde. Die genetische Analyse zeigte jedoch, daß nur 1/40–1/14 in genetischer Übereinstimmung mit Li_5 war. Die Wirkungsweise der Gene und Dominanzverhältnisse werden in einer weiteren Veröffentlichung mitgeteilt.
W. Hiller. 1515.

Ross, J. G. und Miller, W. H. Somatic chromosomes identified in the ever-sporting type of stock. **(Somatische Chromosomen, die in dem immer mutierenden Typ eines Stammes identifiziert sind.)** J. Heredity **52** (1961) Nr. 5. S. 195–199. – 3 Abb., 2 Tab., 9 Lit.

Eine einfach blühende Form von *Matthiola incana* diente zu Untersuchungen an heterozygotem Material mit Chromosomenmarkierern, um die Hypothese der somatischen Reduktion zu prüfen. Die Einfachblütigkeit ist mit Pollenletalität und grüner Farbe gekoppelt und steht doppelblütig, vital und hellgrün gegenüber. Da die doppelblütigen Pflanzen keine ♂ und ♀ Organe ausbilden, wird Saatgut nur von einfachblühenden erzeugt. Diese Nachkommen spalten in 46% einfach-: 54% doppelblütig in jeder folgenden Generation. Bei der Chromosomenprüfung hatte Nr. 6. ein etwas submedianes Zentromer. Die Größendifferenz zu seinem homologen Chromosom wies eindeutig auf eine Defizienz in dem kurzen Arm hin. Das Chromosomenpaar ist heteromorph. Die Funktionslosigkeit des Pollens und die auf 0,83 herabgesetzte

Eifertilität scheint durch die Chromosomenaberration bedingt zu sein. Diese ist ein wertvolles Mittel zur Prüfung auf somatische Reduktion und Colchicinbehandlung heterozygoter Sämlinge. G. Bandlow. 1515.

Jain, S. K.; New Delhi, Indian Agric. Res. Inst., Bot. Div. A note on the estimation of natural crossing by the maximum likelihood method. **(Eine Bemerkung über die Schätzung natürlicher Kreuzungen durch die Maximumlikelihoodmethode.)** Indian J. Genetics Plant Breeding **21** (1961) Nr. 2. S. 146–148. — 1 Abb., 1 Tab., 3 Lit.

Das jeweilige Befruchtungssystem beeinflußt in hohem Maße den Verlauf des züchterischen Fortschrittes. Daher sind Evolutionsforscher und Pflanzenzüchter an der quantitativen Schätzung der Rate natürlicher Kreuzungen in ihrem Material interessiert. Dominante und rezessive Homozygote wachsen in einem bekannten Verhältnis, und die Häufigkeit der Fremdungen wird in den Nachkommenschaften der rezessiven Individuen bestimmt. Die Rate der natürlichen Kreuzungen ist dann gleich dem %-Satz der Fremdungen bei einer gegebenen Genhäufigkeit dominanter Allele. Die vorliegende Arbeit illustriert u. a. an einem Gerstenbeispiel kurz den Wert der angewandten Methode und bietet die notwendigen Formeln. G. Bandlow. 1520.

Čolachjan, D. P. und Sogomonjan, S. A. (Tscholachjan, D. P. und Sogomonjan, S. A.); Jerewan, Univ., Biol. Fak., Lehrstuhl für Darwinismus und Genetik. Citoėmbriologičeskoe issledovanie processa oplodotvorenija kukuruzy v uslovijach Stepanavanskogo rajona Armjanskoj SSR. **(Zytoembryologische Untersuchung des Befruchtungsprozesses von Mais unter den Bedingungen des Rayons Stepanawan, Armenische SSR.)** Izvestija Akademii nauk Armjanskoj SSR. Biologičeskie nauki, Erevan **14** (1961) Nr. 7. S. 15–14. — 7 Abb., 5 Tab., 17 Lit. Orig.: russ., Ausz.: armen.

In Armenien untersuchten Vf. beim Anbau in einer Höhe von 1450 m den Befruchtungsprozeß des Maises. Es handelte sich um frühreifende Sorten, die aus anderen Landesteilen importiert werden mußten, da bislang in dieser Höhe kein Mais angebaut wurde. An Hand einer Reihe instruktiver Zeichnungen kann der Befruchtungsprozeß eingehender untersucht werden. So zeigte sich, daß in Abhängigkeit von der Jahreswitterung die einzelnen Sorten für den Befruchtungsprozeß verschieden lange Zeiträume benötigen. Während z. B. bei der Sorte 'Sterling' die Eizelle rel. schnell befruchtet wird, findet die Endospermbefruchtung bei den Sorten 'Gorez' und 'Woronesh 76' am frühesten statt. Das läßt nach Vff. den Schluß zu, daß bei Auswahl entsprechend geeigneter Sorten auch in diesem Gebiet die Möglichkeiten des Maisanbaues untersucht werden sollten. H. Müller/Bernburg. 1520.

Danieljan, A. Ch. (Danijeljan, A. Ch.); Jerewan, Univ., Biol. Fak., Lehrstuhl für Darwinismus und Genetik. Ėmbriologičeskoe izučenie processa oplodotvorenija tabaka v uslovijach rajona im. Kamo. **(Embryologische Untersuchungen über den Befruchtungsprozeß von Tabak im Rayon Kamo.)** Izvestija Akademii nauk Armjanskoj SSR. Biologičeskie nauki, Erevan **15** (1962) Nr. 7. S. 67–70. — 5 Abb. Orig.: russ., Ausz.: armen.

Zur Erforschung des Befruchtungsprozesses sowie der Embryo- und Endospermbildung bei Tabak wurden die Sorten 'American 2920', 'Trapezunt 1272' und 'Mitschurinski 1367' 20–72 Std. nach der Bestäubung bei 4std. Intervall untersucht. Danach dringt der Pollenschlauch durch eine der Synergiden in den Embryosack ein und ergießt seinen Inhalt über der Oberfläche der Eizelle. Nach der Befruchtung teilt sich der sek. Embryosackkern mehrmals, während die Zygote vorerst in Ruhe bleibt; die große Vakuole verschwindet, die Zygote vergrößert sich und ihr Kern wird allmählich chromatisch. Zu diesem Zeitpunkt sind bereits 2 Endospermzellen vorhanden. Die zur Mikropyle hin gelegene Endospermzelle ist deutlich größer als die am entgegengesetzten Ende liegende. Während der Teilungsphase vom 4zelligen zum 8zelligen Endosperm konnte ein 2zelliger Embryo festgestellt werden. Der Zeitraum zwischen der Teilung der Endospermzellen und der der Zygote ist jedoch nicht groß. J. Merker. 1520.

Günther, Elisabeth; Greifswald, Univ., Agrobiol. Inst. **Durch Chimärenbildung verursachte Aufhebung der Selbstinkompatibilität von Lycopersicon peruvianum (L.) Mill.** Ber. dtsch. bot. Ges. **74** (1961) Nr. 8. S. 333–336. – 2 Abb., 6 Lit.
Die Wildtomate *L. peruvianum* ist selbststeril, die Kulturtomate *L. esculentum* selbstfertil. Nach Pfropfung der Wildform auf eine Kultursorte bildeten sich verschiedene Chimären, u. a. auch eine Monektochimäre mit *peruvianum*-Kern und einschichtiger *esculentum*-Außenkomponente. Pollen und Eizellen bestanden aus L_2, also *peruvianum*-Gewebe. Während beim *peruvianum*-Ausgangsklon nur selten samenhaltige Früchte ansetzten, bildete sich an der Chimäre fast aus jeder Blüte eine samenhaltige Frucht. Die *peruvianum*-Komponente der Chimäre hatte sich jedoch nachweislich genetisch nicht verändert. Die Fertilität der Chimäre muß daher physiol. durch die *esculentum*-Außenschicht bedingt sein. G. Bandlow. 1520.

Sorokina, O. N. und Anikeeva, I. D. (Sorokina, O. N. und Anikejewa, I. D.); Moskau, Inst. für Biol. Physik der Akad. der Wiss. der UdSSR, Lab. für Strahlungsgenetik. Citologičeskoe issledovanie zarodyša pšenicy, oblučennogo nejtronami. **(Cytologische Untersuchungen an mit Neutronen bestrahlten Weizenkeimlingen.)** Citologija, Moskva **3** (1961) Nr. 3. S. 300–304. – 2 Abb., 3 Tab., 4 Lit.
Trockene Samen der Wi-Weizensorte 'Lutescens 62' wurden mit Neutronen bestrahlt ($8{,}6 \times 10^9$; $1{,}51 \times 10^{11}$; $1{,}80 \times 10^{12}$ und $1{,}87 \times 10^{14}$ n/cm^2), danach angefeuchtet und 4–48 Std. lang in Petrischalen angekeimt. Die verschieden alten Keimlinge wurden fixiert und zytologisch untersucht. Die Untersuchung der Mitose erstreckte sich auf Zellen der Rinde der Keimwurzel, deren Zentralzylinder, der Koleoptile, der Primordien und des Vegetationspunktes. Der Beginn der Mitose wurde durch die Bestrahlung verzögert. Während sie bei der Kontrolle schon nach 16 Std. begann, war das nach starken Strahlendosen erst zwischen 24 und 48 Std. der Fall. Bei Bestrahlung verringerte sich der Gehalt des Kernes an DNS, bei starken Dosen wurde auch die Kernstruktur verändert. Die Größe der Zellkerne sowie die Zahl und Größe der Kernkörperchen wurde bestimmt. Das Volumen des Zellkerns nahm bei Bestrahlung mit Neutronen zu, während die Größe der Kernkörperchen nicht verändert wurde, deren Zahl jedoch bis auf über 250 (?) anstieg. G. Krauße. 1530.

Bajer, A. und Molè-Bajer, J.; Chicago, Ill., Univ., Commitee on Biophysics. Uv microbeam irradiation of chromosomes during mitosis in endosperm. **(UV-Strahlenbehandlung der Chromosomen während der Mitosis im Endosperm.)** Exp. Cell Res. **25** (1961) Nr. 2. S. 251–267. – 11 Abb., 32 Lit.
Zur Erweiterung der Kenntnisse über die Wechselwirkung zwischen Spindelansatzstelle und Spindel, ein grundlegendes Problem der Mitose und Meiose, wurde das in vitro präparierte Endosperm von *Haemanthus katharinae* Bak. mit UV-Strahlen behandelt. Die Art der Bestrahlung beeinflußt das Verhalten des Kinetochors ohne die übrigen Zellbestandteile ernstlich zu schädigen. Auf diese Weise wurden einige Hundert Spindelansatzstellen und Chromosomenarme in verschiedenen Teilungsstadien behandelt. Die dadurch entstandenen Strahlungseffekte werden eingehend beschrieben und diskutiert.
J. Schreiter. 1530.

Clowes, F. A. L.; Oxford, Univ., Bot. School. Rates of mitosis in a partially synchronous meristem. **(Mitoseraten in einem partiell synchronen Meristem.)** New Phytologist **61** (1962) Nr. 2. S. 111–118. – 3 Abb., 4 Tab., 11 Lit.

Im Wurzelmeristem von *Sinapis alba* wurden in verschiedenen Regionen die Mitoseraten bestimmt. Die Untersuchungen erfolgten an den Primärwurzeln junger Keimlinge sowohl nach Einwirkung von radioaktivem Thymidin (zur DNS-Synthese) als auch nach Behandlung mit Colchicin (Anhäufung der Metaphasen). Der Mitoseindex im Zentralzylinder und in der Rinde zeigte im Verlauf eines Tages 2 Maxima und 2 Minima. Auch in verschiedenen Abschnitten dieser Gewebe war die Phase jeweils synchron. Dagegen war in der Initialzone die Phase des Mitoseindex um 4 Std. verzögert. Dem Maximum im Ruhezentrum entsprach ein Minimum der Rinde und des Zentralzylinders. Auch die Dauer des gesamten Mitosezyklus war in den einzelnen Abschnitten des Wurzelmeristems unterschiedlich. Sie schwankte in Abhängigkeit von der Untersuchungsmethode von 25 Std. (Initialzone) bis zu 520 Std. (Ruhezentrum). Die Zellen der Rinde und des Zentralzylinders teilten sich in der Nähe des Ruhezentrums langsamer als 150 μ davon entfernt. In der Diskussion werden die Ergebnisse den abweichenden Befunden bei *Zea mays* gegenübergestellt. J. Endlich. 1530.

Kihlman, B. A.; Uppsala, Sweden, Univ. of Uppsala, Inst. of Physiol. Bot. Biochemical aspects of chromosome breakage. **(Biochemische Aspekte des Chromosomenbruchs.)** Advances Genetics **10** (1961) S. 1–59. — 7 Abb., 3 Tab., 160 Lit.

In der Vergangenheit war es üblich, Chromosomenbrüche, wenn sie nicht von der deskriptiven Zytologie gedeutet wurden, biophys. zu interpretieren. In den letzten Jahren wurde das Interesse in zunehmendem Maße auf die biochem. Betrachtung der Chromosomenbrüche gelenkt. Es wurde erkannt, daß die Chromosomen mehr als ein dynamisches System, nicht dagegen als statisches System anzusehen sind und biochem. Prozesse bei Strukturveränderungen der Chromosomen eine entscheidende Rolle spielen. Einer der bedeutsamsten Prozesse scheint dabei die oxydative Phosphorylation zu sein. Aus diesem Grunde betrachtet Vf. die Wirkungen von O, der Atmung und oxydativen Phosphorylation bei der Erzeugung von Chromosomenaberrationen durch Strahlen und chem. Agentien. K. Schulz. 1530.

Kikudome, Gary Y.; Columbia, Univ. of Missouri. Cytogenic behavior of a knobbed chromosome 10 in maize. **(Das zytogenetische Verhalten eines geschnürten Chromosom 10 bei Mais.)** Science [Washington] **134** (1961) Nr. 3484. S. 1006–1007. — 1 Tab., 13 Lit.

Der in Amerika arbeitende japanische Zytologe berichtet über die bereits i. J. 1959 begonnenen Arbeiten bez. des Selektionserfolges verschieden gestalteter Chromosomen. Erstmalig wurde man durch Ting auf das merkwürdige Verhalten eines geschnürten Chromosoms 10 aufmerksam. Bes. auffällig sind die 3 kleinen Chromosomeren im oberen Sechstel des langen Arms. Kreuzungen zwischen zytologisch normalen Nachkommenschaften und den Pflanzen, die ein geschnürtes Chromosom aufweisen, ergeben, daß 70% Rückkreuzungen farblose Früchte und schlechte Pflanzen hervorbrachten. Eine Population würde sich auf Grund dieses Verhaltens als sehr instabil erweisen. Vf. schließt sich daher der von Emmerling vertretenen Hypothese für die Verdrängung der abnorm gestalteten Chromosomen an und spricht von einer „reduzierten neozentrischen Aktivität". Man muß also neben dem normal ausgebildeten Chromosom 10 (k 10) das von Kikudome beschriebene, geschnürte Chromosom (K 10) und das von Ting beschriebene kürzere Chromosom (K 10) unterscheiden. H. Müller/Bernburg. 1530.

Ustinova, E. I. (Ustinowa, Je. I.); Moskau, Univ., Lab. für Zytol. des Lehrstuhls für Genetik und Zücht. Citologičeskie dannye o mužskoj steril'nosti u kukuruzy. **(Zytologische Studien über die männliche Sterilität bei Mais.)** Citologija, Moskva **3** (1961) Nr. 3. S. 266–271. — 1 Abb., 1 Tab., 23 Lit.

Neben einer Lit.-Übersicht über das Problem der Pollensterilität beim Mais wird über morphol. und zytologische Untersuchungen der Ontogenese steriler sowie über die zytologische Analyse der Pollenentwicklung fertiler und steriler Maisformen berichtet. Unterschiede zwischen fertilen und sterilen Formen konnten in der Meiose der PMZ nicht festgestellt werden. Die ♂-Sterilität wird auf eine Zerstörung des Zytoplasmas im Ein- und Zweikernstadium der Pollen zurückgeführt. Unterschiede im DNS- und RNS-Gehalt sowie in der Menge der in den PMZ und Pollen enthaltenen Polysaccharide (Stärke) scheinen im direkten Zusammenhang mit der Ausprägung der Sterilität zu stehen. G. Krauße. 1530.

Jones, Keith; Aberystwyth, Welsh Plant Breeding Stat. Chromosomal status, gene exchange and evolution in Dactylis. 2. The chromosomal analysis of diploid, tetraploid and hexaploid species and hybrids. **(Chromosomaler Status, Genaustausch und Evolution bei Dactylis. 2. Mitt. Die chromosomale Analyse diploider, tetraploider und hexaploider Arten und Hybriden.)** Genetica ['s-Gravenhage] **32** (1962) Nr. 4. S. 272–295. – 7 Abb., 13 Tab., 19 Lit. 1. Mitt. vgl. LZ. Abt. II **7** (1962) Nr. 9. S. 2509.

An natürlichen Populationen von *Dactylis*, die z. T. aus Sammlungen der F. A. O. stammten, wurden Chromosomenauszählungen vorgenommen. Diploide konnten bei den Proben aus Portugal, Algerien und dem Libanon gefunden werden. Bei einigen Herkünften waren bis zu 4 B-Chromosomen vorhanden. Von 460 untersuchten tetraploiden Pflanzen verschiedener Herkunft waren 3,2% aneuploid (2 n = 27, 29, 31 Chromosomen). B-Chromosomen wurden nur bei der Unterart *hispanica* festgestellt. Hexaploide (2 n = 42 Chromosomen) wurden in einer Probe aus der Cyrenaika gefunden. Bei den Gruppen mit unterschiedlicher Chromosomenzahl sowie bei Nachkommen von Kreuzungen diploid × diploid und tetraploid × tetraploid wurde die Chromosomenpaarung untersucht. Sie verlief bei den Diploiden und deren Kreuzungsnachkommen normal. Die Fertilität der F_1 war vermindert. Bei den Tetraploiden wiesen die Unterarten *glomerata*, *hispanica* und die Zuchtsorten einen unterschiedlichen Anteil an Quadrivalenten auf. Dieser war bei der F_1 signifikant niedriger. Zwischen durchschnittl. Chiasmahäufigkeit und Zahl der Multivalente bestand bei den Nichthybriden eine enge, bei den Hybriden eine weite Korrelation. 4 von 9 geprüften Pflanzen, die aus 6 Jahren altem Saatgut hervorgingen, bildeten in der Metaphase Assoziationen von 5–16 Chromosomen. Bei den Hexaploiden verlief die Zellteilung normal. Univalente traten nicht auf. E. Forbriger. 1530.

Nielsen, E. L. und Nath, J. Cytology of tetraploid × hexaploid timothy (Phleum pratense L.). **(Die Zytologie von tetraploidem × hexaploidem Timothe [Phleum pratense L.].)** Euphytica [Wageningen] **11** (1962) Nr. 2. S. 157–163. – 16 Abb., 2 Tab., 10 Lit.

10 pentaploide Hybriden mit markanten morphol. Abweichungen sind zytologisch untersucht worden, um Beziehungen zwischen ihrer Meiose und Sterilität zu finden. Alle Pflanzen zeigten mehr oder weniger starke Pyknose-Erscheinungen der Sporenmutterzellen (SMZ), und zwar hauptsächlich in der Prophase. Einer geringeren Pyknose-Frequenz der SMZ stand in der Regel ein höherer %-Satz färbbarer Pollen gegenüber. Auf Grund der Untersuchungsergebnisse werden die möglichen Ursachen für den geringen Anteil färbbaren Pollens diskutiert. Es wird angenommen, daß konventionelle Arten von Unregelmäßigkeiten wie Univalente, Inversionen und Diakinesen nicht dazu gehören. J. Spanier. 1530.

Hrubý, Karel; Praha, Charles Univ., Fac. of Sci., Dep. of Genetics. Chromosome behaviour and phylogeny of cultivated Cerasus. **(Chromosomenverhalten und Phylogenie von kultiviertem Cerasus.)** Preslia [Praha] **34** (1962) Nr. 1/2. S. 85–97. – 5 Tab., 26 Lit.

Vf. befaßt sich vor allem mit *Cerasus vulgaris* und *C. gondouinii*. Diese beiden Formen halten einige Autoren für autotetraploid, andere für allotetraploid. Zweck der Arbeit bestand darin, frühere Mitteilungen zu vergleichen und zu analysieren und neu gewonnenes Hybridmaterial zu untersuchen. Es wurden 11 Hybriden geprüft (bes. 'Bigareau Dönissen' × 'Friotte') und triploide Hybriden (*C. avium*, *C. vulgaris*) gewonnen. Die Artkreuzungen führten zu guten Ergebnissen. Bei sämtlichen Kombinationen von Hybriden fand man verschiedene Anzahl von Trivalenten (1–8). Auf Grund der bisherigen zytologischen Beobachtungen und gestützt auf eigene Forschungsergebnisse gelangt Vf. zu der Schlußfolgerung, daß alle 3 Arten hybrider Herkunft seien und in ihren Genotypen 2 oder 3 verschiedene Genome bei verschiedener Zusammensetzung enthalten. J. Šindelářová. 1530.

Hänninen, Pentti; Kuusa, A. R. C., Centr. Finland Agric. Exp. Stat. Bumblebee species on red clover in Central Finland. **(Hummelarten auf Rotklee in Zentralfinnland.)** Valtion Maatalouskoetoiminnan [State agric. Res. Publ. Finland], Julkaisuja [Publ.] **1962** Nr. 197. S. 1–19. — 4 Tab. 16 Lit. Zus. in Finn.

Durch Beobachtungen und Auszählungen in verschiedenen Teilen Zentralfinnlands konnte ermittelt werden, daß von den 26 in Finnland vorhandenen Hummelarten den diploiden Rotklee hauptsächlich *Bombus lucorum* L., *B. agrorum* F. und *B. hortorum* L. besuchten. Mit geringerer Häufigkeit folgten *B. distinguendus* und *B. lapidarius*. Die *lucorum*-Hummeln räuberten, die von *B. lapidarius* bestäubten und räuberten nur selten. Alle anderen Arten arbeiteten nur als Bestäuber. Als wichtigster Bestäuber erwies sich ganz im Gegensatz zu Südfinnland *B. agrorum*. — Der häufigste Besucher des tetraploiden Rotklees war *B. hortorum*. *B. agrorum* und *B. distinguendus* wurden ungleichmäßig beobachtet, *B. lucorum* überhaupt nicht. Alle beobachteten Arten waren Bestäuber. — Bei gleichzeitigem Vorhandensein beider Kleeformen wurde der tetraploide Klee von *B. hortorum*, *B. agrorum* und (nur weniger eindeutig) von *B. distinguendus* bevorzugt.

J. Spanier. 1520.

Dillon, Lawrence S.; College Station, Tex., A. and M. Coll., Dep. of Biol. Comparative cytology and the evolution of life. **(Vergleichende Zytologie und die Evolution des Lebens.)** Evolution [Lancaster] **16** (1962) Nr. 1. S. 102–117. — 24 Abb., 70 Lit.

Durch vergleichende Untersuchungen von Bakterien-, Pilz-, Algenzellen und Zellen niederer und höherer Pflanzen sowie Zellen von Tieren folgert Vf., daß die Zelle in sehr einfachem Zustand existent wurde und verschiedene Stufen der Evolution noch an gegenwärtig lebenden Organismen nachgewiesen werden können. Alle lebenden Organismen besitzen denselben Stammbaum und alle Organismen lassen sich in ein einziges phylogenetisches System einordnen, woraus zu schließen ist, daß das Leben nur einmal erfolgreich auf der Erde entstanden ist. K. Schulz. 1540.

Hedin, L.; Rouen, Lab. de Rech. Plantes Fouragères. Recherches récentes sur l'adaptation des espèces et des types de plantes cultivées. **(Neue Untersuchungen über die Anpassung von Arten und Typen der Kulturpflanzen.)** J. Agric. trop. Bot. appl. 8 (1961) Nr. 12. S. 703–713. — 1 Tab., 11 Lit.

Im 1. Teil der Arbeit beschäftigt sich Vf. mit der Zielsetzung und den Aufgaben, die anläßlich einer F.A.O.-Tagung 1961 in Rom behandelt wurden. Im 2. Teil werden allg. Probleme über die Einführung und Anpassung neuer Pflanzenarten mit kurzen Hinweisen auf einige wenige praktische Beispiele diskutiert. Es wird darauf verwiesen, daß die Einführung neuer Arten bisher sehr empirisch gehandhabt worden ist. Erst in den letzten Jahren haben einige Forscher versucht, „homologe" Zonen festzulegen, in denen gleiche Arten fähig sind,

zu wachsen und sich zu entwickeln. Für die Akklimatisation von Pflanzen ist eine sehr genaue Kenntnis der ökologischen Ansprüche nötig.
J. Schieblich. 1540.

Udol'skaja, N. L. und Guŕeva, T. I. (Udolskaja, N. L. und Gurjewa, T. I.); Kasach. Inst. für Ackerbau. Kvadratno-gnezdovoj posev neobmoločennymi kološjami. **(Die Quadratnestaussaat ungedroschener Ähren.)** Selekcija i semenovodstvo, Moskva **27** (1962) Nr. 4. S. 48–50.
Nach dem vorgeschlagenen Verfahren werden die besten Ähren bzw. Rispen im Quadrat 70×70 cm ausgelegt. Die Pflanzen entwickeln sich gut, und es gab selbst im sehr nassen Jahr 1960 kein Lagergetreide. Beobachtungen, Bewertung und Ernte werden mit wesentlich niedrigerem Arbeitsaufwand durchgeführt. Die Gefahr der Verunkrautung und Vermischung wird weitgehend ausgeschlossen. G. Jury. 1550.

Swaminathan, M. S. und Kamra, S. K.; New Delhi, Bot. Indian Agric. Res. Inst., Div. X-ray analysis of the anatomy and viability of seeds of some economic plants. **(Röntgenstrahlenanalyse der Anatomie und Lebensfähigkeit der Samen einiger Kulturpflanzen.)** Indian J. Genetics Plant Breeding **21** (1961) Nr. 2. S. 129–135. – 15 Abb., 6 Lit.
Die anatomischen und physiol. Eigenschaften von 16 Pflanzenspecies wurden mit Hilfe der Röntgenkontrastmethode von Simak und Gustafsson studiert. Die Untersuchungen ergaben, daß mit dieser Methode die Keimfähigkeit von Samenproben gut abgeschätzt werden kann. Außerdem lassen sich mech. oder durch Insekten verursachte Beschädigungen leicht ermitteln. Das Auftreten von Polyembryonen ist ebenfalls gut zu erkennen. – Durch Einquellen in $BaCl_2$-Lösung vor der Röntgenographie kann die pysiol. Beschaffenheit der Samen genau bestimmt werden, weil keimfähige Embryonen durch $BaCl_2$ nicht imprägniert werden. – Durch die bei der Röntgenaufnahme applizierte Strahlenmenge wird die Keimfähigkeit der Samen nicht beeinflußt.
W. Hentrich. 1565.

McKelvie, A. D.; Trumpington, Cambridge, Plant Breeding Inst. Differential response to mutagens in Arabidopsis thaliana. **(Unterschiedliches Verhalten von Arabidopsis thaliana gegenüber Mutagenen.)** Nature [London] **195** (1962) Nr. 4839. S. 409–410. – 6 Lit.
Mit Hilfe von X-Strahlen, X-Strahlen kombiniert mit „Synkavit" (Methyl-Naphthohydrochinon-Phosphat), Äthylenimin und Äthylmethansulfonat wurden bei *Arabidopsis thaliana* (L) über 800 lebensfähige Mutationen induziert und nach dem Phänotyp in 27 verschiedene Klassen eingruppiert. Das Mutationsspektrum zeigte zwar nach Behandlung mit X-Strahlen gegenüber den alkylierenden Agenzien Unterschiede, jedoch ließ sich daraus kein Hinweis für eine Richtung des Mutationsprozesses ableiten. Auch innerhalb der Äthylmethansulfonat-Serie variierte das Spektrum zwischen den applizierten Konz. ($P < 0{,}01\%$). Es ist schwierig, unterschiedliche oder spez. Reaktionen von Mutagenen zu beweisen, weil mehrere Faktoren dabei zu berücksichtigen sind. Frühere Behauptungen hinsichtlich der Spezifität einzelner Mutagene bei höheren Pflanzen müssen mit Vorsicht betrachtet werden.
W. Hentrich. 1565.

Jones, Keith und Borrill, Martin; Aberystwyth, Welsh Plant Breeding Stat. Chromosomal status, gene exchange and evolution in Dactylis. 3. The role of the inter-ploid hybrids. **(Chromosomaler Status, Genaustausch und Evolution bei Dactylis. 3. Mitt. Die Bedeutung der Hybriden zwischen Ploidiestufen.)** Genetica ['s-Gravenhage] **32** (1962) Nr. 4. S. 296–322. – 7 Abb., 10 Tab., 14 Lit. 2. Mitt. vgl. LZ. Abt. II **8** (1963) Nr. 5. S. 1344.
Von 116 Kreuzungen zwischen diploiden und tetraploiden Pflanzen wiesen 64 keinen Samenansatz auf. Im Durchschnitt betrug die Samenzahl/100

Ährchen 5,8 und die Keimfähigkeit 17%. Die Kreuzungsverträglichkeit war stärker durch den Genotyp als die taxonomische Stellung beeinflußt. Alle Triploiden waren ♂ steril. Bei freier Abblüte in der Nähe von Diploiden und Tetraploiden setzten sie etwas Samen an. In der Meiose traten Univalente, Bivalente und Trivalente auf. Nach Rückkreuzung mit Tetraploiden wurde ein Fertilitätsindex von 2,43 und nach Rückkreuzung mit Diploiden von 1,08 ermittelt. An 157 Nachkommen von Rückkreuzungen wurden Chromosomenauszählungen vorgenommen und die Chromosomenzahlen der Gameten der triploiden Mutterpflanzen bestimmt. Gameten mit 7 Chromosomen führen bei Kreuzungen mit Diploiden und solche mit 14 und mehr Chromosomen bei Tetraploiden zur Bildung lebensfähiger Zygoten. Untersuchungen an Populationen und Hybriden ergaben, daß sich genetische Unterschiede stärker auf den Samenansatz als auf die Keimfähigkeit und die Fertilität des Pollens auswirken. Als einen wesentlichen Faktor für die unterschiedlichen Ergebnisse der Rückkreuzungen führen Vff. das abweichende Verhältnis von Embryo/Endosperm an. E. Forbriger. 1566.

Weith, L.; Wien, Stadlauer Malzfabrik AG. **Zur Analytik der Auswuchsresistenz.** Bodenkultur [Wien], Ausg. A **12** (1961) Nr. 3. S. 235–242. — 8 Abb., 13 Lit. Zus. in Engl.

Es wird die bekannte Einstufung von 5 österreichischen Wi-Weizensorten mit bekannter Resistenz auf ihr enzymatisches Verhalten während der Keimung untersucht. Die Samen wurden in einer Kleinmälzungsanlage angekeimt (500 g geputzter und über 2,2 mm sortierter Weizen). Versuchsbedingungen: Ausschließlich Wasserweiche mit Umwälzung des Weichwassers, jedoch ohne Belüftung; Wassertemperatur 10,5°, Dauer 48 Std. Die Keimung verlief bei 12°. Die Bestimmung der α-Amylase erfolgt direkt im gekeimten Weizen nach der Methode nach A.S.B.C. (Methods of Analysis of the Am. Soc. Brew. Chem., Sixth Ed. [1958]). Die Untersuchungen wurden 3 Jahre (1958–60) durchgeführt. Die dabei festgestellten Unterschiede in der Enzymaktivität entsprachen der bekannten Einstufung dieser Sorten nach Auswuchsresistenz. Sorten mit geringer Auswuchsneigung zeigten das geringste α-Amylase-Bildungsvermögen, während Sorten mit erhöhter Auswuchsneigung die kräftigste Enzymentwicklung ergaben. E. Nürnberger. 1568.

Kraai, A.; Wageningen, Inst. of Horticult. Plant Breeding. How long do honey-bees carry germinable pollen on them? **(Wie lange tragen Honigbienen keimfähigen Pollen bei sich?)** Euphytica [Wageningen] **11** (1962) Nr. 1. S. 53–56. — 2 Abb., 1 Tab., 1 Lit. Zus. in Niederl.

Bevor Bienen bei der Bestäubung benutzt werden, können sie sich mit Pollen der betreffenden Pflanzenart beladen haben, so daß unerwünschte Kreuzungen zustande kommen. Vf. brachte Bienen in Isolierkäfigen auf verschiedene Pflanzenarten. Danach wurden sie 12 Std. bis 8 Tage in einen Käfig gebracht, in dem sie mit Zuckerwasser ernährt wurden und keinen Kontakt mit Blüten hatten, um dann wieder auf Pflanzen derselben Art gesetzt zu werden. Die Auszählungen an den Nachkommen dieser Pflanzen von 6 verschiedenen Arten zeigten, daß die Verschleppung von Pollen durch 12 std. isolieren mit ausreichender Sicherheit verhindert wird. K. Schulz. 1600.

C. Spezielle Pflanzenzüchtung

Kisljuk, M. M.; Puschkin, Gebiet Leningrad, Unions-Forsch.-Inst. für Pflanzenbau. Polučenie ozimych form chlebnych zlakov iz jarovych. **(Erzielung von Wi-Getreideformen aus So-Sorten.)** Vestnik sel'skochozjajstvennoj nauki, Moskva 7 (1962) Nr. 3. S. 51–58. — 2 Abb., 1 Tab. Zus. in Engl., Franz., Dtsch.

Aus beliebigen Sommersorten des Weizens, der Gerste und des Hafers kann bei Herbstaussaat eine Winterform gewonnen werden. Die Anzahl der Generationen, die zur Züchtung von Winterformen durch Einwirkung von niedrigen Temperaturen notwendig sind, wird bestimmt durch Kultur und Sorte, Dauer der Einwirkung niedriger Temperaturen sowie Zustand des Versuchssaatgutes. Die Ausbildung der Wintereigenschaften wird durch Einwirkungen auf Saatgut beschleunigt, das in der Milchreife oder zu Beginn der Wachsreife geerntet wurde. Schwachausgebildete Körner bilden das beste Material für sek. Temperatureinwirkungen und Aufdeckung der sich vollzogenen Veränderungen. Auch für Primäreinwirkungen ist es äußerst wichtig, im Versuchssaatgut schwachausgebildete Körner zu haben. W. Görtler. 1710.

Ohta, Tomoko und Matsumura, Seiji; Yokohama, Kihara Inst. for Biol. Res.; Misima, Nat. Inst. of Genetics. Mechanism of appearance of gigas-plants from nullisomic dwarf wheat. **(Mechanismus des Auftretens von Gigaspflanzen von nullisomischem Zwergweizen.)** Cytologia [Tokyo] **26** (1961) Nr. 2. S. 226–235. – 6 Abb., 4 Tab., 10 Lit. Orig.: engl.
In der Nachkommenschaft pentaploider Weizenhybriden von *Triticum spelta* var. *Duhamelianum* Körn. × *T. polonicum* var. *vestitum* Körn. wurden 40chromosomige Zwerge gefunden. Aus diesem Material wurden 7 Zwerglinien isoliert (a – g), in denen Gigaspflanzen auftraten. Vf. legt dar, daß der Gigaswuchs bei den Nullisomen sich auf Chromosomenaberrationen in der Metaphase I zurückführen läßt. Mehrere Chromosomenaberrationen wurden beobachtet und ungleiche Verteilung in der Anaphase I bei den Zwerglinien a – g festgestellt. Vff. haben die erwartete Rate der Chromosomenaberrationen der Beobachtung und der Zahl der beobachteten Gigaspflanzen gegenübergestellt. Mit Ausnahme bei der Linie g war die Erwartung gegenüber der Beobachtung geringer. Vff. nehmen an, daß dies durch mehrere Faktoren bedingt wird, u. a. Elimination von Zwergen und bes. dadurch, daß die Chromosomen, die dem abwesenden homolog sind, leicht aberrant werden. Bei b-Zwergen ist das Ersatzchromosom ein SAT-Chromosom, das häufig als Univalent auftritt. K. Schulz. 1712.

Ukolov, A. A. (Ukolow, A. A.); Moskau, Landwirtsch. Timirjasew-Akad. Izmenčivost' nekotorych priznakov u ozimoj pšenicy Moskovskaja 2453. **(Variabilität bestimmter Merkmale bei der Wi-Weizensorte 'Moskowskaja 2453'.)** Agrobiologija, Moskva **1962** Nr. 1. S. 73–79. – 6 Abb., 8 Tab.
Bei der Erhaltungszüchtung der Wi-Weizensorte 'Moskowskaja 2453' ergaben sich zahlreiche Abweichungen vom ursprünglichen Typ. In anschaulicher Form werden Korngewicht/Ähre, Zahl der Körner/Ähre, Zahl der Körner/Pflanze., Ährenlänge und Ährendicke und die TKM untersucht. Während das Korngewicht in eine normale Verteilungskurve einzugliedern war, ergaben sich bei der Beurteilung der Ährenlänge und Ährendicke ebenso wie bei der TKM bemerkenswerte Abweichungen. Die Gesamtarbeit unterstreicht den Wert einer sorgfältigen Erhaltungszucht. Während die nachgebaute Kontrolle nur einen Ertrag von 26,1 dt/ha im 2jährigen Mittel brachte, konnte durch fortgesetzte Individualauslese ein Mehrertrag von 10,7 dt/ha erzielt werden.
H. Müller/Bernburg. 1712.

Oganesjan, S. G.; Inst. für Ackerbau des Min. für Landwirtsch. der Armen. SSR. Narušenie nasledovanija dominantnych priznakov u pšenicy putem skreščivanija raznovozrastnych kolośev. **(Störung der Vererbung dominanter Merkmale bei Weizen durch Kreuzung von Ähren verschiedenen Alters.)** Izvestija Akademii nauk Armjanskoj SSR. Biologičeskie nauki, Erevan **14** (1961) Nr. 7. S. 25–42. – 12 Abb., 3 Tab., 12 Lit. Orig.: russ., Ausz.: armen.
Vf. untersuchte die Nachkommenschaften von Weizenkreuzungen, die zu verschiedenen Zeitpunkten befruchtet wurden. Aus praktischen Gründen wurden Sorten ausgewählt, die sich durch eine lange Wachstumszeit, in der Kornfarbe, der Begrannung und der Kornform unterscheiden. Es wurde die Hauptähre und mindestens 1 nachschossende Nebenähre untersucht. In einigen instruktiven Bildern beweist Vf., daß verschiedene Kreuzungsergeb-

nisse erzielt werden. Dies wird mit der von Lyssenko vertretenen Theorie der Alterung des Pflanzengewebes erklärt. Es kommt bereits in der F_1 zu einer deutlichen Dominanzverschiebung. Leider ist in der Arbeit ohne nähere Zahlenangaben nur von verschiedenen Fraktionen als Maßstab der Aufspaltung in der F_2 die Rede, so daß die genauen Spaltungsverhältnisse nicht beurteilt werden können. Ferner geht aus der Veröffentlichung nicht hervor, ob entspr. Kontrollen angebaut waren. Die Ergebnisse werden in ausführlicher Form diskutiert. H. Müller/Bernburg. 1712.

Scheibe, A. und Meyer, H.; Göttingen, Univ., Inst. für Pflanzenbau und Pflanzenzücht. **Mutationsauslösung durch Chemikalien bei Weizen. 1. Die Anschnittmethode und erste Ergebnisse.** Z. Pflanzenzücht. 47 (1962) Nr. 2. S. 181–192. – 2 Tab., 16 Lit. Zus. in Engl.
Kurz vor der Pollenmeiose wurde mit Hilfe der Anschnittmethode von Oehlkers bei der So-Weizensorte 'Heines Koga II' versucht, durch Chemikalien Mutationen auszulösen. In Vorversuchen wurde ermittelt, daß die Meisose in den Antheren der verwendeten Weizensorte noch vor dem Ährenschieben, d. h. etwa bei 30 cm hohen Halmen und 5–7 cm langen Ähren, abläuft. Es wurden Chemikalien in verschiedenen Konz. verwendet, deren Mutagenität bekannt war (Atropin, Morphin, $AlCl_3$, Glykol, Äthylurethan + KCl und Glykol + KCl). Als Kontrolle diente das Lösungsmittel Leitungswasser. An der Behandlungsgeneration konnte von der Konz. abhängige, aber unspez. Giftwirkung, die sich nicht nur auf die behandelten Haupthalme beschränkte, erkannt werden. Der Aufgang der C_1-Körner stand zumeist mit dem Ausmaß der Schädigung der behandelten Ähren in Beziehung. Durch die starken Niederschläge i. J. 1957 war auch der Aufgang der Kontrolle gering. Trotzdem ließen sich klare Unterschiede in den rel. Werten zwischen den Behandlungsserien und Haupt- und Nebenhalmnachkommenschaften feststellen. In C_1 konnten bereits 5 abweichende Pflanzen gefunden werden, die sich in späteren Generationen als Mutanten erwiesen. Es wurden insgesamt 30 Mutanten gefunden. Die meisten Mutationen wurden offenbar durch mittlere Konz. erzielt, während durch $AlCl_2$ (stärkste toxische Wirkung) von allen verwendeten Subst. die meisten Mutationen ausgelöst wurden.
K. Schulz. 1712.

Green, G. J. und Knott, D. R.; Winnipeg, Manitoba, Canada Dep. of Agric., Res. Stat. Adult plant reaction to stem rust of lines of Marquis wheat with substituted genes for resistance. **(Das Verhalten erwachsener Pflanzen von Linien des 'Marquis'-Weizens mit substituierten Resistenzgenen gegen Schwarzrost.)** Canad. J. Plant Sci. 42 (1962) Nr. 1. S. 163–168. – 2 Abb., 5 Lit.
9 durch Substitution der einzelnen Resistenzgene geschaffene Linien der Weizensorte 'Marquis' wurden gegen 8 Rassen des Schwarzrostes (*Puccinia graminis tritici* Erikss. und Henn.) zum Vergleich der Ergebnisse, die nach Infektion der Keimpflanzen erzielt wurden, im erwachsenen Zustand geprüft. Weitere 3 durch Substitution einzelner Chromosomen der Sorte 'Red Egyptian' entstandene Linien der Sorte 'Chinese' sowie die Elternsorten waren in die Untersuchungen einbegriffen. Für die Resistenzgene Sr 6, Sr 7 und Sr 8 konnte gleiches Verhalten wie bei den Keimpflanzen nachgewiesen werden. Die Linien mit den substituierten Genen Sr 9a und Sr 9b ergaben im erwachsenen Zustand ähnliche Resistenz gegenüber der Rasse 29-1 (Can.), obgleich die Keimpflanzenreaktion verschieden ist. 2 Linien mit den Resistenzgenen Sr 10 erwiesen sich gegenüber den Rassen 29-1 (Can.) und 56 im Gegensatz zur Empfindlichkeit der Keimpflanzen als resistent, wenn auch eine gewisse Instabilität angezeigt ist. Die Substitutionslinien der Sorte 'Chinese' reagierten im Vergleich zu den Linien der Sorte 'Marquis' mit den gleichen Resistenzgenen ähnlich, stärkere Abweichungen traten u. a. im Verhalten gegenüber der Rasse 48 A auf. H.-D. Koch. 1712.

Kojnov, Georgi M. (Koinow, Georgi M.); Plowdiw, Bulgarien, Höheres Landwirtsch. Kolarow-Inst. Selekcija rži v Bolgarii. **(Roggenzüchtung in Bulgarien.)** Agrobiologija, Moskva **1962** Nr. 1. S. 80–84. – 5 Tab., 5 Lit.
Vf. berichtet über die Probleme und Neuzüchtungen beim Roggen in Bulgarien. Es wurden einige neue Populationen und synthetische Sorten entwickelt die den herkömmlichen Standards im Ertrag um > 30% ertraglich überlegen waren. Die neuen Populationen zeichnen sich durch bessere Beährung und eine neinheitlichen Stand aus, was durch die Ermittlungen der Variationskoeffizienten nachgewiesen wird. Die Ergebnisse des Anbaues in verschiedenen Regionen Bulgariens werden im einzelnen dargestellt.
H. Müller/Bernburg. 1714.

Hoogland, R. F.; Wageningen, Inst. for Biol. and Chem. Res. on Field Crops Herbage. Selection of rye by means of leaf counting. 2. Further data. **(Auslese bei Roggen mittels Blattzählung. 2. Mitt. Weitere Ergebnisse.)** Euphytica [Wageningen] **11** (1962) Nr. 2. S. 209–212. – 3 Abb., 1 Tab., 1 Lit. 1. Mitt. vgl. LZ. Abt. II **6** (1961) Nr. 12. S. 2994.
In einer früher veröffentlichten Arbeit berichtete Vf. über die Vererbung der Blattzahl des Haupttriebes bei Roggen an Hand von Selektionsversuchen bei der Sorte 'Petkuser'. Weitere Untersuchungen, die mit Hilfe zweier Sublinien aus der 1. Selektion durchgeführt wurden, bestätigten die früheren Beobachtungen. Die Unterschiede in der Blattzahl und der errechneten Blattoberfläche des Haupttriebes, wobei die selektierten Linien mit der Ausgangssorte verglichen wurden, traten bei früher Saatzeit besonders stark hervor. Es wurde weiterhin beobachtet, daß die Varianten mit der größeren Blattzahl schneller nach einem starken Mehltaubefall regenerierten.
H.-D. Koch. 1714.

Bühring, Joachim; Gülzow-Güstrow, Forschungsstelle für Agrobiol. und Pflanzenzücht. der Dtsch. Akad. der Landwirtsch.-Wiss. zu Berlin. **Über die Gewinnung überdauerungsfähiger Winterroggenpflanzen aus dekapitierten Roggenhalmen.** Naturwissenschaften **48** (1961) Nr. 24. S. 740–741. – 1 Tab., 4 Lit.
Vf. beschreibt eine in Gülzow ausgearbeitete Methode zur Gewinnung überwinterungsfähiger Roggenpflanzen. Die Möglichkeit, im Rosettenstadium befindliche Kulturen hierfür zu nutzen, ist bekannt. Vf. schneidet die ährentragenden Halme ab und teilt die verbleibenden Pflanzen auf. Der Versuch ist gelungen, so daß der praktischen Züchtung neue Möglichkeiten zur Erzeugung von Winterroggenpopulationen gegeben sind.
H. Müller/Bernburg. 1714.

Pachomova, V. P. (Pachomowa, W. P.); Charkow, Ukrain. Forsch.-Inst. für Pflanzenbau, Zücht. und Genetik. Selekcija rži – na zimostojkost'. **(Die Winterfestigkeitszüchtung bei Wi-Roggen.)** Selekcija i semenovodstvo, Moskva **27** (1962) Nr. 4. S. 68–70. – 1 Tab.
Ausgehend von den Auswinterungsergebnissen in den immer wieder in der Ukraine auftretenden ungünstigen Jahren (1959/60 große Schäden, z. B. beim 'Bernburger Futterroggen' fast Totalschaden), untersucht Vf. den Stand auf dem Gebiet der Resistenzbewertung und Züchtung. Vergleichsprüfungen (1956–59) der Sorten 'Charkowskaja 194', 'Petkuser Kurzstrohroggen' und der Hybride ('Petkuser Kurzstrohroggen' × 'Charkowskaja 194') ergaben nach Einwirkung von –20 °C folgende Auswinterung: 20%, 60% bzw. 20%. Im Ertragsmittel (1952–61) lag die Hybride mit 34,9 dt/ha am höchsten.
G. Jury. 1714.

Avramčuk, N. G. (Awramtschuk, N. G.); Winniza, Ukrain.SSR, Staatl. Landwirtsch. Versuchsstat. Sort pivovarennogo jačmenja Il'ineckij 43. **(Die Braugerstensorte 'Ilinezki' 43.)** Selekcija i semenovodstvo, Moskva **27** (1962) Nr. 4. S. 75–76.

Die Sorte entstand durch Sortenkreuzung ('Hanna Loosdorfer' und 'Heines Hanna'). 'Ilinezki 43' hat eine TKM von 45,7 g und ein l-Gew. von 716 g; das Korn enthält 9–11% Eiweiß und ist gut ausgebildet von elliptischer Form. Vf. gibt eine ausführliche Beschreibung. Das Ertragsmittel der Sorten prüfung (1953–61) liegt bei 39,4 dt/ha und übertrifft damit wesentlich alle bisher rayonierten Sorten. G. Jury. 1716.

Kotko, I. K.; Sernowoi, Gebiet Rostow, Sernograder Staatl. Zuchtstat. Izmenenie nasledstvennosti ozimogo jačmenja pri letnich posevach. **(Veränderung der Vererbungseigenschaften von Wi-Gerste bei Sommeraussaat.)** Agrobiologija, Moskva **1962** Nr. 1. S. 142–144. – 2 Tab.
Vf. untersuchte im Gebiet von Rostow die Möglichkeit der Selektion von So-Gersten aus der Wi-Gerstensorte 'Don 20/21'. Die zum Vergleich angebaute Sorte 'Odessa 17' erwies sich als wesentlich geeigneter für diesen Versuch. Es wurde ferner die Möglichkeit untersucht, ob die nicht schossenden Pflanzen als Folge des hohen Lichtbedarfes sich als bes. winterfest erweisen würden. H. Müller/Bernburg. 1716.

Arnasaon, T. J., Mohammed, Laila, Koehler, Donna und Renneberg, F. M.; Saskatoon, Canada, Univ. of Saskatchewan, Biol. Dep. Mutation frequencies barley after treatment with γ-radiation, ethylene imine, ethyl methanesulfonate and maleic hydrazide. **(Mutationshäufigkeiten bei Gerste nach Behandlung mit γ-Strahlen, Äthylenimin, Äthylmethansulfonat und Maleinhydrazid.)** Canad. J. Genetics Cytol. **4** (1962) Nr. 2. S. 172–178. – 3 Tab., 11 Lit.
Zum Vergleich der Mutagenität wurden Gerstensamen der 6zeiligen Sorte 'Montcalm' mit γ-Strahlen (^{60}Co), Äthylenimin (ÄI), Äthylmethansulfonat (ÄMS) und Maleinhydrazid in verschiedenen Dosen bzw. Konz. behandelt. Außerdem erfolgten einige Kombinationen von Chemikalien oder von Chemikalien und Strahlen. Die in der M_2-Generation an Hand von Chlorophyllmutationen im Gewächshaus ermittelten Mutationsraten betrugen für γ-Strahlen max. 6,1%, ÄI 20,5% und ÄMS 39,8% mutierte Ähren. Maleinhydrazid induzierte sehr wenig Mutationen (0,15%) und zeigte bei Applikation vor der Bestrahlung eine geringe Schutzwirkung. Auch in einer Mischung von Adenin- und Thymin-Lösung vor oder nach der Bestrahlung eingequollene Samen erbrachten weniger Mutationen als mit H_2O behandelte und danach bestrahlte Samen. Dagegen stieg bei gleichzeitiger, kombinierter Behandlung mit ÄI und Adenin-Thymin die Mutationsrate auf 23,8% gegenüber 20,5% bei alleiniger Anwendung von ÄI. W. Hentrich. 1716.

Metcalfe, D. R.; Brandon, Manitoba, Canada Dep. of Agric. Inheritance of resistance to loose smut, covered smut and false loose smut in the barley variety jet. **(Die Vererbung der Resistenz gegen Flugbrand, Hartbrand und Schwarzbrand bei der Gerstensorte 'Jet'.)** Canad. J. Plant Sci. **42** (1962) Nr. 1. S. 176–189. – 9 Tab., 14 Lit.
Seit 10 Jahren wird in West-Canada die Resistenz der Gerstensorte 'Jet' gegen Flugbrand (*Ustilago nuda*), Gerstenhartbrand (*Ustilago hordei*) und Gerstenschwarzbrand (*Ustilago nigra*) züchterisch ausgenutzt. Kreuzungen genannter Sorte mit den anfälligen Sorten 'Vantage' und 'Plush' und deren Analyse in F_1, F_2 und F_3 nach künstlicher Infektion ergaben, daß die Resistenz gegen Flugbrand durch ein dominantes Gen kontrolliert wird. Für die Resistenz gegen Gerstenhart- und Gerstenschwarzbrand werden ebenfalls dominante Gene vermutet, jedoch sind endgültige Aussagen auf Grund voneinander abweichender Ergebnisse der einzelnen Kreuzungsgenerationen nicht möglich. Während zwischen den beiden letztgenannten Brandkrankheiten enge Beziehungen im Vererbungsmodus nachgewiesen wurden, wird die Resistenz gegen Flugbrand unabhängig von den durch Keimlingsinfektion verursachten Brandkrankheiten vererbt. Weitere Kopplungsstudien, die sich auf morphol.

Merkmale sowie die Reaktion auf Schwarzrostinfektion erstreckten, ließen keinerlei Beziehungen zur Vererbung der Resistenz gegen die genannten drei Brandkrankheiten erkennen. H.-D. Koch. 1716.

McGinnis, R. C. und Andrews, G. Y.; Winnipeg, Univ. of Manitoba, Dep. of Plant Sci. The identification of a second chromosome involved in chlorophyll production in Avena sativa. **(Die Identifizierung eines zweiten an der Chlorophyllproduktion beteiligten Chromosoms bei Avena sativa.)** Canad. J. Genetics Cytol. 4 (1962) Nr. 1. S. 1–5. — 3 Abb., 2 Tab., 5 Lit.
In der F_2 von 'White Russian' × 'Exeter' wurden Albinos gefunden. Chromosomenauszählungen der Wurzelspitzen ergaben, daß die chlorophyllfreien *Avena-sativa*-Keimlinge nur 40 statt 42 Chromosomen hatten. Weitere Prüfungen und Auszählungen der Chromosomen von Reservesaatgut ergaben, daß Pflanzen mit 42 und 41 Chromosomen grün, Pflanzen mit $n = 40$ dagegen chlorophyllfrei oder -haltig waren. Kreuzungen von Albinos × grünen Pflanzen spalteten 3:1. Durch Karyotypenanalysen wurde das fehlende Chromosomenpaar analysiert. Es handelt sich um Chromosom 21 des C- oder D-Genoms. K. Schulz. 1718.

Rajhaty, T.; Ottawa, Ontario, Canada Dep. of Agric., Res. Branch. Chromosomal differentiation and specification in diploid Avena. **(Chromosomale Differenzierung und Spezifizierung bei diploidem Hafer.)** Canad. J. Genetics Cytol. 3 (1961) Nr. 4. S. 372–377. — 2 Abb., 2 Tab., 7 Lit.
Die meisten diploiden *Avena*-Species besitzen das A-Genom. Das Genom der ebenfalls diploiden Species *A. longiglumis* weicht dagegen in wenigstens 6 der 7 Chromosomen von diesem ab und wurde als A^1-Genom bezeichnet. Die Totallänge der Chromosomen des A^1-Genoms ist gegenüber denen des A-Genoms um 17 Einheiten größer. Es werden die Ergebnisse zytologischer Untersuchungen an Bastarden aus *A. longiglumis* × *A. strigosa* und *A. longiglumis* × *A. hirtula* (beide A^1 A) vorgelegt. Beide Kombinationen verhielten sich grundsätzlich ähnlich, was erneut auf die genomatische Ähnlichkeit der beiden ♂-Species hinweist. — Die Fertilität der Bastarde war herabgesetzt. Nur etwa $^1/_3$ des Pollens ließ sich mit Carminessigsäure anfärben. In MI traten nur wenige Uni- und Bivalente auf; es dominierten Trivalente und Assoziationen aus 5 bzw. 6 Chromosomen. 31% aller Zellen besaßen $3^{III} + 1^{V}$, es folgte der Frequenz nach die Kategorie $1^{II} + 2^{III} + 1^{VI}$. Diese Befunde zeigen, daß die genomatischen Species-Unterschiede durch Translokationen, in die nahezu alle Chromosomen eingeschlossen sein müssen, bedingt sind. Als Ergebnis der Multivalentenbildungen traten in A I nur 22% Zellen mit 7 + 7 Chromosomen auf (58%, 6 + 8, 20% 5 + 9). Die Frage der Ursprünglichkeit der beiden Genome wird eingehend diskutiert. Die Ergebnisse reichen jedoch noch nicht für eine Entscheidung aus. Als sicher kann gelten, daß beim diploiden Hafer wenigstens 2 Species-Populationen, die infolge genomatischer Unterschiede sexuell isoliert sind, existieren. H. Schmalz. 1718.

Kisljuk, M M.; Puschkin, Gebiet Leningrad, Unions-Forsch.-Inst. für Pflanzenbau. Izmenčivost' golozernogo ovsa pod vozdejstviem otricatel'noj temperatury. **(Variabilität von Nackthafer nach Einwirkung von Minustemperaturen.)** Agrobiologija, Moskva **1962** Nr. 1. S. 66–72. — 9 Abb., 2 Tab.
Vf. untersuchte 5jährig durch Vorsaat-Jarowisation behandelte Nackthafersamen der Sorte 'WIR 2301'. Es handelt sich um einen Typ mit Sperrrispe und starker Spelzenausbildung. In den Jahren 1959–60 wurden die mit Temperaturen bis −14,5 °C behandelten Samen mit unbehandelten Kontrollen ausgesät. Dabei zeigte sich, daß verschiedene Rispentypen, aber auch eine unterschiedliche Spelzenausbildung vorkam. Die Behandlung bei niedrigen Temperaturen kann auch zu Fatuoiden führen. Als auslösender Faktor für diese Variabilitätserweiterung betrachtet Vf. die Behandlung bei niedrigen Temperaturen. H. Müller,/Bernburg. 1718.

Sechler, Dale T.; Columbia, Univ. of Missouri, Coll. of Agric., Agric. Exp. Stat. Root development and lodging resistance in oats. **(Wurzelentwicklung und Lagerresistenz bei Hafer.)** Univ. Missouri, Coll. Agric., agric. Exp. Stat., Res. Bull. **1961** Nr. 769. S. 1–38. — 5 Abb., 19 Tab., 9 Lit.

4 in der Neigung zum Lagern verschiedene Hafersorten wurden in Feld- und Gewächshausversuchen untersucht. Die lagerresistenten Sorten hatten signifikant längere Wurzelkronen, stärkere Halme und ein kleineres Stroh-/Wurzelverhältnis. Zahl der Kronenwurzeln und chem. Eigenschaften der Gewebe hatten dagegen keinen Einfluß. Lange Wurzelkronen und damit höhere Lagerfestigkeit werden erreicht durch tiefere Saat, wobei jedoch Wurzelentwicklung und Gesamtwachstum negativ beeinflußt werden. Sorten mit Veranlagung zu langem Kronenteil müssen zur Ausbildung dieses Merkmals tief gesät werden. Feuchtigkeitsmangel und dichte Saat führen zu schwächeren Halmen und Wurzeln. Kühle Witterung führt zur Erhöhung des Sproß-/Wurzelverhältnisses, aber zugleich mit der Pflanze werden auch die Wurzeln kräftiger. N-Düngung bewirkt starke Zunahme der oberirdischen Masse. — Nach den Ergebnissen von Kreuzungsversuchen ist die Erblichkeit des Sproß-/Wurzelverhältnisses, des Dmr. der Kronenwurzeln und der chem. Eigenschaften der Gewebe offenbar nur gering. Die Länge des Kronenteils wird offenbar durch verschiedene genetische Faktoren bestimmt, ebenso auch der Halm-Dmr. Erfolgreiche Selektion auf diese beiden Merkmale erscheint möglich.
W. Stenz. 1718.

Bianchi, A. und Contin, M.; Milano, Ist. di Genetica. Transmisssion and crossing-over of irradiated chromosomes of maize. **(Transmission und Crossing-over bei bestrahlten Maischromosomen.)** Z. Vererbungslehre **93** (1932) Nr. 1. S. 118–126. — 1 Abb., 6 Tab., 13 Lit.

Reine Linien, die sich durch verschiedene Allele auf dem Chromosom 9 unterscheiden, wurden mit einer Dosis von 0,5–4 kr bestrahlt. Nach der Bestrahlung der Heterozygoten erfolgt Rückkreuzung mit beiden Eltern, Selbstungs- und Nachkommenschaftsprüfung. Die Abweichungen von der Norm werden in 6 Tab. anschaulich wiedergegeben. An Hand der einzelnen Resultate ergibt sich für das Chromosom 9 für die einzelnen Bestrahlungsdosen ein unterschiedliches Bild. Die verschiedenen Faktoren reagierten unterschiedlich.
H. Müller/Bernburg. 1720.

Brink, R. Alexander und Notani, N. K.; Madison, Univ. of Wisconsin, Atomic Energy Establishment. Effect on R^r action in maize of a structural alteratin distal to the R locus in chromosome 10. **(Der Effekt der R^r-Wirkung bei Mais durch die strukturelle, distale Veränderung gegenüber dem R-Locus in Chromosom 10.)** Genetics **46** (1961) Nr. 9. S. 1223–1230. — 4 Tab., 6 Lit.
Die Ausfärbung der Aleuronschicht kann von der Entfernung des Genortes R bestimmt werden. Es werden vom Vf. 3 Möglichkeiten zur Translokation gezeigt, die sich in der Kornfärbung ausprägen. Da der Bruch im Chromosom 10 zwischen den Genorten R^r und R liegt, ergeben sich verschiedene Kombinationsmöglichkeiten. Zur Erhöhung der Aussagegenauigkeit wurde der Faktor Rr in eine andere Linie eingelagert. Es ergeben sich neue Hinweise auf die genaue Lokalisierung verschiedener Genorte. H. Müller/Bernburg. 1720.

Brink, R. Alexander und Blackwood, Margaret; Madison, Univ. of Wisconsin; Parkville, Victoria, Australia, Univ. of Melbourne. Persistent enhancement of R^r action in maize by structural alterations of chromosome 10. **(Die ständige Hemmung der Wirkung des Faktors R^r bei Mais durch Strukturveränderungen auf dem Chromosom 10.)** Genetcis **46** (1961) Nr. 9. S. 1185–1205. — 1 Abb.,16 Tab., 9 Lit.
Der Faktor R steuert die Anthocyanfärbung des Maisblattes. Man kennt einige Allele, die bereits beschrieben sind. Die Wirkung des Faktors R wird

durch die Einlagerung des Faktors T2 unterdrückt. Der Grad der Homozygotie hat dabei wenig Bedeutung. Bei der reziproken Translokation war der gleiche Effekt nachzuweisen. Die rel. Wirkungslosigkeit des Faktors R auf Scheinmutation bei Maispflanzen, die im Gen „Stipple" heterozygot sind, wurde nachgewiesen. Das von Vff. wiederholt untersuchte Gen R wird mit dem Faktor Rest in seiner Wirksamkeit auf die Farbausprägung der Aleuronschicht untersucht. Es ergibt sich eine wesentliche Veränderung der Ausprägung. Die unregelmäßige Ausfärbung der Körner wird bes. bei Benutzung der Linie W 22 deutlich. H. Müller/Bernburg. 1720.

Laughnan, John R.; Urbana, Univ. of Illinois, Dep. of Bot. and Agronomy. An evaluation of the multiple crossover an side-chain hypotheses based on an analysis of alpha derivatives from the A-P complexes in maize. **(Eine Schätzung zur multiplen Crossing-over- und Seitenketten-Hypothesen an Hand einer Analyse von Alpha-Derivaten des A-P-Komplexes bei Mais.)** Genetics **46** (1961) Nr. 10. S. 1347–1372. – 5 Abb., 6 Tab., 42 Lit.
Die mutative Form des Allels A beim Mais bedingt in der Aleurenschicht der Pflanze typische Abweichungen. Diese Erscheinung wird als α-Derivat bezeichnet. Es ergeben sich aber auf Grund verschiedener Koppelungen immer Schwierigkeiten einer genauen Bestimmung. Vf. bemüht sich daher, zunächst einmal die verschiedenen Wechselwirkungen zu beschreiben. Es ergeben sich für die verschiedenen Erscheinungsformen der Mutante klare Übereinstimmungen mit zytologischen Untersuchungen. Die Besonderheiten der einzelnen Erscheinungsformen können als chromosomal bedingte Koppelungen erklärt werden. Die Hypothese, daß es sich bei diesen Komplexen um Seitenketten oder mehrfachen Austausch innerhalb kurzer Chromosomensegmente handelt, können widerlegt werden. H. Müller./Bernburg. 1720.

Ibrahim, Mahmoud A. The use of interchanges involving chromosome 6 in maize in studies of chromosome segregation. **(Die Benutzung von Austauschstämmen am Chromosom 6 bei Mais zum Studium von Chromosombrüchen.)** Genetics **46** (1961) Nr. 12. S. 1567–1572. – 3 Tab., 8 Lit.
Vf. untersuchte 4 Linien mit unterschiedlicher Struktur des Chromosoms 6. Es zeigte sich, daß bei längeren Armen der untersuchten Teilstücke die Brüche seltener als bei kurzen waren. Das Verhalten der Chromosomen nach Bruch in der Nähe der Satellitenregion kann vom Vf. nicht geklärt werden. H. Müller/Bernburg. 1720.

Sprague, G. F. und Schuler, J. F. The frequencies of seed and seedling abnormalities in maize. **(Die Häufigkeiten von Saatgut- und Keimlingsabnormitäten bei Mais.)** Genetics **46** (1961) Nr. 12. S. 1713–1720. – 3 Tab., 9 Lit.
Es wurde die Maissorte 'Reid' untersucht. Dabei wurde neben dem Originalsaatgut eine neue Population von Selbstungsnachkommenschaften aufgebaut. Dabei zeigte es sich, daß nach 4 Jahren freier Abblüte die Mutationsrate bei der künstlich geschaffenen Population wesentlich niedriger war. Das wird darauf zurückgeführt, daß ein hoher Heterozygotierad erwartet werden kann. Züchterisch gibt es einen Anhalt dafür, daß durch die natürliche Mutationsrate und scharfe Selektion wertvolle Ergebnisse erzielt werden können. H. Müller/Bernburg. 1720.

Eijnatten, C. L. M. van; Ibadan, Nigeria, Federal Dep. of Agric. Res., Moor Plantation. A varietal improvement program on maize in Nigeria. **(Ein Maissorten-Zuchtprogramm in Nigeria.)** Euphytica [Wageningen] **10** (1961) Nr. 3. S. 294–300. – 1 Abb., 4 Tab., 12 Lit.
Vf. beschreibt die Arbeiten der Maiszüchtungsprogramme in Nigeria. Aus der kurzen Übersicht ist zu entnehmen, daß auf breiter Basis exakte Versuche mit verschiedenen Herkünften angelegt werden. Aus den verschiedenen Topcross-Prüfungen ergeben sich einzelne Nachkommenschaften, die sich durch

guten Wuchs und frühe Reife auszeichneten. Bes. hervorgehoben wird eine neue synthetische Sorte mit der Bezeichnung 'ES 1'.
H. Müller/Bernburg. 1720.

Fedorov, P. S. (Fjodorow, P. S.); Kirgis. Forsch.-Inst. für Ackerbau. Fiziologo-biochimičeskie osobennosti geterozisnych gibridov kukuruzy. **(Die physiologisch-biochemischen Eigenschaften von Heterosismaishybriden.)** Vestnik sel'skochozjajstvennoj nauki, Moskva 7 (1962) Nr. 4. S. 27–33. – 1 Abb., 8 Tab., 15 Lit. Zus. in Engl., Franz., Dtsch.
Die biochem. Zusammensetzung der Samen von Heterosishybriden ist von Hybride zu Hybride verschieden. So sind die Samen der Heterosishybriden 'Krasnodarski 3' und 'Krasnodarski 4' reicher an C, N und P als die der Hybride 'Sterling' × 'Liming'. Bei der Keimung werden die Reservestoffe in den Samen der Heterosishybriden rationeller genutzt als bei den Hybriden ohne Heterosiserscheinung. In einem Versuch keimten als erste die Samen der Hybride 'Krasnodarski 3', es folgten die der Linie W-155 und als letzte die Samen der Linie 'Sh-23'. Eine Beziehung zwischen dem hohen Gehalt der vorgenannten Stoffe in den Samen und der Entwicklung von Wurzeln und Keimen konnte festgestellt werden. E. Kahn. 1720.

Winkel, A. **Physiologische Untersuchungen am Mais.** Forsch.- u. Entwickl.-Stelle Bernburg, Institut für Pflanzenzüchtung der Deutschen Akademie der Landwirtschaftswissenschaften zu Berlin Plan-Nr.: 1701 03-h-04/Z.
Bei den physiol. Untersuchungen am Mais wurden unter Zuhilfenahme von Kältehaus, Klimahaus, Schattenhalle und Räumen für photoperiodische Untersuchungen neue Züchtungsmethoden entwickelt. Die Testmethode zur Bestimmung der Jugendentwicklung und der Reifegruppe hat in der praktischen Hybridmaiszüchtung ihre Bestätigung gefunden. Die chem.-physiol. Untersuchungen an 8 Gattungsbastarden zwischen *Zea mays* und *Euchleana mexicana* ergaben, daß der Zeitraum zwischen Fahnenschieben und Siloreife bei einigen dieser Formen offenbar kürzer als bei den bekannten Standardsorten ist. 1720.

Bálint, A., Kovács, A. und Böszörményi, Z. **Wege zur Steigerung des Eiweißgehaltes beim Mais.** Int. Z. Landwirtsch. **1962** Nr. 2. S. 34–36. – 3 Tab.
Durch Düngung kann der Eiweißgehalt im Korn erheblich gesteigert werden, wobei Sorten mit hohem Eiweißgehalt rel. stärker auf N-Düngung reagieren als solche mit niedrigem. Daraus wurde abgeleitet, Sorten zu züchten, die die ökol. Bedingungen zu starker Eiweißsynthese optimal auszunutzen vermögen. Züchtungsversuche bestätigen die Möglichkeit zur Steigerung des Eiweißgehaltes, z. B. Kreuzungen zwischen Mais und *Euchlaena mexicana*, wobei sich nach der 2. Rückkreuzung Gehaltszahlen bis zu 14,1% ergaben. Dabei läßt sich auch auf hohe biol. Wertigkeit des Eiweißes züchten, denn es gelang, den Gehalt an Tryptophan, Lysin und Alanin zu steigern. Auch der Eiweißgehalt in der Grünmasse ließ sich erhöhen. Ein Vergleich verschiedener Kreuzungsprodukte ergab erhebliche Differenzen im Eiweißgehalt der Blätter (19,3–24,1% z.Z. des Blühens, 15,6–21,0% in der Milchreife), so daß sich beträchtliche Möglichkeiten ergeben. – Auch der Ölgehalt der Samen läßt sich erheblich steigern. Bei 2 Linien wurden 8–9% erreicht. W. Stenz. 1720.

Ross, J. G. und Chen, C. H.; Lund, Sweden, Inst. of Genetics. Fertility differences in autotetraploid sorghum. **(Fertilitätsunterschiede bei autotetraploidem Sorghum.)** Hereditas [Lund] 48 (1962) Nr. 1/2. S. 324–331. – 3 Tab., 16 Lit.
Bei Autotetraploiden einer Körner-*Sorghum*-Sorte, einer mit Colchicin behandelten Mutante und einem F_1-Bastard zwischen diesen wurden unterschiedliche Fertilitätsgrade von $< 0,5\%$, 35,5% sowie 56,9% festgestellt, obgleich die

diploiden Ausgangsformen nur geringe Unterschiede aufweisen. Zytologische Untersuchungen ergaben, daß bei tetraploiden Formen mit höherer Fertilität die Zahl der Quadrivalenten schwach reduziert, die Zahl der Bivalenten leicht erhöht und die Zahl der Univalenten auffallend verringert war. Aus den Ergebnissen wird gefolgert, daß die Mutation in der Diploiden mit der Reduzierung der Univalenten und der damit verbundenen höheren Fertilität im tetraploiden Zustand die Ausbildung einer größeren Anzahl Chiasmata bewirkt hat. Die erhöhte Fertilität der Mutante und der F_1 kann nicht in vollem Umfang den geringeren Effekt des fehlenden Chromosomengleichgewichtes, das aus der Reduzierung der Univalenten resultiert, zugeschrieben werden, da weder eine aus dem fehlenden chromosomalen Gleichgewicht entstandene Beeinflussung noch ein aus der Mutation resultierender Effekt festgestellt werden konnte. J. Schieblich. 1722.

Zacharias, M. und Ehrenberg, L.; Stockholm, Genetics Dep., Forest Res. Inst.; Univ., Inst. of Org. Chem. and Biochem. Induction of leaf spots in leguminous plants by nucleotoxic agents. I. **(Die Induktion von Blattflecken bei Leguminosenpflanzen durch nucleotoxische Agenzien. 1. Mitt.)** Hereditas [Lund] 48 (1962) Nr. 1/2. S. 284–306. – 13 Abb., 1 Tab., 28 Lit.
Nach Röntgenbestrahlung von Samen entstehen bes. bei Leguminosen an den Keimblättern der Sämlingspflanzen mosaikartige oder bunte (hellgrün-gelblichweiße) Blattflecke (Bf.). Das Auftreten dieser Flecke wird bei verschiedenen Leguminosen (*Glycine soja, Pisum sativum, Vicia faba* var. *minor, Trifolium* 2n und 4n Form) nach Behandlung der Samen vor allem mit Röntgenstrahlen, Neutronen, Äthylenoxyd, Diepoxybutan und O_2 bei hohem Druck untersucht. – Nach Behandlung mit schnellen Neutronen, die etwa 20–30mal mehr Bf. als Röntgenstrahlen induzieren, verläuft die Dosis-Effekt-Kurve etwa linear, während nach Röntgenbestrahlung die Effekte etwa proportional zum Quadrat der Dosis auftreten. Es wird daher angenommen, daß Bf. als Folge von Veränderungen im genetischen Material, ähnlich wie Translokationen, durch „Zwei-Treffer-Effekte" entstehen. – Tetraploider Rotklee zeigt nach Röntgenbestrahlung wesentlich weniger Bf. als die diploide Form. Die geprüften radiomimetrischen Subst. sind sehr wirksam, wobei die Häufigkeit der Blattflecke durch Äthylenoxyd, ähnlich wie nach Röntgenbestrahlung, Exponent 1,6) zur Dosis erhöht wird. O_2 unter hohem Druck (30–60 atm) ist ebenfalls fähig, Bf. zu induzieren. – Die Ursachen des Entstehens der Bf. werden diskutiert, und die Bf.-Methode wird für eine schnelle Bestimmung der nucleotoxischen Aktivität oder Wirkung von Mutagenen empfohlen. W. Hentrich. 1734.

Bemis, W. P. und Kedar, N.; Tucson, Univ. of Arizona; Rehovot, Hebrew Univ., Fac. of Agric., Dep. of Field and Vegetable Crops. Inheritance of morphological abnormalities in seedlings of two species of Phaseolus. **(Die Vererbung von morphologischen Abnormalitäten bei Sämlingen von zwei Phaseolus-Arten.)** J. Heredity 52 (1961) Nr. 4. S. 171–178. – 1 Abb., 8 Tab., 9 Lit.
Bei Kreuzungen der beiden Arten *Phaseolus vulgaris* und *P. coccineus* traten in der F_2-Generation Pflanzen mit Zwergwuchs auf. Es waren 5 *P. vulgaris*-Varietäten ['Blue Lake' (1), 'Canocel' (2), 'Light Red Kidney' (3), 'Tendergreen' (4), 'White Morrow' (5)]jeweils mit der gleichen *P. coccineus*-Varietät ['Scarlett Runner' (6)] gekreuzt worden. Kreuzte man 1×6, so erhielt man sog. B-Zwergpflanzen, die bereits als Sämling abstarben. Die Kreuzungen 3×6, 4×6 und 5×6 führten zu sog. T-Zwergpflanzen, die jedoch noch zur Blüte kamen und lebensfähigen Pollen erzeugten. 2×6 dagegen war uneingeschränkt kreuzbar. Das gleiche traf für die 5 *P. vulgaris*-Varietäten untereinander zu. Vff. entwickeln eine Hypothese zur Deutung der Ergebnisse, indem sie das Vorhandensein von 2 Loci (B und T) mit jeweils 3 Allelen (v = *vulgaris*, c = *coccinens* und $\breve{c}$ c) annehmen. $B^v B^c$ würde z.B. B-Zwergpflanzen

und $T^v T^c$ T-Zwergpflanzen zur Folge haben, während $B^{vc} B^{vc}$, $T^{vc} T^{vc}$ normalen Wuchs bedingt, wie das bei der Kreuzung 2×6 beobachtet werden konnte. G. Krausse. 1734.

Zoschke, Martin. **Die genetisch bedingte Variabilität des Alkaloidgehaltes bei Papaver somniferum L.** Angew. Bot. **36** (1962) Nr. 3/4. S. 185–192. – 2 Abb., 3 Tab., 13 Lit.
Solange die industrielle Erzeugung von synthetischem Morphin oder entspr. gleichwirkender Ersatzstoffe in ausreichendem Umfange nicht erfolgt, ist die Züchtung öl- und alkaloidreicher Mohne von Interesse. Mohnstämme, eingeteilt nach Züchtungsgruppen (Blühfarbe, Samenfarbe) verschiedener Herkunft und nach Sorten werden untersucht und erhebliche Unterschiede im Morphingehalt festgestellt. Höchste Morphinwerte wurden bei weißblühenden, hellsamigen Zuchtstämmen gefunden. Beim Mohn ist offenbar auch im Morphinbildungsvermögen eine große Variabilität vorhanden. Durch Ermittlung genetisch differenzierter Alkaloidformen und durch Selektion und Kombination erscheint es möglich, Stämme mit hohem Samenertrag und Ölgehalt sowie von 0,2 auf 0,4–0,6% gesteigertem Morphingehalt zu züchten.
H.-G. Zimmermann. 1756.

Hlaváčková, Zdenka; Praha, Přírodovědecká Fak. Karlovy Univ., Genetické Odd. Katedry Mikrobiol. a Genetiky. Korelace šlechtitelsky důležitých znaků u odrůd máku. **(Korrelationen der in der Züchtung wichtigen Merkmale bei Mohnsorten.)** Sborník českoslov. Akad. zemědělských Věd, rostlinná Výroba **8(35)** (1962) Nr. 3. S. 379–388. – 5 Tab., 18 Lit. Zus. in Russ., Engl., Dtsch.
Es sollten eventuelle Korrelationen zwischen einigen Merkmalen und dem Morphingehalt der Mohnköpfe festgestellt werden, die man für die Auslese morphinreichen Materials ausnützen könnte. Es wurde die Variabilität züchtungstechnisch wichtiger Merkmale bei 4 ölhaltigen Mohnsorten ('Azur', 'Hanacký modrý', 'Dětenický bělosemenný' und die holländische Sorte des Blausamenmohns 'Emmabloem') untersucht. Gemessen wurde nur trockenes Material und von jeder Sorte wurden 60 Pflanzen und 150 Mohnköpfe annommen. Es wurden folgende Merkmale bewertet: Morphingehalt, Höhe und Breite des Mohnkopfes, Zahl der Narbenstrahlen, Samengewicht eines Mohnkopfs, Halmbildung, Pflanzenhöhe. Statistisch konnte nachgewiesen werden, daß die Halmbildung, das Samengewicht und der Morphingehalt charakteristische Sorteneigenschaften sind. Positive Korrelationen wurden zwischen Höhe und Halmbildung, Zahl der Narbenstrahlen und Kapselbreite, Strahlenzahl und Samengewicht sowie Kapselhöhe und -breite und Samengewicht gefunden. J. Šindelářová. 1756.

Pushkarnath; Simla, India, Centr. Potato Res. Inst. Potato breeding and genetics in India. **(Kartoffelzüchtung und -genetik in Indien.)** Indian J. Genetics Plant Breeding **21** (1961) Nr. 2. S. 77–86. – 29 Lit.
Erstmalig wurden die Kartoffeln in Indien i. J. 1615 erwähnt. Heute wird in unterschiedlichem Umfange in allen Teilen des Landes Kartoffelbau betrieben. Die Gesamtanbaufläche beträgt 822000 acre mit einem Ertrag von 63 Mill. lb. Die Staaten Uttar Pradesh, Bihar und West Bengal stellen 70% der gesamten Anbaufläche. Im weiteren Teil der Arbeit werden folgende Abschnitte behandelt: Geschichte der Kartoffel, Forschung (1. 1830–1932, 2. 1932–1956, 3. 1956 bis zur Gegenwart). Bes. in den letzten Jahren wurde eine gut organisierte Kartoffelzüchtung aufgebaut. Die vorhandenen Genotypen wurden gesammelt und registriert. Als bes. Zuchtziele werden Frühreife, gute Anpassungsfähigkeit an Kurz- und Langtag, Resistenz gegen *Phytophthora, Alternaria solani, Macrophomia phaseoli* herausgestellt. Eine geordnete Erhaltungszüchtung mit Prüfung der einzelnen Klone und Erzeugung virusfreier Klone wurde eingerichtet. Genetische Arbeiten, vorwiegend auf der Basis von Wildkar-

toffeln, wurden durchgeführt. Als neue Forschungsaufgaben nennt Vf. die Schaffung resistenter Formen gegen Krebs, *Pseudomonas solanacearum* und *Meloidogyne* ssp. D. Rothacker. 1772.

Swaminathan, M. S. und Magoon, M. L.; New Delhi, India, Indian Agric. Res. Inst. Origin and cytogenetics of the commercial potato. **(Ursprung und Zytogenetik der kommerziellen Kartoffel.)** Advances Genetics **10** (1961) S. 217–256. – 2 Abb., 2 Tab., 153 Lit.
Die von Salaman entwickelte Theorie, daß die eur. Kartoffel, *Solanum tuberosum*, in Wirklichkeit eine Varietät von *S. andigena* ist, die sich durch Selektion zu ihrer heutigen Form entwickelt hat, wird von Vff. unterbaut. Nach einleitenden Betrachtungen über die Gattung *Solanum* werden die Beziehungen zwischen *S. tuberosum* und *S. andigena* in historischer, und bot. Hinsicht sowie im photoperiodischen zytogenetischen Verhalten untersucht. Im folgenden Abschnitt wird nach Untersuchung der Polyploidie die Definition von Stebbins als gegenwärtig passendste bezeichnet, wonach *S. tuberosum* als intervarietal-autopolyploid anzusehen ist. Über die Chromosomengrundzahl der Gattung *Solanum* kann noch keine endgültige Festtellung getroffen werden. Bei der Diskussion über die möglichen Ahnen von *S. tuberosum* wird bei Betrachtung der diploiden Ahnen *S. stenotonum* eine bes. Stellung eingeräumt.
K. Schulz. 1772.

Zubeldia, A.; Vitoria, Spain, Esta. de Mejora de la Patata. Observations on the development rhythm of potato parents in early crop breeding. **(Beobachtungen über den Entwicklungsrhythmus der Eltern in der Frühkartoffelzüchtung.)** Europ. Potato J. **4** (1961) Nr. 4. S. 400–411. – 3 Abb., 10 Lit. Zus. in Franz., Span., Dtsch.
Um Ausgangsmaterial für die Züchtung früher Sorten für die Verhältnisse Spaniens zu ermitteln, wurde die Knollenbildung und die Reifezeit der am häufigsten angebauten Sorten im Feldversuch mit verschiedenen Rodeterminen untersucht. Bes. Eignung zeigten 'Oberarnbacher Frühe' und 'Katahdin', die sich außerdem durch eine gute Blüten- und Pollenbildung auszeichneten.
Ch. Pfeffer. 1772.

Tomčuk, N. (Tomtschuk, N.); Beloruss. Forsch.-Inst. für Obst-, Gemüse- und Kartoffelbau. Selekcija kartofelja na belok. **(Kartoffelzüchtung auf Eiweiß.)** Kartofel' i ovošči, Moskva **7** (1962) Nr. 8. S. 28–29. – 2 Tab.
Nach Angaben zahlreicher Züchter eignet sich *Solanum andigenum* für die Kreuzungen mit *S. tuberosum* u.a. (Arten, um eiweißreiche Kartoffelsorten zu züchten. Während erstgenannte Art im Durchschnitt 2,5–3,5% Protein enthält, wurden bei Sämlingen von *S. pallidum* 6,86%, bei *S. cuzcoense* 5,68% und bei *S. bifidum* 4,65% festgestellt. Als Bestäuber dienten die Kartoffelsorten 'Katahdin', 'Priekuler Frühe', 'Olew', 'Mira', 'Wermont' und 'Krasnoglaska'. *S. andigenum* kann nicht nur für die Züchtung von eiweißreichen Kartoffeln, sondern auch für die Kombination mit einem erhöhten Stärkegehalt erfolgreich verwendet werden. E. Kahn. 1772.

Favorov, A. M. und Vloch, V. G. (Faworow, A. M. und Wloch, W. G.); Lwow, Inst. für Ackerbau und Viehzucht der Westl. Bezirke der Ukrain.SSR. O vozmožnosti napravlennogo formoobrazovanija u mežsortovych gibridov kartofelja. **(Möglichkeiten der gelenkten Formbildung bei Sortenhybriden von Kartoffeln.)** Agrobiologija, Moskva **1962** Nr. 1. S. 85–89. – 4 Tab.
Vff. untersuchten verschiedene Kreuzungspopulationen auf Ertragsfähigkeit und kamen zu dem Schluß, daß bei den Hybriden der Anbauort einen entscheidenden Einfluß auf den Ertrag ausübt. So ergaben sich beim Anbau der Kreuzungen auf einer höher gelegenen Station in Lwow erhebliche Unterschiede bei den Nachkommenschaften. Die Auslese *Phytopthora*-resistenter Pflanzen wird auf höher gelegenen Versuchsorten gefördert. Die Vff. bemühten sich ferner,

die besten Methoden zur Sämlingskultur ohne Pikieren zu ermitteln. Die dadurch mögliche Rationalisierung führt zur Verbesserung der Erfolgsaussichten bei der Selektion ertrag- und stärkereicher Neuzuchten.

H. Müller, Bernburg. 1772.

Heinisch, O. **Die Zuckerrübe als Futterlieferant.** S.-B. dtsch. Akad. Landwirtsch.-Wiss. Berlin **10** (1961) Nr. 4. S. 35–49. — 3 Abb., 7 Tab., 5 Lit. nach Zus.

Zuckerrüben verdienen wegen ihrer großen Leistungsfähigkeit als Futterpflanze größte Beachtung. Der Anbau wird in Zukunft zunehmen. Dazu sind weitere Schritte zur Erleichterung der Pflege- und Erntearbeiten dringend notwendig. Pflanzenzüchtung und Landmaschinenindustrie müssen hierbei eng zusammenarbeiten. — Die Blatterträge haben in den vergangenen Jahrzehnten stark zugenommen. Es muß unbedingt erreicht werden, das wertvolle Rübenblatt überall restlos und ohne Wertminderung zu werben. Sowohl Blattertrag als auch Blattqualität werden von der Züchtung in Zukunft mit bearbeitet werden. — Es wird notwendig sein, bes. Zuckerrüben für Futterzwecke zu züchten. Bei ihnen kommt es nicht auf die Reinheit der Säfte an, der Zucker-Geh. kann auch unter dem der E-Rüben liegen. — Futterzuckerrüben müssen sich in jedem Fall mechanisiert ernten lassen. Deshalb wird vorgeschlagen, 2 Sortentypen zu entwickeln, von denen der eine der Zuckerrübe gleicht und sich mit Zuckerrübenerntegeräten bergen läßt und der andere Typ so weit über dem Boden wächst, daß die Rüben mit einfachen Hilfsmitteln gerodet werden können. — Es wärde das günstigste, wenn von den zum Verfüttern bereitstehenden Zuckerrüben möglichst viele getrocknet werden könnten. Die Zuckerindustrie wird hierbei die Landwirtschaft unterstützen müssen. 1774.

Hogaboam, G. J. Radiographing as a method of observing some seed characters in monogerm sugar beet fruits. **(Röntgenaufnahmen als Methode zur Beobachtung einiger Saatgutmerkmale bei monogermen Zuckerrüben.)** J. Amer. Soc. Sugar Beet Technologists **11** (1961) Nr. 7. S. 605–609.

Vf. verwendet die Röntgendiagnostik, um den Grad der Einzelfrüchtigkeit im Zuckerrübensaatgut festzustellen. Die Ergebnisse der Untersuchungen — das Verfahren kann nicht als neuartig bezeichnet werden — werden durch 4, teilweise wenig gut reproduzierte Abbildungen belegt. Wie zu erwarten war, lassen sich leere Fruchthöhlungen, Einzelfrüchte, Fruchtknäule, aber auch Zwillinge mehr oder minder gut erkennen. Das vom Vf. beschriebene Verfahren eignet sich nicht nur zur Feststellung des Grades der Einzelfrüchtigkeit, sondern auch zur Beurteilung verschiedener morphol. Merkmale in Samen und Perikarp. Bei dem untersuchten Saatgut waren bei 16 von 19 geprüften Pflanzen 2 bis 4 Samen im Knäuel festzustellen. Der Anteil dieser Fruchtstände lag zwischen 0,3 und 23,8%. O. Heinisch. 1774.

Oldemeyer, R. K. Use of an annual tester for the monogerm conversion of inbred lines of sugar beets. **(Das Verwenden annueller Testpflanzen für das Einführen von Einzelfrüchtigkeit in Inzuchtlinien von Zuckerrüben.)** J. Amer. Soc. Sugar Beet Technologists **11** (1961) Nr. 7. S. 591–594.

Die Umwandlung sämtlicher Zuckerrübensorten in Einzelfrüchtige wird als unbedingt notwendig erachtet. Das Zuchtprogramm der Great Western Zuckerfabriken sieht die Einführung von ♂ sterilen Hybriden von Inzuchtlinien vor. Wenn es sich hierbei um Vierwegkreuzungen handelt, müßten 2 der Elterninzuchtlinien einzelfrüchtig sein und plasmatisch bedingte ♂ Sterilität aufweisen. Bisher waren alle in Betracht kommenden Inzuchtlinien knäuelfrüchtig. Erst in den letzten 2–3 Jahren wurden geeignete einzelfrüchtige Formen isoliert. Der Züchtungsvorgang wird an einem Diagramm erläutert, in dem in 6 Generationen unter Verwendung eines annuellen ♂ sterilen, einzelfrüchtigen Testers durch wiederholte Rückkreuzung die Identifizierung heterozygoter einzelfrüchtiger Pflanzen ermöglicht wird. Auf diesem Wege wird der Verlust des Monogermgens vermieden.

O. Heinisch. 1774.

Stout, Myron, Ryser, George K., Murphy, Albert M. und Owen, F. V. Increased yield and purity of hybrids from the Ovana fodder beet. **(Vermehrter Ertrag und höhere Reinheit bei Hybriden von Zucker- und ,Ovana'-Futterrübe.)** J. Amer. Soc. Sugar Beet Technologists **11** (1961) Nr. 7. S. 565 bis 573. — 1 Tab.
Die ♂ sterile Curlytop-resistente amer. Zuckerrübensorte 'US 35' wurde mit der 'Ovana'-Futterrübensorte des Züchters Frandsen (Taastrup, Dänemark) gekreuzt. Pflanzen der F_1-Generation wurden neuerlich mit ♂ sterilen 'US 35'-Pflanzen zwecks Erzielung einer R_1-Generation rückgekreuzt. Die Kreuzung von selektierten Pflanzen dieser R_1-Generation mit der amer. Inzuchtlinie CT 8 erbrachte die b_2-Hybride 'SL 630'. Der Züchtungsvorgang wird beschrieben. Erzielt wurde nicht nur hoher Ertrag (als Einfluß des 'Ovana'-Elters) sondern auch hoher Zuckergehalt und Reinheitsgrad sowie größere Kräuselresistenz als die der 'US 35'- und der CT 8-Eltern. Demnach konnten die wertbildenden Merkmale aller 3 Eltern kombiniert werden. O. Heinisch. 1774.

Bandlow, Gerhard; Kleinwanzleben, Inst. für Pflanzenzücht. der Dtsch. Akad. der Landwirtsch.-Wiss. zu Berlin. **Über einige bei Röntgenbestrahlung von Zuckerrübenknäueln aufgetretene Erscheinungen und Fragen.** Züchter **32** (1962) Nr. 5. S. 250–257. — 12 Abb., 8 Tab., 18 Lit.
Die Toleranzdosis von 2x und 4x Zuckerrübenknäueln beträgt auf der Basis von 50% fruchtenden Samenträgern etwa 20 kr. Der Rübenkörper der X_1-Rüben reagiert, bes. bei höheren Dosen, auf die Bestrahlung physiol. mit kropfartigen Wucherungen an Kopf und Hals. Solche Rüben wachsen mehr oberirdisch, ihre Nachkommen aber wieder normal tief. Die Blattspreite der X_1-Rüben wird mit steigender Dosis zunehmend reduziert. Selbstung gebeutelter Samenträger bewährte sich bei *Beta*-Rüben nicht, da Fruchtansatz und Keimfähigkeit zu gering sind. Auch Geschwisterbefruchtung war nur ein Viertel so erfolgreich wie Fremdung. Durch Bestrahlung können idiotypisch eingeengte Populationen jedoch heterogener und damit auslesewürdiger werden, wie z.B. für junge monokarpe Stämme aufgezeigt ist. G. Bandlow. 1774.

Duffus, James E. und Fife, J. M. Effects of beet western and beet yellows viruses on amino acids in sugar beet. **(Die Wirkung der Viren von Radieschen- und Rübenvergilbung auf die Aminosäuren von Zuckerrüben.)** J. Amer. Soc. Sugar Beet Technologists **11** (1961) Nr. 7. S. 629–631.
Vf. stellen einleitend fest, daß das Virus der Radieschen-Vergilbung, die in kalifornischen Rübengebieten sehr verbreitet ist, bei der Zuckerrübe Krankheitssymptome hervorruft, die von den durch einige Isolate des Rübenvergilbungsvirus verursachten nicht zu unterscheiden sind. Dieses Virus kann allein, wie auch gemeinsam mit dem Rübenvergilbungsvirus ernstliche Verluste in der Zuckerproduktion bewirken. Durch die Viren von Curly-top, Rübenvergilbung und Radieschenvergilbung finden Veränderungen in der Konz. von Aminosäuren in den Blättern statt, die sich durch Papierchromatographie feststellen lassen. Diese Änderungen wurden für die einzelnen Viren allein und gemeinsam bei verschiedenen Aminosäuren wie Asparagin und Glutaminsäure festgestellt. Diese Analysen können Bedeutung für die Selektion von virusresistenten Pflanzen gewinnen. O. Heinisch. 1774.

Schick, Rudolf; Groß-Lüsewitz, Inst. für Pflanzenzücht. **Aufgaben und Probleme der zukünftigen Futterpflanzenzüchtung.** Ber. Vortr. dtsch. Akad. Landwirtsch.-Wiss. Berlin **5** (1961) S. 211–225. — Zus. in Engl.
Die Züchtung einer neuen Sorte dauert 10–15 Jahre. Infolgedessen muß der Pflanzenzüchter bei Beginn der Arbeit wissen, wie sich der Futterbau, die

Futterwerbung und -Konservierung künftig gestalten werden. Nach kurzen Hinweisen auf die Aufgaben der Futtergetreide-, Futterkartoffel- und Futterzuckerrübenzüchtung verweist Vf. auf die aus der Grünlandwirtschaft erwachsenden Aufgaben. Wirkliches Dauergrünland scheidet für die Betrachtung des Pflanzenzüchters aus. Sollten künftig Weideflächen mit unterschiedlicher Nutzungszeit erwünscht sein, so sind frühtreibende und sich spät entwickelnde Formen mit gutem Nachwuchsvermögen zu züchten. Für die Grünfutterwerbung sind Gramineen zu entwickeln, die eine Hackkultur lohnen, und für die umfangreichen Moorflächen sind Spezialformen zu züchten. Im mehrjährigen Ackerfutterbau spielen Luzerne, Klee und Kleegras die wichtigste Rolle. Hier hat sich die Züchtung neben Gräsern auf Luzerne, Rotklee und Weißklee zu konzentrieren. Für den einjährigen Futterbau sind Silomais, Hafer, Sommerroggen, einjährige Gräser, großkörnige Leguminosen und Futterzuckerrüben von Bedeutung. Verschiedene *Brassica*-Arten (insbes. Futterkohle) sowie Senf, Futterroggen und Winterwicken sind züchterisch zu bearbeiten, um Pflanzen für den Frühjahrs- bzw. Herbstzwischenfruchtbau zur Verfügung zu haben. Spezialformen für günstige Wasserverhältnisse kommt bes. Bedeutung zu. Einige Hinweise zur Züchtungsmethodik werden gegeben. J. Schieblich. 1780.

Schick, R. **Leistungen und Aufgaben der Futterpflanzenzüchtung.** S.-B. dtsch. Akad. Landwirtsch.-Wiss. Berlin **10** (1961) Nr. 4. S. 5–14. — nach Zus.

Es wird ein umfassender Überblick über die Entwicklungstendenzen des Futterbaues und der Futterverwertung gegeben. Die daraus resultierenden Aufgaben werden dargelegt und die Zuchtziele bei den für die Zukunft wichtigen Futterpflanzenarten schwerpunktmäßig herausgestellt. Eine Verminderung der Anzahl der z.Z. in der DDR zugelassenen (89) Futterpflanzensorten aus 57 verschiedenen bot. Arten wird als sehr zweckmäßig angesehen und auf die Notwendigkeit einer besseren Zusammenarbeit der verschiedenen landwirtsch. Disziplinen bei der Lösung der Probleme des Futterbaues hingewiesen. Abschließend werden die Erfolge der Futterpflanzenzüchtung aufgezeigt. 1780.

Zimmermann, K. F. **Über die Möglichkeiten der Futterpflanzenzüchtung in der Zukunft.** S.-B. dtsch. Akad. Landwirtsch.-Wiss. Berlin **10** (1961) Nr. 4. S. 15–33. — 2 Abb., 6 Tab., 3 Lit. nach Zus.

Es gibt, wie in der allg. Pflanzenzüchtung, auch in der Züchtung von Futterpflanzen gewisse, nicht von der Hand zu weisende Erfolge. In Zukunft muß der Formenreichtum der Arten durch künstliche Mittel (z.B. Röntgenbestrahlung) erhöht werden. Aus diesem Material mit vergrößerter Heterogenität wird die Selektion unter verbesserten Bedingungen, unter Umständen unter Zuhilfenahme der Beregnung, vorgenommen. Die spez. Ansprüche der Einzelpflanzen bzw. Klone oder generativen Nachkommenschaften müssen stärker berücksichtigt werden und beim Anbau der Sorten in der Praxis Beachtung finden. 1780.

Kress, H. **Futterpflanzen der leichten Böden.** S.-B. dtsch. Akad. Landwirtsch.-Wiss. Berlin **10** (1961) Nr. 4. S. 51–60. — 3 Tab., 3 Lit. nach Zus.

Es werden die Leistungen von Futterpflanzen des leichten Bodens (gelbe Süßlupine, Wehrlose Trespe, Markstammkohl) sowie die damit zusammenhängenden Züchtungsaufgaben behandelt. — Nach 25jährigem Anbau der gelben Süßlupine können folgende Schlußfolgerungen gezogen werden: Sie ist eine ausgesprochene Zweitfrucht- bzw. Stoppelfruchtfutterpflanze, aber als Körnerleguminose bedeutungslos. — Im Vergleich mit Futtererbsen und So-Wicken zeigt sie im langjährigen Versuch eine bessere Grünmasse-, Tr.-Subst., Rohprotein- sowie Körnerleistung. Süßlupinengemenge mit Serradella und Hirse erhöhen den Rohproteinertrag. Als Zweitfrucht hat sie einen besseren Zeitleistungsfaktor als Silomais und übertrifft ihn in der Rohproteinleistung erheblich. Die Anspruchslosigkeit der heutigen Sorten, deren Unterschiedlichkeit herausgestellt wird, genügt noch nicht. Als wichtigste Zuchtziele müssen heute gelten: Verbesserung der Anspruchslosigkeit sowie der Saatgutqualität. — Als bedeutungsvolle Futterpflanze der leichten Böden wird die Wehrlose Trespe behandelt. Die Züchtung von ausläuferlosen Formen muß hier im Vordergrund stehen. — Der Markstammkohlanbau wird mit dem Anbau der Kohlrübe verglichen und festgestellt, daß ersterer große arbeitswirtsch. Vorteile bietet und völlig mechanisierbar ist. In bezug auf die weitere Verbesserung des Markstammkohls als Futterpflanze werden die verschiedenen Zuchtaufgaben genannt. 1780.

Lazenby, Alec und Rogers, H. H.; Cambridge, Univ. School of Agric., Plant Breeding Inst. Selection criteria in grass breeding. I. **(Kriterien der Selektion in der Gräserzüchtung. 1. Mitt.)** J. agric. Sci. **59** (1962) Nr. 1. S. 51 bis 62. — 5 Abb., 2 Tab., 38 Lit.

Zur Feststellung der Bedeutung der Selektion in der Gräserzüchtung wurden in einer Versuchsserie Messungen der pflanzlichen Leistung unter verschiedenen Umweltverhältnissen durchgeführt. Versuchsobjekt war *Lolium perenne.* Die Aussaat erfolgte im Quadratverband mit verschiedener Standweite und als Breitsaat. Der einen Hälfte der Versuchsparzellen stand nur die natürliche Niederschlagsmenge zur Verfügung, während der Rest so bewässert wurde, daß das Wasserdefizit 2 in. nicht überschritt. Der Grünschnitt erfolgte 2 Jahre lang bei einer Wuchshöhe von 6–7 in. Im ersten Versuchsjahr 1958 war der Ertrag bei weitem Standraum (24 in.) am geringsten, während bei den übrigen Standweiten (3,6 und 12 in.) keine signifikanten Ertragsunterschiede zu verzeichnen waren. Im 2. Versuchsjahr (1958) bewirkte die Bewässerung mit Zunahme der Bestandesdichte eine Ertragssteigerung. Den niedrigsten Ertrag/Pflanze weisen in beiden Versuchsjahren die breitgesäten Parzellen auf. Im Quadratverband stieg der Ertrag/Pflanze linear mit Zunahme des Standraumes. Die Zahl der Fruchtstände stand in Beziehung zum Frischgewicht, während das Gewicht der Fruchtstände nicht als zuverlässiger Maßstab angesehen werden kann. Die Ergebnisse werden im Hinblick auf die Gräserzüchtung diskutiert. J. Schieblich. 1780.

Jain, H. K.; New Delhi, Indian Agric. Res. Inst., Div. of Bot. A linkage study in Lolium. **(Eine Koppelungsstudie bei Lolium.)** Indian J. Genetics Plant Breeding **21** (1961) Nr. 3. S. 246–248. — 2 Tab., 5 Lit.

Zum Studium der Koppelungsverhältnisse von 3 bei *Loluium perenne* bekannten Genen (D, Y und R) wurden 4 Klone, von denen 3 hinsichtlich D, Y und R und einer hinsichtlich D und Y heterozygot waren, miteinander gekreuzt. Der Faktor C war bei allen 4 Klonen homozygot vorhanden. Die beiden Gene) D und Y beeinflussen die Pflanzengröße bzw. die Farbausbildung. R ist ein Komplementärfaktor und bewirkt mit dem Faktor C die Rotfärbung der Stengelbasis. Die Homogenitätsprüfung an den Nachkommenschaften ergab, daß die 3 Faktoren nicht unabhängig voneinander vererbt werden. Um das Vorliegen von Koppelung nachzuweisen, wurde nach der Maximum-likelihoodmethode der Rekombinationsprozentsatz für die Segmente DY, DR und YR errechnet. Vermutlich sind die 3 Faktoren linear in der Reihenfolge YDR auf einem Chromosomen angeordnet. Das Segment YR scheint kürzer als die Summe der beiden kürzeren Segmente YD und RD zu sein. Eine gute Übereinstimmung zwischen dem errechneten und dem nach der empirischen Formel von Kosambi gefundenen Wert für die Länge des Segments YR konnte gefunden werden. E. Forbriger. 1780.

Knowles, R. P. und Baenziger, H.; Saskatoon, Canada Dep. of Agric., Res. Stat. Fertility indices in cross-pollinated grasses. **(Fertilitätsindices bei Gräserkreuzungen.)** Canad. J. Plant Sci. **42** (1962) Nr. 3. S. 460–471. — 9 Tab., 19 Lit.

Bei *Bromus inermis*, diploiden sowie tetraploiden *Agropyron desertorum* und *A. intermedium* wurden Fertilitätsindices von 0,46–0,62 festgestellt. Südliche Herkünfte von *Bromus inermis* wiesen eine geringere Fertilität als nördliche auf, was bei den Samenerträgen deutlich sichtbar wurde. Die durch Jahre bedingten Unterschiede in der Fertilität waren größer als die der Stämme. Das Zentrum der Fruchtstände von *Agropyron* wies eine gleichmäßig gute Fertilität auf. Die oberen Ährchen der Rispen aller Gräser waren weniger fertil als die unteren, das gleiche trifft auch für Randpflanzen im Vergleich zur Bestandesmitte im Zuchtgarten zu. J. Schieblich. 1780.

Nordenskiöld, Hedda; Uppsala, Inst. of Plant Systematics and Genetics. The occurrence of chlorophyll-deficient seedlings after isolated in two consecutive generations of cultivated timothy (hexaploid Phleum pratense). **(Das Auftreten chlorophylldefekter Sämlinge von kultiviertem Wiesenlieschgras [hexaploides Phleum pratense] nach Isolierung in zwei aufeinanderfolgenden Generationen.)** Kungl. Lantbrukshögskolans Ann. **27** (1961) S. 361–383. — 6 Abb., 5 Tab., 7 Lit.

An 8 Familien von hexaploidem Wiesenlieschgras (*Phleum pratense*) ist das Auftreten chlorophylldefekter Sämlinge untersucht worden, um Informationen über die Vererbung dieses Merkmals zu erhalten. Die Aufspaltungen für jede Familie werden mitgeteilt und diskutiert. Die Ergebnisse stimmen gut mit einer angenommenen hexasomen Spaltung überein und schließen eine disome Vererbung, wie sie in der Literatur erwähnt wird, aus. Ob jedoch die Vererbung tatsächlich hexasom oder tetra-disom ist, konnte nicht eindeutig entschieden werden. J. Spanier. 1780.

Evans, Alice M.; Aberystwyth, Welsh Plant Breeding Stat. Species hybridization in Trifolium. I. Methods of overcoming species incompatibility. **(Artkreuzung bei Trifolium. 1. Mitt. Methoden zur Überwindung der Artunverträglichkeit.)** Euphytica [Wageningen] **11** (1962) Nr. 2. S. 164–176. — 4 Abb., 5 Tab., 11 Lit.

Normalerweise erfolglose Artkreuzungen bei *Trifolium* sind durch bes. Methoden verbessert worden: 1. Pfropfung der Arten und Kreuzung der pfropfverträglichen Genotypen, 2. Herauspräparieren und Kultivieren junger Hybridembryonen auf künstlichem Medium. 9 landwirtsch. wichtige Arten sind mit 8 systematisch verwandten Arten gekreuzt worden. Von 28 Kreuzungen setzten 3 Artkombinationen (und 2 reziproke) verschrumpfte Samen mit sehr schwacher Keimfähigkeit an. Reife Bastarde wurden nicht erhalten. 6 künstlich polyploid gemachte Arten wurden in 10 Kombinationen reziprok gekreuzt. Von den 20 Kreuzungen setzten 6 Bastarde Samen an, aber nur 1 wurde reif (8x *T. repens* × 4x *T. nigrescens*). Bei den Kreuzungen nach Pfropfung ergaben pfropfverträgliche Partner mehr Embryonen als pfropfunverträgliche. Embryonenkultur in Nährlösung war in 3 Kombinationen auf verschiedenen Ploidiestufen erfolgreich und ergab 14 verschiedene Hybriden. Im ganzen haben Artkreuzungen bei der Differenzierung der Gattungen *Trifolium*, *Lathyrus* und *Vicia* wohl keine große Rolle gespielt. G. Bandlow. 1780.

Burk, L. G. und Gerstel, D. U.; Beltsville, U.S. Dep. of Agric.; Raleigh, North Carolina State Coll. Haploid Nicotiana deficient for two chromosomes. **(Haploide Nicotiana mit 2 fehlenden Chromosomen.)** J. Heredity **52** (1961) Nr. 5. S. 203–206. — 7 Abb., 4 Lit.

Aus einer mit Colchicin behandelten Population einer Sorte von *Nicotiana tabacum* wurde eine subhaploide Pflanze mit 22 Chromosomen isoliert. Das Cholchicin dürfte nicht die Ursache für die Entwicklung dieser ungewöhnlichen Pflanze, die in einigen Blättern Zellen mit nur 18 Chromosomen enthielt, sein. Es wird angenommen, daß die Pflanze androgenen Ursprungs war und in einem frühen Entwicklungsstadium 2 Chromosomen des haploiden Satzes verlor. H. Schröder. 1800.

Čirkovskij, V. I. (Tschirkowski, W. I.); Krasnodar, Mikojan-Unions-Inst. für Tabak und Machorkaforsch. O vozmožnosti predvidenija geterozisa u tabaka. **(Die Möglichkeit der Vorhersage des Heterosiseffekts bei Tabak.)** Vestnik sel'skochozjajstvennoj nauki, Moskva 7 (1962) Nr. 6. S. 140–143. – 3 Abb., 9 Lit. Zus. in Engl., Franz., Dtsch.
Die Voraussetzung für einen Heterosiseffekt ist eine stark ausgeprägte physiol. Verschiedenheit der Eltern. Da sich diese nach Vf. in einer unterschiedlichen Keimruhe (verschiedene Stärke und Dauer) und in der Vererbung dieser Eigenschaft durch einen Elter äußert, wird in der Ermittlung von Art und Erblichkeit der Keimruhe eine Möglichkeit gesehen, die Kreuzungspartner für Heterosishybriden auszuwählen. Die angeführten Ergebnisse müssen noch durch größere Versuche erhärtet werden. J. Merker. 1800.

Mustafin, A. S.; Mitschurinsk, Mitschurin-Inst. für Obst- und Gemüsebau. Izmenenija provodjaščich sosudov u ogurca pod vlijaniem privivki na tykvu. **(Veränderungen der Leitgefäße bei Gurken unter dem Einfluß der Pfropfung auf Kürbis.)** Botaničeskij žurnal, Moskva – Leningrad 47 (1962) Nr. 5. S. 685–690. – 2 Abb., 3 Tab., 10 Lit.
Um den Einfluß der vegetativen Hybridisierung auf Ertrag, Frühreife und andere wertvolle Eigenschaften der Samennachkommenschaft von Gurken zu klären, wurde die Sorte 'Neshinski 12' auf Kürbis gepfropft. Durch das mächtige Wurzelsystem der Unterlage hat sich bei den Gurken auf *Cucurbita pepo* und *C. maxima* die Menge und der Durchmesser der Leitbündel des Xylems fast verdoppelt. Die verstärkte Nährstoffversorgung des Reises führt zu höherem Ertrag, und zwar liegt er im Pfropfjahr doppelt so hoch wie bei den Kontrollpflanzen auf eigener Wurzel. Die 1. Samengeneration liefert noch 17–24% mehr Ertrag. In der 2. Samengeneration verringert sich der Erntezuwachs um die Hälfte, bleibt jedoch den Kontrollpflanzen überlegen. N. Meyer. 1810.

Zal'kaln, A. A. (Salkaln, A. A.) Vlijanie otbora na uveličenie količestva rastenij ogurcov s ženskim tipom cvetenija. **(Einfluß der Selektion auf die Vermehrung weiblicher Blüten an Gurkenpflanzen.)** Trudy po prikladnoj botanike, genetike i selekcii. Vsesojuznyj institut rastenievodstva, Moskva – Leningrad 34 (1961) Nr. 2. S. 72–74. – 1 Tab., 3 Lit. Zus. in Engl.
Im Jahr 1956 wurden auf der Maikop-Versuchsstation des Unions-Forsch.-Inst. für Pflanzenbau Versuche mit den Sorten 'K-2372', 'K-2041', 'K-2036' angelegt, aus denen im Laufe des Selektionsprozesses die Sorten 'P-147' und 'I-131' gezüchtet wurden. In 4 Selektionsjahren erhöhte sich der %-Anteil der ♀ Blüten der Sorte 'I-131' von 42,9% auf 95,2% und der Sorte 'P-147' von 33,3% auf 81,0%. Es wurde Individualauslese betrieben und in den Nachkommenschaften Kreuzungen vorgenommen. Die neuen Sorten zeichnen sich durch eine hohe Ertragsfähigkeit, Widerstandsfähigkeit gegen ungünstige Witterungsbedingungen und einen schnellen Reifeprozeß aus. W. Görtler. 1810.

Aoba, T. Studies on the classification and geographycal distribution of local varieties of vegetables in Japan. II. Manifestation of characters in F_1 hybrids of crossings among local varieties of turnip native to Eastern Japan. **(Untersuchungen über die Klassifikation und geographische Verteilung von Gemüse-Lokalsorten in Japan. 2. Mitt. Manifestierung der Eigenschaften in den F_1-Hybriden aus Kreuzungen zwischen in Ostjapan heimischen Lokalsorten von Mairüben.)** J. Jap. Soc. horticult. Sci. 30 (1961) Nr. 2. S. 147–152. – 1 Abb., 2 Tab., 9 Lit. Orig.: jap., Ausz.: engl.
17 Lokalsorten des eur. Typs wurden auf die Manifestation mehrerer Eigenschaften in der F_1 untersucht, wobei 48 Kreuzungen verwendet wurden. – Blatt- und Wurzelgröße sowie Pflanzenhabitus wurden annähernd intermediär vererbt. Anthocyangefärbtes Hypokotyl war dominant über grünes. Die

Hybriden mit der Sorte 'Atsumi' (violettes Hypokotyl) machten eine Ausnahme. Violetter Blattstiel dominierte über grünen, Behaarung über nackt. Am Rübenkopf (Teil über der Erde) dominierten grün und violett über weiß, am in der Erde steckenden Teil dominierte weiß über violett oder rot und violett über rot. Der A-Typ der Samenschale dominierte über den B-Typ. Aus den Ergebnissen werden Schlußfolgerungen hinsichtlich Verwandtschaft der Sorten und Nützlichkeit der Hybriden gezogen. W. Stenz. 1810.

Schmadlak, J.; Dresden-Pillnitz, Inst. für Gartenbau der Dtsch. Akad. der Landwirtsch.-Wiss. zu Berlin. **Untersuchung des Pollenschlauchwachstums in Apfelgriffeln.** Ber. dtsch. bot. Ges. **74** (1961) Nr. 8. S. 337–342. – 4 Abb., 1 Tab., 2 Lit.
Das Pollenwachstum im Griffel ist für die Fertilität von Sortenkombinationen bestimmend. Pollenkeimung von keimfähigen Apfelpollen ist auf empfängnisfähige Narben sowohl nach Selbstung als auch nach Kreuzbestäubung, unabhängig von den Fertilitätsverhältnissen der Partner, möglich. Bei normal verträglichen Partnerschaften haben die vordersten Pollenschlauchspitzen nach 2 Tagen den Griffel passiert, zwischen dem 2. und 3. Tag ist mit dem Befruchtungsakt zu rechnen. Nach Selbstung wachsen die Schläuche je nach Sorte unterschiedlich tief in den Griffel. Das gegensätzliche Verhalten von intersterilen und interfertilen Kombinationen ließ sich nachweisen.
W. Blasse. 1820.

Kovalev, N. V. (Kowaljow, N. W.); Usbek. Schreder-Forsch.-Inst. für Garten- und Weinbau. Selekcija plodovych rastenij v uslovijach Sredneji Azii putem otdalennoj gibridizacii. **(Die Züchtung von Obstgehölzen durch entfernte Hybridisation unter den Bedingungen Mittelasiens.)** Trudy soveščanija po otdalennoj gibridizacii rastenij i životnych. Sbornik dokladov. Otdalennaja gibridizacija rastenij i životnych, Moskva **1960** S. 67–76.
Vf. berichtet über die seit 1939 durchgeführten Züchtungsversuche bei Aprikosen, Pflaumen, Süß- und Sauerkirschen und Pfirsichen nach der Methode der entfernten Hybridisation nach Mitschurin unter den bes. Bedingungen Mittelasiens. Für diese Zuchtarbeiten wurde ein sehr umfangreiches Sortiment gesammelt (Aprikosen ca. 700 Sorten in 5 Arten, Pflaumen ca. 400 Sorten in 10 Arten, Süß- und Sauerkirschen ca. 130 Sorten in 8 Arten, Pfirsich ca. 400 Sorten in 5 Arten). Die Wege und Ergebnisse werden beschrieben. Vf. kommt u. a. zu folgenden allg. Schlußfolgerungen. Die entfernte Hybridisation liefert nur dann praktische Resultate, wenn die Kreuzungspartner über biol. Eigenschaften verfügen, die den Zuchtzielen entsprechen. Die Kreuzung geographisch und genetisch entfernter Formen an sich brachte noch keine praktischen Erfolge. Wenn die Kreuzungspartner negative biol. Eigenschaften besaßen, waren die praktischen Resultate immer negativ. War die biol. Eigenschaft mit der Gesamtkonstitution der Pflanze verbunden, konnte die negative Eigenschaft durch Erziehung nicht verändert werden. Die erhaltenen Nachkommen einer Kreuzung zwischen widerstandsfähigen Formen und weniger widerstandsfähigen waren immer weniger widerstandsfähig als der widerstandsfähigste Kreuzungspartner. Die wiederholte Kreuzung mit weniger kältewiderstandsfähigen Sorten zur Verbesserung der Qualität der Früchte senkte stets die Kältewiderstandsfähigkeit der folgenden Generation. H. Jank. 1820.

Žavoronkov, P. A. (Shaworonkow, P. A.); Tscheljabinsk, Mitschurin-Gebietsstat. für Gemüse- und Obstbau. Selekcija jabloni i gruši metodom otdalennoj gibridizacii na južnom Urale. **(Die Züchtung von Äpfeln und Birnen im südlichen Ural durch die Methode der entfernten Hybridisation.)** Trudy soveščanija po otdalennoj gibridizacii rastenij i životnych. Sbornik dokladov. Otdalennaja gibridizacija rastenij i životnych, Moskva **1960** S. 7–16. – 2 Abb.

Als Ausgangsformen der beschriebenen Züchtungsversuche dienten frostbeständige sibirische Wildformen und großfrüchtige Kultursorten. Die erzielten Hybriden der 1., 2. und 3. Generation werden nach der Stufe der Winterfestigkeit in 5 Gruppen eingeteilt. Über die Methoden der Erziehung der Sämlinge wird berichtet. Das Pfropfen der Hybridreiser und -augen in die Kronen junger starkwüchsiger fruchttragender Bäume beschleunigt den Beginn des Fruchttragens der Hybriden um 3–4 Jahre. Die höchste Winterhärte wurde bei den Birnenkreuzungen Ussurische Wildbirne × Kulturformen erreicht. Bei wiederholten Einkreuzungen von südlichen Sorten in Birnenhybriden der Ussurischen Birne nimmt die Winterfestigkeit ab.
H. Jank. 1820.

Zwintzscher, Max; Köln-Vogelsang, Max-Planck-Inst. für Züchtungsforsch. (Erwin-Baur-Inst.). **Zur Vererbung der Frostresistenz der Obstgehölze.** Advances horticult. Sci. 2 (1962) S. 148–155. — 2 Abb., 1 Tab., 15 Lit. Zus. in Engl., Franz.
Vom Frostverhalten einer Sorte und vom Frostverhalten der Kreuzungspartner kann nicht auf die durchschnittl. Resistenz der Nachkommenschaften geschlossen werden. Für das Frostverhalten sind demnach eine größere Zahl von einander unabhängiger Gene verantwortlich, die die für das Frostverhalten wichtigen Prozesse steuern. Teilkomplexe der Frostresistenz sind die Dauer der Winterruhe und das Regenerationsvermögen von Geweben und Organen. Vf. schlägt die Frostresistenzzüchtung beim Kernobst nach einem 2teiligen Plan vor. Im 1. Teil wird nach dem Vorbild dialleler Kreuzungen die Kombination mit dem höchsten Anteil dem Zuchtziel entsprechender Individuen ausgesucht. Im 2. Teil wird diese Kreuzung im großen Maßstab wiederholt. Hier erfolgt die eigentliche Selektion. W. Hiller. 1820.

Rybin, W. A.; Kischinjow, Moldauische DR, Bot. Garten. **Artbastardierung als eine Methode der Untersuchung der Abstammung und züchterischen Verbesserung der Kulturpflaume Prunus domestica L.** Advances horticult. Sci. 2 (1962) S. 57–67. — 8 Abb., 3 Lit. Zus. in Engl., Franz.
Vf. gibt über Forschungsarbeiten einen Überblick, die die künstliche Erzeugung von *Prunus domestica* aus verschiedenen *Prunus*-Species mit Chromosomenzahlen von 16–32 zum Ziel haben. Die Charakteristika des amphidiploiden Bastards *Prunus divaricata* (*P. cerasifera* × *P. spinosa*) werden beschrieben und die Ergebnisse der Kreuzungen dieses Bastards mit *P. domestica* und *P. divaricata* mitgeteilt. Die Hybridisierung zwischen *P. spinosa* und *Prunus*-Species mit 16 Chromosomen durch Polyploidisierung eröffnet die Möglichkeit der Übertragung wertvoller Eigenschaften von wilden und kultivierten 16 chromosomigen Species in Kulturformen von *P. domestica.*
W. Hiller. 1820.

Crossa-Raynaud, P.; Ariana, Tunis, Serv. Bot. et Agronomy. Premières observations concernant une descendance F_1 d'hybrides d'abricotiers (Caninos × Amor Leuch). **(Erste Beobachtungen an F_1-Hybriden von zwei Aprikosenvarietäten ['Caninos' × 'Amor Leuch'].)** Advances horticult. Sci. 2 (1962) S. 87–91. — 1 Abb., 3 Tab., 1 Lit. Zus. in Engl., Dtsch.
Die aus Kreuzungen von 'Caninos' × 'Amor Leuch' hervorgegangenen 1310 Pflanzen werden z. Z. untersucht. Danach führt es zu keinem Erfolg, für Hybriden die stärksten Exemplare in der Baumschule auszuwählen. In der F_1-Generation zeigen sich deutliche Unterschiede zwischen den einzelnen Sämlingen, so daß deren Variabilität für die Fruchtauslese genügen dürfte.
W. Hiller. 1820.

Breider, Hans; Würzburg, Bayer. Landesanst. für Wein-, Obst- und Gartenbau, Inst. für Züchtungsforsch. **Spontane Blütenmutationen bei der Rebe.** Züchter **32** (1962) Nr. 2. S. 100–102.

Vf. untersuchte die bei bestimmten im deutschen Raum vorkommenden *vinifera*-Sorten zuweilen auftretenden Umwandlungen von Staubgefäßen in Blumenblätter. Aus der Reihe der geschilderten Untersuchungen ist für die Weinbaupraxis die Frage bes. wichtig, ob solche Umwandlungen durch Umweltbedingungen wie Witterung, Düngung etc. ausgelöst werden. Durch Pfropfung solcher zur „Verlaubung" neigenden Typen auf einen normal blühenden Silvanerklon und reziprok konnte festgestellt werden, daß keine Veränderung der Blütenverlaubung von der Unterlage ausgeht. Die verschiedenen Verlaubungstypen sind somit nicht umweltbeeinflußt, sondern stellen echte Mutationen dar. G. Barich. 1820.

Becker, Helmut und Parniewski, Dieter; Neustadt, Forsch.-Inst. für Reblausbekämpf. **Untersuchungen zur Selektionsmethode bei der Züchtung reblausresistenter Unterlagsreben. 1. Mitt.** Weinberg u. Keller **9** (1962) Nr. 10. S. 362–376.

Vff. behandeln eingehend die Unterlagenzüchtung, die wegen der Reblausgefahr gegenüber der Hybridenzüchtung (Züchtung von Ertragskreuzungen) stark in den Vordergrund getreten ist. Die Beziehungen zwischen Reblausbefall und Schadwirkung, bes. zwischen Tuberositätenbildung und Wuchs, Tuberositätenbildung und Fäulnisbereitschaft, Fäulnis und Wuchs werden herausgestellt, da sie die selektionsmethodischen Grundlagen der Unterlagenzüchtung darstellen. Nicht Unterlagen mit hohem Überwallungs- und Gallenbildungspotential haben als resistent zu gelten, sondern solche, die auf Einstiche der Reblaus mit einer Nekrosereaktion antworten. Gallenbildende Unterlagen werden stets mehr oder weniger zu einer sek. Fäulnisbereitschaft neigen, während die Nichtausbildung von Gallen einen Vermehrungsstop für die Reblaus bedeutet, deren Eiablage nur bei normaler Gallenbildung möglich ist. Gallenbildung bedeutet zugleich erhöhte Fäulnisgefahr, wie sie mit bakterieller Zersetzung der Tuberositäten bes. bei den *vinifera*-Formen stets festzustellen ist. In konsequenter Auswertung dieser neuen Erkenntnisse kann das künftige Zuchtziel nur die Erhöhung der Nekrosereaktion und Antibiose sein, die den *cinerea*-Abkömmlingen zueigen ist. Reblausresistente Unterlagen auf *vitis-cinerea*-Basis sind für den deutschen Weinbau die sich ergebende Konsequenz. G. Barich. 1820.

Reid, R. D. West of Scotland unit (Auchincruive). **(Abteilung West Scotland [Auchincruive].)** Scott. horticult. Res. Inst., annu. Rep. **7** (1959/60, hrsg. 1958) S. 60–65. — 2 Tab.

Es wird über umfangreiche Erdbeerzüchtungsversuche mit dem Ziel der Züchtung einer Erdbeersorte, die gegen den Pilz *Phytophthora fragaria* resistent ist, berichtet. Diese Züchtungsarbeiten wurden stark erschwert durch das Vorhandensein verschiedener *Ph.-fragaria*-Stämme. Es gelang u. a., 2 Zuchtstämme zu selektieren, die gegen 2 *Ph.-fragaria*-Stämme resistent sind. Diese Zuchtstämme wurden aus *Fragaria ovalis* und *F. virginiana* gewonnen. K. Krüger. 1820.

Takehisa, Shin. Aneusomaty in the leaves of diploid petunia. **(Aneusomatie in Blättern diploider Petunien.)** Bot. Mag., Tokyo **74** (1961) Nr. 881/82. S. 494–497. — Orig. engl.

Duncan berichtete 1945, daß die Anzahl der somatischen Chromosomen bei *Paphiopedilum Wardii* innerhalb der diploiden Chromosomenzahl in den Wurzelspitzen von Zelle zu Zelle schwankt und bezeichnete die Erscheinung als „Aneusomatie". Sie entspricht dem „Chromosomenmosaik" von Fankhauser. Schwankende Chromosomenzahl wurde auch an Petunien beobachtet. Untersuchungen an Petunienblättern zeigten, daß das Phänomen der Chromosomenzahlabweichung nicht in jedem Blatt ein und derselben Pflanze auftritt und daß „aneusomatische" Pflanzen morphol. nicht von Pflanzen mit normaler Chromosomenzahl zu unterscheiden sind. – Zahlreiche Untersuchungen an den verschiedensten aneusomatischen Pflanzen lassen vermuten, daß solche mitotischen Abweichungen wie „gespaltene Spindel“, „somatische Brücken“, und „Kinetochorpaarungen“ in somatischen Zellen ebenfalls der „Aneusomatie“ zuzurechnen sind. Es ist anzunehmen, daß die „Aneusomatie“ erblich bedingt ist oder durch Hybridisierung hervorgerufen wird. Im beschriebenen Fall beschränkte sie sich auf einzelne Blätter einer Pflanze. Die Petuniensorte 'Schneeball' entstand durch interspecifische Hybridisation. – Es gibt 2 Möglichkeiten für das Auftreten von „Aneusomatie“: 1. im Verlauf der Endoreduplikation des gesamten Chromosomensatzes werden einige Chromosomen abgeriegelt, oder 2. die Endoreduplikation tritt nur bei verschiedenen Chromosomen ein. R. Peschel. 1830.

Doorenbos, J., Legro, R. A. H. und Bragt, J. van; Wageningen, Landbouwhogeschool, Lab. voor Tuinbouwplantenteelt. Description of Cyclamen cultivars and its importance for breeding. **(Die Beschreibung der Cyclamenkulturvarietäten und ihre Wichtigkeit für die Züchtung.)** Advances horticult. Sci. **2** (1962) S. 326–331. – 2 Tab., 3 Lit. Zus. in Franz., Dtsch.

Vff. fanden Varietäten mit 48 und 96 Chromosomen, einige besaßen 92, 94, 95 und 90 Chromosomen. Alle hypotetraploiden Sorten (90–85) waren deutscher und französischer Herkunft. Alle engl. und holländischen Varietäten besaßen 48 oder 96 Chromosomen. 2 von 3 franz. Varietäten hatten 92. Di- und tetraploide Sorten sind morphol. nicht zu unterscheiden. Cyclamenblüten können bis zu 5 Anthoxanthine enthalten. An Anthocyanidinen wurden Malvidin, Paeonidin, Delphinidin und Cyanidin gefunden. Die Abhängigkeit des Blütenfarbtones vom Pigmentgehalt wird in einer Tabelle gegeben. Die Züchtungsaussichten werden auf Grund der erhaltenen Ergebnisse diskutiert. W. Hiller. 1830.

Bowden, Wray M.; Ottawa, Ontario, Canada, Pflanzenforsch.-Inst., Forsch.-Zweigstelle, Abt. für Landwirtsch. Nineteen artificial bispecific Lobelia hybrids. **(Neunzehn künstliche Lobelia-Arthybriden.)** Canad. J. Genetics Cytol. **3** (1961) Nr. 4. S. 403–423. – 5 Lit.

Aus der Gattung *Lobelia* werden von 13 diploiden Arthybriden eingehende zytotaxonomische Angaben erbracht. Entspr. Angaben und Beschreibungen werden außerdem von 6 tetraploiden Artbastarden und einem hexaploiden Artbastard gemacht. Diese Bastarde zeigten verschiedene Kombinationen der elterlichen Merkmale. Obgleich einige Merkmale der Elternformen bei den Hybriden intermediär oder fast intermediär auftreten, haben die meisten Hybriden einige Merkmale von dem einen Elter und andere Merkmale von dem anderen Elter ererbt. Einige der Hybriden ähnelten dem einen Elter stärker als dem anderen. Viele der Hybriden zeigten meiotische Störungen und unterschiedliche %-Sätze abnormen Pollens. Die tetraploiden Hybriden waren i. allg. fertiler und erbrachten lebensfähigere F_2-Pflanzen als die diploiden Hybriden. H. Jank. 1830.

Tanaka, R. und Kamemoto, H.; Honolulu, Univ. of Hawaii, Hawaii Agric. Exp. Stat. Meiotic chromosome behavior in some intergeneric hybrids of the Vanda alliance. **(Das Verhalten der Chromosomen in der Meiose bei einigen Gattungshybriden der Vandeen.)** Amer. J. Bot. **48** (1961) Nr. 7. S. 573–582. – 4 Tab., 21 Lit.

Das Verhalten der Chromosomen in der Meiose bei 11 Gruppen von diploiden *Vanda*-Gattungshybriden ($2n = 38$ Chromosomen) wurden im einzelnen untersucht und beschrieben. Auf der Basis der Chromosomenaffinität der Meiose wurde ein Schema der Zytotaxonomie für die verschiedenen Arten entwickelt. Zytotaxonomie, Evolution und Kreuzungsverhalten innerhalb der Gattung *Vanda* werden erläutert. S. Fromhold-Treu. 1830.

Dana, S. K. und Datta, R. M.; Calcutta, Univ., Dep. of Agric. Comparative cytological studies of the pollen and pollen-tubes in diploid and tetraploid species of Sesbania. **(Vergleichende zytologische Untersuchungen der Pollen und Pollenschläuche bei diploiden und tetraploiden Arten von Sesbania.)** New Phytologist **60** (1961) Nr. 3. S. 295–311. – 42 Abb., 2 Tab., 68 Lit.
Sesbania aculeata und *S. speciosa* haben 2kernige, flache, 3teilige Pollenkörner. Das Pollenschlauchwachstum in vitro ist bei *S. speciosa* stärker als bei *S. acuelata*. Die max. Pollenschlauchlänge beträgt bei *S. speciosa* 2151,5 μ und bei *S. aculeata* 1062,0 μ. Die Pollenschläuche wachsen in Kultur 8 Std. Der generative Kern teilt sich durch regelmäßige Äquatorialteilung seiner Chromosomen normal. Die Spindelbildung ist deutlich. Die Spindel kann sich in jeder Stellung zur Längsachse des Pollenschlauches entwickeln. Es werden 2 Spermien gebildet. *S. aculeata* hat 2 n = 24 Chromosomen, nur 1 Paar hat sek. Einschnürungen. Die Meiose ist normal (wenig Univalente). Diese polyploide Form verhält sich chromosomal wie eine Diploide. *S. speciosa* hat 2 n = 12 Chromosomen. Ein Paar hat sek. Einschnürungen.
L. Rath. 1880.

Richharia, R. H., Misro, B. und Rao, R. K.; Cuttack, Orissa, India, Centr. Rice Res. Inst. Sterility in the rice hybrids and its significance. **(Sterilität bei Reishybriden und ihre Bedeutung.)** Euphytica [Wageningen] **11** (1962) Nr. 2. S. 137–142. – 1 Abb., 6 Tab., 13 Lit.
An Hand umfangreicher Kreuzungen zwischen verschiedenen Subspecies und Varietäten von *Oryza sativa* wurde der Grad ♀ Sterilität der F_1 ermittelt. Die Untersuchungen erstreckten sich auf Kreuzungen zwischen und innerhalb der ssp. *japonica, javanica* und *indica*. Auf Grund der festgestellten starken Streuung der Sterilität der F_1 wird gefolgert, daß der Grad der Sterilität nicht als Kriterium verwandtschaftlicher Beziehungen zwischen den einzelnen ssp. gelten kann. Es wird die Ansicht vertreten, daß die Evolution der genannten 3 ssp. von *Oryza sativa* unabhängig voneinander durch verschiedene Ökotypen der vermeintlichen Species *O. perennis* auf dem Weg der Introgression vonstatten ging. In ähnlicher Weise werden die evolutionäre Vorgänge der 2. Species, *O. glaberrima*, die im tropischen Afrika verbreitet ist, vermutet.
H.-D. Koch. 1880.

Davis, T. A.; Calcutta, Indian Statistical Inst. The non-inheritance of asymmetry in Cocos nucifera. **(Die Nichterblichkeit der Asymmetrie bei Cocos nucifera.)** J. Genetics **58** (1962) Nr. 1. S. 42–50. – 7 Abb., 3 Tab., 5 Lit.
Die Blätter sind in 5, rechts oder links verlaufenden Spiralen angeordnet, wobei die Richtung in einem frühen Stadium festgelegt ist. Die Blattstellung ist $^2/_5$. Bis zur Ausbildung normaler Fiederblätter vergehen 15–18 Monate. Vorher werden ganze Sämlingsblätter entwickelt und noch früher 5 rudimentäre Blätter, bei denen man nach 3 Monaten die Richtung der Blattspiralen schon deutlich bestimmen kann. 9 *Cocos*-Populationen aus 3 verschiedenen Distrikten Indiens und 24 Nachkommenschaften von Versuchsbäumen waren nicht signifikant verschieden in ihren Rechts-Links-Spiralen, wenn auch die Linksspirale etwas überwog. G. Bandlow. 1880.

XI. PHYTOPATHOLOGIE UND PFLANZENSCHUTZ

A. Allgemeine Literatur, Berichte, Statistiken u. a.

Mühle, E.; Leipzig, Karl-Marx-Univ., Inst. für Phytopathol. **Die Phytopathologie in Lehre und Forschung an der Universität Leipzig.** Wiss. Z. Karl-Marx-Univ. Leipzig, math.-naturwiss. R. **11** (1962) Nr. 1. S. 101–109. – 5 Abb., 153 Lit.
Anläßlich des 10jährigen Bestehens des Inst. für Phytopathologie wurde zur Eröffnung des Symposiums über „Krankheiten und Schädlinge der Futter-

gräser" vom Vf. ein ausführlicher Überblick über die Entwicklung dieser Wissenschaft an der Univ. gegeben. Die Forschungsarbeiten im letzten Jahrzehnt lagen bes. auf dem Gebiet der Futtergräser, Arzneipflanzen, kleeartigen Futterpflanzen, insbesondere Luzerne sowie Kartoffeln und Raps. Die Lehre erfuhr sowohl umfangmäßig als auch inhaltlich eine wesentliche Erweiterung. Eine Spezialausbildung der Studenten im Fach Phytopathologie wird vorgenommen. Auf Grund dessen, daß die Pflanze im Mittelpunkt des Interesses steht, teilt Vf. mit, daß man genauer nicht mehr von einer Phytopathologie, sondern von einer Phytomedizin sprechen sollte. Wiss. Veröffentlichungen auf dem Gebiet der Phytopathologie vor und nach der Inst.-Gründung werden angegeben. M. Amme. 1901.

B. Krankheiten und ihre Ursachen

Eijnatten, C. L. M. van; Ibadan, Nigeria, Bot. Div. Susceptibility to leaf blight, caused by Cochliobolus heterostrophus, in Nigerian varieties of maize. **(Anfälligkeit gegen den durch Cochliobolus heterostrophus verursachten Blattbrand bei nigerianischen Maissorten.)** Nature [London] **191** (1961) Nr. 4787. S. 515–516. – 1 Abb., 5 Lit.

Einer kurzen Beschreibung des Schadbildes folgen Mitt. über die Anfälligkeit einer größeren Anzahl von Maissorten unter natürlichen Bedingungen in Nigeria i. J. 1959. Vf. bemüht sich um eine Deutung des in verschiedenen Gegenden voneinander abweichenden Resistenzverhaltens bei Mais gegen *Cochliobolus heterostrophus*. In diesem Zusammenhang wird dem regional gehäuften Anbau anfälliger Import-Maise größere Bedeutung zugeschrieben. K.-H. Kuhfuß. 1911.

Messiaen, C.-M., Risser, Georgette und Pecaut, P.; Montfavet, Centre de Rech. du Sud-Est, Stat. de Pathol. Végétale; Stat. d'Amélioration des Plantes Maraîchères. Étude des plantes résistantes au Fusarium oxysporum f. sp. melonis dans la variété de melon Cantaloup Charentais. **(Untersuchung über die Resistenz der Pflanzen gegen Fusarium oxysporum f. sp. melonis bei der Melonensorte 'Cantaloup Charentais'.)** Ann. Amélioration Plantes **12** (1962) Nr. 2. S. 157–164. – 3 Abb., 2 Tab., 2 Lit. Zus. in Engl., Dtsch.

Eine der schwersten Melonenkrankheiten wird durch *Fusarium oxysporum* f. sp. *melonis* hervorgerufen. Die Krankheit tritt nicht nur im Hauptanbaugebiet der Melonen, der Provence, auf, sondern auch in Nantes, Châlon-sur-Saone u. a. Gebieten. Am meisten wird die anfällige Sorte 'Cantaloup Charantais' ('C. C.') angebaut. Da Bodendesinfektion mit Fungiciden schwierig und unwirtsch. ist, versuchten Vff. der Krankheit durch pflanzenzüchterische Maßnahmen wirksam zu begegnen. Zu diesem Zweck wurden sowohl Pflanzen in verseuchter Erde (von 6 Pilzkulturen) ausgepflanzt als auch Samen von *Cucumis melo* Sorte 'C. C.' ausgesät und widerstandsfähige Pflanzen gefunden, die geselbstet wurden. Von den 3 resistenten Pflanzen waren 2 Nachkommenschaften resistent, 1 spaltete im Verhältnis $^3/_4$ resistent : $^1/_4$ anfällig auf. Kreuzungen resistenter 'C. C.' mit anfälligen amer. Melonensorten spalteten ebenfalls 3:1, so daß Resistenz auf 1 dominantes Gen (R) zurückgeführt wird. K. Schulz. 1911.

Brun, J. Études préliminaires sur l'utilisation des variétés de bananiers résistantes dans la lutte contre la cercosporiose. **(Einleitende Untersuchungen über die Verwendung resistenter Bananensorten im Kampf gegen die Cercosporiose.)** Fruits d'outre-Mer **17** (1962) Nr. 3. S. 113–119. – 8 Tab., 19 Lit.

Man teilt die Bananen in diploide Typen mit Samen und Klone mit parthenocarpen Früchten ein. Letztere gehen auf die 2 Formen *Musa acuminata* (Genom A) und *M. balbisiana* (Genom B) zurück und umfassen diploide und triploide Sorten mit den Chromosomensätzen AA, AAA, AAB, ABB. –

Über die Formen, die Wandelbarkeit und Aggressivität (auf verschiedenen Sorten, Gattungen oder in unterschiedlichen Gebieten) des Pilzes herrschen z. T. gegensätzliche Ansichten; sicher ist nur die Tatsache, daß *M. acuminata* und ihre Kreuzungen immun oder weitgehend resistent sind. Diese Sorten eignen sich aber bisher nur zur Eigenversorgung und nicht für den Handel. Vf. untersuchte an 4 Typen die Keimschnelligkeit der Sporen und das Eindringen der Hyphen sowie die Zahl der Spaltöffnungen je cm^2. Letztere war zwar unterschiedlich, in der Keimung und Entwicklung des Pilzes fanden sich aber keine Differenzen. In Anlehnung an Arbeiten aus Guadeloupe werden abschließend die Sorten der Sammlung des Forschungszentrums in Guinea auf ihre Anfälligkeit klassifiziert. Generell fanden sich an beiden Standorten gleichlaufende Ergebnisse, der Befall in Guinea ist aber allg. höher.
V. Ehrenpfordt. 1911.

Korosteleva, Z. G. (Korostelewa, S. G.); Tambow, RSFSR, Sowchos „Komsomolez". Ustojčivost' sortov kartofelja k steblevoj nematode. **(Die Widerstandsfähigkeit der Kartoffelsorten gegen das Kartoffelkrätzeälchen.)** Zaščita rastenij ot vreditelej i boleznej, Moskva 7 (1962) Nr. 2. S. 54. – 2 Tab.
Bei der Prüfung der widerstandsfähigkeit verschiedener Kartoffelsorten gegen das Krätzeälchen (*Ditylenchus destructor*) erwiesen sich die Sorte 'Wohltmann' als die widerstandsfähigste (i. J. 1960 4,9% und 1961 2,7% befallene Knollen) und die Sorte 'Berlichingen' als die anfälligste (i. J. 1960 32,3% und 1961 65,6% befallene Knollen). H. Decker. 1911.

Roosje, G. S.; Wilhelminadorp, Proefstat. voor de Fruitteelt. Dauw en mist in verband met infectie door appel- en pereschurft. **(Tau und Nebel im Hinblick auf die Infektion durch Apfel- und Birnenschorf.)** Fruitteelt 52 (1962) Nr. 15. S. 462–463. – 1 Abb., 2 Lit.
Der Ascosporenflug beim Apfel- und Birnenschorf wird durch Regen und nicht durch Tau oder Nebel ausgelöst. Tau und Nebel können jedoch der Verbreitung der Konidien in den Baumkronen dienen und, falls die Blattfeuchtigkeit lange genug anhält, zur Schorfinfektion führen. Tau und Nebel nach Regenfällen verlängern die Blattfeuchteperiode und können daher die Intensität der Infektion beeinflussen. F. Daebeler. 1915.

Schreven, A. C. van, Boon, J. van der und Das, A.; Wageningen, Inst. voor Bewaring en Verwerking van Tuinbouwprod.; Groningen, Inst. voor Bodemvruchtbaarheid. Stip in appels. II. Verband tussen stip en de mineralen Ca. Mg en K. **(Stippigkeit bei Äpfeln. 2. Mitt. Zusammenhang zwischen Stippigkeit und den Mineralstoffen Ca, Mg und K.)** Meded. Directeur Tuinbouw ['s-Gravenhage] 25 (1963) Nr. 3. S. 181–191. – 11 Tab., 25 Lit. 1. Mitt. vgl. LZ. Abt. II 8 (1962) Nr. 2. S. 520.
Trotz vieler gegenteiliger Meinungen zum Problem der Stippigkeit bei Äpfeln herrscht im Inland (Holland) und Ausland Einstimmigkeit über die Bedeutung von Ca, K und Mg für das Auftreten der Krankheit. Nach Untersuchungen der Vff. nahm die Stippigkeit durch Zufuhr (Spritzen und Bodendüngung) von K- und Mg-Verbindungen zu. Die gleiche Wirkung zeigten Na- und NH_4-Verbindungen. Ca-Salze, bes. im Spritzverfahren ausgebracht, verminderten dagegen die Stippigkeit. $Ca(NO_3)_2$ und $CaCl_2$ waren wirksamer als Ca-Acetat. Von Einfluß war auch Ca-Laktat, nicht dagegen $Ca_3(PO_4)_2$. Entscheidend für die Anfälligkeit gegen Stippigkeit ist nicht der Gehalt der Früchte und Blätter an Ca, Mg und K, sondern das Verhältnis dieser Mineralstoffe zueinander. Ein hohes $\frac{K}{Ca}$-, $\frac{K + Mg}{Ca}$- und $\frac{Mg}{Ca}$-Verhältnis läßt auf hohe Anfälligkeit schließen. In der Besprechung der Ergebnisse wird darauf hingewiesen, daß neben den Mineralstoffen noch andere Faktoren für das Auftreten der Stippigkeit von Bedeutung sind. F. Daebeler. 1930.

Brucker, W. und Cziharz, H.; Berlin-Buch, Dtsch. Akad. der Wiss., Inst. für Med. und Biol. **Zum Einfluß von Kinetin auf die Entstehung von crown-gall-Tumoren.** Ber. dtsch. bot. Ges. **74** (1961) Nr. 8. S. 313–320. – 3 Abb., 2 Tab., 24 Lit.

Wurde *Kalanchoe daigremontiana* R. Hamet et H. Peer de Labath mit *Agrobacterium tumefaciens* (Sm. et Tows.) Conn, Stamm B 6, infiziert und sofort nach der Infektion und nach 24 und 48 Std. mit Kinetin behandelt, so war eine Hemmung der Tumorbildung zu beobachten. Am geringsten war die Anzahl der Tumoren bei der höchsten Kinetinmenge von 7,5 μg je Infektionsstelle. Eine Verabreichung des Kinetins zu verschiedenen Zeitpunkten nach der Infektion zeigte, daß eine Hemmung der Tumorinduktion nur dann eintrat, wenn die Applikation in den ersten 3 Tagen nach der Infektion erfolgte. Keine Hemmung war zu beobachten, wenn bei sonst gleicher Behandlung die Infektionsstelle mehrere Tage vor der Infektion schon einmal verletzt wurde. – Auf *A. tumefaciens* wirkte Kinetin wachstumshemmend und virulenzmindernd. Nach Ansicht der Vff. erklären diese Folgen aber nicht die fast völlige Hemmung der Tumorbildung durch Zugabe von Kinetin nach der Infektion. Die bekannte attraktive und stoffwechselanregende Wirkung von Kinetin wird besprochen. Ch. Janke. 1950.

Kole, A. P. und Gielink, A. J. Electron microscope observations on the restingspore germination of Plasmodiophora brassicae. **(Elektronenmikroskopische Beobachtungen über die Keimung der Dauersporen von Plasmodiophora brassicae.)** Proc., Kon. nederl. Akad. Wetensch., Ser. C **65** (1962) Nr. 1. S. 117–121. – 5 Abb., 6 Lit.

Primäre Zoosporen aus Dauersporen von *Plasmodiophora brassicae* sind den sekundären Zoosporen aus Sporangien sehr ähnlich. Sie haben 2 heterokonte Geißeln. Die längere Geißel hat Peitschenschnurcharakter mit spitz auslaufendem Ende, die kürzere hat ein stumpfes Ende. Die Zoosporen verlassen die Dauersporen nicht durch einen Spalt, sondern durch eine kreisrunde Öffnung. Bei den gelegentlich beobachteten Geißeln an Dauersporen handelt es sich vermutlich um Zoosporen, die nur teilweise oder zunächst nur mit den Geißeln aus den Dauersporen ausgetreten sind. G. Otto. 1950.

Bochow, H.; Rostock, Univ., Inst. für Phytopathol. und Pflanzenschutz. **Untersuchungen über die physiologische Spezialisierung der Plasmodiophora brassicae Wor. in der DDR.** Nachrichtenbl. dtsch. Pflanzenschutzdienst [Berlin] [N. F.] **16(42)** (1962) Nr. 7. S. 127–130.

In neueren Untersuchungen aus England, Kanada und Holland konnte das Bestehen von physiol. Rassen bei *Plasmodiophora brassicae* Wor., dem Erreger der Kohlhernie, nachgewiesen werden. Vf. berichtet über den Nachweis von Rassen dieses Pilzes für das Gebiet der DDR. Aus 6 Herkünften herniekranken Pflanzenmaterials wurden wäßrige Sporensuspensionen von *P. brassicae* gewonnen und für Versuche mit 6 Testpflanzenarten (Blumenkohl, Markstammkohl, Stoppelrüben, Kohlrüben, Weißer Senf, Radieschen) verwendet. Es konnten zwei Rassen des Pilzes ermittelt werden: Rasse 1 von Kohlpflanzen aus Gartenbaubetrieben rief schweren Herniebefall an Kohlarten, Stoppelrüben und Senf hervor (nicht an Kohlrüben und Radieschen); Rasse 2 von Kohlrüben befiel alle Testpflanzen außer Radieschen. Vf. zieht aus seinen Untersuchungen die Schlußfolgerung, daß künftig auch in der DDR bei allen Resistenzprüfungen gegen *P. brassicae* mit so vielfältigen Herkünften des Pilzes wie möglich gearbeitet werden sollte. Vor Anbau von Kohlrüben auf Böden, die mit Rasse 1 verseucht sind, wird gewarnt, da gelegentlich schwacher Befall auftreten kann. G. Zahn. 1950.

Jeffrey, S. I. B., Jinks, J. L. und Grindle, M.; Birmingham, Univ., Dep. of Genetics, A.R.C. Unit of Biometrical Genetics. Intraracial variation in Phytophthora infestans and field resistance to potato blight. **(Abweichung innerhalb einer Phytophthora infestans-Rasse und Feldresistenz gegen Kartoffelkrautfäule.)** Genetica ['s-Gravenhage] **32** (1962) Nr. **4**. S. 323–338. – 11 Tab., 4 Lit.

Infolge der Umstellung der Kartoffelzüchtung von Krautfäuleimmunität auf Feldresistenz wurde eine genaue Analyse letzterer erforderlich. Es wurden verschiedene Pilzisolate derselben physiol. Rasse mit ihrer Fähigkeit, die Feldresistenz zu überwinden, verglichen. Sie unterschieden sich in ihrer Verbreitungsrate, in der Tiefe des Eindringens in Knollen und in ihrem Wachstum auf 3 künstlichen Nährböden. Der Pilz wuchs i. allg. schneller, wenn er auf Knollen derjenigen Sorte gezogen wurde, von der das Isolat auf dem Feld gewonnen wurde. Ferner sporulierten diejenigen Isolate am schnellsten, welche von den Sorten gewonnen waren, von denen durchschnittl. alle Isolate am schnellsten sporulierten. Diese Abweichungen unter den Isolaten gingen bei längerer Kultur auf synthetischem Nährsubstrat verloren, wenn sich auch die Leistung auf diesem Nährboden verbesserte. Was bisher über die Natur der Abweichungen unter den Isolaten bekannt ist, deutet mehr auf eine Selektion nuklearer Unterschiede als auf eine Anpassung des Cytoplasmas. Auch Kartoffelsorten mit denselben Resistenzgenen reagierten unterschiedlich auf die Ausbreitung frisch isolierter Erregerstämme auf ihren Knollen sowie auf die Sporulation auf ihren Blättern. W. Gottschling. 1950.

Hill, A. V.; Canberra, C.S.I.R.O., Div. of Plant Ind. Longevity of conidia of Peronospora tabacina Adam. **(Die Lebensdauer der Konidien von Peronospora tabacina Adam.)** Nature [London] **195** (1962) Nr. **4843**. S. 827–828. – 1 Tab., 6 Lit.

Blattscheibchen mit Konidien wurden im Exsikkator bei verschiedenen Temperatur-Luftfeuchtigkeitskombinationen aufbewahrt und in Abständen die Konidien auf Agar zum Keimen gebracht. Mit Zunahme der Temperatur lag das Optimum der Lebensdauer bei abnehmender Luftfeuchtigkeit. Die Sporen von *P. tabacina* besitzen daher unter heißen, trockenen Bedingungen eine erstaunlich lange Lebensfähigkeit (bei 25 °C und 10–20% Feuchtigkeit einige bis zu 42 Tagen). K. Wiesner. 1950.

Bedi, Kishan Singh; Ludhiana, Punjab, Government Agric. Coll.; Res. Inst. Factors affecting the viability of sclerotia of Sclerotinia sclerotiorum (Lib.) De Bary. **(Faktoren, die die Lebensfähigkeit der Sklerotien von Sclerotinia sclerotiorum [Lib.] De Bary beeinflussen.)** Indian J. agric. Sci. **31** (1961) Nr. **4**. S. 236–245. – 6 Abb., 26 Lit.

Sklerotien von *Sclerotinia sclerotiorum* wurden weder durch Cu-Sulfat und Natriumhypochlorit (1% für **1** Std.) noch durch $HgCl_2$ (0,1%) und Formalin (1% für 30 Min.) in ihrer Lebensfähigkeit (ermittelt auf Richard's Nährlösung bei 22°–25 °C) reduziert. Sie waren ebenfalls resistent gegen abs. Alkohol und konz. Schwefelsäure (10 Min.). Sehr empfindlich erwiesen sich die Sklerotien gegen Behandlung mit heißem Wasser. Bei 50 °C für 5 Min. wurden alle Sklerotien abgetötet. Bei höheren Temperaturen genügte bereits 1 Min. Trockene Hitze bei 60° und 70° beeinträchtigte die Lebensfähigkeit der vorher 4 Tage bei Zimmertemp. lufttrocken gehaltenen Sklerotien nicht. Bei 80 °C für 6 Std. überlebten jedoch nur 32% der Sklerotien. Sklerotien, die ½–6 Std. bei 60 °C erhitzt wurden, zeigten gegenüber den auf Agar wachsenden Kontrollen ein wesentlich besseres Wachstum und bildeten große, voll entwickelte Sklerotien. Sie waren sehr resistent gegen niedrige Temp. und gegen einen 24std. Wechsel von niedriger Temp. und Zimmertemp. für die Dauer von 14 Tagen. Ebenso resistent waren die Sklerotien gegen ein Tauchen in Wasser für 14 Tage. In Röhren mit Erde waren die Sklerotien nach Frostung und unter Schnee bei natürlichen Bedingungen noch 100% lebensfähig. Über 14 Tage feucht gehaltene Sklerotien und im tägl. Wechsel feucht und trocken gehaltene Sklerotien büßten ihre Lebensfähigkeit ebenso wenig ein wie solche, die 2 Mon. in Wasser bei 5°–30 °C gehalten wurden. Auf sterilem Boden feucht gehaltene Sklerotien blieben bei Temperaturen von 5°–30 °C lebensfähig. Auf unsterilem Boden wurde bei 30 °C ihre Lebensfähigkeit stark reduziert. Das wird auf die Anfälligkeit gegen Bodenmikroorganismen zurückgeführt. *Aspergillus flavus* tötete die Sklerotien in sterilem und unsterilem Boden innerhalb von 3 Wochen bei 22–25 °C vollständig. *Fusarium* sp., *Bacillus subtilis* und *Trichoderma lignorum* reduzierten die Lebensfähigkeit der Sklerotien ebenfalls, und zwar im sterilisierten Boden mehr als in unsterilem. Es wird auf die Möglichkeit hingewiesen, Mikroorganismen zur Bekämpfung der Sklerotien im Boden einzusetzen. G. Otto. 1950.

Daly, J. M., Krupka, L. R. und Bell, A. A.; Lincoln, Univ. of Nebraska. Influence of hormones on respiratory metabolism of healthy and rust-affected tissues. **(Der Einfluß von Hormonen auf den Atmungsstoffwechsel gesunder und rostinfizierter Gewebe.)** Plant Physiol. **37** (1962) Nr. 2. S. 130–134. — 4 Tab., 17 Lit.

Die Atmung gesunder Gewebe von Weizen- ('Little Club') und Bohnen- ('Great Northern 59') blättern sowie Safflor- (*Carthamus tinctorius* N. 10) hypokotylen wird durch 1–5 ppm Indolylessigsäure (**IE**) stimuliert und 100 ppm gehemmt, wobei aber der Stoffwechselweg der Glucose nicht verändert wird, wie aus dem $C_6:C_1$-Verhältnis, mit ^{14}C-Glucose bestimmt, hervorgeht. Gibberellinsäure allein oder in Kombination mit **IE** verändert auch bei variierten Außenbedingungen und Alter der Gewebe ebenfalls den Kohlenhydratstoffwechselweg nicht. Desgleichen wurden keine Änderungen im $C_6:C_1$-Verhältnis festgestellt, wenn rostinfizierte (*Puccinia graminis tritici*, Rasse 56, *Uromyces phaseoli* var. *typica*, Rasse 3 und *Puccinia carthami*) Gewebe untersucht wurden. Hieraus wird gefolgert, daß die größeren **IE**-Mengen, die in infizierten Geweben gefunden werden, nicht an dem früher (vgl. LZ. Abt. II **7** (1962) Nr. 12. S. 3403.) festgestellten oxydativen Pentosestoffwechsel während der Sporulation der Parasiten beteiligt sind. M. Schmiedeknecht. 1950.

Morrison, Ralph M.; Greensboro, N. C. Wormans Coll. of U.N.C., Dep. of Biol. Compatibility of several clonal lines of Erysiphe cichoracearum. **(Die Vereinbarkeit verschiedener Klonlinien von Erysiphe cichoracearum.)** Mycologia [New York] **52** (1960) Nr. 5. S. 786–794. — 6 Tab., 11 Lit.

Von *Helianthus annuus* wurden 13, von *Xanthium pennsylvanicum* 8 und von *Zinnia elegans* 23 Klonlinien isoliert. Sie wurden auf Blattscheiben kultiviert und nach Bildung der Konidiophoren soweit wie möglich auf Blattscheiben aller 3 Wirtspflanzenarten gebracht. Diese wurden in kleinen Kulturkammern bei 18 °C und künstlicher Beleuchtung gehalten. Mit den verschiedenen Klonlinien wurde eine Vielzahl von Paarungen vorgenommen. Dabei wurden verschiedene Vereinbarkeitsklassen festgestellt. Als Folge verträglicher Paarung traten auf Wasser, dest. Wasser und bei 0,4 ppm Kinetin Cleistothecien auf, die morphol. nicht von denen zu unterscheiden waren, die unter natürlichen Verhältnissen gebildet werden. Bei den Impfversuchen mit den Klonlinien auf Blattscheiben verschiedener Wirtspflanzenarten ergab sich, daß *H. annuus* ein Universalwirt für alle Isolierungen war. Einige von *Z. elegans* isolierte Klonlinien wuchsen auf Blattscheiben von *X. pennsylvanicum* gut, während lediglich 2 von *X. pennsylvanicum* auf Blattscheiben von *Z. elegans* eine normale Entwicklung aufwiesen. Es wird angenommen, daß es sich bei den von verschiedenen Wirtspflanzenarten isolierten *E. cichoracearum*-Klonlinien um physiol. Rassen handelt. G. Otto. 1950.

Nelson, R. R.; Raleigh, North Carolina State Coll., Dep. of Plant Pathol. A correlation of interspecific fertility and conidial morphology in species of Helminthosporium exhibiting bipolar germination. **(Eine Beziehung der**

Fertilität zwischen den Arten und der Morphologie der Konidien bei Helminthosporium-Arten, die eine bipolare Keimung aufweisen.) Mycologia [New York] **52** (1960) Nr. 5. S. 753–761. – 5 Abb., 4 Tab., 7 Lit.
16 *Helminthosporium*-Arten, davon 6 mit bekannten Hauptfruchtformen, wurden in z.T. größerer Zahl von 10 Wirtspflanzenarten isoliert. Alle waren heterothallisch und wiesen bipolare Keimung auf. Wegen der großen Variabilität der Konidienform und Größe wurden die Isolierungen nach morphol. Merkmalen 5 Klassen zugeordnet. Von 8124 durchgeführten Kreuzungen der insgesamt 174 Isolierungen wurden in 47 Fällen lebende Ascosporen und in 24 Fällen sterile Asci gebildet. Dagegen waren von 2707 Kreuzungen einer Merkmalsklasse 46 fertil gegenüber nur 25 von 5417 Kreuzungen der Arten verschiedener Merkmalsklassen. Daraus wird geschlossen, daß zwischen den Arten einer Klasse mit ähnlichen morphol. Konidienmerkmalen genetische Beziehungen bestehen. G. Otto. 1950.

Papavizas, G. C. und Davey, C. B.; Beltsville, Md., Plant Ind. Stat. Saprophytic behavior of Rhizoctonia in soil. **(Das saprophytische Verhalten von Rhizoctonia im Boden.)** Phytopathology **51** (1961) Nr. 10. S. 693–699.
Die saprophytische Aktivität (**I**) von *Rhizoctonia* wurde am Befall von Buchweizenstengelstücken in unsterilisierter, *Rhizoctonia*-beimpfter Erde gemessen. Sie war bei einer Bodenfeuchtigkeit von 20–50% höher als bei 60–90%. Die optimale Temperatur war von der untersuchten Bodenart abhängig. Sie lag zwischen 20 und 30 °C. Großen Einfluß auf **I** hatte die Inkubationsdauer. Die saprophytische Überlebensfähigkeit im Boden war mit 120 Tagen rel. hoch. Eine N-Anreicherung des Substrates erhöhte **I**, während eine C-Anreicherung sie senkte. P und Ca waren ohne Einfluß.
Renate Kießig. 1950.

Schlösser, E.; Göttingen, Univ., Inst. für Pflanzenpathol. und Pflanzenschutz. **Über eine biologisch aktive Substanz aus Cercospora beticola.** Phytopathol. Z. **44** (1962) Nr. 3. S. 295–312. – 6 Abb., 5 Tab., 38 Lit.
Zur Untersuchung der Beziehungen zwischen *Cercospora beticola* und ihrem Wirt, *Beta vulgaris*, prüfte Vf. die Frage, ob die Schadwirkung des Pilzes auf der Abscheidung von Toxinen beruht, wie das für eine Anzahl von pathogenen Pilzen bereits bekannt ist. Aus Einsporenkulturen des Pilzes wurden Extrakte (Gewinnung und Reinigung s. Original) mittels verschiedener Lösungsmittel hergestellt und auf ihre antibiotische Wirksamkeit gegen *Bacillus subtilis* geprüft. Wirksam erwies sich der Rückstand aus dem Chloroformextrakt. Aus der papierchromatographischen Reinigung des Rohpräparates konnte eine „Gelbe Fraktion" (**GF**) gewonnen werden, an die die antibiotische Aktivität gebunden ist. Nach ihren phys. und chem. Eigenschaften läßt sich die Substanz einigermaßen charakterisieren, die infrarotspektroskopische Untersuchung weist auf eine stoffliche Verwandtschaft mit Tropolon-Derivaten. In schwach saurem Medium besitzt **GF** eine breite bakterizide Wirksamkeit, dagegen ist eine solche gegenüber den geprüften Pilzarten nicht festzustellen An phytotoxischen Wirkungen wurden eine Hemmung der Bewurzelung von Tomatensprossen und die Bildung lokaler Nekrosen an Zuckerrübenblättern nach Infiltration beobachtet. J. Hartisch. 1950.

Paquin, R. und Coulombe, L. J. Pectic enzyme synthesis in relation to virulence in Fusarium oxysporum f. lycopersici (Sacc.) Snyder and Hansen. **(Die Synthese der Pektin-Enzyme und ihr Zusammenhang mit der Virulenz von Fusarium oxysporum f. lycopersici [Sacc.] Snyder et Hansen.)** Canad. J. Bot. **40** (1962) Nr. 4. S. 533–541. – 4 Abb., 4 Tab., 17 Lit.
Vf. fand in eigenen Arbeiten die bereits durch White, Haymaker und Wellman geäußerte Vermutung bestätigt, daß die Pektin-Fnzyme, welche *Fusarium oxysporum* f. *lycospersici* erzeugt, verantwortlich für die Welkeerscheinungen an Tomaten sind. Bei unterschiedlichen Kulturbedingungen

wuchs in jedem Falle der virulente Stamm besser und erzeugte mehr Enzyme als der avirulente, bes., wenn das Nährmedium einen hohen Pektingehalt aufwies und die Temperatur bei 28 °C lag. Die PME-Synthese steht in engem Zusammenhang mit der aktiven Wachstumsperiode und erreichte bei beiden Stämmen ihr Maximum etwa zur gleichen Zeit (6–8 Tage alte Kultur). Während dieser Phase steigt der pH-Wert des Nährmediums rasch an. Die Enzymsynthese stockt, wenn der pH-Wert 7,8–7,9 erreicht (je nach Pektingehalt des Nährbodens ist diese Grenze nach 8–18 Tagen erreicht). 16–20 Tage nach der Beimpfung ließ die PME-Aktivität nach. Die DP- und PG-Erzeugung verlief gleichsinnig und erreichte ihr Maximum nach 6–12 Tagen. Die rel. Viscosität des Nährbodens nahm durch den Abbau der Pektinmoleküle rapide ab und entsprach nach 4 Tagen der von Wasser. – Krankheitserscheinungen wurden durch den virulenten Stamm schneller und stärker hervorgerufen. R. Peschel. 1950.

Chauhan, S. K.; Agra, India, Agra Coll., Bot. Dep. Toxin production by Fusarium orthoceras var. ciceri causing wilt of gram. **(Toxinbildung durch Fusarium orthoceras var. ciceri, dem Erreger der Welke der Kichererbse.)** Proc. nat. Acad. Sci., India, Sect. B **31** (1961) Nr. 3. S. 341–348. – 5 Tab., 30 Lit.

Fusarium orthoceras var. *ciceri* wurde von welkekranken Kichererbsen isoliert und auf Richard's Nährlösung zur Bildung von Toxinen bei 27–29 °C bebrütet. Mit zunehmendem Alter der Pilzkultur wurden zunehmende Toxinmengen gebildet. Filtrate 30 Tage alter Kulturen führten innerhalb von 18 Std. zum Welken der Testpflanzen. Die Welketoxine sind thermostabil. Bei autoklavierten Filtraten war das Auftreten der Symptome jedoch verzögert. Die Toxine sind wasserlöslich. Mit zunehmender Verdünnung der Kulturfiltrate wurde das Auftreten charakteristischer Welkesymptome verzögert. Temperaturerhöhung führte zur Vermehrung der Toxinmengen. Von 5 Antibiotica, die den Pilzkulturen zugesetzt wurden, vermochten nur Ambrymycin 25 ppm und Chlormycetin 50 ppm das Auftreten der Welkesymptome zu verzögern. G. Otto. 1950.

Gordon, C. C., Shaw, C. G. und Menzies, J. D.; Pullman, Washington State Univ., Dep. of Plant Pathol; Missoula, Montana State Univ., Dep. of Bot.; Prosser, Wash., Irrigation Exp. Stat. Host range, spore germination, and pathogenicity of Diporotheca rhizophila. **(Wirtsbereich, Sporenkeimung und Pathogenität von Diporotheca rhizophila.)** Phytopathology **51** (1961) Nr. 10. S. 718–723.

54 von 56 untersuchten *Solanum*-Arten waren anfällig für *Diporotheca rhizophila*, einen Wurzelparasiten aus der Familie der *Meliolaceae* (Schwarzmehltau). Lediglich *S. tuberosum* und *S. melongena* hatten eine wirtsch. Bedeutung. Andere Gruppen höherer Pflanzen wurden nicht befallen. Bei der Sporenkeimung wuchsen beide oder nur eine der Polzellen der 3zelligen Ascospore aus, wobei sie charakteristische 2zellige Hyphopodien bildeten. Die Wirtszelle wurde mittels eines stilettförmigen oder knolligen Haustoriums befallen. Frische Ascosporen keimten nicht aus, ebenso solche, die nur eine Saison überwintert hatten. *D. rhizopila* wird als obligater, aber nur schwach pathogener Parasit betrachtet. Renate Kießig. 1950.

Esposito, R. G., Greenwood, H. und Fletcher, A. M.; Norwood, Mass., Unitet Fruit Co., Centr. Res. Lab. Growth factor requirements of six fungi associated with fruit decay. **(Wuchsstoffbedürfnisse von sechs Fruchtfäulepilzen.)** J. Bacteriol. **83** (1962) Nr. 2. S. 250–255. – 2 Abb., 6 Tab., 15 Lit.

6 Fruchtfäuleerreger, die Fruchtstand, Blütenstiel, Spitze und Fruchtfleisch der Banane besiedeln (*Botryodiplodia theobromae, Fusarium roseum, Gloeo-*

sporium musarum, Nigrospora sphaerica, Thielaviopsis paradoxa und *Verticillium theobromae*) wurden auf einem Grundmedium mit Zusätzen von 3 verschiedenen Vitaminen und Hefeextrakt kultiviert. Anschließend wurden ihre Mycelgewichte bestimmt. *Gloeosporium, Nigrospora, Thielaviopsis* und *Verticillium* benötigten Biotin zum Wachstum, während *Fusarium* nur bei Nitrat als N-Quelle vom Biotin abhängig war. Darüber hinaus erforderten *Thielaviopsis* noch Thiamin zum Wachstum und *Nigrospora* einen unbekannten Faktor, der im Hefeextrakt enthalten ist. *Verticillium* wurde im Nitrat-Medium durch Thiamin leicht stimuliert, *Botryodiplodia* war völlig unabhängig von diesen Zusätzen. *Fusarium* wurde vom Pyrimidinanteil des Thiamins im Wachstum gehemmt, indem es zur Äthanolbildung umgestimmt wurde. Biotin verhinderte diese Hemmung und Äthanolbildung. M. Schmiedeknecht. 1950.

Tandon, R. N. und Chandra, Sudhir; Allahabad, India, Univ. of Allahabad, Dep. of Bot. Utilization of amino acids by some fungi causing „leaf spot" disease. **(Die Aufnahme von Aminosäuren durch einige Erreger pilzlicher Blattfleckenkrankheiten.)** Proc. nat. Acad. Sci., Indian, Sect. B **31** (1961) Nr. 3. S. 255–260. – 1 Tab., 12 Lit.

Untersucht wurde das Wachstum von *Cercosporina ricinella* (Sacc. et Berl.) Speg., *Colletotrichum gloeosporioides* Penz. und *Curvularia penniseti* Mitra auf einer Nährlösung, deren KNO_3 durch vergleichbare Mengen verschiedener Aminosäuren ersetzt wurde. Das Myceltrockengewicht und die Anzahl der Tage, nach der die Aminosäuren in den Nährlösungen papierchromatographisch nicht mehr nachzuweisen waren, galten als Maß für ihre Verwertbarkeit. Die Aminosäuren wurden in unterschiedlichem Maße verwertet. *C. ricinella*: Asparaginsäure, Glutaminsäure und Leucin schlecht, Alanin und Glycin gut. *C. gloeosporioides*: Leucin schlecht, Glycin und Asparaginsäure besser, Alanin und Glutaminsäure gut, *C. penniseti*: Glutaminsäure schlecht, Alanin und Asparaginsäure besser, Leucin und Glyin gut. Das Gemisch aller Aminosäuren ergab bei allen 3 Pilzarten höhere Myceltrockengewichte. G. Otto. 1950.

Vilardebo, A. Note sur Tylenchulus semipénétrans et Radopholus similis, nématodes parasites des agrumes. **(Mitteilung über Tylenchulus semipenetrans und Radopholus similis, parasitische Nematoden in Citrus-Gewächsen.)** Fruits Primeurs Maroc **1** (1962) Nr. 2. S. 67–68.

Tylenchulus semipenetrans wurde erstmalig i. J. 1913 in Kalifornien entdeckt. 1915 wurde er in Algerien, wenig später in Marokko und Tunis nachgewiesen. Heute ist er aus allen *Citrus*-Gewächse anbauenden Ländern bekannt. In Marokko sind alle *Citrus*-Gärten befallen, doch unterschiedlich stark. In 1 l Boden wurden 40000–400000 Larven, in 1 cm Wurzel 30–100 Weibchen festgestellt. Durch den Nematoden werden Ertragsminderungen von 15–25% verursacht. Bekämpfungsversuche werden seit 1949 durchgeführt. Erste Erfolge konnten 1956 mit Dibromchlorpropan erzielt werden. Dieses Nematicid wird heute in Kalifornien allg. angewendet. Erste Versuche in Marokko sind im Herbst 1961 eingeleitet worden. – *Radopholus similis* ruft in Florida „Spreading decline" hervor, die Pflanze stirbt ab. Im Bereich der Mittelmeerländer ist dieser Nematode noch nicht aufgetreten. Man ist bemüht, eine Einschleppung zu verhindern. H.-W. Nolte. 1960.

Wu, Liang-Yu.; Ottawa, Ontario, Canada Dep. of Agric., Entomol. Res. Inst., Res. Branch. Paratylenchus brevihastus n.sp. (Criconematidae: Nematoda). **(Paratylenchus brevihastus n. sp. [Criconematidae: Nematoda].)** Canad. J. Zool. **40** (1962) Nr. 3. S. 391–393. – 5 Abb., 2 Lit.

In Ontario fand Vf. im Wurzelbereich von *Viola cucullata* Ait., *Medicago sativa, Avena* sp. und *Trifolium pratense* während der Jahre 1958–61 *Para-*

tylenchus brevihastus n. sp. Morphol. und anatom. Merkmale bei Männchen und Weibchen werden ausführlich behandelt. Unterscheidungsmerkmale zu der nahestehenden Art *P. microdorus* sind angeführt. W. Wolde. 1960.

Townshend, J. L. und Davidson, T. R.; Vineland Station, Ontario, Canada Dep. of Agric., Res. Lab., Res. Branch. Some weed hosts of the Northern root-knot nematode, Meloidogyne hapla Chitwood, 1949, in Ontario. **(Einige Unkräuter als Wirtspflanzen von Meloidogyne hapla Chitwood, 1949, in Ontario.)** Canad. J. Bot. **40** (1962) Nr. 4. S. 543–548. — 1 Tab., 6 Lit.
Zu den häufigsten Nematodenarten in Südontario gehören *Pratylenchus penetrans* (Cobb, 1917) Filip. et Stek., 1941 und *Meloidogyne hapla* Chitwood, 1949. Vff. konnten nachweisen, daß zahlreiche Unkräuter Wirtspflanzen von *P. penetrans* sind und ein natürliches Reservoir für diese Art darstellen. In der vorliegenden Arbeit werden 55 verschiedene Unkräuter geprüft, ob sie als Wirtspflanzen für *M. hapla* in Frage kommen. Es wurden sowohl Gewächshaus- als auch Freilandversuche durchgeführt. Von den geprüften Arten wurden 41 als Wirtspflanzen für *M. hapla* nachgewiesen, die in tab. Form angeführt sind. K. Geißler. 1960.

Schruft, Günter; Freiburg/Br., Staatl. Weinbau-Inst.; Univ., Zool. Inst. **Beiträge zur Kenntnis der Biologie der Kräuselmilben (Phyllocoptes vitis Nal. und Epitrimerus vitis Nal., Fam. Eriophyidae [Acarina]) an Reben (Vitis vinifera L.).** Wein-Wiss. **17** (1962) Nr. 8. S. 189–211. Beil. zu: Dtsch. Weinbau. — 17 Abb., 2 Tab., 18 Lit.
Vf. unterzieht die Kräuselmilben der Rebe einer kritischen Untersuchung und kommt in Übereinstimmung mit Keifer zu dem Schluß, daß beide Arten wahrscheinlich zwei Formen einer Art sind, und zwar stellen *Phyllocoptes vitis* Nal. die Deutogyne (Winterform) und *Epitrimerus vitis* Nal. die Primogyne (Sommerform) dar. Der Name dieser einen Art ist nach Keifer *Calepitrimerus vitis* (Nal.). Eier, Larven, Nymphen und Adulti werden beschrieben. Als Feinde wurden *Thrips*-Arten und die Raubmilbe *Typhlodromus finlandicus* Oudem. beobachtet. E. Königsmann. 1960.

Lewis, T. und Navas, D. E.; Cambridge, School of Agric. Thysanopteran populations overwintering in hedge bottoms, grass litter and bark. **(In Heckenböden, Grasstreu und unter Borke überwinternde Thysanopterenpopulationen.)** Ann. appl. Biol. **50** (1962) Nr. 2. S. 299–311. — 5 Abb., 7 Tab.
Bekannt ist, daß Thysanopteren in den verschiedensten Entwicklungsstadien in den unterschiedlichsten Örtlichkeiten überwintern. Einzelheiten, bes. über die Stärke der überwinternden Populationen in den verschiedenen Medien, sind dagegen noch unbekannt. Die Klärung dieser Frage ist bes. für wirtsch. wichtige Arten, wie z. B. *Limothrips cerealium* Hal., bedeutungsvoll. Die Untersuchungen ergaben meist grasbesiedelnde Arten, wie *Aptinothrips rufus* (Gmelin) in Streu und *Limothrips cerealium* Hal. unter Borke, letztere scheint der bevorzugte Überwinterungsplatz für *L. cerealium* zu sein, wobei die tieferen Schichten bei dicker Borke aufgesucht werden. K. Geißler. 1960.

Lukefahr, M. J. und Griffin, J. A.; Brownsville, Tex., Entomol. Res. Div. Pink bollworm development in relation to age of squares and bolls with notes on biology. **(Die Entwicklung des Roten Kapselwurmes in Abhängigkeit vom Alter der Knospen und Kapseln mit Bermerkungen zur Biologie.)** J. econ. Entomol. **55** (1962) Nr. 2. S. 158–159. — 3 Tab., 8 Lit.
In Freiland- und Gewächshausversuchen wurde die Entwicklung der Larven des Roten Kapselwurmes (*Pectinophora gossypiella* Saund.) in Abhängigkeit vom Alter der Knospen bzw. Kapseln zur Zeit des Befalls untersucht. Die Entwicklung verlief in Knospen schneller als in Kapseln. In beiden Fällen wurde die höhere Entwicklungsgeschwindigkeit bei fortgeschrittener Entwicklung von Knospen und Kapseln beobachtet. Dagegen starben in älteren Knos-

pen und Kapseln mehr Larven gleichzeitig ab als in solchen,die in einem Entwicklungsalter unter 20 Tagen befallen wurden. Als Parasit wurde eine *Epyres*-Art gefunden, die vor allem die Larven des 4. Stadiums angreift.
R. Fritzsche. 1960.

Clark, Edgar W. und Richmond, Clyde A.; Brownsville, Tex., Entomol. Res. Div. The effect of aqueous submersion on larval and pupal pink bollworm. **(Der Einfluß von Wasserüberschwemmung auf Larven und Puppen des Roten Kapselwurmes.)** J. econ. Entomol. **55** (1962) Nr. 2. S. 167–169. – 2 Tab., 17 Lit.
Um festzustellen, inwieweit sich die Überflutung von Baumwollfeldern nach der Ernte, die einen starken Besatz mit Larven bzw. Diapauselarven aufweisen, als Bekämpfungsmaßnahme eignet, wurden Labor.-Versuche durchgeführt. Es zeigte sich, daß diese Stadien des Roten Kapselwurmes (*Pectinophora gossypiella* Saund.) verhältnismäßig widerstandsfähig gegen Feuchtigkeit und Sauerstoffmangel sind. Der Erfolg durch Überflutung ist vor allem abhängig von der Temperatur. Die LT-50 betrug für Diapauselarven bei 8,5 °C 11, bei 29 °C 2,4 und bei 38 °C 0,6 Tage. Bei 8,5 °C waren zur 100%igen Abtötung 24 Tage nötig. Letzteres sind im Untersuchungsgebiet die Wintertemperaturen, die normalerweise bei einer solchen Bekämpfungsmethode herrschen würden. R. Fritzsche. 1960.

Zappe, Eberhardt und Templin, E. **Untersuchungen über die Auswirkung des Schadfraßes blatt- und nadelfressender Insekten an Kiefer und Eiche auf den Wachstumsgang und das Regenerationsvermögen der Fraßbäume unter Berücksichtigung des Standortes.** Forsch.- u. Entwickl.-Stelle Tharandt, Institut für Forstwirtschaft der Deutschen Akademie der Landwirtschaftswissenschaften zu Berlin, Abt. Forstschutz gegen tierische Schädlinge Plan-Nr.: 1701 22–1–110.
Auf der Grundlage neuerer Ergebnisse zur Gradologie des Grünen Eichenwicklers wurden vergleichende Untersuchungen an früh- und spättreibenden Eichen vorgenommen. Eine Gegenüberstellung dieser beschädigten und verschonten – Bäume zeigte, daß eine chem. Bekämpfung des Insektes aus rein wirtsch. Überlegungen nur in ganz seltenen Fällen erforderlich ist, und zwar dann, wenn es sich um wertvolle Saatgutbestände handelt. Dazu ist es notwendig, Möglichkeiten für eine sichere Blühprognose zu finden. Die Bekämpfung des Wicklers in Urlaubs- und Erholungsgegenden geschieht aus landeskulturellen, nicht aus wirtsch. Überlegungen. 1960.

Bojkov, A. (Bojkow, A.) Paraziti po kafjavata listivrŭtka (Cacoecia xylosteana L.). **(Parasiten von Cacoecia xylosteana.)** Rastitelna zaštita Sofija, **9** (1961) Nr. 6. S. 47–48. – 5 Lit.
Als Raupenparasiten traten auf: die Braconiden *Apanteles glomeratus* L. und *A. xanthostigma* Hol., als Puppenparasit *Pimpla instigator* F. (*Ichneumonidae*). A. Balewski. 1960.

Ševčenko, F. P. und Šabalina, Z. S. (Schewtschenko, F. P. und Schabalina, S. S.); Altai-Forsch.-Inst. für Landwirtsch. Sovki, vredjaščie kukuruze na Altae. **(Eulen als Maisschädlinge im Altai.)** Zaščita rastenij ot vreditelej i boleznej, Moskva **7** (1962) Nr. 6. S. 29–30.
Von 107 im Altai-Gebiet registrierten Eulenarten kommen nach den Beobachtungen der Jahre 1954–1960 42 Arten als Maisschädlinge in Betracht. Die häufigsten und schädlichsten sind *Euxoa islandica* Strg., *Hadena basilinea* Sch., *E. exclamationis* L., *Chloridea dipsacea* L. *Barathra brassicae* L., *Scotogramma trifolii* Rott., *Apamea paludis* Tutt., *Polia oleracea* L., *Phytometra gamma* L., *Polia pisi* L. u.a. H. Decker. 1960.

Nel, J. J. C.; Stellenbosch-Elsenburg, Univ. of Stellenbosch, Coll. of Agric. The seasonal history of Heliothis armigera (Hüb.) on lupins in the South

Western Cape Province. **(Die jahreszeitliche Entwicklung von Heliothis armigera [Hüb.] auf Lupinen in der südwestlichen Kap-Provinz.)** South African J. agric. Sci. **4** (1961) Nr. 4. S. 575–588. — 2 Abb., 3 Tab., 12 Lit. Zus. in Franz., Niederl.

Heliothis armigera ist seit langem ein starker Schädling verschiedener Kulturpflanzen in Südafrika. In den letzten 10 Jahren trat *H. armigera* in der West-Provinz immer stärker als Schädling auf und bedroht den Lupinensamenanbau. Deshalb wurden in den Jahren von 1955–57 Untersuchungen über die Biologie des Schädlings vorgenommen. In Stellenbosch, wo den Larven verschiedene Pflanzenarten als Nahrung zur Verfügung stehen, wurden 4 Generationen ermittelt. Der größte Teil der 4. Generation überwintert im Puppenstadium im Boden. In Graafwater, wo sich die Larven ausschl. von Lupinen ernähren, entwickelt sich nur 1 oder u. U. eine geringe 2. Generation. Die Unterschiede in der Zahl der Generationen werden darauf zurückgeführt, daß im „Sandveld" im Sommer alle Pflanzen, wenn die Lupinen abreifen, vertrocknet sind. — Diapause trat ein, wenn die Puppe ca. 2 Mon. mit Temperaturen von 7,2 °C behandelt wurde. Lichtbehandlungen hatten keinen Erfolg.
K. Schulz. 1960.

Phillips, Jacob R. und Whitcomb, Willard H.; Univ. of Arkansas, Dep. of Entomol. Field behavior of the adult bollworm, Heliothis zea (Boddie). **(Das Verhalten der Adulten von Heliothis zea [Boddie] im Freiland.)** J. Kansas entomol. Soc. **35** (1962) Nr. 2. S. 242–246. — 1 Abb., 8 Lit.

Die Untersuchungen wurden durchgeführt, um exakte Unterlagen über die Ursachen des Ausbruchs von Kalamitäten zu erhalten. Die meisten Ergebnisse basieren auf Direktbeobachtungen aus dem Jahre 1960. Die Nahrungsaufnahme der Falter begann zwischen 16.30 und 17.00 Uhr. Als Nahrungsstoffe dienten pflanzlicher Nektar, Honigtau der Blattläuse und ein Exudat, das von verschiedenen Pilzen produziert wurde. Die Dauer der Blütenbesuche bei Klee war nicht abhängig von Lichtintensität und Temperatur, eine gewisse Abhängigkeit von der rel. Luftfeuchtigkeit konnte dagegen festgestellt werden. Die Eiablage begann gegen 19.00 Uhr. Der Höhepunkt war gegen 21.30 Uhr erreicht. Weitere Untersuchungsergebnisse werden folgen.
K. Geißler. 1960.

Todd, D. H.; Palmerston North, Dep. of Sci. and Ind. Res., Entomol. Div. The apple leaf-curling midge, Dasyneura mali Kieffer, seasonal history, varietal susceptibility and parasitism 1955–58. **(Die Apfelblattgallmücke Dasyneura mali Kieffer, jahreszeitliche Entwicklung, Sortenanfälligkeit und Parasitismus in den Jahren 1955–58.)** New Zealand J. agric. Res. **2** (1959) Nr. 3. S. 859 bis 869. 1960.

Jermy, T. A fritlégy Oscinella frit L. 1959 évi kartétele a kukoricán Magyarországon. **(Über die an Mais durch die Fritfliege [Oscinella frit L.] in Ungarn im Jahre 1959 verursachten Schäden.)** Növényvédelmi Kutató Intézet Évkönyve [Jb. Forsch.-Inst. Pflanzenschutz] 8 (1957/60, hrsg. 1961) S. 169 bis 183. — Aus: Ung. Agrar-Rdsch. **1962** Nr. 3.

Fritfliegenschäden an Mais wurden in Ungarn erstmalig i.J. 1959 beobachtet. Das Schadbild und klimabedingte Voraussetzungen für den Befall werden aufgezeigt. Im Labor. wurden Eiablage und Larvenentwicklung näher untersucht. Die Entwicklung einer Generation dauerte ca. 55 Tage. 1960.

Dončev, N. (Dontschew, N.) Proučvane na zavisimostta meždu srokovete za zasjavane na pšenica, ečemik i oves i povredite, koito nanasjat vŭrchu tjach različnite vidove žitni muchi. **(Untersuchungen über die Beziehung zwischen der Aussaatzeit von Weizen, Gerste und Hafer und den durch verschiedene Getreidefliegen verursachten Schäden.)** Izvestija na Dobrudžanskija selskostopanskinauč noizsledovatelski institut, Tolbuchin — Sofija **1** (1961) S. 167–183. — 2 Abb., 6 Tab., 11 Lit. Zus. in Russ., Engl.

Nach Ermittlungen aus den Jahren 1956–1960 werden als wirtsch. bedeutsam für die Dobrudsha genannt: *Phorbia genitalis* Schnabl, *Oscinis frit* L., *Mayetiola destructor* Say und *Meromyza saltatrix* L. Weizen wurde bes. geschädigt. Aussaat von Wi-Weizen zwischen 1.–20.10. und von Wi-Gerste zwischen 20.9. und 20.10. verringerte den Befall beachtlich. Ja. Ljubenow. 1960.

Grigorov, S. (Grigorow, S.) Prinos kŭm entomofaunata na Bŭlgarija. **(Beitrag zur Entomofauna Bulgariens.)** Rastitelna zaštita, Sofija **10** (1962) Nr. 1. S. 48–54. — 6 Abb., 13 Lit. Zus. in Russ., Engl.
Erstmaliges Auftreten in Bulgarien wird von *Aphis evonymi* F. an Pfaffenhut, *Evonymus europaea* L., und an *Zea mays* , von *Dasyneura mali* Kieff. gemeldet. Neu für Bulgarien sind auch die Minierfliegen *Agromyza kolobovae* Hend., *A. frontella* Rond. und *Phytomyza atricornis* an Luzerne sowie *A. nana* Mg. an Klee. Die Schadbilder werden beschrieben. Als Parasiten sind bekannt geworden: *Aphidius subteraneus* L., *Aphiochaeta* sp., *Sciaria* sp., *Hypogastrura manubrialis* Tull. und *H. armata*, ferner *Collimome abbreviatis* var. *macropterum* für *Rhodites rosae* L. und *Lasioptera rubi* Heeger; *Aphidius ervi* Hal., Parasit der Erbsenblattlaus, *Acyrthophison pisi* Kalt.; *Aphidius cardui* Marsh. von *Brachycaudus cardui* L. und *Trioxys* sp. die Grüne Apfellaus, *Aphis pomi* de Geer, parasitierend. A. Balewski. 1960.

Howe, R. W. The effects of temperature and humidity on the oviposition rate of Tribolium castaneum (HBST.) (Coleoptera, Tenebrionidae). **(Die Wirkungen von Temperatur und Feuchtigkeit auf die Größe der Eiablage bei Tribolium castaneum [Hbst.] [Coleoptera, Tenebrionidae].)** Bull. entomol. Res. **53** (1962) Nr. 2. S. 301–310. — 3 Abb., 2 Tab., 14 Lit.
Die Untersuchungen wurden mit isolierten Pärchen von *Tribolium castaneum* durchgeführt. Die rel. Luftfeuchtigkeit betrug bei allen Versuchen 70%, insgesamt wurden 8 Temperaturstufen, beginnend bei 20 °C mit Intervallen von 2,5 °C und endend bei 37,5 °C, geprüft. Als Futter wurden Weizenkörner verwendet. Die höchsten Eizahlen wurden mit 360/Weibchen bei einem tägl. Durchschnitt von 2,5 Stck. während der ersten 100 Tage bei 25 °C und 70% rel. Luftfeuchtigkeit abgelegt. Danach nahm die Anzahl der Eier ab. Die optimale Temp. für die Eiablage betrug 32,5 °C. Die Anzahl der je Weibchen je Tag abgelegten Eier belief sich über einen Zeitraum von 7 Wochen auf 11 Stück. Infolge zu geringen Nahrungsangebotes wurde verschiedentlich Kannibalismus beobachtet. K. Geißler. 1960.

Zamfirov, C. (Samfirow, Z.) Vidov sŭstav i razprostranenie na vrednite vidove ot roda Anisoplia (Scarabaeidae) v Severozapadna Bŭlgarija. **(Artenzusammensetzung und Verbreitung der schädlichsten Arten der Gattung Anisoplia [Scarabaeidae] im Nordwesten Bulgariens.)** Rastitelna zaštita, Sofija **9** (1961) Nr. 6. S. 44–46. — 5 Lit.
Im Nordwesten Bulgariens treten folgende Getreidelaubkäfer auf: 1. *Anisoplia austriaca* Hbst. (vorherrschend), 2. *A. segetum* Hrbd. (fast immer zusammen mit der erstgenannten Art anzutreffen), 3. *A. segetum* ab. *straminea* (tritt immer mit der letztgenannten Art auf), 4. *A. lata* Er. (im Gebiet von Kneja zahlreich vorhanden), 5. *A. agricola* Poda (weniger verbreitet), 6. *A. tempestiva* Er. (seltener festgestellt, für das Gebiet um Kneja bisher nicht gemeldet), 7. *A. dispar* Er. (erstmalig beobachtet). A. Balewski. 1960.

Klausnitzer, Bernhard. **Untersuchungen an einer Spargelkäferpopulation (Crioceris asparagi L. und C. duodecimpunctata L.).** Dtsch. Akad. Landwirtsch.-Wiss. Berlin, Tagungsber. **1961** (hrsg. 1962) Nr. 45. S. 235–236.
Die in einer Spargelanlage bei Bautzen/Sa. durchgeführten Untersuchungen bestätigen erneut die Tatsache, daß das Spargelhähnchen, *Crioceris asparagi*, früher und meist in höheren Individuenzahlen als der Spargelkäfer, *C. duodecimpunctata*, in den Spargelanlagen erscheint. Über das Auftreten von *C.*

asparagi ab. *linnei* und ab. *anticeconjuncta* wird berichtet. *Coccinella quinquepunctata* trat stärker in der gleichen Spargelanlage auf. Fütterungsversuche mit Eiern und Larven von *Crioceris* verliefen positiv. Im Freiland konnten Coccinelliden nicht beim Verzehr von Eiern oder Larven der Spargelschädlinge beobachtet werden. H.-A. Kirchner. 1960.

Ušatinskaja, R. S. (Uschatinskaja, R. S.) Diapauza koloradskogo žuka i formirovanie ego mnogoletnich očagov. **(Die Diapause des Kartoffelkäfers und die Bildung mehrjähriger Herde.)** Zaščita rastenij ot vreditelej i boleznej, Moskva **7** (1962) Nr. 6. S. 53–54. — 2 Abb., 1 Tab.

Untersuchungen im Transkarpaten-Gebiet ergaben 4 Formen der Diapause des Kartoffelkäfers: 1.) normale Winterdiapause, 2.) Sommerdiapause, der i. J. 1960 4,7% und 1961 3% der Käfer unterworfen waren, 3.) verlängerte Diapause, die bes. in Sandböden vorkommt und 4.) wiederholte Diapause. Diese verschiedenen Formen sind durch Unterschiede im Wassergehalt, O_2-Verbrauch, in der CO_2-Abgabe, im Atmungskoeffizient, in der Aktivität der Katalse, Cytochromoxydase, Peroxydase und Polyphenoloxydase sowie im Glutathiongehalt gekennzeichnet. Die verlängerte und die wiederholte Diapause (Überliegen) sind die Ursachen für das Entstehen mehrjähriger Herde. Gebiete mit Sandböden sind bes. gefährdet. H. Decker. 1960.

Dirimanov, M. und Angelova, R. (Dirimanow, M. und Angelowa, R.) Čuvstvitelnost na njakoi sortove zele kŭm bŭlchite ot roda Phyllotreta i sredstva za borba s tjach. **(Anfälligkkeit einiger Kohlsorten gegen Kohlerdflöhe der Gattung Phyllotreta und Mittel zu ihrer Bekämpfung.)** Rastitelna zaštita, Sofija **10** (1962) Nr. 1. S. 56–59. — 2 Tab. Zus. in Russ., Engl.

Die geprüften Kohlsorten zeigten unterschiedlichen Befall durch die Arten *Phyllotreta atra* L., *Ph. cruciferae* Goeze, *Ph. nemorum* L., *Ph. vitata* F. und *Ph. undulata* Kutsch. Die chinesische Kohlsorte 'Tzjao-baj-kou' erwies sich bes. empfindlich. — DDT, Parathion, Fonithion, Wofatox u.a. brachten gute Bekämpfungsergebnisse. A. Balewski. 1960.

Poinar jun., George O. und Gyrisco, George G.; Ithaca, N.Y., Cornell Univ. Flight habits of the alfalfa weevil in New York. **(Fluggewohnheiten des Luzernekäfers in New York.)** J. econ. Entomol. **55** (1962) Nr. 2. S. 265 bis 266. — 2 Abb., 7 Lit.

Mit Hilfe von Leimtafelfängen wurden die Fluggewohnheit bzw. die Flugzeiten des Luzernekäfers, *Hypera postica* Gyllenhal, untersucht. Der Zuflug der Altkäfer zu neuen Beständen bzw. auf dem alten Luzerneschlag findet in der Zeit von Mitte März bis Anfang Mai, der Flug der neuen Generation Mitte Juni bis Ende Juli statt. Bei Vergleich mehrerer Jahre zeigen sich vor allem beim Frühjahrsflug gewisse Verschiebungen zwischen den Jahren. Die Käfer fliegen vor allem am Nachmittag. Männchen und Weibchen treten zu gleichen Teilen an den Tafeln auf. R. Fritzsche. 1960.

Lloyd, E. P., Merkl, M. E. und Crowe, G. B.; Stoneville, Miss., U.S. Dep. of Agric., Entomol. Res. Div. The effect of boll weevil infestations on yield and quality of cotton. **(Der Einfluß von Kapselkäferbefall auf Ertrag und Qualität von Baumwolle.)** J. econ. Entomol. **55** (1962) Nr. 2. S. 225–227. — 5 Tab., 3 Lit.

Zur Feststellung der Ertragsausfälle bei Baumwolle durch den Baumwollkapselkäfer, *Anthonomus grandis* Boh., wurden Beobachtungen an eingezelteten Parzellen bzw. Pflanzen mit 0, 25, 50 und 75% Knospenbefall durchgeführt. Je höher der Befall, um so niedriger war der Faserertrag. Die Qualität der Fasern zeigte keinen gesicherten Unterschied zwischen den Befallsgraden und unbefallenen Varianten. Nichtbefallene Pflanzen erlaubten die früheste Ernte. Der Erntetermin verzögerte sich mit zunehmendem Befallsgrad. Eine Rentabilitätsberechnung unter Zugrundelegung der Gewichts-Preis-Relation wird durchgeführt. Eine deutliche Steigerung der Rentabilität rechtfertigt die Bekämpfungsmaßnahmen. R. Fritzsche. 1960.

Szalay-Marzsó, L.; Budapest, Forsch.-Inst. für Pflanzenschutz. **Zur Morphologie, Biologie und Bekämpfung des Erlenrüßlers Cryptorrhynchus lapathi L. (Col. Curcul.) in Ungarn.** Z. angew. Entomol. **49** (1962) Nr. 2. S. 163–194. – 24 Abb., 1 Tab., 50 Lit.

Die Lebensweise des in ganz Ungarn vorkommenden Erlenrüßlers und seiner Entwicklungsstadien wird beschrieben. Der Erlenwürger überwintert als Imago in trockenem Laub oder als Junglarve in den Weidenstöcken. Die Larve macht 5 Larvenstadien durch. Die Larvengänge verlaufen anfangs unter der Rinde, später dringen die Larven tiefer in das Innere der Ruten ein. Ende Juli beginnt der Schlupf der Imagines. Das Temperaturoptimum für die Käfer liegt bei 25°. Der Schaden in den Weidenquartieren wird nicht nur durch die in den Ruten lebenden Larven, sondern auch durch den Fraß der Vollkerfe hervorgerufen, da die Fraßstellen meist zu Verzweigungen der Ruten Anlaß geben. Zur Bekämpfung des Schädlings wurden zahlreiche Präparate erprobt. Nur Wofatox-Staub (30 kg/ha), gegen die Jungkäfer angewendet, brachte auf einer Fläche von 1000 ha vollen Erfolg. H.-A. Kirchner. 1960.

Szontagh, Pál. A tarka égerormányos (Cryptorrhynchus lapathi L.) mint nemesnyár anyatelepeink kárositója. **(Der Erlenrüßler [Cryptorrhynchus lapathi L.] als Schädling der Wirtschaftspappelmuttergärten in Ungarn.)** Erdö [Wald] **10** (1961) Nr. 7. S. 303–307. – Aus: Ung. Agrar-Rdsch. **1962** Nr. 2.

Morphologie, Biologie und Schadbild des in Ungarn in zunehmendem Maße auftretenden Schädlings werden dargelegt. Zu seiner Bekämpfung werden der Einsatz von Wofatox und Beweiden durch Truthühner empfohlen. 1960.

Caviness, C. E. und Miner, F. D.; Fayetteville, Univ. of Arkansas. Effects of stand reduction in soybeans simulating three- cornered alfalfa hopper injury. **(Auswirkungen von Bestandsreduktion bei Sojabohnen im Vergleich zu Schäden durch Spissistilus festinus.)** Agronomy J. **54** (1962) Nr. 4. S. 300 bis 302. – 2 Tab., 6 Lit.

Zur Feststellung der Schäden durch *Spissistilus festinus* Say an Sojabohnen wurden die Bestände zu 15, 30 und 45% mechanisch ausgelichtet. Die Auslichtung erfolgte in 3 verschiedenen Wachstumsstadien: Während des Triebwachstums (2 Wochen vor der Blüte), während der Vollblüte und 2 Wochen nach der Blüte. Während sich eine 15%ige Ausdünnung in allen 3 Stadien nicht wesentlich auf den Ertrag auswirkte, konnte eine 30%ige Ausdünnung nur vor und während der Blüte überwachsen werden. Eine 45%ige Ausdünnung vertrugen die Bestände ohne wesentliche Ertragsdepression nur vor der Blüte. R. Fritzsche. 1960.

Harvey, T. L. und Wilson, J. A.; Fort Hays, Kansas Agric. Exp. Stat. Greenbug injury to resistant and suceptible winter wheat in the field. **(Grünwanzenschäden an resistentem und anfälligem Winterweizen im Freiland.)** J. econ. Entomol. **55** (1962) Nr. 2. S. 258–260. – 1 Abb., 1 Tab., 8 Lit.

Ein gegen Grünwanzen (*Toxoptera graminum* Rondani) widerstandsfähiger Winterweizenstamm (F_7 'Ponca' × 'Dickinson Sel. 28A') wurde mit einer anfälligen Sorte im Freiland verglichen. Die Parzellen wurden künstlich infiziert. Die Populationsdichte der Wanzen war bei der Auswertung an den resistenten Varianten niedriger als an den anfälligen. Die resistenten Varianten wiesen höhere Kornerträge, längeres Stroh, höheres Strohgewicht und niedrigeren Feuchtigkeitsgehalt der Körner bei der Ernte auf als die anfälligen. Das 500-Korngewicht war etwas niedriger gegenüber den anfälligen Varianten. Wanzenbefall verzögert die Reife. R. Fritzsche. 1960.

Zlatanov, S. (Slatanow, S.) Proučvane migracijata na njakoi vidove polski miški v zavisimost ot osnovnite elementi na sistemata na zemedelie v Dobrudža i podobrjavane na metodite za borba sŭs tjach. **(Untersuchung über die Wanderung einiger Feldmausarten in Abhängigkeit von der Bodennutzung in der Dobrudsha und verbesserte Methoden zu ihrer Bekämpfung.)** Izvestija na Dobrudžanskija selskostopanski naučnoizsledovatelski institut, Tolbuchin — Sofija **1** (1961) S. 151–165. — 3 Abb., 10 Tab., 11 Lit. Zus. in Russ., Engl. Verfolgt wurde die Wanderung von *Apodemus sylvaticus, Mus musculus, Microtus arvalis, Mesocricetus auratus* und *Sicista subtilis.* Der rel. Anteil der einzelnen Arten und die Populationsdichte wurden in Winter- und Sommerkulturen, auf Grünland und in Windschutzstreifen festgestellt. Vorherrschende Art war *A. sylvaticus,* gefolgt von *M. musculus* und *M. arvalis.* Den höchsten Besatz (26,8%) an o.g. Arten wies das Grünland auf, die Winterkulturen folgten mit 25,3, die Windschutzstreifen mit 22,1 und die Sommerkulturen mit 15,8%. Auf Grund der massenhaften Wanderung in den Mon. Aug.–Nov. empfiehlt Vf.,chem. Bekämpfungsmaßnahmen im Okt. und Nov. vorzunehmen. In den Versuchen des Vf. erzielte Dieldrin den besten Bekämpfungserfolg (Abtötung 96,3%). Mit Toxaphen, Hexadrin und DDT 50% erreichte man eine Vernichtung von über 80%. D. Zwetkow. 1960.

Wiesner, K.; Kleinwanzleben, Inst. für Pflanzenzücht. der Dtsch. Akad. der Landwirtsch.-Wiss. zu Berlin. **Der Einfluß der virösen Rübenvergilbung auf die Entwicklung und den Ertrag verschiedener Provarietäten der Art Beta vulgaris L.** Phytopathol. Z. **43** (1961) Nr. 1. S. 48–78. — 9 Abb., 14 Tab., 35 Lit. Zus. in Engl.
In Freilandversuchen wurden die Auswirkungen der virösen Rübenvergilbung (RV) auf 3 *Beta*-Rüben-Provarietäten geprüft. Unterschiede in der Inkubationszeit und dem Infektionserfolg waren zwischen den Provarietäten nicht nachweisbar. Die Intensität der Blattvergilbung nahm nach einem Höhepunkt im Aug. zur Ernte hin ab, wobei im Laufe der Vegetationszeit Änderungen zwischen den Prüfgliedern zu verzeichnen waren. Gehalts- und Futterrüben verloren nach RV-Infektion frühzeitiger mehr Blätter als Zuckerrüben. Die im Verhältnis zum Blattverlust stärkere Blattneubildung bedingte, daß bei allen Provarietäten die kranken Pflanzen zeitweise mehr lebende Blätter aufwiesen als die gesunden. Die Stimulierung der jüngsten Blätter nach RV-Infektion wurde anhand einiger Blattindizes nachgewiesen. Die rel. Transpiration lag bei kranken Zucker- und Futterrüben im Gegensatz zu Gehaltsrüben niedriger als bei gesunden. Masse und Inhaltsstoffe infizierter Rüben wurden bei den untersuchten Provarietäten gleichsinnig verändert. Am größten waren die Veränderungen bei schädlichem N und bei der Rübenmasse, am geringsten beim K_2O-Gehalt und bei der Blattmasse. L. Bachmann. 1970.

Impens, Robert; Gembloux, Inst. Agronomique de l' État, Lab. de Pathol. Végétale. Isolement du virus de la mosaïque de la betterave à partir de son complexe avec le virus de la mosaïque du concombre. **(Isolierung des Rübenmosaikvirus aus der Mischinfektion mit dem Gurkenmosaikvirus.)** Bull. Inst. agronom. Stat. Rech. Gembloux **29** (1961) Nr. 2. S. 125–137. — 9 Tab., 24 Lit. Zur Trennung von RMV und GMV, die beide gleichzeitig in Mischinfektion auf der gleichen Wirtspflanze auftreten können, prüfte Vf. verschiedene Verfahren. Durch Blattläuse als Vektoren konnte aus Pflanzen, die mit beiden Viren infiziert worden waren, weder durch Übertragung nach variierten Zeiten (bis zu 7 Tagen) ab Infektion, noch durch Ausnutzung von Unterschieden in der Zirkulationszeit oder durch unterschiedlich lange Saugzeiten auf der neu zu infizierenden Pflanze Isolierung erreicht werden, da die diesbez. Eigenschaften beider Viren sich voneinander zu wenig unterscheiden. Die Verwendung von Filterpflanzen (*Chenopodiaceae*) führte ebenfalls nicht zum Ziel. Durch Temperaturbehandlung konnten sie jedoch getrennt werden: Rübenpflanzen, die 24 Std. bei 36–38 °C gehalten wurden, zeigten nach Infektion mit GMV keine Symptome, nach Infektion mit RMV typische Symptome, nach Infektion mit beiden Viren Symptome des RMV. Durch Rückübertragungen konnte in keinem Falle die Anwesenheit von GMV nachgewiesen werden. J. Hartisch. 1970.

Maïa, Étienne und Martin, Claude; Versailles, I. N. R. A., Stat. de Pathol. Végétale; Toulouse, Fac. des Sci., Lab. de Physiol. Végétale Approfondie. Sur un inhibiteur d'installation des virus des plantes. **(Über einen Hemmstoff der Ausbreitung von Pflanzenviren.)** C. R. hebd. Séances Acad. Sci. **254** (1962) Nr. 25. S. 4342–4344. – 1 Abb., 4 Lit.
Bei zahlreichen Präparationen wird die Ausbreitung phytopathogener Viren gehemmt. Wäßrige Extrakte aus den Blättern verschiedener Sorten von *Pelargonium zonale* und *P. peltatum* hemmten gleichstark die Ausbreitung von TMV und Kartoffel-X-Virus bei *Nicotiana tabacum*, wie Vff. durch Auszählung der Läsionen feststellen konnten. Die Untersuchungen des Hemmstoffes ergaben, daß der Hemmfaktor in Alkohol, Äthylacetat und Butanol löslich ist, nicht aber in Schwefeläther. K. Schulz. 1970.

Siegel, Albert; Tucson, Univ. of Arizona, Dep. of Agric. Biochem. The coding ratio for tobacco mosaic virus protein. **(Das Code-Verhältnis für das Tabakmosaikvirus-Protein.)** Virology **15** (1961) Nr. 2. S. 212–213. – 10 Lit.
Vf. liefert ein Sammelreferat zum „Coding ratio" des TMV-Proteins. Der spez. Charakter des Virusproteins wird durch den Nucleinsäureanteil des Tabakmosaikvirus bedingt. Dieser besteht aus annähernd 6500 Nucleotidresten. Die TMV-Proteinuntereinheit ist aus 158 Aminosäuren zusammengesetzt. Daran sind 41 Nucleotide gebunden. Durch Desaminierung eines Teils der Basenreste der TMV-Nucleinsäure infolge der Behandlung mit salpetriger Säure entstehen Mutationen. Bei 25 bereits beschriebenen Mutanten wurde der Proteinaufbau untersucht. Von diesen hatten 3 ein verändertes Protein. Ursache hierfür ist das Fehlen bzw. die Neuentstehung von Peptiden. Wahrscheinlich führen mehr als 10% der mutierenden Desaminierungen zu Proteinumwandlungen. H. E. Schmidt. 1970.

Kammen, A. van; Wageningen, Landbouwhogeschool, Lab. voor Virol. Infectious ribonucleic acid in the ribosomes of tobacco leaves infected with tobacco mosaic virus. **(Infektiöse Ribonucleinsäure in den Ribosomen von Tabakblättern infiziert mit dem Tabakmosaikvirus.)** Biochim. biophysica Acta [Amsterdam] **53** (1961) Nr. 1. S. 230–232. – 1 Tab., 9 Lit.
Zur Zeit der stärksten Virusvermehrung wurden 200 g TMV infizierte Blätter mit 75 ml einer Lösung (aus 0,5 M Saccharose, 0,05 M „Tris" und 1 mM Mg^{2+}) bei pH 7.0 homogenisiert. Durch differenzierte Ultrazentrifugation konnte eine infektiöse Ribosomenfraktion erhalten werden. Daraus ließ sich intaktes TMV nach 2maliger Ausflockung mit TMV-Antiserum weitestgehend entfernen. Phenolextraktion erhöhte die Infektiosität des Ribosomenpräparates. Dieser Sachverhalt konnte lediglich durch freie, infektiöse Ribonucleinsäure bedingt sein, da ihre Konz. RNA = 0,1–0,5 μg/ml die höchstmögliche Konz. der RNA von kontaminativem TMV = 0,005 μg/ml signifikant übertraf. Fernerhin unterschied sich die Zahl der nach beiden Serumbehandlungen auf *Nicotiana glutinosa* entstandenen Lokalläsionen nicht nennenswert. Die Ergebnisse sind ein Beweis dafür, daß die infektiöse RNS in den Ribosomen infizierter Zellen lokalisiert ist. Es ist zu klären, ob sich RNS an der TMV-Proteinsynthese beteiligt. H. E. Schmidt. 1970.

Kleczkowski, A. und Kammen, A. van; Harpenden, Herts., Rothamsted Exp. Stat. Protection from proteolysis by aggregating the protein isolated from tobacco mosaic virus. **(Schutz gegenüber Proteolyse durch Aggregation des vom Tabakmosaikvirus isolierten Proteins.)** Biochim. biophysica Acta [Amsterdam] **53** (1961) Nr. 1. S.181–185. – 1 Abb., 1 Tab., 8 Lit.

Nichtaggregiertes Protein, das vom Tabakmosaikvirus erhalten wurde, konnte durch Chromothrypsin und Papain hydrolisiert werden. Waren die Partikeln jedoch wie bei infektiösem TMV stäbchenförmig aggregiert, dann blieb das Protein von den Fermenten unbeeinflußt. Dies läßt vermuten, daß nur einige Schichten der Proteinuntereinheit gegenüber der Proteolyse empfindlich sind. Sie werden im Hinblick auf die einwirkenden Enzyme vor dem Abbau geschützt, wenn intakte stäbchenförmige Viruspartikeln entstanden sind.

H. E. Schmidt. 1970.

Semal, Jean; Gembloux, Inst. Agronomique, Lab. de Pathol. Végétale. Inhibition des centres infectieux du virus de la mosaïque du tabac par l'acide chlorhydrique. **(Hemmung der infektiösen Zentren des Tabakmosaikvirus durch Salzsäure.)** Bull. Inst. agronom. Stat. Rech. Gembloux **29** (1961) Nr. 2. S. 219–232.

Aus früheren Arbeiten war die Hemmung der virösen Infektion durch Zusatz von verschiedenen Säuren zum Inokulum bekannt. Vf. untersuchte die Wirkung von HCl, die nach Abrasion der Blätter von *Nicotiana glutinosa* vor, gleichzeitig mit bzw. nach der Abreibung mit TMV auf diese gebracht worden war. Der Umfang der festgestellten Hemmung – an der Zahl der Lokalläsionen gemessen – hängt gleichzeitig von der Konz. der HCl und der Dauer ihrer Einwirkung auf das durch Karborund verletzte Blatt ab. Die beobachtete Wirkung scheint auf eine Veränderung der epidermalen und nicht der subepidermalen Zellgewebe zurückzuführen zu sein. Die sowohl durch Salz- als auch durch Oxalsäure verursachte Veränderung der Infektiosität ist durch Neutralisation nicht aufzuheben; auch die im Blatt vorhandene Acidität ist ohne Einfluß. Dagegen wurde festgestellt, daß Blätter von *N. glutinosa*, die 2 Std. nach der Behandlung mit 0,06 n HCl mit TMV infiziert wurden, wieder ihre volle Reaktionsfähigkeit gewonnen hatten. Vf. erklärt die Beobachtungen mit der Annahme, daß die durch HCl bewirkte Hemmung der Infektiosität durch eine erst nach gewisser Zeit durch die Pflanze wiederherstellbare, also zeitweilige Veränderung phys. Eigenschaften der epidermalen Zellen bedingt wird. Diese Auffassung wird anhand der Lit. besprochen. J. Hartisch. 1970.

MacNeill, Blair H.; Guelph, Ontario Agric. Coll., Dep. of Bot. A specialized tomato form of the tobacco mosaic virus in Canada. **(Eine spezialisierte Tomatenform des Tabakmosaikvirus in Kanada.)** Canad. J. Bot. **40** (1962) Nr. 1. S. 49–51. – 5 Lit.

Die Untersuchung großer Mengen natürlich infizierter Gewächshaus- und Freilandtomatenpflanzen hat ergeben, daß in Kanada ein auf Tomate spezialisierter Stamm PLV des Tabakmosaikvirus weit verbreitet auftritt. Auf den abgeriebenen Blättern von *Petunia hybrida* verursacht das Virus Lokalläsionen. Systemische Infektionen konnten nicht nachgewiesen werden. In Mischinfektionen mit dem Kartoffel-X-Virus können an Tomatenpflanzen schwere Schäden entstehen. Das PLV tritt in weit stärkerem Maße an Tomaten auf als das gewöhnliche Tabakmosaikvirus. Ein Gleiches gilt für Gebiete, in denen Tabak und Tomaten benachbart angebaut werden. Vf. vermutet, daß das Tabakrauchen nicht als Hauptursache für die rel. starke Verseuchung von Tomatenbeständen zu betrachten ist. H. E. Schmidt. 1970.

Hamilton, Richard I.; Lincoln, Univ. of Nebraska, Dep. of Plant Pathol. Properties of brome mosaic virus and its related antigens. **(Eigenschaften des Bromus-Mosaikvirus und seiner verwandten Antigene.)** Virology **15** (1961) Nr. 4. S. 452–464. – 4 Abb., 4 Tab., 24 Lit.

Im Ouchterlony-Doppeldifusionstest erzeugten Rohsaft aus *Bromus*-Mosaikvirus (BMV) infizierter 'Moore'-Gerste und gereinigtes BMV 2 bis 3 Präzipitationslinien. Die Stabilität roher und gereinigter Viruspräparate erniedrigte sich mit der Erhöhung des pH-Wertes von 5,0 auf 8,0. In gekochten Extrakten gesunder Gerste enthaltene Stoffe bewirkten eine Virusstabilisierung. Im pH-Bereich von 6,0 bis 8,0 war diese am günstigsten. Bei der Dichtegradientenzentrifugation wurde das Virus in 2 gleichgroße, nichtinfektiöse Untereinheiten gespaltet die offenbar Nucleoproteide darstellten. Diese wirkten als Antigene und ließen sich durch hochtouriges Zentrifugieren anreichern. Bei der serologischen Testung entstanden durch diese Antigene die gleichen Präzipitationslinien wie bei gereinigtem infektiösem BMV. Auf Grund immunoelektrophoretischer Untersuchungen von Rohsaft und gereinigten Viruspräparaten wird angenommen, daß bei dem Übertritt des Virus in Agargel derartige Antigene entstehen. H. E. Schmidt. 1970.

Zschau, K. **Versuche und Beobachtungen zur Samenübertragung der Mosaikkrankheit der Lupinen, insbesondere der Gelblupine.** Nachrichtenbl. dtsch. Pflanzenschutzdienst [Berlin] [N. F.] **16 (42)** (1962) Nr. 1. S. 1–7.

Bei einer Lagerungszeit von 5 bis 6 Mon. wird die Mosaikkrankheit der Lupine (BYMV) durch den Samen von *Lupinus luteus* und *L. albus* zu 3–6% übertragen. Bei nach Abschluß der Blüte des Haupttriebes infizierten Pflanzen sind die Samen geringer verseucht, was bei *L. luteus* teilweise unterbleiben kann. In *L. luteus* ließ sich eine annähernd gleiche Virusverteilung in den Haupt- und Seitentrieben nachweisen. Das Gelbmosaikvirus der Gartenbohne und wahrscheinlich auch das Gurkenmosaikvirus werden bei *L. angustifolius* nicht durch Samen übertragen, da infizierte Pflanzen schnell absterben und nicht zur Samenausbildung gelangen. Untersuchungen zur Diagnose der Mosaikkrankheit auf Grund der Kornbeschaffenheit blieben ohne Erfolg. Der Gesundheitszustand war erst nach der Ausbildung des 5. Blattes erkennbar. H. E. Schmidt. 1970.

Mischke, W. und Schuch, K.; Heidelberg, Biol. Bundesanst. für Land- und Forstwirtsch., Inst. für Obstkrankh. **Untersuchungen über eine viröse Triebstauchung des Pfirsichs.** Phytopathol. Z. **44** (1962) Nr. 1. S. 76–88. – 13 Abb., 2 Tab., 18 Lit. Zus. in Engl.

An Pfirsichbäumen in Beständen an der Bergstraße treten häufig gestauchte Triebe mit verkürzten Internodien auf, deren Blätter kleiner und chlorotisch sind. Gesunde Pfirsichsämlinge reagierten nach Okulation von Knospen kranker Bäume mit Bildung von Blattrosetten. Vogelkirschen zeigten keine Symptome. Mit Hilfe von 0,5% Coffeinlösung (pH 7,9) gelangen mechanische Virusübertragungen auf krautige Testpflanzen. Auf Gurkenkotyledonen erschienen runde hellgrüne Flecke. *Celosia argentea* zeigte rötliche Ringe, *Gomphrena globosa* weißgraue nekrotische Ringe und *Cucurbita*-Arten reagierten mit hellgrünem Mosaik auf Laubblättern. Von 31 Pflanzenarten erwiesen sich 16 als Wirte, davon 5 als latente Träger. Der thermale Inaktivierungspunkt des Virus lag über 63 bzw. 70 °C. H. Kegler. 1970.

Stace-Smith, Richard; Marine Drive, Vancouver, Canada Dep. of Agric., Res. Stat. Studies on Rubus virus diseases in British Columbia. IX. Ringspot disease of red raspberry. **(Untersuchungen über Viruskrankheiten der Himbeere in Britisch-Kolumbien. 9. Mitt. Die Ringfleckenkrankheit der roten Himbeere.)** Canad. J. Bot. **40** (1962) Nr. 7. S. 905–912. – 8 Abb., 2 Tab., 8 Lit. 8. Mitt. vgl. LZ. Abt. II 8 (1963) Nr. 3. S. 845.

Im Jahre 1961 wurden erstmalig in Britisch-Kolumbien Ringfleckensymptome bei Himbeeren festgestellt. Auf den jüngsten Blättern erscheinen ring- oder eichenblattähnliche, flecken- oder netzartige Chlorosen. Die Symptome schwächen sich im Laufe des Sommers ab. Wachstum und Ertragsfähigkeit kranker Pflanzen waren nicht beeinflußt. Unter Zusatz von 0,2%iger Nicotinlösung gelang die mechanische Übertragung des Virus auf 24 krautige Pflanzenarten. Empfindlichster Wirt war *Nicotiana tabacum*, der nach 4 Tagen mit nekrotischen Lokalläsionen und Ringen reagierte. *Chenopodium amaranticolor* zeigte chlorotische Läsionen und systemische Spitzennekrose. Geringe Anfälligkeit hatte *N. glutinosa*. Bei Tomaten wurden systemische Erkrankungen nur bei Inokulation jüngster Sämlinge erzielt. Das Virus wurde mechanisch von Gurken auf Pfirsichsämlinge übertragen, die mit netzartigen Adernchlorosen sowie Blattdeformationen reagierten. Der Verdünnungsendpunkt des Virus lag bei 10^{-1} bis 10^{-3}, der thermale Inaktivierungspunkt bei 52–58 °C und die Beständigkeit in vitro betrug bei Zimmertemperatur 2 Tage. Durch Prämunitätsteste wurde Verwandtschaft mit 2 Herkünften des Tomatenringfleckenvirus nachgewiesen. H. Kegler. 1970.

Brückbauer, H.; Neustadt/Weinstraße, Landes Lehr- und Forsch.-Anst. für Wein- und Gartenbau, Forsch.-Inst. für Reblausbekämpf. und Wiederaufbau. **Zur Frage der Übertragbarkeit der Abbaukrankheit der Rebe.** Mitt. biol. Bundesanst. Land- u. Forstwirtsch. Berlin-Dahlem **1961** Nr. 104. S. 88–95. — 2 Abb., 22 Lit.

Die Abbaukrankheiten der Rebe verursachen nicht allein durch die Größe der Ertragsausfälle, sondern auch durch die Ausbreitungstendenz Schaden, so daß die Klärung der Übertragung der Viruskrankheiten der Rebe von großer Bedeutung ist. Die Panaschüre wird durch Pfropfung übertragen, während bei der Reisigkrankheit bisher nur in Dtschl. die Übertragung intracellularer Stäbe nachgewiesen werden konnte. Die Übertragung der Rollkrankheit durch Pfropfung ist noch nicht geklärt. Durch Schnittwerkzeuge findet bei Reben keine mechanische Krankheitsübertragung statt. Ob Panaschüre durch Wurzelkontakt mechanisch übertragbar ist, scheint noch unsicher. Als Vektoren kommen Blattläuse in Frage sowie Nematoden, bei letzteren ist die Übertragung der Reisigkrankheit als sicher anzunehmen. Die Übertragung von einer Vegetationsperiode auf die andere erfolgt hauptsächlich vegetativ und ist bei der Panaschüre nachgewiesen, während bei der Reisigkrankheit diese Übertragung sehr wahrscheinlich ist. 1970.

Hakkaart, F. A., Slogteren, D. H. M. van und Vos, Neeltje P. de; Wageningen, Inst. voor Phytopathol. Chrysanthemum virus B, its serological diagnosis in Chrysanthemum, and its relationship to the potato viruses S and M and to carnation latent virus. **(Das Chrysanthemum-Virus B, seine serologische Diagnose in Chrysanthemum und seine Verwandtschaft mit den Kartoffelviren S und M und dem latenten Nelkenvirus.)** Tijdschr. Planteziekten **68** (1962) Nr. 2. S. 126–135. — 4 Tab., 12 Lit.

Ein gegen das *Chrysanthemum*-Virus B präpariertes Antiserum reagierte positiv mit 39 Chrysanthemenextrakten von insgesamt 154 verschiedenen Sorten. Auf *Petunia hybrida* entstanden nach der Inokulation mit den 39 Extrakten typische *Chrysanthemum*-Virus B-Symptome. Von den restlichen 113 im serologischen Test negativen Extrakten rief lediglich einer auf den abgeriebenen Blättern von *P. hybrida* gelbe Läsionen hervor. Bei der Testung von 23 Antiseren verschiedener Viren konnte die serologische Verwandtschaft des *Chrysanthemum*-Virus B mit dem Kartoffel-M- und S-Virus sowie dem latenten Nelkenvirus unter Beweis gestellt werden. Durch den Vergleich homologer und heterologer Titer ihrer Antiseren sowie im reziproken Absorptionstest ließ sich fernerhin nachweisen, daß unterschiedliche Verwandtschaftsgrade zwischen diesen 4 Viren bestehen. H. E. Schmidt. 1970.

Velsen, R. J. van und Crowley, N. C.; Keravat, New Britain, Lowlands Agric. Exp. Stat., Papua and New Guinea Dep. of Agric.; Univ. of Adelaide, Waite Agric. Inst. Centrosoma mosaic: A new virus disease of Crotalaria spp. in Papua and New Guinea. **(Centrosoma-Mosaik: Eine neue Viruskrankheit von Crotalaria spp. in Papua und Neu-Guinea.)** Austral. J. agric. Res. **13** (1962) Nr. 2. S. 220–232. — 3 Abb., 8 Tab., 21 Lit.

Bei 3–4 Jahre alten Pflanzen von *Crotalaria* spp., die als Unterkultur in Kakao- und Kaffeepflanzen angebaut werden, wurden Mosaiksymptome gefunden.

Um Verwechslungen mit *Crotalaria*-Mosaik, das mindestens von 2–3 verschiedenen Viren hervorgerufen wird, auszuschließen, wurde diese Krankheit mit *Centrosoma*-Mosaik bezeichnet, da *Centrosoma pubescens* von dieser Krankheit ebenso häufig wie *Crotalaria*-Arten befallen wird. Der Wirtspflanzenkreis des Virus erstreckt sich offensichtlich auf Leguminosen, in der Hauptsache *Crotalaria*-Arten. Das Virus ist mechanisch übertragbar. Die thermale Inaktivierungstemperatur beträgt 55–58 °C, der Verdünnungsendpunkt 1:2000, die Beständigkeit in vitro 6 Std. Es wird nichtpersistent von *Aphis gossypii*, *A. carcivora*, *Myzus persicae*, *Brachycaudus helichrysii* und 2 *Nysius*-Arten sowie *Cuscuta campestris* übertragen. Samen- und Bodenübertragung erfolgen nicht. K. Schulz. 1970.

Price, W. C., Ed. **Proceedings of the second Conference of the International Organization of Citrus Virologists.** Gainesville: University of Florida Press. 1961. (265 S. m. Abb. u. Tab.) 8°.
Die 2. Konferenz der Internationalen Organisation der *Citrus*-Virologen fand in Florida in der Zeit vom 7.–11. Nov. 1960 statt. An dem Kongreß nahmen Vertreter aus fast allen *Citrus*-anbauenden Ländern teil. Auch dieser Tagung wurden 47 Vorträge gehalten, die vom Herausgeber z. T. gekürzt zusammengestellt wurden. Nicht alle Arbeiten beinhalten Probleme von *Citrus*-Viruskrankheiten, sondern auch Fragen der Taxonomie und Nomenklatur der *Citrus*-Arten sowie die Eigenschaften der Früchte junger Bäume von Nucellarsämlingen, Fragen der Sortenanerkennung und Züchtung. Neben den Berichten über die Verbreitung von Viruskrankheiten bei *Citrus* in einzelnen Ländern liegt das Schwergewicht bei der Besprechung bestimmter Viruskrankheiten, ihres Auftretens, ihrer Symptome, ihrer Überträger und soweit möglich, der biophys. und biochem. Identifizierung ihrer Erreger. Von allg. Interesse dürften u. a. die Ausführungen von H. H. Thornberry sein, in welchen er international geltende Vorschläge für die Identifizierung von Viren durch entspr. Untersuchungsverfahren und Testpflanzen macht. K. Schulz.

Anderson, Roger F. **Forest and shade tree entomology.** New York; Wiley. 1960. (VI, 428 S.) 8°. (1961 A 935)
Skuhravý Václav, Novák, Karel und *Starý, Petr.* **Entomofauna jetele (Trifolium pratense L.) a její vývoj.** (Die Insektenfauna des Klees und ihre Entwicklung.) Praha: Naklad. Českosl. Akad. Věd. 1959. (82 S.) 8°. (1960 A 1990)
Wagner, Wilhelm. **Über eine Zikaden-Ausbeute vom Großen Belchen im Schwarzwald (Homoptera Auchenorrhyncha).** Hamburg: Zoolog. Staatsinst. u. Zoolog. Museum. 1958. (1 S. m. Abb.) 8°. = Entomolog. Mitteilungen aus d. Zoolog. Staatsinst. u. Zoolog. Museum Hamburg Nr. 14.
Research Report. Pesticide Research Institute, London, Ontario. Ottawa: Canada Dep. of Agriculture, Research Branch. 1961. 8°. (ZA 3921)
Vlasov, Ju. I. **Metodičeskie ukazanija po issledovaniju virusnych boleznej rastenij.** (Methodische Hinweise zur Untersuchung der Viruskrankheiten bei Pflanzen.) Leningrad. 1960. (32 S.) 8° (1961 A 1473)
Wolf, J. P. M. van der. **Virusoverdracht en vectorbestrijding in pootaardappelgewassen.** Diss., Landw. Fak. Wageningen. 1961. (88 S.) 8°. (Diss. 8279)

C. Krankheiten und Wirtspflanzen

Viennot-Bourgin, G. und Bondoux, P. Notes de pathologie végétale. **(Bemerkungen zur Phytopathologie.)** Bull. Soc. bot. France **107** (1960) extraordinaire Nr. 86. (hrsg. 1962) S. 111–118. — 1 Abb.
Es wird eine Übersicht über die in Südfrankreich vorkommenden phytopathogenen Pilze gegeben. Ein weiterer Bericht über seltene parasitische Pilze ist geplant. E. M. Ardelt. 2000.

Müller, G.; San Salvador. **Pflanzenschutzprobleme im Maisanbau von El Salvador.** Höfchen-Briefe **14** (1961) Nr. 1. S. 30–48. — 12 Abb., 1 Tab.
Der Mais nimmt mit einer Anbaufläche von ca. 150000 ha eine hervorragende Stellung in der Landwirtschaft El Salvadors ein. Bei der Umstellung auf Hybridmaisanbau erlangt der Einsatz von Pflanzenschutzmaßnahmen bes. Bedeutung, zumal unter den dort herrschenden klimatischen Bedingungen mit 2 Aussaaten gerechnet werden kann. Tierische Schädlinge treten in den Vordergrund, von denen als Bodenschädlinge bes. *Agrotis ypsilon*, *Feltia subterranea*, *Prodenia* spp. (vor allem *P. ornithogalli*), *Peridroma* spp. *Copitarsia* spp., *Lycophotia* spp. und als Blattschädlinge *Laphygma frugiperda*, *Diatraea saccharalis*, *D. lineolata Mocis repanda* und *Estigmene acrea* schädlich sind. Mais-

kolben schädigen *Heliothis zea* und *Laphygma frugiperda* (im Verhältnis von 40:60). Als Vorratsschädlinge sind *Tenebrio molitor* und *Calandra granaria* (*Sitophilus granaria*) gefürchtet. Pilzkrankheiten werden hervorgerufen durch *Fusarium moniliforme, Helminthosporium turcicum* und *Ustilago maydis*. Eine durch *Dalbulus maidis* übertragene Virose erinnert in den Symptomen an „stunt disease". Pflanzenschutzmaßnahmen gegen parasitäre Pilze erstrecken sich allenfalls auf Saatgutbeizung mit meist TMTD-haltigen Fungiciden, die jedoch bisher nur selten angewendet wird. Entspr. der großen Zahl tierischer Schädlinge stehen Flächenbehandlungen mit modernen Insekticiden im Vordergrund. In 3jährigen Prüfungen schnitt der insekticid hochwirksame, rel. gering phytotoxische Phosphonsäureester, Dipterex (Hersteller: Bayer AG), am besten ab. Unter den Verhältnissen El Salvadors sind 4–6 Behandlungen des Maises erforderlich und durchaus wirtsch. K.-H. Kuhfuß. 2000.

Ponirovskij, V. N. (Ponirowski, W. N.); Charkow, Landwirtsch. Inst. Pyl'naja golovnja jačmenja v Chaŕkovskoj oblasti. **(Der Gerstenflugbrand im Gebiet von Charkow.)** Zaščita rastenij ot vreditelej i boleznej, Moskva 7 (1962) Nr. 2. S. 25–26. – 2 Abb.

In einem Versuch wurden gesunde Gerstenkörner mit Sporen von *Ustilago nuda* infiziert (1 g Sporenpulver auf 100 g Körner). Zur Blütezeit erwiesen sich 7,7% der behandelten Pflanzen als vom Flugbrand befallen, in der Kontrolle keine. Bei einer Prüfung des Keimungsmodus bestätigte sich der Verdacht, daß der Befall durch *U. nigra* verursacht wird. Dieser Pilz kann die Pflanzen vom Boden aus befallen, läßt sich aber durch eine chem. Beizung gut bekämpfen. H. Decker. 2020.

Radulescu, E.; Cluj, Inst. Agronomique. À propos de l'infection du maïs par le Sorosporium holci sorghi (Riv.) Moesz f. zeae (Pass.) Savul. **(Zur Frage der Infektion des Maises mit Sorosporium holci sorghi [Riv.] Moesz f. zeae [Pass.] Savul.)** Bull. Res. Council Israel, Sect. D: **10D** (1961) Nr. 1/4. S. 254 bis 262. – 6 Tab., 12 Lit.

Mehrjährige Versuche dienten zur Klärung des Infektionsverhaltens von Mais gegen den Erreger des Kopfbrandes. Die Ergebnisse an der bes. anfälligen Sorte 'Portocaliu' besagen: 16–24 Tage nach Keimungsbeginn des Maises besteht Infektionsmöglichkeit; 2–3 mm lange Keimlinge sind am stärksten gefährdet. Dunkelheit während der jüngsten Entwicklung des Maises fördert den Befall. Bei einer Aussaattiefe von 8 cm ist die Infektionsrate am höchsten. K.-H. Kuhfuß. 2020.

Chitrova, A. P. (Chitrowa, A. P.); Omsk, Landwirtsch. Gebiets-Versuchsstat. Vredonosnost' puzyrčatoj golovni kukuruzy. **(Die Schädlichkeit des Maisbeulenbrandes.)** Zaščita rastenij ot vreditelej i boleznej, Moskva 7 (1962) Nr. 1. S. 14–15. – 1 Abb., 1 Tab.

In Kirgisien ist der Maisbeulenbrand weit verbreitet. Beim Nachbau von Mais waren 12–15% der Pflanzen befallen, während nach Baumwolle als Vorfrucht nur 2,8–5% der Pflanzen Befall aufwiesen. Der Schaden ist bei frühem Befall am größten. Bei einem Befall am 10. Juli betrug der Schaden 70% bei einem Befall am 10. Aug. nur noch 30%. Beizung mit TMTD oder Merkuran ergab nur geringen Erfolg. H. Decker. 2020.

Savel'ev, V. F. (Saweljew, W. F.) K charakteristike mikoflory počatkov kukuruzy na juge Ukrainy. **(Charakteristik der Pilzflora des Maiskolbens im Süden der Ukraine.)** Mikrobiologičeskij žurnal, Kiev **24** (1962) Nr. 2. S. 39 bis 44. – 3 Tab., 21 Lit. Orig.: ukrain., Ausz.: russ., engl.

In der Südukraine wurden von Maiskolben 35 saprophytische und parasitische Pilze isoliert, die unabhängig davon, ob bewässert wurde oder nicht, aus Schimmelpilzen bestanden. Im allg. wurden folgende Pilze angetroffen: *Penicillium*

rugulosum Thom., *Aspergillus flavus* Link., *Rhizopus nigricans* Ehr., *Fusarium* sp., *Ustilago zeae* (Bekm.) Unger., *Sorosporium reilianum* Mc Alpine.
H. Winkler. 2020.

Čeremisinov, N. A. (Tscheremissinow, N. A.); Woronesh, Landwirtsch. Inst. Fusarioz semjan i počatkov kukuruzy. **(Fusariose des Saatgutes und der Kolben beim Mais.)** Botaničeskij zurnal, Moskva-Leningrad **47** (1962) Nr. 4. S. 461–472. — 3 Tab., 26 Lit. Zus. in Engl.
Im Körnermaisanbau werden erhebliche Schäden durch Fusariosen hervorgerufen. Als Erreger wurden *Fusarium avenaceum*, *F. graminearum*, *F. moniliforme* (**I**) und *F. oxysporum* (**II**) isoliert. Die Krankheitssymptome sowie morphol. und physiol. Unterscheidungsmerkmale der Erreger werden beschrieben. Künstliche Infektionsversuche zeigten, daß **I** und **II** die größte Aggressivität besitzen. Diese befallen die Kolben während der Lagerung, das Saatgut bei der Keimung und die junge Saat in ihrer Anfangsentwicklung. **II** verursacht nicht selten auch noch bei kolbentragenden Pflanzen Welkeerscheinungen (Tracheomykose). Das Mycel breitet sich im Gewebeinnern aus. Bei den Kolbenstielen befindet sich das Mycel vorzugsweise im Parenchym. In den Körnern dringt es bis zur Keimanlage vor. Mycel im Innern des Saatguts oder äußerlich anhaftende Hyphen, Konidien und Chlamydosporen führen zu lückigem Auflaufen und kranken Beständen. Als Bekämpfungsmaßnahmen werden u.a. richtige Lagerung, Beizung des Saatgutes empfohlen.
H. Lehmann. 2020.

Whitney, N. J. und Mortimore, C. G.; Harrow, Ontario, Canada Dep. of Agric. Root and stalk rot of field corn in Southwestern Ontario. II. Development of the disease and isolation of organisms. **(Wurzel- und Stengelfäule bei Feldmais in Südwestontario. 2. Mitt. Die Entwicklung der Krankheit und die Isolation von Mikroorganismen.)** Canad. J. Plant Sci. **41** (1961) Nr. 4. S. 854–861. — 3 Abb., 1 Tab., 8 Lit. 1. Mitt. vgl. LZ. Abt. II 4 (1959) Nr. 2. S. 420.
Es sollte festgestellt werden, welche Mikroorganismen für das Zustandekommen der Wurzel- und Stengelfäule des Maises verantwortlich sind. Zu verschiedenen Entwicklungsterminen der Maispflanzen wurden erkrankte Wurzelpartien und Stengelteile auf ihren Erregerbesatz getestet. Dabei konnten von befallenen Wurzeln die nachstehenden Pilze isoliert werden: *Fusarium oxysporum*, *F. moniliforme*, *F. equiseti*, *Pyrenochaeta terrestris*, *Trichoderma* spp. und *Alternaria* sp. Aus erkranktem Stengelgewebe konnten jedoch nur *F. oxysporum* und *Trichoderma* sp. isoliert werden. Daher sind diese beiden Parasiten, deren Infektionsweg über die Adventivwurzeln in den Stengel führt, zumindest unter den Bedingungen des Jahres 1956 als Erreger der beobachteten Stengelfäule zu betrachten. Es wird aber für möglich gehalten, daß in anderen Jahren eine andersartige Zusammensetzung der Pilzflora das Krankheitsgeschehen der Wurzel- und Stengelfäule bestimmt.
K.-H. Kuhfuß. 2020.

Nemlienko, F. E. und Grisenko, G. V. (Nemlijenko, Je. F. und Grissenko, G. W.); Dnepropetrowsk, Unions-Inst. für Maisforsch. Rol' semjan v rasprostranenii diplodioza kukuruzy. **(Die Bedeutung der Samen bei der Verbreitung von Diplodia zeae an Mais.)** Zaščita rastenij ot vreditelej i boleznej, Moskva 7 (1962) Nr. 2. S. 45–47. — 1 Abb., 2 Tab.
In der UdSSR tritt *Diplodia zeae* nur in Grusinien auf. Hier erreichen der Kolbenbefall 2–4% und der Stengelbefall 10–18%. Die Maissamen können als Quelle der Verbreitung dieses Krankheitserregers dienen. Infizierte Pflanzenreste, die auf dem Felde verblieben, können eine Erkrankung im Folgejahr verursachen. Zur Bekämpfung werden neben dem Herbstpflügen zur sorgfältigen Beseitigung der Pflanzenreste die Auslese befallener Samen und die Beizung empfohlen. H. Decker. 2020.

Molot, P.; Pont-de-la-Maye, Gironde, Stat. Pathol. Végétale. Un nouvel Helminthosporium sur maïs dans le bassin parisien. Aspect pratique de la question. **(Eine neue Helminthosporium sp. an Mais im Pariser Becken. Hinweise für die Praxis zu dieser Frage.)** Ann. Épiphyties **12** (1961) Nr. 1. S. 71–74. – 1 Tab., 3 Lit.

Die in einem Zuchtgarten bei Versailles i. J. 1958 erstmalig isolierte *Helminthosporium* sp. unterscheidet sich deutlich von *H. turcicum* und läßt im Hinblick auf zahlreiche Merkmale eine Verwandtschaft zu *H. carbonum* erkennen. Der Pilz scheint eine Zwischenstellung in bezug auf die von Ullstrup in den USA beschriebenen Rassen 1 und 2 von *H. carbonum* einzunehmen. – Es werden Untersuchungsergebnisse zur Frage der Saatgutübertragung und der Resistenz einer größeren Anzahl von Maislinien mitgeteilt. Die Wahrscheinlichkeit der Übertragung mit dem Saatgut dürfte gering sein, da stark befallenes Saatgut überhaupt nicht aufläuft. Schwach erkrankte Körner liefern Maispflanzen, die im 3- bis 4-Blattstadium gelegentlich einen schwärzlichen Ring von Konidien in der Gegend des Wurzelhalses aufweisen. Unter dem Beobachtungsmaterial wies jedoch kaum 1% der Pflanzen dieses Symptom auf. Vf. schließt daher unter Berücksichtigung des epidemischen Auftretens der Krankheit i. J. 1958 auf andere Infektionsquellen. – Zur Überprüfung der Resistenz mehrer Doppelhybriden wurde eine Konidiensuspension mit einer Injektionsspritze zwischen die Lieschblätter z. Z. des Seideschiebens eingeführt. Stärksten Befall zeigten die Kolben von 'M 706', 'Inra 244' und 'Inra 258'. Mittlerer Befall war bei den Stämmen 'I A 4417' und 'W 355' zu verzeichnen, während 'Inra 353' nicht erkrankte. Gegen die im Handel befindlichen Hybriden ließ der Parasit keine nennenswerte Virulenz erkennen.

K.-H. Kuhfuß. 2020.

Fedotova, T. I. (Fedotowa, T. I.); Leningrad, Unions-Forsch.-Inst. für Pflanzenschutz der Lenin-Akad. der Landwirtsch.-Wiss. Novoe v izučenii fitoftory kartofelja. **(Neues über Phytophthora der Kartoffel.)** Zaščita rastenij ot vreditelej i boleznej, Moskva **7** (1962) Nr. 4. S. 56.

Phytophthora infestans bildet Toxine, die das Absterben der Blätter verursachen. Die Wirkung der Toxine ist bei den Rassen verschieden. Präparate, die die Toxine zerstören, können für eine Bekämpfung bedeutungsvoll sein. Von 386 gesammelten Populationen gehörten 86% zu den Rassen 1,4; 1; 4; 1,3,4; 7,6% zur Rasse 0; 3,8% zur Rasse 3,4; 2,2% zur Rasse 1,3 und 0,7% zur Rasse 2,4.

H. Decker. 2030.

Amann, M. **Untersuchungen über den Komplex der „Gummiknollenwelke" der Kartoffel in Baden-Württemberg. 3. Mitt. Die Bedeutung von Colletotrichum atramentarium (B. et Br.) Taub. und Macrophomia phaseoli (Maubl.) Ashby am Zustandekommen der „Gummiknollenwelke".** Z. Pflanzenkrankh. (Pflanzenpathol.) Pflanzenschutz **69** (1962) Nr. 2. S. 65–80. – 7 Tab., 31 Lit. 2. Mitt. im Druck.

In Gewächshaus- und Freilandversuchen infizierten beide Pilze die Kartoffelpflanzen sowohl von den Knollen als auch vom Boden aus. *Colletotrichum atramentarium* hält sich im Boden vermutlich nur in Form von Sklerotien. In „sterilem" Boden im Gewächshaus waren die Pilze sowohl einzeln als auch gemeinsam unfähig, typische „Gummiknollen" hervorzurufen. Bei gemeinsamem Auftreten ging der Ertrag zurück. Welkesymptome waren nur bei gleichzeitigem Wassermangel zu beobachten. In der Stärke des Auftretens von *C. atramentarium* konnten weder zwischen Schad- und Gesundheitslagen noch zwischen den einzelnen Sorten Unterschiede nachgewiesen werden. *Macrophomia phaseoli* trat nur in warmen Südlagen auf. Im Freiland beschleunigten beide Pilze den Absterbevorgang der Wurzeln.

E. Vorsatz. 2030.

Chrzanowski, J.; Warszawa, IHAR, Lab. Fitopatol. Zgorzel naczyniowa siewek buraczanych – Pythium irregulare Buis. **(Gefäßbrand der Rübensämlinge — Pythium irregulare Buis.)** Hodowla Roślin Aklimatyzacja Nasiennictwo 6 (1962) Nr. 2. S. 251–256. – 3 Abb., 3 Lit. Zus. in Russ., Engl.
Im Jahre 1959 beobachtete Vf. auf den Rübenflächen im Verwaltungsbezirk Poznan vereinzelte Rübensämlinge, die durch eine in Polen unbekannte Krankheit befallen waren. In den Jahren 1960 und 1961 fand sich diese Krankheit häufiger an Zucker- und Runkelrüben der Verwaltungsbezirke Lódź und Białystok. Verschiedentlich betrug der Befall der Pflanzen 40%. Die Krankheit wird durch *Pythium irregulare* Buis. verursacht. Der Erreger befällt die Pflanzen im Jugendstadium, wenn sie 2–4 Blätter besitzen. Als erste Symptome erscheinen gelblich-weiße oder hellgrüne Flächten zwischen den dunkelgrünen Blattnerven. Der Rübenkörper zeigt im Querschnitt bräunliche Verfärbungen der Leitungsbahnen. Die Krankheit tritt auf leichtem Boden bei feuchter und kalter Frühjahrswitterung auf. W. Śliwiński. 2030.

Novotný, Jan: Brněnské Cukrovary. Příspěvek k poznání druhů Pythium sp. parasitujících na cukrovce v ČSSR. **(Beitrag zur Erkennung der an der Zuckerrübe in der ČSSR parasitischen Pythium spp.)** Listy Cukrovarnické 77 (1961) Nr. 9. S. 211–212. – 1 Abb., 3 Lit.
Als Wurzelbranderreger der Rüben sind in Südmähren am häufigsten *Phoma betae* Frank., *Alternaria tenuis* Nees., *Pythium* spp. und manchmal auch *Fusarium* sp. vertreten. In den Jahren 1959/60 war das Verhälnis von *Phoma*: *Alternaria*: *Pythium* an den befallenen Wurzeln 8:1:1. Das Verhältnis hing auch vom Alter der Kultur ab. Von jüngeren Beständen konnte man mehr *Pythium* spp., von den älteren mehr *Phoma betae* isolieren. Von den 47 *Pythium* spp.-Kulturen ließen sich folgende Arten isolieren: *P. debaryanum* Hesse 48,93%, *P. ultimum* Trow 29,78% und *P. megalacanthum* de Bary 21,27%. Die zu bestimmenden Isolate wurden auf Möhrenagar und auf Erbsendekokt kultiviert. Orientierungsweise kann der *Pythium*-Befall festgestellt werden, indem abgewaschene befallene Rübenwurzeln für einige Std. bei Zimmertemperatur in Wasser gelegt werden. Es bildet sich bald feines Mycel, das auf schwarzer Unterlage auch mit bloßem Auge wahrnehmbar ist. P. Bartoš. 2030.

Wenzel, Hans und Krexner, Raimund. **Untersuchungen über den Zeigerwert des Konidienbesatzes und der Konidien-Neubildung (Cercospora beticola) für die Infektiosität von Rübensaatgut.** Pflanzenschutzberichte [Wien] 28 (1962) Nr. 3/4. S. 29–45. – 1 Abb., 1 Tab., 5 Lit.
Feldversuche ergaben direkte Zusammenhänge zwischen der Höhe des natürlichen *Cercospora*-Konidienbesatzes an Rübensamen letztjähriger Ernte und der Blattfleckenbildung an den daraus hervorgegangenen Pflanzen. Bei Verwendung von einjährig überlagertem Saatgut erwies sich das Ausmaß der Fähigkeit zur Konidienneubildung, das in unvollkommenen Labor.-Testen festgestellt wurde, als mitbestimmender Faktor für die Infektiosität des Samens, obwohl auch hier der Höhe des Primärbesatzes noch weitgehend Zeigerwert zukommt. Ab 5000–10000 Konidien je g Saatgut ist selbst bei einjähriger Überlagerung noch mit Infektiosität zu rechnen. D. Weiß. 2030.

Chochrjakov, M. K. und Čumakov, A. E. (Chochrjakow, M. K. und Tschumakow, A. Je.); Leningrad, Unions-Forsch.-Inst. für Pflanzenschutz der Lenin-Akad. der Landwirtsch.-Wiss. Zaščita zernobobovych kul'tur ot glavnejšich boleznej. **(Schutz der Körnerleguminosen vor den wichtigsten Krankheiten.)** Zaščita rastenij ot vreditelej i boleznej, Moskva 7 (1962) Nr. 2. S. 28–31. – 1 Lit.
An Ackerbohne, Erbse, Linse und Kichererbse treten Wurzelfäulen auf, die durch *Thielaviopsis basicola* Ferr., *Pythium debaryanum* Hesse und *Fusarium* spp. bedingt sind. Trockenfäulen und Welken werden durch *F. oxysporum*

verursacht. Von den Bakterien sind *Erwinia lathyri* Holland und *Pseudomonas pisi* Sackett als Krankheitserreger von Bedeutung. Weitere wichtige Krankheiten sind die Graufäule (*Botrytis* sp.) und Weißfäule (*Sclerotinia* spp) sowie die durch *Ascochyta*- und *Colletotrichum*-Arten verursachten Brennfleckenkrankheiten. H. Decker. 2040.

Agarkov, V. A. (Agarkow, W. A.); Kamenez-Podolski, Gebiet Chmelnizki, Landwirtsch. Inst. Ložnaja mučnistaja rosa podsolnečnika v Chmel'nickoj oblasti. **(Der Falsche Mehltau der Sonnenblume im Chmelnizki-Gebiet.)** Zaščita rastenij ot vreditelej i boleznej, Moskva 7 (1962) Nr. 2. S. 54.
Im Gebiet von Chmelnizki (Ukraine) ist i. J. 1959 der Falsche Mehltau der Sonnenblume (*Plasmopara halstedii*) als neue Sonnenblumenkrankheit aufgetreten. Die Bekämpfung erfolgt durch Saatgutbeizung, Entfernung und Vernichtung erkrankter Pflanzen bzw. deren Reste u. a. H. Decker. 2045.

Zub, Jan. Z badań nad rakiem koniczynowym i metodami walki z choroba. **(Forschungen über den Kleekrebs und seine Bekämpfungsmethoden.)** Biul. Inst. Ochrony Roślin **16** (1962) S. 29–45. — Zus. in Russ., Engl.
Der Kleekrebs (*Sclerotinia trifolium*) ist in Polen in den ersten Jahrzehnten dieses Jh. entdeckt worden. Jedoch wurden stärkere Schäden in Polen erst nach dem 2. Weltkrieg beobachtet. Der Kleekrebs tritt hauptsächlich in den nördlichen und nordöstlichen Gebieten Polens auf. Dort wird die Krankheit durch die Häufigkeit der Niederschläge und die verhältnismäßig hohe Lufttemperatur im Okt. und Nov. begünstigt. Üppige Bestände im Spätherbst sind stark gefährdet. Durch agrotechnische Maßnahmen wie verstärkte K_2O- und P_2O_5-Düngung sowie durch Kurzhalten und Abweiden der Bestände kann der Krankheit vorgebeugt werden. Stäuben mit PCNB z.Z. der Ascubildung des Pilzes brachte gute Ergebnisse. In Polen entdeckte man einen Hyperparasiten des Kleekrebserregers, den Pilz *Coniothyrium mintans*, dessen Morphologie und Physiologie beschrieben werden. Es ist möglich, daß er zur biol. Bekämpfung des Kleekrebserregers eingesetzt werden kann.
W. Śliwiński. 2050.

Dennis, R. W. G. und Hubbard, C. E. A new British smut. **(Ein neuer britischer Brandpilz.)** Kew Bulletin **15** (1962) Nr. 3. S. 379.
Auf *Cynodon dactylon* (L.) Pers. wurde in Südengland erstmalig auf einer Sandbank nahe dem Strand von Poole *Ustilago cynodontis* P. Henn. gefunden. Das Mycel des Brandpilzes scheint im Wurzelstock des Grases zu überdauern; von dort infiziert es den Sproß. H. Bochow. 2050.

Kos'modemjanskij, V. N. und Demčenko, T. I. (Kosmodemjanski, W.N. und Demtschenko, T. I.) „Podgar" tabaka i metody ego ocenki. **(Der „Brand" des Tabaks und seine Bewertungsmethoden.)** Sbornik naučno-issledovatel'skich rabot. Vsesojuznyj naučno-issledovatel'skij institut tabaka i machorki „VITIM", Krasnodar **1960** Nr. 151. S. 42–51. — 7 Tab., 8 Lit. 2065.

Ochova, E. P. (Ochowa, Je. P.) Buraja pjatnistost' pomidorov. **(Die Samtfleckenkrankheit der Tomate.)** Zaščita rastenij ot vreditelej i boleznej, Moskva 7 (1962) Nr. 3. S. 30–31. — 1 Tab.
Die Samtfleckenkrankheit der Tomate verursacht in den Gewächshäusern der Moldauischen SSR großen Schaden. Durch Räuchern mit Schwefelpräparaten können die an der Oberfläche befindlichen Konidien vernichtet werden, jedoch nicht die in tieferen Bodenschichten befindlichen. Hierzu ist eine elektrische Bodensterilisation (30 Min. bei 100 °C) geeignet. Durch prophylaktische Spritzungen mit Dinitrorhodanbenzol-Präparaten (alle 10–12 Tage) kann das Auftreten der Krankheit verhindert werden. H. Decker. 2070.

Trifonov, D. (Trifonow, D.) Razvitie na sŭvŭrsennata forma na pričinitelja na bolestta strupjasvane po jabŭlkata — Venturia inaequalis (Cooke) Aderhold — i čuvstvitelnost na njakoi jabŭlkovi sortove kŭm neja pri uslovijata na Sofijski rajon. **(Untersuchungen über die Schlauchfruchtformentwicklung des Apfelschorferregers Venturia inaequalis [Cooke] Aderhold und Anfälligkeit einiger Apfelsorten gegen die Krankheit im Gebiet von Sofia.)** Izvestija na Centralnija naučnoizsledovatelski institut po ovoštarstvo – gara Kostinbrod, Sofija **1** (1961) S. 239–253. – 4 Tab. Zus. in Russ., Dtsch.

In den Jahren 1955 bis 1959 wurde in Kostinbrod die Widerstandsfähigkeit von 32 Apfelsorten gegen Schorf geprüft und gleichzeitig die Schlauchfruchtformentwicklung des Erregers in Beziehung zu den Wetterverhältnissen und dem Entwicklungszustand der Wirtspflanze verfolgt. Das Ausschleudern der Ascosporen ist unabhängig vom Entwicklungszustand der Apfelbäume und hängt ausschl. von den Niederschlägen und der Temperatur ab. Trockenes Wetter im März und Apr. verzögert das Ausschleudern der Ascosporen gegenüber der Entwicklung der Bäume. Schwachempfindlich sind die Sorten 'Jonathan', 'Dietzer Goldrenette', 'Pepin schafranny', 'Kantarka', 'Williamsapfel', 'Borsdorfer Renette', 'Holländer Winterapfel', 'Schöner von Boskoop', 'Roter Astrachan', 'Weißer Klarapfel' und 'Apfel aus Croncel'. Mittelempfindlich sind 'Boiken', 'Cox' Pomona', 'Ontario', 'Baumanns Renette', 'Tetowka', 'Weißer Astrachan', 'Allington', 'Cox'Orangen-Renette', 'Kandile', 'Landsberger Renette', 'Roter Herbstkalvill', 'Kanada-Renette', 'Goldparmäne' und 'Kasseler Renette'. Hochempfindlich sind 'Weißer Winterkalvill', 'Golden Delicious', 'Simna bananowa', 'Gelber Bellefleur', 'Stark' und 'Ajwania'. Die an den Blättern empfindlicheren Sorten sind mit geringen Ausnahmen auch an den Früchten empfindlicher. D. Dodow. 2080.

Mezzetti, A. und Pratella, G. C.; Bologna, Lab. Speri. di Patol. Vegetale. Considerazioni sull'epidemiologia del marciume secco dell'occhio delle mele e delle pere. **(Betrachtungen über die Epidemiologie einer augenförmigen Trokkenfäule bei Apfel und der Birne.)** Riv. Ortoflorofrutticolt. ital. **45(86)** (1961) Nr. 5. S. 450–467. – 4 Abb., 2 Tab., 90 Lit. Zus. in Engl.

Ende Juni 1958 traten im Gebiet von Emilia an verschiedenen Apfel- und Birnensorten sehr starke Fruchtschäden durch *Botryitis cinerea* auf. Die starke Ausbreitung dieser Krankheit wird auf nebliges, trübes und regnerisches Wetter in der Zeit vom 7. bis 14. Juni zurückgeführt. Das Schadbild ist mit *Sclerotinia mali* und *Sphaeropis malorum* vergleichbar. Die Ähnlichkeiten und Unterschiede werden besprochen. Es ist wahrscheinlich, daß der Pilz über die Petalen und Staubgefäße in den Fruchtansatz eingedrungen ist und sich schließlich im Fruchtfleisch verbreitet hat. Die Trockenheit und große Wärme Ende Juni führten dazu, daß ein Teil infizierter Früchte nicht weiter in Fäulnis überging. S. Kramer. 2080.

Trifonov, D. (Trifonow, D.) Razvitie na pričinitelja na bolestta červeni listni petna – Polystigma rubrum (Persoon) de Candolle – i čuvstvitelnost na njakoi slivovi sortove kŭm nego pri uslovijata na Sofijski rajon. **(Entwicklung des Erregers der Rotfleckenkrankheit, Polystigma rubrum [Persoon] de Candolle, und die Anfälligkeit einiger Pflaumensorten gegen diese Krankheit im Gebiet von Sofia.)** Izvestija na Centralnija naučnoizsledovatelski institut po ovoštarstvo – gara Kostinbrod, Sofija **1** (1961) S. 255–263. – 2 Tab. Zus. in Russ., Dtsch.

Während der Jahre 1957 bis 1960 im Zentralen Forschungsinst. für Obstbau bei Kostinbrod mit 23 Pflaumensorten durchgeführte Versuche umfaßten die Prüfung ihrer Widerstandsfähigkeit gegen die Rotfleckenkrankheit (*Polystigma rubrum*) sowie die Erfassung der Perithecienreife des Infektionszeitpunktes und der Infektionsbedingungen für die Ascosporeninfektion. Die Perithecien des Pilzes bilden sich bereits im Dez., die Asci von Dez.–März und die Ascosporen von Febr.–Apr. Das Ausschleudern der Ascosporen beginnt im Apr. oder Mai und dauert bis Ende Mai oder Mitte Juni. Die Entwicklung des Erregers ist unabhängig von der Entwicklung der Pflaumenbäume, sie hängt vielmehr von den Niederschlägen während der Mon. Apr.–Mai ab. Die Sorten 'Gelbe Afuska', 'Wranowa dsanka' (Kirschpflaume) und 'Trunkosliwa' aus dem Dorfe Jowtschewtzi, Bezirk Gabrowo, werden von dieser Krankheit nicht befallen. Die übrigen Sorten weisen eine unterschiedliche Empfindlichkeit gegen die Krankheit auf. Am empfindlichsten ist die in Bulgarien sehr verbreitete 'Kjustendiler Blaue Pflaume'. D. Dodow. 2080.

Gehring, Friedrich und Borchardt, Gerhard. **Über das Auftreten einer Bakteriose an Prunus cerasus in Norddeutschland.** Nachrichtenbl. dtsch. Pflanzenschutzdienstes [Braunschweig] **14** (1962) Nr. 5. S. 70–71. – 2 Abb., 1 Tab., 6 Lit.
An Sauerkirschen der Sorten 'Rubin' und 'Konserve' wurden in Norddeutschland während der letzten Jahre schrotschußähnliche Durchlöcherungen der Blätter beobachtet. Im Jahre 1961 konnte auf Grund von Isolierungen, künstlichen Infektionen und Reisolierungen bei 7 Kirschsorten als Erreger *Pseudomonas morsprunorum* Wormald nachgewiesen werden. Die Befallsstärke ist klimabedingt. An Orten mit hoher Temperatur und hoher Luftfeuchtigkeit wurden neben den Blattschäden abgestorbene Knospen und Blüten sowie dunkelfleckige, später stark verkrüppelte Früchte als Befallssymptome gefunden. D. Weiß. 2080.

Kaul, T. N.; Lalmandi, Srinagar, Kashmir, Fruit Res. Stat. Occurrence of Cercospora rubrotincta Ell. and Ev. on cherry in India. **(Auftreten von Cercospora rubrotincta Ell. et Ev. an Kirschen in Indien.)** Current Sci. [Bangalore] **31** (1962) Nr. 1. S. 29–30. – 1 Abb.
Cercospora rubrotincta Ell. et Ev. verursacht in Kashmir Valley (Indien) an Süßkirschen (*Prunus avium*) eine gefährliche Blattfleckenkrankheit. Anfang Juni erscheinen beiderseits der Blattfläche rundliche 2–5 mm große, rötlichbraune Blattflecke mit dunkelroten Rändern. Die Blätter fallen vorzeitig unter gelblicher Verfärbung ab. Die Konidien messen $40–64 \times 4–5\ \mu$ und haben 3–8 Septen. F. Daebeler. 2080.

Rost, Winfried Martin. **Peronospora an Schwarzen Johannisbeeren.** Pflanzenarzt [Wien] **14** (1961) Nr. 7. S. 67.
Durch reichliche Niederschläge während der Blütezeit der Schwarzen Johannisbeere wurde der *Peronospora*-Befall begünstigt. Es werden Blüten, Blütenstiele, mitunter sogar ganze Fruchtstände befallen. Sie verfärben sich bräunlich, vertrocknen und fallen ab. Junge Beeren zeigen dieselben Erscheinungen. Anfangs zeigen sich rostbraune, faltige Beeren, die sog. Lederbeeren. Bei Befall der Blätter führt die Bildung brauner unregelmäßiger Flecke, die sich über das ganze Blatt erstrecken, zur Vertrocknung, Deformierung der Blätter und zu Blattfall. Mit bloßem Auge kann man an den befallenen Pflanzenteilen weißgraues Pilzmycel beobachten. Johannisbeer-*Peronospora* ähnelt sehr dem Falschen Mehltau der Reben. Alle gegen die Reben-*Peronospora* anerkannten und bewährten Präparate können eingesetzt werden. Aus Wirtschaftlichkeitsgründen sollte man nur solche Präparate anwenden, die gleichzeitig gegen den Säulchenrost wirksam sind. Zur Abwehr der *Peronospora* sind mehrere Behandlungen erforderlich. Die letzte Spritzung sollte 2 Wochen vor der Ernte erfolgen. Am anfälligsten sind die Sorten 'Silvergieters Schwarze', danach folgt 'Goliath' und schwächsten Befall zeigte 'Rosenthals langtraubige Schwarze'. H. Vogt. 2080.

Thate, R.; Neustadt/Weinstr., Landes-Lehr- und Forsch.-Anst. für Wein- und Gartenbau. **Die Apoplexie der Rebe: eine Verticilliose.** Mitt. biol. Bundesanst. Land- u. Forstwirtsch. Berlin-Dahlem **1961** Nr. 104. S. 100–103.
In einigenFällen wurden im Weinbaugebiet der Pfalz Erkrankungen an Pfropfreben festgestellt, die sich etwa ab Juli oft sehr plötzlich bemerkbar machten. Es konnten innerhalb weniger Tage Vertrocknungserscheinungen an den

Blättern festgestellt werden, die sich über den ganzen Rebstock oder nur über Teile desselben ausdehnten. Das Verhalten der nur partiell geschädigten Reben war im Folgejahr dann wiederum verschieden, indem der noch gesund gebliebene Teil nun völlig oder wieder nur z. T. abstarb. Oder es kam in einigen Fällen zu einer Genesung der für das Jahr angeschnittenen Bogrebe bzw. der ganzen Rebe. Die Krankheit – in Winzerkreisen als „Schlaganfall" bezeichnet – wird auf den Erreger *Verticillium alboatrum* zurückgeführt und als Apoplexie bezeichnet. Der gleiche Erreger ist auch bei einigen anderen Verticilliosen wirksam. Ergebnisse weiterer Untersuchungen an Reben werden in Aussicht gestellt. Andeutungen ähnlicher Erkrankungen wurden im Schnittweingarten beobachtet, während von wurzelechten Reben kein Befall bekannt ist. K. Peter. 2090.

Negru, Al. Combaterea unor boli criptogamice la trandafir, nou apărute în R.P.R. **(Die Bekämpfung einiger kürzlich in der RVR aufgetretener Pilzkrankheiten der Rose.)** Grădina, Via Livada **10** (1961) Nr. 9. S. 63–66. – 4 Abb.
5 Krankheitserreger wurden von Rosen isoliert. *Blennorella rosae* Negru wird als neue Species, *Pestalotia malorum* Elenk. et Ohl. f. *rosae* Negru als neue Rasse beschrieben. *Cylindrosporium ramicola* Laub., *Steiridium marginatum* Nees und *Colletotrichum rosarum* Germ. wurden zum ersten Mal in der RVR beobachtet. Zur Bekämpfung werden außer Kulturmaßnahmen Winterspritzung mit 5–8%iger Schwefelkalkbrühe, Vorblütespritzung mit 1%iger Kupferkalkbrühe und während der weiteren Vegetationszeit Spritzungen mit 1%igem Kolloidschwefel oder 0,2%igem Merfazin (Phenylquecksilberchlorid) empfohlen. Die Pflanzenverträglichkeit des letzten Mittels muß jedoch noch genauer geprüft werden. M. Petrescu. 2100.

Grouet, Denise; Versailles, Stat. Centr. de Pathol. Végétale, Centre Nat. de Rech. Agronom. Contribution à l'étude de l'Entyloma du dahlia. **(Beitrag zum Studium der Entyloma an Dahlie.)** Ann. Épiphyties **13** (1962) Nr. 1. S. 5–22. – 9 Abb., 2 Tab., 19 Lit.
Der Brandpilz *Entyloma dahliae* Sydow ist erst seit dem Jahre 1918 in Europa bekannt. Die Symptome werden beschrieben. Erkrankungen werden bes. für die unter Glas kultivierten Dahlien-Stecklinge gefährlich. Unklarheiten über cytol. und morphol. Verhältnisse konnten beseitigt werden. Die 3kernigen Konidien sind identisch mit den 3kernigen sekundären Sporidien. Sie entstehen aus den 1kernigen primären Sporidien, bei denen keine Brückenbildungen auftreten, sondern ein mehrkerniger Keimschlauch gebildet wird. Infektionsmethoden und die ausschlaggebende Rolle des Bodens für die Überwinterung des Pilzes werden beschrieben, Angaben über Sortenempfindlichkeit gemacht und zur Bekämpfung Captan empfohlen.
Herta Schmidt. 2100.

Andreucci, E.; Pescia, Ist. Tecn. Agrario. Una verticilliosi dell' „Aucuba Japonica" Thunb. **(Eine Verticillium-Welke bei Aucuba japonica Thunb.)** Riv. Ortoflorofrutticolt. ital. **45(86)** (1961) Nr. 5. S. 502–508.
In einem Betrieb in der Provinz Lucca trat in den Kulturen von *Aucuba japonica* eine Welkekrankheit auf, die von der Wurzel ausgehend zu einem Absterben der Pflanzen führte. Die Untersuchungen ergaben, daß es sich um den Pilz *Verticillium daliae* handelte. Anatomische Befunde befallener Pflanzenteile ließen in den Gefäßen sowohl Pilzmycel als auch einen Verschluß durch Gummosis erkennen. Es wird empfohlen, bes. auf die Gesundheit der Mutterpflanzen zur Vermehrung zu achten und die Erde für die Stecklinge zu sterilisieren. S. Kramer. 2100.

Tandon, R. N. und Agnihotri, V. P.; Allahabad, India., Univ. of Allahabad, Dep. of Bot. Pathological studies of Colletotrichum capsici Syd. (But. et

Bisby) causing leaf spot disease of Pothos scandens (Wall.). **(Pathologische Untersuchungen über Colletotrichum capsici Syd. [But. et Bisby], den Erreger der Blattfleckenkrankheit von Pothos scandens [Wall.].)** Proc. nat. Acad. Sci., India, Sect. B **31** (1961) Nr. 1. S. 16–21. – 2 Abb., 3 Tab., 17 Lit.

Die ersten Symptome der nur an den Blättern von *Pothos scandens* festgestellten Krankheit sind kleine gelbe Flecke, die bald braun werden. Die ovalen, elliptischen oder runden Flecke werden mit zunehmendem Alter größer. Das infizierte Blattgewebe vertrocknet und ist vom gesunden durch einen gelbbraunen Rand klar abgegrenzt. Auf der Oberseite der infizierten Blattpartien entstehen schwarze punktartige Acervuli. Sie sind in konzentrischen Ringen angeordnet. Die Zahl der Acervuli hängt von der herrschenden Feuchtigkeit und Temperatur ab. Weitere morphol. Merkmale des Erregers auf dem Wirt und auf verschiedenen Nährböden werden beschrieben. Infektionen wurden an verletzten und unverletzten Blättern durch Massenbeimpfung und Sporensuspensionen vorgenommen. Bei Massenbeimpfung waren nach 3–5 Tagen alle verletzten Blätter infiziert. Mit Sporensuspensionen wurden etwas geringere Infektionserfolge (80%) erzielt. Der Pilz infizierte auch Blätter von *Dracaena* sp., *Acalypha indica* sowie Blätter und Früchte von *Capsicum annuum* und *Lycopersicon esculentum*. Nicht infiziert wurden Früchte von *Carica papaya* und *Musa paradisiaca*. Der Pilz wird durch verschiedene flüchtige Substanzen, z. B. Essigsäure, Ammoniak, abs. Alkohol, Chloroform, Formalin u. a., völlig vernichtet. Von zahlreichen Fungiciden war Zerlate am wirksamsten, während Kupferkalkbrühe, Dithane, Copper Sandoz und Cuprovit keine Wirkung aufwiesen. Zerlate wird als Bekämpfungsmittel im Freiland empfohlen. Es war am wirksamsten, wenn es eine Woche vor oder nach der Infektion gestäubt wurde. G. Otto. 2100.

Schmidt, Trude. **Die Alternaria-Blattfleckenkrankheit der Zinnie und ihre Bekämpfung.** Pflanzenarzt [Wien] **14** (1961) Nr. 7. S. 67–68. – 2 Abb.

Die Infektion erfolgt meist an der Blattunterseite. Der Erreger der Krankheit ist *Alternaria zinniae*. Es bilden sich kleine, meist rundliche, braune Flecke, die in der Mitte einen hellen Punkt zeigen; häufig sind die Flecke auch purpurn umrandet. Bei starkem Befall verdorren oft die untersten Blätter. Auch Blüten können vom Pilz befallen werden. Dem Saatgut von befallenen Pflanzen haften die Sporen an, und bei Aussaat werden die Keimpflanzen befallen. Häufig ruft der Pilz Stengelfäule hervor, und die Keimlinge fallen um. Zur Verhütung der samenbürtigen Erkrankungen beizt man das Saatgut mit Hg-haltigen Naß- und Trockenbeizmitteln. Beim Naßbeizen wird das Saatgut in einem Gazebeutel 15–30 Min. in die Beizlösung getaucht und danach zum Trocknen ausgebreitet. Es wird eine 0,1%ige Beizlösung angewendet, bei Trockenbeize benötigt man 2–3 g Beizmittel/kg. Außerdem sollen die Pflanzen mit einem Grünkupferpräparat nach Auftreten der ersten Infektion in 10–12 täg. Abständen gespritzt werden. H. Vogt. 2100.

Baba, Isamu und Tajima, Köichi. Studies on the nutrition of rice plant with reference to the occurrence of so-called „Akagare" disease. VII. On the process of the occurrence of a kind of „Akagare" showing chlorosis of leaf as an incipient symptom. **(Untersuchungen über die Ernährung der Reispflanze unter Berücksichtigung des Auftretens der sog. „Akagare"-Krankheit. 7. Mitt. Über den Verlauf des Auftretens einer Art von „Akagare", die Blattchlorose als Anfangssymptom zeigt.)** Proc. Crop Sci. Soc. Japan **29** (1961) Nr. 3. S. 326–328. – 4 Abb., 12 Lit. 6. Mitt. vgl. LZ. Abt. II **7** (1962) Nr. 12. S. 3414.

Auf schlecht drainierten Sumpfreisböden tritt diese Art von „Akagare"-Krankheit auf, wobei zunächst die Blätter chlorotisch werden, um dann in die für diese Krankheit typische rotbraune Färbung überzugehen. Beide Symptome konnten durch Anreicherung des Bodens mit Säuren (z. B. Essigsäure) künstlich induziert werden. Die Untersuchungen ergaben, daß beide Krankheiten durch Stoffwechselstörungen verursacht werden. Während das Auftreten rotbrauner Verfärbungen durch Kalimangel begünstigt wird, soll die Chlorose durch schädliche Substanzen, wie Überschuß an Fe, H_2S usw., verursacht werden. K. Schulz. 2200.

Pastušenko, L. T. (Pastuschenko, L. T.); Mikrobiol. Inst. der Akad. der Wiss. der Ukrain. SSR. O bakterial'noj steblevoj gnili sorgo, kukuruzy i sudanskoj travy na Ukraine. **(Bakterielle Stengelfäule von Sorghum, Mais und Sudangras in der Ukraine.)** Mikrobiologičeskij žurnal, Kiev **24** (1962) Nr. 2. S. 34–39. – 2 Abb., 12 Lit. Orig.: ukrain., Ausz.: russ., engl.
An Mais, Hirse und Sudangras wurden 2 Formen der bakteriellen Stengelfäule gefunden, die sich nach dem Schadbild und nach dem Erreger unterscheiden. Der Erreger des ersten Typs der Fäule gehört zur Gattung *Pseudomonas* und ist für Mais, Hirse, und Sudangras hochvirulent, der des zweiten, zur Gattung *Erwinia* gehörende Erreger bewirkte eine langsame Infektion an Hirse unter Feldbedingungen und an Mais unter Labor.-Bedingungen. Er war begleitet von einem Pilz der Gattung *Fusarium*. Das Auftreten des ersten Typs äußert sich durch ein Vertrocknen der Spitzen der Pflanzen und von Bezirken der mittleren Blätter, einer Fäule der inneren Gewebe des Stengels und im Erscheinen von hellen, großen braun-blauen Flecken an der Stengeloberfläche. Für den zweiten Typ ist charakteristisch, daß die ganze Pflanze oder deren Spitze vollkommen vertrocknet. H. Winkler. 2200.

Brunt, A. A. und Wharton, A. L.; Tafo, Ghana, West African Cacao Res. Inst. Calonectria rigidiuscula (Berk. and Br.) Sacc. the cause of a gall disease of cocoa in Ghana. **(Calonectria rigidiuscula [Berk. et Br.] Sacc. als Erreger der Gallenkrankheit an Kakaopflanzen in Ghana.)** Nature [London] **193** (1962) Nr. 4818. S. 903–904. – 1 Abb., 1 Tab., 3 Lit.
Calonectria rigidiuscula (Berk. et Br.) Sacc. wurde von Baumgallen und von Gallen, die nach der Infektion halber Bohnen entstanden, isoliert. Die Reinkulturen dieser Isolierungen erzeugten Gallen an Kakaosämlingen. Reisolierungen erwiesen sich ebenfalls als pathogen. Kleine Gallen wurden auch an Sämlingen von *Vigna sinensis* (Linn.) Savi et Hassk. gebildet. Deren wäßrige Extrakte erzeugten wiederum Gallen an Kakaosämlingen. *C. rigidiuscula* tritt in Ghana gewöhnlich als Schwächeparasit auf. Isolierungen von solchem Material erzeugten jedoch keine Gallen, obwohl sie ebenfalls als *C. rigidiuscula* identifiziert wurden. Es ist noch nicht bekannt, in welcher Weise die beiden verschiedenen Isolierungen sonst noch voneinander abweichen. G. Otto. 2200.

Laville, E.; Outre Mer, Inst. Français de Rech. Fruitières. Infestation expérimentale de jeunes plantules de palmier-dattier. **(Künstliche Infektion junger Dattelpalmenpflanzen.)** Fruits d'outre Mer **17** (1962) Nr. 2. S. 88–90. – 6 Abb., 6 Lit.
Um die Resistenz der einzelnen Dattelsorten gegen *Fusarium oxysporum* var. *albedinis* festzustellen, wurden die Wurzeln junger Pflanzen mit einer Suspension der Konidien des Pilzes mittels Berieselung des Bodens zusammengebracht. Die Behandlung wurde nach 25 Tagen wiederholt. Die Ergebnisse, 90 Tage nach der ersten Behandlung, waren positiv, da nur eine verhältnismäßig kleine Anzahl der Dattelpalmen Befallserscheinungen zeigte. Die Prozentsätze des Befalls waren bei den einzelnen Sorten folgende: 'Deglet-Nour' 6,7%, 'M'Rizigueg' 2,3%, 'Degla-Beïda' 2%, 'Ahmar' 1,7%, 'Tinter-guel' 0%. E. M. Ardelt. 2200.

Rafaila, C., Olangiu, M. und Marin, Ana. Două boli noi pentru ţara noastră apărute la migdal (Amygdalus communis L.). **(Zwei für die RVR neue Krankheiten des Mandelbaumes [Amygdalus communis L.].)** Inst. Cercetări horti-

viticole [Bucureşti], Lucrări ştiinţ. **1959/60** (hrsg. 1961) S. 801–807. – 5 Abb., 14 Lit. Zus. in Russ., Franz.
In den Jahren 1957–1958 wurden 2 für die RVR neue Krankheiten bei dem Mandelbanm (*Amygdalus communis* L.) beobachtet. Vff. beschreiben die Krankheitserscheinungen und die Eigenschaften der Krankheitsserreger sowie die Bekämpfungsmaßnahmen. Es handelt sich um folgende Krankheiten: Blattfleckenkrankheit (*Polystigma ochraceum* (Wahl.) Sacc. und Schorf (*Fusicladium amygdali* Duc.). M. Petrescu. 2200.

Csorba, Z. **Az almafalisztharmat (Podosphaera leucotricha [Ell. et Ev.] Salm.) biológiája és az ellene való hatásosabb védekezés kidolgozása Magyarországon.** (Die Biologie des Apfelmehltaues [Podosphaera leucotricha (Ell. et Ev.) Salm.] und die Erarbeitung wirksamer Bekämpfungsmaßnahmen in Ungarn.) Budapest. 1960. (226 S.) – Aus: Ung. Agrar-Rdsch. **1962** Nr. 2.
Der Apfelmehltau nimmt in den letzten 20 Jahren in Ungarn ständig zu. In den Jahren 1952 bis 1959 schwankte der Befall zwischen 50 und 80 %, so daß weitere Untersuchungen zur Biologie und Morphologie des Erregers (*Podosphaera leucotricha* [Ell. et. Ev.] Salm.) notwendig wurden. Konidienbildung, Konidienabmessungen, Infektionsverlauf und Verbreitung der Krankheit in Ungarn werden besprochen. Der früheste Zeitpunkt für die an Triebspitzen oder Blattstielen gebildeten Perithecien wurde i. J. 1960 am 8. Juni beobachtet. 8 Ascosporen sind nur in 18 % der Asci vorhanden, in den übrigen Asci bilden sich weniger Ascosporen. In Ungarn sind die Sorten 'Jonathan', 'Gelber Bellefleur", 'Ananas-Renette', 'Weißer Winterkalvill', 'Landsberger Renette', 'Boiken' usw. am anfälligsten. Durch Entfernen der infizierten Triebspitzen im Winter kann der Befall merklich herabgesetzt werden. Zur Bekämpfung eigneten sich bes. Netzschwefel-Präparate. — Schwefelkalkbrühe + Eisensulfat + Mavepon (Benetzungsmittel) sind nur bei Mangel an entspr. Präparaten zu empfehlen. Natriumarsenat ist nur vor der Blüte anwendbar, bewirkt aber gute Laubentwicklung. Karathan ist bes. für gegen Schwefel empfindliche Sorten zu empfehlen. Der Mehltau kann nur durch eine mehrjährige Bekämpfung, jährlich etwa 10 Spritzungen, wirksam bekämpft werden.

D. Maßnahmen des Pflanzenschutzes

Rubcov, I. A. (Rubzow, I. A.); Leningrad, Zool. Inst. der Akad. der Wiss. der UdSSR. Razumno sočetat' biologičeskij i chimičeskij metody. **(Biologische und chemische Bekämpfungsmethoden sind vernünftig zu kombinieren.)** Zaščita rastenij ot vreditelej i boleznej, Moskva **7** (1962) Nr. 4. S. 20–21.
Die einseitige Anwendung von Insekticiden hat schon bei etwa 100 Insektenarten zu Resistenzerscheinungen geführt. Aus diesem Grunde hat die biol. Bekämpfung, wenn auch ihre Durchführung oft schwieriger ist als eine chem., große Bedeutung. In der SU sind in den letzten Jahren einige Entomophagen importiert und akklimatisiert worden. H. Decker. 2400.

Hey, A.; Kleinmachnow, Biol. Zentralanst. der Dtsch. Akad. der Landwirtsch.-Wiss. zu Berlin. **Die Perspektiven zur Minderung der toxischen Belastungen von Nahrungs- und Futtermitteln bei Bekämpfungsmaßnahmen des Pflanzenschutzes.** Dtsch. Akad. Landwirtsch.-Wiss. Berlin, Tagungsber. **1960** (hrsg. 1962) Nr. 42. S. 21–35.
Der moderne Pflanzenschutz ist nicht einseitig auf chem. Bekämpfungsmaßnahmen ausgerichtet. Auch mechan. und biol. Abwehrmaßnahmen (bes. Pflanzenhygiene, Agrotechnik, Resistenzzüchtung) spielen eine wesentliche Rolle. Infolge der unterschiedlichen Befallssituation mit Krankheiten und Schädlingen sind die einzelnen Kulturarten unterschiedlich stark dem Einsatz chem. Pflanzenschutzmittel ausgesetzt. Dementspr. ist auch ihre toxikologische Belastung durch Rückstände chem. Wirkstoffe sehr verschieden. Die wichtigsten Aufgaben auf diesem Gebiet werden dargestellt und die Möglichkeiten internationaler Zusammenarbeit und Koordinierung aufgezeigt. Die Problematik wird an einer Reihe von Beispielen erläutert. Richtschnur muß die gezielte Pflanzenschutzmaßnahme sein. Routinemaßnahmen sind abzulehnen. R. Fritzsche. 2400.

Persin, S. A.; Leningrad, Unions-Forsch.-Inst. für Pflanzenschutz der Lenin-Akad. der Landwirtsch.-Wiss. Sovmestnoe vnesenie gerbicidov, insekticidov i mineral'nych udobrenij. **(Die gleichzeitige Einbringung der Herbi-**

cide, Insekticide und Mineraldüngemittel.) Zaščita rastenij ot vreditelej i boleznej, Moskva 7 (1962) Nr. 1. S. 25–26.
Im Jahre 1960 wurden Versuche unternommen, Mineraldüngemittel (Ammonsalpeter, Superphosphat und Kali) mit Herbiciden (Simazin bzw. Atrazin) und Heptachlor als Insekticid kombiniert auszubringen. Dabei ergab sich eine beachtliche Wirkungssteigerung sowohl des Heptachlors als auch der Herbicide. Die beste Wirkung zeigte die Variante mit der trockenen Mischung aller Bestandteile. H. Decker. 2400.

Cavalloro, R.; Scafati, Ist. Sci. Sperimentale per i Tabacchi, Lab. di Entomol. Agraria. L'impiego delle radiazioni ionizzanti e degli isotopi radioattivi in entomologia agraria. **(Die Verwendung ionisierender Strahlen und radioaktiver Isotope in der landwirtschaftlichen Entomologie.)** Tabacco **65** (1961) Nr. 700. S. 271–286. — 70 Lit. Zus. in Engl., Franz.
Nach allg. Ausführungen über die Verwendung der Radioaktivität in der Entomologie untersucht das Verhalten von bestrahlten Insekten. Durch Verwendung ionisierender Strahlen können Schadinsekten an ihrem natürlichen Fundort oder an Nahrungsplätzen direkt oder durch Herbeiführung von Sterilität indirekt vernichtet werden. Die Anwendung von radioaktiven Isotopen dient dem Studium der Konstitution, Biologie, Ökologie und Ätiologie der Insekten. Die Arten der verwendeten Strahlen und der radioaktiven Isotope werden angeführt. J. Merker. 2400.

Smith, J. Drew, Crawley, W. E. und Lees, F. T.; Hamilton, Ruakura Animal Res. Stat., Dep. Agric. Collection and concentration of spores of Pithomyces chartarum from herbage and harvesting from ryecorn cultures. **(Sammlung und Anreicherung von Pithomyces chartarum- Sporen von der Wirtspflanze und von Roggenkorn-Kulturen.)** New Zealand J. agric. Res. **4** (1961) Nr. 5/6. S. 725–733. — 4 Abb., 10 Lit.
Es ist bekannt, daß die Sporen des auf Weidepflanzen auftretenden Pilzes *Pithomyces chartarum* (Berk. et Curt.) M. B. Ellis (Syn. *Sporidesmium bakeri* Syd.) 0,08–0,12% Sporidesmin enthalten, ein Toxin, welches bei Schafen und Rindern zur Bildung von Gesichtsekzemen führt. — Bei einem sog. Filterkammerverfahren wird zwischen den Ansatzstutzen und der Düse eines Staubsaugers eine aus 2 übereinandergreifenden Glocken bestehende Kammer eingesetzt, die im Inneren 2 Ringe mit Kupfergaze verschiedener Maschenweite und dazwischen einen breiteren mit einem Baumwollbausch gefüllten Kupferring enthält. Die Düse des Staubsaugers wird zum Schutze gegen das Eindringen von Pflanzenteilen ebenfalls mit Kupfergaze überzogen. Zur Sammlung der Sporen wird der Staubsauger im Labor. oder auf dem Feld über trockene Pflanzenteile geführt. Nach dem Absaugen werden die vor dem ersten Kupfergazefilter angehäuften, mit Sporen vermischten Spreuteilchen und der sporenhaltige Baumwollbausch getrennt weiter verarbeitet. Zu diesem Zweck wird das gesammelte Material auf trockenem (**I**) oder mit Paraffinöl abgeriebenem (**II**) Druckpapier ausgebreitet, mehrmals mit einem Holz gewalzt und vorsichtig abgeschüttet. Dann wird das Papier nochmals aufgeschüttelt und mit einer weichen Bürste abgebürstet. Das dabei gewonnene Material besteht bei **I** vorwiegend aus Sporen von *P. chartarum* und kleinen Sandkörnchen. Bei **II** ist die Menge der gesammelten Sporen zwar größer, enthält aber neben den Sporen von *P. chartarum* auch noch solche von *Epicoccum, Helminthosporium* u. a. — Vff. beschreiben die Apparatur eines „Cyclone", der sich leicht selbst herstellen läßt und ebenfalls vom Motor eines Staubsaugers betrieben wird. Das Gerät kann zum Sporensammeln von trockenen und nassen Pflanzen, zur weiteren Aufarbeitung sporenhaltiger Spreu und Baumwollwatte sowie zur Gewinnung von Sporen aus künstlichen Kulturen auf Roggenkörnern oder Malzagar verwendet werden.
K. Frauenstein. 2420.

Jakovleva, N. P. (Jakowlewa, N. P.); Balaschicha, Gebiet Moskau, Landwirtsch. Unions-Inst. für Fernstudium. Metod izučenija ustojčivosti kukuruzy k golovne. **(Methode zur Feststellung der Widerstandsfähigkeit des Maises gegen den Beulenbrand.)** Zaščita rastenij ot vreditelej i boleznej, Moskva 7 (1962) Nr. 3. S. 50–51. – 4 Abb.
Keimenden Maispflanzen werden am 3. oder 4. Tag die Spitzen der Koleoptilen abgeschnitten, die Keimpflanzen in einen Mikroanaerostaten gebracht und eine 0,2%ige Sporensuspension zugesetzt. Durch Anschluß an eine Wasserstrahlpumpe wird ein Vakuum hergestellt. Nach 5 Min. wird die Luft zugelassen, wodurch die Sporensuspension unter dem Druck der Luft in das meristematische Gewebe eindringt. Die so infizierten Pflanzen werden in Pflanzkästen gesetzt. Nach einigen Tagen erscheinen in Abhängigkeit von der Temperatur die Krankheitssymptome. Diese Methode erlaubt eine Bewertung der Widerstandsfähigkeit der Sorten sowie das Studium der Entwicklung des Maisbeulenbrandes in Abhängigkeit von den Umweltfaktoren.
H. Decker. 2420.

Krivčenko, V. I. (Kriwtschenko, W. I.); Leningrad, Unions-Forsch.-Inst. für Pflanzenschutz der Lenin-Akad. der Landwirtsch.-Wiss., Lab. für Immunität. Uskorennyj laboratornyj metod opredelenija ustojčivosti pšenicy k pyl'noj golovne. **(Laborschnellmethode zur Bestimmung der Widerstandsfähigkeit des Weizens gegenüber Flugbrand.)** Zaščita rastenij ot vreditelej i boleznej, Moskva 7 (1962) Nr. 1. S. 48–49. – 1 Abb.
Beschreibung einer Methode zum Anfärben des Pilzmycels im Keimling der Weizenkörner. Wenn die Knospe von blaugefärbtem Myzel durchwuchert ist, muß mit einer Unterbindung des Wachstums gerechnet werden. Sind dagegen nur das Schildchen und die Wurzel des Keimlings befallen, so wachsen gesunde Pflanzen heran. H. Decker. 2420.

Chen, Tseh-an, Kilpatrick, R. A. und Rich, Avery E.; New Hampshire, Agric. Exp. Stat. Sterile culture techniques as tools in plant nematology research. **(Sterile Kulturmethoden als Werkzeuge der pflanzlichen Nematodenforschung.)** Phytopathology **51** (1961) Nr. 11. S. 799–800. – 2 Abb., 3 Lit.
Vff. beschreiben eine Methode, die es ermöglicht, Kleesämlinge für mehrere Mon. zu halten und die Wurzeln jederzeit zu beobachten. Diese Methode ist bes. für die Nematodenforschung vorteilhaft. Die Kultivierungsmethode der Kleesämlinge in Reagensgläsern und die Zusammensetzung des Nährmediums (eine modifizierte Hoagland'sche und Knop'sche Lösung) werden ausführlich beschrieben. Die Beobachtung der Nematoden erfolgt durch direkte mikroskopische Betrachtung. Es wurde festgestellt, daß sich die Nematoden innerhalb 24 Std. im Agar abwärts zur Spitze der längsten Wurzel bewegen, an den Wurzelhaaren saugen, um abschließend an der Wurzel wieder aufwärts zu wandern. Eine Konz. der Tiere kann dabei im Bereich der Wurzelspitze beobachtet werden. K. Geißler. 2420.

Curtis, G. J.; Cambridge, School of Agric. Quantitative extraction of cysts of Heterodera schachtii Schmidt by differential sedimentation. **(Quantitative Extraktion der Zysten von Heterodera schachtii Schmidt durch unterschiedliche Sedimentation.)** Nematologica [Leiden] 7 (1962) Nr. 1. S. 25–31. – 1 Abb., 4 Tab., 13 Lit. Zus. in Dtsch.
Es werden eine Methode und eine Apparatur beschrieben, mit der es möglich ist, sämtliche Zysten der verschiedenen Reifegrade aus lufttrockenem und feuchtem Boden zu gewinnen. – Die in einen Trichter gebrachte Bodenprobe wird von einem Rührwerk ständig bewegt. Eine gesättigte Magnesiumsulfatlösung und ein Luftsrom fließen von unten durch den Boden. Der Überlauf fließt in eine Rinne und wird von einem Siebsatz aufgefangen. Selbst kleinste Zysten werden mit Sicherheit vom Boden getrennt. Die Magnesiumsulfatlösung kann nach Filtrierung wieder benutzt werden. Für Böden mit hohem

Humusgehalt ist diese Methode weniger brauchbar. Ein Vergleich dieser Methode mit der Morgan'schen Flaschenmethode und mit der von Oostenbrink veränderten Fenwick-Kannenmethode bei Verwendung unterschiedlicher Böden fällt bez. der Exaktheit zugunsten der neuentwickelten Methode aus. Für Serienuntersuchungen ist die Leistungsfähigkeit der neuen Methode (2–6 Proben/Std.) nicht ganz befriedigend. H. Stelter. 2420.

Drozdovski, E. M. (Drosdowski, Je. M.); Zonales Forsch.-Inst. für Gartenbau des Nichtschwarzerdegebietes. Metodika vydelenija zemljaničnoj nematody. **(Methode zur Befallsfeststellung des Erdbeerälchens.)** Zaščita rastenij ot vreditelej i boleznej, Moskva **7** (1962) Nr. 2. S. 44.
In der letzten Zeit ist das Erdbeerälchen, das in der UdSSR bisher nur in den baltischen Republiken beobachtet wurde, auch in den Gebieten von Moskau, Tula und Rjasan aufgetreten. Zur Befallsfeststellung wird empfohlen, die Knospen in ein mit etwas Wasser versehenes Uhrglas zu legen und zu zerteilen. Die Älchen schlüpfen schnell aus dem Gewebe ins Wasser und können dann leicht festgestellt werden. H. Decker. 2420.

Read, D. C., Ayers, G. W., Campbell, J. E. und Robinson, D. B.; Charlottetown, Canada, Dep. of Agric. Note on apparatus for maintaining constant soil temperatures and soil moistures, used in studies on soil inhabitoing insects and diseases. **(Bemerkung über eine Apparatur zum Konstanthalten der Bodentemperatur und -feuchtigkeit für Untersuchungen an bodenbewohnenden Insekten und bodenbürtigen Krankheiten.)** Canad. J. Plant Sci. **41** (1961) Nr. 4. S. 876–879. – 2 Tab., 4 Lit.
Mit der näher beschriebenen Apparatur ist es bei Raumtemperaturen zwischen 27 und 32 °C möglich, eine konstante Versuchstemperatur von 4,5 °C zu erzielen. Technische Einzelheiten müssen im Orig. nachgelesen werden. Vff. haben mit dieser Einrichtung erfolgreiche Arbeiten über den Einfluß von Bodentemperatur und -feuchtigkeit auf die Entwicklung einiger Krankheitserreger und Schädlinge durchführen können: Schwarzbeinigkeit der Kartoffel, Kohlhernie, *Hylemyia brassicae* (Bouché), *H. liturata* (Meig.), *Coenosia tigrina* (F.), *Aleochara bilineata* (Gyll.) und *Trybliographa rapae* (Westw.).
K.-H. Kuhfuß. 2420.

Ricou, G.; Rouen, Stat. de Zool. Agric. Méthodes d'élevage au laboratoire de quelques cicadelles vivant sur graminées. **(Aufzuchtmethoden im Laboratorium für einige auf Gräsern lebende Zikaden.)** Ann. Inst. nat. Rech. agronom., Sér. C **11** (1960) Nr. 3. S. 419–422. – 11 Lit.
Das Mikroklima einer Grasnarbe (10–20% höhere Luftfeuchtigkeit, aber nicht gesättigt; nicht zu starke Temperaturschwankungen; schwache Luftbewegungen und geringere Belichtung) muß für die längere Erhaltung von Graspflanzen im Labor. (2 Wochen, wenn Eiablage der Zikaden gewünscht wird) beachtet werden. Es wird dann eine genaue Anleitung zur Aufzucht einer Fulgoride (*Calligypona pellucida* F.) und mehrerer Jassiden (mehrere *Aprodes* spp., *Macrosteles sexnotatus* Fall.) gegeben. W. Tannert. 2420.

Kowalska, Tatiana. Metoda hodowli rolnic Agrotis C-nigrum L. i A. exclamationis L. (Lepidoptera, Noctuidae) w warunkach laboratoryjnych. **(Methode zur Züchtung von Agrotis C-nigrum L. und A. exclamationis L. [Lepidoptera, Noctuidae] unter Laboratoriumsbedingungen.)** Biul. Inst. Ochrony Roślin **14** (1962) S. 35–42. – 3 Abb., 5 Lit. Zus. in Russ., Engl.
Die Schmetterlinge wurden in Glasgefäßen, die mit Gaze abgedeckt waren, gezüchtet. Als Nahrung wurde 15%ige Zuckerlösung unter Zugabe von aromatischer Obstessenz oder Honig gereicht. Als Unterlage für die Zeit der Eiablage dienten Schafschwingelpflanzen, die im Sand gewaschen wurden. Die Schmetterlinge legten die Eier gern auf diesen Blättern und Wurzeln ab. Die Eier wurden mit Grasausschnitten übertragen und in Petrischalen,

die mit Filterpapier und einem kleinen Stück angefeuchteter Watte versehen waren, gezüchtet. Die Raupen des I., II. und III. Stadiums wurden gleichfalls in Petrischalen gezüchtet, als Nahrung wurden tägl. frische Rübenblätter gereicht. Die Raupenstadien wurden in Kristallisatoren mit feuchtem Sand, die Larven in feuchtem Sand bei einer Temperatur von 20 °C gehalten. W. Śliwiński. 2420.

Anglade, P.; Pont-de-la-Maye, Gironde, Centre de Rech. Agronom. du Sud-Ouest, Stat. Zool. Agric. Essai de mise au point d'une méthode de mesure de la sensibilité des lignées de maïs aux chenilles de la génération estivale de la Sésamie (Sesamia nonagrioides Lef.) **(Eine Methode zur Feststellung des Anfälligkeitsgrades von Maislinien in bezug auf die Raupen der Sommergeneration von Sesamia nonagrioides Lef.)** Ann. Épiphyties **12** (1961) Nr. 4. S. 413–422. – 5 Abb., 1 Tab., 1 Lit.

Vf. teilt seine Beobachtungsergebnisse über die Anfälligkeit von 16 Maislinien in 5 Klassen ein. Die Überprüfung einiger für das Resistenzverhalten des Maises bedeutsamer Faktoren, sowohl in bezug auf den Wirt als auch auf den Schädling, setzt voraus, daß weitestgehend kontrollierbare Bedingungen für die Untersuchung geschaffen werden. Hierzu dient die entwickelte Methode der Erzeugung eines künstlichen Befalles der Maispflanzen mit *Sesamia nonagrioides*. Auch über die Gewinnung der Schmetterlingseier im Laboratorium finden sich ausführliche Angaben. Über Einzelheiten ist im Orig. nachzulesen. Zur Feststellung genetisch bedingter Resistenzunterschiede zieht Vf. insbesondere 2 Fakten heran: Unter „antibiosis" versteht er die durch den Wirt passiv bewirkte Abtötung von Raupen in einer festgesetzten Periode. Daneben unterscheidet er eine „tolérance", die sich in Kombination mit dem Effekt der „antibiosis" im Ernteertrag widerspiegelt. – Erste praktische Ergebnisse sprechen für die Brauchbarkeit der entwickelten Methode. K. H. Kuhfuß. 2420.

Jarvis, J. L., Everett, T. R., Brindley, T. A. und Dicke, F. F.; Ames, Iowa Agric. and Home Economics Exp. Stat. Evaluating the effect of European corn borer populations on corn yield. **(Die Abschätzung der Auswirkung von Maiszünslerpopulationen auf den Maisertrag.)** Iowa State J. Sci. **36** (1961) Nr. 2. S. 115–132. – 9 Abb., 7 Tab., 4 Lit.

Vff. überprüften in 2jährigen Untersuchungen mehrere Verfahren zur Abschätzung des Ernteverlustes bei Zahnmais durch den Maiszünsler. Die Ertragseinbußen wurden in Relation sowohl zur Stärke der Fraßschäden an den Blättern als auch zur Anzahl der Raupen und Bohrlöcher gesetzt. Unter den 3 herangezogenen Methoden führte die Bestimmung von Bohrlöchern bei in Stücke zerschnittenen und bei längs aufgespaltenen Maisstengeln zu verläßlicheren Ergebnissen als die Auszählung der Raupen. In Anbetracht der Übereinstimmung zwischen den Ergebnissen der beiden Arbeitsweisen wird aus wirtsch. Erwägungen das weniger zeitraubende Aufspalten der Stengel als Standardmethode zur Erhebung eines Maiszünslerschadens vorgeschlagen. – Bei einer Zahnmais-Einfach-Hybride wurde durch Befall mit der 1. Generation des Zünslers ein stärkerer Ertragsverlust bewirkt als durch einen solchen der 2. Generation. Spätpflanzung erlitt größeren Schaden als Frühpflanzung. K.-H. Kuhfuß. 2420.

Le Berre, J. R. und Vijverberg, A.; Versailles, Centre Rech. Agronom.; Wageningen, Univ. Agric. Recherche d'une méthode d'étude du comportement des maïs vis-à-vis des oscinies. **(Erarbeitung einer Methode zur Untersuchung des Verhaltens von Mais gegen Fritfliegen.)** Ann. Épiphyties **12** (1961) Nr. 4. S. 453–461. – 5 Tab., 7 Lit.

Unterschiede im Fritfliegenbefall des Maises beruhen im wesentlichen auf physiol. Eigenschaften der Wirtspflanze. Daher verspricht die Überprüfung der Resistenzursachen nur mit einer reproduzierbaren Untersuchungsmethode exakte Ergebnisse. Eine derartige Arbeitsweise, die zur Ergänzung von Beobachtungen unter natürlichen Bedingungen dienen soll, hätte nachstehende Gesichtspunkte zu berücksichtigen: Künstlich erzeugten Befall auf Maispflanzen gleichen Entwicklungsstadiums durch Aufsetzen einer bestimmten Anzahl von Fliegeneiern in jeweils gleicher Höhe an der Koleoptile; konstante Umweltbedingungen während der gesamten Entwicklungsdauer der Maden bei günstigsten Voraussetzungen für die Vegetation der befallenen jungen Pflanzen; wiederholte Bonituren der Schädigung des Maises durch die Fliegenmaden; Gewinnung der Imagines, getrennt nach den verwendeten Maisstämmen. – Zu den experimentellen Arbeiten wurden *Oscinella frit* L., *O. pusilla* und eine intermediäre Form herangezogen. Die Brauchbarkeit des entwickelten Untersuchungsverfahrens wird durch eine Anzahl damit gewonnener Ergebnisse erhärtet. K.-H. Kuhfuß. 2420.

Špánik, Viliam, Valenta, Vlk und Bystrický, Vojtech; Bratislava, Virol. Ústav ČSAV a Lab. Elektrónovek Mikroskopie Katedry Techn. Mikrobiol. a Biochem. Chem. Fak. Slovenskej Vysoke Školy. Pokus o purifikáciu a elektronmikroskopické znázornenie virusu žltej prúžkovitosti cibule. **(Versuch zur Reinigung und elektronenmikroskopischen Darstellung des Virus der Gelbstreifigkeit der Zwiebel.)** Biológia [Bratislava] **16** (1961) Nr. 8. S. 615–618. – 2 Abb., 4 Lit. Zus. in Russ., Engl., Dtsch.

Die serologische Methode der Diagnose der Gelbstreifigkeit der Zwiebel (*Allium* virus 1 Smith.) wurde überprüft. Getestet wurde ein aus Holland stammendes Antiserum (D. H. M. van Sloghteren). Das Virusantigen wurde durch Fällen mit Ammoniumsulfat und Ultrazentrifugieren von Saft verschiedener Reinheit hergestellt. Das Ergebnis blieb negativ. Die von van Sloghteren beschriebene Methode konnte aus technischen Gründen nicht angewendet werden. Ein verhältnismäßig gutes Ergebnis brachte folgendes Verfahren: 450 g Zwiebelblätter wurden in einer Reibschale unter Zusatz von Meersand und 110 ml 0,5 M Phosphatpuffer (pH 7,5) homogenisiert. Das Homogenat wurde durch Gaze gepreßt. Dem auf diese Weise gewonnenen 360 ml Rohsaft wurden 3,6 ml gesättigte Na_2SO_3-Lösung und tropfenweise beim Mischen 180 ml Chloroform sowie 36 ml Butanol zugesetzt. Die Chloroform- und die Wasserschicht wurden durch Zentrifugieren abgesondert. Das gewonnene Sediment wurde in 3 ml 0,5 M Phosphatpuffer (pH 7,5) gelöst und die Lösung zentrifugiert. In Präparaten, die durch Ultrazentrifugieren des Saftes von mit Gelbstreifigkeit befallenen Zwiebelblättern gewonnen waren, fand man lange flexible Fasern von etwa 25 mμ Dmr., die für aggregierte Viruspartikeln gehalten wurden. P. Bartoš. 2420.

Psareva, E. N. und Matveenko, T. M. (Psarewa, Je. N. und Matwejenko, T. M.) Metodika iskusstvennogo zaraženija tabaka virusom ogurečnoj mozaiki dlja selekcionnych celej. **(Methode zur künstlichen Infektion von Tabak mit dem Gurkenmosaikvirus für Züchtungszwecke.)** Sbornik naučno-issledovatel'skich rabot. Vsesojuznyj naučno-issledovatel'skij institut tabaka i machorki „VITIM", Krasnodar **1960** Nr. 151. S. 29–41. – 5 Abb., 8 Tab., 9 Lit. 2420.

Stevenson, J. H.; Ascot, Berks., England, Imperial Coll., Field Stat. Biological assay of insecticides using the brine shrimp, Artemia salina (L.). **(Bioteste auf Insekticide unter Verwendung des Salzkrebschens Artemia salina L.)** J. Sci. Food Agric. **12** (1961) Nr. 9. S. 650–652. – 1 Tab., 5 Lit.

Das Verfahren bedient sich des 1. Nauplius-Stadiums von *A. salina* und dient zum Nachweis von Insekticidrückständen in tierischem und pflanzlichem Gewebe. Die Verfahrensweise wird beschrieben. Da die Methode einfach ist, keine bes. Apparate und keine ständige Zucht der Testtiere erfordert, ist sie bes. dort zu empfehlen, wo Bioteste nicht ständig durchgeführt werden. R. Angermann. 2420.

Fedorinčik, N. S. (Fedorintschik, N. S.); Leningrad, Unions-Forsch.-Inst. für Pflanzenschutz der Lenin-Akad. der Landwirtsch.-Wiss., Lab. für Mikrobiomethoden. Obogaščenie zemljanych kompostov trichodermoj. **(Die Anreicherung des Erdkompostes mit Trichoderma.)** Zaščita rastenij ot vreditelej i boleznej, Moskva 7 (1962) Nr. 1. S. 30–31. – 1 Tab.
Die Zugabe von *Trichoderma*-Kulturen zu Dungerde- und Torferdekomposten erwies sich als günstige Maßnahme zur Unterdrückung von Pflanzenkrankheitserregern (z. B. *Fusarium*). *Trichoderma* entwickelt sich gut in diesen Kompostarten. H. Decker. 2450.

Galilov, S. P. (Galilow, S. P.); Baku, Aserbaidshan. Stat. für Pflanzenschutz. Vlijanie mikroėlementov na ustojčivost' kartofelja k boleznjam. **(Einfluß der Spurenelemente auf die Widerstandsfähigkeit der Kartoffel gegen Krankheiten.)** Zaščita rastenij ot vreditelej i boleznej, Moskva 7 (1962) Nr. 3. S. 32. – 2 Tab.
In den Versuchen wurde der Einfluß von B (als Borax), Mn, Cu und Zn (als Sulfat) auf das Auftreten der verschiedenen Kartoffelkrankheiten geprüft. Die besten Ergebnisse wurden bei Aufwandmengen von 8 kg/ha Borax, 10 kg/ha Mn, 12 kg/ha Cu und 4 kg/ha Zn erhalten. Vermindert wurden bes. die Schwarzbeinigkeit, *Macrosporium*, Blattrollkrankheit und Mosaik. Bei Mn und B wirkte die Einbringung in den Boden günstiger auf den Ertrag als die Blattspritzung während der Vegetationszeit mit 1%igen Lösungen im Gegensatz zu Cu, während bei Zn keine großen Differenzen auftraten. Die besten Ergebnisse wurden bei einer Kombination beider Anwendungsformen erhalten. H. Decker. 2450.

Čača, Zdeněk. Studium napadení některých odrůd cukrovek houbou cercospora beticola Sacc. v podmínkách zavlažování na jižní Moravě a Slovensku. **(Studium des Befalls einiger Zuckerrübensorten durch die Blattfleckenkrankheit [Cercospora beticola Sacc.] auf künstlich bewässerten Flächen in Südmähren und in der Slowakei.)** Listy Cukrovarnické 77 (1961) Nr. 11. S. 241–246. – 7 Tab., 39 Lit. Zus. in Russ., Dtsch.
Bei Versuchen mit 10 bewässerten Zuckerrübensorten, die teils in der ostslowakischen Niederung, teils in Südmähren stattfanden, reagierten einzelne Sorten hinsichtlich des Wurzel-, Blatt- und Zuckerertrages auf die Bewässerung verschieden. Infolge der während der Vegetationsperiode herrschenden feuchten Witterung war die durch Bewässerung erzielte Ertragssteigerung wenig markant. In bezug auf den *Cercospora*-Befall einzelner Sorten gab es jedoch deutliche Unterschiede. Die größte Resistenz zeigte die Sorte 'D Ce R', dann folgten die Sorten aus Bučany und Čiky. Dieselben Sorten zeichneten sich auch durch einen guten Assimilationseffekt aus. Der Befall der Zuckerrüben war auf den bewässerten Parzellen nur wenig stärker als bei denselben Sorten auf unbewässerten. In der ostslowakischen Niederung erzielte die Sorte 'DN' auf bewässerter Parzelle den höchsten Ertrag, auf nichtbewässerter Parzelle waren es die Sorten 'DA' und 'Čiky T-2'. Die Erträge betrugen für 'DN' (653,40 dt/ha), für 'DA' und 'Čiky T-2' (587,40 dt/ha). In Südmähren war die bei Bewässerung ertragreichste Sorte 'DV' (475,80 dt/ha) auch ohne Bewässerung die beste (499,20 dt/ha). P. Bartoš. 2450.

Roslycky, E. B., Allen, O. N. und McCoy, Elizabeth; London, Ontario, Canada, Dep. of Agric., Pesticide Res. Inst. Phages for Agrobacterium radiobacter with reference to host range. **(Phagen von Agrobacterium radiobacter unter Berücksichtigung des Wirtsbereiches.)** Canad. J. Microbiol. 8 (1962) Nr. 1. S. 71–78. – 4 Tab., 26 Lit.

Aus Rohabwasser und Boden wurden 19 gegen *Agrobacterium radiobacter* aktive Phagen isoliert. Die Phagen wiesen eine streng lytische Spezifität auf und waren nur gegen Bakterien innerhalb der Familie der *Rhizobiaceae* aktiv. Die Prüfung der 19 Phagen durch die „cross-resistance-technic" führte den Nachweis der Zugehörigkeit aller Phagen zu einer „cross-resistance"-Gruppe. Phagenresistente *A. radiobacter*-Stämme riefen weder bei Tomaten Gallen, noch bei Leguminosen Knöllchenbildung hervor. Horst Unger. 2470.

Kodaira, Yoshinori; Ueda, Shinshu Univ., Lab. of Appl. Microbiol. and Insect Pathol. Studies on the new toxic substances to insects, destruxin A and B, produced by Oospora destructor. I. Isolation and purification of destruxin A and B. **(Untersuchungen an den neuen, für Insekten toxischen Substanzen Destruxin A und B, die von Oospora destructor gebildet werden. 1. Mitt. Isolierung und Reinigung von Destruxin A und B.)** Agric. biol. Chem. [Tokyo] **26** (1962) Nr. 1. S. 36–42. – 4 Abb., 9 Tab., 2 Lit. Orig.: engl.

Aus Kulturfiltrat und Pilzrasen von *Oospora destructor* (Metch.) gewann Vf. mit Hilfe chromatographischer Verfahren 2 kristalline Verbindungen: $C_{29}H_{47}O_7N_5$, F = 188–188,5 °C (Destruxin A) und $C_{25}H_{42}O_6N_4$, F = 234 °C (Destruxin B). Es werden die Arbeitsgänge zur Gewinnung des Rohsirups aus dem Kulturfiltrat, dessen weitere Verarbeitung und die chromatographischen Analysen beschrieben. Die stark toxische Wirkung des aus dem Pilzrasen gewonnenen Sirups geht gleichfalls auf Destruxin A und B zurück. Reinigungsverfahren und Eigenschaften der Verbindungen werden angeführt. Die Prüfung der toxischen Wirkung ergab: Seidenraupen (L5) starben bei Injektion von 0,28 (Destruxin A) bzw. 0,34 (Destruxin B) γ/g, Mäuse bei 1,35 (A) bzw. 16,90 (B) mg/kg. Vergiftete Blätter wurden von *Epilachna sparsa* im Vergleich zur Kontrolle kaum angenommen und wirkten auch nicht tödlich. W. Lehmann. 2470.

Sytenko, L. S. Opyt primenenija ėntobakterina. **(Erfahrungen bei der Anwendung von Entobakterin.)** Zaščita rastenij ot vreditelej i boleznej, Moskva **7** (1962) Nr. 1. S. 37.

Zur Bekämpfung einer *Hyponomeuta*-Art wurde eine 1%ige Suspension von Entobakterin-3 (10 l/Baum) geprüft. 5 Tage nach der Behandlung waren 73% der Raupen abgestorben, am 10. Tage lebten nur noch wenige Exemplare. Gute Ergebnisse wurden auch bei der Bekämpfung von Faulbaumgespinstmotten, Ringelspinner und *Numonia cymindella* Rag. erhalten. H. Decker. 2470.

Bogdanov, V. (Bogdanow, W.) Vŭzmožnosti za borba s obiknovenija cveklov chobotnik (Bothynoderes punctiventris Germ.) s pomoštta na parazitnata gŭba Beauveria bassiana (Bals.) Vuill. **(Möglichkeiten zur Bekämpfung des Rübenderbrüßlers [Bothynoderes punctiventris Germ.] mit Hilfe des parasitischen Pilzes Beauveria bassiana [Bals.] Vuill.)** Rastitelna zaštita, Sofija **9** (1961) Nr. 4. S. 64–71. – 2 Abb., 3 Tab., Zus. in Russ., Engl.

Der Pilz wurde auf Kartoffelbrei oder gekochten Maiskörnern gezüchtet. Mycel und Sporen wurden fein gemahlen und als Staub oder Suspension ausgebracht. Das Spritzen der vom Vollinsekt befallenen Saaten mit 1%iger Suspension führte zu 100% Sterblichkeit des Schädlings. In 1%iger Konz., mit Lehmerde als Füllstoff in den Boden gebracht, wirkt der Pilz in hohem Grade tödlich auf die Raupen und Puppen des Rübenderbrüßlers. Die Wirksamkeit des Pilzes läßt sich durch Vermischen mit DDT, Hexachloran oder Wofatox steigern. Durch Einbringen eines Gemisches aus 12,5% Pilzkultur (mit den Maiskörnern gemahlen), 12,5% technischem DDT und 75% Lehmerde in den Boden im Juni, d. h. z. Z. der aktiven Eiablage des Rübenderbrüßlers, wird eine 64,5 bis 73,3%ige Sterblichkeit der Larven oder Puppen erzielt. Bei Verwendung von Hexachloran (anstatt DDT) in demselben Mischungsverhältnis beträgt die Sterblichkeit 70,2 bis 78,3% und bei Verwendung von Wofatox 56,2 bis 58,6% (natürliche Sterblichkeit bei der Kontrolle 5,6 bis 13,4%). Die Dosis für dieses Gemisch beträgt 30 kg/ha. In den durchgeführten Versuchen war ein massenhaftes Absterben nicht nur des Rübenderbrüßlers, sondern auch der Larven, Puppen und Imagines von *Psalidium maxilosum* F., *Tanymecus dilaticolis* und *Sitona lineatus* zu beobachten. A. Balewski. 2470.

Ellis, J. J. und Hesseltine, O. W.; Peoria, Ill., A. R. S., Northern Utilization Res. and Development Div. Rhopalomyces and Spinellus in pure culture and the parasitism of Rhopalomyces on nematode eggs. **(Rhopalomyces und Spinellus in Reinkultur und die Parasitierung von Nematodeneiern durch Rhopalomyces.)** Nature [London] **193** (1962) Nr. 4816. S. 699–700. — 2 Abb., 6 Lit.

Auf einem näher beschriebenen Agarnährboden, auf dem *Bacillus cereus* var. *mycoides* 20 Std. kultiviert und danach im Autoklaven abgetötet wurde, konnte erstmalig die Sporenkeimung von *R. elegans* in Reinkulur beobachtet werden. Mycelwachstum und Sporulation waren in diesem Medium nicht sehr umfangreich. Das Eindringen der Hyphen in Eier einer *Rhabditis* sp. und die Entwicklung des Mycels in den Eiern werden kurz gestreift. — Für die Reinkultur von einer *Spinellus* sp. wird ein Agarnährboden angegeben. H. Stelter. 2470.

Šutova, N. N. (Schutowa, N. N.); Min. für Landwirtsch. der UdSSR, Zentrallab. für Pflanzenquarantäne. Introdukcija ėntomofagov i mikroorganizmov dlja bořby s karantinnymi vrediteljami. **(Einführung von Entomophagen und Mikroorganismen zur Bekämpfung von Quarantäneschädlingen.)** Zaščita rastenij ot vreditelej i boleznej, Moskva **7** (1962) Nr. 2. S. 48–50. — 1 Tab.

In der SU wurden in den Jahren 1959 und 1960 folgende Entomophagen und Mikroorganismen eingeführt: *Mericea ampelus* Wlk. zur Bekämpfung von *Hyphantria cunea* Drury; *Doryphorophaga doryphora* Riley zur Bekämpfung des Kartoffelkäfers; *Encarsia formosa* Gah. zur Bekämpfung von *Asterochiton vaporariorum* Westw. aus Kanada; *Coccophagus gurney* Comp. und *Tetracnemus pretiosus* Timb. zur Bekämpfung von *Pseudococcus gahani* Green; *Tetracnemus peregrinus* Comp. gegen *Pseudococcus adonidum* Geoffr.; *Leptomastidea abnormis* Gir. und *Leptomastix dactylopii* How. zur Bekämpfung von *Pseudococcus citri* Risso aus den USA; *Prospaltella perniciosi* Tow. und *Aphytis procliae* Wlk. zur Bekämpfung von *Diaspidiotus perniciosus* Comst. aus der Koreanischen Volksrepublik und der Pilz *Ashersonia* zur Bekämpfung von *Dialeurodes citri* Ashm. aus der Chinesischen Volksrepublik. H. Decker. 2470.

Mackauer, Manfred; Belleville, Ontario, Canada Dep. of Agric., Entomol. Res. Inst. **Drei neue Blattlaus-Parasiten aus Hongkong.** Entomophaga [Paris] 7 (1962) Nr. 1. S. 37–45. — 8 Abb., 6 Lit. Zus. in Engl.

Aus unbekannten Blattläusen von *Citrus* spp. der Umgebung Honkongs wurden die 3 folgenden neuen Blattlausparasiten gezüchtet: *Binodoxys confucius* n. sp., *B. sinensis* n. sp. und *Lipolexis scutellaris* n. sp. Der eingehenden Beschreibung dieser neuen Arten ist ein Bestimmungsschlüssel (nur ♀♀) für die bekannten Vertreter der Gattung *Lipolexis* beigefügt. H. Thomas. 2470.

Compere, Harold; Riverside, Citrus Exp. Stat. The red scale and its insect enemies. **(Die Rote Schildlaus und ihre Insekten-Feinde.)** Hilgardia **31** (1961) Nr. 7. S. 173–278. — 144 Lit.

Die Rote Schildlaus (*Aonidiella aurantii* Maskell) ist seit Mitte des 19. Jh. als *Citrus*-Schädling gefürchtet. Bereits 2 Jahre nach Einschleppung von

A. aurantii in Kalifornien (1879) begann man, eine biol. Bekämpfung durch Einfuhr von Feinden zu versuchen. Vf. gibt einen weltweiten Überblick über die Geschichte und die Bekämpfung von *A. aurantii*. Die Möglichkeiten, *A. aurantii* durch biol. Methoden zu beherrschen, werden pessimistisch beurteilt. Zahlreiche Mißerfolge basieren auf systematischen oder nomenklatorischen Unklarheiten; außerdem ändern sich die Wirt-Parasit-Verhältnisse von Land zu Land oft grundlegend. Kein Insekt demonstriert besser als die Rote Schildlaus die Bedeutung exakter Klassifizierung und Bestimmung sowie die Unmöglichkeit, Ergebnisse von einem Gebiet auf ein anderes zu übertragen, die Folgen eines uneingeschränkten Enthusiasmus für eine biol. Bekämpfung und die Notwendigkeit, alle lebenswichtigen Faktoren der Pflanzen und Insekten zu kennen. H. A. Koch. 2470.

Harris, P.; Belleville, Ontario, Canada Dep. of Agric., Entomol. Res. Inst. for Biol. Control, Res. Branch. Control of toadflax by Brachypterolus pulicarius (L.) (Coleoptera: Nitidulidae) and Gymneatron antirrhini (Payk.) (Coleoptera: Curculionidae) in Canada. **(Bekämpfung von Linaria vulgaris Mill. durch Brachypterolus pulicarius [L.] [Coleoptera: Nitidulidae] und Gymnaetron antirrhini [Payk.] [Coleoptera: Curculionidae] in Kanada.)** Canad. Entomologist **93** (1961) Nr. 11. S. 977–981. – 2 Tab., 7 Lit.

Die Ausbreitung von *Linaria vulgaris* in den Provinzen Saskatchewan und Alberta, wo *Gymnaetron antirrhini* fehlt, während *Brachypterolus pulicarius* überall verbreitet ist, war besorgniserregend. Versuche von Smith (1959), der 4000 Adulte von *G. antirrhini* in den beiden Provinzen aussetzte, zeigten, daß sich *Linaria* bei Fehlen der genannten Art sehr schnell ausbreitet. Die Beobachtungen ergaben, daß im Frühsommer fast sämtliche Blüten von *B. pulicarius* belegt worden waren, während im Spätsommer die Samen durch *G. antirrhini* befallen werden. Die erstgenannte Art ist an *Linaria* bis zum Auftreten der ersten Fröste zu beobachten; wo sie vorhanden ist, wird *Linaria* bedeutungslos. K. Geißler. 2470.

Pierhard, Gaston und Baurant, Raymond. Note sur le parasitisme de Rhyacionia buoliana Schiff. Microl. Eucosmidae. **(Hinweis auf den Parasitismus von Rhyacionia buoliana Schiff. Microl., Eucosmidae.)** Bull. Inst. agronom. Stat. Rech. Gembloux **29** (1961) Nr. 1. S. 102–104. – 12 Lit.

Eine vorhandene Liste, die über 80 Parasiten von *Rhyacionia buoliana* enthält, konnte durch neue Arten ergänzt werden. Der Parasiteneinfluß ist in den einzelnen Befallsgebieten sehr unterschiedlich. Das ist teilweise durch das Auftreten von Hyperparasiten zu erklären. Vff. stellten fest, daß die Hälfte der autochthonen Wicklerpopulationen in Mittelbelgien durch die Tachinide *Actia nudibasis* Stein vernichtet wurde. Es wird die Einführung eur. Parasiten in das parasitenärmere Nordamerika gefordert, aber auf gründliche Untersuchungen der ökologischen Anpassungsfähigkeit entspr. Arten hingewiesen. G. Kerner. 2470.

Read, D. C.; Charlottetown, Canada Dep. of Agric. Notes on the life history of Aleochara bilineata (Gyll.) (Coleoptera: Staphylinidae), and on its potential value as a control agent for the cabbage maggot, Hylemyia brassicae (Bouché) (Diptera: Anthomyiidae). **(Bemerkungen zur Lebensweise von Aleochara bilineata [Gyll.] [Coleoptera: Staphylinidae] und seine potentielle Eignung für die Bekämpfung der Kohlfliege, Hylemyia brassicae [Bouché] [Diptera: Anthomyiidae].)** Canad. Entomologist **94** (1962) Nr. 4. S. 417–423. – 2 Tab., 10 Lit.

Aleochara bilineata (Gvll.) ist in Kanada ein wichtiger Räuber der Kohlfliege, *Hylemyia brassicae* (Bouché). Die adulten Räuber ernähren sich von Eiern und Larven, die Larven des Räubers dagegen von den Puppen der Kohlfliegen. Obwohl *A. bilineata* während des Sommers eine beachtliche Bedeutung erlangt, leiden die Räuber unter den üblichen Startschwierigkeiten und erscheinen erst, wenn die Larven der Frühjahrsgeneration von *H. brassicae* bereits beträchtlichen Schaden verursacht haben. Zudem entwickeln sich die Räuber bei Temperaturen bis 60 °F langsamer als ihre Wirte. Im Versuch vernichteten ein ♂ und ein ♀ *A. bilineata* durchschnittl. 2400 Eier bzw. Erstlarven, oder etwa 250 Larven des 3. Stadiums; deren Nachkommen parasitierten bis zur Imaginalhäutung wiederum etwa 230 Puppen der Kohlfliege. Auf den Prinz Eduard-Inseln war *H. liturata* (Meig.) in dem gleichen Maße parasitiert wie *H. brassicae*. H. Thomas. 2470.

Reich, R. **Natürliche Feinde der Rübsenblattwespe (Athalia rosae L.).** Nachrichtenbl. dtsch. Pflanzenschutzdienst [Berlin] [N. F.] **16(42)** (1962) Nr. 2. S. 33–37. – 3 Abb., 1 Tab., 43 Lit.

Neben dem Einsatz von Pflanzenschutzmitteln kommt auch den Biophagen für die Bekämpfung von Schädlingskalamitäten Bedeutung zu. Die Auswahl und Anwendung geeigneter Bekämpfungsmittel und -methoden ermöglichen es, die natürlichen Feinde weitestgehend zu schonen und ihre Vermehrung zu fördern. Vf. berichtet über die in den Jahren 1956–1958 im Thüringer Raum aufgetretenen natürlichen Feinde der Rübsenblattwespe (*Athalia rosae* L.). Den Ichneumoniden kam mit Ausnahme von *Perilissus lutescens* Holmgr. und *Coeloconus brachyacanthus* Gml. als Larvenparasiten keine Bedeutung zu. Von den Tachinen trat *Tachina rustica* Meig. stärker in Erscheinung. Die Coccinelliden *Anatis ocellata* und *Coccinella septempunctata* vertilgen Larven und Wespen. Der Anteil vom Pilz *Isaria farinosa* befallener Larven war unbedeutend. R. Reich. 2470.

Györfi, J. **Der Einfluß der Waldpflanzen auf die Vermehrung der Schlupfwespen.** Anz. Schädlingskunde verein. Schädlingsbekämpf. **35** (1962) Nr. 2. S. 20–23.

Nach Erfahrungen des Vf. ist die Vermehrung der Schlupfwespen nicht allein von der Mischung der Baumarten, sondern eher von der Vielfalt und Dichte der Bodenpflanzen (Forstkräuter) abhängig. Dies ist bes. an solchen Standorten der Fall, wo die natürlichen Verhältnisse der Entwicklung von Mischwäldern nicht günstig sind. Die Bodenflora dient sowohl den Zwischen- und Nebenwirten der Schlupfwespen als Nahrung als auch den Imagines der Schlupfwespen. Deswegen hält Vf. das Abräumen der Sträucher und Entfernen der Bodenflora für falsch. Als Nahrung der Schlupfwespen-Imagines spielen auch in der Nähe des Waldes befindliche blühende Pflanzen, die aufgeführt werden. K. Schulz. 2470.

Mansfeld, K. und Bösenberg, K. **Untersuchungen über die biologische Schädlingsbekämpfung in Buchen- und Eichenrevieren durch Feststellung der erreichbaren Siedlungsdichte der insektenfressenden Vogelarten und die Zusammensetzung ihrer Nahrung.** Forsch.- u. Entwickl.-Stelle Seebach, Vogelschutzwarte der Biologischen Zentralanstalt der Deutschen Akademie der Landwirtschaftswissenschaften zu Berlin. Abschlußber.: 28/2. 1962. Plan-Nr.: 1701 10/01 i1-01/9. 1701 10/01 i0/01. 100 110/01 i 9-01.

In Laubwaldbiotopen läßt sich die Zahl der Höhlenbrüter durch Vogelschutzmaßnahmen um das Zehn- und Mehrfache steigern. Am stärksten ist die Zunahme auf Versuchsflächen mit Wasserangebot, die bei ausreichendem Strauchwuchs auch die höchste Freibrüterpopulation besitzen. Durch Vergrößerung des Reihenabstandes der Nistkästen auf 100 m läßt sich für die forstliche Praxis eine Zeiteinsparung von etwa der Hälfte erzielen. Aus der Nestlingsnahrung der häufigsten Vogelarten wurden bisher 1241 Nahrungsproben mit 27797 Beuteobjekten gewonnen, bestimmt und ausgewertet. Der Schädlingsanteil unter den Insekten überwiegt dabei z. T. beträchtlich. Im

2. Arbeitsabschnitt kann erst entschieden werden, wieweit die Vogelschutzmaßnahmen zur Verhinderung oder wesentlichen Abschwächung von Insektengradationen beitragen. 2470.

Jeske, A.; Kleinmachnow, Biol. Zentralanst. der Dtsch. Akad. der Landwirtsch.-Wiss. zu Berlin. **Möglichkeiten zur Anwendung der modernen Pflanzenschutztechnik.** Hopfenbau **4** (1962) Nr. 1/2. S. 42–45. – 1 Lit.
Gegen *Peronospora* wird Cupral 45 bis zur Doldenbildung 0,75%ig, danach nur noch 0,5%ig angewendet. Als Brühemenge werden 2250 bis 4000 l/ha angegeben. Zur Hopfenblattlausbekämpfung stehen Parathion und systemische Phosphorsäureester (Tinox, Bi 58) zur Verfügung. Tinox und Bi 58 werden im Spritzverfahren mit einer Wasseraufwandmenge von 2700 l/ha angegeben. Weiterhin können Phosphoramide und Fluorphosphinoxyde eingesetzt werden. Letzteres wird als Gießmittel mit bestem Erfolg angewendet. Gegen Spinnmilben werden systemische Phosphorsäureester, wie Tinox und Bi 58 (21 Tage Dauerwirkung) und Benzolsulfonate (14 Tage Dauerwirkung) empfohlen. Als Wasseraufwandmengen sind im ersten Fall 2000–3000 l – im letzteren 4500–6750 l/ha erforderlich. M. Amme. 2500.

Witkowski, Witold und Witkowska, Danuta. Wyniki doświadczenia polowego nad skutecznością działania zapraw nasiennych typu Panogen przeciwko Tilletia tritici Wint. **(Ergebnisse des Feldversuchs über die Wirksamkeit der Panogenbeize gegen Tilletia tritici Wint.)** Biul. Inst. Ochrony Roślin **14** (1962) S.137–148. – 2 Tab., 14 Lit. Zus. in Russ., Engl.
Bei Feldversuchen wurden 2 schwedische Präparate, Panogen 8 (8% Hg) sowie Panogen 15 (1,5% Hg) und Methoxyäthylquecksilbersilikat mit der Wirkung von Ceresan-Trockenbeize (Firma Bayer) verglichen. Panogen 8 wurde mit 150, 200 und 250 cm^3/100 kg Saatgut, Panogen 15 dagegen mit 50, 75 und 150 cm^3/100 kg Saatgut und Ceresan mit 200 g/100 kg Saatgut angewendet. Das Saatgut des Winterweizens war künstlich mit Steinbrand infiziert. Alle Präparate gaben bei der Brandbekämpfung gute Bekämpfungsergebnisse. Panogen 15 wirkte bei den vom Hersteller empfohlenen Aufwandmengen 100%ig. Bei Senkung der Aufwandmenge um 25% wurden bis zu 1% der Ähren befallen. Da die Panogen-Präparate in flüssiger Form angewendet werden, ist die Vergiftungsgefahr durch Beizstaubeinwirkung auf den Menschen beseitigt. W. Śliwiński. 2500.

Gorska-Poczopko, Jadwiga. Wstępne badania nad możliwością zwalczania głowni pyłkowych pszenicy i jęczmienia nowymi metodami. **(Untersuchungen über die Möglichkeit der Bekämpfung des Flugbrandes bei Weizen und Gerste mit neuen Methoden.)** Biul. Inst. Ochrony Roślin **14** (1962) S. 43–61. – 3 Abb., 10 Lit. Zus. in Russ., Engl.
Mehrjährige Versuche zur Bekämpfung des Weizen- und Gerstenflugbrandes durch IR-Bestrahlung des Saatgutes sowie durch eine modifizierte anaerobe Benetzungsbeize nach Tyner oder durch Warmwasserbeizung führten zu folgenden Ergebnissen: Die IR-Bestrahlung des trockenen (5, 10 und 20 Min.) sowie des vorher eingequollenen Saatgutes reicht für eine Bekämpfung nicht aus. Auch das Warmwasserdauerbad und die Warmwasserbenetzungsbeize befriedigten nicht. Weitere Versuche bei Verlängerung der Expositionszeit und höhere Temperaturen sind erforderlich. Das Warmwasserdauerbad brachte zwar hinsichtlich der Bekämpfung die besten Ergebnisse, jedoch wurde die Auswinterung begünstigt, die weitere Entwicklung und das Schossen des Getreides wurden gehemmt, obgleich die Keimfähigkeit nicht nachteilig beeinflußt wurde. W. Śliwiński. 2500.

Ignatovič, G. M. und Mokrievič, G. L. (Ignatowitsch, G. M. und Mokrijewitsch, G. L.); Gebiet Rostow, Stat. Perzianowka des Landwirtsch. Inst. des Dongebietes. Cink povyšaet bolozneu stojčivost' i urožaj kukuruzy. **(Zink**

erhöht die Krankheitsresistenz und den Ertrag bei Mais.) Zaščita rastenij ot vreditelej i boleznej, Moskva 7 (1962) Nr. 4. S. 35–36.
Durch Saatgutbehandlung mit Zinkpräparaten (Zinkoxyd, Zineb, Ziram, Zink-EDTA) ging der Befall der Maissamen im Boden durch *Penicillium*, *Aspergillus*, *Fusarium*, *Alternaria*, *Trichothecium* sp. u. a. wesentlich zurück, der Grünmais-Ertrag stieg um 15–36% an. H. Decker. 2500.

Treml', A., Skazkina, T. und Žarkov, V. (Treml, A., Skaskina, T. und Sharkow, W.); Grakowo, Gebiet Charkow, Versuchsfeld des Wiss. Samoilow-Inst. für Düng. und Insektofungicide. Kompleksnoe vnesenie preparatov pod kukuruzu. **(Komplexeinbringung von chemischen Präparaten zu Mais.)** Kolchoznoe proizvodstvo, Moskva 22 (1962) Nr. 5. S. 35. – 1 Tab.
Zum Schutz des Maises vor Krankheiten und Schädlingen sowie zur Bekämpfung der Unkräuter wurden verschiedene Präparate entwickelt, wobei sich die gemeinsame Einbringung von Insekticiden und Herbiciden in den Boden am wirksamsten erwies. Das Spritzen mit Heptachloran vor der Bestellung vernichtet z. B. die Drahtwürmer. Durch den Zusatz von Simazin konnte der Mehrertrag auf 17,6 dt/ha gebracht werden; zudem erübrigen sich bei der Verwendung des letztgenannten Herbicids die manuelle und maschinelle Unkrautbekämpfung der Maisschläge. E. Kahn. 2500.

Chárkova, A. P. und Rudenko, N. M. (Charkowa, A. P. und Rudenko, N. M.); Chibiny, Halbinsel Kola, Polar-Versuchsstat. des Unions-Inst. für Pflanzenbau. Granozan v bofbe s oosporozom kartofelja, **(Granosan zur Bekämpfung der Oosporose der Kartoffel.)** Zaščita rastenij ot vreditelej i boleznej, Moskva 7 (1962) Nr. 3. S. 34–35.
Im Norden der UdSSR werden die Kartoffeln stark von der Oosporose befallen (*Oosporium pustulans*). Im Murmansker Gebiet gehen etwa 20% der eingelagerten Kartoffeln durch diesen Pilz verloren. Durch eine Bepuderung der Knollen mit Granosan (190–220 g/t) stieg der Anteil der gesunden Knollen von 39% (Kontrolle) auf 69 bzw. 73%, der Anteil der schwach befallenen Knollen sank von 40% (Kontrolle) auf 31 bzw. 27% und der Totalverlust von 21% (Kontrolle) auf 0,1 bzw. 0%. H. Decker. 2500.

Popova, I. V. (Popowa, I. W.); Forsch.-Inst. der RSFSR für Zuckerrüben und Zucker. Peronosporoz. **(Peronospora.)** Sacharnaja svekla, Moskva 7 (1962) Nr. 5. S. 23–24.
Der Befall der Rübenflächen mit Falschem Mehltau war in den Jahren 1960 und 1961 sehr unterschiedlich, er betrug jedoch in vielen Gebieten bis zu 50%. Für die Bekämpfung wird die Spritzung mit 1%iger Kupferkalkbrühe (600–800 l/ha), bei starkem Befall bis 5- oder 1%ige TMTD-Suspension (600–800 l/ha) empfohlen. Prophylaktisch ist das Rübensaatgut mit 50%igem TMTD (4–6 kg/t) oder mit 60–75%igem TMTD im Gemisch mit 20%igem Hexachloran (4–5 kg/t) bzw. Merkuran zu behandeln. G. Jury. 2500.

Wellner, H. und Vetter, A. **Ist eine gezielte Bekämpfung der Blattfleckenkrankheit schon möglich?** Zucker 15 (1962) Nr. 13. S. 337–340. – 5 Tab., 12 Lit. Zus. in Engl., Franz.
Spritzversuche i. J. 1951 zeigten, daß durch 4maliges Spritzen mit 4,0 kg/ha 50%igem Grünkupfermittel ausreichende Bekämpfung von *Cercospora beticola* möglich ist. Später erwies sich, daß der Erfolg der Bekämpfungsaktion nicht allein von der Verwendung geeigneter Spritzmittel und ihrer Dosierung, sondern auch von der Auswahl des Spritztermins abhängig ist. Da die Spritzungen prophylaktisch erfolgen, werden sie vom Vorliegen optimaler Infektionsbedingungen bestimmt. Ein *Cercospora*-Warndienst mit 3täg. Vorhersage bietet für die Hauptbefallsgebiete keine ausreichende Sicherheit. Wünschenswert wäre es, 10täg. Vorhersage zu erreichen, wofür noch Grundlagen erarbeitet werden müssen. Da mit Hilfe des Warndienstes noch keine

befriedigende, mit Einsparungen verbundene Bekämpfung möglich ist, empfiehlt Vf. für das Hauptbefallsgebiet nach wie vor 3 vorbeugende Spritzbehandlungen. Dies gilt um so mehr, da sich der Beginn der Rübenernte in Zukunft von Mitte Sept. auf Anfang Okt. verschieben wird.
K. Schulz. 2500.

Kurnik, E. und Mészáros, L. **Ergebnisse von Spritzversuchen gegen Sonnenblumenrost (Puccinia helianthi Schw.).** Pflanzenschutzberichte [Wien] **28** (1962) Nr. 3/4. S. 47–60. — 13 Abb., 2 Tab., 4 Lit.
In Ungarn wurden Versuche zur Bekämpfung des Sonnenblumenrostes mit Zineb, Zineb + Schwefel, Ferbam, Kupfer + Zineb und Kupfervitriol als Spritzmittel durchgeführt. Obwohl kein Präparat voll wirksam war und den Befall verhindern konnte, wurde die vertikale Verbreitung auf den Pflanzen gehemmt. Geringe unterschiedliche Reifeverzögerungen, teilweise Ertragserhöhungen (signifikant nur bei Applikationen von Zineb und Zineb + Schwefel) sowie bedeutende Zunahme des Eiweißgehaltes waren weitere Folgen der Behandlungen. D. Weiß. 2500.

Kric; Zatec, ČSSR, Inst. für Hopfenforsch. **Neue Methoden des Pflanzenschutzes im Hopfenbau.** Hopfenbau **4** (1962) Nr. 1/2. S. 41.
In der ČSSR ist die *Peronospora* die gefährlichste Krankheit. Als Bekämpfungsmittel dient in erster Linie Kuprikol (30% Cu). Weiterhin wird das org. Fungicid Novozir N verwendet. Bei der Blattlaus- und Spinnmilbenbekämpfung werden systemische Mittel in Form des Spritz- oder Gießverfahrens angewendet. Das Gießverfahren besitzt eine lange Dauerwirkung und ist witterungsunabhängig. Zur Anwendung gelangen Terrasytam (50% Dimefoxgehalt) und S 14 (20% Dimefoxgehalt) mit 1- bzw. 2%iger Lösung und 100 cm^3 Gießflüssigkeit je Hopfenstock. Letzter Anwendungstermin ist der 20. Juni. Als Geräte werden Motorspritzen mit 2 Schlauchleitungen und halbautomatische Injektoren verwendet. Die Leistung beträgt damit in 8 Std. ca. 10000 Stöcke. Beim Einsatz von Flugzeugsprühmitteln wird eine Tagesleistung von 250 ha erreicht. M. Amme. 2500.

Großmann, F.; Göttingen, Univ., Inst. für Pflanzenpathol. und Pflanzenschutz. **Therapeutische Wirkung von Pektinase-Hemmstoffen gegen die Fusarium-Welke der Tomate.** Naturwissenschaften **49** (1962) Nr. 6. S. 138 bis 139. — 1 Abb., 1 Lit.
Tomatenpflanzen, die mit *Fusarium oxysporum* f. *lycopersici* infiziert wurden, erkrankten weniger stark, wenn sie postinfektionell über 10–14 Tage tägl. mit einer 10^{-3} mol. Rufiansäurelösung (**I**) behandelt wurden. Die Welkeerscheinungen waren vermindert und nach Überwindung einer anfänglichen Krankheitsphase mit Welke und Absterben der unteren Blätter sowie Wachstumsstauchung erholten sich die Pflanzen, auch wenn späterhin **I** nicht appliziert wurde. Die unbehandelten Pflanzen starben ab. Tannin und aus Äpfeln gewonnene Gerbstoffe wirkten nur, wenn sie durch Abschneiden der Wurzeln besser in die Pflanzen gelangen konnten. **I** wirkt gegen *F. oxysporum* in synthetischen Nährlösungen in gleicher Konz. nur schwach wachstumshemmend (etwa 25%), auf Czapek-Agar überhaupt nicht. Vf. schließt hieraus, daß der therapeutische Effekt auf eine Hemmung der für die Pathogenese wichtigen pektolytischen (und evtl. auch anderer) Ektoenzyme zurückzuführen ist. H. Opel. 2500.

Ginsburg, L.; Stellenbosch, Western Province Fruit Res. Inst. Superficial scald and its control on South African apples. **(Hautbräune und ihre Bekämpfung an südafrikanischen Äpfeln.)** Deciduous Fruit Grower **12** (1962) Nr. 2. S. 34–41. — 4 Abb., 9 Tab., 7 Lit.
Die Hautbräune ist eine in Südafrika verbreitete nichtparasitäre Krankheit an kühlgelagerten Äpfeln. Bes. anfällig ist die Sorte 'Granny Smith'. Durch

die Ernte der Früchte zu einem möglichst späten Termin kann man dem Auftreten der Hautbräune in einem jedoch nicht völlig befriedigenden Umfang vorbeugen. Auch das Einwickeln der Früchte in Ölpapier läßt immer noch einen zu hohen Prozentsatz der Früchte (bei 'Granny Smith' nach 5½ Mon. Lagerung 26%) erkranken. Hervorragende Bekämpfungserfolge wurden jedoch mit Diphenylamin (DPA) erzielt. Die Anwendung des Mittels erfolgt entweder im Tauchverfahren oder durch Einwickeln der Früchte in mit DPA getränktes Papier. Die DPA-Rückstände in den Früchten blieben in allen Fällen unter 1 ppm. Vorläufige Versuche lassen Äther als einen geeigneten Luftreiniger erscheinen. Aktivkohle zur Luftreinigung brachte nicht den gewünschten Erfolg. F. Daebeler. 2500.

Moore, M. H.; Kent, East Malling Res. Stat. Concentrate spraying of apple trees. II. Dosage volume relationships of lime-sulphur in disease control and spray damage. **(Spritzen von Apfelbäumen mit konzentrierten Mitteln. 2. Mitt. Beziehungen zwischen Mittel und Wasseraufwand bei Schwefelkalk zur Verhütung von Krankheiten und Spritzschäden.)** Ann. appl. Biol. **49** (1961) S. 254–266. – 4 Tab., 11 Lit. 1. Mitt. vgl. LZ. Abt. **II 3** (1958) Nr. 1. S. 218.
In den Jahren von 1952–55 wurde durch mehrere Versuchsreihen die Beziehung von Dosis :Volumen beim Spritzen der Apfelbäume gegen Apfelschorf und Mehltau untersucht. Die Ergebnisse unterbauten die bereits früher vom Vf. geäußerte Ansicht, daß die Menge des angewendeten Mittels je acre = Dosis für den Erfolg des Spritzens entscheidend ist. Als Volumen galt die Wassermenge/acre, in der die Schwefelkalkmittel unabhängig von ihrer Menge gelöst waren. Schäden durch das Spritzen an den Bäumen wurden in einigen Fällen auf das Volumen zurückgeführt. Als günstig erwiesen sich 3 gal./acre. Der Einfluß von Tropfengröße, Konz. usw. wird besprochen. K. Schulz. 2500.

Anonym. Spraying practice and the control of apple scab on 'Cox's orange Pippin' and 'Bramley's seedling' in England, 1958–60. **(Spritzverfahren und die Bekämpfung des Apfelschorfes an 'Cox's Orange Pippin' und 'Bramley's Seedlin' in England während der Jahre 1958–60.)** Plant Pathol. **10** (1961) Nr. 4. S. 151–158. – 4 Abb., 3 Tab., 6 Lit.
In den Jahren 1958–1960 wurden in verschiedenen Gebieten Englands die dort ortsüblichen Spritzfolgen (insgesamt 743) zur Bekämpfung des Schorfes an 'Cox's Orange Pippin' und 'Bramley's Seedling' untersucht. Im Durchschnitt der Jahre wurden zur Schorfbekämpfung in 18% der Behandlungen 1–4, in 60% 5–9 und in 22% über 10 Spritzungen durchgeführt. Nur in den wenigsten Fällen wurde der Spritztermin nach den Infektionsperioden gewählt. Als Spritzmittel wurden vorwiegend S, Captan und Hg verwendet. Hierbei überwogen bei 'Cox' Captan und bei 'Bramley' Hg. Als wichtigste Spritzungen werden die Behandlungen z. Z. der ersten Infektionsperioden im Frühjahr angesehen. F. Daebeler. 2500.

Turri, Enrico. Ulteriori prove sperimentali sull'im piego degli acuprici nella lotta contra la Taphrina deformans (Berk.) Tul. in provincia di Roma. **(Weitere experimentelle Versuche über die Anwendung von kupferfreien Mitteln zur Bekämpfung von Taphrina deformans [Berk.] Tul. im Gebiet von Rom.)** Boll. Staz. Patol. vegetale **18** (1960) Nr. 1. S. 79–92. – 3 Abb., 6 Tab., 9 Lit.
In den Jahren 1959–1960 wurde die Wirkung einiger neuer org. Fungicide auf die Kräuselkrankheit des Pfirsichs geprüft. Die fungiciden Eigenschaften von Cyprex, Ferbam und Phaltan wurden mit denjenigen von Kupferkalkbrühe verglichen. Im Ergebnis zweier Herbst-Winter-Sprühanwendungen, von denen die 1. am 20. und 21. 11. 1959 und die 2. am 22. 2. 1960 vorgenommen wurden, schienen Ferbam und Cyprex mindestens so wirksam wie

Kupferkalkbrühe und eindeutig besser als Phaltan zu sein. Daher wird die Anwendung der erstgenannten vorgeschlagen. Versuche zur Bekämpfung von *Coryneum beijerinckii* Oud. wurden mit den genannten Präparaten nicht durchgeführt. F. John. 2500.

Baicu, T. und Minoiu, N. Combaterea manei la viţa de vie cu diferite produse fungicide. **(Die Bekämpfung des Falschen Mehltaus bei Reben mit verschiedenen Fungiciden.)** Inst. Cercetări horti-viticole [Bucureşti], Lucrări ştiinţ. **1959/60** (hrsg. 1961) S. 865–871. – 3 Tab., 7 Lit. Zus. in Russ., Franz.
Die Versuche wurden in der Versuchsstation Cračiunel an der Sorte 'Riesling italien' und in der Versuchsanlage Băneasa-Bukarest an der Sorte 'Raisin de Calabre' durchgeführt. Geprüft wurde die Wirksamkeit der einheimischen Fungicide Carbadin A und B (Zn-äthylenbisdithiocarbamat), Tiradin (Tetramethylthiuramdisufid), Merfazin (Phenylquecksilberchlorid), CCB-Kupferkalkbrühe (festes Erzeugnis) und diejenige einiger fremder Erzeugnisse wie z. B. Aspor B, Dithane, Alean (Zn-äthylenbisdithiocarbamat), Cuprosan (Zn-äthylenbisdithiocarbamat + Kupfer), Orthocid 50 (Captan) Ku 55, Vitigran, Kuprikol, Kupfer Sandoz (Kupferoxychlorid) und Cusisa (Kupfermittel für Bestäubungen). Carbadin und auch die anderen Fungicide auf Zn-äthylenbisdithiocarbamat-Basis eignen sich zwar zur Bekämpfung des Falschen Mehltaus der Reben, wirken aber nicht gegen den Echten Mehltau. Da diese Produkte geringe Haftfähigkeit aufweisen, empfiehlt es sich, für die letzte Behandlung Kupferkalkbrühe zu verwenden. M. Petrescu. 2500.

Rafalla, C. Stropiri combinate pentru combaterea manei si îngrăşarea viţei de vie. **(Spritzmischungen zur Bekämpfung des Falschen Mehltaus und Düngung der Weinrebe.)** Grădina, Via Livada **10** (1961) Nr. 5. S. 53–55. – 1 Tab.
Anhand der in den Hauptweingebieten Rumäniens durchgeführten Versuche wird darauf hingewiesen, daß die Mischung von Kupferkalkbrühe mit mineral. Düngemitteln zur Blattdüngung ohne Verminderung der fungiciden Wirkung möglich ist. Zugleich werden bedeutende Mehrerträge und die Verbesserung der Mostqualität erzielt. Die besten Ergebnisse brachte die Mischung von Kupferkalkbrühe mit P (0,5%iges Superphosphat) + K (0,5%iges Kalisalz) + B (0,05%ige Borsäure) + Zn (0,05%iges Zinksulfat).
M. Petresu. 2500.

Götz, B.; Freiburg/Br., Staatl. Weinbauinst. **Stand der Rebendesinfektion.** Mitt. biol. Bundesanst. Land- u. Forstwirtsch. Berlin-Dahlem **1961** Nr. 104. S. 103–108. – 2 Abb., 16 Lit.
Begasung mit Schwefelkohlenstoff, Eintauchen in 3%ige Kaliumsulfocarbamatlösung oder in Wasser von 55 °C und Verwendung von HCN waren die in historischer Folge angewendeten Verfahren. Angeregt durch Janke (1950) wurde ein Tauchen in eine 6%ige Obstbaumkarbolineum-Emulsion erprobt und als brauchbar befunden. Später wurde die Verwendung von Lindan bzw. Lindan-Emulsion versucht und wegen der sicheren oviciden Wirkung für empfehlenswert befunden. Es stehen heute für Baden die Verfahren der HCN-Begasung für die Einfuhren von Blind- und Wurzelreben aus dem Ausland und bei Verwendung solcher Reben in noch unverseuchten Gebieten, die Begasung verbunden mit einem 10maligen Eintauchen in Brühen mit Lindan-Emulsion in Erwägung. Bei Übergang von inländischen Blind- und Wurzelreben von einem Weinbaugebiet in ein anderes können beide Verfahren angewendet werden. K. Peter. 2500.

Hartmann, H. **Erprobung der Anwendbarkeit der bisher bekannten Verfahren zur Dothichiza-Bekämpfung.** Forsch.- u. Entwickl.-Stelle Graupa, Arbeitsgruppe Forstschutz gegen pflanzliche Schädlinge des Instituts für Forstwissenschaften Tharandt der Deutschen Akademie der Landwirtschaftswissenschaften zu Berlin. Abschlußber.: IV/1961. Plan.-Nr.: 170 1226-61-1010. Zur Erprobung der Anwendbarkeit der bisher bekannten Verfahren zur *Dothichiza*-Bekämpfung spritzte man Pappeln verschiedenen Alters, von Aufwüchsen der Pappelmutterstöcke bis zu zweijährig gepflanzten Bäumen, in *Dothichiza*-gefährdeten Gebieten. Dabei kamen captan-, quecksilber-, kupfer- und zinnacetathaltige Mittel in bestimmten Konz. zu den festgelegten Zeitpunkten zur Anwendung. Eine Bewertung der verschiedenen Behandlungsmethoden war nicht möglich, da *Dothichiza* in den Versuchsjahren nur sehr wenig auftrat und außerdem die Versuche vorzeitig abgebrochen werden mußten. Durch das Aufhängen von Sporenfallen wurde die Zeit das Hauptsporenausstoßes des Pilzes festgestellt. Es ergab sich daraus, daß die Spritztermine jährlich für die verschiedenen Orte neu festzusetzen sind. Zu diesem Zweck müßte eine Einrichtung, ähnlich der des Schorfwarndienstes im Obstbau, geschaffen werden. 2500.

Hislop, E. C. und Park, P. O.; Ibadan, Nigeria, West African Cocoa Res. Inst. Studies on the chemical control of Phytophthora palmivora (Butl.) Butl. on Theobroma cacao L. in Nigeria. I. Laboratory bio-assay of fungicides on detached pods. **(Untersuchungen über die chemische Bekämpfung von Phytophthora palmivora [Butl.] Butl. an Theobroma cacao L. in Nigeria. 1. Mitt. Biotest von Fungiciden an abgetrennten Früchten im Laboratorium.)** Ann. appl. Biol. **50** (1962) Nr. 1. S. 57–65. — 4 Abb., 3 Tab., 14 Lit.

Von den Pflanzen abgetrennte gesunde Kakaofrüchte wurden mittels einer bes. Methode im Labor. mit 29 verschiedenen Fungiciden besprüht. Die Früchte wurden dann auf 10 °F für 18 Std. abgekühlt, anschließend in wärmerer Umgebung mit Sporen von *Phytophthora palmivora* (Butl.) But. besprüht und 4 Tage in Polyäthylenbeuteln bei Zimmertemperatur gehalten. Die Zahl der sich entwickelnden Schadstellen an den Früchten stand in Beziehung zu den verschiedenen Fungiciden und zu deren Konz. Von Cu-haltigen Fungiciden war keines wirksamer als Kupferkalkbrühe. Einige Cu-Oxyd-haltige Fungicide waren genauso wirksam. Cu-Oxychlorid-Verbindungen waren durchweg weniger wirksam als Cu-Oxyd-haltige Fungicide und Kupferkalkbrühe. Die im Labor. erzielten Ergebnisse stimmen gut mit den Ergebnissen von Feldversuchen überein. G. Otto. 2500.

Hislop, E. C. und Park, P. O.; Ibadan, Nigeria, West African Cocoa Res. Inst. Studies on the chemical control of Phytophthora palmivora (Butl.) Butl. on Theobroma cacao L. in Nigeria. II. Persistence of fungicides on pods. **(Untersuchungen über die chemische Bekämpfung von Phytophthora palmivora [Butl.] Butl. an Theobroma cacao L. in Nigeria. 2. Mitt. Fungicidrückstände an den Früchten.)** Ann. appl. Biol. **50** (1962) Nr. 1. S. 67–76. — 10 Abb., 4 Tab., 10 Lit. 1. Mitt. vgl. vorst. Ref.

Gesunde Kakaofrüchte einer Plantage, in der 2 Jahre lang keine Bekämpfungsmaßnahmen gegen *Phytophthora palmivora* vorgenommen worden waren, wurden im Lab. mit verschiedenen Fungiciden behandelt. Nach Trocknung der Fungicidlösungen bei 27 °C und 75% rel. Luftfeuchtigkeit wurden die Früchte in einer turmartigen Apparatur unterschiedlichen Mengen künstlichen Regens ausgesetzt. Danach wurden die Fungicidrückstände chem. bestimmt. Als Kontrolle dienten nichtberegnete Früchte. Steigende Regenmengen ergaben abnehmende Fungicidrückstände auf der Fruchtoberfläche. Der Fungicidverlust war um so geringer, je günstigere Trocknungsbedingungen nach der Fungicidbehandlung geherrscht haben. Die durch Feldversuche ergänzten Ergebnisse werden in bezug auf praktische Anwendung besprochen. Dabei werden die Verringerung der Fungicidmengen je Oberflächeneinheit der Früchte durch das Wachstum der Früchte, die Bedeutung der gleichmäßigen Verteilung der Fungicide über die gesamte Fruchtoberfläche, die

erforderliche Mindestfungicidmenge je cm² und der Zeitpunkt der Fungicidanwendung in bezug auf die Witterungsverhältnisse behandelt.
G. Otto. 2500.

Hislop, E. C. und Park, P. O.; Ibadan, Nigeria, West African Cocoa Res. Inst. Studies on the chemical control of Phytophthora palmivora (Butl.) Butl. on Theobroma cacao L. in Nigeria. III. Field trials. **(Untersuchungen über die chemische Bekämpfung von Phytophthora palmivora [Butl.] Butl. an Theobroma cacao in Nigeria. 3. Mitt. Feldversuche.)** Ann. appl. Biol. **50** (1962) Nr. 1. S. 77–88. – 3 Abb., 12 Tab. 2. Mitt. vgl. vorst. Ref.
In einem i. J. 1959 durchgeführten Feldversuch kamen 4 Fungicide zur Anwendung. Mit Ausnahme einer Behandlung (Karbid-Kupferkalkbrühe) mit höherem Prozentsatz befallener Früchte bestanden zwischen den Fungiciden keine signifikanten Unterschiede. Im Jahre 1960 ergab die Anwendung von 6 Fungiciden für Kupferkalkbrühe die besten Resultate, obwohl nicht in allen Fällen eine klare Überlegenheit gegenüber 50% Cu als Cu-Oxyd und 40% Cu als Cu-Oxyd nachzuweisen war. 54% Cu-Oxychlorid + 32% Zinkdimethyldithiocarbamat und 50% Cu als Cu-Oxychlorid waren weniger wirksam als 40%- und 50% Cu als Cu-Oxyd, aber wirksamer als 50% Cu als Cu-Oxychlorid + 6% Hg als Phenylquecksilberchlorid, welches sich nicht von der unbehandelten Kontrolle unterschied. Versuchs- und Auswertungsmethoden werden besprochen. G. Otto. 2500.

Stefanov, D. (Stefanov, D.) Proučvane na meroprijatijata za borba sreštu korenovija nematod po tjutjuna (Meloidogyne sp.). **(Untersuchung über Kulturmaßnahmen zur Bekämpfung des Wurzelgallennematoden [Meloidogyne sp.] an Tabak.)** Izvestija na Centralnija naučnoizsledovatelski institut po tjutjuna – Plovdiv, Sofija **1** (1961) S. 183–196. – 5 Tab., 16 Lit. Zus. in Russ., Engl.
Pflügen in den heißesten Mon. Juli und Aug. als Bekämpfungsmaßnahme gegen den Nematoden war ungenügend wirksam. Einbringen von ungelöschtem Kalk 16–32 dt/ha sowie von Scheideschlamm (100 dt/ha) führte zu normalem Wachstum und guten Tabakerträgen. Forbiat sicherte Normalerträge. Wesentlich schwächer wirkte Selinon. A. Balewski. 2500.

Howitt, Angus J. und Cole, Stanley G.; Washington, Western Agric. Stat. Chemical control of slugs affecting vegetables and strawberries in the Pacific Northwest. **(Chemische Bekämpfung von schädlichen Schnecken an Gemüse und Erdbeeren in den nordwestlichen Pazifik-Gebieten.)** J. econ. Entomol. **55** (1962) Nr. 3. S. 320–325. – 2 Abb., 7 Tab., 13 Lit.
Zur Bekämpfung von *Deroceras reticulatum* Müll., *Arion ater* L., *Prophysaon andersoni* (Cooper), *Milax gagates* L., *Arion circum scriptus* Johnst. und *Limax maximus* L. wurden erfolgreich Köder und Stäubebehandlung mit 5–10% Metaldehyd als Wirkstoff angewendet. Die Köder wurden unter Brettern ausgelegt. In Bohnen-, Mais- sowie Erdbeerkulturen war das Stäuben (bzw. Sprühen) wirksamer als das Köder-Auslegen. Dabei muß beachtet werden, daß das Mittel nur wenige Zoll über dem Boden ausgebracht wird. Behandeln der Blätter ist wirkungslos. F. Lüpnitz. 2500.

Coghill, K. J. und Ingram, J.; Evesham, Nat. Agric. Advisory Serv.; Luddington Exp. Horticult. Stat. Control of red spider mite on black currants and effect on yield. **(Die Bekämpfung der Roten Spinne an der Schwarzen Johannisbeere und die Wirkung auf den Ertrag.)** Exp. Horticult. **1962** Nr. 6. S. 8–15. – 2 Tab., 9 Lit.
Infolge der Vernichtung der Spinnmilbenfeinde durch ständigen Einsatz von DDT wurde *Tetranychus telarius* L. zu einem beachtlichen Schädling an der Schwarzen Johannisbeere. Mit einer einzigen Spritzung mit Schradan oder Demeton-Methyl ist eine erfolgreiche Bekämpfung möglich. Der Ein-

satz von Demeton-Methyl muß spätestens 3 Wochen vor der Ernte erfolgen. Für Schradan ist eine entspr. Zahl nicht bekannt. Spritzungen mit Fenson, Chlorfenson und Chlorbenzol verloren, möglicherweise durch die Entstehung resistenter Stämme, nach 2 Jahren ihre gute Wirksamkeit. Das schlechteste Ergebnis zeigte TEPP. Eine erfolgreiche Bekämpfung der Spinnmilben hatte stets eine Ertragssteigerung zur Folge, doch verlief diese Steigerung nicht immer dem Bekämpfungserfolg parallel. E. Königsmann. 2500.

Michel, H. G.; Stuttgart, Landesanst. für Pflanzenschutz. **Die Bekämpfung der Rundknospenkrankheit der Schwarzen Johannisbeeren.** Rhein. Mschr. Gemüse-, Obst- u. Gartenbau **50** (1962) Nr. 4. S. 97–99. – 3 Abb., 2 Tab., 6 Lit.

Zur Bekämpfung der Johannisbeergallmilbe, *Eriophyes ribis* Nal., die die Rundknospenkrankheit verursacht, werden 2 Spritzfolgen empfohlen. Die eine (5mal Thiodan-Suspension oder -Emulsion und einmal Netzschwefel in Ausnahmefällen) ist anzuwenden bei starkem, die andere (gekürzte) bei schwachem bis mittlerem Befall. E. Wittenberg. 2500.

Morgan, C. V. G., Yee, P. T. und Brinton, F. E.; Summerland, Brit. Columbia, Canada Dep. of Agric., Res. Stat., Res. Branch. Sevin as a systemic miticide for the pear leaf blister mite, Eriophyes pyri (Pgst.))Acarina: Eriophyidae). **(Sevin als systemisches Acaricid zur Bekämpfung der Birnpockenmilbe Eriophyes pyri Pgst. [Acarina: Eriophyidae].)** Canad. Entomologist **94** (1962) Nr. 7. S. 680–686. – 19 Lit.

In Britisch Kolumbien kommt nur ein Stamm von *Eriophyes pyri* vor, der sowohl Blatt- als auch Blütenknospen befällt. Die Milben leben nur in 2 kurzen Zeitabschnitten frei an der Blattoberfläche. Eine Methode zur Ermittlung der Zahl lebender Milben je Galle wird beschrieben. Eine einmalige Spritzung mit Sevin im Juni, Juli oder Aug. hatte einen zufriedenstellenden Erfolg. Eingehende Prüfung zeigte, daß Sevin eine systemische Wirkung hat. Sevin wird nicht nur von der Blattoberseite zur Blattunterseite, sondern auch von Blatt zu Blatt innerhalb eines Kurztriebes, ja sogar über größere Entfernungen in Zweigen transportiert. Der Einsatz von Sevin ermöglicht es in Britisch Kolumbien erstmalig, die Winterbehandlung durch eine Sommerbehandlung zu ersetzen. E. Königsmann. 2500.

Johnson, Roger B. How effective is kepone against Citrus rust mite? **(Wie wirksam ist Kepone gegen Phyllocoptrupa oleivorus Ashm.?)** Proc. Florida State horticult. Soc. **73** (1960) S. 79–83. 2500.

Lulov, K. (Lulow, K.) Borbata s tjutjunevija trips (Thrips tabaci Lind.) i domatenata bronzovost (Lycopersicum virus 3, Smith) po tjutjuna. **(Bekämpfung des Zwiebelblasenfußes [Thrips tabaci Lind.] und der Tomatenbronzefleckenkrankheit [Lycopersicum virus 3, Smith] an Tabak.)** Rastitelna zaštita, Sofija **9** (1961) Nr. 6. S. 14–22. – 6 Tab., 8 Lit. Zus. in Russ., Engl.

In der Versuchsstation Goze Deltschew wurden im Zeitraum von 1956–1958 die Anzuchtbeete vor der Aussaat mit HCH 12% (50 kg/ha) bzw. die Jungpflanzen nach dem 4-Blattstadium 3mal in Abständen von jeweils 10 Tagen mit 5%igem DDT und E 605 forte (40–50 cm^3/100 l Wasser) behandelt. Vor dem Auspflanzen auf Flächen mit tiefer Herbstfurche wurde HCH 12% ebenfalls mit 50 kg/ha ausgebracht. Jeweils alle 10 Tage (2-, 3- oder 4mal), beginnend am 10. Tag nach dem Auspflanzen, wurde E 605 gespritzt bzw. DDT gestäubt. Spritzen (4mal) mit E 605 war von bester Wirkung. Behandelte Flächen zeigten nur noch einen Anteil kranker Pflanzen von 8–13% und brachten beachtliche Mehrerträge. N. Mitow, 2500.

Shorey, H. H. und Hall, I. M.; Riverside, Univ. of California, Citrus Exp. Stat. Effect of chemical and microbial insecticides on several insect pests of lettuce on Southern California. **(Wirkung von chemischen und mikro-**

biellen Insekticiden auf verschiedene Schadinsekten an Salat in Südkalifornien.) J. econ. Entomol. **55** (1962) Nr. 2. S. 169–174. – 6 Tab., 6 Lit.
In mehrjährigen Versuchen wurden chem. und mikrobielle Insekticide in ihrer Wirkung gegen die Salatschädlinge *Frankliniella occidentalis* Pegande, *Myzus persicae* Sulz. und *Trichoplusia ni* Hübner verglichen. Die mikrobiellen Insekticide enthielten sämtlich als wirksamen Bestandteil *Bacillus thuringiensis* Berliner var. *thuringiensis*-Aufbereitungen. Sie zeigten gute Wirkung gegen *T. ni* einschließl. deren ältere Larven, die chem. schwer bekämpfbar sind. Von den geprüften Verbindungen waren die staubförmigen den Spritzungen überlegen. Mit Zectran, Dibrom und Guthion wurden gute Ergebnisse erzielt. Parathion und DDT-Toxaphen wirkten gut gegen *M. persicae* und *F. occidentalis*. R. Fritzsche. 2500.

Harding, James A.; Crystal City, Texas Agric. Exp. Stat. Tests with systemic insecticides for control of insects and certain diseases on potatoes. **(Versuche mit systemischen Insekticiden zur Bekämpfung von Insekten und bestimmten Krankheiten an Kartoffeln.)** J. econ. Entomol. **55** (1962) Nr. 1. S. 62–65. – 4 Tab., 6 Lit.
Die System-Insekticide Phorat (**I**), Di-Syston (**II**), Dimethoate (**III**), Schradan (**IV**), Demeton (**V**) und Phosphamidon (**VI**) wurden als Granulate auf den mit Kartoffeln der Sorten 'Sebago' und 'Kennebec' bestandenen Versuchsflächen ausgebracht. Für die Erfolgskontrolle wurden der Befall durch Psylliden (*Paratrioza cockerelli*), Blattläuse (*Macrosiphum eurphorbiae*), Erdflöhe (*Phyllotreta pusilla*) und „Weiße Fliege" (*Trialeurodes* sp.) sowie die von ihnen verursachten Beschädigungen gewertet. Am wirksamsten erwiesen sich die Präparate **I, II, III,** und **IV** in Aufwandmengen zwischen 1,5 und 4 lb./acre. Sie gewährten gegenüber den genannten Schädlingen einen Schutz zwischen 77 und 96 Tagen. H.-J. Wasserburger. 2500.

Condron, C. H., Neiswander, R. B. und Wessel, R. D.; Wooster, Ohio Agric. Exp. Stat. Toxicity of dibrom vapors to greenhouse insects. **(Toxizität von Dibrom-Dämpfen gegen Gewächshausinsekten.)** J. econ. Entomol. **55** (1962) Nr. 2. S. 221–224. – 1 Abb., 3 Tab., 1 Lit.
Dibrom wurde in Gewächshäusern verdampft. Dies erfolgte durch Applikation auf die erhitzten Heizungsröhren. Dabei konnten gute Erfolge gegen *Trialeurodes vaporariorum* Westwood, *Macrosiphum euphorbiae* Thomas, *Tetranychus telarius* L. an Tomaten und gegen *Myzus persicae* Sulz. an Gemüse und einjährigen Blütenpflanzen erzielt werden. Gegen *Tyrophagus putrescentiae* Schrank war der Erfolg unbefriedigend. Die Abtötung der übrigen Schädlinge war in allen Teilen der Gewächshäuser gleichmäßig gut. Eine langanhaltende Rückstandsbildung wurde nicht beobachtet.
R. Fritzsche. 2500.

Bubutis, Paul P., Fieldhouse, D. J., Crossan, D. F., Denburgh, R. S. van und Ditman, L. P.; Delaware Agric. Exp. Stat.; Dep. of Entomol. European corn borer, green peach aphid and cabbage looper control on peppers. **(Die Bekämpfung von Ostrinia nubilalis, Trichoplusia ni und Myzus persicae auf Pfefferarten.)** J. econ. Entomol. **55** (1962) Nr. 3. S. 285–288. – 1 Abb., 4 Tab., 6 Lit.
Zur Bekämpfung des Maiszünslers an Pfeffer sind wöchentlich wiederholte Behandlungen mit DDT von Anfang Juli bis Anfang Sept. notwendig. Bei Sprühen des Präparates lagen die Erträge wesentlich höher als bei unbehandelten Flächen. Bei wöchentlich wiederholten Behandlungen mit DDT wurden gleichzeitig gute Erfolge gegen *Trichoplusia ni* (Hübner) erzielt, wenn die Behandlungen ab Ende Juni durchgeführt wurden. Wurde dem DDT noch Thiodan[R] zugesetzt, konnte gleichzeitig *Myzus persicae* Sulz. bekämpft werden, während bei Zusatz von Mineralöl keine Erfolge zu verzeichnen waren. K. Geißler. 2500.

Bezdenko, T.T. (Besdenko, T.T.); Minsk, Beloruss. Inst. für Obst-, Gemüse- und Kartoffelbau. Sočetanie biologičeskogo i chimičeskogo metodov v bor'be s vrediteljami sada. **(Kombination der biologischen und chemischen Methode bei der Bekämpfung der Gartenschädlinge.)** Zaščita rastenij ot vreditelej i boleznej, Moskva 7 (1962) Nr. 6. S. 26–28. – 1 Tab.

Zur Bekämpfung des Apfelwicklers sind 2–3 Spritzungen notwendig, die vielfach infolge von Unterkulturen unterlassen werden. In diesen Fällen wird ein Einsatz von *Trichogramma* empfohlen. 25000 Exemplare ($^1/_3$ g) je ha sind zu Beginn der Eiablage des Apfelwicklers auszusetzen. Das Aussetzen ist in Abständen von 5–6 Tagen 2mal zu wiederholen. Die Kosten der biol. Bekämpfung betragen 3,56 Rubel/ha, die der chem. Bekämpfung 14,70 Rubel/ha. Der Ertragszuwachs erreichte bei der biol. Bekämpfung 48,2–83,1% (auf 349 ha), bei der chem. Bekämpfung 26,0–53,6% (11 ha) im Vergleich zu den Kontrollen (8,9–15,4 t/ha). H. Decker. 2500.

Dirimanov, M. und Michajlov, G. (Dirimanow, M. und Michajlow, G.) Plowdiw, Bulgarien, Höheres Landwirtsch. Inst. „W. Kolarow", Lehrstuhl für Pflanzenschutz. Vŭrchu vŭzmožnostite za borba s jabŭlkovata stŭklenka – Aegeria (Sesia myopiformis Borkh.) i korestata zavivačka – Laspeyresia (Grapholitha) woeberiana Schiff. po ovoštnite dŭrveta u nas. (Predvaritelno sŭobštenie.) **(Über Bekämpfungsmöglichkeiten des Apfelbaumglasflüglers — Aegeria [Sesia myopiformis Borkh.] und des Rindenwicklers — Laspeyresia [Grapholitha] woeberiana Schiff. an Obstgehölzen in Bulgarien. Vorl. Mitt.)** Naučni trudove. Visš selskostopanski institut „Vasil Kolarov", Plovdiv **10** (1961) S. 257–266. – 4 Tab., 12 Lit. Zus. in Russ., Franz.

In verschiedenen Landesteilen Bulgariens wurde eine massenhafte Vermehrung des Apfelbaumglasflüglers (an Apfel und Birne) und des Rindenwicklers (an Pfirsich) festgestellt. 5% Hexachloran (Erdölemulsion 2–3%), 5%ige Hexachloran-Emulsion mit 5% Kieferterpentinöl in 2–3%iger Konz., Toxaphen-Emulsion (1,5%) und Gartolit 54 (2–3%ig) brachten gute Bekämpfungsergebnisse. Die Behandlung wird Ende Mai bis Juni vorgenommen. Je Baum werden etwa 3 l Lösung benötigt. Bes. rasch wirkt das Präparat mit Terpentinöl Kieferterpentin). Nahezu alle Präparate führten zu einer fast 100%igen Abtötung der Raupen. A. Balewski. 2500.

Cvetkov, D., Toševa, C. und Ilkov, V. (Zwetkow, D., Toschewa, Z. und Ilkow, W.) Rezultati ot opiti za borba sŭs slivovija plodov červej (Grapholita funebrana Tr.) črez termomechanični aerozoli. **(Versuchsergebnisse über die Bekämpfung des Pflaumenwicklers [Grapholita funebrana Tr.] durch thermomechanische Aerosole.)** Rastitelna zaštita, Sofija **9** (1961) Nr. 6. S. 27–35. – 1 Abb., 2 Tab., 5 Lit. Zus. in Russ., Engl.

4malige Behandlung in Abständen von jeweils 7–10 Tagen mit 10%iger Lösung von techn. DDT in Naphtha oder mit 5%iger Parathion-Lösung in Naphtha (Verbrauch 20 l/ha) brachte gute Bekämpfungsergebnisse gegen die 2. Generation. Der Anteil madiger Früchte betrug nach der Behandlung 0,59 bzw. 0,53%. A. Balewski. 2500.

Singh, Sardar und Guram, Malkiat Singh; Ludhiana, Punjab, Government Agric. Coll. Pretreatment of soils against cutworm in potatoes. **(Vorbehandlung von Böden gegen Erdraupen an Kartoffeln.)** Indian J. Horticult. **18** (1961) Nr. 2. S. 156–161. – 5 Tab., 5 Lit.

Die Schäden durch Erdraupen (*Agrotis flammatra* Schiff.) an Kartoffeln können im Gebiet von Ludhiana in bestimmten Jahren sehr erheblich sein. 25% Ertragsverluste und mehr wurden beobachtet. Zur vorbeugenden Bekämpfung wurden Bodenbehandlungen vor dem Pflanzen der Kartoffeln mit DDT, Chlordan und Aldrin in verschiedenen Formulierungen und Aufwandmengen durchgeführt. Die besten Ergebnisse konnten mit Aldrin-

Emulsion in einer Aufwandmenge von 1,5 kg Wirkstoff/ha erzielt werden. Am wenigsten wirksam war Chlordan. Die Versuchsmethode wird beschrieben.
R. Fritzsche. 2500.

Harries, F. H. und Valcarce, A. C. Insecticide tests on the corn earworm as a pest of lettuce in Arizona. **(Insekticid-Teste am Baumwollkapselwurm, einem Salatschädling in Arizona.)** J. econ. Entomol. **55** (1962) Nr. 1. S. 112 bis 115. — 3 Tab., 2 Lit.
Zahlreiche Insekticide der Chlorkohlenwasserstoff- und Phosphorsäureester-Gruppe wurden in Labor.- und Freilandprüfungen gegen *Heliothis zea* Boddie an Salatpflanzen erprobt. Einzelheiten der Ergebnisse müssen dem umfangreichen Tab.-Material entnommen werden. Am wirksamsten von den geprüften Mitteln erwiesen sich DDT, TDE, Dieldrin, Endrin, Toxaphen und Toxaphen-DDT. Die Wirksamkeit des Toxaphen-DDT-Gemisches nahm mit dem Wachstum der Larven ab. H.-J. Wasserburger. 2500.

Doane, J. F. und Chapman, R. K.; Madison, Univ. of Wisconsin. Control of root maggots on radish, turnip, and rutabaga in Wisconsin. **(Bekämpfung von Wurzelfliegen an Rettich, Steckrübe und Rutabaga in Wisconsin.)** J. econ. Entomol. **55** (1962) Nr. 2. S. 160–164. — 4 Tab., 10 Lit.
Zur Bekämpfung von Wurzelfliegen (*Hylemyia brassicae* Bouché und *H. cilicrura* Rond.) an Rettich, Steckrübe und Rutabaga wurden Versuche mit Heptachlor, Aldrin, Dieldrin, Chlordan, Isodrin, Lindan, Parathion, Endrin, EPN, DDT und Phorat in verschiedenen Anwendungsverfahren durchgeführt. Die besten Ergebnisse zeigte Heptachlor als Saatgut- oder Reihenbehandlung bei Rettich und Steckrübe. Bei Rutabaga bewährte sich Topferdebehandlung. Auch Aldrin wirkte gut. Beide Wirkstoffe wurden (1 kg/ha) als Reihenbehandlung bei Steckrübe mit den genannten Insekticiden verglichen. Keines erreichte die Wirkung von Heptachlor oder Aldrin. Lindan wirkte kaum gegen *H. brassicae*, gut gegen *H. cilicrura*. Phorat versagte als Reihenbehandlung. R. Fritzsche. 2500.

Michel, E. Essai de l'aldrine et de l'heptachlore en arrosage sur semis en vue de la protection du tabac contre les larves de taupins. **(Versuch über das Spritzen von Setzlingen mit Aldrin und Heptachlor zum Schutz der Tabakpflanzen vor Drahtwürmern.)** Ann. Inst. exp. Tabac Bergerac **3** (1961) Nr. 4. S. 687–693. — 1 Tab. Zus. in Engl.
Versuchsergebnisse zeigen auf, daß durch Zusatz von Aldrin zum Gießwasser (40 g Wirkstoff/5 m^2 Anzuchtfläche) eine wirksame Bekämpfung von Drahtwürmern in Tabakanzuchtbeeten möglich ist. Der Erfolg hängt jedoch von der Sorgfalt der Anwendung ab. Lindan (120 g/5 m^2) ist für diese Zwecke geeigneter, jedoch können nach dessen Anwendung mitunter geringe Blattdeformationen nach dem Auspflanzen beobachtet werden. Heptachlor (20 bzw. 40 g/5 m^2) kann wegen seiner ungenügenden Wirkung gegen Drahtwürmer und des schädigenden Einflusses auf das Wachstum der Setzlinge nicht empfohlen werden. J. Merker. 2500.

Bondin, V. P., Svečnikov, I. D., Čigarev, G. A., Panafidin, K. A., Mezin, A. F., Kudel', K. A. und Novoded, M. F. (Bondin, W. P., Swetschnikow, I. D., Tschigarew, G. A., Panafidin, K. A., Mesin, A. F., Kudel, K. A. und Nowoded, M. F.); Zentr. Forsch.-Inst. der Zivilen Luftflotte; Leningrad, Unions-Forsch.-Inst. für Pflanzenschutz; Min. für Landwirtsch. der Beloruss. SSR; Kiew, Ukrain. Forsch.-Inst. für Pflanzenschutz. Melkokapel'noe opryskivanie protiv koloradskogo žuka. **(Sprühen gegen Kartoffelkäfer.)** Zaščita rastenij ot vreditelej i boleznej, Moskva **7** (1962) Nr. 6. S. 50–53. — 2 Tab., 2 Lit.
Im Jahre 1961 wurden Versuche zur Herabsetzung der Aufwandmengen bei der aviochem. Kartoffelkäferbekämpfung durchgeführt. Die Versuche wurden

mit folgenden Präparaten vorgenommen: 16%ige Öllösung des DDT + 4% Lindan (**I**), 10%ige Öllösung des DDT (**II**), 20%ige Öllösung des DDT (**III**) und 65%ige Lösung des Polychlorpinens in Dieselöl (**IV**). Die Aufwandmengen betrugen bei **I, III** und **IV** jeweils 6 l/ha, bei **II** 12 l/ha. Die Abtötung des Kartoffelkäfers erreichte bei **I** 100, bei **II** 80, bei **III** 95 und bei **IV** 97%. H. Decker. 2500.

Assaul, N. F. Kraevoe opylivanie v bofbe s gorochovoj zernovkoj. **(Feldrandbestäubung zur Bekämpfung des Erbsenkäfers.)** Zaščita rastenij ot vreditelej o boleznej, Moskva 7 (1962) Nr. 6. S. 32–33.
Da die Erbsenkäfer zunächst die Feldränder besiedeln, wurde in den Jahren 1959/1960 geprüft, ob Bestäubung des Feldrandes eine Ganzflächenbehandlung ersetzen kann. Die Ergebnisse zeigten, daß durch 3malige Bestäubung eines 40 m breiten Feldstreifens der gleiche Erfolg erzielt wird, wie durch 2malige Ganzflächenbehandlung. Die Feldrandbestäubungen werden mit je 4 kg/ha DDT z. Z. der Knospenbildung, zu Beginn der Blüte (7–8 Tage nach der ersten Behandlung) und die letzte 7–8 Tage nach der 2. Bestäubung vorgenommen. Der Chemikalienverbrauch beträgt 12 kg/ha, während eine 2malige Ganzflächenbehandlung 32–35 kg/ha erfordert. H. Decker. 2500.

Dorsey, C. K. und Quinn, D. O.; West Virginia Agric. Exp. Stat., Cooperative Extension Serv. Alfalfa weevil control studies in West Virginia. **(Untersuchungen zur Luzernekäferbekämpfung in Westvirginia.)** J. econ. Entomol. **55** (1962) Nr. 3. S. 365–368. – 8 Tab., 12 Lit.
Zur Bekämpfung des Luzernekäfers, *Hypera postica* Gyll., wurden 2jähr. Versuche mit bekannten Wirkstoffen durchgeführt. Zur Anwendung kamen: Heptachlor, Guthion, Malathion, Sevin, Lindan, Diazinon, Thiodan, Dieldrin, Endrin, Aldrin, Phosdrin, Dimethoate und Toxaphen. Die Anwendung erfolgte im Frühjahr und im Herbst als Granulat und als Spritzmittel. Gute Ergebnisse wurden mit Heptachlor (0,5–1 kg/ha) im Herbst oder Frühjahr in beiden Formulierungen erzielt. Nicht ganz so gut wirkte Dieldrin. Nicht zufriedenstellend wirkten org. Phosphorverbindungen. Die beste Anwendungszeit war Mitte Okt. in allen Fällen. R. Fritzsche. 2500.

Harris jun., Emmett D. und Orsenigo, J. R.; Everglades Exp. Stat. A relationship of chemical weed control to corn stem weevil control on sweet corn. **(Eine Beziehung zwischen der chemischen Unkrautbekämpfung und der Bekämpfung von Hyperoides humilis Gyll. in Zuckermais.)** Proc. Florida State horticult. Soc. **74** (1961, hrsg. 1962) S. 166–168. – 3 Abb., 2 Lit.
Der i. J. 1959 erstmals beobachtete Schädling wurde in Zuckermaisbeständen mit DDT-Emulsionen bei mehrfach wiederholter Anwendung bekämpft. Zerstörte jedoch während dieser Zeit mech. Unkrautbekämpfung (**I**) den DDT-Belag auf der Bodenoberfläche, war der Erfolg der Schädlingsbekämpfung geringer. Wurde keine Unkrautbekämpfung durchgeführt, breiteten sich u. a. *Cyperus rotundus* und *Eleusine indica* aus, die dem Schädling als Wirtspflanze dienen. Vff. untersuchten den Einfluß von **I** und chem. (Vorauflaufbehandlung mit CDAA und CDEC) Unkrautbekämpfung **II** auf die DDT-Wirkung. Die Spritzung der DDT-Emulsionen erfolgte in 4-, 8- bzw. 12tägigen Abständen. Die Parzellen mit **II**, bes. bei 4tägigem Intervall, wiesen wesentlich weniger befallene Pflanzen auf und zeigten einen besseren Bekämpfungserfolg als die Parzellen mit **I**. Den Unterschied erklären Vff. durch eine mögliche bevorzugte Eiablage auf **I**-Flächen (anfangs stärkerere Verunkrautung, lockerer Boden). Insekticide Wirkung der Herbicide liegt nicht vor. H. Lehmann. 2500.

Bernardová, Hana und Komčmíd, Václav. Zhodnocení dosavadních zkušeností získaných v boji se sítěnkou řepnou (Piesma quadrata Fieb.) a virovou kadeřavostí v ČSSR. **(Bewertung der bisherigen Erfahrungen, die**

in der ČSSR bei der Bekämpfung der Rübenblattwanze [Piesma quadrata Fieb.] und der virösen Kräuselkrankheit gewonnen wurden.) Listy Cukrovarnické 78 (1962) Nr. 4. S. 73–77. – 5 Abb., 3 Tab. Zus. in Russ., Engl., Dtsch.

Die Rübenblattwanze vermehrt sich in der ČSSR bes. in Beständen, die zu individuellen Hauswirtschaften gehören sowie in Privatgärten. Gegen die Rübenblattwanze werden Suchaktionen im Sommer und Behandlung der Bestände mit Insekticiden empfohlen. Gute Wirkung zeigt Methylparathion (Wofatox). In Nachbarschaft von Obstgärten und Gemüsekulturen sollte man es jedoch in Staubform nicht einsetzen, sondern Wofatox-Spritzmittel 30 oder das ital. Mittel Rogor L 40 wählen. Verspätete Zuckerrübenaussaat in den verseuchten Gebieten hat sich nicht bewährt. Z. Šesták. 2500.

Avetisjan, O. R. und Šagojan, R. S. (Awetisjan, O. R. und Schagojan, R. S.) Mikrodozy ftoracetatov v bořbe s gryzunami i vorob'jami. **(Mikrodosierungen von Fluoracetaten bei der Bekämpfung von Nagetieren und Sperlingen.)** Zaščita rastenij ot vreditelej i boleznej, Moskva 7 (1962) Nr. 6. S. 31–32.

In Versuchen des Jahres 1961 erwiesen sich niedere Dosierungen von Ba-, Na-, K- oder Ca-Fluoracetaten in Giftködern wirksamer als hochprozentige Zinkphosphidköder. Als beste Dosierung zur Abtötung von Zieselmäusen, Feldmäusen und Sperlingen hat sich eine 0,05%ige Beimischung von Fluoracetaten zu den Ködern erwiesen. Hierdurch konnten über 90% der Schädlinge vernichtet werden. Die vergifteten Köder sind ungefährlich für Hausgeflügel. H. Decker. 2500.

Gärtel, W.; Bernkastel/Kues, Biol. Bundesanst. für Land- und Forstwirtsch., Inst. für Rebenkrankh. **Einfluß der im Weinbau gebräuchlichen Pflanzenschutzmittel auf Keimung und Schlauchwachstum bei Rebpollen.** Mitt. biol. Bundesanst. Land- u. Forstwirtsch. Berlin-Dahlem **1961** Nr. 104. S. 108 bis 112. – 2 Abb., 1 Tab.

Durch vergleichende Versuche in den Gemarkungen Trier, Bernkastel und Graach wurde ermittelt, daß die Cu-haltigen und die -freien org. Fungicide eine unterschiedliche Wirkung auf die Befruchtungsfähigkeit der Reben und damit auf die Beerenentwicklung ausüben. Während der Jahre 1956–1960 wurden umfangreiche Pollenkeimungsversuche in Substraten durchgeführt, die mit den einzelnen Pflanzenschutzmitteln in der für die Brühe vorgesehenen Konz. versetzt waren. Durch weitere Untersuchungen wurde der für das Ansetzen des Behandlungstermins geeignete Zeitpunkt ermittelt, wobei sich ergab, daß der Beginn der Narbensekretion nicht mit dem Beginn der Keimung des Pollens gleichgesetzt werden kann. K. Peter. 2505.

Sazonov, P.V. (Sasonow, P. W.); Leningrad, Unions-Forsch.-Inst. für Pflanzenschutz der Lenin-Akad. der Landwirtsch.-Wiss., Lab. für Insekticide. Itogi ispytanija novych insekticidov v 1961 godu. **(Ergebnisse der Prüfungen neuer Insekticide im Jahre 1961.)** Zaščita rastenij ot vreditelej i boleznej, Moskva 7 (1962) Nr. 6. S. 34–36.

Nach eingehender Prüfung werden zur Anwendung in der Praxis empfohlen: Chlorophos zur Bekämpfung von Getreidewanzen, Getreidelaufkäfer, Kartoffelkäferlarven und Raupen an Kohl; Kelthane gegen Milben an Obst- und *Citrus*-Kulturen; Tedion ebenfalls gegen Spinnmilben; Methylmercaptophos zur Vernichtung saugender Schädlinge der Baumwollpflanze und von Milben an Obstgehölzen; Öllösungen des DDT und DDT + HCH zur Forstschädlingsbekämpfung. H. Decker. 2505.

Domsch, K. H. **Erfahrungen mit neueren fungiciden Wirkstoffen im Boden.** Dtsch. Akad. Landwirtsch.-Wiss. Berlin, Tagungsber. **1961** Nr. 41. S. 61–68.

Es werden einige prinzipielle Gesichtspunkte aus dem Umgang mit Bodenfungiciden dargelegt. Zunächst wird festgestellt, daß es keine eigentlichen fungiciden Wirkstoffe für den Boden gibt. Die Präparate, mit denen der Bodenmikrobiologe arbeitet, sind ihrer Herkunft nach vorwiegend Nematicide, Blattfungicide oder Beizmittel. Für die Substanzen aus der Nematicid-Abstammung wird der Name Entseuchungsmittel vorgeschlagen und für die pflanzenverträglichen Wirkstoffe der Terminus Bodenfungicide. Bei den typischen Entseuchungsmitteln nimmt mit steigender Expositionsdauer die zur Abtötung des Pilzes notwendige Aufwandmenge ab, während sie bei kultural angewendeten Bodenfungiciden auf nahezu gleicher Höhe bleibt. Bez. der Wirkung erwartet man von einem Entseuchungsmittel eine Abtötung der pathogenen Keime. Dies wird unter Praxisbedingungen annähernd erfüllt. Abschließend wird kurz die Erfahrung mit Dimethylthiuramdisulfid, Methylisothiocyanat, Mylone, Tetrachloräthylrhodanid, Methylarsinsulfid, dimethylaminophenyldiazo-schwefelsaures Na, Zn-Salz von Pyridinthion-1-oxyd, 5-Chlor-4-phenyl-1.2-dithiol-3-one als Bodenfungicide und Entseuchungsmittel bei der Bekämpfung von *Thielaviopsis basicola* an Lupine, Tabak und *Cyclamen* und *Pythium* sp., *Fusarium orthoceras*, *F. solani* var. *martii* und *Rhizoctonia solani* an Erbsen mitgeteilt. G. Zahn. 2510.

Ilkov, V. (Ilkow, W.) Chimičeski sŭstav i fizičeski svojstva na mednija oksichlorid, proizveždan u nas za rastitelnozaštitni preparati. **(Untersuchung über die chemische Zusammensetzung und physikalischen Eigenschaften des in Bulgarien für Pflanzenschutzzwecke hergestellten Kupferoxychlorids.)** Izvestija na Centralnija naučnoizsledovatelski institut po zaštita na rastenijata, Sofija **1** (1961) S. 333–349. — 1 Abb., 7 Tab. Zus. in Russ., Dtsch.
Ein Vergleich der in Bulgarien hergestellten Kupferoxychlorpräparate mit einigen ausländischen Pflanzenschutzmitteln mit denselben Wirkstoffen ergab, daß die bulg. Erzeugnisse, im Gegensatz zu den ausländischen, stets wasserlösliche Chloride und Sulfate enthalten. Der Kupfergehalt der ausländischen Präparate ist höher; die bulg. Präparate sind auch nicht so gut vermahlen wie die ausländischen. Für die Herstellung wird empfohlen: Fällen unter starkem Rühren und bei pH nicht über 7,0; erforderliche Kochsalzmenge zum Fällen des Kupferoxychlorids darf nicht höher als 25% (bezogen auf die verwendete Kupfersulfatmenge) sein; die Kochsalzkonz. darf 10% nicht übersteigen. Die chem. Zusammensetzung des mit Natronlauge bei pH 7,0 gefällten und gut durchgerührten Kupferoxychlorids läßt sich durch die Formel $CuCl_2 \cdot 3\,Cu(OH)_2$ ausdrücken. Die geeignetste Bezeichnung für dieses Kupferoxychlorid wäre das Kupferhydrochlorid.
I. Kowatschewski. 2510.

Tempe, J. de; Wageningen, Rijksproefstat. voor Zaadcontrole. De werkingswijze van fungiciden voor zaaizaden. **(Die Wirkungsweise von Fungiciden auf Saatgut.)** Landbouwkund. Tijdschr. **74** (1962) Nr. 9. S. 334–341. — 1 Abb., 2 Tab., 8 Lit.
Zusammenfassende Darstellung bekannter Methoden zur Feststellung der Fungitoxizität und Phytotoxizität von nicht näher definierten Quecksilber- und TMTD-Beizmitteln im Naß-, Trocken- und Schlämmbeizverfahren (slurry). Getreide wird für die Quecksilberpräparate, Lein für TMTD als Testobjekt genannt. Herta Schmidt. 2510.

Christova, J. und Kostova, R. (Christowa, J. und Kostowa, R.) Vlijanie na njakoi fungicidni sredstva vŭrchu aktivnostta na okislitelnite fermenti askorbinoksidaza i polifenoloksidaza. **(Einfluß einiger fungicider Mittel auf die Aktivität der Oxydationsfermente Ascorbinoxydase und Polyphenoloxydase.)** Rastitelna zaštita, Sofija **9** (1961) Nr. 5. S. 20–25. — 3 Abb., 2 Tab. Zus. in Russ., Engl.

Vff. untersuchten den Einfluß von Fuklasin-Ultra 0,2%, Aspor 0,3%, Orthocid-50 0,3%, Novosir-L 0,25% und Kupferkalkbrühe 1% auf die Aktivität der Ascorbinoxydase und Polyphenoloxydase an der gegen Apfelschorf empfindlichen 'Kasseler Renette'. Kupferkalkbrühe steigert erheblich die Aktivität dieser Fermente. Damit lassen sich auch die Schäden erklären, die sie hervorruft. Die übrigen geprüften org. Fungicide sind von schwächerem Einfluß auf die Fermente und verursachen nur unbedeutende Schäden. D. Dodow. 2510.

Kataeva, O. E. (Katajewa, O. Je.) Vlijanie protravitelej na produktivnost' kukuruzy. **(Der Einfluß der Beizmittel auf die Ertragsleistung des Maises.)** Kukuruza, Moskva **6** (1961) Nr. 10. S. 38–39. – 2 Tab.

Die Anlage der Feldversuche über den Einfluß von Beizmitteln auf die Keimfähigkeit der Maissamen (mit Auszählen der angeschimmelten Keimlinge) wird beschrieben, die Versuchsergebnisse werden angeführt. Die beste Wirkung hatte Merkuran (2 kg/t Saatgut). Bei sehr früher Aussaat (am 1. Apr., sonst 1. Mai) steigerte Beizen mit Granosan (2 kg/t Saatgut) die Keimfähigkeit um 29%; der Maisertrag stieg nur um 1–3 dt/ha. L. Rang. 2510.

McIntosh, A. H.; Harpenden' Herts., Rothamsted Exp. Stat. Effects of time and temperature on the fungistatic action of mercury-containing and other compounds on conidia of Botrytis fabae Sardiña. **(Wirkungen von Zeit und Temperatur auf die fungistatischen Eigenschaften von quecksilberhaltigen und anderen Verbindungen auf Konidien von Botrytis fabae Sardiña.)** Ann. appl. Biol. **49** (1961) Nr. 3. S. 433–444. – 5 Abb., 2 Tab., 32 Lit.

Bei verschiedenen Temperaturen und nach bestimmten Zeitabständen wurde die fungistatische Wirkung verschiedener Verbindungen gegen Konidien von *Botrytis fabae* Sard. in vitro geprüft. In aqua dest. war die Keimung besser als in Pufferlösung (0,05 M Phthalate). Die optimale Keimtemperatur lag bei 15–20 °C. Über 33 °C war keine Keimung festzustellen. Die höchsten Keimzahlen wurden nach 2 Tagen erreicht. Kupfersulfat und Pentachlorphenol wirkten bei 20 °C wesentlich weniger als bei anderen Temperaturen. Bei Hg-Verbindungen (-CN_2, -Cl_2, -Br_2, -$(CNS)_2$ u. a.) sank die fungistatische Wirkung mit steigender Temperatur ab. Bei Hg $(CN)_2$ stieg die fungistatische Wirkung bei 10 °C mit der Einwirkungsdauer an, bei 25 °C dagegen nur unwesentlich. R. Fritzsche. 2510.

Spanis, William C., Munnecke, Donald E. und Solberg, Richard A. Biological breakdown of two organic mercurial fungicides. **(Der biologische Abbau von zwei organischen Quecksilberfungiciden.)** Phytopathology **52** (1962) Nr. 5. S. 455–462.

Untersuchungen über die Wechselwirkung zwischen Bodenmikroorganismen und Fungiciden, bes. org. Hg-Verbindungen, sind bisher selten durchgeführt worden. Vorliegende Arbeit befaßt sich mit dem biol. Abbau von Semesan [30% 2-Chlor-4-(hydroxymercuri)phenol (**I**)] und Panodrench 4 [0,6% Cyan-(methylmercuri)guanidin (**II**)]. Dabei wurden folgende Ergebnisse erzielt: **I** bleibt in nichtsterilisiertem Boden 11 Tage aktiv und verliert dann bis zum 29. Tag seine Aktivität vollständig; in sterilisiertem Boden bleibt seine Wirkung unverändert erhalten. Für den Abbau von **I** im Boden kommen in erster Linie *Penicillium* spp. in Frage, daneben spielen *Aspergillus* spp. eine Rolle. **II** wird vor allem durch Bakterien, Vertreter der Gattung *Bacillus* (z. B. *B. circulans*, *B. firmus*), inaktiviert. Es wird vermutet, daß der biol. Abbau von Fungiciden 3 Stufen umfaßt: 1. eine Aufnahme des Fungicids durch den Organismus, 2. metabolischer Abbau der vorliegenden Verbindung und 3. mögliche Verwendung des unschädlichen Abbauproduktes für das Wachstum. G. Zahn. 2510.

Forsyth, F. R. und Unwin, C. H.; London, Ontario, Univ., Canada Dep. of Agric., Pesticide Res. Inst. Fungicidal action as affected by interaction of nickel chloride, nabam, zineb, and zinc sulphate. **(Die Beeinflussung der fungiciden Aktivität durch Wechselwirkung von Nickelchlorid, Nabam, Zineb und Zinksulfat.)** Canad. J. Bot. **39** (1961) Nr. 3. S. 519–530. – 4 Abb., 1 Tab., 12 Lit.
Die Prüfung der fungiciden Aktivität erfolgte mittels der „Mikrobecher-Methode". Als Testorganismen dienten *Monilia fructicola* (Wint.) Honey, *Alternaria solani* (E. et M.) Jones and Grout, *Puccinia coronata* Corda f. sp. *avenae* Eriks. et E. Henn. sowie *P. recondita*. Die reinen Chemikalien zeigten in allen Versuchsreihen eine höhere fungicide Wirksamkeit als im Gemisch mit Nickelchlorid ($NiCl_2 \cdot 6\,H_2O$). Die Reduktion der fungiciden Aktivität von Carbamaten bei Anwesenheit von Ni-Salzen beruht auf einer durch Metallionenaustausch bedingten Bildung des unlöslichen, geringe fungicide Aktivität besitzenden Nickeläthylenbisdithiocarbamates. Das Mischungsverhältnis, welches die größte antagonistische Wirkung zwischen $NiCl_2 \cdot 6\,H_2O$ (NCH) und Zineb auslöst, ist variabel. Es erwies sich abhängig vom Testorganismus und der Anwendungsart des Zineb (verwendet als angefeuchtetes Pulver oder als „tank-mix" (Nabam und Zinksulfat)). W. Kühnel. 2510.

Evans, E. und Saggers, D. T. A new systemic rust therapeutant. **(Ein neues systemisches Therapeutikum gegen Rost.)** Nature [London] **195** (1962) Nr. 4841. S. 619–620.
Bei der biol. Testung einer Reihe neuer synthetischer Verbindungen konnte N-phenyl-N'-3-sulpholhydrazin (**I**) als äußerst wirksam gegen Bohnenrost ermittelt werden. **I** ist ein weißes, kristallines Pulver mit einem Schmelzpunkt von 108 °C. In einer Konz. von 2000 ppm schützt es *Phaseolus vulgaris* var. 'Pinto' für eine längere Zeit vor der Infektion durch *Uromyces phaseoli*. Wird **I** nach der Infektion der Pflanzen appliziert, verhindert es die Weiterentwicklung der Rostpusteln, vorausgesetzt, daß die Applikation vor der Sporenbildung in den Sori erfolgte. Die Ergebnisse zeigen weiterhin, daß **I** als echtes systemisches Fungicid wirkt, das primär in Richtung des Transpirationsstromes transportiert wird. Während der Durchführung dieser Versuche wurde **I** bereits mit ermutigenden Ergebnissen in Feldversuchen gegen *Exobasidium vexans* an Tee und gegen Kafferost (*Hemileia vastatrix*) eingesetzt. G. Zahn. 2510.

Szkolnik, Michael und Hamilton, J. M.; Geneva, Dep. of Plant Pathol. Dodine – new fruit fungicide. **(Dodine – ein neues Fruchtfungicid.)** Farm Res. **26** (1960) Nr. 4. S. 8–10. – 4 Abb., 2 Tab.
In 2jährigen Versuchen wurde eine Staubformulierung mit 3 oder 4% Wirkstoff von Dodine (Cyprex) bei Ausbringung vom Flugzeug her gegen den Apfelschorf (*Venturia inaequalis*) geprüft. Der Einsatz erfolgte allein oder kombiniert mit Insekticiden. Als Vergleich dienten die Fungicide Captan, Fermate, Glyodine, Phygon und Thylate. Die fungicide Wirkung gegen Apfelschorf war gut. Da die Toleranzen nur 5 ppm zulassen, darf die letzte Behandlung spätestens 7 Tage vor der Ernte erfolgen. Sehr günstige Ergebnisse wurden bei der Bekämpfung der Blattfleckenkrankheit der Kirsche (*Cylindrosporium hiemale* Higg.) erzielt. Dodine ist deutlich Fermate, Captan, Glyodine und Kupfer überlegen. Bei tiefen Temperaturen oder feuchter Witterung kann es bei Anwendung von Dodine an Äpfeln zu Blatt- und Fruchtschäden kommen. Es liegt eine gewisse Sortenempfindlichkeit vor (z. B. 'Golden Delicious'). Die Kombination Dodine + Schwefel verursachte Schäden an Blättern und Früchten der Sorte 'Red Delicious' und leichte Fruchtberostungen an 'McIntosh'. Fruchtberostungen wurden auch bei Dodine + Captan-Kombinationen festgestellt. Dodine wirkt nicht gegen den Echten Apfelmehltau. A. Ramson. 2510.

Alexandri, Al. V. und Baicu, T. Fitotoxicitatea unor fungicide penru piersic şi a merfazinului pentru păr. **(Die Phytotoxizität einiger Fungicide für den Pfirsichbaum und des Merfazins für den Birnbaum.)** Inst. Cercetări horti-viticole [Bucureşti], Lucrări ştiinţ. **1959/60** (hrsg. 1961) S. 857–863. – 2 Tab., 7 Lit. Zus. in Russ., Franz.

Während der Vegetationsperiode wurde die phytotoxische Wirkung von 28 Fungiciden auf Pfirsichbäume geprüft. Keine oder geringe Phytotoxizität zeigen die org. Fungicide auf Thiocarbamatbasis. Kupferoxychloridmittel und Schwefel weisen eine gewisse Phytotoxizität auf und sollten sehr vorsichtig verwendet werden. Die org. Hg-Präparate und die schwefelsauren Cu-Mittel sind für den Pfirsich stark phytotoxisch. Beim Birnbaum wurde die Phytotoxizität von Merfazin (Phenylquecksilberchlorid 20%) in 0,2%iger Konz. an 27 Sorten geprüft. Es ist für alle untersuchten Birnensorten mehr oder weniger phytotoxisch. Die Symptome treten langsam auf und verstärken sich allmählich. Es wurde keine Abhängigkeit zwischen der Cuticulastärke und der Stomataanzahl auf den Blättern einerseits und der toxischen Wirkung von Merfazin andererseits festgestellt.

M. Petrescu. 2510.

Smith, R. J. und Read, W. H.; Littlehampton, Sussex, Glasshouse Crops Res. Inst. Investigations on fungitoxic derivatives of salicylaldehyde. I. The 3-, 5- and 3,5-chlorinated derivatives of salicylanilide and salicyl-parachloroanilide. **(Untersuchungen über fungitoxische Derivate von Salicylaldehyd. 1. Mitt. Die 3-, 5- und 3,5-Chlor-Derivate des Salicylanilids und Salicyl-p-chloranilids.)** Ann. appl. Biol. **49** (1961) Nr. 1. S. 102–109. – 4 Tab., 11 Lit.

Vff. prüften eine größere Anzahl von Chlorderivaten des Salicylanilids in vivo und in vitro gegen *Erysiphe cichoracearum* DC. und *Cladosporium fulvum* Cke., um festzustellen, ob derartige Derivate stärker als das toxikologisch unbedenkliche Salicylanilid wirken. Während die Versuche in vitro mit 5- und 3,5-Chlor-Substituenten eine Steigerung der fungiciden Wirkung um das Vierfache ergaben, übertraf in den Prüfungen in vivo keine der verglichenen Verbindungen in nichtphytotoxischen Dosen die fungicide Wirkung des Salicylanilids. A. Ramson. 2510.

Kaars Sijpesteijn, A.; Utrecht, Org. Chem. Inst. T. N. O. New developments in the systemic combat of fungal diseases of plants. **(Neue Entwicklungen in der systemischen Bekämpfung von Pilzkrankheiten an Pflanzen.)** Tijdschr. Planteziekten **67** (1961) Nr. 1. S. 11–20. – 39 Lit.

Während systemische Insekticide und Herbicide bereits seit Jahren in der Praxis verwendet werden, hat noch kein systemisch wirksames Fungicid das Stadium der praktischen Anwendung erreicht. Vf. gibt einen Überblick über den Stand und die mögliche Wirkungsweise systemischer Fungicide. Die Entwicklung begann mit den in vitro fungicid wirksamen Substanzen TMTD und Na-dimethyl-dithiocarbamat (NaDDC), die eine schwache systemische Wirkung aufweisen. Bei Prüfung der Derivate der Dithiocarbaminsäure $(CN_3)_2$ NCSSR erwies sich ein Carboxymethylester des DDC als am wirksamsten. Der Ester wirkte wie ein Wuchsstoff, d. h. er bot gegen mehrere Krankheiten einen systemischen Schutz, war aber in vitro nicht fungitoxisch. Carboxymethylester des DDC griff also die Parasiten nicht direkt an, sondern wirkte über die Stoffwechselvorgänge der Pflanze, machte dieselben gegenüber den Angriffen der Parasiten widerstandsfähig. Als Beispiel wird die Veränderung des Zuckergehaltes angeführt. Daneben werden mögliche Reaktionen von Thioharnstoff und Polyphenoloxydasen besprochen. A. Ramson. 2510.

Corbaz, R. Intéressantes propriétés fongicides du diméthyldithiocarbamate de sodium. **(Interessante fungicide Eigenschaften von Natriumdimethyldithiocarbamat.)** Phytopathol. Z. **44** (1962) Nr. 1. S. 101–103.

Blätter von Tabakpflanzen wurden mit einer wäßrigen Lösung von Natriumdimethyldithiocarbamat (0,16% aktiver Wirkstoff) bepinselt und mit Blauschimmel (*Peronospora tabacina* Adam) infiziert. Es konnte festgestellt werden, daß sich der Wirkstoff innerhalb der Pflanze ausbreitet und in mehrere Komponenten mit fungiciden Eigenschaften zersetzt. Zu ähnlichen Ergebnissen war bereits Dekhuijzen (vgl. Nature [London] **191** [1961] Nr. 4784. S. 198) gekommen. Die behandelten Blätter wurden für 6 Wochen nicht vom Blauschimmel befallen. G. Zahn. 2510.

Rich, Saul und Horsfall, James G.; New Haven, Conn., Agric. Exp. Stat. Fungitoxicity of carbamic and thiocarbamic acid esters. **(Fungitoxizität von Estern der Carbamin- und Thiocarbaminsäure.)** Connecticut agric. Exp. Stat., Bull. **1961** Nr. 639. S. 1–95. – 25 Abb., 3 Tab., 55 Lit.

Vff. berichten von den seit 1938 durchgeführten Untersuchungen an 174 Estern, Disulfiden, Isocyanaten und Isothiocyanaten der Carbamin- und Thiocarbaminsäure über die fungicide Wirkung der untersuchten Verbindungen. Die Fungitoxizität wurde nach näher beschriebener Methode an Sporen von *Stemphylium sarcinaeforme* und *Monilinia fructicola* getestet. Ziele der Arbeit waren: Beziehungen zwischen der Struktur der Verbindungen zum Eindringungsvermögen und zu ihrer Toxizität aufzuzeigen, wahrscheinliche Effekte der Deesterifikation sowie die mögliche Bedeutung der Isocyanate und der Isothiocyanate nachzuweisen und fungicide mit herbiciden Eigenschaften in Verbindung zu bringen. Auf 25 Tafeln wird die Struktur der untersuchten Verbindungen dargestellt und der Index der Toxizität ihrer charakteristischen Radikale angegeben. Es wurde u. a. geprüft: Die Bedeutung des Anteils an Estern und der in ihnen enthaltenen Aryl-Gruppen sowie der elektro-negativen und -positiven Gruppen, die Wirkung des Carbamats bes. an einer Reihe von Substitutionen am N. Untersucht wurden weiter die Fungitoxizität von S-Analogen und an ihnen die Wirkung von DDC-Estern und Nabam-Estern betrachtet. In 3 weiteren Tab. werden die Indizes der Fungitoxizität der Verbindungen selbst (Carbamat-Ester und ihre Isocyanate, DDC-Ester sowie Nabam-Ester und ihre Sulfide und Isothiocyanate) zusammengefaßt dargestellt. J. Hartisch. 2510.

Crang, Alice und Clarke, G. M.; Bristol, Univ., Agric. and Horticult. Res. Stat. Effects of some fungicides on the flavour of fruits and syrups. **(Wirkungen einiger Fungicide auf den Geschmack von Früchten und Obstsäften.)** J. Sci. Food Agric. **12** (1961) Nr. 3. S. 227–234. – 5 Tab., 4 Lit.

Zur Feststellung der Wirkung von Fungiciden auf den Geschmack wurden Erdbeeren und Stachelbeeren, die im Laufe der Vegetationszeit mehrmals mit Fungiciden behandelt worden waren, sowie Obstsäfte (pH 2,7 und 3,6), denen die Fungicide zugegeben wurden, untersucht. Geprüft wurden die Fungicide Captan (2,5, 5, 10 und 20 ppm), Karathan (4, 8 und 10 ppm), Thiuram (1, 2, 5 und 20 ppm) und Schwefelkalk. Captan (von 5 ppm an aufwärts) erhöhte die Korrosion der Büchsen und verursachte deutliche Veränderungen des Obstsaftes in Büchsen und Flaschen. Vor der Verarbeitung der Früchte traten die Beeinflussungen nicht auf. Karathan mit 10 ppm zeigte nur eine geringe Wirkung auf den Geschmack der Obstsäfte und keine auffallende Veränderung an den Büchsen. Die während einer Vegetationszeit behandelten Erd- und Stachelbeeren ließen bei keiner Konservierungsmethode ungünstige Einwirkungen erkennen. Thiuram mit 2 ppm vergrösserte die Korrosion der Büchsen und verursachte deutliche Veränderungen an den in Büchsen konservierten Obstsäften und Früchten. Die beobachteten Einwirkungen durch Thiuram wurden in Flaschen und vor der Verarbeitung nicht festgestellt. Schwefelkalk mit 10 ppm bewirkte deutliche Veränderungen an Erdbeersaft in Flaschen und nach dem Einfrieren. A. Ramson. 2510.

Žarkov, V. I. und Gulidov, A. M. (Sharkow, W. I. und Gulidow, A. M.); Grakowo, Gebiet Charkow, Versuchsfeld des Wiss. Samoilow-Inst. für Düngemittel und Insektofungicide, Lab. für Herbicide. O fungicidnom dejstvii ėfirov 2,4-D. **(Über die fungicide Wirkung der 2.4-D-Ester.)** Zaščita rastenij ot vreditelej i boleznej, Moskva **7** (1962) Nr. 4. S. 58.
Bei Unkrautbekämpfungsversuchen mit Butylester von 2.4-D sowie Estergemischen der Alkohole (C_7-C_9) wurde eine starke fungicide Wirkung gegen den Flugbrand der Hirse festgestellt. Während in der Kontrolle 73% der Hirsepflanzen vom Flugbrand befallen waren, ging auf den mit den Estergemischen (C_7-C_9) behandelten Parzellen der Flugbrandbefall auf 40% und bei der Butylester-Variante sogar auf 10% zurück. Die Erträge stiegen in der gleichen Reihenfolge von 9 auf 16 bzw. 28 dt/ha. H. Decker. 2510.

Fritzsche, R.; Aschersleben, Inst. für Phytopathol. der Dtsch. Akad. der Landwirtsch.-Wiss. zu Berlin. **Ursachen der Akarizidresistenz.** Dtsch. Akad. Landwirtsch.-Wiss. Berlin, Tagungsber. **1960** (hrsg. 1961) Nr. 33. S. 147 bis 156. — 4 Abb., 1 Tab., 15 Lit.
Die Widerstandsfähigkeit der Spinnmilben (*Tetranychus urticae* Koch) gegen Acaricide ist auf 2 Ursachen zurückzuführen. Einmal beruht sie auf der Selektion widerstandsfähiger Individuen. Hier liegen physiol. Rassen vor. Zum anderen beruht sie auf einer Modifikation der Acaricidempfindlichkeit der Tiere durch die Wirtspflanze. Hierbei spielen Wirtspflanzenart und -sorte, Alter und Ernährungszustand der Pflanze eine Rolle. Es handelt sich in diesen Fällen um wirtspflanzenbedingte Resistenz(-Pseudoresistenz). Beide Ursachenkomplexe beeinflussen weitgehend den Erfolg von Bekämpfungsmaßnahmen. R. Fritzsche. 2512.

Baranowski, R. M. A report on the use of systemic insecticides on some vegetable crops. **(Ein Bericht über den Einsatz systemischer Insekticide bei einigen Gemüsearten.)** Proc. Florida State horticult. Soc. **73** (1960) S. 166 bis 168. 2515.

Spoon, W.; Amsterdam, Roy. Trop. Inst., Trop. Products Dep. Mundulea powder, a rotenone-containing insecticide. **(Mundulea-Pulver, ein Rotenonhaltiges Insekticid.)** Advances horticult. Sci. **3** (1962) S. 196–198. — Zus. in Franz., Dtsch.
Rotenon ist ein Kontaktgift. Für viele Insekten wirkt es toxisch, für Menschen und höhere Tiere ist es dagegen harmlos. Es zersetzt sich schnell in CO_2 und Wasser und hinterläßt keine toxischen Reste. Licht fördert die Zersetzung in starkem Maße, es kann deshalb nicht bei voller Sonne angewendet werden. Durch den schnellen Abbau zeigt es keinerlei Nachwirkungen. Ausgangsprodukte für Rotenon waren bisher *Derris* und *Lonchocarpus*. Neuerdings gewinnt *Mundulea* (Leguminose) Bedeutung als Rotenonlieferant. Verbreitungsgebiete sind trop. Afrika, Madagaskar, Indien und Ceylon. Die Rinde bei *Mundulea* enthält weniger Rotenon als *Derris* und *Lonchocarpus* (ca. 2%). Durch Züchtung dürfte der Gehalt gesteigert werden können wie bei den letzteren beiden. Nachteil ist, daß die Rinde von *Mundulea* auch noch Saponine enthält, die für den Menschen nicht ungefährlich sind. Da bei *Mundulea* die Rinde (und nicht wie bei den anderen beiden die Wurzel) benutzt wird, dürfte der Anbau bei *Mundulea* wirtschaftlicher sein.
W. Hiller. 2515.

Maier-Bode, Hans und Crüger, Gerd; Bonn, Univ., Pharmakol. Inst.; Fischenich, Kreis Köln, Biol. Bundesanst. für Land- und Forstwirtsch., Inst. für Gemüsekrankh. **Aldrinrückstände in Möhren nach Anwendung von Aldrinpräparaten im Ganzflächenstreuverfahren.** Nachrichtenbl. dtsch. Pflanzenschutzdienstes [Braunschweig] **14** (1962) Nr. 4. S. 55–58. – 3 Abb., 3 Tab., 14 Lit. Zus. in Engl.

Die Anwendung von Aldrin (**I**) in Form der Saatgutinkrustierung, der Streu- und Gießverfahren kann bei Möhren zur Überschreitung der US-Toleranz von 0,25 ppm führen. Neben **I** findet man noch Dieldrin in unterschiedlichen Mengen (25- bis 60% des Gesamtrückstandes). Es wird über 20 Feldversuche an verschiedenen Orten bei Anwendung des Ganzflächenstreuverfahrens berichtet. Die chem. Bestimmung der Rückstände (ohne Dieldrin) erfolgte mit einigen Abänderungen nach der Phenylacid-Methode (O'Donnell und Mitarb.). Bei 11 Versuchsflächen wurden Werte unter 0,05 ppm gefunden. Lediglich in einem Versuch wird der Toleranzwert von 0,25 ppm überschritten. Die Versuche werden fortgesetzt. H. Ackermann. 2515.

Fritzsche, R. und Wolffgang, H.; Aschersleben, Biol. Zentralanst. Inst. für Phytopathol. **Aufnahme von Lindan aus der Gasphase durch Keimpflanzen von Lein.** Naturwissenschaften **49** (1962) Nr. 15. S. 354–355. – 2 Lit.

Keimpflanzen von Lein nehmen Lindan (**I**) aus der Gasphase auf. Die Aufnahmefähigkeit (**II**) durch die Keimwurzeln nimmt mit zunehmendem Alter ab, die **II** der Keimblätter zu. Unmittelbar nach der Behandlung (**I**-Einwirkung über 12 Std.) war mit Hilfe des *Drosophila*-Testes im nichtbehandelten Teil keine insekticide Wirkung festzustellen; 12 Std. nach der Behandlung ließen sich jedoch die Aufnahme und der Transport von **I** in dem unbehandelten Teil der Pflanze nachweisen. Die Keimfähigkeit der Samen wird durch **I**-Begasung nicht beeinflußt, das Längenwachstum der Keimpflanzen (Wurzel und Sproß) jedoch wesentlich herabgesetzt. Ähnliches gilt auch für die direkte Einwirkung von **I** in einer Konz. von 0,1%.
H. Ackermann. 2515.

Shorey, H. H., Reynolds, H. T. und Anderson, L. D.; Riverside, Univ. of California, Citrus Exp. Stat. Effect of Zectran, Sevin, and other new carbamate insecticides upon insect populations found on vegetable and field crops in Southern California. **(Die Wirkung von Zectran, Sevin und anderen neuen Carbamat-Insekticiden auf die Insektenpopulationen von Gemüse und Feldfrüchten in Südkalifornien.)** J. econ. Entomol. **55** (1962) Nr. 1. S. 5–11. 7 Tab., 14 Lit.

Sevin (**I**), Zectran (**II**), Union Carbide Corporation 10854 (m-Isopropylphenyl-N-methyl-carbamat) (**III**), Bayer 39007 (o-Isopropoxyl-phenyl-N-methyl-carbamat) (**IV**) und Bayer 37344 (3.5-Dimethyl-4-methylthiophenyl-N-methyl-carbamat) (**V**) gelangten u. a. auf Blumenkohl, Sellerie, Getreide, Baumwolle, Tomaten zur Anwendung. Im einzelnen ergab sich: 5%iger **I**-Staub erwies sich gut wirksam gegen *Heliothis zea* bei verschiedenen Kulturen; in einer Dosierung von 2 lb./acre wirkte es befriedigend gegen den Baumwollblattkäfer (*Bucculatrix thurberiella*) und die Larve von *H. zea* in Baumwollanlagen. 0,5–1 lb./acre von **II** wirkten sehr gut gegen *Frankliniella occidentalis*, gegen Blattminierer (*Liriomyza* spp.) sowie gegen verschiedene Schmetterlingsraupen und Erdflöhe. Ein Zusatz von Piperonylbutoxyd zu **I** konnte keine merkliche Steigerung der Giftwirkung gegen *Trichoplusia ni*, *Brevicoryne brassicae*, *Myzus persicae* und Noctuiden-Larven an Blumenkohl und Sellerie erzielen. 5%iger Staub von **III**, **IV** und **V** erwies sich ebenfalls voll wirksam gegen *H. zea*, während Noctuiden-Larven an Sellerie mit **V** nicht befriedigend zu bekämpfen waren. – **I** und **II** vernichteten auch zahlreiche Nutzinsekten. H.-J. Wasserburger. 2515.

Lichtenstein, E. P., Millington, W. F. und Cowley, G. T.; Madison, Univ. of Wisconsin, Dep. of Entomol. and Bot. Effect of various insecticides on growth and respiration of plants. **(Die Wirkung verschiedener Insekticide auf das Wachstum und die Atmung von Pflanzen.)** J. agric. Food Chem. **10** (1962) Nr. 3. S. 251–256. – 3 Abb., 5 Tab., 9 Lit.

Zur Klärung der Wirkung von Insekticidrückständen im Boden auf das Wachstum, den Bau und die Atmung von Wurzelspitzen wurden Mais-, Hafer-, Erbsen- und Gurkensamen in Quarzsand angezogen, dem 30 ppm Insekticide zugesetzt worden waren. Unter den 18 verwendeten Mitteln befanden sich Lindan, Chlordan, Aldrin, Dieldrin, Heptachlor, Epoxyd, Shell-4402, Toxaphen, Endrin, pp'-DDT, Methoxychlor, ferner Parathion, Parathion-Methyl, Phorat, Malathion, Systox, Sevin und Isolan. 20 Tage nach der Aussaat wurden die Wurzeln ausgewaschen, ihre Masse besitmmt und die anatom. Untersuchungen durchgeführt. Die Bestimmung der Atmung erfolgte nach Warburg an Wurzelspitzen in festgelegten Zeitabständen nach der Aussaat. Chlorierte Kohlenwasserstoffe hemmten i. allg. das Wachstum weniger als org. Phosphate und Sevin; dabei zeigte sich Mais empfindlicher als Erbsen. Die Atmungsintensität wurde beachtlich gesenkt durch Lindan und Dieldrin bei Mais und Hafer; durch DDT bei Hafer, Erbsen und Gurken; durch Methoxychlor bei Erbsen; durch Systox bei Hafer und Erbsen; durch Sevin bei Erbsen und Gurken. Parathion bewirkte eine Steigerung der Atmung von Maiswurzeln. Morphol. Veränderungen der Wurzelgewebe werden beschrieben. J. Hartisch. 2515.

Medley, J. G. und Drummond, R. O.; Kerrville, Tex., U. S. Dep. of Agric., A. R. S., Entomol. Res. Div. Polymerization as a means of prolonging effectiveness of orally administered systemic insecticides. **(Möglichkeit der verlängerten Wirkung oral verabreichter systemischer Insekticide durch Polymerisation.)** J. econ. Entomol. **55** (1962) Nr. 1. S. 118–121. – 4 Tab., 4 Lit. Dimethoate (**I**), Dipterex (**II**) und Bayer 37342 (**III**) [0.0-Dimethyl-0-(3.5-dimethyl-4-methylthiophenyl)-thiophosphat] wurden in synthetisches Harz (hergestellt aus Glycerin, Gelatine, 40%igem Formalin und Harnstoff 5:5:5:4) eingebracht. Der Wirkstoffgehalt war bei **I**, **II** und **III** 25%, bei **III** außerdem noch 10%. Als Versuchstiere dienten Angoraziegen. Diese erhielten in Wunden *Callitroga hominivorax* inplantiert bzw. *Stomoxys calcitrans* gefüttert. Die Verabreichung von **II**-Harz ergab gegenüber techn. Produkt keine wesentlich verlängerte Wirkung, während die systemische Aktivität bei **I** und **III** durch das Einbringen in Harz verlängert wird. Es wurde die prozentuale Abtötung der Larven in Abhängigkeit von Wirkstoffmenge und Zeit bestimmt. H. Ackermann. 2515.

Reynolds, H. T. und Metcalf, R. L.; Riverside, Univ. of California, Citrus Exp. Stat. Effect of water solubility and soil moisture upon plant uptake of granulated systemic insecticides. **(Die Wirkung der Wasserlöslichkeit und Bodenfeuchtigkeit auf die pflanzliche Aufnahme granulierter System-Insekticide.)** J. econ. Entomol. **55** (1962) Nr. 1. S. 2–5. – 3 Tab., 9 Lit. Granulierte System-Insekticide unterschiedlicher Wasserlöslichkeit wurden in das mit einer Hacke gefurchte und angefeuchtete Erdreich gebracht. Die system-insekticideWirksamkeit der einzelnen Stoffe wurde dadurch kontrolliert, daß die Versuchsflächen mit von Blattläusen (*Brevicoryne brassicae* L.) befallenen bzw. besetzten Kohlpflanzen bestellt und die Mortalität der Läuse in bestimmten Zeitabständen überprüft wurden. Zur Prüfung gelangten Di-Syston (Wasserlöslichkeit 0,0066%) (**I**), Thimet (W. L.0,0085%) (**II**), Sulfoxyd von Di-Syston (W. L. 0,01%) (**III**), Dimethoate (W. L. 2%) (**IV**) und OS-1836 (ein wassermischbares Diäthyl-2-chlorvinylphosphat (**V**). – Es ergab sich, daß etwa die gleiche Blattlaussterblichkeit, die von den leichter wasserlöslichen (**III** und **IV**) oder wassermischbaren (**V**) Mitteln in wenigen Tagen erreicht wurde, von den nur schwer wasserlöslichen Präparaten (**I** und **II**) erst nach 2 Wochen oder noch später erreicht wurde; **V** wirkte zwar schnell, verlor seine Wirksamkeit jedoch alsbald. Wurden die Furchen zusätzlich bewässert, so wirkten die Präparate **I** und **II** zwar schneller, jedoch nicht so schnell wie **III** und **IV**. Es wird die Vermutung ausgesprochen, daß der verhältnismäßig schnelle Verlust der Wirksamkeit von V auf einer Entgiftung des Präparates im Boden bzw. Umwandlung innerhalb der Pflanze erfolgt sein kann. Exaktere Erkenntnisse über die Wirkungsweise auch der anderen Stoffe lassen sich jedoch nur mit Hilfe der radioaktiven Markierung gewinnen. H.-J. Wasserburger. 2515.

Richardson, A. G. Phosdrin, a new insecticide for vegetables. **(Phosdrin, ein neues Insekticid für Gemüse.)** Advances horticult. Sci. **3** (1962) S. 190 bis 195. — 4 Tab., 3 Lit. Zus. in Franz., Dtsch.
Phosdrin (0.0′-Dimethyl-O″-[2-methoxycarbonyl-1-methylvinyl]-phosphat) ist ein systemisches Insekticid mit breitem Wirkungsspektrum. Es ist auch aktiv gegen Lepidopterenlarven. Es besitzt eine hohe Toxizität gegen Insekten und zeigt einen großen Initialeffekt. Phosdrin wird in der Pflanze rasch abgebaut, so daß es bis 1–2 Tage vor der Ernte ohne Gefahr für den Konsumenten angewendet werden kann. Phosdrin ist wasserlöslich mit nicht basischen Insekticiden und Fungiciden mischbar. Die DL_{50} für Ratte und Maus hat folgende Werte (in mg/kg) techn. Phosdrin 5,0, (7,1); α-Isomere 2,9 (4,1), β-Isomere 46 (59). Die Wirksamkeit gegen verschiedene Insekten wird aufgezeigt. W. Hiller. 2515.

Michel, E. Essais de produits de synthèse contre les pucerons (Myzus persicae) s'attaquant au tabac sous toile. **(Versuche mit synthetischen Mitteln gegen Blattläuse]Myzus persicae], die Tabak unter Schattenzelten befallen.)** Ann. Inst. exp. Tabac Bergerac **3** (1961) Nr. 4. S. 695–703. — 3 Abb., 2 Tab. Zus. in Engl.
Aus früheren Versuchen ging hervor, daß das Kontaktinsekticid Isochlorthion und die endotherapeutischen Erzeugnisse Dimethoate bzw. Phosphamidon geeignet sind, die Grüne Pfirsichblattlaus gänzlich zu vernichten. In der vorliegenden Arbeit werden diese Mittel mit Demetonmethyl (Thiolform) verglichen. Dabei konnte eine länger anhaltende Wirkung des zuletzt genanten Aphicids nachgewiesen werden. Aus diesem Grund wird dieses im Schattenzelttabakanbau angewendet. Bis zum Jahre 1957 erfolgte die Anwendung durch Bewässern der Pflanzen, in den letzten Jahren werden die Blätter besprüht. Diese schnellere Anwendung erfordert eine geringere Wassermenge und vermeidet ein evtl. Überleben von Blattläusen. J. Merker. 2518.

Zahn, Günter; Aschersleben, Inst. für Phytopathol. der Biol. Zentralanst. der Dtsch. Akad. der Landwirtsch.-Wiss. zu Berlin. **Die Wechselwirkung zwischen Streptomycin und verschiedenen Metallionen. Ein Beitrag zum Wirkungsmechanismus des Streptomycins in der höheren Pflanze.** Naturwissenschaften **49** (1962) Nr. 6. S. 139. — 10 Lit.
Versuche mit bivalenten Metallionen und Streptomycinlösungen an Bohnenpflanzen (*Phaseolus vulgaris* L.) führten zu der Vorstellung, daß die phytotoxische Wirkung des Antibioticums nicht wie bisher angenommen durch Chelatbildung mit stoffwechselphysiol. aktiven Metallionen zustandekommt. Es liegt vielmehr die Vermutung nahe, daß Streptomycin durch Bindung an stoffwechselphysiol. wichtige Substanzen phytotoxische Wirkungen entfaltet, die durch einen Überschuß an Metallionen vermindert werden können. Als Angriffspunkt des Streptomycins wird die Bindung an Ribonucleinsäure diskutiert. H. Opel. 2535.

Hank, H. **Untersuchungen über die Eignung verschiedener Vorratsschädlinge als Testobjekte zur Prüfung insektizider Wirkstoffe und Mittel.** Forsch.- u. Entwickl.-Stelle Kleinmachnow, Biologische Zentralanstalt Berlin der DAL zu Berlin Plan.-Nr. 1701 10 h 2-18/9.
In den Unteruchungen wurden Teste über die Sensibilität einiger Vorratsschädlinge gegen verschiedene Insekticide im Getreide, im Mehl und auf begifteten Flächen ausgeführt und durch Versuche mit Nebel- und Begasungs-

mitteln ergänzt. DerWirkungsgrad der Insekticide und oberflächenaktiver Substanzen wurde insbesondere von ökol. Faktoren, wie Temperatur, rel. Feuchtigkeit des Getreides und der Luft, der Populationsdichte der Insekten, von der Art der Exposition und von der Haltung der Tiere nach der Exposition bestimmt. Die Imagines von *Rhizopertha dominica* F., *Sitophilus granarius* L. und *Tribolium castaneum* Herbst erwiesen sich gegen die Mehrzahl der Insekticide bedeutend sensibler als die Larven von *Trogoderma granarium* Everts und *Tenebrio molitor* L. Gegen Pyrethrum war jedoch *T. castaneum* widerstandsfähiger und *Oryzaephilus surinamensis* L. empfindlicher als der Kornkäfer. In der Kontrollzeit konnte bei den Testtieren eine Erholunsphase nach der Einwirkung bestimmter Insekticide, insbesondere von Lindan, beobachtet werden, die für den Bekämpfungserfolg entspr. Präparate von Bedeutung sein kann. 2540.

Kajtazov, A. (Kajtasow, A.) Opiti za fumigacija s metilbromid. **(Begasungsversuche mit Methylbromid.)** Rastitelna zaštita, Sofija **10** (1962) Nr. 1. S. 60–66. — 4 Tab., 5 Lit. Zus. in Russ., Engl.
Methylbromid wurde in Mengen von 20–30 g/m³ erfolgreich gegen Speicherschädlinge (Korn-, Mehl- und Reiskäfer, Dörrobstmotte) sowie zur Entseuchung getrockneter Speisepilze, Erdnußkerne und von Drogen (24 Std. Einwirkungszeit) eingesetzt. Auch gegen die Pappelschildlaus erzielte es 100%ige Abtötung. A. Balewski. 2540.

Stolze, Karl Viktor; Oldenburg, Pflanzenschutzamt. **Die Brüsseler Warndiensttagung im September 1960 und der deutsche Pflanzenschutzwarndienst.** Nachrichtenbl. dtsch. Pflanzenschutzdienstes [Braunschweig] **14** (1962) Nr. 1. S. 10–13. — 3 Lit.
An dieser Tagung nahmen 40 Phytopathologen aus Belgien, Deutschland, Frankreich, Italien, Jugoslawien, Luxemburg, den Niederlanden, Pakistan, der Schweiz und Spanien teil. Folgende Krankheiten bzw. Schädlinge wurden besprochen: *Podosphaera leucotricha* (Ell. et Ev.) Salm an Apfel; *Nectria galligena* Bress. an Kernobst; *Hoplocampa* sp. an Kern- und Steinobst; *Metatetranychus ulmi* Koch an Obstbäumen; *Rhagoletis cerasi* L. an Kirsche, *Taphrina deformans* Berk. et Tul. an Pfirsich; *Coryneum beyerinckii* Oud. an Pfirsich; *Megacladosporium carpophilum* Thüm. an Pfirsich; *Pseudopeziza ribis* Kleb. an Johannisbeere; *Eriophyes ribis* Na. an Johannisbeere; *Botrytis cinerea* Pers. an Erdbeere; *Otiorrhynchus sulcatus* F. an Erdbeere; *Tarsonemus pallidus* Banks an Erdbeere; Vergilbungskrankheit der Rübe. Empfehlungen über Fragen des Warndienstes werden auf Grund einer Resolution angegeben. Danach werden die Probleme für dtsch. Verhältnisse erörtert. M. Amme. 2550.

Edwards, Roy L.; Saskatoon, Canada, Univ. of Saskatchewan. The importance of timing in adult grasshopper surveys. **(Die Bedeutung der zeitlichen Vorhersage von Heuschreckenauftreten.)** J. econ. Entomol. **55** (1962) Nr. 2. S. 263–264. — 1 Abb., 1 Tab., 1 Lit.
Durch mehrmalige Auszählungen auf bestimmten Feldern in den Mon. Juli–Sept. lassen sich Feststellungen über die Zu- oder Abnahme der Populationsdichte von Heuschrecken (*Melanoplus bilituratus*, *M. packardii*, *Camnula pellucida*) und andere Arten machen. Diese werden in Verbreitungskarten eingetragen. Da die Populationsbewegungen in jedem Jahr und in jedem Gebiet anders sind, sind derartige Erhebungen erforderlich, um vor Massenvermehrungen sich rechtzeitig schützen zu können.
R. Fritzsche. 2550.

Close, R. und Lamb, K. P.; Lincoln, Dep. of Sci. and Ind. Res.; Auckland, Dep. of Sci. and Ind. Res. Trapping study of some winged aphid vectors of plant virus diseases in Canterbury, New Zealand. **(Fallenuntersuchung**

auf einige geflügelte Blattlausvektoren von pflanzlichen Viruskrankheiten in Canterbury, Neuseeland.) New Zealand J. agric. Res. 4 (1961) Nr. 5/6. S. 606–618. – 9 Tab., 10 Lit.
Die wirtsch. wichtigsten Viruskrankheiten in Canterbury – die Blattrollkrankheit und die Strichelkrankheit der Kartoffel sowie das Blumenkohlmosaik, die Schwarzringfleckigkeit des Kohls, die scheckige Verzwergung der Karotte und die Gelbverzwergung der Gerste – werden durch Blattläuse übertragen. Zur Erarbeitung einer Prognose über das Auftreten der genannten Viruskrankheiten wurden in Canterbury auf 3 verschiedenen Flächen von Okt. 1957 – Sept. 1959 in Bestandeshöhe Blattlausfallen aufgestellt und in wöchentl. Intervallen untersucht. Am häufigsten wurden Aphiden folgender Arten gefangen: *Myzus persicae* (Sulz), *Aulacorthum solani* (Kltb.), *Brevicoryne brassicae* (L.), *Cavariella aegopodii* (Scop.), *Rhopalosiphum padi* (L.) und *Capitophorus eleagni* (D. Guerc.). Hinsichtlich der zeitlichen Flugaktivität lassen sich die gefangenen Arten nach Auswertung der 2jährigen Untersuchungen in folgende Gruppen einteilen: a) *Myzus persicae, Aulacorthum solani, Cavariella aegopodii* und *Rhopalosiphum padi* waren am häufigsten in den Mon. Okt. und Nov. vertreten, dagegen vorher sehr schwach. b) *Capitophorus eleagni* wurde nur vereinzelt im Frühsommer gefangen, im Herbst dagegen war die Flugaktivität dieser Art bes. groß. c) *Brevicoryne brassicae* erwies sich als am häufigsten im Frühsommer und im Herbst. – Insgesamt ist den Auszählungen zu entnehmen, daß im Hochsommer – bedingt durch klimatische Faktoren – in Canterbury ein sehr geringes Blattlausauftreten zu erwarten ist. B. Hinz. 2550.

Hey, A.; Kleinmachnow, Biol. Zentralanst. der Dtsch. Akad. der Landwirtsch.-Wiss. zu Berlin. **Zur internationalen Zusammenarbeit auf dem Gebiet der Pflanzenschutzmitteltoxikologie.** Dtsch. Akad. Landwirtsch.-Wiss. Berlin, Tagungsber. **1962** Nr. 42. S. 5–11.
Die Notwendigkeit einer internationalen Zusammenarbeit, Abstimmung und Angleichung auf den Forschungs- und Anwendungsgebieten der Pflanzenschutzmitteltoxikologie wird erörtert. Die Prinzipien dieser Zusammenarbeit waren i. J. 1958 in einer Denkschrift niedergelegt und der IX. Internationalen Konferenz für Pflanzenquarantäne und Pflanzenschutz in Moskau übergeben worden. Im Jahre 1959 wurde in der DDR eine Arbeitsgemeinschaft „Toxikologie von Pflanzenschutzmitteln" gegründet. Die Aufgaben und Ziele dieser Arbeitsgemeinschaft werden erläutert sowie ihre Mitglieder aufgeführt. R. Fritzsche. 2560.

Bencze, Lajos, Hauer, Lajos und *Szederjei, Akos.* **Vadkárelhárítási utmutató.** (Wegweiser zur Wildschädenbekämpfung.) Budapest: Országos Erdészeti Föigaz. 1962. (64 S.) 8°. (DA 1368)
Ginter, Zbigniew. **Srodki chemiczne w ochronie roślin. Informator.** (Chemische Pflanzen-Schutzmittel.) Wyd. 2. poprawione i uzupelnione. Warszawa: Panstw. wyd. Rolnicze i Leśne. 1962· (173 S.) 8°. (1962 A 742)
Ochrona roślin. (Pflanzenschutz). Rok. 4. Warszawa. 1960. 8°. (ZA 3832)

XII. UNKRAUTBEKÄMPFUNG

B. Unkrautbekämpfungsmittel

Land Jensen, H. Biologisk sønderdeling af ukrudtsmidler i jordbunden. II. Allylalkohol. **(Biologischer Abbau von Unkrautbekämpfungsmitteln im Boden. 2. Mitt. Allylalkohol.)** Tidsskr. Planteavl **65** (1961) Nr. 3. S. 185 bis 198. – 3 Abb., 2 Tab., 12 Lit. 1. Mitt. vgl. LZ. Abt. II **6** (1961) Nr. 7. S. 1789.
In Mengen von 0,2–1,0 ml/kg verliert Allylalkohol im Boden nach 4–8 Tagen, in sterilisiertem Boden nach 3–4 Wochen seine Aktivität durch biol. Abbau. Nur wenige Mikroorganismen sind in der Lage, ihn als Nährstoffquelle zu nutzen. Dazu gehören *Pseudomonas fluorescens* (**I**), *Nocardia corallina* (**II**) und *Trichoderma viride* (**III**) in Gegenwart von *Azotobacter* spp. Wurde

Allylalkohol saurem oder neutralem Boden verabfolgt, so war eine Vermehrung von I und **III** zu beobachten. Die herbicide Wirkung von Allylalkohol im Boden erstreckt sich nur bei Temperaturen unter 5 °C bzw. unter eingeschränktem 0_2-Zutritt über 4 Wochen oder etwas länger. Bei Temperaturen von 25 °C wirkt Allylalkohol nach 2–8 Tagen nicht mehr herbicid.
W. Wolde. 2710.

Korolev, L. I. (Koroljew, L. I.); Moskau, Wiss. Samoilow-Inst. für Düngemittel, Insekticide und Fungicide, Lab. für Herbicide und Defolianten. Dichloral'močevina. **(Dichlorharnstoff.)** Zaščita rastenij ot vreditelej i boleznej, Moskva **6** (1961) Nr. 12. S. 34.
Das Unkrautbekämpfungsmittel Dichlorharnstoff wirkt gut gegen grasartige Unkräuter in Dosierungen von 10–12 kg/ha in 400–600 l/ha. Es kann zu Zucker- und Futterrüben sowie Baumwollkulturen angewendet werden. In trockenen Jahren kann es zur vorübergehenden Wachstumshemmung bei Zuckerrüben kommen, die jedoch nach Niederschlägen verschwindet. Das Präparat wirkt langsam, es zerfällt in 1½ bis 2 Mon. im Boden. Die beste Ausbringungsform ist kurz vor dem Pflügen. H. Decker. 2710.

Faludi, Béla, F. Dániel, Agnes und Gyurján, István. Fajtakülönbségek 2,4-D herbicid tartalmu táptalajon nevelt burgonya szövettenyészetek növekedésében. **(Sortenunterschiede im Wachstum von Gewebekulturen bei in herbicidhaltigen Nährböden aufgezogenen Kartoffeln.)** Biol. Közlemények [Biol. Mitt.] **9** (1961) Nr. 1. S. 19–24. – Aus: Ung. Agrar-Rdsch. **1962** Nr. 2.
Das Wachstum von Gewebekulturen aus Knollen verschiedener Kartoffelsorten bei Aufzucht in 2.4-D-haltigen Nährböden wurde untersucht. Den einzelnen Sorten wurden je 2 mittelgroße Knollen entnommen und aus jeder Knolle Gewebestücke hergestellt. Nach 14 Tagen wurden die Besonderheiten des Wachstums photographisch registriert. Zur Kontrolle des tumorartigen Gewebewachstums wurde die Oberfläche der Kulturen abgeschabt, mit KJ-J_2-Lösung gefärbt und phasenmikroskopisch untersucht. 5 Sorten, welche wenig bis stark frohwüchsig waren, wurden ausgewählt und davon Kulturen hergestellt. Ausgewertet wurden Wachstumsmerkmale von 240 Gewebestükken. Diese wurden nach 14 Tagen vom Nährboden losgelöst, der anhaftende Nährboden entfernt und einzeln gewogen. Im Wachstum machten sich bedeutende Unterschiede bei den Sorten bemerkbar. Dies läßt auf verschiedene plasmatische Resistenz schließen. Innerhalb der einzelnen Sorten zeigten sich keine wesentlichen Unterschiede. 2710.

Fischer, A. und Langbein, H. **Ein neues Vorauflaufmittel auf Basis OMU + BiPC.** Meded. Landbouwhogeschool Opzoekingsstat. Staat Gent **25** (1960) Nr. 3/4. S. 1428–1433. – 2 Tab.
In der Landwirtsch. Versuchsstat. Limburgerhof der BASF wurden in Gewächshaus- und Freilandversuchen auf der Suche nach selektiv wirkenden Herbiciden einige in Hackfrucht-, Gemüse- und sonstigen Spezialkulturen anzuwendende Präparate mit folgenden Ergebnissen auf ihre Wirkung geprüft; Die Kombination OMU (Cyclooctyl-dimethyl-harnstoff) + BiPC (m-Chlorphenyl-carbaminsäure-butinol-ester) kann in Mengen von 3–4 l/ha zur Vorauflaufbehandlung eingesetzt werden, wobei die meisten Samenunkräuter nicht vernichtet werden. Mindestens 2 cm Saattiefe sind einzuhalten. Reichliche Niederschlagsmengen können infolge Einwaschung der Mittel Wachstumshemmung bei den Kulturpflanzen hervorgerufen oder die unkrautvernichtende Wirkung erhöhen. OMU allein befriedigte nur teilweise.
F. John. 2710.

Upchurch, R. P. und Mason, D. D.; North Carolina State Coll. The influence of soil organic matter on the phytotoxicity of herbicides. **(Der**

Einfluß des Humusgehaltes von Böden auf die Toxizität von Herbiciden.) Weeds 10 (1962) Nr. 1. S. 9–14. – 1 Abb., 7 Tab., 12 Lit.
In Gewächshausversuchen wurden Böden mit einem Gehalt an org. Masse von 0,4 bis 16,8% mit verschiedenen Aufwandmengen von Chlorpropham, 2.4–D, CDEC, EPTC, CDAA, NPA, Simazin, Dalapon, Dinoseb, Seson und Diuron behandelt, um den Einfluß des Humusgehaltes auf die Wirkung dieser Herbicide festzustellen. Die Herbicide wurden oberflächlich eingearbeitet. Testpflanze war Baumwolle. Nach 5 Wochen wurde das Tr.-Gewicht der Baumwolle bestimmt. Als Testwert diente der GR 50-Wert (50% Reduktion des Pflanzenwuchses). Dieser GR 50-Wert korrelierte mit dem Gehalt der Erde an org. Masse, der Kationenaustauschkapazität, dem austauschbaren Ca- und dem totalen Basenaustauschwert. Auch untereinander standen diese Werte in Wechselbeziehung. Die Herbicide werden durch die org. Masse des Bodens adsorbiert und dadurch in ihrer Toxizität sehr stark beeinflußt. Stieg der Gehalt eines Bodens an org. Masse von 4 auf 20%, so waren 198 statt 8 ppm dieses Herbicides nötig, um GR 50 zu erreichen.
G. Feyerabend. 2710.

C. Unkraut und Unkrautbekämpfung

Sŭev, S. (Sâew, S.) Zaplevenost na povŭrchnostnija sloj počva v zavisimost ot orizovite seitboobrŭštenija. **(Verunkrautung der oberen Bodenschicht beim Reisanbau in Abhängigkeit von der Fruchtfolge.)** Godišnik na Inženerno-stroitelnija institut. Fakultet stroitelen, architekturen i chidrotechničeski, Sofija **13** (1961) Nr. 1. S. 327–342. – 4 Tab., 9 Lit. Zus. in Russ., Dtsch.
Die Verunkrautung der Reisbestände im Plowdiwer Gebiet, ihre Ursachen und ihre Auswirkung auf den Reisertrag wurden untersucht. Die Verunkrautung von Reis nahm bes. dann zu, wenn der Reis auf demselben Schlag 2 und mehr Jahre hintereinander angebaut wurde. Das ließ die Erträge bis auf die Hälfte zurückgehen. Es wurde festgestellt, daß die Verunkrautung in einer Gras-Reis-Fruchtfolge um rund $^1/_3$ verringert wird. In dieser Fruchtfolge stehen Gräser in 4jähriger, Reis dagegen höchstens in 2jähriger Nutzung. Die Reiserträge erfahren keine Minderung und erreichen 60 dt/ha.
M. Miltschew. 2735.

Ubrizsy, G. Magyarországi rizsvetések gyomnövényzete és a védekezés lehetöségei. **(Unkrautvegetation der Reiskulturen in Ungarn.)** Acta bot. Acad. Sci. hung. 7 (1961) Nr. 1/2. S. 175–220. – Aus: Ung. Agrar-Rdsch. **1962** Nr. 2.
Vf. behandelt die floristischen und zönologischen Zusammenhänge der Unkrautvegetation der Reiskulturen Ungarns und vergleicht den jetzigen Stand der eur. und überseeischen zönologischen Forsch. mit der ungarischen. Ein Teil der Arbeit befaßt sich mit den südeur. und ungarischen Reiskulturen. Die Unkrautvegetation der Reisfelder sowie ihre Ergänzung mit neuen Arten sind durch ungereinigtes Saatgut, durch Bewässerungs- und Stauwasser bzw. durch die im Boden bereits vorhandenen Samen bedingt. Die in Ungarn durchgeführten Erhebungen zeigten eigenartige, in anderen Kulturpflanzenbeständen nicht vorkommende Pflanzengemeinschaften. Es sind 3 verschiedene Biotope zu unterscheiden: Reisbestände, Dämme und Gräben. Im Reisbestand selbst sind 4 Schichten (Synusien) zu finden: die Unkrautgemeinschaften der Oberfläche des Schlammes, der unteren, der mittleren und der oberen Krautschicht. Im 2. Abschnitt der Arbeit werden auf Grund von 300 zönologischen Untersuchungen der Jahre 1946 bis 1959 die Verhältnisse der Unkrautgemeinschaften der Reiskulturen Ungarns dargestellt. Im 3. Abschnitt werden die Möglichkeiten der Unkrautbekämpfung erörtert. Es wird festgestellt, daß die Verunkrautung der Reiskulturen im Landesdurchschnitt etwa um 40 bis 60% schwankt. Das entspricht einem Schaden von 25 bis 30%. 2735.

Zogg, H.; Zürich-Oerlikon, Eidg. Landwirtsch. Versuchsanst. **Unkrautbekämpfung im Getreidebau.** Mitt. schweiz. Landwirtsch. **10** (1962) Nr. 4. S. 49–55.

Vorauflaufbehandlung ist mit Alipur, 1–5 Tage nach der Saat, bei starkem Auftreten von Windhalm möglich. Die Saattiefe muß aber 5 cm betragen. Von den Gelbspritzmitteln werden DNOC und DNBP verwendet. Hierbei ist auf die starke Giftigkeit gegenüber Warmblütern und Bienen zu achten. Günstige Wirkung wird nur bis zum 4-Blattstadium der Unkräuter erreicht. Als normale Spritzbrühmenge werden 100 l/ha angegeben. Klee-Einsaat kann 1–2 Wochen nach Behandlung erfolgen. Von den Wuchsstoffmitteln werden die altbekannten Präparate auf 2.4-D- und MCPA- Basis als Salz oder Ester angewendet. Bei Einsaat von Klee wird MCPB verwendet, wenn mindestens 2 vollentwickelte Blättchen vorhanden sind. Die MCPP-Präparate werden bei Klebkraut eingesetzt. Kombinierte DNOC-wuchsstoffhaltige Herbicide sollten nur gebrauchsfertig bezogen werden. M. Amme. 2740.

Köylijärvi, Jaakko; Mietoinen, Finnland. Tuloksia rikkaruohojen kemiallisesta torjunnasta lounais-suomen koeasemalla. **(Ergebnisse der Unkrautbekämpfungsversuche in Südwestfinnland.)** Maatalous ja Koetoiminta [Agric. and Res.] **16** (1962) S. 129–139. – 8 Abb., 2 Tab.

In den Jahren 1960–61 wurde die Wirkung verschiedener Hormonverbindungen auf die Kornertragsleistung, auf verschiedene Unkrautarten und auf Rotklee geprüft. MCPA erwies sich als geeignetes Unkrautbekämpfungsmittel sowohl bei Wi- als auch So-Getreide. Befriedigend war die Wirkung gegen *Matricaria inodora, Galium* und *Stellaria media.* MCPP und 2.4-D wirkten befriedigend gegen *M. inodora,* vorausgesetzt, daß die Anwendung im zeitigen Frühjahr erfolgte. Ausreichende Wirkung hatten auch MCPP und und MCPP/TPA bei der Bekämpfung von *Galium* und MCPP auch bei *S. media.* MCPB war die einzige für Rotklee verträgliche Hormonverbindung. Die Anwendung dieses Mittels ist nur dann wirtsch., wenn die Samenträgerflächen zahlreiche gegen MCPB nicht widerstandsfähige Unkräuter aufweisen. K. Schulz. 2740.

Ruuttunen, Esko; Tikkurila, Finnland. Juolavehnän torjuntakokeiden tuloksia 1960–61. **(Queckenbekämpfungsversuche in den Jahren 1960-61.)** Maatalous ja Koetoiminta [Agric. and Res.] **16** (1962) S. 159–164. – 4 Tab.

Im Herbst 1960 wurden die Parzellen mit TCA, Dalapon und Amitrol behandelt, um ihre Wirkung auf Quecken zu prüfen. Im Frühjahr wurden die Felder gepflügt und mit Futterkohl, Hafer und Gerste bestellt. Es wurde festgestellt, daß Dalapon (3,5–24 kg/ha) nur wenig gegen Quecke wirkte, während die beiden anderen Mittel bessere Wirkung hatten. Dalapon und Amitrol (2,5–10 kg/ha) sind in ihrer Wirkung sehr von der Temperatur abhängig und sind aus diesem Grunde nicht für die Verhältnisse Finnlands geeignet. Am besten wirksam erwies sich TCA (25–50 kg/ha). Sichtbare unerwünschte Nebenwirkungen auf die Kulturpflanzen wurden nicht beobachtet. Bei Kohl waren die Erträge der behandelten Parzellen höher als von den unbehandelten. Bei Getreide konnte dies nicht sicher ermittelt werden. K. Schulz. 2740.

Noonan, John C.; Homestead, Sub-Trop. Exp. Stat. Nut grass control in Irish-potatoes. **(Zyperngrasbekämpfung in Irland-Kartoffeln.)** Proc. Florida State horticult. Soc. **74** (1961, hrsg. 1962) S. 191–192. – 2 Tab., 4 Lit.

Die Arbeit der Kartoffelerntemaschinen wird erschwert durch *Cyperus rotundus* und *C. esculentus.* EPTC wurde als Granulat mit einem Düngerstreuer einen Tag vor der Kartoffelpflanzung sowie bei einer Pflanzenhöhe von 6–8 in. ausgebracht und leicht eingearbeitet. Den besten Bekämpfungserfolg erzielte man bei Anwendung zu beiden Terminen. Eine Anwendung nur zum 2. Termin wirkte ungünstiger, nur zum 1. Termin blieb im Vergleich zur Kontrolle wirkungslos. 6 lb./acre gewährleisten einen 6–7 Wochen anhaltenden Bekämpfungserfolg. Bei der Ernte wurden keine Rückstände in den Knollen festgestellt. H. Lehmann. 2740.

Lebedik, A. I.; Nowokubanskaja, Region Krasnodar, Forsch.-Inst. des Kubangebietes für Prüf. von Traktoren und Landmaschinen. Primenenie gerbicidov na sacharnoj svekle. **(Anwendung von Herbiciden bei Zuckerrüben.)** Zaščita rastenij ot vreditelej i boleznej, Moskva 7 (1962) Nr. 3. S. 9–10. — 2 Abb.

Zur Bekämpfung von grasartigen Unkräutern in Zuckerrüben wurde mit Erfolg Trichlor-1-hydroxyäthyl-)-harnstoff eingesetzt. Die Wirksamkeit des Präparates hielt 50 Tage an. Der Ertrag stieg um 90–170 dt/ha (⌀ 135 dt/ha) gegenüber der Kontrolle an. Der Arbeitsaufwand kann erheblich gesenkt werden. H. Decker. 2740.

Chabibrachmanov, Ch. Ch. (Chabibrachmanow, Ch. Ch.); Moskau, Unions-Forsch.-Inst. für Düng. und Bodenkunde. Chimičeskaja bor'ba s sornjakami na posevach gorocha. **(Chemische Bekämpfung der Unkräuter auf den Erbsenfeldern.)** Zaščita rastenij ot vreditelej i boleznej, Moskva 7 (1962) Nr. 3. S. 26.

In den Jahren 1959–1961 wurden vergleichende Versuche mit verschiedenen Herbiciden durchgeführt. MCPA (0,4–0,6 kg/ha) senkte den Unkrautbesatz um 70% und erhöhte den Erbsenertrag um 1,9 dt/ha. DNOC (2,5 kg/ha) vernichtete 84% der Unkräuter und brachte 2,6 dt/ha Mehrertrag, DNBP (= Dinoseb) erhöhte bei 1–1,5 kg/ha den Ertrag um 2,3–3,4 dt/ha und vernichtete 95% der Unkräuter. Mit 2.4-DB (2 kg/ha) wurde eine Ertragssteigerung von 2 dt/ha, im Gemisch mit DNBP (2 kg/ha + 1 kg/ha) um 3,7 dt/ha erzielt. Die größte Ertragssteigerung (5,1 dt/ha) wurde durch Anwendung von 2–3 kg/ha Isophen (= 4-6-Dinitro-2-isopropylphenol) erreicht. H. Decker. 2740.

Abramov, N. G. (Abramow, N. G.); Torshok, Gebiet Kalinin, Unions-Forsch.-Inst. für Leinanbau. Primenenie gerbicidov v posevach l'na-dolgunca. **(Herbicidanwendung auf Faserleinflächen.)** Zaščita rastenij ot vreditelej i boleznej, Moskva 6 (1961) Nr. 10. S. 34–36.

Zur Bekämpfung der Unkräuter in Leinbeständen haben sich MCPA-Präparate besser bewährt als 2.4-D-Mittel. Der Einsatz der Herbicide erfolgt bei einer Pflanzenhöhe von 6–15 cm. Die Aufwandmenge hängt vom Präparat und dem Unkrautbestand ab. Gegen Kreuzblütler werden empfohlen: UT-10 und Leuna-M (0,5 kg/ha), Dikotex 30 (2,5 kg/ha) und Dikotex 80 (0,8 kg/ha). Bei Hohlzahn, Gänse- und Kratzdistel sowie Kornblume müssen die Aufwandmengen erhöht werden auf 0,7–0,9 kg/ha, 3,3–4 kg/ha bzw. 1–1,2 kg/ha. Als Ausbringungsnorm haben sich bei Erdgeräten 400–600 l/ha, bei aviochem. Behandlung 250–300 l/ha bewährt. Der Aufwand beträgt im Mittel 6,8 Rubel/ha, bei Handjätung 42 Rubel/ha. Der Ertrag liegt bei der chem. Unkrautbekämpfung im Mittel bei 5,3 dt/ha, bei Handjätung bei 3,5–3,75 dt/ha. H. Decker. 2740.

Žuchovickaja, Z. V. (Shuchowizkaja, S. W.); Minsk, Beloruss. Inst. für Ackerbau. Bor povyšaet ėffektivnost' propolki. **(Bor erhöht die Wirksamkeit der Unkrautbekämpfung.)** Zaščitia rastenij ot vreditelej i boleznej, Moskva 7 (1962) Nr. 3. S. 31. — 1 Tab.

Bei Unkrautbekämpfungsversuchen mit Dikotex-30 und Dikotex-80 in Lein erhöhte Zugabe von B (0,025% Borsäure bei 600 l/ha) die herbicide Wirkung. B beschleunigt den Transport der Herbicide aus den Blättern in die Stengel. Die Samen- und Fasererträge sowie die Faserqualität erhöhten sich.
H. Decker. 2740.

Laflin, T.; Luddington Exp. Horticult. Stat. The place of herbicides in commercial horticulture. **(Der Platz der Herbicide in der gärtnerischen Produktion.)** Exp. Husbandry Farms exp. Horticult. Stat., Progr. Rep. **1961** S. 16–21.
Neben Dinoseb als Vor- oder Nachauflaufmittel in Ackerbohnen scheinen nach vorläufigen Untersuchungen auch Bodenherbicide (Chlorpropham, Fenuron, Diuron, Simazin) aussichtsreich zu sein. In Feuerbohnen wurden die besten Ergebnisse mit Dinoseb oder Pentachlorphenol 10 Tage vor der Aussaat erzielt. Simazin war schädlich. In Gemüsekohl bewährte sich SMCA (18–22,5 lb./acre). In Karotten und Pastinaken ist Mineralöl erfolgversprechend, in Pastinaken Kresol. In Porree werden 10%ige Schwefelsäure oder SMCA angewendet; Bodenherbicide erscheinen aussichtsreich. Bei Frühbeetsalat können vor oder nach dem Pflanzen 0,5 lb./acre Chlorpropham, bei Zwiebeln Schwefelsäure, Pentachlorphenol und Kresol verwendet werden. In Erbsen gewinnen neben Dinoseb als Nachauflaufmittel Kombinationen von Chlorpropham + Fenuron und Chlorpropham + Diuron an Bedeutung. In Apfelanlagen werden Dalapon, in Schwarzen Johannisbeeren MCPB, 2.4.5-TB und Dalapon, in tragenden Erdbeeranlagen 2.4-DES angewendet. Anwendungsmöglichkeiten von Bodenherbiciden, Kresol, 2.4-DES u. a. bei Zierpflanzen werden genannt. H. Lehmann. 2760.

John, Fritz; Jena, Friedrich-Schiller-Univ., Inst. für Acker- und Pflanzenbau. **Die chemische Unkrautbekämpfung im Hopfen.** Hopfenbau **4** (1962) Nr. 1/2. S. 33–37. – 6 Abb.
Die Anwendung der chem. Unkrautbekämpfungsmittel soll sich auf solche Anlagen erstrecken, die unter starker Frühjahrsverunkrautung leiden bzw. als regionale Sonderfälle auch während der weiteren Vegetationsperiode verunkrautet bleiben. In der Regel sollen Herbicide nur bis zum Beginn der mechanischen Bearbeitung eingesetzt werden. W 6658 (Simazin) wird in einer Menge von 4 kg/ha empfohlen. Es wird zwischen dem Schneiden und Austreiben der Reben, auf alle Fälle vor dem Aufhängen der Steigdrähte, mit dem Spritzgestänge ausgebracht. In Ausnahmefällen ist nochmaliges Spritzen im Bestand möglich. M. Amme. 2770.

Day, B. E., McCarty, C. D. und Jordan, L. S.; Riverside, Univ. of California, Citrus Res. Center; Agric. Exp. Stat. Dalapon, amitrole, and weed oil compared for effectiveness in control of Bermudagrass in California Citrus orchards. **(Dalapon, Amitrol und Unkrautöl verglichen in ihrer Wirkung zur Bekämpfung von Bermudagras in kalifornischen Citrus-Plantagen.)** Hilgardia **32** (1962) Nr. 2. S. 207–227. – 14 Abb., 6 Tab., 10 Lit.
Während Atraton und Prometon wirksam gegen Bermudagras (*Cynodon dactylon*) waren, blieb die herbicide Wirkung von Ipazin, Trietazin, Simeton, Simazin, CIPC, EPTC und MH unzureichend. Am besten wirkten Unkrautöl (**I**), Amitrol (**II**) und Dalapon (**III**). Das Spritzen mit **I** muß mehrmals wiederholt werden, wobei Intervalle von 3 Wochen nicht ungünstiger wirken als kürzere. **II** und **III** wirken besser gegen Ende der Vegetationszeit. Die Wirkung von **II** wurde nicht durch Flüssigkeitsmenge, Netzmittel- oder Kerosen-Zusatz beeinflußt. Zusatz geringer Mengen von Monuron reduzierte die Phytotoxizität. Die Kombination von **II** und **III** war weniger toxisch als die gleiche Menge von **III** allein. Bei wiederholter Anwendung von **II** stieg die Wirkung mit kürzeren Intervallen. Bei gleicher Gesamtmenge ist einmalige Behandlung wirkungsvoller als mehrmalige Teilbehandlung. Das Umgekehrte trifft für **III** zu. Die Wirksamkeit von **II** und **III** wird gemindert, wenn vorher oder danach **I** angewendet wird. Als günstigste Behandlung in bezug auf Kosten, Wirksamkeit und Phytotoxizität wird je Vegetationsperiode dreimalige Anwendung von **III** (je 3 lb./acre bei 8-wöchigem Intervall) empfohlen. H. Lehmann. 2770.

Young, H. E.; Brisbane, Sugar Exp. Stat., Bureau. Weed control. **(Unkrautbekämpfung.)** Cane Growers' quart. Bull. **15** (1962) Nr. 4. S. 1–66. – 1 Abb., 2 Tab.
Nach einleitenden Betrachtungen über die Unkrautbekämpfung (biol., mechanisch, chem.), behandelt Vf. die Herbicidanwendung unter bes. Berücksichtigung des Zuckerrohranbaues. Hierbei wird nicht nur die Bekämpfung der Unkräuter auf dem Zuckerrohrfeld besprochen, sondern auch auf die Bekämpfung von Kräutern in Be- bzw. Entwässerungsgräben eingegangen. Ein Abschnitt beschäftigt sich mit der Herbicidanwendung vom Flugzeug aus. Eingehend werden die in Australien erhältlichen Unkrautbekämpfungs- und Haftmittel sowie die Möglichkeiten des Ausbringens besprochen. Das Mischen von Herbiciden zur Erhöhung der Wirksamkeit ist nur in bestimmten Fällen möglich. Mischungen von Herbiciden mit Insekticiden können nur in beschränktem Umfang zur Erhöhung der Arbeitsproduktivität verwendet werden, da einerseits die Mittel nicht ausnahmslos mischbar sind und andererseits die optimalen Anwendungstermine selten zusammentreffen. Zum Schluß werden die Möglichkeiten der Bekämpfung bei ca. 120 Unkrautarten erörtert, wobei Vf. betont, daß diese Angaben nur generell gelten, so daß in bes. Fällen weitere Maßnahmen zur erfolgreichen Bekämpfung der Unkräuter erforderlich sind. K. Schulz. 2770.

Orth, H. **Chemische Unkrautbekämpfung im Gartenbau.** Arbeit aus dem Institut für Gemüsekrankheiten und Unkrautforschung der Biologischen Bundesanstalt für Land- und Forstwirtschaft in Fischenich, Bez. Köln. München: BLV Verlagsgesellschaft. 1962. (146 S. m. 56 Abb. u. 21 Lit.) 14,8 × 21 cm. DM 8,50. Vf. schildert die Vielfalt der Mittel und Möglichkeiten der chem. Unkrautbekämpfung. Die wichtigsten Verfahren des Gemüse-, Obst- und Zierpflanzenanbaues werden behandelt. Mittel und Methoden entsprechen dem neuesten Stand. Die wichtigsten Unkräuter werden beschrieben und die in Frage kommenden Mittel und Methoden benannt. Weitere Kapitel behandeln die Nachwirkung im Boden, die Giftigkeit für Mensch und Tier unter Anführung der erforderlichen Vorsichtsmaßnahmen sowie Kostenvergleiche und Wirtschaftlichkeitsberechnungen. J. Reinhold.

Redaktionsschluß: 9. 2. 1963

Herausgeber: Deutsche Demokratische Republik · Deutsche Akademie der Landwirtschaftswissenschaften zu Berlin, Institut für Landwirtschaftliche Information und Dokumentation, Berlin W 8, Krausenstr. 38/39; Fernsprecher: 22 51 61. Chefredakteur: Dr. Ursula Wittbrodt, stellvertretender Chefredakteur: Dr. Werner Kleeberg, Berlin W 8, Krausenstr. 38/39; Fernsprecher: 22 51 61. Redaktion der Abteilung II – Pflanzliche Produktion: Bodenkunde, Pflanzenernährung und Düngung: Prof. Dr. Anton Arland, Leipzig; Phytopathologie und Pflanzenschutz: Prof. Dr. Alfred Hey, Berlin, und Prof. Dr. Maximilian Klinkowski, Aschersleben; Pflanzenbau: Prof. Dr. Gustav Könnecke, Halle; Gartenbau: Prof. Dr. Johannes Reinhold, Berlin; Pflanzenzüchtung: Prof. Dr. Rudolf Schick, Groß-Lüsewitz, Kreis Rostock. Hauptredakteur: Dr. Werner Kleeberg, Berlin W 8, Krausenstraße 38/39; Fernsprecher: 22 51 61. Verlag: Akademie-Verlag GmbH, Berlin W 8, Leipziger Straße 3–4; Fernsprecher: 22 04 41, Telex-Nr. 011773, Postscheckkonto Berlin 350 21. Bestellnummer dieses Heftes: 1030 II – VIII/5. Das Landwirtschaftliche Zentralblatt, Abt. Pflanzliche Produktion, erscheint monatlich. Einzelheft DM 20,–; einseitig bedruckte Ausgabe DM 24,–. Jahresbezugspreis DM 240,–; einseitig bedruckte Ausgabe DM 288,– einschl. Register, zuzüglich Porto- und Versandkosten. Gesamtherstellung: VEB Druckerei „Thomas Müntzer“ Bad Langensalza. Veröffentlicht unter der Lizenznummer 1291 des Presseamtes beim Vorsitzenden des Ministerrates der Deutschen Demokratischen Republik.

Kolibri 360 GmbH
Ferdinand-Jühlke-Straße 7
99095 Erfurt, Deutschland
produktsicherheit@kolibri360.de